KB184285

# 수학 고통

MATH PAIN ZERO

# ZERO

## 공통수학 2

오지연수학 | 원탑 수학과학영어학원 | 토나아카데미 | 영인학원 | 프라우드영수학원 | 더바른수학전문학원 | 미소에듀학원
코스터디수학학원 | 스마트에듀학원 | 락수학학원 | 더블랙에듀학원 | 고수학학원 | 티오피에듀학원 | 제공수학 | 더매드학원

# 수학 고수의 비법

**① 하나를 알아도 제대로 정확하게 알아라!**

➡ 고등수학은 개념 싸움이다.

**② 문제를 완벽하게 이해하고 문제를 풀어라!**

➡ 문제를 제대로 이해만 해도 문제의 50%는 푼 것이다. (시작이 반이다!)

**③ 수학은 미지수 찾기 게임이다. 게임 룰을 배웠으면 본인이 직접 꼭 해봐라!**

➡ 설명만 보고 본인이 직접 풀지 않으면 새된다.

본인이 직접 풀어서... 본인의 답과 정답이 일치하는지 반드시 확인해야 한다.

**④ 수학 개념과 공식은 친구 이름 외우듯이 하지 말고 친구 별명처럼 체득하라!**

➡ 몇 년 후 만난 친구... 이름은 가물가물해도 별명은 금방 생각이 난다.

수학 개념과 공식도 별명처럼 특징을 잘 파악하여 이해하면 쉽게 익혀지고

이렇게 체득한 개념과 공식은 절대 잊어버리지 않게 된다.

※ 이 노하우를 책에 담았다.

**⑤ 항상 조건을 철저히 따지는 습관을 가져라!**

➡ 이게 안 되면 문제는 잘 푼 것 같은데 꼭 답이 틀린다.

**⑥ 수학의 풀이과정에서 우연은 없다!**

➡ 풀이과정에서 각각의 단계... 단계...로 넘어갈 때, 반드시 합당한 이유가 있다.

**⑦ 노력보다 더 큰 재능은 없다!**

➡ 여러분들도 수학을 잘 할 수 있다.

보다 **빨리** / 보다 **쉽게** / 보다 **완벽하게**

# MPZ

## 공통수학 2

# 수고zero 공통수학 2

## 집필진

| | | | | | | | |
|---|---|---|---|---|---|---|---|
| 고성관 | 고승진 | 김길상 | 김수진 | 문승민 | 변재성 | 서동범 | 엄태자 |
| 예광일 | 오지연 | 이민성 | 이민지 | 정재우 | 차순엽 | 최광락 | 허진혁 |


**수학고통제로 시리즈를 업그레이드 시켜주신 모든 선생님께 깊이 감사드립니다.**

- 강민종(명석학원)
- 강병중(AMPKOR)
- 고성관(티오피에듀학원)
- 고승진(고수학학원)
- 고은우(다원수학)
- 김길상(영인학원)
- 김동영(이룸수학학원)
- 김범진(라플라스수학학원)
- 김수진(토나아카데미)
- 김지은(최고수학학원)
- 김철호(더블랙에듀학원)
- 김태훈(베리타스수학학원)
- 김호영(미래영재학원)
- 권세욱(하피수학학원)
- 노명훈(노명훈쌤의 알수학학원)
- 문승민(더바른수학전문학원)
- 문창숙(지엔비스페셜입시학원)
- 박주현(장훈고등학교)
- 변재성(프라우드영수학원)
- 서경도(보승수학study)
- 서동범(더블랙에듀학원)
- 서평승(신의학원)
- 성명현(수학코칭과외)
- 성준우(광양제철고등학교)
- 손충모(공감수학)
- 신재섭(뉴fine수학학원)
- 엄태경(린파수학)
- 엄태자(원탑수학과학학원)
- 여준영(더블랙에듀학원)
- 예광일(제공수학)
- 오지연(오지연수학)
- 우성훈(상승에듀)
- 윤여창(매스원수학학원)
- 이경민(더블랙에듀학원)
- 이민성(더매드)
- 이민지(미소에듀학원)
- 이승연(다빈치영재학원)
- 이주연(에스학원)
- 이하랑(쌤쌔미수학)
- 조성율(국립인천해사고등학교)
- 정민기(더블랙에듀학원)
- 차순엽(스마트에듀학원)
- 최광락(락수학학원)
- 최정원(다오름수학)
- 최재욱(몬스터수학학원)
- 한성필(더프라임학원)
- 허진혁(코스터디수학학원)

저작권등록 제 C-2015-001128호

# 수 고 제

## 공통수학 2

# • 중위권 학생

오로지 문제만 많이 푸는 무식한 방법이 아니라 한 문제를 풀어도 개념이 잡히고 하면 할수록 쉬워지는 수학 공부 방법으로 다시 시작해 보자!

**1) 많은 문제를 푸는 데도 왜 실력은 늘지 않고 제자리이거나 점점 내려갈까?**

무조건 많은 양을 풀어야 실력이 는다고 생각하는 것은 착각이다.

⇨ 우리가 배우는 개념이 나오는 문제, 즉 중요한 개념이 포함되어 있는 문제를 잘 해결할 수 있는 능력을 기르는 게 핵심이다.

따라서 반드시 해야 할 문제(중요한 개념이 포함되어 있는 문제)를 확실히 공부해야 한다.

(∵시험에서 묻는 1순위이기 때문)

**2) 공부해놓고 점수를 얻지 못하는 억울한 경우 이것도 실력이다!**

시간이 5분만 더 있었으면, 아! 이건 빼기를 나누기로 잘못 봤잖아 ㅠㅠ; 등과 같은 실수를 줄이려면 숙달되어야 한다.

숙달은 본인이 눈이 아닌 직접 손으로 정답까지 구해내는 반복된 과정에서 자연스럽게 형성된다.

**3) 수학에서 안다는 것은** 눈으로 한번 보고 '아! 그렇구나' 하는 수준이 아니라 자신의 말로 설명할 수 있어야 하고 중요 공식은 입에서 **술술 나올 정도가 되어야 한다.**

**4) 수학은 정의, 정리, 성질, 공식을 이해하고 있지 않으면 시작할 수 없는 과목이다.**

왜냐하면 수학은 정의, 정리, 성질, 공식을 알고 있어야 비로소 수학 문제와 의사소통이 가능해지기 때문이다.

**5) 각 단원에서 가장 중요한 뼈대(개념)가 무엇인지 알아야 한다.**

뼈대 문제만 잘 해도 중위권은 유지된다.

6) 중학과정은 기본 정의나 정리를 적용해서 쉽게 문제가 풀리도록 되어 있기 때문에 이해보다는 외우는 데 초점이 맞춰져 있다.

**고등과정은 암기보다 이해에 더 초점이 맞춰져 있다.**

하지만 어느 과정이든 개념과 공식을 반드시 내 것으로 만들어야 한다.

**7) 개념과 공식을 내 것으로 만든다는 것은 문제와 별개로 이것만을 달달 외우는 것이 아니다.**

개념과 공식을 이용하여 문제를 풀면... 시행착오를 겪으면서 개념과 공식이 명확하게 분석되고 정리되어 내 것이 된다.

**8) 개념과 공식을 안다면 설명할 수 있어야 한다.**

설명이 제대로 된다는 것은 머릿속에 명확하게 정리되어 있다는 것을 뜻하며 문제를 풀 때 쉽게 떠올려서 바로 써먹을 수 있다는 뜻이기도 하다.

9) **수학은 공부하는 당사자가 *직접 문제를 풀면서 실력을 키우는 과목이다.**

자신의 힘만으로 문제를 처음부터 끝까지 풀어서 답을 구했을 때 비로소 자신의 실력이 된다.

– 이런 경우 다시 문제를 풀어야 한다 –

i) 직접 풀이 과정을 적지 않고 눈으로만 푼 문제

ii) 풀다가 막혀서 풀이 과정을 보면서 푼 문제

iii) 남에게 도움을 받아서 푼 문제

따라서 스스로 끝까지 풀어내는 것... 이것이 공부했던 문제를 시험에서 다시 만났을 때 막히지 않고 풀 수 있는 비결이다.

10) **문제를 풀면서 생긴 의문을 지나치지 않고 파고드는 것이 수학을 정상으로 이끄는 힘이다.**

시간이 많이 걸려 귀찮게 느껴질 때도 있지만 이 의문을 해결하기 위해 질문하고 고민하고 생각하면서 수학 실력이 향상된다.

11) **문제지 선택 요령**

고른 문제지의 30%도 제대로 풀어내지 못하면 쉽게 지치고 재미도 없게 된다.

따라서 본인이 풀 수 있는 문제가 60~80% 정도인 문제지가 난이도로 적당하다.

12) **문제지는 몇 개 정도가 적당한가?**

기본서(수학고통제로)와 교과서는 기본으로 깔리게 되므로... 문제지는 2~3권 정도 더 선정한다.

13) **기본서와 문제지를 지그재그 식으로 번갈아 가면서 푸는 게 좋다.**

기본서와 문제지를 왔다 갔다 하면서 풀면 중요한 문제(대개 중복되는 문제)를 쉽게 알 수 있고 재차 반복하는 셈이어서 효과적이다.

14) **틀린 문제는 표시해 두었다가 시험 공부할 때나 학기가 끝났을 때 다시 반복한다.**

수학 실력은 그만큼 더 완벽해진다.

15) **본인에게 너무 어려운 문제는 지나칠 수 있는 용기가 필요하다.**

해설서를 봐도 모르겠고 선생님이나 친구에게 설명을 들어도 이해가 안 되면 자신의 능력 밖이므로 그 문제는 포기할 줄도 알아야 한다.

지금은 못 풀지만 좀 더 실력이 쌓이면 그때 쉽게 해결되는 경우가 많다.

16) **고등수학 문제는 풀이 방법이 4~5개까지 되는 것도 많다.**

한 가지 방법이 막혀도 당황하지 말고 다른 방법을 시도한다. 이렇게 하면 문제를 푸는 기술도 늘어나고, 어떻게 풀어나갈 것인가를 생각하는 능력도 커진다.

따라서 문제가 풀리지 않는다고 바로 해설서를 보지 말고 최소 3번까지는 생각해 보고 그래도 풀리지 않으면 그때 풀이를 본다.

17) **문제의 지문이 복잡하면 밑줄이나 슬래시( / )를 적절히 그으면서 읽어나간다.**

이것이 문제의 지문이 복잡해도 해결할 수 있는 최선의 방법이다.

팁 수학 문제에서 쓸데없이 주는 조건은 없다.

# • 상위권 학생

수학에 약점이 없는 학생은 거의 없다. 그런데 그 약점을 그대로 놔두는 학생이 의외로 많다.
자신의 약점을 인정하고 그것에 적극적으로 대처하여 약점을 그대로 놔두지 않아야 한다.
시험을 칠 때, 많은 문제를 새로 보는 것 같지만 그중에는 한 번 정도는 풀었던 문제이거나 그 비슷한 문제가 대부분이다.
그런데 또 틀리는 것은 약점을 고치지 않았기 때문이다.
**반드시 약점을 기록해서 해결해야 한다.** 이때, 오답노트가 효과적이다.

(오답노트를 만드는 요령)

1) 오답노트는 풀고 있는 문제지에 만든다.
   ⇨ 다른 공책에 만들면 문제와 그림을 옮겨 적거나 그려야 하므로 많은 시간과 노력이 낭비된다.
2) 문제는 직접 문제지 위에 샤프로 풀이를 적어가며 푼다.
   ⇨ 풀이를 샤프로 적으면 문제지의 종이 전체가 검은색을 띄게 된다.
   이때, 틀린 문제의 풀이를 지우개로 지우고 파란색 볼펜으로 오답풀이를 정리해 놓으면 틀린 문제가 눈에 확 들어오는 장점이 생긴다.
3) 채점은 빨간색 색연필로 하되 맞은 문제의 번호에 ○ 표시를 하지 않고, 틀린 문제의 번호에만 / 표시를 한다.
   ⇨ 일반적으로 틀린 문제가 또 틀리므로 오답문제만 잘 챙기면 된다.
4) 해답지 풀이를 보고 이해가 되면 틀린 문제의 / 표시를 ☆로 만든 후, 해답지를 덮고 연습장에 본인이 직접 풀어 정답을 구한다.
   ⇨ 문제지의 틀린 풀이를 지우개로 지운 후, 연습장에서 바르게 푼 풀이를 파란색 볼펜으로 문제지에 깨끗이 옮겨 적는다.
   틀린 문제를 다시 풀 때는 파란색 볼펜으로 정리해 놓은 풀이를 4등분으로 접은 $A_4$용지로 가리고 이 용지 위에 풀이를 적어가며 푼다.
5) 계산 실수이거나 단순한 착각으로 틀린 경우는 틀린 문제의 / 표시를 △로 만든다.
   ⇨ 굳이 문제지에 풀이 과정을 정리할 필요는 없다.
6) 해답지를 보고도 이해가 안되면 틀린 문제의 / 표시를 X 로 만든다.
   ⇨ 지금은 풀지 못해 일단은 넘어가지만 실력이 쌓여 풀 수 있게 되면 X 표시를 ✡로 만들고 4)번과 같은 방법으로 문제지에 오답풀이를 정리한다.

★★ 틀린 문제는 시험 공부할 때와 학기가 끝났을 때 푼다. 수시로 반복하여 풀면 더 좋다.
틀리는 문제까지 정복하라.

# • 하위권 학생

수학은 앞부분, 즉 기초를 모르면 그다음의 내용을 제대로 공부할 수 없게 만들어져 있는 과목이다.
자신이 모르는 내용이면 초등학교 교재라도 다시 들춰봐야 한다.
또한 모르는 것이 이해될 때까지 끊임없이 친구나 선생님에게 질문해야 한다.
한 예로 이차함수를 배울 때, 중학교 때 배우는 이차함수가 전혀 되어 있지 않다면 중학교 이차함수 개념을 잡고 고등학교로 넘어와야 한다.
지금 다시 중학교 교재를 본다면 한번 배웠던 것이고 필요한 것만 공부하기 때문에 분량도 그리 많지 않아 여러분의 생각보다 훨씬 쉽게 목표한 것을 끝낼 수 있다.
저학년 기초 파트는 기본 개념, 공식, 기본 문제만 공부해도 충분하다.
고등학교 때 필요하지 않은 부분은 과감히 건너뛰고 연습 문제, 종합 문제와 같은 부수적인 문제들은 풀 필요도 없다.

### 수학을 공부하는 자세

1) 무식하다는 것을 솔직히 인정하라!
2) 저학년 교재를 보면서도 당당하라!
3) 모르는 것은 이해될 때까지 집요하게 질문하라!

이런 식으로 공부하면 진도를 나가면 나갈수록 점차 모르는 것이 줄어들게 되고 머지않아 배우는 내용에서 기초적인 것을 모르는 일은 더 이상 생기지 않게 된다.

### 수학을 공부하는 자세(재차 강조)

모르는 것, 특히 개념은 알 때까지 질문하여 해결한다.
진도를 나가다가 모르는 부분이 나오면 관련된 저학년 교과서나 참고서로 내려간다.
기초가 많이 부족하면 저학년 과정을 먼저 공부한다. 이때, 현재 공부하는 것과 관련된 것을 중심으로 빠르게 공부한다.

# 책의 구성과 특징

- **집필의도**

  **선생님들의 수학적 능력을 속성으로 전수시켜 줄 목적으로 집필했습니다.**

- ★**수학 개념과 공식을 친구들의 이름 외우듯이 무작정 외우면 안됩니다.**

  ⇨ 수학 개념과 공식은 친구의 별명처럼 특징을 잘 파악하여 이해하면 쉽게 체득됩니다.

  참고 몇 년 후 만난 친구들... 이름은 가물가물해도 별명은 바로 떠오르죠. 이처럼 수학 개념과 공식도 친구의 별명처럼 특징을 잘 파악하여 이해하면 쉽게 익혀지고 이렇게 체득된 개념과 공식은 절대 잊지 않게 된다.

  ※ 이 노하우를 책에 담았습니다.

- 중요도에 따라 아래와 같이 표시했습니다.

  ① ( ★ )=(빨간색 글)=(빨간색 선)=(바탕이 빨간색인 내용)은 완벽히 익혀야 합니다.

  ⇨ 각 단원에서 가장 중요한 부분이며 쉽게 익힐 수 있도록 도와 드립니다.

  ② ( ★ )=(녹색 글)=(녹색 선)=(바탕이 녹색인 내용)은 주로 이해를 해야 합니다.

  ⇨ 빨간색 다음으로 중요한 부분이며 빨간색만큼 철저히 익힐 필요는 없지만 충분히 이해는 하고 있어야 합니다.

  ③ 바탕이 노란색인 내용은 암기할 필요는 없지만 충분히 이해는 하고 있어야 합니다.

- 기존의 기본서와 차이점 ⇨ **개념과 공식을 쉽게 내 것으로 만드는 노하우를 담았습니다.**

  기존의 기본서와 다르게 개념 설명과 공식 유도만으로 끝내지 않고 (익히는 방법)이나 핵심, 암기, 주의, 참고 등을 추가하여 개념과 공식을 쉽게 내 것으로 만들 수 있게 했습니다.

- 문제를 풀면서 개념과 공식이 자연스럽게 익혀지도록 했습니다.

  (익히는 방법)이나 핵심, 암기, 주의, 참고 등을 통해 쉽게 체득한 개념과 공식을...

  아주 쉬운 **『씨앗 문제』**를 통하여 어렴풋이나마 문제에 적용할 수 있게 한 다음 뿌리 및 줄기 문제를 풀면서 어렴풋이 알고 있던 개념과 공식을 명확하게 알게 되게 했습니다.

  즉, 개념과 공식이 문제를 풀면서 자연스럽게 익혀지도록 했습니다.

  따라서 **뿌리 문제** 나 **[줄기 문제]**는 개념 확립과 공식을 적용하는 능력을 기르기 위해 반드시 풀어야 하는 문제들로 엄선했습니다.

- **기발한 풀이 방법이 많습니다.**
  보다 빨리, 보다 쉽게, 보다 완벽하게 문제를 푸는 선생님들의 노하우가 담겨 있습니다.

- 『씨앗 문제』는 체득한 개념과 공식을 문제에 적용할 수 있도록 돕는 기초 문제입니다.

- 뿌리 문제 는 개념과 공식을 본인의 것으로 만들기 위해 꼭 풀어야 하는 기본 문제입니다.

- [줄기 문제] 는 뿌리 문제에서 한 단계 더 발전하기 위해 풀어야 하는 유제 문제입니다.

- • 잎 문제 는 학습한 내용을 마무리하는 연습 문제입니다.
  수능과 교육청·평가원의 모의고사 기출문제를 중심으로 출제 가능성이 높은 대표 유형을 선별하여 다루었습니다.
  궁극적으로 학교시험과 수능에서 변별력이 높은 고난도 문제를 대비할 수 있게 했습니다.

- **첨삭지도 하는 내용 설명**

익히는 방법: 수학 개념과 공식이 쉽게 익혀지도록 저자가 자의적으로 만든 내용으로 수학적이지 않은 경우도 극히 드물지만 존재합니다.
따라서 수학적으로 검증하려 하거나 참·거짓을 따지려 하지 말고 그냥 쉽게 익히는 요령 정도로 받아 들여야 합니다.

증명: 공식이 유도되는 과정을 보여줍니다.

핵심: 전반적인 내용을 한 두 단어나 한 두 문장으로 압축한 것입니다.

참고: 반드시 참고해야 할 내용으로 엄선했습니다.

주의: 실수하기 쉬운 부분입니다.

결론: 최종적 결론을 내린 것으로 이것만으로도 충분하다는 의미입니다.

$cf$) 서로 비교해보고 꼭 구분해서 익혀야 할 것들입니다.

# 공통수학 2 목차

## Ⅰ 도형의 방정식



## Ⅱ 집합과 명제

# Ⅲ 함수

## 8. 함수



## 9. 유리함수



## 10. 무리함수

# 늘 생각하고 되새기며 삶의 지침으로 삼을 만한 문구

人一能之 己百之

人十能之 己千之

果能此道矣 雖愚必明

雖柔必强

(인일능지 기백지 인십능지 기천지 과능차도의 수우필명 수유필강)

-中庸-

남이 한 번에 능숙하면 나는 백 번을 하고,

남이 열 번에 능숙하면 나는 천 번을 하면 된다.

과연 이 방법을 해낼 수 있다면 아무리 멍청해도 반드시 똑똑해질 것이고

아무리 유약해도 반드시 강해질 것이다.

-중용-

MATH

# 1. 평면좌표

## 01 두 점 사이의 거리

1 (수학에서) 점이란?

2 수직선 위의 두 점 $\mathrm{A}(x_1), \mathrm{B}(x_2)$ 사이의 거리 $\overline{\mathrm{AB}}$

3 좌표평면 위의 두 점 $\mathrm{A}(x_1, y_1), \mathrm{B}(x_2, y_2)$ 사이의 거리 $\overline{\mathrm{AB}}$

## 02 선분의 내분점

1 내분과 내분점

2 수직선(number line) 위의 선분의 내분점

3 좌표평면 위의 선분의 내분점

## 03 삼각형의 무게중심

1 삼각형의 무게중심

2 삼각형의 무게중심의 좌표

3 (수학에서) 도형이란?

4 자취의 뜻

5 점의 자취

6 자취의 방정식

7 삼각형의 각의 이등분선 정리

## 연습문제

# 01 두 점 사이의 거리

## 1 (수학에서) 점이란?

**점**은 크기가 없고 위치만을 나타내는 가상의 도형이다.
※ 점은 크기가 없으므로 길이도 넓이도 구할 수 없다.

$cf$) (수학에서) 선이란?
한 점이 끊어지지 않고 계속 움직여서 만들어진 도형이다. 따라서 선은 길이만 있고 폭은 없으므로 넓이를 구할 수 없다. 선에는 직선과 곡선이 있다.

## 2 수직선 위의 두 점 사이의 거리

수직선 위의 두 점 $\mathrm{A}(x_1)$, $\mathrm{B}(x_2)$ 사이의 거리 $\overline{\mathrm{AB}}$는 오른쪽 점의 좌표에서 왼쪽 점의 좌표를 뺀 것이다. ※ 두 점의 위치가 같을 때, 두 점 사이의 거리는 0이다.

i) $x_1 \le x_2$이면 $\overline{\mathrm{AB}} = x_2 - x_1$

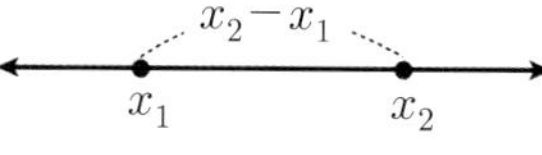

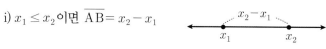

ii) $x_1 > x_2$이면 $\overline{\mathrm{AB}} = x_1 - x_2$

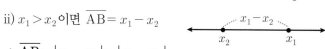

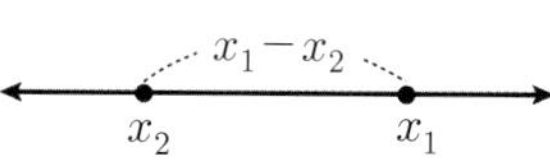


$\therefore \overline{\mathrm{AB}} = |x_2 - x_1| = |x_1 - x_2|$

참고 수직선 위의 두 점 사이의 거리는 절댓값을 이용하면 두 점의 위치에 상관없이 두 점의 좌표를 빼면 된다. 따라서 *절댓값의 의미는 수직선 위의 두 점 사이의 거리이다. 예) 씨앗.1), 씨앗.2)

주의
(거리) $\ge 0$ ex) (두 점 사이의 거리) $\ge 0$, (점과 직선 사이의 거리) $\ge 0$, $\cdots$
(길이) $> 0$ ex) (다각형의 변의 길이) $> 0$, (원의 반지름의 길이) $> 0$, $\cdots$

**씨앗. 1** 수직선 위의 두 점 A, B 사이의 거리를 구하여라.

1) $\mathrm{A}(-1)$, $\mathrm{B}(2)$ 2) $\mathrm{A}(-2)$, $\mathrm{B}(-5)$

풀이 1) $\overline{\mathrm{AB}} = |(-1) - 2| = \mathbf{3}$ 2) $\overline{\mathrm{AB}} = |(-2) - (-5)| = \mathbf{3}$

**씨앗. 2** 다음 절댓값의 의미를 말하여라.

1) $|(-2) - 3|$ 2) $|-7|$ 3) $|☆ + △|$

풀이 1) 수직선 위의 점 $(-2)$와 점 $(3)$ 사이의 거리
수직선 위의 점 $(-3)$과 점 $(2)$ 사이의 거리 ($\because |(-3) - 2|$)
2) 수직선 위의 점 $(0)$과 점 $(7)$ 사이의 거리 ($\because |0 - 7|$)
수직선 위의 점 $(-7)$과 점 $(0)$ 사이의 거리 ($\because |-7 - 0|$)
3) 수직선 위의 점 (☆)과 점 (−△) 사이의 거리 ($\because$ |☆ − (−△)|)
수직선 위의 점 (△)와 점 (−☆) 사이의 거리 ($\because$ |△ − (−☆)|)

**씨앗. 3** ▟ 수직선 위에 두 점 A, B가 있다. 점 A(2), $\overline{AB}=5$일 때, 점 B의 좌표를 구하여라.

**풀이** 수직선 위의 점 B를 점 B($x$)로 놓으면
$\overline{AB}=5$이므로 $|2-x|=5$
$|x-2|=5,\ x-2=\pm5 \quad \therefore x=2\pm5 \quad \therefore x=7$ 또는 $x=-3$

**정답** B(7) 또는 B(−3)

**씨앗. 4** ▟ 수직선 위의 세 점 A(−3), B(1), C($x$)에 대하여 $\overline{AC}=2\overline{BC}$가 성립할 때, 실수 $x$의 값을 구하여라.

**풀이** $\overline{AC}=|(-3)-x|=|x+3|,\ \overline{BC}=|1-x|=|x-1|$
$\overline{AC}=2\overline{BC}$이므로 $|x+3|=2|x-1|$

**방법 I** $|x+3|=2|x-1|$의 양변을 제곱하면
$|x+3|^2=4|x-1|^2,\ (x+3)^2=4(x-1)^2$ ※ $|A|^2=A^2$
$3x^2-14x-5=0 \quad \therefore (3x+1)(x-5)=0 \quad \therefore \boldsymbol{x=-\frac{1}{3}}$ **또는** $\boldsymbol{x=5}$

**방법 II** 「강추」 $|x+3|=2|x-1|$에서 $x+3=\pm2(x-1)$ ※ $|A|=|B| \Leftrightarrow A=\pm B$
i) $x+3=2(x-1)$일 때, $-x=-5 \quad \therefore x=5$
ii) $x+3=-2(x-1)$일 때, $3x=-1 \quad \therefore x=-\frac{1}{3}$
i), ii)에서 구하는 $x$의 값은 $\boldsymbol{x=-\frac{1}{3}}$ **또는** $\boldsymbol{x=5}$

## 3 좌표평면 위의 두 점 사이의 거리

좌표평면 위의 두 점 A($x_1$, $y_1$), B($x_2$, $y_2$) 사이의 거리 $\overline{AB}$는 다음과 같다.

$$\overline{AB}=\sqrt{(x_2-x_1)^2+(y_2-y_1)^2}$$

**증명** 오른쪽 그림에서 두 점 A($x_1$, $y_1$), B($x_2$, $y_2$) 사이의 거리 $\overline{AB}$는 직각삼각형 ABC의 빗변이므로

$\overline{AB}^2=\overline{AC}^2+\overline{BC}^2$ (∵ 피타고라스의 정리)
$=|x_2-x_1|^2+|y_2-y_1|^2$ (∵ $\overline{AC}=|x_2-x_1|,\ \overline{BC}=|y_2-y_1|$)
$=(x_2-x_1)^2+(y_2-y_1)^2$
$\therefore \overline{AB}=\sqrt{(x_2-x_1)^2+(y_2-y_1)^2}$ (∵ $\overline{AB}\ge0$)

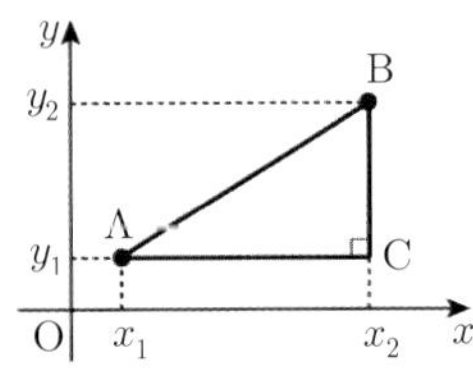


**씨앗. 5** ▟ 다음 두 점 사이의 거리를 구하여라.

1) A(2, −8), B(1, −5) 2) O(0, 0), A(−3, 4)

**풀이** 1) $\overline{AB}=\sqrt{(1-2)^2+\{-5-(-8)\}^2}=\boldsymbol{\sqrt{10}}$ 2) $\overline{OA}=\sqrt{(-3-0)^2+(4-0)^2}=\sqrt{25}=\boldsymbol{5}$

## 뿌리 1-1 같은 거리에 있는 점의 좌표

다음 물음에 답하여라.

1) 두 점 $\mathrm{A}(2,\ -3)$, $\mathrm{B}(-1,\ 3)$에서 같은 거리에 있는 $x$축 위의 점 P의 좌표를 구하여라.

2) 두 점 $\mathrm{A}(0,\ 1)$, $\mathrm{B}(3,\ -1)$과 직선 $y=x-1$ 위의 점 $\mathrm{P}(a,\ b)$에 대하여 $\overline{\mathrm{AP}}=\overline{\mathrm{BP}}$일 때, 점 P의 좌표를 구하여라.

**풀이** 1) 점 P가 $x$축 위의 점이므로 점 P의 좌표를 $(a, 0)$이라 하면

$\overline{\mathrm{AP}}=\overline{\mathrm{BP}}$이므로 $\sqrt{(a-2)^2+(0+3)^2}=\sqrt{(a+1)^2+(0-3)^2}$

양변을 제곱하면 $(a-2)^2+3^2=(a+1)^2+3^2$ (단, ~~$(a-2)^2+3^2\geq 0$, $(a+1)^2+3^2\geq 0$~~)

> 양변을 제곱하면 $\sqrt{\ }$가 없어지므로 $\sqrt{\ }$ 안의 값이 0 이상이 되도록 $a$의 값의 범위를 따져야 한다. 그런데 $\sqrt{\ }$ 안의 값이 제곱의 합이어서 $a$의 값에 관계없이 항상 0 이상이므로 $a$의 값의 범위를 따지지 않는다.

$a^2-4a+13=a^2+2a+10$, $-6a=-3$ $\quad\therefore a=\dfrac{1}{2}$ $\quad\therefore \mathrm{P}\left(\dfrac{1}{2},\ 0\right)$

2) 점 $\mathrm{P}(a, b)$가 직선 $y=x-1$ 위의 점이므로 $b=a-1$ ⋯ ㉠

점 P의 좌표를 $(a,\ a-1)$로 놓으면 ($\because$ ㉠)

$\overline{\mathrm{AP}}=\overline{\mathrm{BP}}$이므로 $\sqrt{(a-0)^2+(a-1-1)^2}=\sqrt{(a-3)^2+(a-1+1)^2}$

양변을 제곱하면 $a^2+(a-2)^2=(a-3)^2+a^2$ (단, ~~$a^2+(a-2)^2\geq 0$, $(a-3)^2+a^2\geq 0$~~)

$2a^2-4a+4=2a^2-6a+9$ $\quad\therefore a=\dfrac{5}{2}$

$a=\dfrac{5}{2}$를 ㉠에 대입하면 $b=\dfrac{3}{2}$ $\quad\therefore \mathrm{P}\left(\dfrac{5}{2},\ \dfrac{3}{2}\right)$

**참고**

$cf$
- $\sqrt{x^2} \Leftrightarrow \underline{|x|}$
- (익히는 방법) $\sqrt{\ }$ 안의 제곱은 $\sqrt{\ }$와 없어지면서 <u>안에 절댓값</u>이 생긴다.
- $(\sqrt{x}\ )^2 \Leftrightarrow$ **<u>$x$ (단, $x\geq 0$)</u>: 실수의 범위일 때** $\quad cf)\ (\sqrt{x}\ )^2 \Leftrightarrow x$: 복소수의 범위일 때
- (익히는 방법) $\sqrt{\ }$ 밖의 제곱은 $\sqrt{\ }$와 없어지면서 <u>밖에 범위</u>가 생긴다. (실수의 범위일 때)

※*도형(점, 직선, 원 등)은 실수의 범위에서 정의된다. $cf$) 다항방정식은 복소수의 범위에서 정의된다.

**[줄기 1-1]** 두 점 $\mathrm{A}(-2,\ 1)$, $\mathrm{B}(2,\ 3)$에서 같은 거리에 있는 $y$축 위의 점 P의 좌표를 구하여라.

**[줄기 1-2]** 두 점 $\mathrm{A}(1,\ 1)$, $\mathrm{B}(3,\ 1)$에서 같은 거리에 있는 직선 $2x+y=1$ 위의 점 P의 좌표를 구하여라.

## 뿌리 1-2 삼각형의 모양

세 점 $A(-1, 4)$, $B(1, 1)$, $C(4, 3)$을 꼭짓점으로 하는 삼각형 ABC는 어떤 삼각형인지 말하여라.

**풀이** $\overline{AB}=\sqrt{\{1-(-1)\}^2+(1-4)^2}=\sqrt{13}$

$\overline{BC}=\sqrt{(4-1)^2+(3-1)^2}=\sqrt{13}$

$\overline{CA}=\sqrt{(-1-4)^2+(4-3)^2}=\sqrt{26}$

$\therefore \overline{AB}=\overline{BC}$, $\overline{CA}^2=\overline{AB}^2+\overline{BC}^2$

따라서 삼각형 ABC는 **$\angle B=90°$인 직각이등변삼각형**이다.

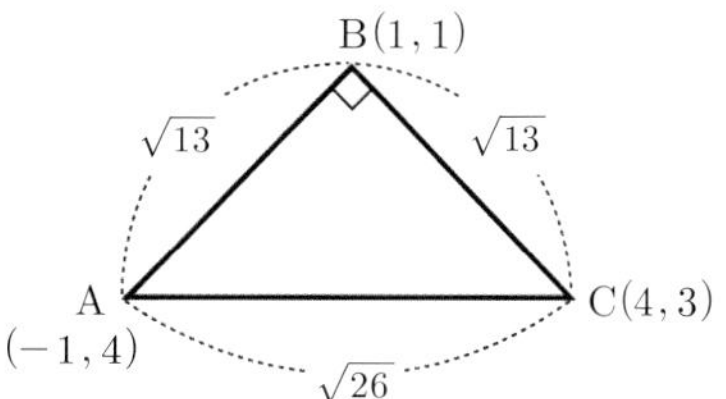


**참고** 삼각형의 모양을 알아볼 때는 각보다는 세 변의 길이 사이의 관계를 이용한다.
($\because$ 각은 특수 각 (30°, 45°, 60°, 90°)이 아니면 항상 난관에 봉착한다.)

**[줄기1-3]** 세 점 $O(0, 0)$, $A(a, -b)$, $B(a+b, a-b)$를 꼭짓점으로 하는 삼각형 OAB는 어떤 삼각형인지 말하여라.

## 뿌리 1-3 삼각형의 외심의 좌표

세 꼭짓점 $A(1, 2)$, $B(-1, 1)$, $C(3, 2)$인 삼각형 ABC의 외심 P의 좌표가 $(a, b)$일 때, 실수 $a$, $b$의 값과 외접원의 반지름의 길이 R을 구하여라.

**핵심** 외심은 삼각형에 외접하는 원의 중심이다.

**풀이** 반지름의 길이 $R=\overline{PA}=\overline{PB}=\overline{PC}$ ($\because$ 외접원의 중심이 P이다.)

$\overline{PA}=\overline{PB}$에서 $\sqrt{(a-1)^2+(b-2)^2}=\sqrt{(a+1)^2+(b-1)^2}$

양변을 제곱하면 $a^2-2a+b^2-4b+5=a^2+2a+b^2-2b+2$

$\therefore 4a+2b=3 \cdots ㉠$

$\overline{PB}=\overline{PC}$에서 $\sqrt{(a+1)^2+(b-1)^2}=\sqrt{(a-3)^2+(b-2)^2}$

양변을 제곱하면 $a^2+2a+b^2-2b+2=a^2-6a+b^2-4b+13$

$\therefore 8a+2b=11 \cdots ㉡$

㉠, ㉡을 연립하여 풀면 $\mathbf{a=2,\ b=-\frac{5}{2}}$

이때, 외접원의 반지름의 길이 R은 $R=\overline{PA}=\overline{PB}=\overline{PC}$이므로

$$R=\overline{PA}=\sqrt{(2-1)^2+\left(-\frac{5}{2}-2\right)^2}=\sqrt{1+\frac{81}{4}}=\sqrt{\frac{85}{4}}=\frac{\sqrt{85}}{2}$$

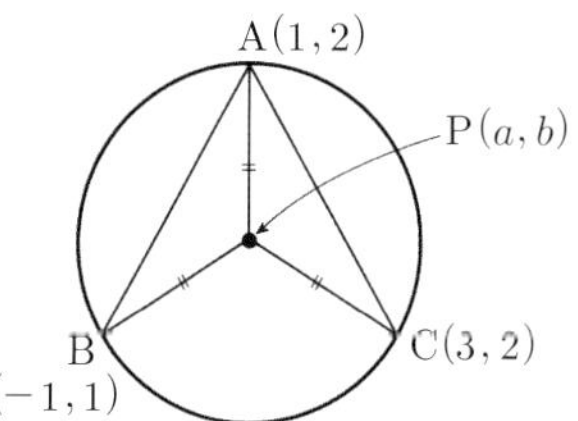


**[줄기1-4]** 세 점 $O(0, 0)$, $A(3, 1)$, $B(7, -1)$을 꼭짓점으로 하는 삼각형 OAB의 외접원의 반지름의 길이를 구하여라.

## 뿌리 1-4 선분의 길이의 제곱의 합의 최솟값(1)

두 점 A$(2, 1)$, B$(7, 3)$과 $y$축 위의 점 P에 대하여 $\overline{\text{AP}}^2+\overline{\text{BP}}^2$의 최솟값과 그때의 점 P의 좌표를 구하여라.

**풀이** 점 P가 $y$축 위의 점이므로 점 P의 좌표를 $(0, a)$라 하면

$\overline{\text{AP}}^2+\overline{\text{BP}}^2=2^2+(a-1)^2+7^2+(a-3)^2$

$=2a^2-8a+63=2(a^2-4a)+63=2(a-2)^2-8+63$

$=2(a-2)^2+55$

$\overline{\text{AP}}^2+\overline{\text{BP}}^2\geq 55$ ($\because (a-2)^2\geq 0$)

$\overline{\text{AP}}^2+\overline{\text{BP}}^2$은 $a=2$일 때 **최솟값 55**를 갖고, 그때의 **점 P의 좌표는 (0, 2)**이다.

**[줄기 1-5]** 두 점 A$(-2, 4)$, B$(3, 2)$와 $x$축 위의 점 P에 대하여 $\overline{\text{AP}}^2+\overline{\text{BP}}^2$의 최솟값과 그때의 점 P의 좌표를 구하여라.

## 뿌리 1-5 선분의 길이의 제곱의 합의 최솟값(2)

세 점 A$(-1, 4)$, B$(1, 1)$, C$(3, 4)$에 대하여 $\overline{\text{AP}}^2+\overline{\text{BP}}^2+\overline{\text{CP}}^2$의 최솟값과 그때의 점 P의 좌표를 구하여라.

**방법 I** 점 P의 좌표를 $(a, b)$라 하면

$\overline{\text{AP}}^2+\overline{\text{BP}}^2+\overline{\text{CP}}^2=(a+1)^2+(b-4)^2+(a-1)^2+(b-1)^2+(a-3)^2+(b-4)^2$

$=3a^2-6a+3b^2-18b+44=3(a^2-2a)+3(b^2-6b)+44$

$=3(a-1)^2-3+3(b-3)^2-27+44$

$=3(a-1)^2+3(b-3)^2+14$

$\overline{\text{AP}}^2+\overline{\text{BP}}^2+\overline{\text{CP}}^2\geq 14$ ($\because (a-1)^2\geq 0, (b-3)^2\geq 0$)

$\overline{\text{AP}}^2+\overline{\text{BP}}^2+\overline{\text{CP}}^2$은 $a=1, b=3$일 때 **최솟값 14**를 갖고, 그때의 **점 P의 좌표는 (1, 3)**

**방법 II** 「강추」 삼각형의 무게중심의 좌표를 익힌 후에는 방법 II로 푼다. [p.25 2]

세 정점으로부터 거리의 제곱의 합이 최소가 되는 점은 세 정점을 꼭짓점으로 하는 삼각형의 무게중심이다. 증명 잎 1-11) [p.32]

$\therefore$ 점 P의 좌표는 $\left(\frac{-1+1+3}{3}, \frac{4+1+4}{3}\right)=$ **(1, 3)**

$\therefore$ ($\overline{\text{AP}}^2+\overline{\text{BP}}^2+\overline{\text{CP}}^2$의 최솟값)$=(1+1)^2+(3-4)^2+(1-1)^2+(3-1)^2+(1-3)^2+(3-4)^2$

$=$ **14**

**[줄기 1-6]** 세 점 A$(1, 3)$, B$(-1, -3)$, C$(-3, -6)$에 대하여 $\overline{\text{AP}}^2+\overline{\text{BP}}^2+\overline{\text{CP}}^2$의 최솟값과 그때의 점 P의 좌표를 구하여라.

## 뿌리 1-6 두 점 사이의 거리의 활용(1)

$x$, $y$가 실수일 때, $\sqrt{(x+2)^2+(y-1)^2}+\sqrt{(x-2)^2+(y+3)^2}$의 최솟값을 구하여라.

**핵심** 선분의 길이의 합의 최솟값은 이 선분들이 일직선 위에 놓일 때이다.

**풀이** ⋆세 점 $\mathrm{A}(-2, 1)$, $\mathrm{B}(x, y)$, $\mathrm{C}(2, -3)$이라 하면

$\sqrt{(x+2)^2+(y-1)^2}=\overline{\mathrm{AB}}$, $\sqrt{(x-2)^2+(y+3)^2}=\overline{\mathrm{BC}}$

즉, $\overline{\mathrm{AB}}+\overline{\mathrm{BC}}$의 최솟값을 구하라는 문제이다.

점 $\mathrm{B}(x, y)$가 오른쪽 그림과 같이 $\overline{\mathrm{AC}}$ 위에 있을 때,

$\overline{\mathrm{AB}}+\overline{\mathrm{BC}}$는 $\overline{\mathrm{AC}}$로 최소가 된다.

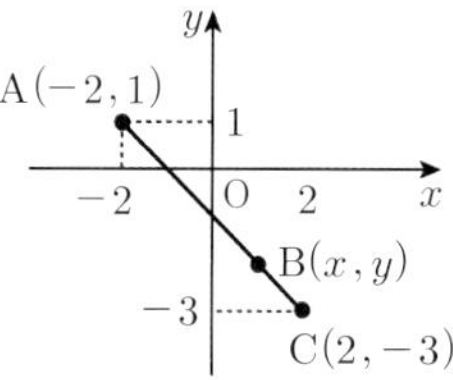


$\therefore \overline{\mathrm{AC}}=\sqrt{\{2-(-2)\}^2+(-3-1)^2}=\sqrt{16+16}=\sqrt{16\cdot 2}=\mathbf{4\sqrt{2}}$

**참고**
- $\sqrt{(x-a)^2+(y-b)^2}$ ⇨ 두 점 $(x, y)$, $(a, b)$ 사이의 거리를 말한다.
- $\sqrt{(x+a)^2+(y-b)^2}$ ⇨ 두 점 $(x, y)$, $(-a, b)$ 사이의 거리를 말한다.
- $\sqrt{(x-a)^2+(y+b)^2}$ ⇨ 두 점 $(x, y)$, $(a, -b)$ 사이의 거리를 말한다.

## 뿌리 1-7 두 점 사이의 거리의 활용(2)

세 점 $\mathrm{O}(0, 0)$, $\mathrm{A}(a, b)$, $\mathrm{B}(-2, 3)$일 때, $\sqrt{a^2+b^2}+\sqrt{(a+2)^2+(b-3)^2}$의 최솟값을 구하여라.

**풀이** ⋆세 점 $\mathrm{O}(0, 0)$, $\mathrm{A}(a, b)$, $\mathrm{B}(-2, 3)$이므로

$\sqrt{a^2+b^2}=\overline{\mathrm{OA}}$, $\sqrt{(a+2)^2+(b-3)^2}=\overline{\mathrm{AB}}$

즉, $\overline{\mathrm{OA}}+\overline{\mathrm{AB}}$의 최솟값을 구하라는 문제이다.

점 $\mathrm{A}(a, b)$가 오른쪽 그림과 같이 $\overline{\mathrm{OB}}$ 위에 있을 때,

$\overline{\mathrm{OA}}+\overline{\mathrm{AB}}$는 $\overline{\mathrm{OB}}$로 최소가 된다.

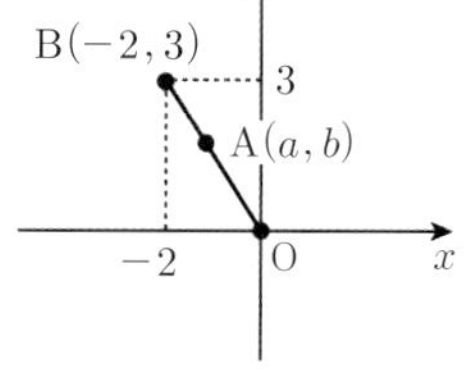


$\therefore \overline{\mathrm{OB}}=\sqrt{(-2-0)^2+(3-0)^2}=\sqrt{4+9}=\mathbf{\sqrt{13}}$

**참고**
- $\sqrt{x^2+y^2}$ ⇨ 두 점 $(x, y)$, $(0, 0)$ 사이의 거리를 말한다.
- $\sqrt{(x+a)^2+(y-b)^2}$ ⇨ 두 점 $(x, y)$, $(-a, b)$ 사이의 거리를 말한다.

**[줄기1-7]** $a$, $b$가 실수일 때, $\sqrt{a^2+b^2}+\sqrt{(a-1)^2+(b-2)^2}$의 최솟값을 구하여라.

**[줄기1-8]** 세 점 $\mathrm{A}(-2, -2)$, $\mathrm{B}(x, y)$, $\mathrm{C}(3, 1)$일 때,

$\sqrt{(x+2)^2+(y+2)^2}+\sqrt{(x-3)^2+(y-1)^2}$의 최솟값을 구하여라.

## 뿌리 1-8 좌표를 이용한 도형의 성질의 증명

삼각형 ABC에서 점 M이 변 BC의 중점일 때,
$\overline{AB}^2+\overline{AC}^2=2(\overline{AM}^2+\overline{BM}^2)$이 성립함을
좌표평면을 이용하여 증명하여라.

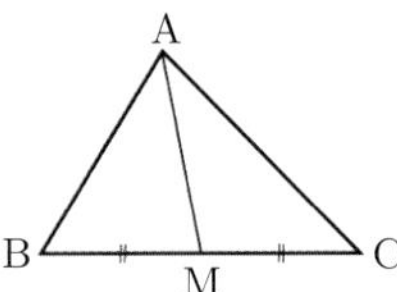


**핵심** 도형의 성질을 증명할 때, 좌표를 이용하면 쉽게 증명할 수 있다.
이때 주어진 도형의 한 변이 좌표축 위에 오도록 놓고 주어진 점이 원점 또는 좌표축 위의 점이 되도록 놓으면 계산이 간단해진다.

**풀이** 오른쪽 그림과 같이 직선 BC를 $x$축, 점 M을 지나면서 $\overline{BC}$에 수직인 직선을 $y$축으로 잡으면 점 M은 원점이 된다.
$A(a, b)$, $C(c, 0)$ $(c>0)$이라 하면 점 B의 좌표는 $(-c, 0)$이므로

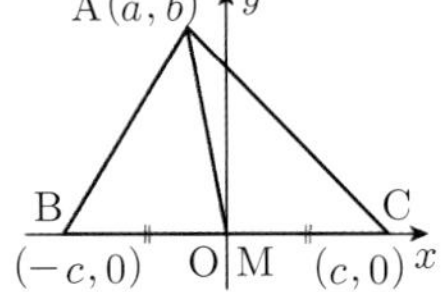


$$\overline{AB}^2+\overline{AC}^2=\{(a+c)^2+b^2\}+\{(a-c)^2+b^2\}$$
$$=2(a^2+b^2+c^2)$$

또 $\overline{AM}^2=a^2+b^2$, $\overline{BM}^2=c^2$이므로

$$2(\overline{AM}^2+\overline{BM}^2)=2(a^2+b^2+c^2)$$
$$\therefore \overline{AB}^2+\overline{AC}^2=2(\overline{AM}^2+\overline{BM}^2)$$

**줄기 1-9** 삼각형 ABC의 변 BC 위의 점 D에 대하여
$\overline{BD}=3\overline{DC}$일 때,
$\overline{AB}^2+3\overline{AC}^2=4(\overline{AD}^2+3\overline{CD}^2)$이 성립함을 좌표평면을 이용하여 증명하여라.

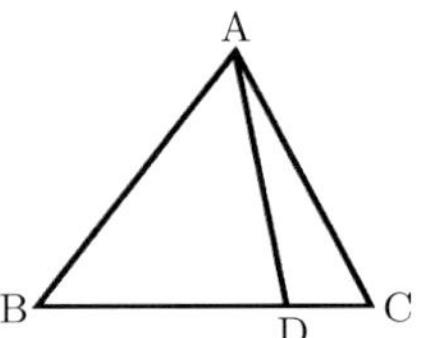


**줄기 1-10** 직사각형 ABCD와 점 P가 한 평면 위에 있을 때,
$\overline{PA}^2+\overline{PC}^2=\overline{PB}^2+\overline{PD}^2$이 성립함을
좌표평면을 이용하여 증명하여라.

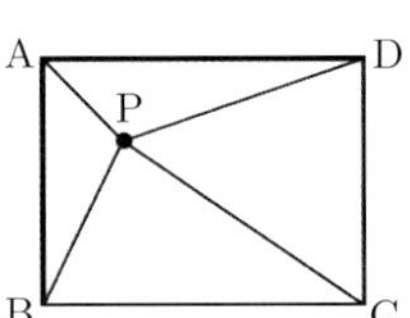

## 02 선분의 내분점

### 1 내분과 내분점

점 P가 선분 AB 위에 있고

$\overline{AP}:\overline{PB}=m:n(m>0, n>0)$일 때,

점 P는 선분 AB를 $m:n$으로 **내분**한다고 하고, 점 P를 선분 AB의 **내분점**이라 한다.

### 2 수직선(number line) 위의 선분의 내분점

수직선 위의 두 점 $A(x_1)$, $B(x_2)$에 대하여

1) 선분 AB를 $m:n\ (m>0, n>0)$으로 내분하는 점의 좌표는 $\dfrac{mx_2+nx_1}{m+n}$

2) 선분 AB의 중점의 좌표는 $\dfrac{x_1+x_2}{2}$

증명 1) 수직선 위의 두 점 $A(x_1)$, $B(x_2)$를 이은 선분 AB를 $m:n(m>0, n>0)$으로 내분하는 점 $P(x)$의 좌표를 구해 보자.

$x_2>x_1$일 때

$\overline{AP}=x-x_1$, $\overline{PB}=x_2-x$ 이고,

$\overline{AP}:\overline{PB}=m:n$이므로

$(x-x_1):(x_2-x)=m:n$

$m(x_2-x)=n(x-x_1)$, $mx_2-mx=nx-nx_1$, $(m+n)x=mx_2+nx_1$ $\quad\therefore x=\dfrac{mx_2+nx_1}{m+n}$

또한, $x_1>x_2$일 때도 같은 방법으로 구하면 $x=\dfrac{mx_2+nx_1}{m+n}$

따라서 내분점 공식은 두 점 A, B의 수직선 위의 좌우 위치를 생각하지 말고 $\overline{AB}$의 내분은 $\overline{AB}$에 따라 공식을 적용한다.

2) 선분 AB의 중점은 $\overline{AB}$를 $1:1$로 내분하는 점이므로 중점의 좌표는 $x=\dfrac{1\cdot x_2+1\cdot x_1}{1+1}=\dfrac{x_1+x_2}{2}$

참고 1) 수직선(number line, 數: 숫자 수, 直: 곧을 직, 線: 줄선)

일정한 간격으로 눈금을 표시하여 수를 대응시킨 직선을 수직선이라 한다.

2) 수직선(vertical line, 垂: 드리울 수, 直: 곧을 직, 線: 줄선)

일정한 직선이나 평면과 직각을 이루는 직선을 수직선이라 한다. [같은 말] 수선(垂線)

※ 수직선은 동음이의어이다. ✓동음이의어: 소리는 같지만 뜻이 다른 단어

따라서 수직선이 쓰인 문장에서는 이 단어의 앞뒤 내용을 잘 살펴서 문맥의 의미에 맞게 읽는다.

(내분점 공식 사용법) $\overline{AB}$를 $m:n$으로 내분하는 내분점의 좌표를 구하는 방법

**1st** 두 점의 좌표 $A(x_1)$, $B(x_2)$의 밑에 $m:n$을 적는다. ⇨ $A(x_1)$, $B(x_2)$ / $m : n$

**2nd** 분모에 $m+n$을 적고, 분자에도 똑같이 $m+n$을 적는다. ⇨ $\dfrac{m\bigcirc+n\square}{m+n}$

**3rd** 분자는 녹색화살표의 방향대로 엇갈리게 곱한다. ⇨ $\dfrac{mx_2+nx_1}{m+n}$

## 3 좌표평면 위의 선분의 내분점

좌표평면 위의 두 점 $A(x_1, y_1)$, $B(x_2, y_2)$에 대하여 다음이 성립한다.

1) 선분 AB를 $m:n\,(m>0, n>0)$으로 **내분하는 점을** P라 하면

i) $x$축 위의 점 $a$는 $\overline{x_1x_2}$를 $m:n$으로 내분하는 내분점이다.

$\therefore a=\dfrac{mx_2+nx_1}{m+n}$

ii) $y$축 위의 점 $b$는 $\overline{y_1y_2}$를 $m:n$으로 내분하는 내분점이다.

$\therefore b=\dfrac{my_2+ny_1}{m+n}$

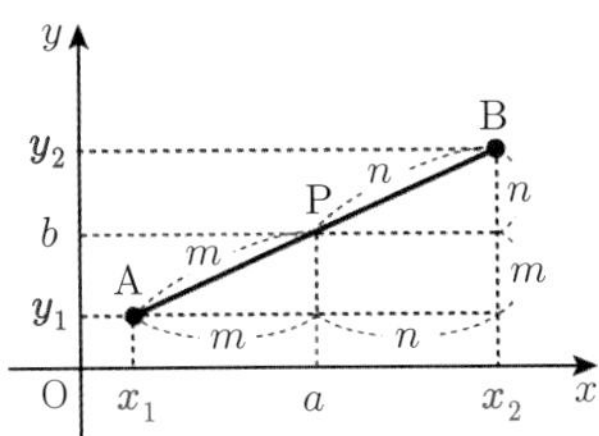


따라서 점 P의 좌표는 $P\left(\dfrac{mx_2+nx_1}{m+n}, \dfrac{my_2+ny_1}{m+n}\right)$

(내분점 공식 사용법) $\overline{AB}$를 $m:n$으로 내분하는 내분점의 좌표를 구하는 방법

1st 두 점의 좌표 $A(x_1, y_1)$, $B(x_2, y_2)$의 밑에 $m:n$을 적는다. ⇨ $A(x_1, y_1)$ $B(x_2, y_2)$ / $m : n$

2nd 분모에 $m+n$을 적고, 분자에도 똑같이 $m+n$을 적는다. ⇨ $P\left(\dfrac{m\bigcirc+n\square}{m+n}, \dfrac{m\bigcirc+n\square}{m+n}\right)$

3rd 분자는 녹색화살표의 방향대로 엇갈리게 곱한다. ⇨ $P\left(\dfrac{mx_2+nx_1}{m+n}, \dfrac{my_2+ny_1}{m+n}\right)$

2) 선분 AB의 **중점을** M이라 하면

$M\left(\dfrac{x_1+x_2}{2}, \dfrac{y_1+y_2}{2}\right)$

증명 $\overline{AB}$의 중점 M은 $\overline{AB}$를 $1:1$로 내분하는 점이므로 내분점 공식에 $m=1$, $n=1$을 대입하면

$M\left(\dfrac{1\cdot x_2+1\cdot x_1}{1+1}, \dfrac{1\cdot y_2+1\cdot y_1}{1+1}\right)$ $\quad\therefore M\left(\dfrac{x_1+x_2}{2}, \dfrac{y_1+y_2}{2}\right)$

---

수직선의 화살표 표시는 분명한 기준이 있는 게 아니어서 다음 셋 중 편한 것을 선택하여 쓰면 된다.

i) ii) iii)

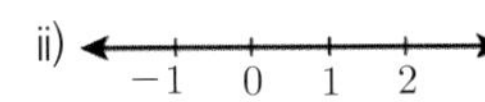


프랑스, 독일, 러시아에서는 i)을, 한국, 미국에서는 ii)를, 영국에서는 iii)를 주로 쓴다.

---

**씨앗. 1** 수직선 위의 두 점 $A(-2)$, $B(4)$에 대하여 선분 AB를 $2:1$로 내분하는 점 P의 좌표를 구하여라.

풀이 1st 두 점의 좌표 $A(-2)$, $B(4)$의 밑에 $2:1$을 적는다. ⇨ $A(-2)$, $B(4)$ / $2 : 1$

2nd 분모에 $2+1$을 적고, 분자에도 똑같이 $2+1$을 적는다. ⇨ $\dfrac{2\bigcirc+1\square}{2+1}$

3rd 분자는 회색화살표의 방향대로 엇갈리게 곱한다. ⇨ $P\left(\dfrac{2\cdot 4+1\cdot(-2)}{2+1}\right)$ $\quad\therefore P(2)$

## 뿌리 2-1 수직선 위의 선분의 내분점 (1)

수직선 위의 두 점 A(4), B(−2)에 대하여 $\overline{AB}$를 2 : 3로 내분하는 점 P와 중점 M의 좌표를 구하여라.

**핵심** 내분점의 공식은 두 점 A, B의 수직선 위의 좌우 위치를 생각하지 말고 $\overline{AB}$를 내분하라고 했으면 $\overline{AB}$에 따라 공식을 적용한다. [p.19 ②]

**풀이** i) 내분점

**1st** 두 점의 좌표 A(4), B(−2)의 밑에 2 : 3을 적는다. ⇨ A(4), B(−2)
2 : 3

**2nd** 분모에 2+3을 적고, 분자에도 똑같이 2+3을 적는다. ⇨ $\dfrac{2\bigcirc+3\square}{2+3}$

**3rd** 분자는 회색화살표의 방향대로 엇갈리게 곱한다. ⇨ $P\left(\dfrac{2\cdot(-2)+3\cdot4}{2+3}\right)$ $\quad\therefore P\left(\dfrac{8}{5}\right)$

ii) 중점 $M\left(\dfrac{4+(-2)}{2}\right)$ $\quad\therefore M(1)$

**[줄기 2-1]** 수직선 위의 두 점 A(−3), B(5)에 대하여 $\overline{BA}$를 1 : 2로 내분하는 점 P와 중점 M의 좌표를 구하여라.

## 뿌리 2-2 좌표평면 위의 선분의 내분점

두 점 A(2, −3), B(3, −1)에 대하여 $\overline{AB}$를 2 : 5로 내분하는 점 P와 중점 M의 좌표를 구하여라.

**풀이** i) 내분점

두 점의 좌표 A(2, −3), B(3, −1)의 밑에 2 : 5를 적는다.
2 : 5

분모에 2+5를 적고, 분자에도 똑같이 2+5를 적는다.

$P\left(\dfrac{2\bigcirc+5\square}{2+5}, \dfrac{2\bigcirc+5\square}{2+5}\right)$

분자는 회색화살표의 방향대로 엇갈리게 곱한다.

$P\left(\dfrac{2\cdot3+5\cdot2}{2+5}, \dfrac{2\cdot(-1)+5\cdot(-3)}{2+5}\right)$ $\quad\therefore P\left(\dfrac{16}{7}, -\dfrac{17}{7}\right)$

ii) 중점 $M\left(\dfrac{2+3}{2}, \dfrac{-3+(-1)}{2}\right)$ $\quad\therefore M\left(\dfrac{5}{2}, -2\right)$

**[줄기 2-2]** 두 점 A(−1, −2), B(3, 1)에 대하여 $\overline{BA}$를 2 : 3으로 내분하는 점 P와 중점 M의 좌표를 구하여라.

## 뿌리 2-3 수직선 위의 선분의 내분점(2)

수직선 위의 두 점 $A(3)$, $B(-2)$에 대하여 $\overline{AB}$를 $3:2$로 내분하는 점 $P$의 좌표를 구하여라.

**방법 I** $A(3)$, $B(-2)$

3 : 2

$\therefore P\left(\dfrac{3\cdot(-2)+2\cdot3}{3+2}\right)$ $\therefore P(0)$

**방법 II** i) $\overline{AB}$를 $(3+2)=5$등분 한다.

B A
−2 0 3

ii) $\overline{AP}:\overline{PB}=3:2$인 $\overline{AB}$ 위의 점 $P$를 찍는다.
$\therefore P(0)$

B 2 P 3 A
−2 0 3

**참고** 내분점의 공식은 두 점 A, B의 수직선 위의 좌우 위치를 생각하지 말고 $\overline{AB}$를 내분하라고 했으면 $\overline{AB}$에 따라 공식을 적용한다. [p.19 2]

**주의** 공식과 달리 *점을 수직선 위에 나타낼 때는 점의 좌우 위치를 생각해야 한다.

## 뿌리 2-4 선분의 연장선 위의 점(1)

다음 물음에 답하여라.

1) 점 C가 $\overline{AB}$ 위의 점일 때, $5\overline{AB}=7\overline{BC}$를 만족시키는 점 C를 아래 그림에 표시하여라.

A B

2) 점 C가 $\overline{AB}$의 연장선 위의 점일 때, $\overline{AB}=3\overline{BC}$를 만족시키는 점 C를 아래 그림에 표시하여라.

A B

**풀이** 1) $5\overline{AB}=7\overline{BC} \Leftrightarrow \overline{AB}:\overline{BC}=\mathbf{7}:5$

**1st** $\overline{AB}$를 7등분 한다.
**2nd** $\overline{BC}$가 5등분이 되는 점 C를 찍는다.

점 C가 $\overline{AB}$ 위의 점일 때, 점 C는 $\overline{AB}$를 $2:5$로 내분하는 점이므로 점 C의 위치는

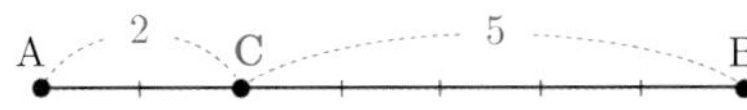


2) $\overline{AB}=3\overline{BC} \Leftrightarrow \overline{AB}:\overline{BC}=\mathbf{3}:1$

**1st** $\overline{AB}$를 3등분 한다.
**2nd** $\overline{BC}$가 1등분이 되는 점 C를 찍는다.

점 C가 $\overline{AB}$의 연장선 위의 점일 때, 점 B는 $\overline{AC}$를 $3:1$로 내분하는 점이므로 점 C의 위치는

A 3 B 1 C

## 뿌리 2-5 선분의 연장선 위의 점(2)

두 점 $A(2, 5)$, $B(-2, 3)$을 잇는 직선 AB 위에 $3\overline{AB}=2\overline{BC}$를 만족시키는 점 $C(a, b)$가 있다. 이때, 실수 $a$, $b$의 값을 구하여라. (단, $a>0$)

**풀이** $3\overline{AB}=2\overline{BC} \Leftrightarrow \overline{AB}:\overline{BC}=2:3$

i) 점 C가 $\overline{AB}$ 위의 점일 때, $\overline{AB}:\overline{BC}=2:3$을 만족하는 점 C는 존재하지 않는다.
따라서 점 C는 $\overline{AB}$ 위의 점이 아니다.

ii) 점 C가 $\overline{AB}$의 연장선 위의 점일 때, $\overline{AB}:\overline{BC}=2:3$을 만족하는 점 C의 위치는 다음과 같다.
(*두 점 A, B는 고정되었으므로 좌우 위치를 고려하여 수직선 위에 먼저 그려 놓는다.)

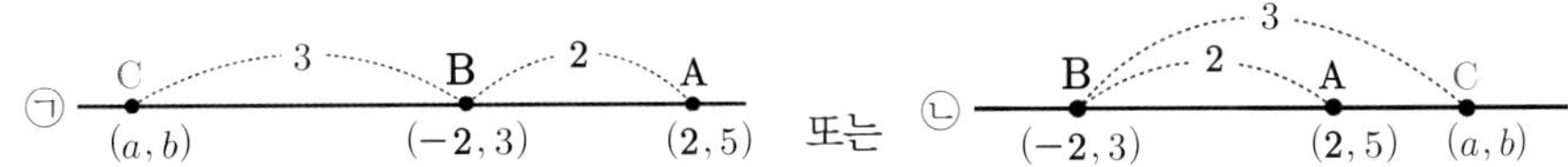


$a>0$이어야 하므로 ㉠의 점 C는 구하는 점이 아니다.
따라서 ㉡에서 점 A는 $\overline{BC}$를 $2:1$로 내분한 점이므로 $C(a, b)$라 하면

$B(-2, 3)$, $C(a, b)$

$2 : 1$

$\dfrac{2a-2}{2+1}=2$, $\dfrac{2b+3}{2+1}=5$ $\therefore 2a-2=6$, $2b+3=15$ $\therefore$ $\mathbf{a=4, b=6}$

**[줄기2-3]** 두 점 $A(-2, 5)$, $B(2, 3)$을 이은 선분 AB의 연장선 위에 있는 점 C에 대하여 $2\overline{AB}=3\overline{BC}$일 때, 점 C의 좌표를 구하여라.

## 뿌리 2-6 선분의 내분점의 활용

좌표평면에서 두 점 $A(-1, 4)$, $B(5, -5)$를 이은 선분 AB를 $2:1$로 내분하는 점이 직선 $y=2x+k$ 위에 있을 때, 상수 $k$의 값은? [교육청 기출]

① $-8$ ② $-7$ ③ $-6$ ④ $-5$ ⑤ $-4$

**풀이** 선분 AB를 $2:1$로 내분하는 점의 좌표는

$\left(\dfrac{2\cdot5+1\cdot(-1)}{2+1}, \dfrac{2\cdot(-5)+1\cdot4}{2+1}\right)=(3, -2)$

이때, 점 $(3, -2)$가 직선 $y=2x+k$ 위에 있으므로

$-2=2\cdot3+k$ $\therefore k=-8$

**정답** ①

**[줄기2-4]** 좌표평면 위의 두 점 $A(-2, 5)$, $B(6, -3)$을 잇는 선분 AB를 $t:(1-t)$로 내분하는 점이 제1 사분면에 있을 때, $t$의 값의 범위는? (단, $0<t<1$이다.) [교육청 기출]

① $\dfrac{1}{8}<t<\dfrac{1}{4}$ ② $\dfrac{1}{4}<t<\dfrac{5}{8}$ ③ $\dfrac{3}{8}<t<\dfrac{3}{4}$ ④ $\dfrac{1}{2}<t<\dfrac{7}{8}$ ⑤ $\dfrac{5}{8}<t<1$

## 뿌리 2-7 내분점의 활용 – 평행사변형

세 점 A(2, 1), B(6, −3), C(5, −2)를 꼭짓점으로 하는 평행사변형 ABCD의 꼭짓점 D의 좌표를 구하여라.

**핵심** 평행사변형의 두 대각선은 서로 다른 것을 이등분한다.
∴ 두 대각선의 중점이 서로 일치한다.

$\left(\dfrac{x_1+x_3}{2}, \dfrac{y_1+y_3}{2}\right)=\left(\dfrac{x_2+x_4}{2}, \dfrac{y_2+y_4}{2}\right)$

따라서 ★$x_1+x_3=x_2+x_4$, $y_1+y_3=y_2+y_4$

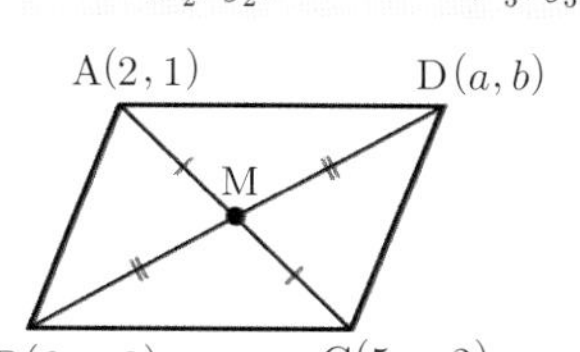


**풀이** 평행사변형 ABCD에서 꼭짓점 D의 좌표를 $(a, b)$라 하면

i) $a+6=2+5$ ∴ $a=1$

ii) $b+(-3)=1+(-2)$ ∴ $b=2$

따라서 점 D의 좌표는 **D(1, 2)**이다.

A(2, 1) D(a, b) M B(6, −3) C(5, −2)

**참고** 도형의 꼭짓점의 배열 ⇨ 일반적으로 반시계 방향으로 배치한다.

**[줄기2-5]** 네 점 A(a, 2), B(2, b), C(6, 1), D(−1, −2)를 꼭짓점으로 하는 사각형 ABCD가 평행사변형일 때, 실수 $a, b$의 값을 구하여라.

## 뿌리 2-8 내분점의 활용 – 마름모

네 점 A(a, 1), B(b, −1), C(7, 3), D(3, 5)를 꼭짓점으로 하는 사각형 ABCD가 마름모일 때, 실수 $a, b$의 값을 구하여라.

**풀이** i) 마름모는 두 대각선의 중점이 일치하므로

$a+7=b+3$ ∴ $b=a+4$ ⋯㉠

ii) 마름모는 네 변의 길이가 같으므로

$\overline{AD}=\overline{DC}$에서 $\sqrt{(a-3)^2+4^2}=\sqrt{4^2+2^2}$

$\overline{AD}=\overline{AB}$, $\overline{AD}=\overline{BC}$는 계산이 복잡하여 비추!

양변을 제곱하여 정리하면 $a^2-6a+25=20$

$a^2-6a+5=0$, $(a-1)(a-5)=0$ ∴ $a=1$ 또는 $a=5$

이것을 ㉠에 각각 대입하면 **$a=1$, $b=5$ 또는 $a=5$, $b=9$**

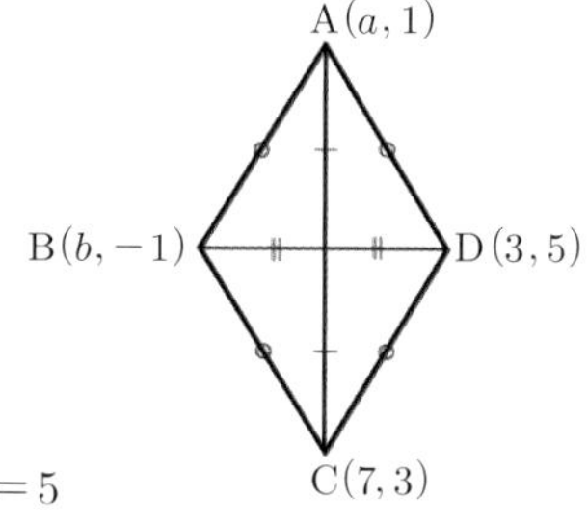


**참고** i) 마름모는 평행사변형 중에서 네 변의 길이가 모두 같은 것이다.
ii) 마름모의 두 대각선은 서로 다른 것을 수직이등분한다.

**[줄기2-6]** 네 점 A(2, 3), B(−2, a), C(2, b), D(6, 2)를 꼭짓점으로 하는 사각형 ABCD가 마름모일 때, 실수 $a, b$의 값을 구하여라.

# 03 삼각형의 무게중심

## 1 삼각형의 무게중심

1) **정의** : 삼각형의 세 중선의 교점을 삼각형의 **무게중심**이라 한다.
2) **성질** : 삼각형의 무게중심은 세 중선을 각 꼭짓점으로부터 **2 : 1로 내분**한다.

※ 중선 : 삼각형의 한 꼭짓점과 그 대변의 중점을 이은 선분을 중선이라 한다.

## 2 삼각형의 무게중심의 좌표

세 점 $\mathrm{A}(x_1, y_1)$, $\mathrm{B}(x_2, y_2)$, $\mathrm{C}(x_3, y_3)$을 꼭짓점으로 하는 삼각형 ABC의 무게중심 G의 좌표는

$$\mathrm{G}\left(\frac{x_1+x_2+x_3}{3}, \frac{y_1+y_2+y_3}{3}\right)$$

증명 무게중심 G는 $\overline{\mathrm{AM}}$을 2 : 1로 내분하는 점이므로

$\mathrm{A}(x_1, y_1)$ $\quad$ $\mathrm{M}\left(\frac{x_2+x_3}{2}, \frac{y_2+y_3}{2}\right)$

2 : 1

$$\mathrm{G}\left(\frac{2\cdot\frac{x_2+x_3}{2}+1\cdot x_1}{2+1}, \frac{2\cdot\frac{y_2+y_3}{2}+1\cdot y_1}{2+1}\right) \quad \therefore \mathrm{G}\left(\frac{x_1+x_2+x_3}{3}, \frac{y_1+y_2+y_3}{3}\right)$$

A$(x_1, y_1)$, B$(x_2, y_2)$, C$(x_3, y_3)$, G, M, 2, 1, $\mathrm{M}\left(\frac{x_2+x_3}{2}, \frac{y_2+y_3}{2}\right)$

(익히는 방법)

두 점의 중심 : $\left(\frac{x_1+x_2}{2}, \frac{y_1+y_2}{2}\right)$ vs 세 점의 중심 : $\left(\frac{x_1+x_2+x_3}{3}, \frac{y_1+y_2+y_3}{3}\right)$

### 뿌리 3-1 삼각형의 무게중심 (1)

세 점 $\mathrm{A}(a, 2b)$, $\mathrm{B}(2b+1, 3a)$, $\mathrm{C}(-1, 2)$를 꼭짓점으로 하는 △ABC의 무게중심의 좌표가 $(-1, 1)$이 되도록 실수 $a$, $b$의 값을 구하여라.

풀이 △ABC의 무게중심의 좌표는 $\left(\frac{a+(2b+1)+(-1)}{3}, \frac{2b+3a+2}{3}\right)=(-1, 1)$이므로

$\frac{a+2b}{3}=-1$에서 $a+2b=-3$ ⋯㉠, $\frac{2b+3a+2}{3}=1$에서 $3a+2b=1$ ⋯㉡

㉠, ㉡을 연립하여 풀면 $a=2$, $b=-\frac{5}{2}$

**[줄기3-1]** 두 점 $\mathrm{A}(2, 3)$, $\mathrm{B}(-6, -2)$를 꼭짓점으로 하는 △ABC의 무게중심의 좌표가 $(3, -2)$일 때, 꼭짓점 C의 좌표를 구하여라.

## 뿌리 3-2 삼각형의 무게중심 (2)

삼각형 ABC의 세 변 AB, BC, CA의 중점이 각각 D$(1,\ 2)$, E$(3,\ -5)$, F$(-5,\ 4)$ 일 때, 삼각형 ABC의 무게중심 G의 좌표를 구하여라.

**핵심** △ABC의 세 변 AB, BC, CA를 각각 $m:n\ (m>0,\ n>0)$으로 내분 또는 외분하는 점을 차례대로 D, E, F라 하면 △DEF의 무게중심은 △ABC의 무게중심과 일치한다.

**증명** △ABC의 세 변 AB, BC, CA를 $m:n$으로 내분하는 점을 각각 D, E, F라 하면

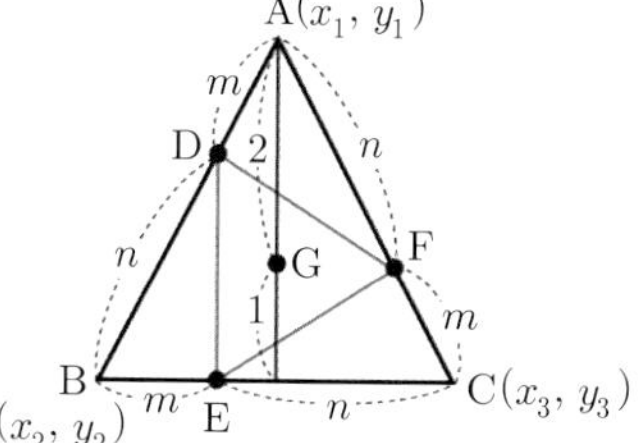


$$\mathrm{D}\left(\frac{mx_2+nx_1}{m+n},\ \frac{my_2+ny_1}{m+n}\right)$$

$$\mathrm{E}\left(\frac{mx_3+nx_2}{m+n},\ \frac{my_3+ny_2}{m+n}\right)$$

$$\mathrm{F}\left(\frac{mx_1+nx_3}{m+n},\ \frac{my_1+ny_3}{m+n}\right)$$

△DEF의 무게중심 G의 좌표는

$$\mathrm{G}\left(\frac{\frac{mx_2+nx_1}{m+n}+\frac{mx_3+nx_2}{m+n}+\frac{mx_1+nx_3}{m+n}}{3},\ \frac{\frac{my_2+ny_1}{m+n}+\frac{my_3+ny_2}{m+n}+\frac{my_1+ny_3}{m+n}}{3}\right)$$

$$\therefore \mathrm{G}\left(\frac{x_1+x_2+x_3}{3},\ \frac{y_1+y_2+y_3}{3}\right)$$

또한, $m:n$으로 외분한 점을 연결할 때도 같은 결과를 얻을 수 있다.

**풀이** △ABC의 무게중심은 세 변 AB, BC, CA를 각각 $1:1$로 내분한 점을 연결한 △DEF의 무게중심과 일치하므로

$$\mathrm{G}\left(\frac{1+3+(-5)}{3},\ \frac{2+(-5)+4}{3}\right) \qquad \therefore \mathrm{G}\left(-\frac{1}{3},\ \frac{1}{3}\right)$$

**[줄기3-2]** △ABC의 세 변 AB, BC, CA에 대하여 변 AB를 $1:2$로 내분하는 점의 좌표는 $(2,\ 1)$, 변 BC를 $1:2$으로 내분하는 점의 좌표는 $(3,\ 6)$, 변 CA를 $1:2$으로 내분하는 점의 좌표는 $(a,\ b)$일 때, △ABC의 무게중심의 좌표는 $\left(\frac{8}{3},\ \frac{14}{3}\right)$이다.
이때, 실수 $a,\ b$의 값을 구하여라.

## 3 (수학에서) 도형이란?

점, 선, 면, 입체 또는 그것들의 집합을 통틀어 **도형**이라 말한다.
예로 점, 선분, 직선, 곡선, 다각형, 원, 구, 각 따위가 있다.

주의 '점'도 도형이다.

## 4 자취의 뜻

어떤 것이 남긴 표시나 자리를 말한다.
ex) 눈 위의 발자취

## 5 점의 자취

어떤 조건을 만족시키는 점들이 있을 때, 이 점들이 그리는 도형을 **점의 자취**라 한다.

## 6 자취의 방정식

어떤 조건을 만족시키는 점들이 그리는 도형을 방정식으로 나타낸 것을 **자취의 방정식**이라 한다.
즉, 도형 위의 임의의 점 $(x, y)$가 만족해야 할 조건을 $x$, $y$에 대한 관계식으로 나타낸 것을 **자취의 방정식**이라 한다.

**씨앗. 1** 직선 $y=x+1$ 위의 점의 자취를 말하여라.

핵심 점의 자취(도형) : 어떤 조건을 만족시키는 점들은 도형을 이룬다.

풀이 $y=x+1$을 만족시키는 임의의 점 $(x, y)$를 우측 그림과 같이 좌표평면 위에 찍을 수 있다.

$\cdots, (-1, 0), \cdots, \left(-\frac{1}{2}, \frac{1}{2}\right), \cdots, (0, 1),$

$\cdots, (1, 2), \cdots, (2, 3), \cdots, (8, 9), \cdots$

이므로 점 $(x, y)$의 자취를 찍어나갈 수 있다.
직선 $y=x+1$ 위의 점 $(x, y)$가 그리는 자취는
**기울기가 1이고 $y$절편이 1인 직선이다.**

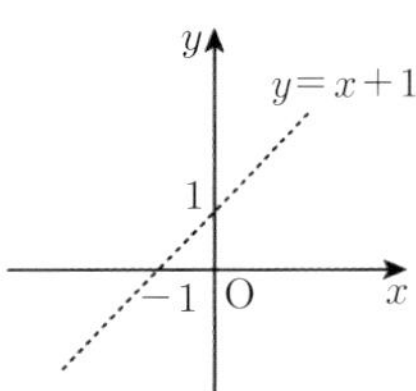

**씨앗. 2** 두 점 $O(0, 0)$, $A(1, -1)$로부터 같은 거리에 있는 점의 자취의 방정식을 구하여라.

**핵심** 자취의 방정식은 조건을 만족하는 임의의 점의 좌표가 $(x, y)$일 때, 조건을 만족하는 $x$, $y$의 관계식이다.

**풀이** 두 점 $O(0, 0)$, $A(1, -1)$로부터 같은 거리에 있는 점을 $P(x, y)$라 하면

$\overline{OP}=\overline{AP}$이므로 $\sqrt{(x-0)^2+(y-0)^2}=\sqrt{(x-1)^2+(y+1)^2}$

양변을 제곱하면 $x^2+y^2=(x-1)^2+(y+1)^2$

$x^2+y^2=x^2-2x+y^2+2y+2$, $-2x+2y+2=0$ $\quad\therefore x-y-1=0$

따라서 구하는 자취의 방정식은 $\boldsymbol{x-y-1=0}$

**참고** (자취의 방정식 구하는 요령)

**1st** 조건을 만족하는 임의의 점의 좌표를 $(x, y)$로 놓는다.

**2nd** $x$, $y$에 대한 관계식을 구한다.

## 뿌리 3-3 자취의 방정식 (1)

다음 물음에 답하여라.

1) 세 점 $O(0, 0)$, $A(-1, 2)$, $B(3, -1)$에 대하여 $\overline{OP}^2+\overline{AP}^2=2\overline{BP}^2$을 만족시키는 점 P의 자취의 방정식을 구여하라.

2) 두 점 $A(-1, -2)$, $B(1, 2)$에 대하여 $\overline{PA}^2-\overline{PB}^2=3$을 만족시키는 점 P의 자취의 방정식을 구하여라.

**풀이** 1) 점 P의 좌표를 $(x, y)$라 하면 $\overline{OP}^2+\overline{AP}^2=2\overline{BP}^2$이므로

$(x^2+y^2)+\{(x+1)^2+(y-2)^2\}=2\{(x-3)^2+(y+1)^2\}$

$x^2+y^2+x^2+2x+y^2-4y+5=2x^2-12x+2y^2+4y+20$

$\therefore \boldsymbol{14x-8y=15}$

2) 점 P의 좌표를 $(x, y)$라 하면 $\overline{PA}^2-\overline{PB}^2=3$이므로

$\{(x+1)^2+(y+2)^2\}-\{(x-1)^2+(y-2)^2\}=3$

$x^2+2x+y^2+4y+5-(x^2-2x+y^2-4y+5)=3$

$\therefore \boldsymbol{4x+8y=3}$

**[줄기3-3]** 두 점 A, B 사이의 거리가 10일 때, $\overline{PA}^2-\overline{PB}^2=40$을 만족시키는 점 P의 자취를 구하여라.

## 뿌리 3-4 자취의 방정식(2)

세 점 $\mathrm{O}(0,\ 0)$, $\mathrm{A}(a,\ b)$, $\mathrm{B}(a+b,\ 2a+b)$로 주어지고 점 A는 직선 $y=3x$ 위를 움직일 때, 점 B의 자취의 방정식을 구하여라.

**풀이** $\mathrm{A}(a, b)$가 직선 $y=3x$ 위의 점이므로 $b=3a$

$\mathrm{B}(a+b,\ 2a+b)$에서 $\mathrm{B}(a+3a,\ 2a+3a)$ $\quad\therefore \mathrm{B}(4a, 5a)$

자취의 방정식은 조건을 만족하는 임의의 점의 좌표가 $(x,\ y)$일 때, $x$, $y$의 관계식이므로

$\mathrm{B}(4a, 5a)=\mathrm{B}(x,\ y)$로 놓는다.

$\therefore 4a=x,\ 5a=y \qquad \therefore a=\dfrac{x}{4},\ a=\dfrac{y}{5}$

따라서 $\dfrac{x}{4}=\dfrac{y}{5}$, 즉 $\boldsymbol{y=\dfrac{5}{4}x}$

**줄기3-4** 세 점 $\mathrm{O}(0,\ 0)$, $\mathrm{A}(a, b)$, $\mathrm{B}(a+b,\ 2a+b)$로 주어지고 점 A는 직선 $y=3x$ 위를 움직일 때, 삼각형 OAB의 무게중심의 자취의 방정식을 구하여라.

**줄기3-5** 점 $\mathrm{A}(2,\ -3)$과 직선 $x-5y+4=0$ 위의 임의의 점 P에 대하여 선분 AP를 $1:2$로 내분하는 점의 자취의 방정식을 구하여라.

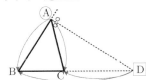

## 7 삼각형의 각의 이등분선의 성질

1) 내각의 이등분선

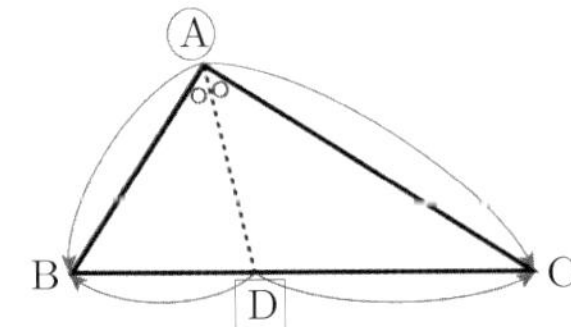


$\overline{\mathrm{AB}}:\overline{\mathrm{AC}}=\overline{\mathrm{DB}}:\overline{\mathrm{DC}}$

2) 외각의 이등분선

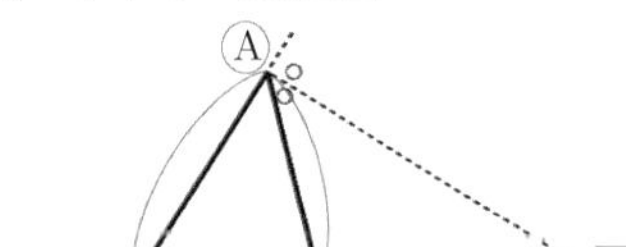


$\overline{\mathrm{AB}}:\overline{\mathrm{AC}}=\overline{\mathrm{DB}}:\overline{\mathrm{DC}}$

증명 중등과정이므로 증명을 생략한다.

익히는 방법

**1st** 각이 이등분되는 꼭짓점 A에 ○를 표시한다.

**2nd** 각의 이등분선이 $\overline{\mathrm{BC}}$ 또는 $\overline{\mathrm{BC}}$의 연장선과 만나는 점 D에 □를 표시한다.

**3rd** ○, □가 각각의 비의 출발점이 된다. 종점에서 서로 만난다.

**씨앗. 3** 다음 물음에 답하여라.

1) $\overline{CD}$ 의 길이를 구하여라.

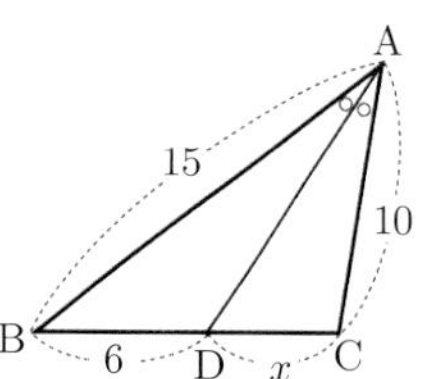


2) $\overline{AC}$ 의 길이를 구하여라.

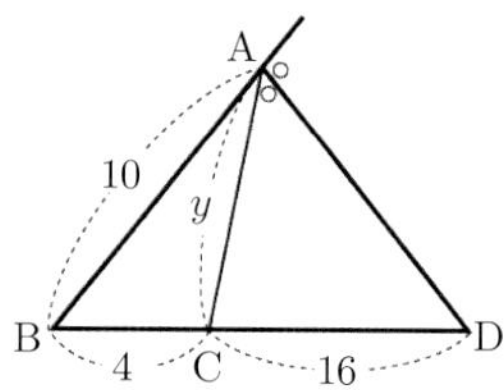


1)

$15:10=6:x$

$\therefore 15x=60$

$\therefore x=4$

2)

$10:y=20:16$

$\therefore 20y=160$

$\therefore y=8$

정답 1) $\overline{CD}=4$　2) $\overline{AC}=8$

## 뿌리 3-5 삼각형의 각의 이등분선 정리

세 점 $A(1,\ 3)$, $B(-2,\ 0)$, $C(5,\ -1)$을 꼭짓점으로 하는 삼각형 $ABC$에서 $\angle A$의 이등분선이 변 $BC$와 만나는 점 $D$의 좌표를 구하여라.

풀이 $\overline{AD}$는 $\angle A$의 이등분선이므로

$\overline{AB}:\overline{AC}=\overline{DB}:\overline{DC}$

$\overline{AB}=\sqrt{(-2-1)^2+(0-3)^2}=3\sqrt{2}$

$\overline{AC}=\sqrt{(5-1)^2+(-1-3)^2}=4\sqrt{2}$

$\therefore \overline{DB}:\overline{DC}=\overline{AB}:\overline{AC}=3\sqrt{2}:4\sqrt{2}=3:4$

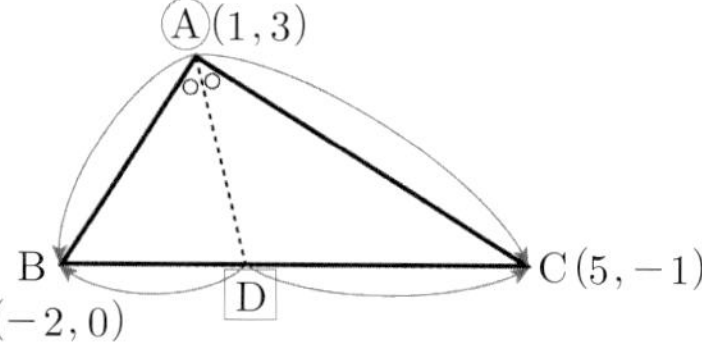


즉, 점 D는 $\overline{BC}$를 $3:4$로 내분하는 점이므로

$B(-2,\ 0)$　$C(5,\ -1)$

$3 : 4$

$D\left(\dfrac{3\cdot5+4\cdot(-2)}{3+4},\ \dfrac{3\cdot(-1)+4\cdot0}{3+4}\right)$　$\therefore D\left(\dfrac{7}{7},\ \dfrac{-3}{7}\right)$　$\therefore \mathbf{D\left(1,\ -\dfrac{3}{7}\right)}$

참고 그림을 그리는 습관을 갖자! ($\because$ 머릿속에서 상상하는 것은 한계가 있다.)

**[줄기3-6]** 세 점 $A(1,\ 3)$, $B(-4,\ -9)$, $C(5,\ 0)$을 꼭짓점으로 하는 삼각형 $ABC$에서 $\angle A$의 외각의 이등분선이 $\overline{BC}$의 연장선과 만나는 점 $D$의 좌표를 구하여라.

# 1 연습문제 평면좌표

| 평가일 | 점수 |
| --- | --- |
| | |

정답 및 풀이 ▶ 7p

**• 잎 1-1**

삼각형 ABC의 세 변 AB, BC, CA의 중점이 각각 $(1,\ 2)$, $(3,\ 5)$, $(a,\ b)$일 때, $\triangle$ABC의 무게중심의 좌표는 $\left(\frac{8}{3},\ \frac{14}{3}\right)$이다. 이때, $a+b$의 값은? [교육청 기출]

① 5 ② 7 ③ 9 ④ 11 ⑤ 13

**• 잎 1-2**

삼각형 ABC의 세 변 AB, BC, CA에 대하여 변 AB를 $1:2$로 내분하는 점의 좌표를 $(10,\ 8)$, 변 BC를 $1:3$으로 내분하는 점의 좌표를 $(5,\ -3)$, 변 CA를 $2:3$으로 내분하는 점의 좌표를 $(2,\ 12)$라 한다. 삼각형 ABC의 무게중심 G의 좌표를 $(a,\ b)$라 할 때, $a+b$의 값을 구하여라.

[교육청 기출]

**• 잎 1-3**

세 점 $A(1,\ 2)$, $B(-3,\ -2)$, $C(3,\ 0)$을 꼭짓점으로 하는 삼각형 ABC가 있다. $\overline{BC}$ 위의 두 점 $P(a,\ b)$, $Q(c,\ d)$에 대하여 $\triangle ABP=\triangle APQ=\triangle AQC$가 성립할 때, $P(a,\ b)$와 $Q(c,\ d)$를 구하여라.

**• 잎 1-4**

두 점 $A(-1,\ 4)$, $B(2,\ -3)$을 이은 선분 AB의 연장선 위에 있는 점 C에 대하여 $2\overline{AC}=3\overline{BC}$일 때, 점 C의 좌표를 구하여라.

**• 잎 1-5**

두 점 $A(2,\ 5)$, $B(-2,\ 3)$을 이은 선분 AB의 연장선 위에 있는 점 C에 대하여 $3\overline{AB}=2\overline{BC}$를 만족시키는 점 C의 좌표를 모두 구하여라. [잎 1-6)과 비교하여 익힌다.]

**• 잎 1-6**

두 점 $A(-2,\ 5)$, $B(2,\ 3)$을 이은 선분 AB의 연장선 위에 있는 점 C에 대하여 $2\overline{AB}=3\overline{BC}$를 만족시키는 점 C의 좌표를 구하여라. [잎 1-5)와 비교하여 익힌다.]

**• 잎 1-7**

두 점 $A(2, -3)$, $B(-4, 6)$에 대하여 선분 AB를 삼등분하는 점의 좌표를 구하여라.

**• 잎 1-8**

두 점 $A(-3, 4)$, $B(9, -3)$에 대하여 선분 AB를 $a:(1-a)$로 내분하는 점이 제2사분면 위에 있을 때, 실수 $a$의 값의 범위를 구하여라.

**• 잎 1-9**

좌표평면 위의 세 점 A, B, C를 꼭짓점으로 하는 삼각형 ABC의 무게중심이 원점이고 선분 BC의 중점의 좌표가 $(1, 2)$이다. 점 A의 좌표를 $(a, b)$라 할 때, $a\times b$의 값은? [교육청 기출]

① 6 ② 8 ③ 10 ④ 12 ⑤ 14

**• 잎 1-10**

세 점 $A(a, -1)$, $B(-3, 4)$, $C(9, -5)$를 꼭짓점으로 하는 삼각형 ABC에서 $\angle A$의 이등분선이 변 BC와 만나는 점 D의 좌표가 $(5, -2)$일 때, 모든 실수 $a$의 값의 합을 구하여라.

**• 잎 1-11**

세 점 $A(x_1, y_1)$, $B(x_2, y_2)$, $C(x_3, y_3)$를 꼭짓점으로 하는 $\triangle ABC$에 대하여 $\overline{AP}^2+\overline{BP}^2+\overline{CP}^2$의 값이 최소가 되도록 하는 점 P는 $\triangle ABC$의 무게중심임을 증명하여라.

[뿌리 1-5), 줄기 1-6)의 *방법 Ⅱ이다. p.16]

**• 잎 1-12**

곡선 $y=x^2-2x$와 직선 $y=3x+k\ (k>0)$이 두 점 P, Q에서 만난다. 선분 PQ를 1 : 2로 내분하는 점의 $x$좌표가 1일 때, 상수 $k$의 값을 구하여라. [교육청 기출]
(단, 점 P의 $x$좌표는 점 Q의 $x$좌표보다 작다.)

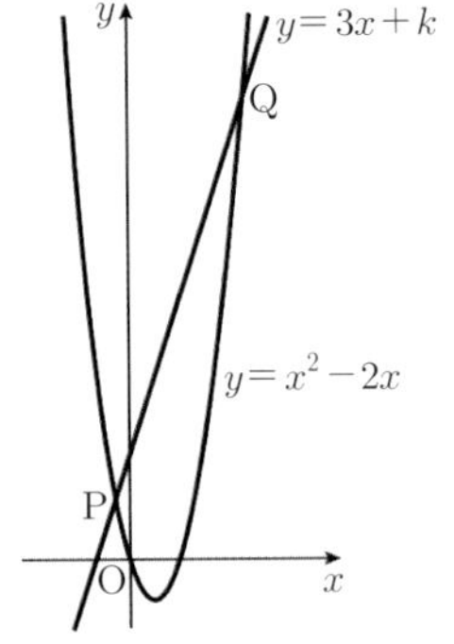

MATH

# 2. 직선의 방정식

## 01 직선의 방정식

1 직선의 방정식 구하기

2 좌표축에 평행한 직선의 방정식

3 직선 $y=mx+n$의 그래프

4 그림에서 직선의 기울기의 대소를 빠르게 판단하는 요령

5 그래프의 개형

6 두 직선의 교점을 지나는 직선의 방정식

## 02 두 직선의 위치 관계

1 두 직선의 위치 관계

2 두 직선 $ax+by+c=0$, $a'x+b'y+c'=0$의 위치 관계와 조건

3 세 직선의 위치 관계

## 03 점과 직선 사이의 거리

1 점과 직선 사이의 거리

2 (수학에서) 거리란?

3 꼭짓점의 좌표를 알 때, 다각형의 넓이를 구하는 요령 (중등과정)

4 * 꼭짓점의 좌표를 알 때, 다각형의 넓이를 구하는 공식 ⇨ 사선공식 (신발 끈 공식)

5 * 꼭짓점의 좌표를 알 때, 삼각형의 넓이 ⇨ 사선공식 (신발 끈 공식)

## 연습문제

# 01 직선의 방정식

## 1 직선의 방정식

1) **기울기가 $m$이고, $y$절편이 $n$인 직선의 방정식**

$y=mx+n$

(익히는 방법)
기울기는 좌변이 '$y$'일 때, 우변의 $x$의 계수가 기울기이다.

2) **$x$절편이 $a$, $y$절편이 $b$인 직선의 방정식**

$\frac{x}{a}+\frac{y}{b}=1$ (단, $a\neq0$, $b\neq0$ ∵ 분모는 0이 될 수 없다.)

(익히는 방법)
$\frac{x}{a}+\frac{y}{b}=1$이면 $(a, 0)$, $(0, b)$를 지난다. ∴ $\frac{x}{\triangle}+\frac{y}{\diamond}=1$은 $x$절편이 △, $y$절편이 ◇인 직선이다.

3) **기울기가 $m$이고, 점 $(x_1, y_1)$을 지나는 직선의 방정식**

$y-y_1=m(x-x_1)$, 즉 $y=m(x-x_1)+y_1$

(익히는 방법)
1st 점 $(x_1, y_1)$을 지나는 직선의 방정식을 만든다. ⇨ $y-y_1=☆(x-x_1)$ ⋯㉠
(㉠에 $x=x_1$, $y=y_1$을 대입하면 $0=☆\cdot0$, 즉 $0=0$으로 만족하므로 ㉠은 점 $(x_1, y_1)$을 지나는 직선의 방정식이 된다.)
2nd 기울기는 좌변이 '$y$'일 때, 우변의 $x$의 계수이므로 ㉠의 ☆에 $m$을 대입한다.
$y-y_1=m(x-x_1)$ ∴ $y=m(x-x_1)+y_1$

4) **두 점 $(x_1, y_1)$, $(x_2, y_2)$를 지나는 직선의 방정식**

i) $x_1\neq x_2$일 때, $y-y_1=\frac{y_2-y_1}{x_2-x_1}(x-x_1)$ ← 기울기가 있다.

ii) $x_1=x_2$일 때, $x=x_1$ ← *기울기가 없다. ($y$축에 평행한다.)

참고 두 점 $(x_1, y_1)$, $(x_2, y_2)$를 지나는 직선의 기울기 $m$

$m=\frac{y_2-y_1}{x_2-x_1}=\frac{y_1-y_2}{x_1-x_2}$ (단, $x_1\neq x_2$ ∵ 분모는 0이 될 수 없다.)

## 2 좌표축에 평행한 직선의 방정식

1) **$x$절편이 $a$이고, $y$축에 평행($x$축에 수직)**한 직선의 방정식은

**$x=a$** 예) $y$축의 방정식 ⇨ $x=0$

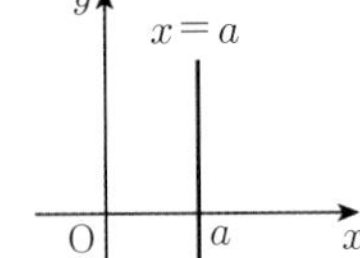


※ $y$축에 평행한 직선은 기울기가 정의되지 않는다. 즉, *기울기가 없다.

증명 기울기 $m=\frac{y_2-y_1}{x_2-x_1}$에서 $x_1=x_2=a$이면 분모가 0이 되므로 $y$축에 평행한 직선은 기울기 $m$의 값은 정의되지 않는다.

2) **$y$절편이** $b$이고, **$x$축에 평행 ($y$축에 수직)**한 직선의 방정식은

**$y=b$** 예) $x$축의 방정식 ⇨ $y=0$

※ $x$축에 평행한 직선은 기울기가 0이다.

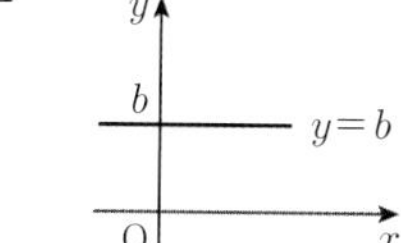


증명 기울기 $m=\frac{y_2-y_1}{x_2-x_1}$에서 $y_1=y_2=b$이면 $m=\frac{0}{x_2-x_1}=0$이 되므로 $x$축에 평행한 직선의 기울기 $m$의 값은 0이다.

주의 $y$축에 평행한 직선은 *기울기가 없다. vs $x$축에 평행한 직선은 기울기가 0이다.

## 3 직선 $y=mx+n$의 그래프

1) **직선 $y=mx+n$의 그래프의 성질** ($m$은 기울기)

※ 우(右): 오른쪽 우, 상(上): 윗 상, 하(下): 아래 하, 향(向): 향할 향

$m>0$이면 우상향하는 직선이다.

$m<0$이면 우하향하는 직선이다.

$m=0$이면 $y=n$으로 $x$축에 평행한 직선이다.

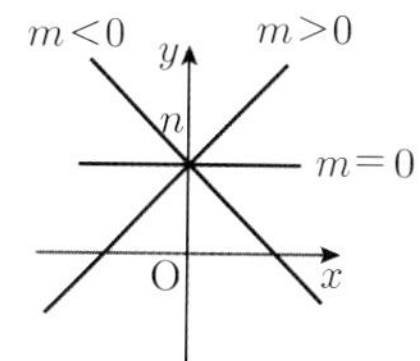


2) **직선 $y=mx+n$에서 $n$은 $y$절편이다.**

( ∵ $y$절편은 $x=0$일 때, $y$의 값이다.)

3) **직선 $y=mx+n$이 $x$축의 양의 방향과 이루는 각의 크기가 $\theta$일 때,** 기울기 *$m=\tan\theta$

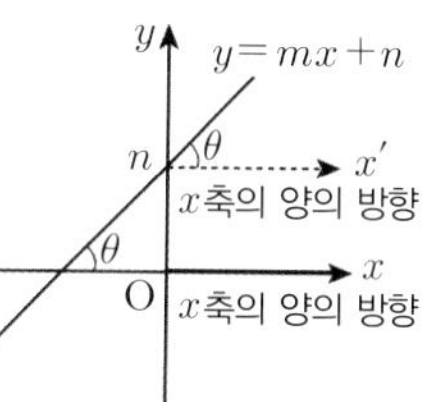


## 4 그림에서 직선의 기울기의 대소를 빠르게 판단하는 요령

1) **우상향하는 직선이 우하향하는 직선보다 기울기가 크다.**

( ∵ 우상향하는 직선은 (기울기)>0, 우하향하는 직선은 (기울기)<0이다.)

2) **직선이 모두 우상향하면** 수직선에 가까운 직선일수록 기울기가 크다.

( ∵ 우상향하는 직선은 (기울기)>0이고, 수직선에 가까워질수록 기울기가 기하급수적으로 커진다.)

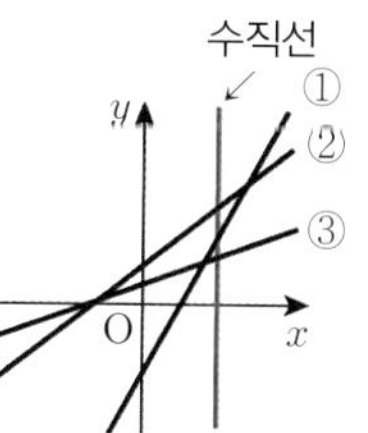


2) 기울기의 대소
①>②>③

3) **직선이 모두 우하향하면** 수평선에 가까운 직선일수록 기울기가 크다.

( ∵ 우하향하는 직선은 (기울기)<0이고, 수평선은 (기울기)=0이다.)

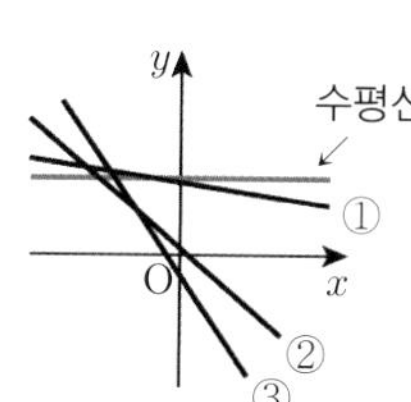


3) 기울기의 대소
①>②>③

## 뿌리 1-1 직선의 방정식 구하기(1)

다음 직선의 방정식을 구하여라.

1) 기울기가 $-3$이고 $y$절편이 $2$인 직선
2) $x$절편이 $-2$이고 $y$절편이 $3$인 직선
3) 기울기가 $-5$이고 점 $(2, -4)$를 지나는 직선
4) 두 점 $(2, 3)$, $(-1, 2)$를 지나는 직선

**풀이** 1) $y=mx+n$에 대입하면 $\boldsymbol{y=-3x+2}$

2) $\dfrac{x}{a}+\dfrac{y}{b}=1$ (단, $a\neq0$, $b\neq0$)에 대입하면

$\dfrac{x}{-2}+\dfrac{y}{3}=1$ ⇨ 양변에 6을 곱하면

$\boldsymbol{-3x+2y=6}$

3) $y-y_1=m(x-x_1)$에 대입하면

$y-(-4)=-5(x-2)$ $\quad\therefore \boldsymbol{y=-5x+6}$

4) $(x_1, y_1)$, $(x_2, y_2)$

$\downarrow\ \downarrow\quad \downarrow\ \downarrow$

$(2, 3)$, $(-1, 2)$

$(\text{기울기})=\dfrac{y_2-y_1}{x_2-x_1}=\dfrac{y_1-y_2}{x_1-x_2}=\dfrac{2-3}{(-1)-2}=\dfrac{3-2}{2-(-1)}=\dfrac{1}{3}$

방법 I 기울기가 $\dfrac{1}{3}$이고 점 $(2, 3)$을 지나므로

$y-3=\dfrac{1}{3}(x-2)$ ⇨ 양변에 3을 곱하면

$3y-9=x-2$ $\quad\therefore \boldsymbol{x-3y+7=0}$

방법 II 기울기가 $\dfrac{1}{3}$이고 점 $(-1, 2)$를 지나므로

$y-2=\dfrac{1}{3}(x+1)$ ⇨ 양변에 3을 곱하면

$3y-6=x+1$ $\quad\therefore \boldsymbol{x-3y+7=0}$

**[줄기1-1]** 다음 직선의 방정식을 구하여라.

1) 점 $(2, 3)$을 지나고 기울기가 $-5$인 직선
2) 두 점 $(-2, 3)$, $(3, -2)$를 지나는 직선
3) $x$절편이 $5$, $y$절편이 $2$인 직선
4) 기울기가 $3$이고 $x$절편이 $2$인 직선
5) $x$절편이 $3$이고 점 $(2, -4)$를 지나는 직선

## 뿌리 1-2 직선의 방정식 구하기(2)

다음 직선의 방정식을 구하여라.

1) 점 $(2, 3)$을 지나고 $y$축에 평행한 직선

2) 점 $(-2, -3)$을 지나고 $x$축에 평행한 직선

풀이 1)

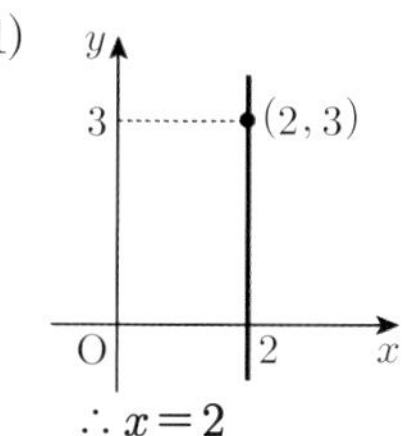


$\therefore x=2$

2)

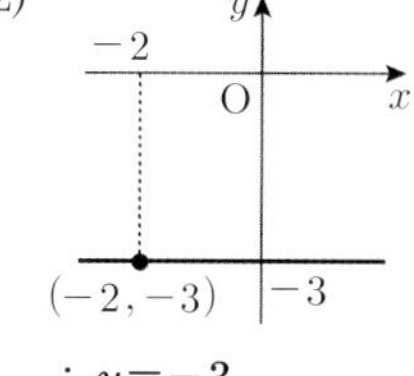


$\therefore y=-3$

**줄기1-2** 세 점 $A(1, 3)$, $B(2, -1)$, $C(-6, 4)$를 꼭짓점으로 하는 삼각형 ABC의 무게중심을 지나고 $x$축에 수직인 직선의 방정식을 구하여라.

**줄기1-3** 직선 $4x+ay=4a\ (a>0)$와 $x$축, $y$축으로 둘러싸인 부분의 면적이 12라 할 때, 실수 $a$의 값을 구하여라.

## 뿌리 1-3 $x$축의 양의 방향과 이루는 각의 크기가 주어진 직선의 방정식

점 $(1, 5\sqrt{3})$을 지나고, $x$축의 양의 방향과 이루는 각의 크기가 $60°$인 직선의 방정식을 구하여라.

핵심 직선 $y=mx+n$이 $x$축의 양의 방향과 이루는 각의 크기가 $\theta$일 때, 기울기 $m=\tan\theta$

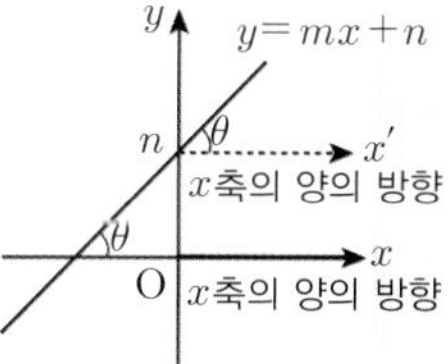


풀이 (기울기)$=\tan 60°=\sqrt{3}$

점 $(1, 5\sqrt{3})$을 지나고 기울기가 $\sqrt{3}$인 직선의 방정식은

$y-5\sqrt{3}=\sqrt{3}(x-1)$ $\quad\therefore \boldsymbol{y=\sqrt{3}x+4\sqrt{3}}$

**줄기1-4** 직선 $(m+1)x-y-n+2=0$이 $x$축의 양의 방향과 이루는 각의 크기가 $45°$이고 $y$절편이 4일 때, 실수 $m$, $n$의 값을 구하여라.

## 뿌리 1-4 기울기가 주어진 직선의 방정식

다음 직선의 방정식을 구하여라.

1) 두 점 $(4, 3)$, $(-2, 1)$을 이은 선분의 중점을 지나고 기울기가 $-3$인 직선

2) 점 $(2, -3)$을 지나고 두 점 $(-2, 3)$, $(1, 6)$을 지나는 직선에 평행한 직선

**풀이** 1) 두 점 $(4, 3)$, $(-2, 1)$을 이은 선분의 중점의 좌표는

$\left(\frac{4-2}{2}, \frac{3+1}{2}\right)$, 즉 $(1, 2)$

따라서 점 $(1, 2)$를 지나고 기울기가 $-3$인 직선의 방정식은

$y-2=-3(x-1)$ $\quad\therefore \boldsymbol{y=-3x+5}$

2) 두 점 $(-2, 3)$, $(1, 6)$을 지나는 직선의 기울기는 $\frac{6-3}{1-(-2)}=1$이므로

이 직선에 평행한 직선의 기울기는 $1$이다.

따라서 점 $(2, -3)$을 지나고 기울기가 $1$인 직선의 방정식은

$y-(-3)=1(x-2)$ $\quad\therefore \boldsymbol{y=x-5}$

**참고** 2) 평행한 직선 ⇨ 기울기가 같다.

**[줄기1-5]** 직선 $ax-3y+b=0$은 직선 $4x-6y+1=0$에 평행하고 점 $(0, -2)$를 지난다. 이때, 실수 $a, b$의 값을 구하여라.

**[줄기1-6]** 기울기가 $2$이고 두 점 $(a, -2)$, $(-2, 2a)$를 지나는 직선의 방정식을 구하여라.

## 뿌리 1-5 세 점이 한 직선 위에 있을 조건

세 점 $\mathrm{A}(3, -4)$, $\mathrm{B}(1, -2)$, $\mathrm{C}(a, 3)$이 일직선 위에 있을 때, 실수 $a$의 값을 구하여라.

**핵심** 세 점 A, B, C가 한 직선 위에 있으면 세 직선 AB, AC, BC의 기울기는 서로 같다.

**풀이** 세 점 A, B, C가 한 직선 위에 있으려면 직선 AB와 직선 BC의 기울기가 같아야 하므로

$\frac{-2-(-4)}{1-3}=\frac{3-(-2)}{a-1}$, $\quad -1=\frac{5}{a-1}$, $\quad -a+1=5$ $\quad\therefore \boldsymbol{a=-4}$

**[줄기1-7]** 세 점 $\mathrm{A}(1, 0)$, $\mathrm{B}(4, a)$, $\mathrm{C}(a, 2)$가 한 직선 $l$ 위에 있을 때, 직선 $l$의 방정식을 구하여라. (단, $a<0$)

**[줄기1-8]** 세 점 $\mathrm{A}(1, 0)$, $\mathrm{B}(4, a)$, $\mathrm{C}(a, 2)$를 꼭짓점으로 하는 삼각형이 존재하지 않도록 하는 실수 $a$의 값을 모두 구하여라.

## 뿌리 1-6 도형의 넓이를 이등분하는 직선의 방정식 (1)

세 점 $A(-2, 1)$, $B(4, -3)$, $C(2, 4)$를 꼭짓점으로 하는 삼각형 ABC가 있다. 점 C를 지나고 삼각형 ABC의 넓이를 이등분하는 직선의 방정식을 구하여라.

**핵심** 삼각형의 넓이는 한 꼭짓점과 그 꼭짓점의 대변의 중점을 지나는 직선에 의하여 이등분된다. (중선은 삼각형의 넓이를 이등분한다.)

**풀이** 점 C를 지나는 직선이 $\triangle ABC$의 넓이를 이등분하려면 $\overline{AB}$의 중점을 지나야 한다.

이때 $\overline{AB}$의 중점의 좌표는

$\left(\frac{-2+4}{2}, \frac{1+(-3)}{2}\right)$, 즉 $(1, -1)$

따라서 두 점 $(2, 4)$, $(1, -1)$을 지나는 직선의 방정식은

$y-(-1)=\frac{-1-4}{1-2}(x-6)$ $\quad\therefore \boldsymbol{y=5x-6}$

**[줄기 1-9]** 직선 $\frac{x}{3}+\frac{y}{5}=1$과 $x$축, $y$축으로 둘러싸인 부분의 넓이를 $y=mx$가 이등분할 때, 상수 $m$의 값을 구하여라.

## 뿌리 1-7 도형의 넓이를 이등분하는 직선의 방정식 (2)

점 $(1, -3)$을 지나고, 오른쪽 그림과 같이 좌표평면 위에 놓인 마름모 ABCD의 넓이를 이등분하는 직선의 방정식을 구하여라.

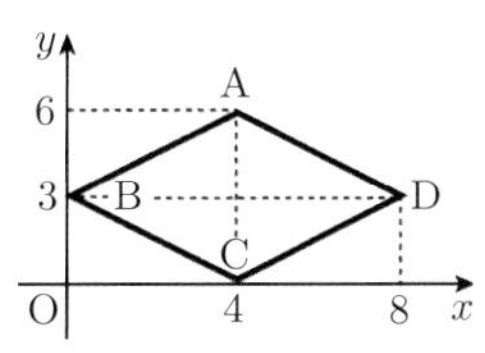


**핵심** 평행사변형의 넓이는 두 대각선의 교점을 지나는 직선에 의하여 이등분된다. ($\because$ 평행사변형은 두 대각선의 교점에 대하여 점대칭인 도형이다.)

**풀이** 주어진 마름모의 넓이를 이등분하려면 마름모의 두 대각선이 만나는 점 $(4, 3)$을 지나야 한다.

따라서 두 점 $(1, -3)$, $(4, 3)$을 지나는 직선의 방정식은

$y-3=\frac{3-(-3)}{4-1}(x-4)$ $\quad\therefore \boldsymbol{y=2x-5}$

**[줄기 1-10]** 오른쪽 그림과 같이 좌표평면 위에 놓인 두 직사각형의 넓이를 동시에 이등분하는 직선의 방정식을 구하여라.

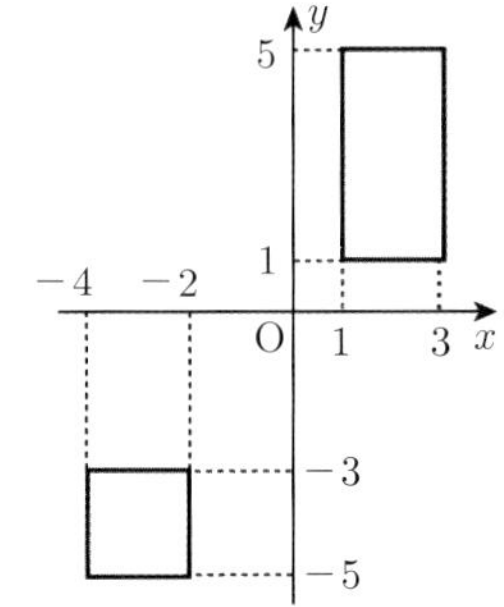

## 5 그래프의 개형

일반형 $ax+by+c=0$ 꼴을 **표준형 $y=-\frac{a}{b}x-\frac{c}{b}$ 꼴로 변형**하면 기울기가 $-\frac{a}{b}$, $y$절편이 $-\frac{c}{b}$ 임을 알 수 있다. 따라서 직선의 기울기의 부호와 $y$절편의 부호를 알면 직선의 개형을 그릴 수 있으므로 그림을 그려 이 직선이 지나는 사분면을 판단할 수 있다.

※ 직선의 방정식의 일반형은 $ax+by+c=0$ 꼴이고, 표준형은 $y=mx+n$ 꼴이다.

### 뿌리 1-8 그래프의 개형 (1)

세 상수 $a$, $b$, $c$가 다음 조건을 만족시킬 때, 직선 $ax+by+c=0$이 지나는 사분면을 모두 구하여라.

1) $c=0$, $ab>0$　　2) $ab=0$, $ac<0$　　3) $ac<0$, $bc>0$

**풀이** $ax+by+c=0$을 $y=-\frac{a}{b}x-\frac{c}{b}$ ⋯㉠로 나타낼 수 있다.

1) $c=0$을 ㉠에 대입하면 $y=-\frac{a}{b}x$ ⋯㉡

㉡의 기울기 $-\frac{a}{b}<0$ ($\because ab>0$), 즉

㉡의 그래프는 원점을 지나고 기울기가 음수인 직선이다.

따라서 직선의 개형은 오른쪽 그림과 같으므로 **제 2, 4 사분면을 지난다.**

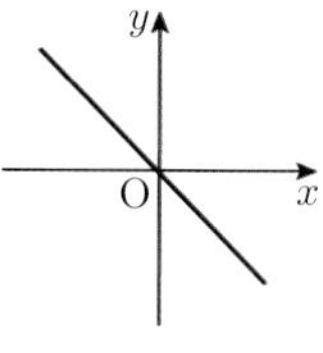


2) $ab=0$에서 $b=0$ ($\because ac<0$이므로 $a\neq0$)

**그러나 *$b=0$을 ㉠에 대입할 수 없다. (∵ 분모는 0이 될 수 없다.)**

따라서 $b=0$을 주어진 식 $ax+by+c=0$에 대입하면

$ax+c=0$　　$\therefore x=-\frac{c}{a}$ ⋯㉡

$ac<0$에서 $-\frac{c}{a}>0$, 즉

㉡의 그래프는 $y$축에 평행하고, $x$절편이 양수인 직선이다.

따라서 직선의 개형은 오른쪽 그림과 같으므로 **제 1, 4 사분면을 지난다.**

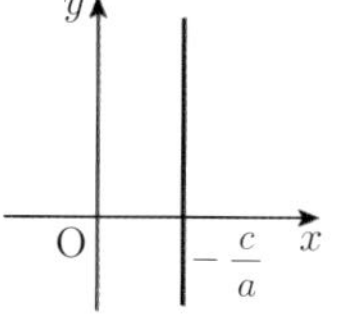


3) $ac<0$ ⇨ $a$와 $c$의 부호를 먼저 정한다. (녹색 부호 참고)

$bc>0$ ⇨ $c$에 따른 $b$의 부호를 정한다. (적색 부호 참고)

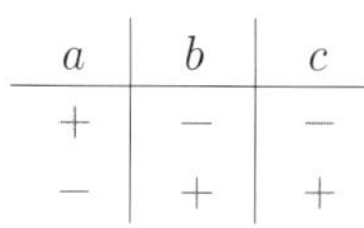

| $a$ | $b$ | $c$ |
|---|---|---|
| $+$ | $-$ | $-$ |
| $-$ | $+$ | $+$ |

㉠의 기울기 $-\frac{a}{b}>0$, $y$절편 $-\frac{c}{b}<0$, 즉

㉠의 그래프는 기울기가 양수, $y$절편이 음수인 직선이다.

따라서 직선의 개형은 오른쪽 그림과 같으므로 **제 1, 3, 4 사분면을 지난다.**

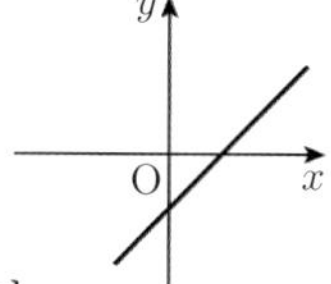

## 뿌리 1-9 그래프의 개형(2)

직선 $ax+by+c=0$이 우측의 그림과 같을 때, 직선 $cx+by+a=0$이 지나는 사분면을 모두 구하여라.

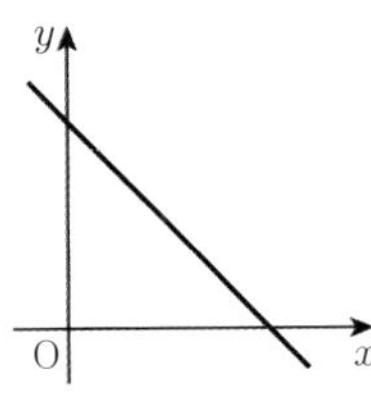


**풀이** $ax+by+c=0$을 $y=-\frac{a}{b}x-\frac{c}{b}$로 나타낼 수 있다.

주어진 그림에서 기울기는 음수, $y$절편은 양수인 직선이므로

$-\frac{a}{b}<0$, $-\frac{c}{b}>0$ $\quad\therefore \frac{a}{b}>0$, $\frac{c}{b}<0$

$\frac{a}{b}>0$ ⇨ $a$와 $b$의 부호를 먼저 정한다. (녹색 부호 참고)

$\frac{c}{b}<0$ ⇨ $b$에 따른 $c$의 부호를 정한다. (적색 부호 참고)

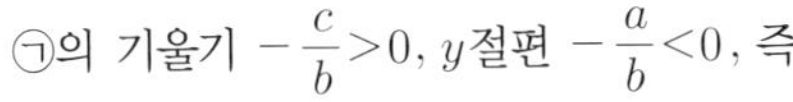

| $a$ | $b$ | $c$ |
|---|---|---|
| $+$ | $+$ | $-$ |
| $-$ | $-$ | $+$ |

$cx+by+a=0$을 $y=-\frac{c}{b}x-\frac{a}{b}$ ⋯㉠로 나타내면

㉠의 기울기 $-\frac{c}{b}>0$, $y$절편 $-\frac{a}{b}<0$, 즉

㉠의 그래프는 기울기가 양수, $y$절편이 음수인 직선이다.

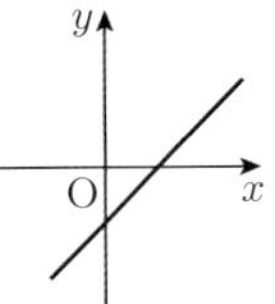


따라서 직선의 개형은 오른쪽 그림과 같으므로 **제 1, 3, 4 사분면을 지난다.**

**참고** 직선이 지나는 사분면의 판단 (기울기의 부호와 $y$절편의 부호를 알면 알 수 있다.)
⇨ 일반형 $ax+by+c=0$ 꼴이 주어지면 표준형 $y=-\frac{a}{b}x-\frac{c}{b}$ 꼴로 변형한다.

**줄기 1-11** 직선 $ax+by+c=0$이 $x$축에 평행하고 제1, 2 사분면을 지날 때, 다음 중 옳은 것은?

① $c=0$, $ab>0$ ② $ab=0$, $ac<0$ ③ $a=0$, $bc<0$ ④ $ab>0$, $bc<0$

## 뿌리 1-10 직선이 항상 지나는 점

직선 $2(m-1)x+(3m+2)y+m-6=0$이 실수 $m$의 값에 관계없이 항상 지나는 점의 좌표를 구하여라.

**풀이** 주어진 식을 $m$에 대하여 정리하면 ($\because$ '$m$의 값에 관계없이…'라는 말이 있으므로)
$(2x+3y+1)m+(-2x+2y-6)=0$
이 식이 $m$의 값에 관계없이 항상 성립하려면
$2x+3y+1=0$, $-2x+2y-6=0$
두 식을 연립하여 풀면 $x=-2$, $y=1$ $\quad\therefore$ $(-2, 1)$

**참고** $m$의 값에 관계없이 … ($m$에 대한 항등식임을 알려주는 표현이다.)
⇨ $m$에 대한 항등식이므로 $m$에 대하여 정리한다. 즉, $(\quad)m+(\quad)=0$ 꼴로 정리한다.

**줄기 1-12** 직선 $(2k-1)x+ky=2k+3$이 실수 $k$의 값에 관계없이 항상 지나는 점의 좌표를 구하여라.

**줄기 1-13** 직선 $(k-2)x+(2k-3)y+3k-2=0$이 실수 $k$의 값에 관계없이 항상 지나는 점의 좌표를 구하여라.

## 뿌리 1-11 직선이 항상 지나는 점의 활용

두 직선 $x+y-2=0$, $kx-y-3k+4=0$이 제1사분면에서 만날 때, 실수 $k$의 범위를 구하여라.

**핵심** 둘 중 고정된 그래프를 먼저 그린 후 움직이는 그래프를 이동시켜본다.

**풀이** 직선 $y=-x+2$ …㉠는 고정된 그래프이므로 먼저 그려 놓는다.
직선 $y=k(x-3)+4$ … ㉡는 $k$의 값에 관계없이 점 $(3, 4)$를 지난다.
($\because$ $x=3$이면 $y=k\cdot0+4$, 즉 $k$에 어떤 값을 대입해도 $y=4$이다.)
직선 ㉡의 기울기는 $k$이고 오른쪽 그림과 같이 직선 ㉡을 직선 ㉠과 제1사분면에서 만나도록 움직여본다.
따라서 직선 ㉡은 오른쪽 그림과 같이 직선 ⓐ와 ⓑ 사이에 있어야 한다.
직선 ⓐ의 기울기가 $\frac{2}{3}$이고 직선 ⓑ의 기울기가 4이므로 조건을 만족시키기 위한 직선 ㉡의 기울기 $k$의 범위는 $\frac{2}{3}<k<4$

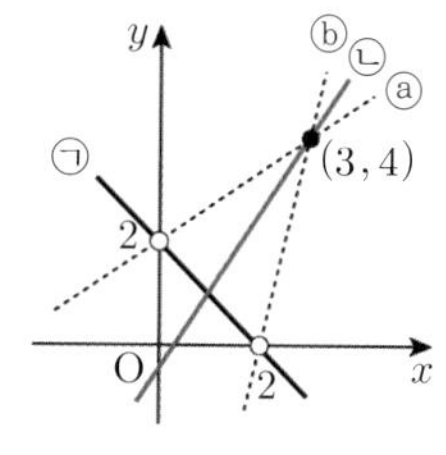


**주의** 사분면은 좌표축 ($x$축, $y$축)을 포함하지 않는다.

**줄기 1-14** 두 점 A$(-1, 0)$, B$(0, 2)$를 잇는 선분 AB와 직선 $mx-y-m+2=0$이 만나도록 하는 실수 $m$의 값의 범위를 구하여라. [풀이에 있는 '사이'와 '이내'의 차이를 꼭 익히자!]

## 6 두 직선의 교점을 지나는 직선의 방정식

두 직선 $ax+by+c=0$, $a'x+b'y+c'=0$이 한 점에서 만날 때, 방정식
$(ax+by+c)k+(a'x+b'y+c')=0$ ($k$는 실수) ⋯ Ⓐ 의 그래프는 실수 $k$의 값에 관계없이
항상 두 직선 $ax+by+c=0$, $a'x+b'y+c'=0$**의 교점을 지나는 직선**이다.

증명 두 직선 $ax+by+c=0$ ⋯㉠, $a'x+b'y+c'=0$ ⋯㉡의 교점의 좌표를 $(p, q)$라 하면
$ap+bq+c=0$, $a'p+b'q+c'=0$ ⋯㉢
임의의 실수 $k$에 대하여 (㉠의 좌변)$k$+(㉡의 좌변)$=0$ 꼴로 만들면
$(ax+by+c)k+(a'x+b'y+c')=0$ ⋯㉣
㉣에 $x=p$, $y=q$를 대입하면 ㉢에 의하여 $0\cdot k+0=0$이므로 실수 $k$의 값에 관계없이 성립한다.
따라서 ㉣은 실수 $k$의 값에 관계없이 교점 $(p, q)$를 지난다.
또, ㉣은 $(ak+a')x+(bk+b')y+(ck+c')=0$, 즉 $x$, $y$에 대한 일차방정식이므로 직선이다.
따라서 ㉣은 두 직선 $ax+by+c=0$, $a'x+b'y+c'=0$의 교점을 지나는 직선의 방정식이다.

주의 Ⓐ에서 $k$가 어떤 값을 갖더라도 직선 $ax+by+c=0$을 표현할 수 없으므로 두 직선의 교점을 지나는 직선의 방정식에서 $ax+by+c=0$은 제외된다.

참고 두 직선 $y=ax+b$, $y=mx+n$의 교점을 지나는 직선의 방정식을 구하는 방법
표준형 $y=ax+b$를 일반형 $ax-y+b=0$으로 고친다. 이 일반형의 좌변을 이용한다.
표준형 $y=mx+n$을 일반형 $mx-y+n=0$으로 고친다. 이 일반형의 좌변을 이용한다.
$\therefore (ax-y+b)k+(mx-y+n)=0$

### 뿌리 1-12 두 직선의 교점을 지나는 직선의 방정식

두 직선 $x+y=2$, $2x-y=-5$의 교점과 점 $(-1, 2)$를 지나는 직선의 방정식을 구하여라.

방법 Ⅰ 두 직선 $x+y-2=0$, $2x-y+5=0$의 교점을 지나는 직선의 방정식은
$(x+y-2)k+(2x-y+5)=0$ ($k$는 실수) ⋯㉠
이 직선이 점 $(-1, 2)$를 지나므로
$(-1+2-2)k+(-2-2+5)=0$, $-k+1=0$ $\quad\therefore k=1$
$k=1$을 ㉠에 대입하면 $3x+3=0$ $\quad\therefore \boldsymbol{x=-1}$

방법 Ⅱ 두 식을 연립하여 풀면 $x=-1$, $y=3$, 즉 두 직선의 교점의 좌표는 $(-1, 3)$이다.
따라서 두 점 $(-1, 3)$, $(-1, 2)$를 지나는 직선의 방정식은
$y-3=\dfrac{2-3}{-1-(-1)}(x+1)$ (×) ∵ 분모가 0인 경우는 정의되지 않는다.
⇨ *기울기가 정의되지 않으므로 $y$축에 평행한 직선이다. [p.34]
$\therefore \boldsymbol{x=-1}$

**줄기 1-15** 두 직선 $x-y-4=0$, $x+3y+4=0$의 교점을 지나고 기울기가 $-\dfrac{1}{3}$인 직선의 방정식을 구하여라.

# 02 두 직선의 위치 관계

## 1 두 직선의 위치 관계

한 평면 위에서 두 직선의 위치 관계는 **평행**한 경우, **일치**하는 경우, 한 점에서 만나는 **교차**, 교차의 특수한 경우인 **수직**으로 나누어 생각한다.

1) 평행

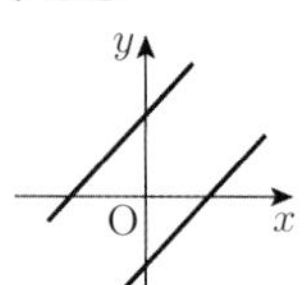

2) 일치

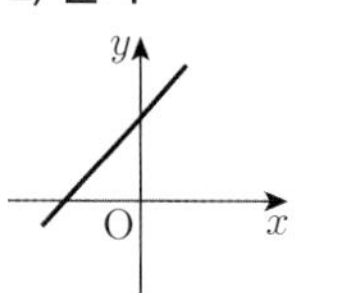

3) 교차

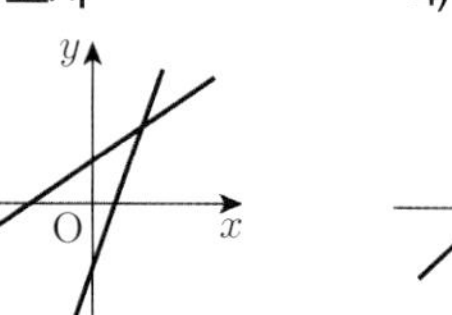

4) 수직

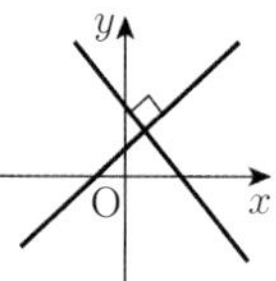

1) **평행** ⇨ 두 직선의 기울기는 같고, $y$절편이 다르다.

2) **일치** ⇨ 두 직선의 기울기와 $y$절편이 같다.

3) **교차** (한 점에서 만난다.) ⇨ 두 직선의 기울기가 다르다.

4)* **수직** ⇨ (두 직선의 기울기의 곱)$=-1$

증명 두 직선이 수직일 조건

두 직선 $y=mx+n$, $y=m'x+n'$이 수직이면 이 두 직선에 평행하고 원점을 지나는 두 직선 $y=mx$, $y=m'x$도 수직이다.

두 직선 $y=mx$, $y=m'x$와 직선 $x=1$의 교점 $\mathrm{A}(1, m)$, $\mathrm{B}(1, m')$을 잡으면 $\triangle\mathrm{AOB}$는 직각삼각형이므로 피타고라스 정리에 의하여

$\overline{\mathrm{OA}}^2+\overline{\mathrm{OB}}^2=\overline{\mathrm{AB}}^2$

$(1+m^2)+(1+m'^2)=(1-1)^2+(m-m')^2$

$2+m^2+m'^2=m^2-2mm'+m'^2$, $2=-2mm'$ $\quad\therefore mm'=-1$

따라서 두 직선 $y=mx+n$, $y=m'x+n'$이 수직이면 $mm'=-1$

즉, 두 직선이 수직일 조건은 (두 직선의 기울기의 곱)$=-1$

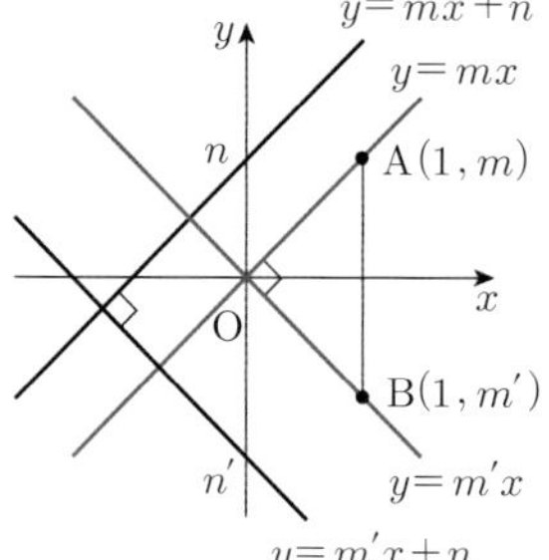


(익히는 방법)

4) 수직 ⇨ (두 직선의 기울기의 곱)$=-1$

수직인 두 직선 $y=x$와 $y=-x$를 떠올린다.

수직인 $y=x$와 $y=-x$의 기울기의 곱은 $1\cdot(-1)=-1$

따라서 수직하는 두 직선의 기울기의 곱은 $-1$이다.

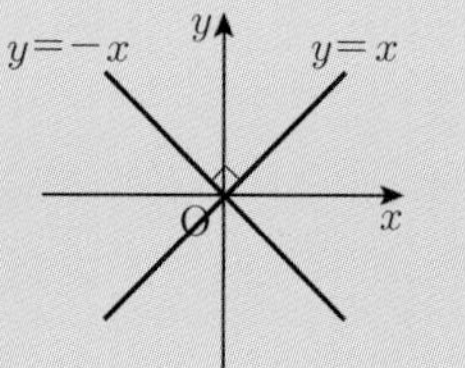


**씨앗. 1** 두 직선 $y=ax+4$, $y=3x-2$가 수직일 때, 실수 $a$의 값을 구하여라.

핵심 두 직선이 수직할 조건 ⇨ (두 직선의 기울기의 곱)$=-1$

풀이 두 직선 $y=ax+4$, $y=3x-2$가 수직이므로

$a\cdot 3=-1 \qquad \therefore a=-\dfrac{1}{3}$

## 2 두 직선 $ax+by+c=0$, $a'x+b'y+c'=0$의 위치 관계와 조건

두 직선 $ax+by+c=0$, $a'x+b'y+c'=0$을 표준형 $y=-\frac{a}{b}x-\frac{c}{b}$, $y=-\frac{a'}{b'}x-\frac{c'}{b'}$로 변형하면 두 직선의 기울기는 각각 $-\frac{a}{b}$, $-\frac{a'}{b'}$이고, $y$절편은 각각 $-\frac{c}{b}$, $-\frac{c'}{b'}$이다.

따라서 두 직선의 기울기와 $y$절편을 각각 비교하면 두 직선의 위치 관계를 알 수 있다.

1) **평행**, 즉 두 직선은 만나지 않는다. ⇨ 연립방정식의 해가 없다. (불능)

$\begin{cases} ax+by+c=0 \\ a'x+b'y+c'=0 \end{cases}$ 에서 $\frac{a}{a'}=\frac{b}{b'}\neq\frac{c}{c'}$

증명 i) 기울기는 같다. $-\frac{a}{b}=-\frac{a'}{b'}$ $\quad\therefore \frac{a}{a'}=\frac{b}{b'}$

ii) $y$절편은 다르다. $-\frac{c}{b}\neq-\frac{c'}{b'}$, $\frac{c}{c'}\neq\frac{b}{b'}$ $\quad\therefore \frac{b}{b'}\neq\frac{c}{c'}$

따라서 $\frac{a}{a'}=\frac{b}{b'}\neq\frac{c}{c'}$

2) **일치**, 즉 두 직선은 겹친다. ⇨ 연립방정식의 해가 무수히 많다. (부정)

$\begin{cases} ax+by+c=0 \\ a'x+b'y+c'=0 \end{cases}$ 에서 $\frac{a}{a'}=\frac{b}{b'}=\frac{c}{c'}$

증명 i) 기울기는 같다. $-\frac{a}{b}=-\frac{a'}{b'}$ $\quad\therefore \frac{a}{a'}=\frac{b}{b'}$

ii) $y$절편도 같다. $-\frac{c}{b}=-\frac{c'}{b'}$, $\frac{c}{c'}=\frac{b}{b'}$ $\quad\therefore \frac{b}{b'}=\frac{c}{c'}$

따라서 $\frac{a}{a'}=\frac{b}{b'}=\frac{c}{c'}$

3) **교차**, 즉 두 직선은 한 점에서 만난다. ⇨ 연립방정식이 한 쌍의 해를 갖는다.

$\begin{cases} ax+by+c=0 \\ a'x+b'y+c'=0 \end{cases}$ 에서 $\frac{a}{a'}\neq\frac{b}{b'}$

증명 i) 기울기가 다르다. $-\frac{a}{b}\neq-\frac{a'}{b'}$ $\quad\therefore \frac{a}{a'}\neq\frac{b}{b'}$

ii) $y$절편은 같아도 되고 달라도 되므로 조사할 필요가 없다.

4)* **수직**, 즉 두 직선은 한 점에서 만난다. ⇨ 연립방정식이 한 쌍의 해를 갖는다.

$\begin{cases} ax+by+c=0 \\ a'x+b'y+c'=0 \end{cases}$ 에서 $aa'+bb'=0$

증명 i) (기울기의 곱)$=-1$이다.

$\left(-\frac{a}{b}\right)\cdot\left(-\frac{a'}{b'}\right)=-1$, $\frac{aa'}{bb'}=-1$, $aa'=-bb'$

$\therefore aa'+bb'=0$

ii) $y$절편은 같아도 되고 달라도 되므로 조사할 필요가 없다.

※ 두 직선의 방정식을 연립방정식으로 생각하면 두 직선의 교점은 연립방정식의 해가 된다.

| 두 직선의 위치 관계 | 평행 | 일치 | 교차 | 수직 |
|---|---|---|---|---|
| 연립방정식의 해 | 불능 | 부정 | 한 쌍 | 한 쌍 |

## 뿌리 2-1 두 직선의 위치 관계

다음 직선의 방정식을 구하여라.

1) 점 $(1,\ 2)$를 지나고, 직선 $4x-2y+3=0$에 수직인 직선

2) 점 $(-1,\ 2)$를 지나고, 직선 $3x+2y=1$에 평행한 직선

**풀이** 1) 직선 $4x-2y+3=0$에서 $y=2x+\frac{3}{2}$ $\quad\therefore$ (기울기)$=2$

이 직선에 수직인 직선의 기울기는 $-\frac{1}{2}$ $\left(\because 2\cdot\left(-\frac{1}{2}\right)=-1\right)$

따라서 점 $(1,\ 2)$를 지나고 기울기가 $-\frac{1}{2}$인 직선의 방정식은

$y-2=-\frac{1}{2}(x-1)$ $\quad\therefore \boldsymbol{y=-\frac{1}{2}x+\frac{5}{2}}$

2) 직선 $3x+2y=1$에서 $y=-\frac{3}{2}x+\frac{1}{2}$ $\quad\therefore$ (기울기)$=-\frac{3}{2}$

이 직선에 평행한 직선의 기울기는 $-\frac{3}{2}$

따라서 점 $(-1,\ 2)$를 지나고 기울기가 $-\frac{3}{2}$인 직선의 방정식은

$y-2=-\frac{3}{2}(x+1)$ $\quad\therefore \boldsymbol{y=-\frac{3}{2}x+\frac{1}{2}}$

**참고** 1) 두 직선이 수직일 조건 ⇨ (두 직선의 기울기의 곱)$=-1$

2) 두 직선이 평행할 조건 ⇨ 두 직선의 기울기가 같다.

**[줄기2-1]** 다음 직선의 방정식을 구하여라.

1) 두 점 $(1,\ 2),\ (3,\ 4)$를 지나는 직선에 수직이고 점 $(-2,\ 3)$을 지나는 직선

2) 두 점 $(-1,\ 2),\ (-3,\ -4)$를 지나는 직선에 평행하고 점 $(-2,\ -3)$을 지나는 직선

## 뿌리 2-2 두 직선의 위치 관계(2)

두 직선 $ax-6y+4=0$, $2x+(a-7)y+2=0$의 위치 관계가 다음과 같을 때, 실수 $a$의 값을 구하여라.

1) 평행　　2) 일치　　3) 한 점에서 만난다.　　4) 수직

**풀이** 1) 두 직선이 평행하므로 $\frac{a}{2}=\frac{-6}{a-7}\neq\frac{4}{2}$ ⋯㉠

$\frac{a}{2}=\frac{-6}{a-7}$에서 $a^2-7a+12=0$, $(a-3)(a-4)=0$　　$\therefore$ **$a=3$** ($\cancel{a=4}$ $\because$ ㉠)

2) 두 직선이 일치하므로 $\frac{a}{2}=\frac{-6}{a-7}=\frac{4}{2}$ ⋯㉡

$\frac{a}{2}=\frac{-6}{a-7}$에서 $a^2-7a+12=0$, $(a-3)(a-4)=0$　　$\therefore$ **$a=4$** ($\cancel{a=3}$ $\because$ ㉡)

3) 두 직선이 한 점에서 만나므로 $\frac{a}{2}\neq\frac{-6}{a-7}$

$a^2-7a+12\neq0$, $(a-3)(a-4)\neq0$　　$\therefore$ **$a\neq3$, $a\neq4$인 모든 실수**

4) 두 직선이 수직이므로 $2\cdot a+(-6)\cdot(a-7)=0$, $-4a+42=0$　　$\therefore$ **$a=\frac{21}{2}$**

**참고** 두 직선 $ax+by+c=0$, $a'x+b'y+c'=0$에 대하여

1) 평행 ⇨ $\frac{a}{a'}=\frac{b}{b'}\neq\frac{c}{c'}$　2) 일치 ⇨ $\frac{a}{a'}=\frac{b}{b'}=\frac{c}{c'}$　3) 교차 ⇨ $\frac{a}{a'}\neq\frac{b}{b'}$　4) 수직 ⇨ $aa'+bb'=0$

**[줄기2-2]** 두 직선 $ax-6y=2$, $2x-(2a-5)y=1$이 만나지 않도록 하는 실수 $a$의 값을 구하여라.

## 뿌리 2-3 선분의 수직이등분선의 방정식

두 점 $\mathrm{A}(-1, 6)$, $\mathrm{B}(3, -2)$를 이은 선분 AB의 수직이등분선의 방정식을 구하여라.

**풀이** i) $\overline{\mathrm{AB}}$의 중점의 좌표는 $\left(\frac{-1+3}{2}, \frac{6+(-2)}{2}\right)$, 즉 $(1, 2)$이다.

ii) 두 점 A, B를 지나는 직선의 기울기는 $\frac{-2-6}{3-(-1)}=-2$이므로 $\overline{\mathrm{AB}}$의 수직이등분선의 기울기는 $\frac{1}{2}$이다. ($\because -2\cdot\frac{1}{2}=-1$)

따라서 기울기가 $\frac{1}{2}$이고 점 $(1, 2)$를 지나므로 직선의 방정식은

$y-2=\frac{1}{2}(x-1)$　　$\therefore$ **$y=\frac{1}{2}x+\frac{3}{2}$**

**[줄기2-3]** 두 점 $\mathrm{A}(3, 4)$, $\mathrm{B}(1, -6)$을 잇는 선분 AB를 수직이등분하는 직선이 점 $(a, -3)$을 지날 때, 실수 $a$의 값을 구하여라.

**[줄기2-4]** 두 점 $\mathrm{A}(2, a)$, $\mathrm{B}(4, 1)$을 이은 선분 AB의 수직이등분선의 방정식이 $x-2y+b=0$일 때, 실수 $a$, $b$의 값을 구하여라.

## 뿌리 2-4 삼각형의 세 변의 수직이등분선의 교점

세 점 $A(-3,\ 1)$, $B(3,\ -1)$, $C(2,\ 4)$를 꼭짓점으로 하는 삼각형 $ABC$에서 세 변의 수직이등분선의 교점의 좌표를 구하여라.

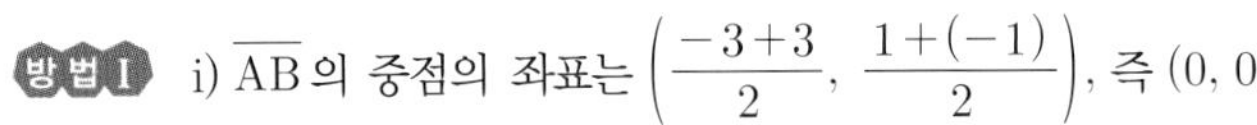

**방법 I** i) $\overline{AB}$의 중점의 좌표는 $\left(\frac{-3+3}{2},\ \frac{1+(-1)}{2}\right)$, 즉 $(0,\ 0)$

ii) 두 점 A, B를 지나는 직선의 기울기는 $\frac{-1-1}{3-(-3)}=-\frac{1}{3}$

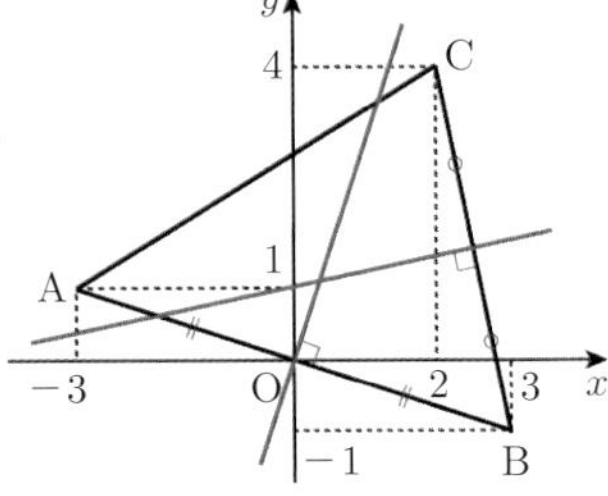


$\overline{AB}$의 수직이등분선은 기울기가 3이고 점 $(0,\ 0)$를 지나므로 직선의 방정식은

$y-0=3(x-0)$ $\quad\therefore y=3x\ \cdots$ ㉠

i) $\overline{BC}$의 중점의 좌표는 $\left(\frac{3+2}{2},\ \frac{-1+4}{2}\right)$, 즉 $\left(\frac{5}{2},\ \frac{3}{2}\right)$

ii) 두 점 B, C를 지나는 직선의 기울기는 $\frac{4-(-1)}{2-3}=-5$

$\overline{BC}$의 수직이등분선은 기울기가 $\frac{1}{5}$이고 점 $\left(\frac{5}{2},\ \frac{3}{2}\right)$을 지나므로 직선의 방정식은

$y-\frac{3}{2}=\frac{1}{5}\left(x-\frac{5}{2}\right)$ ⇨ 양변에 10를 곱하면

$10y-15=2x-5,\ 2x-10y=-10$ $\quad\therefore x-5y=-5\ \cdots$ ㉡

㉠, ㉡을 연립하여 풀면 $x=\frac{5}{14}$, $y=\frac{15}{14}$이므로 두 수직이등분선의 교점의 좌표는 $\left(\frac{5}{14},\ \frac{15}{14}\right)$

이때, 세 수직이등분선은 한 점에서 만나므로 두 수직이등분선의 교점을 나머지 한 수직이등분선도 지나게 된다. 따라서 구하는 세 수직이등분선의 교점의 좌표는 $\mathbf{\left(\frac{5}{14},\ \frac{15}{14}\right)}$

**방법 II** 「강추」 삼각형의 세 변의 수직이등분선의 교점은 외심이므로 외심에서 세 꼭짓점에 이르는 거리가 같다.
이때, 외심의 좌표를 $(x,\ y)$라 하면

$\sqrt{(x+3)^2+(y-1)^2}=\sqrt{(x-3)^2+(y+1)^2}$ ⇨ 양변을 제곱하면

$x^2+6x+y^2-2y+10=x^2-6x+y^2+2y+10,\ 12x-4y=0$ $\quad\therefore 3x-y=0\ \cdots$ ㉠

$\sqrt{(x+3)^2+(y-1)^2}=\sqrt{(x-2)^2+(y-4)^2}$ ⇨ 양변을 제곱하면

$x^2+6x+y^2-2y+10=x^2-4x+y^2-8y+20,\ 10x+6y=10$ $\quad\therefore 5x+3y=5\ \cdots$ ㉡

㉠, ㉡을 연립하여 풀면 $x=\frac{5}{14}$, $y=\frac{15}{14}$이므로 외심의 좌표는 $\left(\frac{5}{14},\ \frac{15}{14}\right)$

따라서 구하는 세 수직이등분선의 교점의 좌표는 $\mathbf{\left(\frac{5}{14},\ \frac{15}{14}\right)}$

**참고** **삼각형의 외심**
삼각형의 세 변의 수직이등분선은 한 점에서 만나며 이 세 수직이등분선의 교점을 외심이라 하고, 삼각형에 외접하는 원의 중심이 된다. 따라서 외심에서 세 꼭짓점에 이르는 거리가 같다.

*cf*) **삼각형의 내심**
삼각형의 세 내각의 이등분선은 한 점에서 만나며 이 세 이등분선의 교점을 내심이라 하고, 삼각형에 내접하는 원의 중심이 된다. 따라서 내심에서 세 변에 이르는 거리가 같다.

**팁** p.15 뿌리 1-3), 줄기 1-4)에서 외심의 좌표를 구하는 연습을 이미 했다. ^^

## 3 세 직선의 위치 관계

1) **세 직선이 삼각형을 이루지 않는 경우**

i) 세 직선이 모두 평행할 때 ⇨ 좌표평면을 네 부분으로 나눈다. ①/②/③/④

ii) 세 직선 중 두 직선이 평행할 때 ⇨ 좌표평면을 여섯 부분으로 나눈다. 

iii) 세 직선이 한 점에서 만날 때 ⇨ 좌표평면을 여섯 부분으로 나눈다. ⑥⑤④ ①②③

2) **세 직선이 삼각형을 이루는 경우** ⇨ 좌표평면을 일곱 부분으로 나눈다. 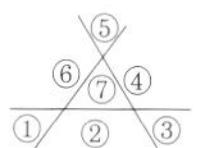

### 뿌리 2-5 세 직선의 위치 관계

세 직선 $x+y=1$, $x-y=-3$, $2x-ky=5$가 삼각형을 이루지 않도록 하는 실수 $k$의 값을 모두 구하여라.

**풀이** $x+y=1 \cdots$㉠, $x-y=-3 \cdots$㉡, $2x-ky=5 \cdots$㉢

i) 세 직선이 모두 평행할 때,
두 직선 ㉠, ㉡의 기울기가 각각 $-1$, $1$이므로 두 직선 ㉠, ㉡은 평행하지 않다. 따라서 세 직선이 모두 평행하지는 않다.

ii) 세 직선 중 두 직선이 평행할 때, ※두 직선 ㉠, ㉡은 평행하지 않다.
두 직선 ㉠, ㉢이 평행한 경우는 $\frac{1}{2}=\frac{1}{-k}\neq\frac{1}{5}$ $\quad\therefore k=-2$
두 직선 ㉡, ㉢이 평행한 경우는 $\frac{1}{2}=\frac{-1}{-k}\neq\frac{-3}{5}$ $\quad\therefore k=2$

iii) 세 직선이 한 점에서 만날 때, 두 직선 ㉠, ㉡의 교점을 직선 ㉢이 지나면 된다.
㉠, ㉡을 연립하여 풀면 $x=-1$, $y=2$이므로 두 직선 ㉠, ㉡의 교점의 좌표는 $(-1, 2)$
직선 ㉢이 교점 $(-1, 2)$를 지나므로 $-2-2k=5$ $\quad\therefore k=-\frac{7}{2}$

따라서 ii), iii)에서 실수 $k$의 값은 $\mathbf{-2, 2, -\frac{7}{2}}$

**참고** 세 직선이 삼각형을 이루지 않는 경우 ⇨ /// ⋇ ✳

**[줄기2-5]** 세 직선 $2x+y=-3$, $x-y=4$, $ax-y=0$이 좌표평면을 6개의 영역으로 나누도록 하는 실수 $a$의 값을 모두 구하여라. [정답 및 풀이에서 오류 확인 요망!]

**[줄기2-6]** 서로 다른 세 직선 $ax+4y=-3$, $-2x+by=2$, $x+2y=1$이 좌표평면을 네 부분으로 나눌 때, 실수 $a$, $b$의 값을 구하여라.

**[줄기2-7]** 세 직선 $x+y=0$, $3x-y-k=0$, $2x-y-3=0$이 좌표평면을 7개의 부분으로 나눌 때, 실수 $k$의 조건을 구하여라.

# 03 점과 직선 사이의 거리

## 1 점과 직선 사이의 거리

좌표평면 위의 한 점 P에서 직선 $l$에 내린 수선의 발을 H라고 할 때, 두 점 P, H 사이의 거리 $\overline{\mathrm{PH}}$를 **점 P와 직선 $l$ 사이의 거리**라 한다.

점 $\mathrm{P}(x_1,\ y_1)$과 직선 $ax+by+c=0$ 사이의 거리 $d$는

$$d=\frac{|ax_1+by_1+c|}{\sqrt{a^2+b^2}}$$

※ $d$는 $d$istance의 첫 글자이다.

(익히는 방법)
직선의 방정식이 일반형의 꼴일 때, 좌변에서 거리 공식이 보인다.
즉, ⓐ$x$+ⓑ$y+c=0$ (일반형)이면 좌변에서 거리 공식이 보인다. $cf$) $y=mx+n$ (표준형)
$d=\dfrac{|ⓐx+ⓑy+c|}{\sqrt{ⓐ^2+ⓑ^2}}$에 점 $(x_1, y_1)$을 대입하면 끝!

**증명** 점 $\mathrm{P}(x_1, y_1)$에서 직선 $l$에 내린 수선의 발을 $\mathrm{H}(x_2, y_2)$라 하고, 점 P와 직선 $l : ax+by+c=0$ 사이의 거리를 $d$라 하면 $d=\sqrt{(x_2-x_1)^2+(y_2-y_1)^2}$이다.

직선 $l$의 기울기가 $-\dfrac{a}{b}$이므로 직선 $l$에 수직인 직선 PH의 기울기는 $\dfrac{b}{a}$이다.

따라서 직선 PH의 방정식은 $y-y_1=\dfrac{b}{a}(x-x_1)$ …㉠

이 직선은 $\mathrm{H}(x_2, y_2)$를 지나므로 ㉠에 $x=x_2$, $y=y_2$를 대입하면

$y_2-y_1=\dfrac{b}{a}(x_2-x_1)$ ⇨ 양변에 $a$를 곱한다. ($\because$ 분수는 귀찮다.)

$a(y_2-y_1)=b(x_2-x_1)$ $\quad\therefore b(x_2-x_1)-a(y_2-y_1)=0$ …㉡

이때, $\mathrm{H}(x_2, y_2)$는 직선 $l$ 위의 점이므로 $ax_2+by_2+c=0$

$ax_2-ax_1+ax_1+by_2-by_1+by_1+c=0$

$a(x_2-x_1)+b(y_2-y_1)+ax_1+by_1+c=0$ …㉢



㉡과 ㉢을 연립하여 $x_2-x_1$, $y_2-y_1$을 각각 구하면

$$x_2-x_1=\frac{-a(ax_1+by_1+c)}{a^2+b^2},\ y_2-y_1=\frac{-b(ax_1+by_1+c)}{a^2+b^2}$$

이때, 점 P와 직선 $ax+by+c=0$ 사이의 거리 $\overline{\mathrm{PH}}$, 즉 $d$는

$$d=\overline{\mathrm{PH}}=\sqrt{(x_2-x_1)^2+(y_2-y_1)^2}=\sqrt{\left\{\frac{-a(ax_1+by_1+c)}{a^2+b^2}\right\}^2+\left\{\frac{-b(ax_1+by_1+c)}{a^2+b^2}\right\}^2}$$

$$=\sqrt{\frac{(a^2+b^2)(ax_1+by_1+c)^2}{(a^2+b^2)^2}}=\sqrt{\frac{(ax_1+by_1+c)^2}{a^2+b^2}}=\frac{|ax_1+by_1+c|}{\sqrt{a^2+b^2}}$$

이 공식은 $a=0$, $b\neq0$일 때, 즉 직선이 $x$축에 평행할 때와 $a\neq0$, $b=0$일 때, 즉 직선이 $y$축에 평행할 때도 성립한다.

※ 점이 직선 위에 있을 때, 점과 직선 사이의 거리는 0이다.

**주의** '두 점 A, B 사이'와 '두 점 A, B 사이의 거리'에서 절대 간과해서는 안 될 중요한 차이점
⇨ 정답 및 풀이 [p.20]에 있는 잎 2-11)의 주의를 보면 차이점을 확인할 수 있다.

## 뿌리 3-1 점과 직선 사이의 거리(1)

점 $(1, 2)$와 직선 $y=-\frac{2}{3}x+\frac{1}{3}$ 사이의 거리를 구하여라.

풀이 $y=-\frac{2}{3}x+\frac{1}{3}$을 일반형으로 고치면

$\frac{2}{3}x+y-\frac{1}{3}=0$ ⇨ 양변에 3을 곱한다. (∵ 분수는 귀찮다.)

$2x+3y-1=0$과 점 $(1, 2)$ 사이의 거리는 $\frac{|2\cdot1+3\cdot2-1|}{\sqrt{2^2+3^2}}=\frac{7}{\sqrt{13}}=\frac{7}{13}\sqrt{13}$

참고 $ⓐx+\boxed{b}y+c=0$(일반형)으로 만들면 좌변에서 점과 직선 사이의 거리 공식이 보인다.
$d=\frac{|ⓐx+\boxed{b}y+c|}{\sqrt{ⓐ^2+\boxed{b}^2}}$에 점 $(x_1, y_1)$을 대입하면 끝!

**[줄기3-1]** 두 직선 $x+2y=0$, $x+3y=1$의 교점과 직선 $y=3x+2$의 거리를 구하여라.

## 뿌리 3-2 점과 직선 사이의 거리(2)

$x$축 위의 점 P로부터 두 직선 $2x+y=-1$, $x-2y=-2$에 이르는 거리가 같다고 할 때, 점 P의 좌표를 모두 구하여라.

풀이 $\begin{cases} 2x+y=-1\text{을 일반형으로 고치면 } 2x+y+1=0\text{이다.} \\ x-2y=-2\text{를 일반형으로 고치면 } x-2y+2=0\text{이다.} \end{cases}$

$x$축 위의 점 P의 좌표를 $(a, 0)$이라 하면

점 $\mathrm{P}(a, 0)$으로부터 두 직선 $2x+y+1=0$, $x-2y+2=0$에 이르는 거리가 같으므로

$\frac{|2a+0+1|}{\sqrt{2^2+1^2}}=\frac{|a-2\cdot0+2|}{\sqrt{1^2+(-2)^2}}$

$\therefore |2a+1|=|a+2|$ ※ $|A|=|B| \Leftrightarrow A=\pm B$

i) $2a+1=a+2$ $\therefore a=1$ $\therefore \mathrm{P}(1, 0)$

ii) $2a+1=-(a+2)$ $\therefore a=-1$ $\therefore \mathrm{P}(-1, 0)$

정답 $\mathrm{P}(1, 0)$ 또는 $\mathrm{P}(-1, 0)$

**[줄기3-2]** 두 직선 $x-y=2$, $2x-3y=1$의 교점으로부터 거리가 2이고 점 $(2, 1)$을 지나는 직선의 방정식을 구하여라.

**[줄기3-3]** 직선 $3x-4y-1=0$에 수직이고 원점으로 부터의 거리가 $\frac{6}{5}$인 직선의 방정식을 구하여라.

## 뿌리 3-3 점과 직선 사이의 거리(3)

직선 $x+2y+4=0$ 위에 길이 $\sqrt{5}$ 인 선분 AB가 있다. 이때, 점 C$(2,\ 1)$에 대하여 △ABC의 넓이를 구하여라.

**풀이** '(삼각형의 넓이)$=\frac{1}{2}\times$(밑변)$\times$(높이)'이므로

'△ABC$=\frac{1}{2}\times\overline{\mathrm{AB}}\times$(높이)'

점 C$(2,1)$에서 직선 $x+2y+4=0$에 내린 수선의 발을 H라 하면

$\overline{\mathrm{CH}}=\frac{|2+2\cdot1+4|}{\sqrt{1^2+2^2}}=\frac{8}{\sqrt{5}}$

$\therefore$ △ABC$=\frac{1}{2}\times\overline{\mathrm{AB}}\times\overline{\mathrm{CH}}=\frac{1}{2}\times\sqrt{5}\times\frac{8}{\sqrt{5}}=\mathbf{4}$

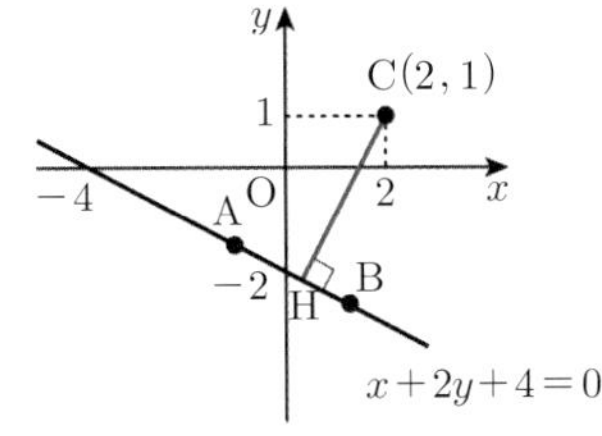


## 뿌리 3-4 평행한 두 직선 사이의 거리

평행한 두 직선 $2x-3y+5=0$, $4x-6y-1=0$ 사이의 거리를 구하여라.

**핵심** 두 직선 $g$와 $l$이 평행할 때, 직선 $g$ 위의 임의의 점 P와 직선 $l$ 사이의 거리 $d$를 두 직선 $g$와 $l$ 사이의 거리라고 한다. 따라서 두 직선이 평행할 경우에만 두 직선 사이의 거리가 존재한다.
즉, 평행하지 않으면 두 직선 사이의 거리가 존재하지 않는다.

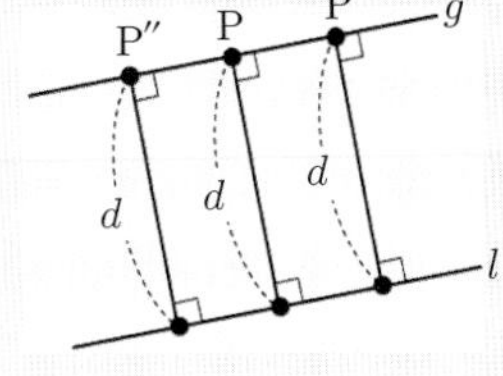


**풀이** $2x-3y+5=0$ 위의 한 점 $\left(\frac{-5}{2},\ 0\right)$과 직선 $4x-6y-1=0$ 사이의 거리는

$\frac{\left|4\cdot\left(\frac{-5}{2}\right)-6\cdot0-1\right|}{\sqrt{4^2+(-6)^2}}=\frac{|-10-1|}{\sqrt{52}}=\frac{11}{2\sqrt{13}}=\mathbf{\frac{11\sqrt{13}}{26}}$

**팁** **평행한 두 직선 사이의 거리를 구하는 요령**
평행한 두 직선 사이의 거리는 한 직선 위의 임의의 점과 다른 직선 사이의 거리를 구하면 된다. 이때, 임의의 점은 $x$ 또는 $y$좌표의 값이 0이 되는 좌표축 위의 점을 잡으면 계산이 쉬워진다.

**[줄기3-4]** 평행한 두 직선 $3x-y+2=0$, $6x-2y+k=0$ 사이의 거리가 $\sqrt{10}$ 일 때, 실수 $k$의 값을 모두 구하여라.

**[줄기3-5]** 평행한 두 직선 $ax+2y-4=0$, $6x-2y+b=0$ 사이의 거리가 $\sqrt{10}$ 일 때, 실수 $a$, $b$의 값을 구하여라. (단, $b>0$)

## 뿌리 3-5 두 직선이 이루는 각의 이등분선의 방정식

두 직선 $l: 3x+2y-1=0$, $m: 2x+3y+2=0$이 이루는 각의 이등분선의 방정식을 구하여라.

**핵심** **두 직선 $l$, $m$이 이루는 각의 이등분선의 방정식**

⇨ 각의 이등분선 위의 임의의 점 $P(x, y)$에서 두 직선 $l$, $m$에 이르는 거리가 같음을 이용하여 방정식을 구한다.

※ 두 직선 $l$, $m$이 이루는 각이 2개이므로 각의 이등분선도 2개 존재한다.
이때, 두 이등분선은 서로 수직이다.
($\because 2\circ+2\bullet=180°$, 즉 $\circ+\bullet=90°$)

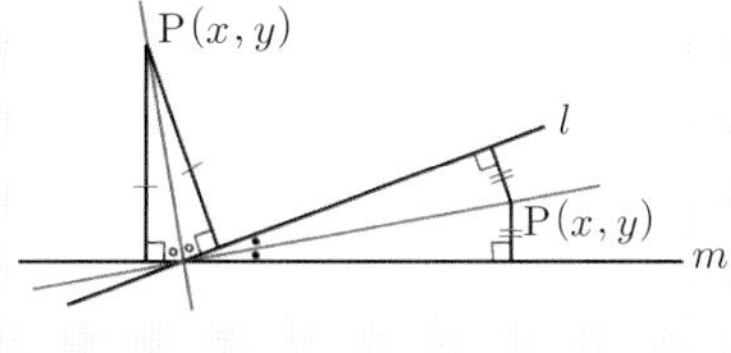


**증명** 두 직각삼각형 PQM, PQN은 빗변의 길이와 한 예각의 크기가 같아서 합동이다.
(RHA 합동)
따라서 점 $P(x, y)$에서 두 직선 $l$, $m$에 이르는 거리가 같다. 즉, $\overline{PM}=\overline{PN}$이다.

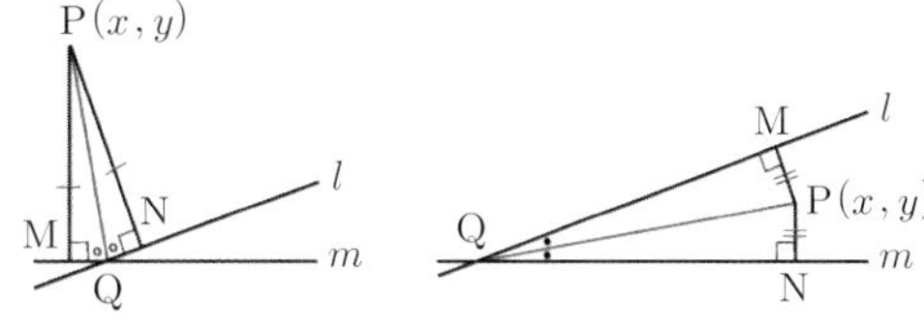


**풀이** 두 직선 $3x+2y-1=0$, $2x+3y+2=0$이 이루는 각의 이등분선 위의 임의의 점을 $P(x, y)$라 하면 점 P에서 두 직선에 이르는 거리가 같으므로

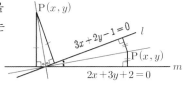

$$\frac{|3x+2y-1|}{\sqrt{3^2+2^2}}=\frac{|2x+3y+2|}{\sqrt{2^2+3^2}}$$

$|3x+2y-1|=|2x+3y+2|$

$3x+2y-1=\pm(2x+3y+2)$ ※ $|A|=|B| \Leftrightarrow A=\pm B$

$\therefore$ **$x-y-3=0$ 또는 $5x+5y+1=0$**

**주의** 두 직선이 이루는 각이 2개이므로 각의 이등분선도 2개 존재한다.

**[줄기3-6]** 두 직선 $x+2y=3$, $2y=x+3$이 이루는 각의 이등분선의 방정식을 구하여라.

## 2 (수학에서) 거리란? ※ 수학 용어로서의 거리는 더 엄밀하게 정의되고 사용된다.

거리란 두 물체가 얼마나 떨어져 있는 가를 두 점 사이의 최단 거리로 나타낸 것이다.

$\therefore$ ⋆(거리) $\geq 0$

ex)

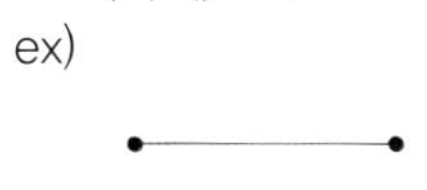

두 점 사이의 거리

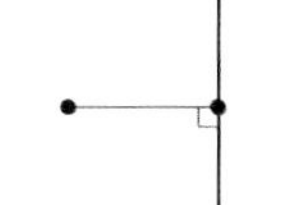

한 점과 직선 사이의 거리

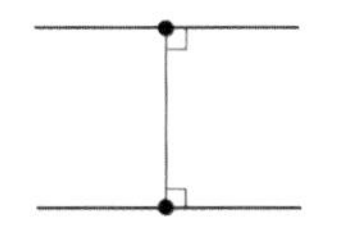

평행선 사이의 거리

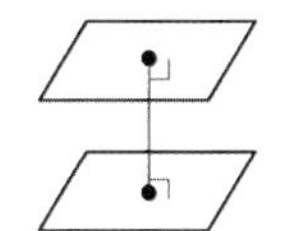

평행한 두 면 사이의 거리

$cf$) 길이란 한 물체의 한끝에서 다른 끝까지의 거리이다. $\therefore$ ⋆(길이) $>0$

## 뿌리 3-6 자취의 방정식 (1)

두 점 $A(-1, 2)$, $B(2, -3)$에서 같은 거리에 있는 점 P의 자취의 방정식을 구하여라.

**핵심** 자취의 방정식은 조건을 만족하는 임의의 점의 좌표가 $(x, y)$일 때, 조건을 만족하는 $x$, $y$의 관계식이다. [p.27 6]

**방법 I** 두 점 A, B에서 같은 거리에 있는 점을 $P(x, y)$로 놓으면

$\overline{AP}=\overline{BP}$이므로 $\sqrt{(x+1)^2+(y-2)^2}=\sqrt{(x-2)^2+(y+3)^2}$

양변을 제곱하여 정리하면 $2x-4y+5=-4x+6y+13$ $\quad\therefore$ $\mathbf{3x-5y-4=0}$

**방법 II** 「강추」 두 점 A, B로부터 같은 거리에 있는 점 P의 자취는 오른쪽 그림과 같이 $\overline{AB}$의 수직이등분선이다. (∵ 이등변삼각형)

⇨ 이 사실을 기억하고 있어야 고난도 문제를 풀 수 있다.
예) ⋆잎 3-24) p.87

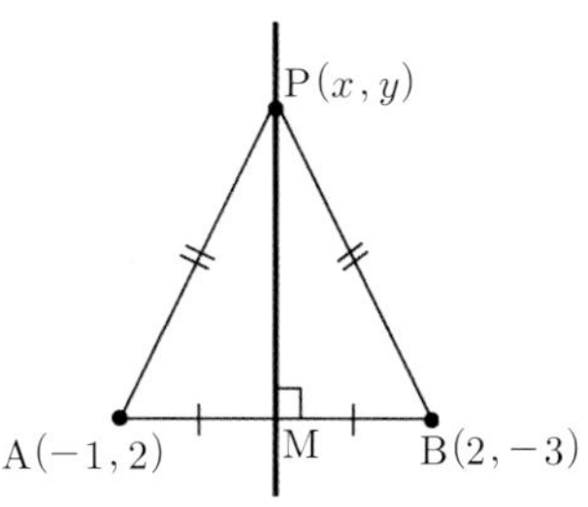


i) $\overline{AB}$의 중점의 좌표는 $\left(\frac{-1+2}{2}, \frac{2+(-3)}{2}\right)=\left(\frac{1}{2}, -\frac{1}{2}\right)$

ii) 두 점 A, B를 지나는 직선의 기울기는 $\frac{-3-2}{2-(-1)}=-\frac{5}{3}$

$\overline{AB}$의 수직이등분선은 기울기가 $\frac{3}{5}$이고 점 $\left(\frac{1}{2}, -\frac{1}{2}\right)$을 지나므로 직선의 방정식은

$\left(y+\frac{1}{2}\right)=\frac{3}{5}\left(x-\frac{1}{2}\right)$ ⇨ 양변에 10을 곱하면

$10y+5=6x-3$, $6x-10y-8=0$ $\quad\therefore$ $\mathbf{3x-5y-4=0}$

## 뿌리 3-7 자취의 방정식 (2)

두 직선 $3x+2y-1=0$, $2x+3y+2=0$으로부터 같은 거리에 있는 점 P의 자취의 방정식을 구하여라.

**풀이** 점 P의 좌표를 $(x, y)$라 할 때, 점 P에서 두 직선에 이르는 거리가 같으므로

$$\frac{|3x+2y-1|}{\sqrt{3^2+2^2}}=\frac{|2x+3y+2|}{\sqrt{2^2+3^2}}$$

$|3x+2y-1|=|2x+3y+2|$

$3x+2y-1=\pm(2x+3y+2)$ ※ $|A|=|B| \Leftrightarrow A=\pm B$

$\therefore$ $\mathbf{x-y-3=0}$ **또는** $\mathbf{5x+5y+1=0}$

**참고** 두 직선으로부터 같은 거리에 있는 점의 자취는 두 직선이 이루는 각의 이등분선이다.
뿌리 3-5)와 같은 문제이다. [p.53]

**[줄기3-7]** 두 직선 $x+2y=-1$, $6x-3y=-1$로부터 같은 거리에 있는 점 P의 자취의 방정식을 구하여라.

## 3 꼭짓점의 좌표를 알 때, 다각형의 넓이를 구하는 요령 (중등과정)

꼭짓점 A, B, C, D의 좌표를 알 때, 사각형 ABCD의 넓이 $S$는 다음과 같다.

$S = \square\mathrm{EFGH} - \triangle\mathrm{AEB} - \triangle\mathrm{BFC} - \triangle\mathrm{CGD} - \triangle\mathrm{DHA}$

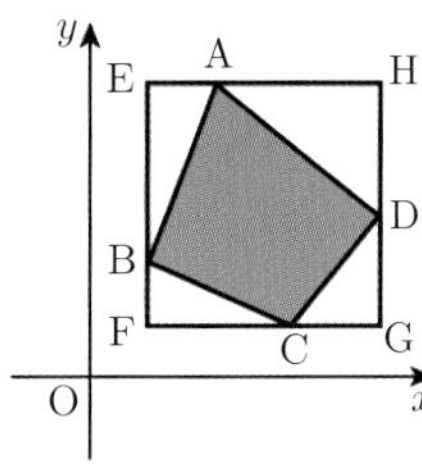


## 4 *꼭짓점의 좌표를 알 때, 다각형의 넓이를 구하는 공식 ⇨ 사선공식(신발 끈 공식)

$\mathrm{A}(x_1,\ y_1), \mathrm{B}(x_2,\ y_2), \mathrm{C}(x_3,\ y_3), \cdots, \mathrm{N}(x_n,\ y_n)$ ⇨ 꼭짓점을 반시계방향으로 배열한다.

$$S = \frac{1}{2}\left|\begin{matrix} x_1 & x_2 & x_3 & \cdots & x_n & x_1 \\ y_1 & y_2 & y_3 & \cdots & y_n & y_1 \end{matrix}\right|$$

$$= \frac{1}{2}\left|(x_1y_2 + x_2y_3 + \cdots + x_ny_1) - (x_2y_1 + x_3y_2 + \cdots + x_1y_n)\right|$$

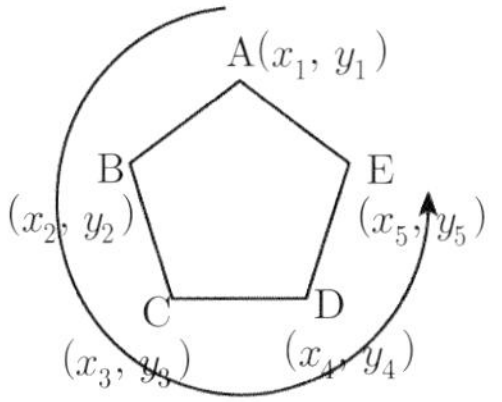


증명 벡터를 이용하여 증명하므로 증명을 생략한다.

(사선공식 사용하는 Tip)

사선공식에서는 꼭짓점의 좌표를 반시계방향(원칙) 또는 시계방향으로 배치해야 한다. 따라서 좌표평면 위에서 꼭짓점의 배열을 확인한 후 사선공식에 꼭짓점의 좌표를 반시계방향(원칙) 또는 시계방향으로 배치한다.

※ 볼록다각형, 오목다각형 상관없이 모든 다각형에서 사선공식이 성립한다.

## 5 *꼭짓점의 좌표를 알 때, 삼각형의 넓이 ⇨ 사선공식(신발 끈 공식)

$\mathrm{A}(x_1,\ y_1), \mathrm{B}(x_2,\ y_2), \mathrm{C}(x_3,\ y_3)$

$$S = \frac{1}{2}\left|\begin{matrix} x_1 & x_2 & x_3 & x_1 \\ y_1 & y_2 & y_3 & y_1 \end{matrix}\right|$$

$$= \frac{1}{2}\left|(x_1y_2 + x_2y_3 + x_3y_1) - (x_2y_1 + x_3y_2 + x_1y_3)\right|$$

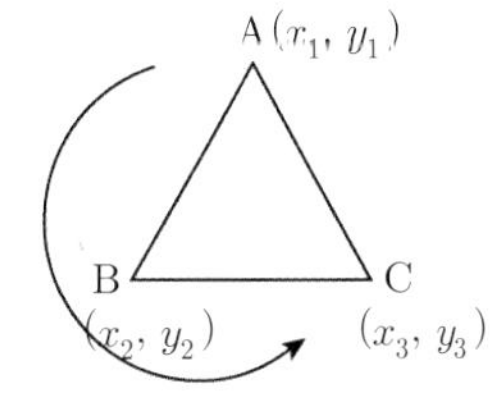


(삼각형에서 사선공식 사용하는 Tip)

삼각형은 꼭짓점이 세 개뿐이어서 멋대로 배열해도 꼭짓점의 배열은 반시계방향(원칙) 또는 시계방향으로 배열된다. 따라서 *삼각형은 예외적으로 좌표평면 위에서 꼭짓점의 위치 확인 없이 사선공식(신발 끈 공식)을 사용할 수 있다.

**씨앗. 1** 세 점 A$(1,\ 2)$, B$(2,\ 5)$, C$(-1,\ 2)$를 꼭짓점으로 하는 $\triangle$ABC의 넓이 $S$를 구하여라.

**핵심** 삼각형은 예외적으로 꼭짓점의 위치 확인 없이 사선공식을 이용할 수 있다.

**풀이** $S=\boxed{\frac{1}{2}}\left|\begin{array}{cccc} 1 & 2 & -1 & 1 \\ 2 & 5 & 2 & 2 \end{array}\right|$

$=\frac{1}{2}|\{1\cdot5+2\cdot2+(-1)\cdot2\}-\{2\cdot2+(-1)\cdot5+1\cdot2\}|$

$=\frac{1}{2}|(5+4-2)-(4-5+2)|=\frac{1}{2}|7-1|=\mathbf{3}$

## 뿌리 3-8 사선공식(신발 끈 공식)

다음 점을 꼭짓점으로 하는 다각형의 넓이 $S$를 구하여라.

1) O$(0,\ 0)$, A$(-1,\ -2)$, B$(2,\ 5)$

2) A$(7,\ 9)$, B$(3,\ 4)$, C$(7,\ 6)$, D$(5,\ 2)$

**풀이** 1) $S=\frac{1}{2}\left|\begin{array}{cccc} 0 & -1 & 2 & 0 \\ 0 & -2 & 5 & 0 \end{array}\right|$

$=\frac{1}{2}|(0-5+0)-(0-4+0)|=\frac{1}{2}|(-5)+4|=\mathbf{\frac{1}{2}}$

2) 꼭짓점의 반시계방향 배열은 A → B → D → C이므로

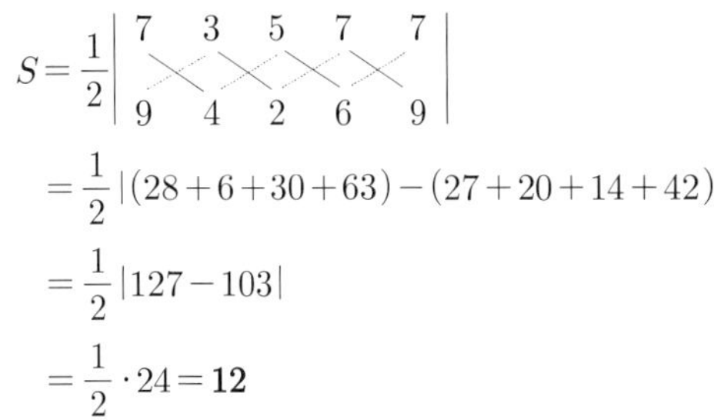

$S=\frac{1}{2}\left|\begin{array}{ccccc} 7 & 3 & 5 & 7 & 7 \\ 9 & 4 & 2 & 6 & 9 \end{array}\right|$

$=\frac{1}{2}|(28+6+30+63)-(27+20+14+42)|$

$=\frac{1}{2}|127-103|$

$=\frac{1}{2}\cdot24=\mathbf{12}$

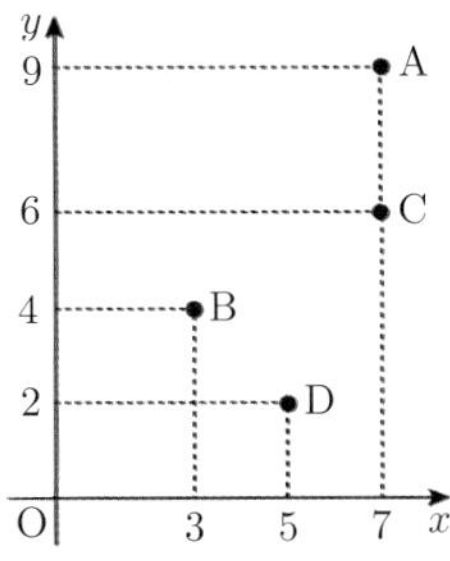


**참고** 1) 삼각형은 예외적으로 꼭짓점의 위치 확인 없이 사선공식을 사용할 수 있다.
2) 삼각형이 아니면 반드시 좌표평면 위에서 꼭짓점의 배열을 확인해야 한다.

**[줄기3-8]** 세 직선 $y=x$, $y=2x+1$, $x+y=4$로 둘러싸인 삼각형의 넓이를 구하여라.

[정답 및 풀이에 있는 방법 Ⅰ, 방법 Ⅱ, 결론을 꼭 확인하자!]

# 2 직선의 방정식

| 평가일 | 점수 |
|---|---|
| | |

정답 및 풀이 17p

**• 잎 2-1**

상수 $a, b$에 대하여 좌표평면 위의 두 직선 $y=ax-8$, $y=x+b$의 교점이 $(3, 4)$일 때, 두 직선과 $x$축으로 둘러싸인 삼각형의 넓이를 구하여라. [교육청 기출]

**• 잎 2-2**

세 점 $\mathrm{A}(2, -1)$, $\mathrm{B}(7, 1)$, $\mathrm{C}(1, 3)$을 꼭짓점으로 하는 삼각형 ABC가 있다.
직선 $mx+y-2m+1=0$이 $\triangle\mathrm{ABC}$의 넓이를 이등분할 때, 이 직선의 기울기를 구하여라.

**• 잎 2-3**

두 점 $\mathrm{A}(3, -2)$, $\mathrm{B}(-5, 4)$를 이은 선분 AB의 수직이등분선의 방정식이 $mx+ny=1$일 때, 실수 $m, n$의 값을 구하여라.

**• 잎 2-4**

직선 $y=mx+3$이 직선 $nx-2y-2=0$과는 수직이고, 직선 $y=(3-n)x-1$과는 평행할 때, $m^2+n^2$의 값을 구하여라. (단, $m, n$은 상수) [교육청 기출]

**• 잎 2-5**

세 직선 $x+2y=4$, $4x-6y=5$, $ax+y=2$의 교점을 꼭짓점으로 하는 삼각형이 직각삼각형일 때, 실수 $a$의 값을 모두 구하여라.

**• 잎 2-6**

오른쪽 그림과 같이 두 직선 $y=x+3$, $y=ax+b$ $(a>0)$가 제1사분면의 한 점 A에서 만난다. 직선 $y=x+3$이 $x$축, $y$축과 만나는 점을 각각 B, C라 하고 직선 $y=ax+b$가 $y$축과 만나는 점을 D라 하자. $\triangle\mathrm{ABO}=2\triangle\mathrm{BOC}$, $\triangle\mathrm{ACD}=3\triangle\mathrm{BOC}$일 때, 실수 $a, b$의 값은? (단, O는 원점이다.) [교육청 기출]

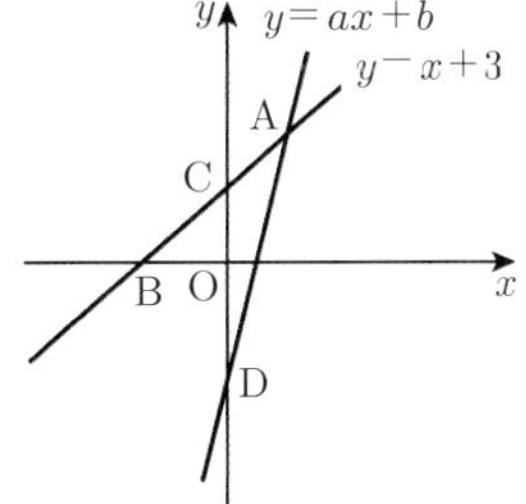


① $a=2$, $b=-4$ ② $a=3$, $b=-4$ ③ $a=2$, $b=-6$
④ $a=4$, $b=-6$ ⑤ $a=4$, $b=-8$

**• 잎 2-7**

제4사분면 위의 점 $(2, k)$와 직선 $6x-8y=5$ 사이의 거리가 2일 때, 실수 $k$의 값을 구하여라.

**• 잎 2-8**

두 직선 $y=\frac{1}{2}x$, $y=3x$가 직선 $y=-2x+k$와 만나는 점을 각각 A, B라 하자. 원점 O와 두 점 A, B를 꼭짓점으로 하는 삼각형 OAB의 무게중심의 좌표가 $\left(2, \frac{8}{3}\right)$일 때, 실수 $k$의 값은? [교육청 기출]

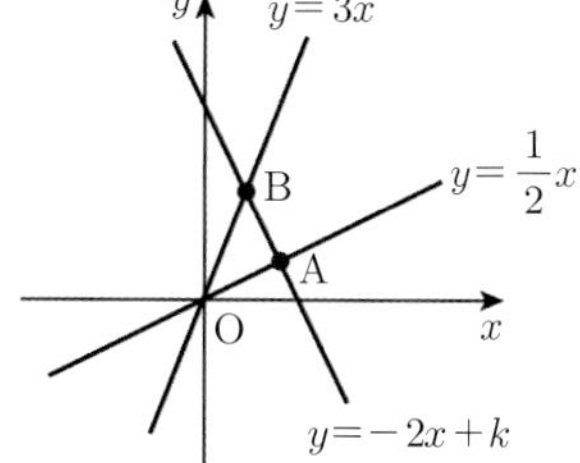


① 2 ② 4 ③ 6 ④ 8 ⑤ 10

**• 잎 2-9**

오른쪽 그림과 같이 좌표평면 위에 두 점 A(1, 0), B(0, 1)이 있다. 곡선 $y=x^2$ 위를 움직이는 점 P$(a, b)$에 대하여 삼각형 APB의 넓이가 $\frac{5}{2}$일 때, 실수 $a$, $b$의 값을 구하여라. (단, $a>0$) [교육청 기출]

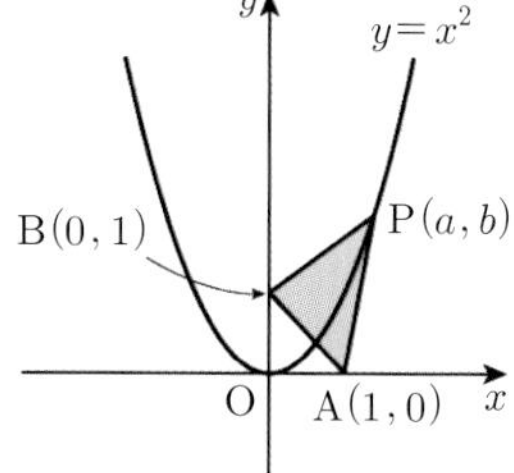


**• 잎 2-10**

두 직선 $x+y-3=0$, $mx-y+2m+2=0$이 제1 사분면에서 만날 때, 실수 $m$의 값을 범위를 구하여라.

**• 잎 2-11**

직선 $mx+y+2m-2=0$이 두 점 A(1, 4), B(6, 2) 사이를 지나도록 실수 $m$의 값의 범위를 구하여라. [정답 및 풀이에 있는 *'주의'를 꼭 익히자!]

**• 잎 2-12**

원점을 지나는 두 직선이 직선 $x+3y-6=0$과 $x$축, $y$축으로 둘러싸인 삼각형의 넓이를 삼등분할 때, 두 직선의 기울기를 각각 구하여라.

**• 잎 2-13**

세 점 A(1, 0), B(2, 1), C(2, 9)을 꼭짓점으로 하는 삼각형 ABC의 넓이를 직선 $y=a$가 이등분할 때, 실수 $a$의 값을 구하여라.

**• 잎 2-14**

세 점 A(0, 4), B(−2, 0), C(4, 0)을 꼭짓점으로 하는 삼각형 ABC에서 세 변의 수직이등분선의 교점의 좌표를 구하여라.

# 3. 원의 방정식

## 01 원의 방정식

1 원의 정의
2 컴퍼스
3 원의 방정식의 표준형
4 원의 방정식의 일반형
5 $x$축 또는 $y$축에 접하는 원의 방정식
6 $x$축, $y$축에 동시에 접하는 원의 방정식

## 02 두 원의 교점을 지나는 직선과 원의 방정식

1 두 원의 교점을 지나는 도형의 방정식
2 두 원의 교점을 지나는 직선의 방정식
3 두 원의 교점을 지나는 원의 방정식
4 현
5 공통인 현과 중심선

## 03 원과 직선의 위치 관계

1 원과 직선의 위치 관계 (판별식 이용) ⇨ 비추
2 원과 직선의 위치 관계 (원의 중심과 직선 사이의 거리 이용) ⇨ *강추
3 접선의 길이

## 04 원의 접선의 방정식

1 중심이 원점인 원에 접하고 기울기가 $m$인 접선의 방정식
2 원 위의 점 (접점)에서의 접선의 방정식 ( Ⅰ )
3 원 위의 점 (접점)에서의 접선의 방정식 ( Ⅱ )
4 원 밖의 한 점에서 원에 그은 접선의 방정식

## 05 [특강] 공통접선의 길이

1 공통접선의 길이
2 공통접선의 길이를 구하는 요령
3 중심거리

## 연습문제

# 01 원의 방정식

## 1 원의 정의(약속)

평면 위의 한 정점에서 0이 아닌 일정한 거리에 있는 점의 자취를 **원**이라 한다. 이때 한 정점을 **중심**, 0이 아닌 일정한 거리를 원의 **반지름의 길이**라 한다.

핵심 ★원에 관한 문제는 '중심'과 '반지름의 길이'가 문제 풀이의 key이다.

※ '반지름의 길이' 대신 '반지름'이라고 해도 무방하다. ∴ (반지름)$>0$ (○), (반지름)$\geq 0$ (×)

## 2 컴퍼스(원을 그릴 때 이용하는 도구)

원, 원호를 그릴 때 쓰는 폈다 오므렸다 할 수 있는 두 다리를 가진 제도용 기구를 **컴퍼스**라 한다.

예) 송곳다리는 중심, 또 연필다리는 0이 아닌 일정한 거리에 있는 점이다.

※ 반지름 : 원의 중심과 원 위의 한 점을 이은 선분 또는 그 선분의 길이를 반지름이라고 한다.
따라서 '반지름의 길이' 대신 '반지름'이라 해도 무방하다.
즉, 반지름은 지름의 반이고★ (반지름)$>0$이다.

## 3 원의 방정식의 표준형 ⇨ 중심과 반지름을 알 수 있다.

중심이 점 $(a, b)$이고, 반지름의 길이가 $r$인 원의 방정식은

$$(x-a)^2+(y-b)^2=r^2$$

증명 좌표평면 위에서 중심이 $C(a, b)$이고, 반지름이 $r$인 원 위의 임의의 점을 $P(x, y)$라 하면 $\overline{CP}=r$이므로

$\sqrt{(x-a)^2+(y-b)^2}=r$ ⇨ 양변을 제곱하면

$(x-a)^2+(y-b)^2=r^2 \cdots$ ㉠

따라서 ㉠을 중심이 점 $C(a, b)$이고, 반지름의 길이가 $r$인 원의 방정식이라 한다.

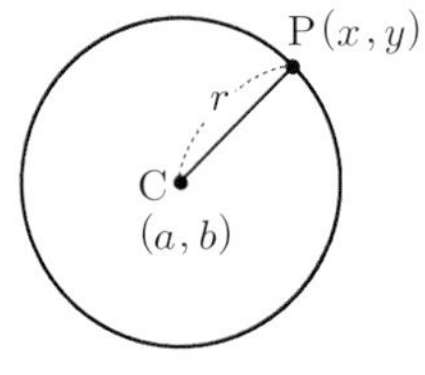


비슷한 예) 직선의 방정식의 표준형 $y=mx+n$ ⇨ 기울기가 $m$이고, $y$절편이 $n$임을 알 수 있다.

**씨앗. 1** 중심이 원점 $(0, 0)$이고, 반지름의 길이가 $r$인 원의 방정식을 구하여라.

**풀이** 원의 방정식의 표준형 $(x-a)^2+(y-b)^2=r^2$에서 $a=0$, $b=0$인 경우이므로

$(x-0)^2+(y-0)^2=r^2$ $\quad$ ∴ $x^2+y^2=r^2$

## 4 원의 방정식의 일반형

$x^2+y^2+Ax+By+C=0$ ($A$, $B$, $C$는 상수) ⇨ 원임을 알 수 있다.

증명 $(x-a)^2+(y-b)^2=r^2$을 전개하여 정리하면

$x^2+y^2-2ax-2by+a^2+b^2-r^2=0$

이때 $-2a=A$, $-2b=B$, $a^2+b^2-r^2=C$ 라 하면

$x^2+y^2+Ax+By+C=0$ ($A$, $B$, $C$는 상수)와 같은 원의 방정식의 일반형을 구할 수 있다.

(익히는 방법)

$x^2+y^2+Ax+By+C=0$ 꼴은 원임을 알 수 있다. ($\because$ 원의 방정식의 일반형)

원의 방정식의 일반형은 $x^2$, $y^2$의 계수가 1이고, $xy$ 항은 없다. ($\because$ 원의 방정식의 표준형을 전개한 것)

(비슷한 예) $ax+by+c=0$ 꼴은 직선임을 알 수 있다. ($\because$ 직선의 방정식의 일반형)

### 뿌리 1-1 원의 방정식(1)

다음 원의 방정식을 구하여라.

1) 중심이 $(-2, 3)$이고 반지름의 길이가 5인 원

2) 중심이 원점이고 반지름의 길이가 3인 원

3) 세 점 $(1, 2)$, $(2, 3)$, $(4, 1)$을 지나는 원

핵심 중심과 반지름을 알 때 ⇨ 표준형 $(x-a)^2+(y-b)^2=r^2$을 이용한다.
원 위의 세 점을 알 때 ⇨ 일반형 $x^2+y^2+Ax+By+C=0$을 이용한다.

풀이 1) $\{x-(-2)\}^2+(y-3)^2=5^2$ $\quad\therefore$ $\mathbf{(x+2)^2+(y-3)^2=25}$

2) $(x-0)^2+(y-0)^2=3^2$ $\quad\therefore$ $\mathbf{x^2+y^2=9}$

3) 구하는 원의 방정식을 $x^2+y^2+Ax+By+C=0$으로 놓으면

세 점 $(1, 2)$, $(2, 3)$, $(4, 1)$을 지나므로

$5+A+2B+C=0$, $13+2A+3B+C=0$, $17+4A+B+C=0$

이 세 식을 연립하여 풀면

$A=-5$, $B=-3$, $C=6$

$\therefore$ $\mathbf{x^2+y^2-5x-3y+6=0}$

**[줄기1-1]** 두 점 $\mathrm{A}(-2, 4)$, $\mathrm{B}(4, 6)$을 지름의 양 끝 점으로 하는 원의 방정식을 구하여라.

**[줄기1-2]** 중심이 $(1, 2)$이고 점 $(4, 3)$을 지나는 원의 방정식과 반지름의 길이를 구하여라.

**[줄기1-3]** 세 점 $\mathrm{A}(-3, 1)$, $\mathrm{B}(3, -1)$, $\mathrm{C}(2, 4)$를 꼭짓점으로 하는 삼각형 ABC의 외접원의 중심의 좌표를 구하여라. [p.48 뿌리 2-4)와 질문 방식만 다른 같은 문제이다.]

## 뿌리 1-2 원의 방정식 (2)

다음 방정식이 나타내는 원의 중심의 좌표와 반지름의 길이를 구하여라.

1) $x^2+y^2+2x+8y+8=0$ 　　　　2) $2x^2+2y^2-4x-5y=0$

**핵심** $x^2$, $y^2$의 계수가 1이고 $xy$항이 없다. ⇨ 원의 방정식의 일반형

**풀이** 일반형에서 원의 중심과 반지름을 구하려면 표준형으로 변형한다.

1) $x^2+y^2+2x+8y+8=0$ ⇨ $x^2$, $y^2$의 계수가 1이고 $xy$항이 없다. (일반형)

$x^2+2x+y^2+8y+8=0$, $(x+1)^2-1+(y+4)^2-16+8=0$

$\therefore (x+1)^2+(y+4)^2=9$ 　　$\therefore$ **중심 : $(-1, -4)$, 반지름 : 3**

2) $2x^2-4x+2y^2-5y=0$의 양변을 2로 나누면

$x^2-2x+y^2-\frac{5}{2}y=0$ ⇨ $x^2$, $y^2$의 계수가 1이고 $xy$항이 없다. (일반형)

$x^2-2x+y^2-\frac{5}{2}y=0$, $(x-1)^2-1+\left(y-\frac{5}{4}\right)^2-\frac{25}{16}=0$

$\therefore (x-1)^2+\left(y-\frac{5}{4}\right)^2=\frac{41}{16}$ 　　$\therefore$ **중심 : $\left(1, \frac{5}{4}\right)$, 반지름 : $\frac{\sqrt{41}}{4}$**

## 뿌리 1-3 원이 되기 위한 조건

방정식 $3x^2+3y^2-6x-12y+k+3=0$이 원이 되도록 실수 $k$의 값의 범위를 구하여라.

**핵심** $x^2$, $y^2$의 계수가 1이고 $xy$항이 없다. ⇨ 원의 방정식의 일반형

**풀이** $3x^2-6x+3y^2-12y+k+3=0$의 양변을 3으로 나누면

$x^2-2x+y^2-4y+\frac{k}{3}+1=0$ ⇨ $x^2$, $y^2$의 계수가 1이고 $xy$항이 없다. (일반형)

$(x-1)^2-1+(y-2)^2-4+\frac{k}{3}+1=0$ 　　$\therefore (x-1)^2+(y-2)^2=4-\frac{k}{3}$

이 방정식이 원을 나타내려면 $4-\frac{k}{3}>0$ ($\because$ (반지름)$^2>0$), $-\frac{k}{3}>-4$ 　　$\therefore$ **$k<12$**

**참고** 원이 되려면 표준형으로 변형했을 때 ⇨ ⋆(반지름)$^2>0$ (○)
(반지름)$^2\geq 0$ (×) ($\because$ (반지름)$>0$)

**[줄기1-4]** 방정식 $x^2+y^2-2x+6y+a^2+2a=0$이 나타내는 도형의 반지름의 길이가 $\sqrt{2}$ 이상인 원이 되도록 하는 실수 $a$의 값의 범위를 구하여라.

## 뿌리 1-4 중심이 직선 위에 있는 원의 방정식

중심이 직선 $y=2x-1$ 위에 있고, 두 점 $(0, -1)$과 $(2, -1)$을 지나는 원의 방정식을 구하여라.

**풀이** 원의 중심이 직선 $y=2x-1$ 위에 있으므로 원의 중심을 점 $(a, 2a-1)$, 반지름을 $r$이라 하면
$(x-a)^2+(y-2a+1)^2=r^2$
이 원이 두 점 $(0, -1)$, $(2, -1)$을 지나므로
$(0-a)^2+(-1-2a+1)^2=r^2 \quad \therefore 5a^2=r^2 \cdots ㉠$
$(2-a)^2+(-1-2a+1)^2=r^2 \quad \therefore 5a^2-4a+4=r^2 \cdots ㉡$
㉠, ㉡을 연립하여 풀면 $5a^2=5a^2-4a+4 \quad \therefore a=1, r^2=5$
$\therefore (x-1)^2+(y-1)^2=5$

**[줄기 1-5]** 중심이 직선 $y=x$ 위에 있고, 두 점 $(0, 0)$과 $(-1, -1)$을 지나는 원의 반지름의 길이를 구하여라.

**[줄기 1-6]** 중심이 직선 $3x-y-2=0$ 위에 있고, 두 점 $(0, 2)$와 $(4, -2)$를 지나는 원의 방정식을 구하여라.

## 뿌리 1-5 중심이 좌표축 위에 있는 원의 방정식

두 점 $(2, 0)$과 $(-2, 2)$를 지나고 중심이 $y$축 위에 있는 원의 방정식과 반지름의 길이를 구하여라.

**풀이** 원의 중심이 $y$축 위에 있으므로 원의 중심을 점 $(0, a)$, 반지름을 $r$이라 하면
$x^2+(y-a)^2=r^2$
이 원이 두 점 $(2, 0)$, $(-2, 2)$를 지나므로
$2^2+(0-a)^2=r^2 \quad \therefore a^2+4=r^2 \cdots ㉠$
$(-2)^2+(2-a)^2=r^2 \quad \therefore a^2-4a+8=r^2 \cdots ㉡$
㉠, ㉡을 연립하여 풀면
$a^2+4=a^2-4a+8 \quad \therefore a=1, r^2=5 \quad \therefore r=\sqrt{5}$ ($\because$ (반지름)$>0$, 즉 $r>0$)
$\therefore x^2+(y-1)^2=5$

**[줄기 1-7]** 두 점 $(2, -3)$, $(-2, -1)$을 지나고 $x$축 위에 중심이 있는 원의 방정식과 반지름의 길이를 구하여라.

## 5 $x$축 또는 $y$축에 접하는 원의 방정식 (⋆중심에서 반지름의 길이가 나온다.)

1) **중심이 $(a, b)$이고 $x$축에 접하는 원**

(반지름의 길이)$=|b|$

$\therefore (x-a)^2+(y-b)^2=|b|^2$

$\therefore (x-a)^2+(y-b)^2=b^2$

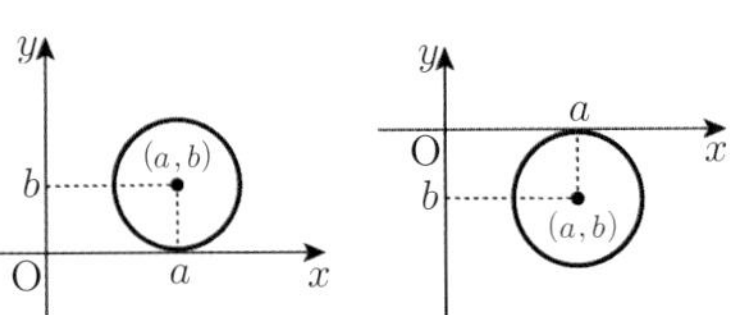


2) **중심이 $(a, b)$이고 $y$축에 접하는 원**

(반지름의 길이)$=|a|$

$\therefore (x-a)^2+(y-b)^2=|a|^2$

$\therefore (x-a)^2+(y-b)^2=a^2$

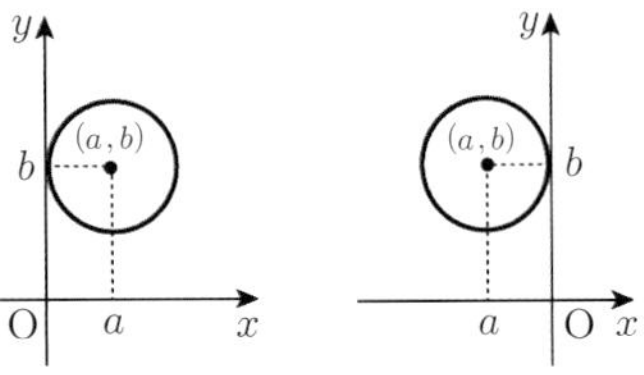


(익히는 방법) 좌표축에 접하는 원은 ⋆중심에서 반지름의 길이가 나온다.
1) 원이 $x$축에 접하면 원의 중심의 $y$좌표에서 반지름의 길이가 나온다.
2) 원이 $y$축에 접하면 원의 중심의 $x$좌표에서 반지름의 길이가 나온다.

## 뿌리 1-6 $x$축 또는 $y$축에 접하는 원의 방정식

두 점 $(1, 4)$, $(8, -3)$을 지나고 $y$축에 접하는 원의 방정식을 구하여라.

**풀이** $y$축에 접하므로 원의 중심을 점 $(a, b)$라 하면 반지름의 길이는 $|a|$이므로

$(x-a)^2+(y-b)^2=|a|^2 \quad \therefore (x-a)^2+(y-b)^2=a^2$

이 원이 두 점 $(1, 4)$, $(8, -3)$을 지나므로

$(1-a)^2+(4-b)^2=a^2 \quad \therefore -2a+b^2-8b+17=0 \cdots ㉠$

$(8-a)^2+(-3-b)^2=a^2 \quad \therefore -16a+b^2+6b+73=0 \cdots ㉡$

㉠$\times 8-$㉡을 하면

$7b^2-70b+63=0,\ b^2-10b+9=0,\ (b-1)(b-9)=0 \quad \therefore b=1$ 또는 $b=9$

i) $b=1$을 ㉠에 대입하면 $-2a+1-8+17=0 \quad \therefore a=5 \quad \therefore (x-5)^2+(y-1)^2=5^2$

ii) $b=9$를 ㉠에 대입하면 $-2a+81-72+17=0 \quad \therefore a=13 \quad \therefore (x-13)^2+(y-9)^2=13^2$

**참고** 좌표축에 접하는 원 ⇨ ⋆중심에서 반지름의 길이가 나온다.

**[줄기 1-8]** 중심이 직선 $y=x+1$ 위에 있고, 점 $(1, 1)$를 지나며 $x$축에 접하는 원의 방정식을 구하여라.

**[줄기 1-9]** $y$축에 접하는 원 $x^2+y^2+6x+ay+16=0$의 중심이 제2사분면 위에 있을 때, 실수 $a$의 값을 구하여라.

## 6 $x$축, $y$축에 동시에 접하는 원의 방정식 (⋆중심에서 반지름의 길이가 나온다.)

**중심이 $(a, b)$이고 $x$축, $y$축에 동시에 접하는 원**

(반지름의 길이)$=|a|=|b| \Leftrightarrow a=\pm b$

i) **$a=b$일 때**, 중심 $(a, b)$는 $(a, a)$이고,

(반지름의 길이)$=|a|$이므로

$(x-a)^2+(y-a)^2=|a|^2$

$\therefore (x-a)^2+(y-a)^2=a^2$

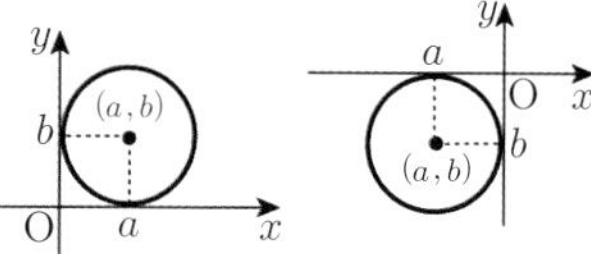


⇨ 중심이 제 1 사분면 또는 제 3 사분면에 있다. (**중심이 직선 $y=x$ 위에 있다.**)

ii) **$a=-b$일 때**, 중심 $(a, b)$는 $(a, -a)$이고,

(반지름의 길이)$=|a|$이므로

$(x-a)^2+(y+a)^2=|a|^2$

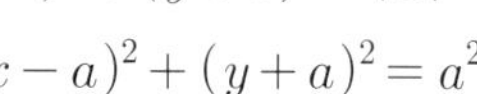

$\therefore (x-a)^2+(y+a)^2=a^2$

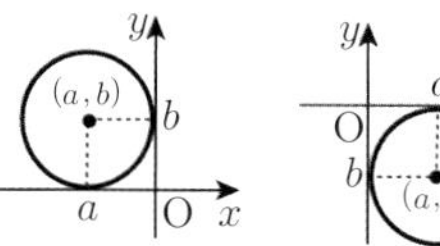


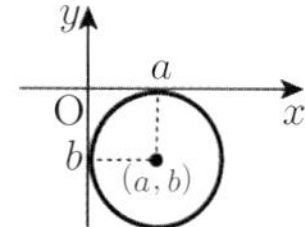


⇨ 중심이 제 2 사분면 또는 제 4 사분면에 있다. (**중심이 직선 $y=-x$ 위에 있다.**)

주의 **$a$와 $-a$는 절댓값이 같고 부호만 서로 다른 두 수를 의미한다.**

$a>0$일 때 : $a$의 값은 양수, $-a$의 값은 음수를 의미한다.
$a<0$일 때 : $a$의 값은 음수, $-a$의 값은 양수를 의미한다.

$\therefore$ $a$는 양의 값을, $-a$는 음의 값을 나타내는 것이 아니다.

(익히는 방법) 좌표축에 접하는 원은 ⋆중심에서 반지름의 길이가 나온다.
$x$축, $y$축에 동시에 접하는 원의 중심은 직선 $y=x$ 또는 $y=-x$ 위에 있다.
i) 중심이 직선 $y=x$ 위에 있을 때, 중심의 좌표를 $(a, a)$, 반지름을 $|a|$로 놓고 문제를 푼다.
ii) 중심이 직선 $y=-x$ 위에 있을 때, 중심의 좌표를 $(a, -a)$, 반지름을 $|a|$로 놓고 문제를 푼다.

### 뿌리 1-7 $x$축, $y$축에 동시에 접하는 원의 방정식

점 $(1, -2)$를 지나고 $x$축과 $y$축에 동시에 접하는 원의 방정식을 구하여라.

**풀이** 점 $(1, -2)$을 지나고 $x$축, $y$축에 동시에 접하려면 원의 중심이 제 4 사분면에 있다. 따라서 원의 중심이 직선 $y=-x$ 위에 있으므로 원의 중심의 좌표를 $(a, -a)$, 반지름을 $|a|$라 하면

$(x-a)^2+(y+a)^2=|a|^2$ $\quad\therefore (x-a)^2+(y+a)^2=a^2 \cdots ㉠$

이 원이 점 $(1, -2)$를 지나므로 $(1-a)^2+(-2+a)^2=a^2$

$a^2-6a+5=0$, $(a-1)(a-5)=0$ $\quad\therefore a=1$ 또는 $a=5$

이것을 ㉠에 각각 대입하면 $(x-1)^2+(y+1)^2=1^2$ 또는 $(x-5)^2+(y+5)^2=5^2$

**[줄기 1-10]** 점 $(-2, -1)$을 지나고 $x$축과 $y$축에 동시에 접하는 원의 방정식을 구하여라.

**[줄기 1-11]** 점 $(-1, 2)$를 지나고 $x$축과 $y$축에 동시에 접하는 원의 방정식을 구하여라.

## 뿌리 1-8 원 밖의 한 점과 원 위의 점 사이의 거리의 최대·최소

점 P$(5, -2)$와 원 $x^2+y^2-2x+2y-7=0$ 위의 점 Q 사이의 거리의 최댓값을 M, 최솟값을 $m$이라 할 때, M, $m$의 값을 구하여라.

풀이 $x^2+y^2-2x+2y-7=0$에서 $(x-1)^2+(y+1)^2=9$

∴ 원의 중심 $(1, -1)$, 반지름의 길이 3

*원의 중심 $(1, -1)$과 점 P$(5, -2)$ 사이의 거리를 $d$라 하면

$d=\sqrt{(5-1)^2+(-2+1)^2}=\sqrt{17}$

∴ M: $\overline{PQ}=d+r=\sqrt{17}+3$

$m$: $\overline{PQ'}=d-r=\sqrt{17}-3$

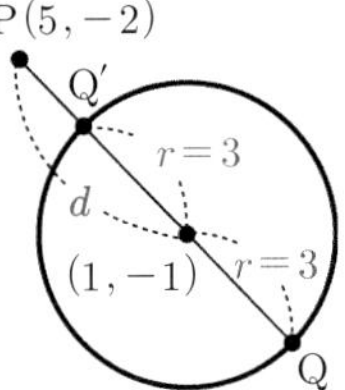


**줄기 1-12** 원 $x^2+y^2=r^2$ 밖의 점 A$(4, 3)$과 이 원 위의 점 B에 대하여 선분 AB의 길이의 최댓값이 $2+5\sqrt{10}$일 때, 양수 $r$의 값을 구하여라.

## 뿌리 1-9 자취의 방정식

두 점 A$(-1, 0)$, B$(3, 0)$에 대하여 $\overline{AP}:\overline{BP}=3:1$을 만족시키는 점 P의 자취의 방정식을 구하여라.

풀이 $\overline{AP}:\overline{BP}=3:1$에서 점 P의 좌표를 $(x, y)$라 하면

$\overline{AP}=3\overline{BP}$이므로 $\sqrt{(x+1)^2+y^2}=3\sqrt{(x-3)^2+y^2}$

양변을 제곱하면 $(x+1)^2+y^2=9(x-3)^2+9y^2$

$8x^2-56x+8y^2+80=0$ ⇨ 양변을 8로 나누면

$x^2-7x+y^2+10=0$, $\left(x-\frac{7}{2}\right)^2-\frac{49}{4}+y^2+10=0$ ∴ $\left(x-\frac{7}{2}\right)^2+y^2=\frac{9}{4}$

**줄기 1-13** 두 점 A$(-2, 0)$, B$(4, 0)$으로부터의 거리의 비가 $1:2$인 점 P의 자취의 길이, 즉 점 P가 그리는 도형의 길이를 구하여라.

**줄기 1-14** 두 점 A$(-2, 0)$, B$(1, 0)$에 대하여 $\overline{AP}:\overline{PB}=2:1$인 점 P에 대하여 △PAB의 넓이의 최댓값을 구하여라.

**줄기 1-15** 두 점 A$(1, 0)$, B$(5, -2)$에 대하여 $\overline{AP}^2+\overline{BP}^2=\overline{AB}^2$을 만족시키는 점 P가 나타내는 도형의 넓이를 구하여라.

## 02 두 원의 교점을 지나는 직선과 원의 방정식

### 1 두 원의 교점을 지나는 도형의 방정식

두 원 $\mathrm{O} : x^2+y^2+ax+by+c=0$, $\mathrm{O}' : x^2+y^2+a'x+b'y+c'=0$이 두 점에서 만날 때, 방정식 $(x^2+y^2+ax+by+c)k+(x^2+y^2+a'x+b'y+c')=0$의 그래프는 실수 $k$의 값에 관계없이 항상 **두 원 O, O'의 교점을 지나는 도형**이다.

증명 두 원 $x^2+y^2+ax+by+c=0$ ⋯㉠, $x^2+y^2+a'x+b'y+c'=0$ ⋯㉡의 교점을 점 $(p, q)$라 하면
$p^2+q^2+ap+bq+c=0$, $p^2+q^2+a'p+b'q+c'=0$ ⋯㉢
임의의 실수 $k$에 대하여 (㉠의 좌변)$k$+(㉡의 좌변)$=0$ 꼴로 만들면
$(x^2+y^2+ax+by+c)k+(x^2+y^2+a'x+b'y+c')=0$ ⋯㉣
㉣에 $x=p$, $y=q$를 대입하면 ㉢에 의하여 $0\cdot k+0=0$이므로 실수 $k$의 값에 관계없이 성립한다.
따라서 ㉣은 실수 $k$의 값에 관계없이 교점 $(p, q)$를 지난다.
따라서 ㉣은 두 원 ㉠, ㉡의 교점을 지나는 도형의 방정식이다.

(비슷한 예) 6 두 직선의 교점을 지나는 직선의 방정식 [p.43]

참고 두 원 $(x+a)^2+(y+b)^2=r^2$, $(x+m)^2+(y+n)^2=t^2$의 교점을 지나는 도형의 방정식 구하기
$(x+a)^2+(y+b)^2=r^2$을 $x^2+y^2+Ax+By+C=0$ 꼴로 만든 후, 이것의 좌변을 이용한다.
$(x+m)^2+(y+n)^2=t^2$을 $x^2+y^2+A'x+B'y+C'=0$ 꼴로 만든 후, 이것의 좌변을 이용한다.
$\therefore (x^2+y^2+Ax+By+C)k+(x^2+y^2+A'x+B'y+C')=0$

### 2 두 원의 교점을 지나는 직선의 방정식 (공통인 현의 방정식)

두 원 $x^2+y^2+ax+by+c=0$, $x^2+y^2+a'x+b'y+c'=0$이 두 점에서 만날 때, $(x^2+y^2+ax+by+c)k+(x^2+y^2+a'x+b'y+c')=0$ ⋯㉠은 교점을 지나는 도형의 방정식이다. **이때, $k=-1$이면** ㉠은 두 원의 교점을 지나는 **직선**의 방정식이 된다.

증명 $k=-1$을 ㉠에 대입하면 $(-a+a')x+(-b+b')y+(-c+c')=0$ ⋯㉡
따라서 ㉡은 $x$, $y$에 대한 일차방정식이므로 두 원의 교점을 지나는 직선의 방정식이 된다.

### 3 두 원의 교점을 지나는 원의 방정식

두 원 $x^2+y^2+ax+by+c=0$, $x^2+y^2+a'x+b'y+c'=0$이 두 점에서 만날 때, $(x^2+y^2+ax+by+c)k+(x^2+y^2+a'x+b'y+c')=0$ ⋯㉠은 교점을 지나는 도형의 방정식이다. **이때, $k\neq-1$이면** ㉠은 두 원의 교점을 지나는 **원**의 방정식이 된다.

증명 $k\neq-1$ $(k+1\neq0)$일 때, ㉠을 전개하여 정리하면
$(k+1)x^2+(k+1)y^2+(ak+a')x+(bk+b')y+(ck+c')=0$ ⇨ 양변을 $k+1$로 나누면
$x^2+y^2+\left(\frac{ak+a'}{k+1}\right)x+\left(\frac{bk+b'}{k+1}\right)y+\left(\frac{ck+c'}{k+1}\right)=0$ ➔ $x^2$, $y^2$의 계수가 1이고 $xy$항이 없다. (일반형)
따라서 원의 방정식의 일반형이므로 두 원의 교점을 지나는 원의 방정식이 된다.

## 뿌리 2-1 두 원의 교점을 지나는 직선과 원의 방정식

두 원 $x^2+y^2=4$, $x^2+y^2-2x-4y=4$에 대하여 다음 물음에 답하여라.

1) 두 원의 교점을 지나는 직선의 방정식을 구하여라.

2) 두 원의 교점과 점 $(-1, 0)$을 지나는 원의 방정식을 구하여라.

**풀이** 두 원 $x^2+y^2-4=0$, $x^2+y^2-2x-4y-4=0$에 대하여 ⇨ 이 두 일반형의 좌변을 이용한다.

1) 두 원의 교점을 지나는 직선의 방정식은

$(x^2+y^2-4)k+(x^2+y^2-2x-4y-4)=0$ (단, $k=-1$)

$(x^2+y^2-4)\cdot(-1)+(x^2+y^2-2x-4y-4)=0$

$\therefore -2x-4y=0 \quad \therefore \boldsymbol{x+2y=0}$

2) 두 원의 교점을 지나는 원의 방정식은

$(x^2+y^2-4)k+(x^2+y^2-2x-4y-4)=0$ (단, $k\neq-1$) ⋯㉠

이 원이 점 $(-1, 0)$을 지나므로 $-3k-1=0 \quad \therefore k=-\dfrac{1}{3}$

$k=-\dfrac{1}{3}$을 ㉠에 대입하면 $\dfrac{2}{3}x^2+\dfrac{2}{3}y^2-2x-4y-\dfrac{8}{3}=0$ ⇨ 양변에 $\dfrac{3}{2}$을 곱한다.

$x^2+y^2-3x-6y-4=0$ ➔ $x^2$, $y^2$의 계수가 1이고 $xy$항은 없다. (일반형)

$\therefore \boldsymbol{\left(x-\dfrac{3}{2}\right)^2+(y-3)^2=\dfrac{61}{4}}$

## 뿌리 2-2 두 원의 교점을 지나는 직선의 방정식 (공통인 현의 방정식)

두 원 $x^2+y^2+ky-4=0$, $x^2+y^2+2x-8=0$의 교점을 지나는 직선이 직선 $y=-3x+1$과 수직일 때, 실수 $k$의 값을 구하여라.

**핵심** 두 직선 $ax+by+c=0$, $a'x+b'y+c'=0$이 수직이면
i) $aa'+bb'=0$, ii) (두 직선의 기울기의 곱)$=-1$

**풀이** 두 원의 교점을 지나는 직선의 방정식은

$(x^2+y^2+ky-4)\cdot(-1)+(x^2+y^2+2x-8)=0$

$\therefore 2x-ky-4=0$

이 직선이 직선 $y=-3x+1$, 즉 $3x+y-1=0$에 수직이므로

$2\cdot3+(-k)\cdot1=0 \quad \therefore \boldsymbol{k=6}$

**[줄기2-1]** 두 원 $(x-2)^2+y^2=4$, $x^2+(y+1)^2=9$에 대하여 다음 물음에 답하여라.

1) 두 원의 교점을 지나는 직선이 직선 $mx+3y=5$에 수직일 때, 실수 $m$의 값을 구하여라.

2) 두 원의 교점과 점 $(0, -2)$를 지나는 원의 방정식을 구하여라.

## 4 현

i) 원에 의해 잘린 직선의 부위를 **현**이라 한다. ex) $\overline{AB}$

ii) 원주상의 두 점을 연결한 선분을 그 원의 **현**이라 한다. ex) $\overline{AB}$

※ 원의 중심을 지나는 현이 그 원의 지름이다.

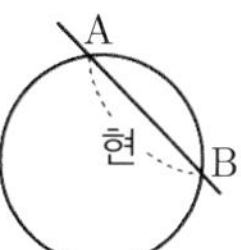


## 5 공통인 현과 중심선 ※공통인 현은 두 원이 서로 다른 두 점에서 만날 때만 존재한다.

두 원 O, O′이 두 점 A, B에서 만날 때, **공통인 현**과 **중심선**은 다음과 같다.

1) **공통인 현**: 두 원의 교점 A, B를 연결한 선분 AB

2) **중심선**: 두 원의 중심 O, O′을 지나는 직선

3) **성질**: ⋆중심선은 공통인 현을 수직이등분한다.

증명 $\overline{OA}=\overline{OB}$, $\overline{O'A}=\overline{O'B}$, $\overline{OO'}$은 공통이므로

$\triangle OAO' \equiv \triangle OBO'$(SSS합동) $\therefore \angle AOO' = \angle BOO'$

이등변삼각형의 꼭지각의 이등분선은 밑변을 수직이등분하므로

이등변삼각형 OAB의 꼭지각의 이등분선 $\overline{OO'}$은 밑변 AB, 즉 공통인 현 AB를 수직이등분한다.

따라서 중심선은 공통인 현을 수직이등분한다.

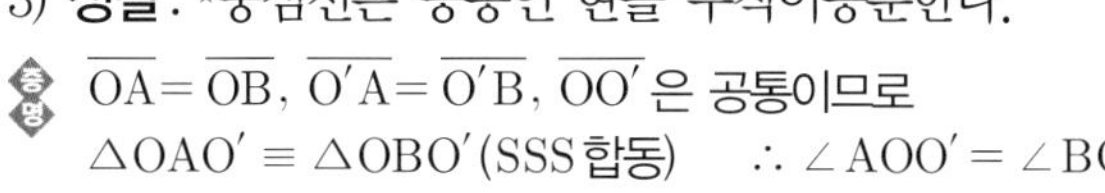

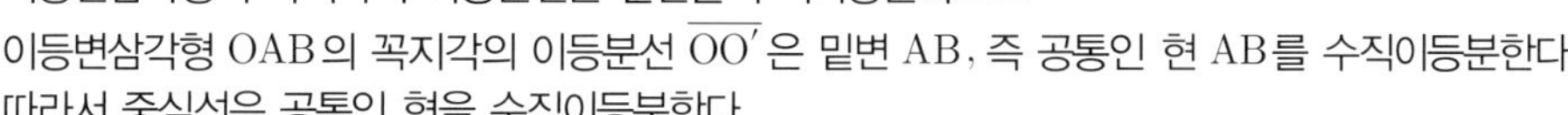

(알아두면 편한 tip: 원을 그리는 요령)

**1st** 원은 중심과 반지름이 있으므로 좌표축이 없는 평면 위에서 그린다. ($\because$ $x$축, $y$축까지 따져서 그리면 시간이 너무 많이 소비된다.) ⇨ 원의 문제의 99% 이상은 좌표축이 없는 평면에서 해결된다.

**2nd** [1st]로 문제가 풀리지 않으면 그때 가서 좌표축($x$축, $y$축)이 있는 좌표평면 위에 그려본다.
⇨ 1% 미만의 극소수의 고난도 원의 문제만 좌표축이 있는 평면(좌표평면)에서 해결한다.

## 뿌리 2-3 중심선은 공통인 현을 수직이등분한다.

우측 그림과 같이 두 원 O, O′이 만나는 두 점을 각각 A, B라 하고 $\overline{OO'}$과 $\overline{AB}$가 만나는 점을 M이라 하면 $\overline{OM}=2$, $\overline{AB}=6$이다. 이때, 원 O의 반지름의 길이를 구하여라.

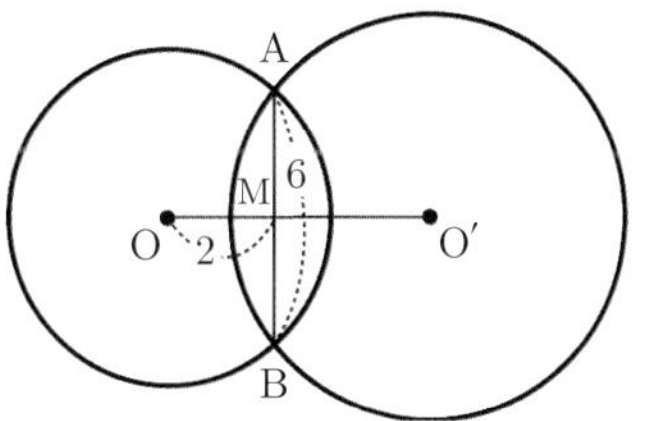


**풀이** 중심선은 공통인 현을 수직이등분하므로

$\overline{AM}=\frac{1}{2}\overline{AB}=\frac{1}{2}\cdot 6=3$

원 O의 반지름은 $\overline{OA}$이고, $\triangle OAM$은 직각삼각형이므로

$\overline{OA}=\sqrt{\overline{OM}^2+\overline{AM}^2}=\sqrt{2^2+3^2}=\sqrt{13}$

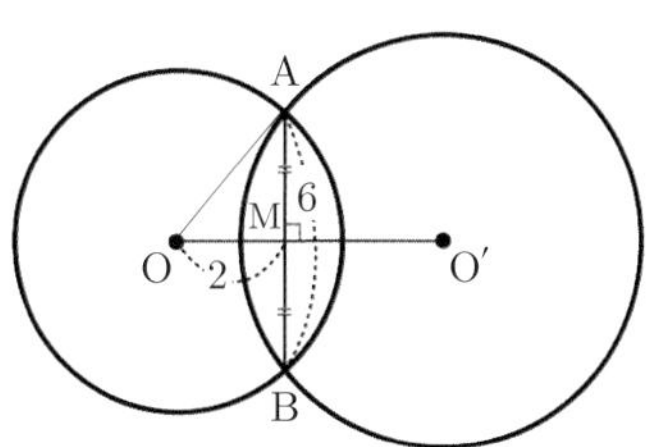

## 뿌리 2-4 공통인 현의 길이

두 원 $\text{O} : x^2+y^2=1$, $\text{O}' : (x-1)^2+(y-2)^2=4$의 교점을 A, B라 할 때, 공통인 현 AB의 길이를 구하여라.

**풀이** 두 원 $\text{O}:x^2+y^2-1=0$, $\text{O}':x^2+y^2-2x-4y+1=0$의 공통인 현의 방정식은

$(x^2+y^2-1)\cdot(-1)+(x^2+y^2-2x-4y+1)=0$

$-2x-4y+2=0 \quad \therefore x+2y-1=0 \cdots$ ㉠

오른쪽 그림과 같이 $\overline{\text{AB}}$의 중점을 M이라 하면 중심선은 공통인 현 AB를 수직이등분하므로 직각삼각형 OAM에서

$\overline{\text{AM}}=\sqrt{\overline{\text{OA}}^2-\overline{\text{OM}}^2}=\sqrt{1-\overline{\text{OM}}^2} \cdots$ ㉡

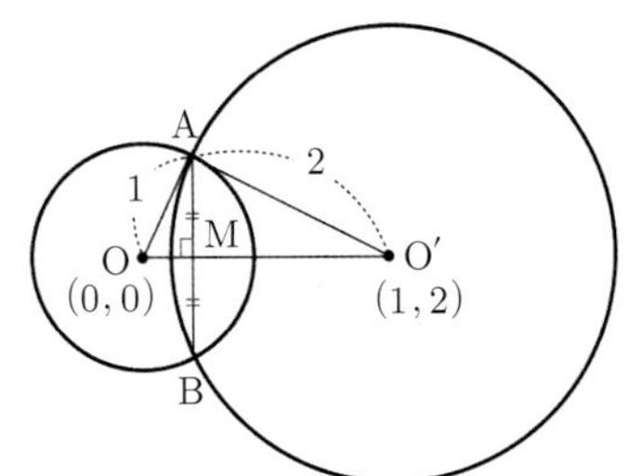


*$\overline{\text{OM}}$은 점 O(0, 0)과 직선 ㉠사이의 거리이므로

$\overline{\text{OM}}=\dfrac{|0+0-1|}{\sqrt{1^2+2^2}}=\dfrac{1}{\sqrt{5}}$

㉡에서 $\overline{\text{AM}}=\sqrt{1-\left(\dfrac{1}{\sqrt{5}}\right)^2}=\sqrt{\dfrac{4}{5}}=\dfrac{2}{\sqrt{5}} \quad \therefore \overline{\text{AB}}=2\overline{\text{AM}}=2\times\dfrac{2}{\sqrt{5}}=\dfrac{4}{\sqrt{5}}=\mathbf{\dfrac{4}{5}\sqrt{5}}$

**참고** 중심선은 공통인 현을 수직이등분한다.

**[줄기2-2]** 두 원 $\text{O} : x^2+y^2+2x+2y-2=0$, $\text{O}' : x^2+y^2-2x-2y-6=0$의 교점을 P, Q라 할 때, 공통인 현 PQ의 길이를 구하여라.

**[줄기2-3]** 두 원 $x^2+(y+1)^2=9$, $(x-2)^2+y^2=4$의 공통인 현의 중점의 좌표를 구하여라.

**[줄기2-4]** 원 $x^2+y^2+2ax-4y-a=0$이 원 $x^2+y^2-6x+2y+4=0$의 둘레를 이등분할 때, 실수 $a$의 값을 구하여라.

# 03 원과 직선의 위치 관계

## 1 원과 직선의 위치 관계 (판별식 이용) ⇨ 비추

원 $x^2+y^2=r^2$ ⋯ ㉠, 직선 $y=mx+n$ ⋯ ㉡ 일 때, 이들의 교점의 좌표는 ㉠, ㉡을 연립하여 풀면 된다.

㉡을 ㉠에 대입하면 $x^2+(mx+n)^2=r^2$

$\therefore (m^2+1)x^2+2mnx+n^2-r^2=0$ ⋯ ㉢

※ 방정식 ㉢의 이차항의 계수는 $m^2+1\neq0$이므로 ㉢은 이차방정식이다.

이차방정식 ㉢의 실근은 원과 직선의 교점의 $x$좌표이므로 이차방정식 ㉢의 실근의 개수에 따라 원과 직선의 위치 관계가 결정된다.

이때, **㉢의 판별식을** D라 하면 원과 직선의 위치 관계는 D의 부호에 따라 다음과 같다.

1) $D>0$

2) $D=0$

3) $D<0$

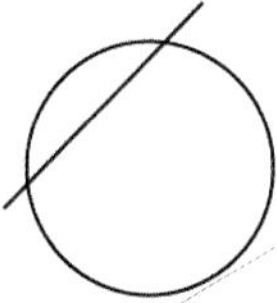

서로 다른 두 점에서 만난다.

한 점에서 만난다. (접한다.)

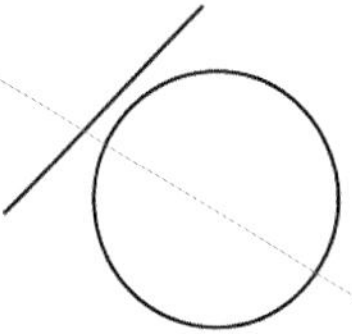

만나지 않는다.

☆ 원의 중심이 원점이 아니면 ×표시한 [1] 의 방법 (판별식을 이용)은 계산이 너무 어려워진다. 따라서 [1] 의 방법을 쓰지 말자! (∵ 수능에서는 원의 중심이 원점이 아닌 경우가 잘 출제된다.)

## 2 원과 직선의 위치 관계 (원의 중심과 직선 사이의 거리 이용) ⇨ ★강추

반지름의 길이가 $r$인 **원의 중심과 직선 사이의 거리를** $d$라 할 때, 원과 직선의 위치 관계는 $d$와 $r$의 대소 관계에 따라 다음과 같다.

1) $d<r$

2) $d=r$

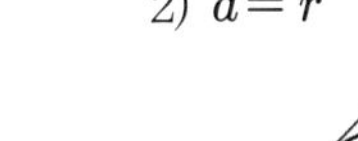

3) $d>r$

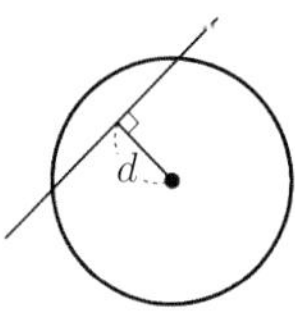



서로 다른 두 점에서 만난다.

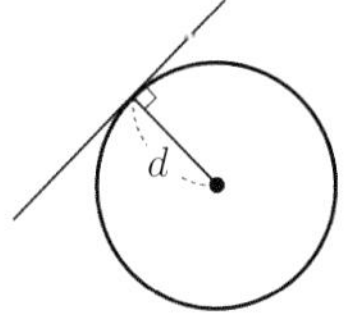



한 점에서 만난다. (접한다.)

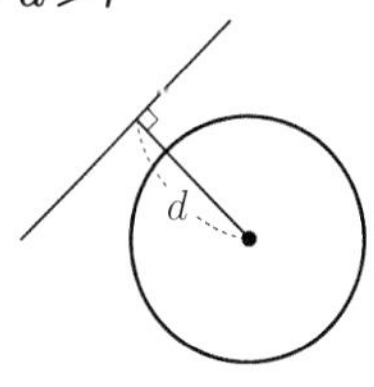



만나지 않는다.

☆ 원의 중심이 원점이 아니면 [2] 의 방법 (★원의 중심과 직선 사이의 거리를 이용)이 가장 쉽다. 따라서 [2] 의 방법을 쓰자! (∵ 수능에서는 원의 중심이 원점이 아닌 경우가 잘 출제된다.)

※ 원과 한 점에서 만나는 직선을 원의 접선이라 하고, 이때 만나는 점을 접점이라 한다.

## 뿌리 3-1 원과 직선의 위치 관계

원 $x^2+y^2=1$과 직선 $y=kx-2$의 위치 관계가 다음과 같을 때, 실수 $k$의 값 또는 범위를 구하여라.

1) 접한다. 2) 서로 다른 두 점에서 만난다. 3) 만나지 않는다.

**핵심** 원과 직선의 위치 관계 (원의 중심과 직선 사이의 거리 $d$와 반지름의 길이 $r$을 비교한다.)
1) $d=r$ (접한다) 2) $d<r$ (서로 다른 두 점에서 만난다) 3) $d>r$ (만나지 않는다)

**풀이** 원의 중심 $(0, 0)$과 직선 $kx-y-2=0$ 사이의 거리를 $d$라 하고, 반지름의 길이가 1이므로

$d=\dfrac{|0-0-2|}{\sqrt{k^2+(-1)^2}}=\dfrac{2}{\sqrt{k^2+1}}$

1) 접하면 $d=1$이므로

$\dfrac{2}{\sqrt{k^2+1}}=1$

$2=\sqrt{k^2+1}$ ⇨ 양변을 제곱하면

$4=k^2+1$, $k^2=3$ $\therefore$ $\boldsymbol{k=\pm\sqrt{3}}$

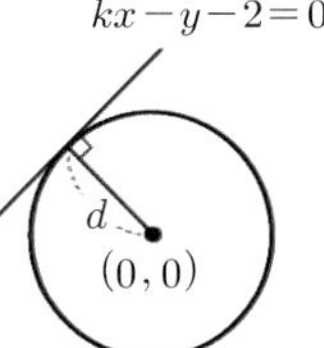


1) $y=kx-2$를 $x^2+y^2=1$에 대입하면

$x^2+(kx-2)^2=1$ $\therefore (1+k^2)x^2-4kx+3=0 \cdots$ ㉠

이차방정식 ㉠의 판별식을 $D$라 하면 $\dfrac{D}{4}=(-2k)^2-3(1+k^2)=0$

$k^2-3=0$, $(k-\sqrt{3})(k+\sqrt{3})=0$ $\therefore$ $\boldsymbol{k=\sqrt{3}}$ 또는 $\boldsymbol{k=-\sqrt{3}}$

2) 두 점에서 만나면 $d<1$이므로

$\dfrac{2}{\sqrt{k^2+1}}<1$

$2<\sqrt{k^2+1}$ ⇨ 양변을 제곱하면

$4<k^2+1$, $k^2-3>0$

$(k-\sqrt{3})(k+\sqrt{3})>0$ $\therefore$ $\boldsymbol{k<-\sqrt{3}}$ 또는 $\boldsymbol{k>\sqrt{3}}$

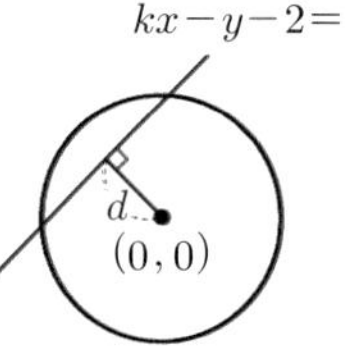


3) 만나지 않으면 $d>1$이므로

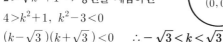

$\dfrac{2}{\sqrt{k^2+1}}>1$

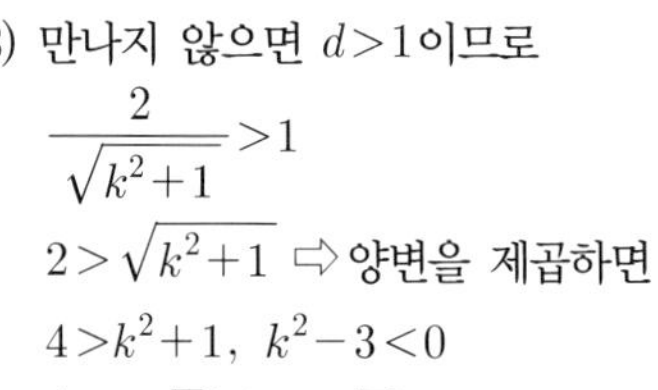

$2>\sqrt{k^2+1}$ ⇨ 양변을 제곱하면

$4>k^2+1$, $k^2-3<0$

$(k-\sqrt{3})(k+\sqrt{3})<0$ $\therefore$ $\boldsymbol{-\sqrt{3}<k<\sqrt{3}}$

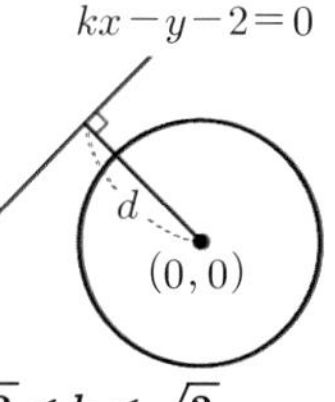


**[줄기 3-1]** 원 $x^2+y^2=3$과 직선 $2x-y+k=0$의 위치 관계가 다음과 같을 때, 실수 $k$의 값 또는 범위를 구하여라.

1) 만나지 않는다. 2) 접한다. 3) 서로 다른 두 점에서 만난다.

## 뿌리 3-2 원과 직선의 위치 관계 – 만날 때

원 $x^2+y^2-4x+2y+4=0$과 직선 $x-y-k=0$이 만날 때, 실수 $k$의 값의 범위를 구하여라.

**풀이** $x^2-4x+y^2+2y+4=0$에서 $(x-2)^2+(y+1)^2=1$

원의 중심 $(2,\,-1)$과 직선 $x-y-k=0$ 사이의 거리를 $d$하면

$d=\dfrac{|2+1-k|}{\sqrt{1^2+(-1)^2}}=\dfrac{|3-k|}{\sqrt{2}}=\dfrac{|k-3|}{\sqrt{2}}$

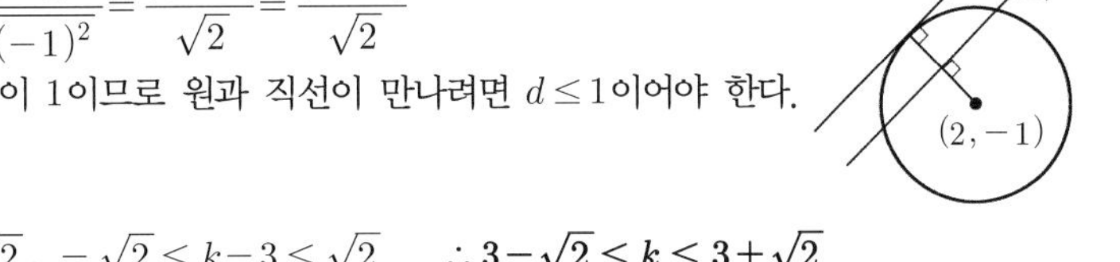


원의 반지름이 1이므로 원과 직선이 만나려면 $d\le 1$이어야 한다.

$\dfrac{|k-3|}{\sqrt{2}}\le 1$

$|k-3|\le\sqrt{2}$, $-\sqrt{2}\le k-3\le\sqrt{2}$ $\quad\therefore\ \mathbf{3-\sqrt{2}\le k\le 3+\sqrt{2}}$

**참고** **원과 직선이 만나는 경우는 2가지가 있다.**
i) 한 점에서 만나는 경우, ii) 서로 다른 두 점에서 만나는 경우

**[줄기3-2]** 원 $x^2+y^2=4$와 직선 $x-y=k$가 만난다. 이때, 실수 $k$의 값의 범위를 구하여라.

**[줄기3-3]** 원 $x^2+y^2-4x+8y-5=0$과 직선 $x+2y+k=0$에 대하여 다음 물음에 답하여라.

1) 직선이 원의 중심을 지날 때, 실수 $k$의 값을 구하여라.
2) 원과 직선이 한 점에서 만날 때, 실수 $k$의 값을 구하여라.
3) 원과 직선이 서로 다른 두 점에서 만날 때, 실수 $k$의 범위를 구하여라.

## 뿌리 3-3 원과 직선의 위치 관계 – 만나지 않을 때

원 $(x-1)^2+(y-2)^2=4$와 직선 $x+ky-2=0$이 만나지 않도록 실수 $k$의 값의 범위를 구하여라.

**풀이** 원의 중심 $(1,\,2)$와 직선 $x+ky-2=0$ 사이의 거리를 $d$하면 $d=\dfrac{|1+2k-2|}{\sqrt{1^2+k^2}}=\dfrac{|2k-1|}{\sqrt{k^2+1}}$

원의 반지름이 2이므로 원과 직선이 만나지 않으려면 $d>2$이어야 한다.

$\dfrac{|2k-1|}{\sqrt{k^2+1}}>2$, $|2k-1|>2\sqrt{k^2+1}$ ⇨ 양변을 제곱하면

$4k^2-4k+1>4k^2+4$, $-4k>3$ $\quad\therefore\ \boldsymbol{k<-\dfrac{3}{4}}$

**[줄기3-4]** 원 $(x-k)^2+y^2=8$과 직선 $y=x+1$이 만나지 않도록 실수 $k$의 값의 범위를 구하여라.

## 3 접선의 길이

원 밖의 한 점 P에서 원 O에 접선을 그을 때, 점 P에서 접점까지의 거리를 점 P에서 원 O에 그은 '**접선의 길이**'라 한다.

따라서 점 T, T′이 원 O의 접점이므로 $\overline{\mathrm{PT}}$와 $\overline{\mathrm{PT}}'$이 '**접선의 길이**'다.

이때, 접선의 길이는 다음과 같은 성질을 갖는다.

1) $\overline{\mathrm{PT}}=\overline{\mathrm{PT}}'$
   ($\because \triangle\mathrm{POT}\equiv\triangle\mathrm{POT}'$ ⇨ RHS합동)

2) $\overline{\mathrm{PT}}=\sqrt{\overline{\mathrm{PO}}^2-\overline{\mathrm{OT}}^2}$
   ($\because \triangle\mathrm{POT}$는 직각삼각형)

3) $\angle x+\angle y=180°$
   ($\because$ 사각형의 내각의 합이 $360°$)

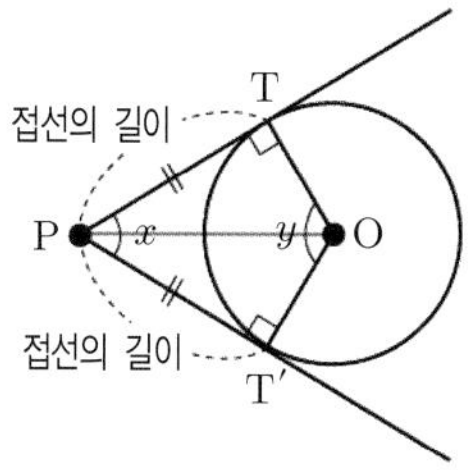


## 뿌리 3-4 접선의 길이

점 $\mathrm{P}(3,\ 2)$에서 원 $2x^2+2y^2-4x-8y+5=0$에 그은 접선의 접점을 T라 할 때, 접선의 길이를 구하여라.

**핵심** 점 $\mathrm{P}(m,n)$에서 원 $(x-a)^2+(y-b)^2=r^2\ (r>0)$에 그은 접선의 접점을 T라 할 때, 접선의 길이 $\overline{\mathrm{PT}}$는

$$\overline{\mathrm{PT}}=\sqrt{\overline{\mathrm{PC}}^2-\overline{\mathrm{CT}}^2}=\sqrt{(m-a)^2+(n-b)^2-r^2}$$

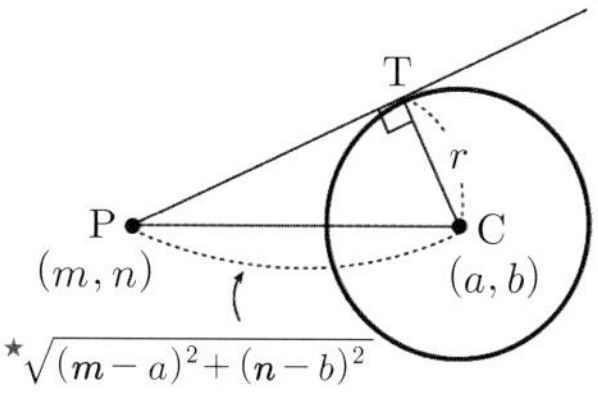


**풀이** $2x^2+2y^2-4x-8y+5=0$의 양변을 2로 나누면

$x^2+y^2-2x-4y+\dfrac{5}{2}=0 \qquad \therefore (x-1)^2+(y-2)^2=\dfrac{5}{2}$

따라서 점 $\mathrm{P}(3,\ 2)$에서 이 원에 그은 접선의 길이 $\overline{\mathrm{PT}}$는

$$\overline{\mathrm{PT}}=\sqrt{(3-1)^2+(2-2)^2-\frac{5}{2}}=\sqrt{\frac{3}{2}}=\frac{\sqrt{6}}{2}$$

$$\overline{\mathrm{PT}}=\sqrt{3^2+2^2-2\cdot3-4\cdot2+\frac{5}{2}}=\sqrt{\frac{3}{2}}=\frac{\sqrt{6}}{2}$$ ←「강추」

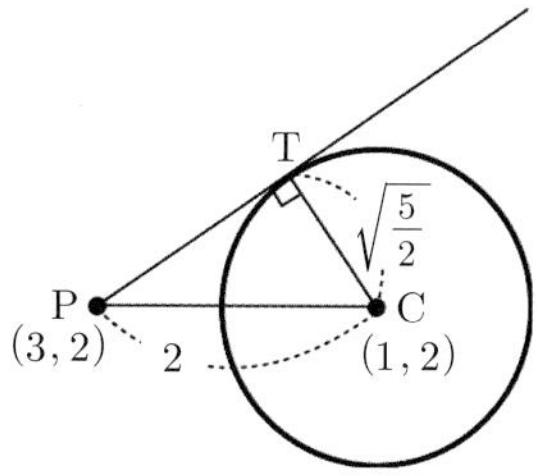


**[줄기3-5]** 점 $\mathrm{P}(2,\ 3)$에서 원 $\dfrac{1}{2}x^2+\dfrac{1}{2}y^2+x-y-1=0$에 그은 접선의 접점을 T라 할 때, 접선의 길이를 구하여라.

**[줄기3-6]** 점 $\mathrm{P}(4,\ 3)$에서 원 $x^2+y^2=10$에 그은 두 접선의 접점을 각각 A, B라 할 때, 삼각형 PAB의 넓이를 구하여라.

## 뿌리 3-5 현의 길이

원 $x^2+y^2=5$와 직선 $y=x+k$가 만나서 생기는 현의 길이가 4일 때, 실수 $k$의 값을 구하여라.

핵심 원의 중심에서 현에 내린 수선은 현을 수직이등분한다.

풀이 원의 중심 $(0, 0)$과 직선 $x-y+k=0$ 사이의 거리를 $d$라 하면

$$d=\frac{|0-0+k|}{\sqrt{1^2+(-1)^2}}=\frac{|k|}{\sqrt{2}}$$

이때 반지름의 길이는 $\sqrt{5}$, 현의 길이의 반은 2이므로 피타고라스 정리에 의하여

$$\frac{|k|}{\sqrt{2}}=\sqrt{(\sqrt{5})^2-2^2},\ |k|=\sqrt{2} \qquad \therefore k=\pm\sqrt{2}$$

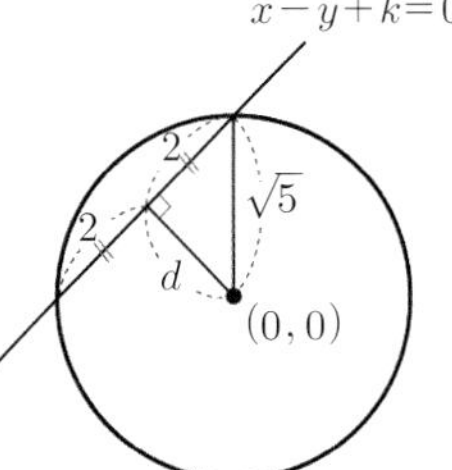


**[줄기3-7]** 직선 $y=x-2$가 원 $(x-1)^2+(y+2)^2=9$에 의하여 잘린 현의 길이를 구하여라.

**[줄기3-8]** 원 $x^2+y^2=9$와 직선 $2x+y+5=0$의 두 교점을 지나는 원 중에서 넓이가 최소인 원의 넓이를 구하여라.

## 뿌리 3-6 원 위의 점과 직선 사이의 거리의 최대·최소

원 $x^2+y^2-2x-4y-5=0$ 위의 점과 직선 $2x-y+15=0$ 사이의 거리의 최댓값과 최솟값을 구하여라.

풀이 $x^2-2x+y^2-4y-5=0$에서 $(x-1)^2+(y-2)^2=10$

$\therefore$ 원의 중심 $(1, 2)$, 반지름의 길이 $\sqrt{10}$

*원의 중심 $(1, 2)$와 직선 $2x-y+15=0$ 사이의 거리를 $d$라 하면

$$d=\frac{|2-2+15|}{\sqrt{2^2+(-1)^2}}=\frac{15}{\sqrt{5}}=3\sqrt{5}$$

$\therefore$ **최댓값**: $\overline{PQ}=d+r=3\sqrt{5}+\sqrt{10}$

**최솟값**: $\overline{PQ'}=d-r=3\sqrt{5}-\sqrt{10}$

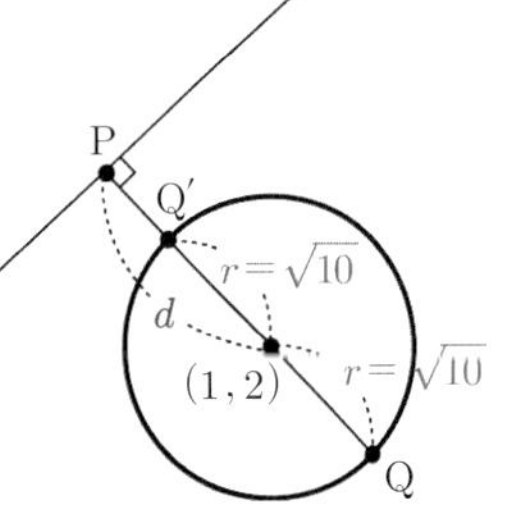


**[줄기3-9]** 원 $2x^2+2y^2+4x-8y+1=0$ 위의 점과 직선 $x-y+k=0$ 사이의 거리의 최댓값과 최솟값의 합이 $15\sqrt{2}$일 때, 실수 $k$의 값을 모두 구하여라.

**[줄기3-10]** 원 $(x+1)^2+(y-1)^2=1$ 위의 점 Q와 두 점 A$(0, -2)$, B$(4, 6)$에 대하여 삼각형 QAB의 넓이의 최솟값을 구하여라.

# 04 원의 접선의 방정식

## 1 중심이 원점인 원에 접하고 기울기가 $m$인 접선의 방정식

원 $x^2+y^2=r^2\ (r>0)$에 접하고 기울기가 $m$인 접선의 방정식은 다음과 같다.

$y=mx\pm r\sqrt{m^2+1}$ ➔ *원의 중심이 원점일 때만 사용 가능한 공식이다.

증명 원 $x^2+y^2=r^2(r>0)$에 접하고 기울기 $m$인 접선의 방정식을 $y=mx+k$로 놓으면 원의 중심 $(0,\ 0)$과 접선 $mx-y+k=0$ 사이의 거리는 반지름의 길이 $r$과 같으므로

$$\frac{|0-0+k|}{\sqrt{m^2+(-1)^2}}=r$$

$$\frac{|k|}{\sqrt{m^2+1^2}}=r$$

$|k|=r\sqrt{m^2+1^2}\qquad \therefore k=\pm r\sqrt{m^2+1}$

$\therefore y=mx\pm r\sqrt{m^2+1}$

### 뿌리 4-1 중심이 원점인 원에 접하고, 기울기를 알 때의 접선의 방정식

원 $x^2+y^2=4$에 접하고 기울기가 $3$인 접선의 방정식을 구하여라.

풀이 $y=3x\pm 2\sqrt{3^2+1}$

$\therefore y=3x\pm 2\sqrt{10}$

주의 $y=mx\pm r\sqrt{m^2+1}$은 원의 중심이 원점, 즉 $(0,\ 0)$일 때만 사용이 가능하다.

**[줄기4-1]** 직선 $y=2x-1$에 수직이고 원 $x^2+y^2=9$에 접하는 직선의 방정식을 구하여라.

**[줄기4-2]** 원점에서 거리가 $2$인 점의 자취에 접하고, $x$축의 양의 방향과 $60°$의 각을 이루는 직선의 방정식을 구하여라.

**[줄기4-3]** 원 $(x-2)^2+(y+3)^2=16$에 접하고 $x+2y-5=0$에 수직인 직선의 방정식을 구하여라. [원의 중심이 원점이 아니므로 *$y=mx\pm r\sqrt{m^2+1}$을 이용할 수 없다.]

## 2 원 위의 점(접점)에서의 접선의 방정식(Ⅰ)

원 $x^2+y^2=r^2$ 위의 점 $(x_1, y_1)$에서의 접선의 방정식은 다음과 같다.

$\boldsymbol{x_1x+y_1y=r^2}$

증명 점 $\mathrm{P}(x_1, y_1)$은 원 $x^2+y^2=r^2$ 위의 점이므로 ${x_1}^2+{y_1}^2=r^2$ ⋯ ㉠

오른쪽 그림에서 $\overline{\mathrm{OP}}$의 기울기는 $\dfrac{y_1}{x_1}$이고, 접선은 $\overline{\mathrm{OP}}$에 수직이므로

(접선의 기울기)$=-\dfrac{x_1}{y_1}$

따라서 원 위의 점 $\mathrm{P}(x_1, y_1)$에서의 접선의 방정식은

$y-y_1=-\dfrac{x_1}{y_1}(x-x_1)$ ⇨ 양변에 $y_1$을 곱하면

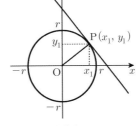

$y_1y-y_1^2=-x_1x+x_1^2,\ \ x_1x+y_1y=x_1^2+y_1^2$

$\therefore x_1x+y_1y=r^2$ ($\because {x_1}^2+{y_1}^2=r^2$ ⋯ ㉠)

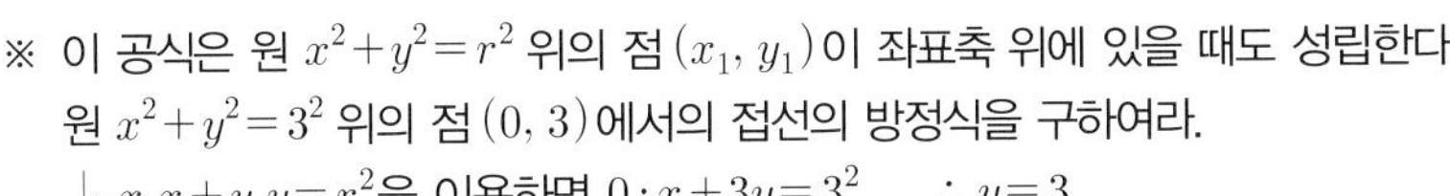

※ 이 공식은 원 $x^2+y^2=r^2$ 위의 점 $(x_1, y_1)$이 좌표축 위에 있을 때도 성립한다.

원 $x^2+y^2=3^2$ 위의 점 $(0, 3)$에서의 접선의 방정식을 구하여라.

↳ $x_1x+y_1y=r^2$을 이용하면 $0\cdot x+3y=3^2$ $\quad\therefore y=3$

익히는 방법

원 $xx+yy=r^2$ ⋯㉠ 위의 점 $(x_1, y_1)$이므로 이 점을 ㉠에 대입하면 만족한다.

이때 접선은 직선이므로 $x$, $y$에 대한 일차방정식이다.

⇨ ㉠이 $x$, $y$에 대한 일차방정식이 되게끔 점 $(x_1, y_1)$을 ㉠에 대입한다.

$\therefore x_1x+y_1y=r^2$

주의 원 위의 한 점에서 그을 수 있는 접선의 개수는 1개다. (당연한 말)

## 3 원 위의 점(접점)에서의 접선의 방정식(Ⅱ)

원 $(x-a)^2+(y-b)^2=r^2$ 위의 점 $(x_1, y_1)$에서의 접선의 방정식은 다음과 같다.

$\boldsymbol{(x_1-a)(x-a)+(y_1-b)(y-b)=r^2}$ ➔ *원의 중심이 점 $(a, b)$일 때 사용 가능한 공식이다.

익히는 방법

원 $(x-a)(x-a)+(y-b)(y-b)=r^2$ ⋯㉠ 위의 점 $(x_1, y_1)$이므로 이 점을 ㉠에 대입하면 만족한다.

이때 접선은 직선이므로 $x$, $y$에 관한 일차방정식이다.

⇨ ㉠이 $x$, $y$에 대한 일차방정식이 되게끔 점 $(x_1, y_1)$을 ㉠에 대입한다.

$\therefore (x_1-a)(x-a)+(y_1-b)(y-b)=r^2$

주의 원 위의 한 점에서 그을 수 있는 접선의 개수는 1개다. (당연한 말)

## 뿌리 4-2 접점을 알 때의 접선의 방정식(1)

원 $x^2+y^2=13$ 위의 점 $(-2,\ -3)$에서의 접선의 방정식을 구하여라.

**핵심** 원 $xx+yy=r^2$ 위의 점 $(x_1,\ y_1)$에서의 접선의 방정식
⇨ $x_1x+y_1y=r^2$

**풀이** 원 $xx+yy=13$ 위의 점 $(-2,\ -3)$에서의 접선의 방정식
⇨ $-2x+(-3)y=13$ $\quad\therefore\ \mathbf{-2x-3y=13}$

**주의** 원 위의 한 점에서 그을 수 있는 접선의 개수는 1개다.

**[줄기4-4]** 직선 $x+y-1=0$과 원 $x^2+y^2=5$와의 교점에서의 접선의 방정식을 구하여라.

**[줄기4-5]** 원 $x^2+y^2=40$ 위의 점 $(a, b)$에서의 접선의 기울기가 3일 때, 실수 $a, b$의 값을 구하여라.

## 뿌리 4-3 접점을 알 때의 접선의 방정식(2)

원 $(x+1)^2+(y-2)^2=25$ 위의 점 $(2,\ 6)$에서의 접선의 방정식을 구하여라.

**핵심** 원 $(x-a)(x-a)+(y-b)(y-b)=r^2$ 위의 점 $(x_1,\ y_1)$에서의 접선의 방정식
⇨ $(x_1-a)(x-a)+(y_1-b)(y-b)=r^2$

**방법Ⅰ** 「강추」 원 $(x+1)(x+1)+(y-2)(y-2)=25$ 위의 점 $(2, 6)$에서의 접선의 방정식
⇨ $(2+1)(x+1)+(6-2)(y-2)=25$ $\quad\therefore\ \mathbf{3x+4y-30=0}$

**방법Ⅱ** 점 $(2, 6)$을 지나는 접선의 기울기를 $m$이라 하면 접선의 방정식은
$y-6=m(x-2)$ $\quad\therefore\ mx-y-2m+6=0\ \cdots$ ㉠
원의 중심 $(-1, 2)$와 접선 ㉠ 사이의 거리는 반지름의 길이 5와 같으므로
$\dfrac{|-m-2-2m+6|}{\sqrt{m^2+(-1)^2}}=5,\ |-3m+4|=5\sqrt{m^2+1},\ |3m-4|=5\sqrt{m^2+1}$
$(3m-4)^2=25(m^2+1),\ 16m^2+24m+9=0,\ (4m+3)^2=0$ $\quad\therefore\ m=\dfrac{-3}{4}$
$m=-\dfrac{3}{4}$를 ㉠에 대입하면 $-\dfrac{3}{4}x-y+\dfrac{15}{2}=0$ $\quad\therefore\ \mathbf{3x+4y-30=0}$

**[줄기4-6]** 원 $x^2+y^2+4y-6=0$ 위의 점 $(-1,\ 1)$에서의 접선의 방정식을 구하여라.

## 4 원 밖의 한 점에서 원에 그은 접선의 방정식

원 $x^2+y^2=r^2$ 밖의 한 점 $(a, b)$에서 원에 그은 접선의 방정식은 다음과 같은 방법으로 구한다.

[방법 Ⅰ] **(원의 중심과 접선 사이의 거리) = (반지름의 길이)임을 이용**

1st 점 $(a, b)$에서 그은 접선은 반드시 점 $(a, b)$를 지난다. 이때 기울기를 $m$이라 하면
$y-b=m(x-a)$ $\quad \therefore mx-y-am+b=0 \cdots$ ㉠

2nd (원의 중심과 접선 ㉠ 사이의 거리) = (반지름의 길이)임을 이용하여 $m$의 값을 구한다.

3rd $m$의 값을 ㉠에 대입한다.

주의 **$m$ (접선의 기울기)의 값이 1개만 나오는 경우**
기울기가 없는 접선, 즉 점 $(a, b)$를 지나며 $y$축에 평행한 접선 $x=a$가 더 있다. [p.34 ②]
∵ ★원 밖의 한 점에서 원에 그은 접선은 반드시 2개가 존재한다. 예) 뿌리 4-4)

[방법 Ⅱ] **접점을 $(x_1, y_1)$으로 놓고 접선의 방정식 $x_1x+y_1y=r^2$을 이용**

[방법 Ⅲ] **판별식 $D=0$임을 이용**

방법 Ⅰ을 사용한다. ⇨ 원의 중심이 원점이 아닐 때도 계산이 용이하다.
×표시를 한 방법 Ⅱ, Ⅲ는 원의 중심이 원점이 아니면 계산이 너무 어려워지므로 쓰지 말자!

### 뿌리 4-4 원 밖의 한 점에서 원에 그은 접선의 방정식

점 $(1, 2)$에서 원 $x^2+y^2=1$에 그은 접선의 방정식을 구하여라.

**풀이** 점 $(1, 2)$를 지나는 접선의 기울기를 $m$이라 하면 접선의 방정식은
$y-2=m(x-1)$ $\quad \therefore mx-y-m+2=0 \cdots$ ㉠
원의 중심 $(0, 0)$과 접선 ㉠ 사이의 거리는 반지름의 길이 1과 같으므로
$\dfrac{|-m+2|}{\sqrt{m^2+(-1)^2}}=1$, $|m-2|=\sqrt{m^2+1}$ ⇨ 양변을 제곱하면
$(m-2)^2=m^2+1$, $-4m+3=0$ $\quad \therefore m=\dfrac{3}{4}$
$m=\dfrac{3}{4}$을 ㉠에 대입하면 $\dfrac{3}{4}x-y+\dfrac{5}{4}=0$ $\quad \therefore 3x-4y+5=0$
이때, 원 밖의 한 점에서 원에 그은 접선은 반드시 2개가 존재하므로 나머지 1개는
점 $(1, 2)$를 지나며 기울기가 없는, 즉 $y$축에 평행한 접선 $x=1$이다. [p.34 ②]
따라서 **$3x-4y+5=0$ 또는 $x=1$**

주의 ★원 밖의 한 점에서 원에 그은 접선은 반드시 2개가 존재한다.

**[줄기4-7]** 점 $(-1, 2)$에서 원 $(x-2)^2+(y-1)^2=2$에 그은 접선의 방정식을 구하여라.

**[줄기4-8]** 다음 물음에 답하여라.

1) 점 $(4, 0)$을 지나고 원 $x^2+y^2=8$에 접하는 직선의 방정식을 구하여라.
2) 점 $(4, 0)$을 지나는 직선이 원 $x^2+y^2=8$에 접할 때, 접점의 좌표를 구하여라.

[정답 및 풀이의 방법 Ⅰ, 방법 Ⅱ 확인 요망!]

## 뿌리 4-5 두 접선의 기울기의 합과 곱

점 $(2, 3)$에서 원 $x^2+y^2=7$에 그은 두 접선의 기울기의 합과 곱을 구하여라.

**풀이** 점 $(2, 3)$을 지나는 접선의 기울기를 $m$이라 하면 접선의 방정식은

$y-3=m(x-2)$ $\quad \therefore mx-y-2m+3=0 \cdots ㉠$

원의 중심 $(0, 0)$과 접선 ㉠ 사이의 거리는 반지름의 길이 $\sqrt{7}$과 같으므로

$\dfrac{|-2m+3|}{\sqrt{m^2+(-1)^2}}=\sqrt{7}$, $|2m-3|=\sqrt{7}\sqrt{m^2+1}$ ⇨ 양변을 제곱하면

$(2m-3)^2=7(m^2+1)$ $\quad \therefore 3m^2+12m-2=0 \cdots ㉡$

두 접선의 기울기를 $m_1, m_2$라 하면 이차방정식 ㉡의 두 근이 $m_1, m_2$이므로

근과 계수의 관계에 의하여 $m_1+m_2=\dfrac{-12}{3}$, $m_1m_2=\dfrac{-2}{3}$

따라서 **두 접선의 기울기의 합은 $-4$, 기울기의 곱은 $-\dfrac{2}{3}$**

**[줄기4-9]** 원 $x^2+y^2=2$에 접하고 원 $(x-3)^2+y^2=1$의 넓이를 이등분하는 직선은 2개 존재한다. 이 두 직선의 기울기의 합과 곱을 구하여라.

## 뿌리 4-6 두 접선이 서로 수직할 때

점 $\mathrm{P}(a, b)$에서 원 $x^2+y^2=1$에 그은 두 접선이 수직일 때, $a^2+b^2$의 값을 구하여라.

**핵심** 원 밖의 한 점에서 그은 *두 접선이 서로 수직일 때, '반지름'과 '접선의 길이'를 변으로 하는 사각형은 '정사각형'이다. ※이 사실을 알고 있어야 문제를 풀 수 있다. ^^

**풀이** 점 $\mathrm{P}(a, b)$와 중심 $(0, 0)$ 사이의 거리가 $\sqrt{2}$이므로 ($\because$ 참고)

$\sqrt{(a-0)^2+(b-0)^2}=\sqrt{2}$

$\therefore \sqrt{a^2+b^2}=\sqrt{2}$

$\therefore a^2+b^2=2$

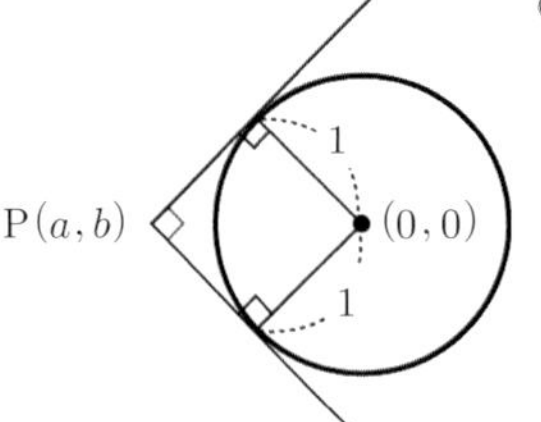


**참고** 직각이등변삼각형의 세 변의 길이의 비

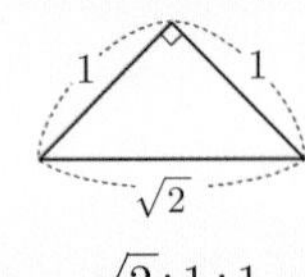


$\sqrt{2}:1:1$

## 05 「특강」 공통접선의 길이

### 1 공통접선의 길이 ⇨ 두 접점 사이의 거리

두 원에 동시에 접하는 직선을 **공통접선**이라 하고 공통접선의 두 접점 사이의 거리를 **공통접선의 길이**라 한다.

### 2 공통접선의 길이를 구하는 요령 ⇨ ⋆보조선이 key이다.

큰 원의 반지름의 길이를 $r$, 작은 원의 반지름의 길이를 $r'$, 중심 거리를 $d$라 할 때, 공통접선의 길이를 구하기 위해서는 ⋆**보조선을 잘 그어야 한다.**

※⋆'공통접선'과 '작은 원의 반지름'을 변으로 하는 직사각형이 되도록 보조선을 긋는다.

1) **공통접선 $\overline{AB}$에 대하여 두 원이 같은 쪽에 있는 경우**

공통접선 $\overline{AB}$와 작은 원의 반지름 $r'$을 변으로 하는 직사각형이 되도록 보조선 $\overline{AA'}$, $\overline{A'O'}$을 긋는다.

$d^2=(r-r')^2+\overline{A'O'}^2$ ($\because$ 피타고라스 정리)

$\therefore \overline{AB}=\sqrt{d^2-(r-r')^2}$ ($\because \overline{A'O'}=\overline{AB}$)

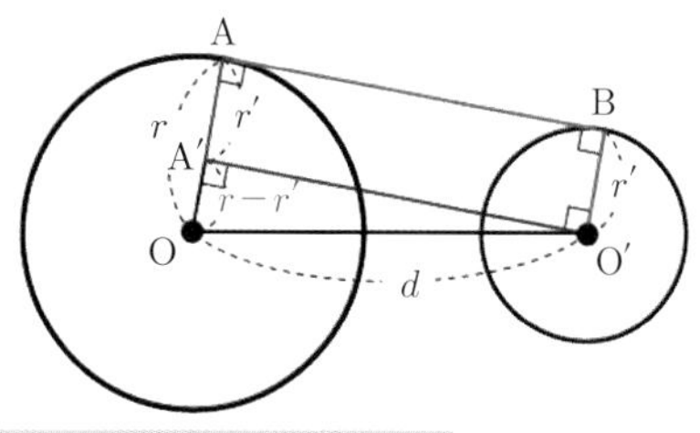


(보조선을 긋는 방법)
공통외접선과 작은 원의 반지름 $r'$을 변으로 하는 직사각형이 되도록 보조선을 긋는다.

2) **공통접선 $\overline{AB}$에 대하여 두 원이 다른 쪽에 있는 경우**

공통접선 $\overline{AB}$와 작은 원의 반지름 $r'$을 변으로 하는 직사각형이 되도록 보조선 $\overline{AA'}$, $\overline{A'O'}$을 긋는다.

$d^2=(r+r')^2+\overline{A'O'}^2$ ($\because$ 피타고라스 정리)

$\therefore \overline{AB}=\sqrt{d^2-(r+r')^2}$ ($\because \overline{A'O'}=\overline{AB}$)

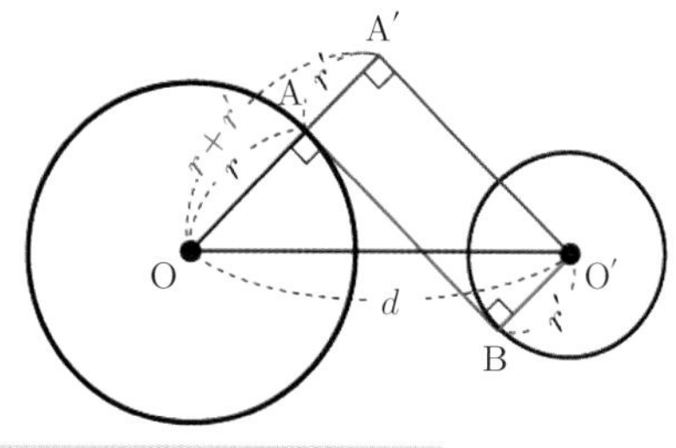


(보조선을 긋는 방법)
공통내접선과 작은 원의 반지름 $r'$을 변으로 하는 직사각형이 되도록 보조선을 긋는다.

### 3 중심거리

두 원의 중심 사이의 거리를 **중심거리**라 한다.

## 뿌리 5-1 공통접선의 길이

다음 물음에 답하여라.

1) 공통접선에 대하여 두 원 $x^2+y^2=9$, $(x-5)^2+y^2=1$이 같은 쪽에 있을 때, 이 두 원의 공통접선의 길이를 구하여라.

2) 두 원 $(x-5)^2+(y+1)^2=9$, $(x+2)^2+(y-1)^2=4$의 공통접선의 길이를 구하여라.

**핵심** 공통접선의 길이를 구하는 방법
⇨ 공통접선과 작은 원의 반지름을 변으로 하는 직사각형이 되도록 보조선을 긋는다.

**풀이** 1) 두 원의 중심이 각각 $(0, 0)$, $(5, 0)$이므로

$(\text{중심거리})=\sqrt{(5-0)^2+(0-0)^2}=5$

중심거리 (5)가 두 반지름의 합 (4)보다 크므로 두 원은 서로 외부에 있다.

공통접선에 대하여 두 원이 같은 쪽에 있는 경우는 오른쪽 그림과 같다.

$5^2=x^2+\mathbf{2}^2$ ($\because$ 피타고라스 정리)

$\therefore x^2=21 \quad \therefore x=\sqrt{21}$ ($\because x>0$)

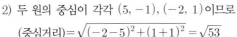

2) 두 원의 중심이 각각 $(5, -1)$, $(-2, 1)$이므로

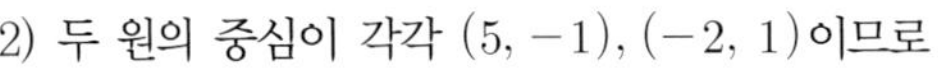

$(\text{중심거리})=\sqrt{(-2-5)^2+(1+1)^2}=\sqrt{53}$

중심거리 ($\sqrt{53}$)가 두 반지름의 합 (5)보다 크므로 두 원은 서로 외부에 있다.

i) 공통접선에 대하여 두 원이 같은 쪽에 있는 경우

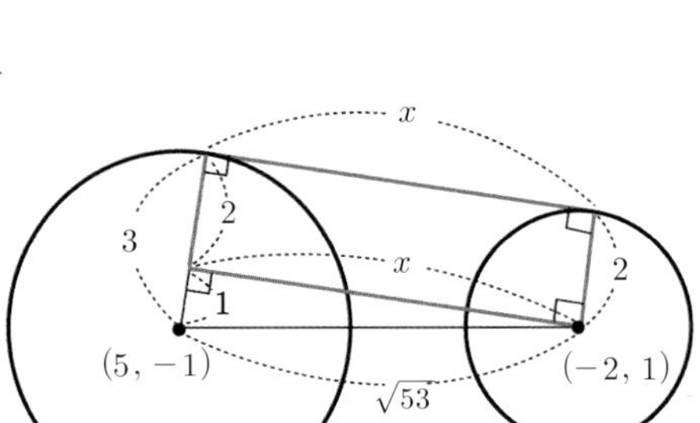


$(\sqrt{53})^2=x^2+\mathbf{1}^2$ ($\because$ 피타고라스 정리)

$\therefore x^2=52$

$\therefore x=\sqrt{52}=2\sqrt{13}$ ($\because x>0$)

ii) 공통접선에 대하여 두 원이 다른 쪽에 있는 경우

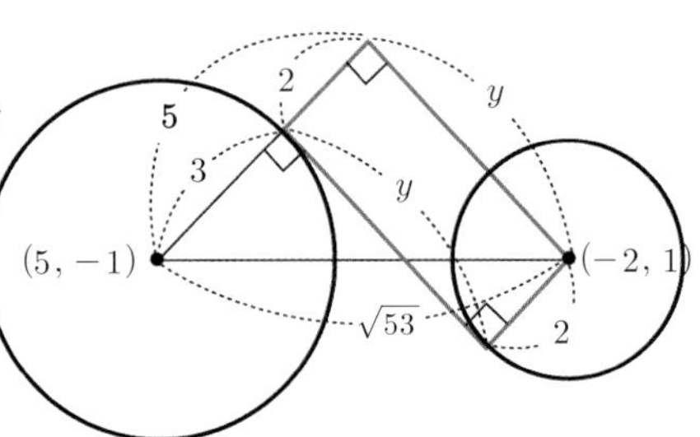


$(\sqrt{53})^2=y^2+\mathbf{5}^2$ ($\because$ 피타고라스 정리)

$\therefore y^2=28$

$\therefore y=\sqrt{28}=2\sqrt{7}$ ($\because y>0$)

**참고** 중심거리가 두 반지름의 합보다 크면 두 원은 서로 외부에 있다.

**정답** 1) $\sqrt{21}$ 2) $2\sqrt{13}$, $2\sqrt{7}$

3 ▶ 연습문제

# 원의 방정식

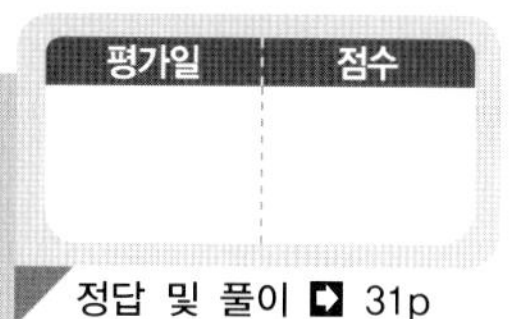


정답 및 풀이 ▶ 31p

**• 잎 3-1**

다음 중 원의 방정식이 아닌 것을 모두 골라라.

① $x^2+y^2-x+y-1=0$　② $3x^2+3y^2=2$　③ $2x^2+2y^2+4x-8y-1=0$

④ $2x^2+2y^2+2x+2y+1=0$　⑤ $3x^2+3y^2-6x-6y+9=0$

**• 잎 3-2**

방정식 $x^2+y^2-2kx+4ky+5k^2+3k-1=0$이 반지름의 길이가 $\sqrt{5}$ 이하인 원을 나타낼 때, 실수 $k$의 값의 범위를 구하여라.

**• 잎 3-3**

점 $(-1,\ 2)$를 지나고 $x$축과 $y$축에 동시에 접하는 원이 두 개가 있다. 이 두 원의 중심 사이의 거리를 구하여라.

**• 잎 3-4**

중심이 직선 $2x+3y=-5$ 위에 있고 제3 사분면에서 $x$축과 $y$축에 동시에 접하는 원의 방정식을 구하여라.

**• 잎 3-5**

원 $x^2+y^2+2ax-4y-3+b=0$이 $x$축과 $y$축에 동시에 접할 때, 실수 $a,\ b$의 값을 구하여라.

(단, $a>0$)

**• 잎 3-6**

중심이 곡선 $y=x^2-6$ 위에 있고 $x$축과 $y$축에 동시에 접하는 원의 중심의 좌표를 구하여라.

**• 잎 3-7**

원 $x^2+y^2-x-12y=0$ 위에 두 점 $\mathrm{O}(0,\ 0)$, $\mathrm{A}(5,\ 2)$가 있다. 이 원 위의 점 P에 대하여 $\angle \mathrm{OAP}=90°$일 때, 직선 OP의 기울기를 구하여라. [교육청 기출]

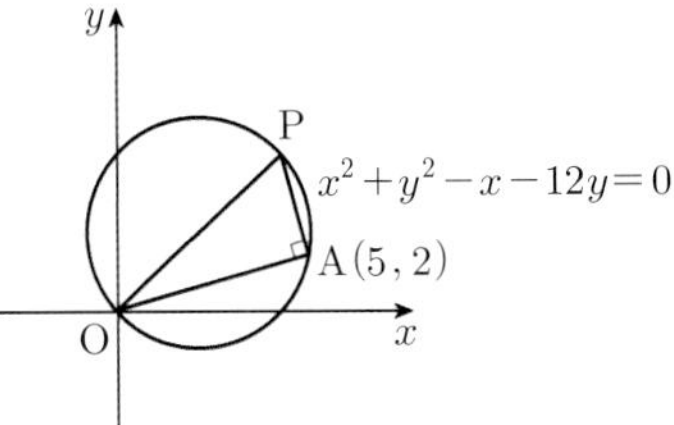


**• 잎 3-8**

두 원 $x^2+y^2+2y-8=0$, $x^2+y^2-4x=0$의 공통현의 중점의 좌표를 구하여라.

**• 잎 3-9**

원 $x^2+y^2=9$와 직선 $x-2y-5=0$의 두 교점을 지나는 원 중에서 그 넓이가 최소인 원의 넓이를 구하여라.

**• 잎 3-10**

좌표평면 위의 두 원 $x^2+y^2=20$과 $(x-a)^2+y^2=4$가 서로 다른 두 점에서 만날 때, 공통현의 길이가 최대가 되도록 하는 양수 $a$의 값을 구하여라. [교육청 기출]

**• 잎 3-11**

원 $x^2+y^2-2x-4y-7=0$의 내부의 넓이와 네 직선 $x=-6$, $x=0$, $y=-4$, $y=-2$로 둘러싸인 직사각형의 넓이를 모두 이등분하는 직선의 방정식은? [교육청 기출]

① $4x-5y+6=0$ ② $5x-4y+3=0$ ③ $8x-5y+2=0$
④ $4x-y-2=0$ ⑤ $5x-y-3=0$

## • 잎 3-12

세 지점 A, B, C에 대리점이 있는 회사가 세 지점에서 같은 거리에 있는 지점에 물류창고를 지으려고 한다. 그림과 같이 B지점은 A지점에서 서쪽으로 4 km만큼 떨어진 위치이고, C지점은 A지점에서 동쪽으로 1 km, 북쪽으로 1 km만큼 떨어진 위치에 있을 때, 물류창고를 지으려는 지점에서 A지점에 이르는 거리는? [교육청 기출]

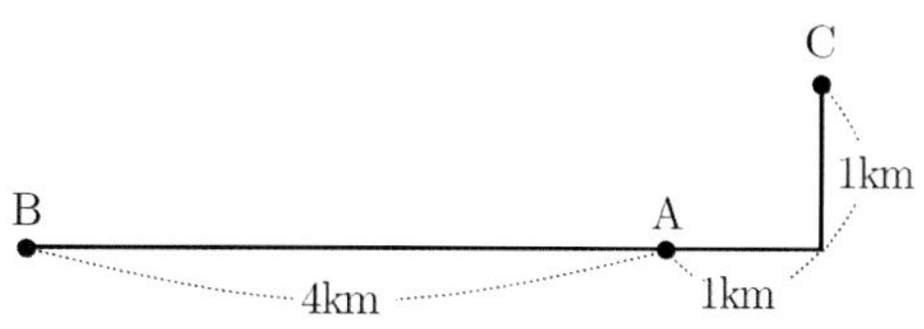


① $2\sqrt{2}$ km ② $\sqrt{13}$ km ③ $\sqrt{17}$ km ④ $2\sqrt{5}$ km ⑤ $\sqrt{29}$ km

## • 잎 3-13

좌표평면에서 원 $x^2+y^2=2$ 위를 움직이는 점 A와 직선 $y=x-4$ 위를 움직이는 두 점 B, C를 연결하여 삼각형 ABC를 만들 때, 정삼각형이 되는 삼각형 ABC의 넓이의 최솟값과 최댓값의 비는? [교육청 기출]

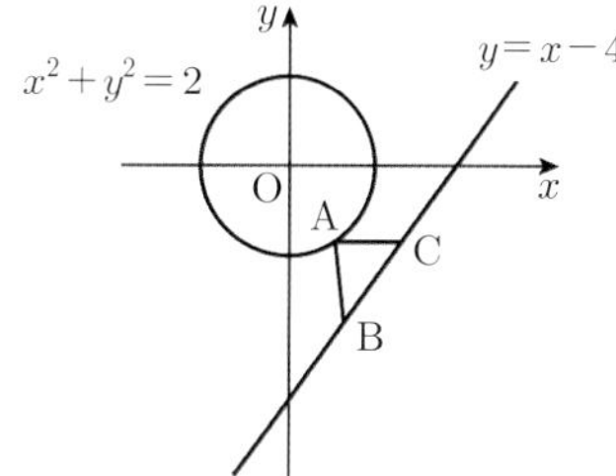


① 1 : 7 ② 1 : 8 ③ 1 : 9
④ 1 : 10 ⑤ 1 : 11

## • 잎 3-14

점 $P(x, y)$가 원 $x^2+y^2-8x-6y+21=0$ 위를 움직일 때, 점 P와 직선 $3x-4y+5=0$ 사이의 거리의 최댓값을 구하여라. [경찰대 기출]

## • 잎 3-15

좌표평면에서 원 $x^2+y^2+6x-4y+9=0$에 직선 $y=mx$가 접하도록 상수 $m$의 값을 정할 때, $m$의 값을 구하여라. [교육청 기출]

## • 잎 3-16

원점에서 원 $(x+3)^2+(y-2)^2=4$에 그은 접선의 방정식을 구하여라.

**• 잎 3-17**

직선 $y=\sqrt{3}x+k$가 원 $x^2+y^2-6y-7=0$에 접할 때, 실수 $k$의 값을 구하여라. [교육청 기출]

**• 잎 3-18**

점 $(-1,\ 4)$에서 원 $(x-2)^2+(y+1)^2=9$에 그은 접선의 방정식을 구하여라.

**• 잎 3-19**

점 $(5,\ -2)$를 지나는 접선이 원 $(x-1)^2+(y+2)^2=8$에 접할 때, 접점의 좌표를 구하여라.

**• 잎 3-20**

점 $(3,\ 0)$에서 원 $x^2+y^2-6x-2ay+a^2=0$에 그은 두 접선의 기울기의 곱이 $-1$일 때, 실수 $a$의 값을 구하여라.

**• 잎 3-21**

점 $(7,\ 6)$에서 원 $(x-2)^2+(y-1)^2=r^2$에 그은 두 접선이 수직일 때, 반지름의 길이는? [경찰대 기출]

① 1 ② 2 ③ 3 ④ 4 ⑤ 5

**• 잎 3-22**

두 점 $\mathrm{A}(-6,\ 0)$, $\mathrm{B}(2,\ 0)$에 대하여 $\overline{\mathrm{AP}}:\overline{\mathrm{BP}}=3:1$을 만족시키는 점 P의 자취의 넓이를 구하여라.

**• 잎 3-23**

두 점 $A(-6, -6)$, $B(4, 4)$으로부터의 거리의 비가 $2:3$인 점 P 의 자취의 길이를 구하여라.

**• 잎 3-24**

두 점 $A(1, 2)$, $B(4, k)$로부터의 거리의 비가 $1:2$인 점 P가 그리는 도형이 있다. 이 도형을 두 점 $C(7, 3)$, $D(3, 7)$로부터 같은 거리에 있는 점 Q가 그리는 도형이 이등분할 때, 실수 $k$의 값을 구하여라.

**• 잎 3-25**

오른쪽 그림과 같이 원점을 중심으로 하는 원 O가 점 $T(3, -4)$에서 직선 $l$에 접하고 있다.
직선 $l$을 따라 원 O를 굴려서 생긴 원 $O_1$의 방정식을 $(x-a)^2+(y-b)^2=25$라 할 때, $\frac{b}{a}$의 값은? [교육청 기출]

① $\frac{1}{2}$ ② $\frac{2}{3}$ ③ $\frac{3}{4}$ ④ 1 ⑤ $\frac{4}{3}$

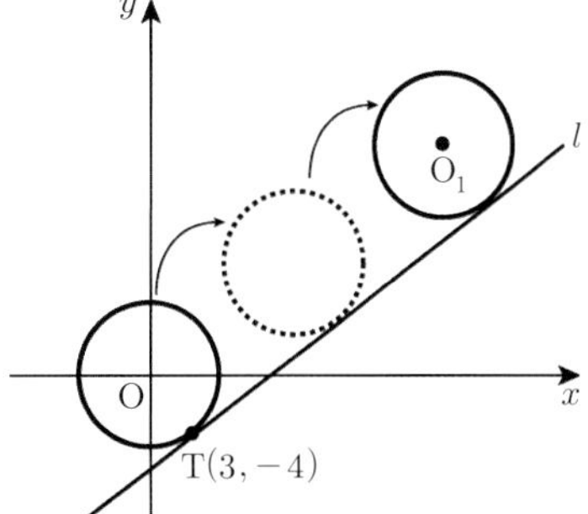


**• 잎 3-26**

오른쪽 그림과 같이 삼각형 ABC의 변 BC는 원 O의 중심을 지나고, 두 변 AB, AC는 원에 접한다. $\overline{AB}=16$, $\overline{AC}=12$, $\overline{BO}=12$일 때, 선분 OC의 길이는? [교육청 기출]

① 7 ② 8 ③ 9 ④ 10 ⑤ 11

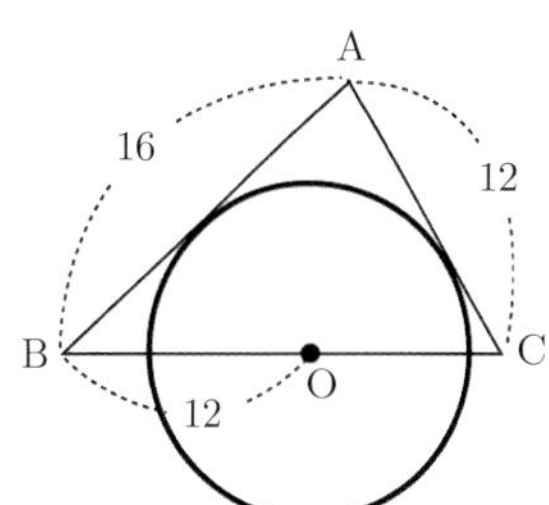

## • 잎 3-27

오른쪽 그림과 같이 원 $x^2+y^2=9$를 선분 PQ를 접는 선으로 하여 접었더니 점 $(-1, 0)$에서 $x$축에 접하였다. 이때, 두 점 P, Q를 지나는 직선의 방정식을 구하여라.

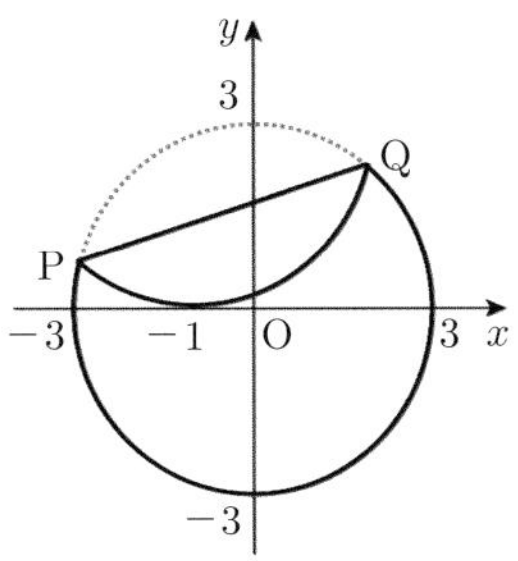


## • 잎 3-28

점 $\mathrm{P}(3, 2)$에서 원 $x^2+y^2-2x-4y+\frac{5}{2}=0$에 그은 두 접선의 접점을 T, T′라고 할 때, 선분 TT′의 길이를 구하여라.

## • 잎 3-29

오른쪽 그림과 같이 원 $(x-1)^2+(y-1)^2=1$ 위의 점 P에서 그은 접선이 $x$축, $y$축과 만나는 점을 각각 $\mathrm{A}(a, 0)$, $\mathrm{B}(0, b)$라 하고 $\overline{\mathrm{AP}}=s$, $\overline{\mathrm{BP}}=t$라 할 때, 아래에서 참, 거짓을 말하여라. [교육청 기출]

ㄱ. $s:t=a:b$ ( )

ㄴ. $ab=14$이면 $a+b=8$이다. ( )

ㄷ. 삼각형 OAB의 넓이는 $st$이다. ( )

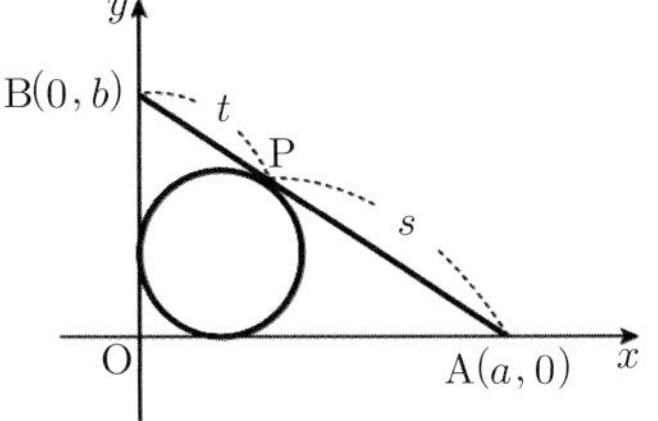


## • 잎 3-30

오른쪽 그림과 같이 점 P가 원 $x^2+y^2=4$ 위를 움직일 때, 좌표평면 위의 두 점 $\mathrm{A}(4, 3)$, $\mathrm{B}(2, 5)$에 대하여 $\overline{\mathrm{PA}}^2+\overline{\mathrm{PB}}^2$의 최댓값과 최솟값을 구하여라.

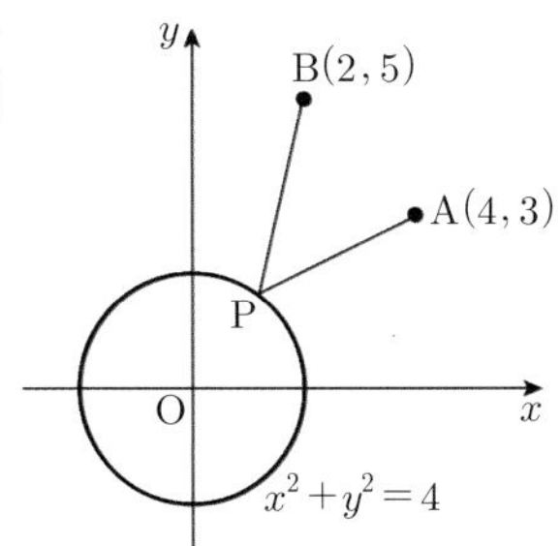

MATH

# 4. 도형의 이동

## 01 평행이동

1 (수학에서) 도형이란?

2 평행이동

3 '점'의 평행이동 ※ 점의 좌표를 편의상 줄여 '점'이라 칭했다.

4 도형의 방정식 $f(x, y)=0$

5 '식'의 평행이동 ※ 도형의 방정식을 편의상 줄여 '식'이라 칭했다.

6 평행이동은 도형의 모양과 크기를 변화시키지 못한다.

## 02 대칭이동

1 대칭이동 (데칼코마니하여 이동한다.)

2 '점'의 대칭이동 ※ 점의 좌표를 편의상 줄여 '점'이라 칭했다.

3 '식'의 대칭이동 ※ 도형의 방정식을 편의상 줄여 '식'이라 칭했다.

4 도형의 평행이동과 대칭이동을 쉽게 그리는 요령

## 03 점과 직선에 대한 대칭이동

1 점에 대한 대칭이동

2 직선에 대한 점의 대칭이동

3 기울기가 $\pm 1$인 직선에 대한 점의 대칭이동

## 연습문제

# 01 평행이동

## 1 (수학에서) 도형이란?

점, 선, 면, 입체 또는 그것들의 집합을 통틀어 **도형**이라 말한다.
예로 점, 선분, 직선, 곡선, 다각형, 원, 구, 각 따위가 있다.

주의 점은 도형이다. ⇨ 도형의 이동에서 점의 이동을 다루는 이유다.

## 2 평행이동

도형을 일정한 방향으로 일정한 거리만큼 옮기는 것을 **평행이동**이라 한다.

주의 평행이동은 도형의 모양과 크기를 변화시키지 못한다. 따라서 평행이동에 의하여 점은 점으로, 직선은 기울기가 같은 직선으로, 포물선은 모양과 크기가 같은 포물선으로, 원은 반지름의 길이가 같은 원으로 이동한다.

## 3 '점'의 평행이동 ※'점의 좌표'를 편의상 줄여 '점'이라 칭했다.

좌표평면 위의 점 $\mathrm{P}(x,\ y)$를 $x$축의 방향으로 $a$만큼, $y$축의 방향으로 $b$만큼 평행이동한 점을 $\mathrm{P}'(x',\ y')$이라 하면
$x'=x+a,\ y'=y+b$가 된다.
이것을 기호로 나타내면
$\mathrm{P}(x,\ y)\to\mathrm{P}'(x+a,\ y+b)$

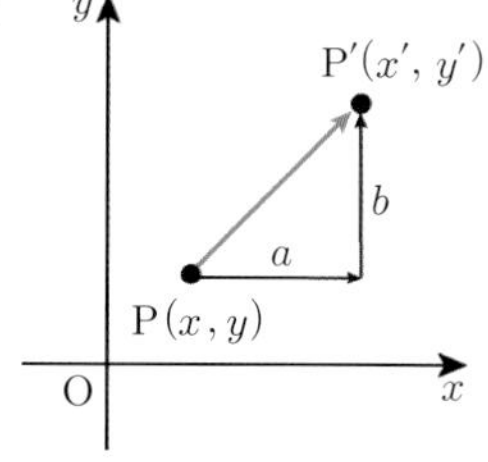


**점 $(x,\ y)$를 $x$축의 방향으로 $a$만큼, $y$축의 방향으로 $b$만큼 평행이동**
점 $(x,\ y)$에 $x$ 대신 $x+a$, $y$ 대신 $y+b$를 대입한다.
$\therefore (x,\ y)\to(x+a,\ y+b)$, 즉 ★'이동하는 만큼'의 부호를 그대로 하여 이용한다.

**씨앗. 1** 다음 점을 $x$축의 방향으로 2만큼, $y$축의 방향으로 $-3$만큼 평행이동한 점의 좌표를 구하여라.

1) $(0,\ 0)$ 2) $(1,\ 2)$

풀이 1) $(0+2,\ 0-3)$ $\therefore$ **$(2,\ -3)$** 2) $(1+2,\ 2-3)$ $\therefore$ **$(3,\ -1)$**

**씨앗. 2** 평행이동 $(x,\ y)\to(x+2,\ y-3)$에 의하여 옮겨지는 점의 좌표를 구하여라.

1) $(0,\ 0)$ 2) $(1,\ 2)$

풀이 1) $(0+2,\ 0-3)$ $\therefore$ **$(2,\ -3)$** 2) $(1+2,\ 2-3)$ $\therefore$ **$(3,\ -1)$**

## 4 도형의 방정식 $f(x, y)=0$

방정식은 우변이 0인 꼴로 나타낼 수 있다.
즉, 직선의 방정식을 $ax+by+c=0$ 꼴로, 원의 방정식을 $x^2+y^2+Ax+By+C=0$ 꼴로 나타낼 수 있는 것처럼 도형의 방정식을 우변이 0인 $f(x, y)=0$ 꼴로 나타낼 수 있다.

참고 방정식 $f(x)=0$은 변수 $x$의 값에 따라 참 또는 거짓이 되는 등식이다.
방정식 $f(x, y)=0$은 변수 $x$, $y$의 값에 따라 참 또는 거짓이 되는 등식이다.

※ 다항식 $f(x)=x^2-2x-8$일 때, 방정식 $f(x)=0$은 방정식 $x^2-2x-8=0$을 나타낸다.
다항식 $f(x, y)=x-y$일 때, 방정식 $f(x, y)=0$은 직선 $x-y=0$, 즉 $y=x$를 나타낸다.
다항식 $f(x, y)=x^2-y+1$일 때, 방정식 $f(x, y)=0$은 포물선 $x^2-y+1=0$, 즉 $y=x^2+1$을 나타낸다.
다항식 $f(x, y)=x^2+y^2-4$일 때, 방정식 $f(x, y)=0$은 원 $x^2+y^2-4=0$, 즉 $x^2+y^2=4$를 나타낸다.

## 5 '식'의 평행이동 ※'도형의 방정식'을 편의상 줄여 '식'이라 칭했다.

도형의 방정식은 일반적으로 * $f(x, y)=0 \Leftrightarrow f(x)=y$, 즉 $y=f(x)$로도 나타낼 수 있다.
방정식 $f(x, y)=0$이 나타내는 도형을 $x$축의 방향으로 $a$만큼, $y$축의 방향으로 $b$만큼 평행이동한 도형의 방정식은 다음과 같다.
$f(x-a, y-b)=0 \Leftrightarrow f(x-a)=y-b$, 즉 $y-b=f(x-a)$

증명 i) 다항식 $f(x, y)=x^2-y+1$일 때, 방정식 $f(x, y)=0$은 포물선 $x^2-y+1=0$, 즉 $y=x^2+1$을 나타낸다.
ii) 방정식 $f(x, y)=0$ 위의 임의의 점 $\mathrm{P}(x, y)$를 $x$축의 방향으로 $a$만큼, $y$축의 방향으로 $b$만큼 평행이동한 점을 $\mathrm{Q}(\mathrm{X}, \mathrm{Y})$라 하면 $\mathrm{X}=x+a$, $\mathrm{Y}=y+b$
$\therefore x=\mathrm{X}-a$, $y=\mathrm{Y}-b$ ⋯ ㉠
iii) 임의의 점 $\mathrm{P}(x, y)$는 방정식 $f(x, y)=0 \Leftrightarrow f(x)=y$, 즉 $y=f(x)$ ⋯㉡이 나타내는 도형 위의 점이므로 ㉠을 ㉡에 대입하면
$f(\mathrm{X}-a, \mathrm{Y}-b)=0 \Leftrightarrow f(\mathrm{X}-a)=\mathrm{Y}-b$, 즉 $\mathrm{Y}-b=f(\mathrm{X}-a)$
따라서 점 $\mathrm{Q}(\mathrm{X}, \mathrm{Y})$는 방정식 $f(\mathrm{X}-a, \mathrm{Y}-b)=0 \Leftrightarrow f(\mathrm{X}-a)=\mathrm{Y}-b$, 즉 $\mathrm{Y}-b=f(\mathrm{X}-a)$이 나타내는 도형 위의 점이다. 그런데 도형의 방정식은 일반적으로 $x$, $y$로 나타내므로 X, Y를 각각 $x$, $y$로 고치면 $f(x-a, y-b)=0 \Leftrightarrow f(x-a)=y-b$, 즉 $y-b=f(x-a)$이 된다.



**핵심 방정식 $f(x, y)=0$을 $x$축의 방향으로 $a$만큼, $y$축의 방향으로 $b$만큼 평행이동**
방정식 $f(x, y)=0$에 $x$ 대신 $x-a$, $y$ 대신 $y-b$를 대입한다.
$\therefore f(x, y)=0 \rightarrow f(x-a, y-b)=0$, 즉* '이동하는 만큼'의 부호를 반대로 하여 이용한다.
$\therefore f(x)=y \rightarrow f(x-a)=y-b$, 즉 $y=f(x) \rightarrow y-b=f(x-a)$

(익히는 방법)
평행이동은 '점'의 평행이동과 '식'의 평행이동, 이렇게 두 가지로 생각할 수 있다.
⇨ '식'의 평행이동에서만 '이동하는 만큼'의 부호를 반대로 하여 이용한다.

※ 점의 좌표와 도형의 방정식을 편의상 줄여 각각 '점'과 '식'이라 칭했다.

**씨앗. 3** 직선 $x+2y-2=0$을 $x$축의 방향으로 1만큼, $y$축의 방향으로 $-2$만큼 평행이동한 도형의 방정식을 구하여라.

**풀이** (도형의) 방정'식'의 평행이동에서는 '이동하는 만큼'의 부호를 반대로 하여 이용하므로 주어진 방정식에 $x$ 대신 $x-1$, $y$ 대신 $y+2$를 대입한다.
$(x-1)+2(y+2)-2=0 \quad \therefore \boldsymbol{x+2y+1=0}$

**씨앗. 4** 평행이동 $(x, y) \to (x-2, y+3)$에 의하여 원 $(x-1)^2+(y-1)^2=4$이 옮겨지는 도형의 방정식을 구하여라.

**풀이** (도형의) 방정'식'의 평행이동에서는 '이동하는 만큼'의 부호를 반대로 하여 이용하므로 주어진 방정식에 $x$ 대신 $x+2$, $y$ 대신 $y-3$를 대입한다.
$\{(x+2)-1\}^2+\{(y-3)-1\}^2=4 \quad \therefore \boldsymbol{(x+1)^2+(y-4)^2=4}$

## 뿌리 1-1 '점'의 좌표와 도형의 방정'식'의 평행이동

평행이동 $(x, y) \to (x+2, y-1)$에 대하여 다음을 구하여라.

1) 이 평행이동에 의하여 점 $(2, -3)$이 옮겨지는 점의 좌표
2) 이 평행이동에 의하여 직선 $2x+4y=1$이 옮겨지는 도형의 방정식
3) 이 평행이동에 의하여 원 $(x-1)^2+(y+3)^2=4$가 옮겨지는 도형의 방정식

**핵심** 1) '점'의 평행이동에서는 '이동하는 만큼'의 부호를 그대로 하여 이용한다.
2) '식'의 평행이동에서는 '이동하는 만큼'의 부호를 반대로 하여 이용한다.

**풀이** 1) $(2, -3) \to (2+2, -3-1) \quad \therefore \boldsymbol{(4, -4)}$
2) '식'이므로 $x$ 대신 $x-2$, $y$ 대신 $y+1$을 주어진 방정식에 대입한다.
$2(x-2)+4(y+1)=1 \quad \therefore \boldsymbol{2x+4y=1}$
3) '식'이므로 $x$ 대신 $x-2$, $y$ 대신 $y+1$을 주어진 방정식에 대입한다.
$\{(x-2)-1\}^2+\{(y+1)+3\}^2=4 \quad \therefore \boldsymbol{(x-3)^2+(y+4)^2=4}$

**참고** 평행이동 $(x, y) \to (x+2, y-1)$은 $x$축의 방향으로 2만큼, $y$축의 방향으로 $-1$만큼 평행이동하라는 것이다.

**[줄기1-1]** 점 $(2, -3)$을 점 $(-1, 2)$로 옮기는 평행이동에 의하여 점 $(-4, a)$가 점 $(b, 5)$로 옮겨질 때, 상수 $a, b$의 값을 구하여라.

**[줄기1-2]** 점 $(2, 3)$을 점 $(1, 2)$로 옮기는 평행이동에 의하여 점 $(3, 5)$로 옮겨지는 점의 좌표를 $(a, b)$라 할 때, 상수 $a, b$의 값을 구하여라.

## 뿌리 1-2 직선의 평행이동

평행이동 $(x, y) \to (x+a, y-2a)$에 의하여 직선 $y=2x+1$이 직선 $y=2x$로 옮겨질 때, 상수 $a$의 값을 구하여라.

**풀이** 평행이동 $(x, y) \to (x+a, y-2a)$는 $x$축의 방향으로 $a$만큼, $y$축의 방향으로 $-2a$만큼 평행이동함을 의미한다.

직선의 방정식 $y=2x+1$에 $x$ 대신 $x-a$, $y$ 대신 $y+2a$를 대입한다. ($\because$ '식'의 평행이동)

$y+2a=2(x-a)+1$

$\therefore y=2x-4a+1$

이 직선이 $y=2x$와 일치하므로

$-4a+1=0 \quad \therefore a=\dfrac{1}{4}$

**참고** '식'의 평행이동 ※ 도형의 방정식을 편의상 줄여 '식'이라 칭했다.
⇨ 이동하는 만큼의 부호를 반대로 하여 이용한다.

**[줄기 1-3]** 점 $(1, 1)$을 점 $(-1, 3)$으로 옮기는 평행이동에 의하여 직선 $x+ay+b=0$이 직선 $2x-y+3=0$으로 옮겨질 때, 상수 $a, b$의 값을 구하여라.

**[줄기 1-4]** 점 $(-1, 2)$를 점 $(2, -3)$으로 옮기는 평행이동에 의하여 직선 $2x+y-3=0$으로 옮겨지는 직선의 방정식을 구하여라.

## 6 평행이동은 도형의 모양과 크기를 변화시키지 못한다.

도형의 모양과 크기를 바꾸지 않고 도형을 일정한 방향으로 일정한 거리만큼 이동하는 것을 **평행이동**이라 한다. 따라서 평행이동에서는 다음과 같은 성질이 성립한다.

1) 직선은 기울기가 같은 직선으로 평행이동한다.

2) 포물선은 모양과 크기가 같은 포물선으로 평행이동한다. ⇨ $x^2$의 계수는 같다.
(*포물선을 평행이동하면 꼭짓점은 꼭짓점으로 옮겨진다.)

3) 원은 반지름의 길이가 같은 원으로 평행이동한다.
(*원을 평행이동하면 원의 중심은 원의 중심으로 옮겨진다.)

### 뿌리 1-3 평행이동은 도형의 모양과 크기를 변화시키지 못한다. (1)

포물선 $y=x^2-6x$를 $x$축의 방향으로 1만큼, $y$축의 방향으로 $-2$만큼 평행이동한 포물선의 꼭짓점의 좌표를 구하여라.

**핵심** 평행이동은 도형의 모양과 크기를 변형시키지는 못한다!
i) 포물선을 평행이동하면 크기와 모양이 같은 포물선으로 옮겨진다. ⇨ $x^2$의 계수는 같다.
ii) 포물선을 평행이동하면 꼭짓점은 꼭짓점으로 옮겨진다.

**방법 I** 「강추」 포물선 $y=x^2-6x=(x-3)^2-9$의 꼭짓점의 좌표는 $(3, -9)$
꼭짓점 $(3, -9)$를 $x$축의 방향으로 1만큼, $y$축의 방향으로 $-2$만큼 평행이동하면 옮겨진 포물선의 꼭짓점 $(4, -11)$이 된다.

**방법 II** 포물선 $y=x^2-6x$ …㉠를 $x$축의 방향으로 1만큼, $y$축의 방향으로 $-2$만큼 평행이동한 것이므로
㉠에 $x$ 대신 $x-1$, $y$ 대신 $y+2$를 대입하면
$y+2=(x-1)^2-6(x-1)$, $y=x^2-8x+5$ $\quad\therefore y=(x-4)^2-11$
따라서 평행이동한 포물선의 꼭짓점의 좌표는 $(4, -11)$

**[줄기1-5]** 평행이동 $(x, y) \to (x+2a, y-b)$에 의하여 포물선 $y=2x^2-4x+3$이 포물선 $y=2x^2+2x+3$로 옮겨질 때, 상수 $a$, $b$의 값을 구하여라.

**[줄기1-6]** 원 $x^2+y^2+2x-4y=0$을 $x$축의 방향으로 $a$만큼, $y$축의 방향으로 $b$만큼 평행이동하여 원 $x^2+y^2=c$를 얻었다. 이때, 상수 $a$, $b$, $c$의 값을 구하여라.

**[줄기1-7]** 원 $x^2+y^2+6x-2y+8=0$을 $x$축의 방향으로 $a$만큼, $y$축의 방향으로 $a-4$만큼 평행이동한 원의 중심이 $x$축 위에 있을 때, 상수 $a$의 값을 구하여라.

## 뿌리 1-4 평행이동은 도형의 모양과 크기를 변화시키지 못한다. (2)

방정식 $f(x, y)=0$ 이 나타내는 도형을 방정식 $f(x+1, y-3)=0$ 이 나타내는 도형으로 옮기는 평행이동에 의하여 원 $x^2+y^2-2x-2y+a=0$ 이 옮겨지는 원의 중심의 좌표가 $(b, 4)$이고 반지름의 길이가 2일 때, 상수 $a, b$의 값을 구하여라.

**핵심** $\begin{cases} f(x, y)=0 \Leftrightarrow f(x)=y, \text{ 즉 } y=f(x) \text{인 '식'이다. '점'이 아니다.} \\ f(x+1, y-3)=0 \Leftrightarrow f(x+1)=y-3, \text{ 즉 } y=f(x+1)+3 \text{인 '식'이다. '점'이 아니다.} \end{cases}$

※ 도형의 방정식을 편의상 줄여 '식'이라 칭했다.

**풀이** 방정식 $f(x, y)=0$ → 방정식 $f(x\underline{+1}, y\underline{-3})=0$

'식'의 평행이동에서는 '이동하는 만큼'의 부호를 반대로 하여 이용한다. [p.91 결론]

'식'의 평행이동이므로 $x$축의 방향으로 $-1$만큼, $y$축의 방향으로 3만큼 평행이동함을 의미한다.

원 $x^2+y^2-2x-2y+a=0$에서 $(x-1)^2+(y-1)^2=2-a$

$\therefore$ 중심 $(1, 1)$, 반지름 $\sqrt{2-a}$ 인 원 ⋯㉠

원은 평행이동해도 반지름의 길이가 변하지 않으므로 ㉠의 반지름의 길이는 2이다. 따라서

$\sqrt{2-a}=2$, $2-a=2^2$

$\therefore a=-2$

㉠의 중심 $(1, 1)$을 $x$축의 방향으로 $-1$만큼, $y$축의 방향으로 3만큼 평행이동하여 옮겨지는 중심의 좌표가 $(b, 4)$이므로

$(1-1, 1+3)=(b, 4)$

$\therefore b=0$

**[줄기 1-8]** 도형 $f(x+3, y-1)=0$ 을 도형 $f(x, y)=0$ 으로 옮기는 평행이동에 의하여 직선 $5x-2y+4=0$이 옮겨지는 직선의 방정식을 구하여라.

# 02 대칭이동

## 1 대칭이동(데칼코마니하여 이동한다.)

1) **대칭** : 직선 또는 점의 양쪽에 있는 부분이 꼭 같은 형태로 배치되어 있는 것을 **대칭**이라 한다.
   (비슷한 예) 좌우 대칭인 얼굴
2) **대칭이동** : 주어진 도형을 직선 또는 점에 대하여 대칭인 도형으로 옮기는 것을 **대칭이동**이라 한다.
   (비슷한 예) 데칼코마니하여 이동

주의 (대칭이동)=(대칭) (×)

## 2 '점'의 대칭이동 ※'점의 좌표'를 편의상 줄여 '점'이라 칭했다.

점 $(x, y)$를 직선 또는 점에 대하여 대칭이동한 점의 좌표는 다음과 같다.

1) **$x$축에 대한 대칭이동** : $(x, y) \to (x, -y)$

   (익히는 방법)
   오른쪽 그림에서 보듯이 $y$좌표의 부호가 바뀐다.
   $\therefore$ $y$ 대신 $-y$를 대입한다.

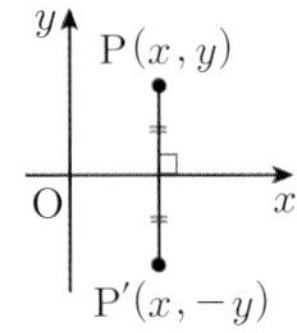


2) **$y$축에 대한 대칭이동** : $(x, y) \to (-x, y)$

   (익히는 방법)
   오른쪽 그림에서 보듯이 $x$좌표의 부호가 바뀐다.
   $\therefore$ $x$ 대신 $-x$를 대입한다.

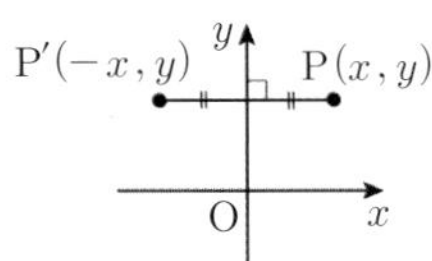


3) **원점에 대한 대칭이동** : $(x, y) \to (-x, -y)$

   (익히는 방법)
   오른쪽 그림에서 보듯이 $x$, $y$좌표의 부호가 모두 바뀐다.
   $\therefore$ $x$ 대신 $-x$, $y$ 대신 $-y$를 대입한다.

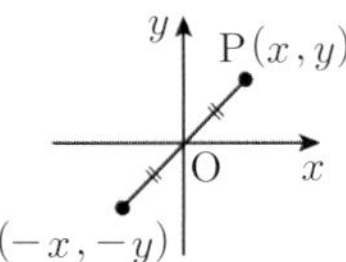


4) **직선 $y=x$에 대한 대칭이동** : $(x, y) \to (y, x)$

   (익히는 방법)
   $x$, $y$좌표의 위치가 서로 바뀐다.
   $\therefore$ $x$ 대신 $y$, $y$ 대신 $x$를 대입한다.

증명 오른쪽 그림에서 $\triangle OMP \equiv \triangle OMP'$ (SAS합동)이므로
$\overline{OP}=\overline{OP'}$, $\angle POM = \angle P'OM$
따라서 $\triangle OPH \equiv OP'H'$ (RHA합동)이므로
$\overline{PH}=\overline{P'H'}$, $\overline{OH}=\overline{OH'}$
이때, $\overline{PH}=x$, $\overline{OH}=y$이므로 $\overline{P'H'}=x$, $\overline{OH'}=y$이다.
$\therefore$ 점 $P'(x', y')$의 $x'$ 좌표는 $y$, $y'$ 좌표는 $x$
$\therefore$ 점 $P'$의 좌표는 $(y, x)$
따라서 점 $(x, y)$를 직선 $y=x$에 대하여 대칭이동한 점의 좌표는 $(y, x)$이다.

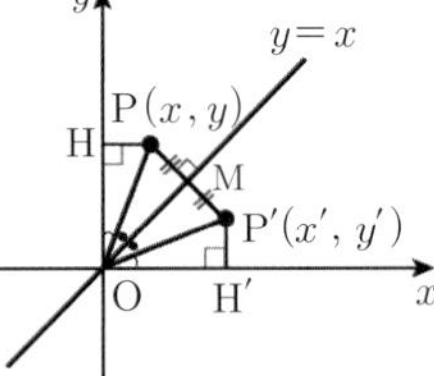

5) **직선 $y=-x$에 대한 대칭이동** : $(x,\ y)\rightarrow(-y,\ -x)$

(익히는 방법)
$x$, $y$좌표의 위치와 부호가 모두 바뀐다.
$\therefore$ $x$ 대신 $-y$, $y$ 대신 $-x$를 대입한다.

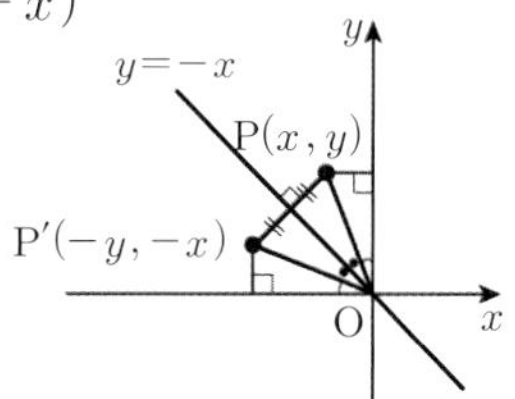


증명 4)번과 같은 방법으로 증명할 수 있다.

## 3 '식'의 대칭이동 ※'도형의 방정식'을 편의상 줄여 '식'이라 칭했다.

방정식 $f(x,\ y)=0 \Leftrightarrow f(x)=y$, 즉 $y=f(x)$가 나타내는 도형을 $x$축, $y$축, 원점, 직선 $y=x$, 직선 $y=-x$에 대하여 대칭이동한 도형의 방정식은 각각 다음과 같다.

1) **$x$ 축에 대하여 대칭이동** ($y$의 부호가 바뀐다.)
⇨ 주어진 도형의 방정식에 **$y$ 대신 $-y$**를 대입한다.
$\therefore f(x,\ -y)=0 \Leftrightarrow f(x)=-y$, 즉 $-y=f(x)$

2) **$y$ 축에 대하여 대칭이동** ($x$의 부호가 바뀐다.)
⇨ 주어진 도형의 방정식에 **$x$ 대신 $-x$**를 대입한다.
$\therefore f(-x,\ y)=0 \Leftrightarrow f(-x)=y$, 즉 $y=f(-x)$

3) **원점에 대하여 대칭이동** ($x$, $y$의 부호가 모두 바뀐다.)
⇨ 주어진 도형의 방정식에 **$x$ 대신 $-x$, $y$ 대신 $-y$**를 대입한다.
$\therefore f(-x,\ -y)=0 \Leftrightarrow f(-x)=-y$, 즉 $-y=f(-x)$

4) **직선 $y=x$에 대하여 대칭이동** ($x$와 $y$의 위치가 서로 바뀐다.)
⇨ 주어진 도형의 방정식에 **$x$ 대신 $y$, $y$ 대신 $x$**를 대입한다.
$\therefore f(y,\ x)=0 \Leftrightarrow f(y)=x$, 즉 $x=f(y)$

5) **직선 $y=-x$에 대하여 대칭이동** ($x$, $y$의 위치와 부호가 모두 바뀐다.)
⇨ 주어진 도형의 방정식에 **$x$ 대신 $-y$, $y$ 대신 $-x$**를 대입한다.
$\therefore f(-y,\ -x)=0 \Leftrightarrow f(-y)=-x$, 즉 $-x=f(-y)$

증명 방정식 $f(x,\ y)=0$이 나타내는 도형을 $x$축에 대하여 대칭이동한 도형의 방정식을 구하여 보자.
방정식 $f(x,\ y)=0$이 나타내는 도형 위의 임의의 점 P$(x,\ y)$를 $x$축에 대하여 대칭이동한 점을 P$'(x',\ y')$이라고 할 때, P$'(x',\ y')$은 P$'(x,\ -y)$와 같으므로 $x'=x,\ y'=-y$ $\quad\therefore x=x',\ y=-y'$
이때, 점 P$(x,\ y)$는 방정식 $f(x,\ y)=0$이 나타내는 도형 위의 점이므로 $x=x',\ y=-y'$을 $f(x,\ y)=0$에 대입하면 $f(x',\ -y')=0$이 성립한다. 따라서 점 P$'(x',\ y')$은 방정식 $f(x',\ -y')=0$을 만족한다.
그런데 도형의 방정식은 일반적으로 $x$, $y$로 나타내므로 $x'$, $y'$을 각각 $x$, $y$로 고치면 방정식 $f(x,\ y)=0$이 나타내는 도형을 $x$축에 대하여 대칭이동한 도형의 방정식은 $f(x,\ -y)=0$이다.
같은 방법으로 $y$축, 원점, 직선 $y=\pm x$에 대하여 대칭이동한 도형의 방정식도 구할 수 있다.

★대칭이동은 '점'과 '식'에서 대칭이동하는 방법이 같다.

※ 점의 좌표와 도형의 방정식을 편의상 줄여 각각 '점'과 '식'이라 칭했다.

**씨앗. 1** 점 $(3, -2)$를 다음에 대하여 대칭이동한 점의 좌표를 구하여라.

1) $x$축　　2) 원점　　3) 직선 $y=-x$

풀이 1) $y$좌표의 부호가 바뀌므로 $(3, -(-2))$　$\therefore$ **(3, 2)**

2) $x$, $y$좌표의 부호가 모두 바뀌므로 $(-3, -(-2))$　$\therefore$ **(−3, 2)**

3) $x$, $y$좌표의 위치와 부호가 모두 바뀌므로 $(-(-2), -3)$　$\therefore$ **(2, −3)**

**씨앗. 2** 직선 $2x-3y+2=0$을 다음에 대하여 대칭이동한 도형의 방정식을 구하여라.

1) $y$축　　2) 직선 $y=x$

풀이 1) $x$ 대신 $-x$를 대입하므로 $2(-x)-3y+2=0$　$\therefore -2x-3y+2=0$

2) $x$ 대신 $y$, $y$ 대신 $x$를 대입하므로 $2y-3x+2=0$　$\therefore -3x+2y+2=0$

**평행이동 vs 대칭이동**

1) 평행이동 { '점' : '이동만큼'의 부호를 그대로 하여 이용한다.
'식' : '이동만큼'의 부호를 반대로 하여 이용한다. (유별나다!)

2) 대칭이동 : '점'과 '식'에서 대칭이동하는 방법이 같다.

※ 점의 좌표와 도형의 방정식을 편의상 줄여 각각 '점'과 '식'이라 칭했다.

(익히는 방법) ⋆'식'의 평행이동만 유별나다!

## 4 도형의 평행이동과 대칭이동을 쉽게 그리는 요령

평행이동이나 대칭이동에서 주어진 도형 전체를 옮기려 하면 이동한 도형을 그리기 어려운 경우가 빈번하게 발생한다. 이때, 도형 전체가 아닌 **키(key)점**을 평행이동이나 대칭이동을 하면 옮겨진 도형을 쉽게 그릴 수 있다.

방법 I

1st 키점을 잡는다.

2nd 키점을 지시대로 평행이동이나 대칭이동을 해준다. ⇨ 키점′을 잡는다.

3rd 이동전 도형의 모양과 비교하면서 직선은 직선으로, 곡선은 곡선으로 키점′을 연결한다.
(∵ 평행이동이나 대칭이동은 도형의 모양과 크기를 변형시키지 못한다.)

⇨ 평행이동은 100%, 대칭이동은 99% 이상 방법 I 으로 다 해결된다. ^^

방법 II 대칭이동에서 '방법 I'으로 답을 찾을 수 없을 때, 주어진 도형을 대칭점 또는 대칭축을 기준으로 데칼코마니하여 이동한 모양을 상상해 보거나 직접 그려본다.

주의 키(key)점은 저자가 임의로 지어낸 말로 도형의 모양을 알 수 있는 열쇠 같은 점이다.
뿌리 2-1), 줄기 2-1), 줄기 2-2)를 풀어보면 누구나 쉽게 알 수 있다. ^^

참고 대칭점 : 한 점을 기준으로 하여 도형이 대칭이 될 때, 그 점을 대칭점(대칭의 중심)이라 한다.
대칭축 : 한 직선을 기준으로 하여 도형이 대칭이 될 때, 그 직선을 대칭축이라 한다.

## 뿌리 2-1 도형의 대칭이동을 그리는 요령(1)

함수 $y=f(x)$의 그래프가 오른쪽 그림과 같을 때, 다음 각 그래프를 그려라.

1) $y=f(x-2)+1$

2) $y=f(-x)$

3) $y=-f(x)$

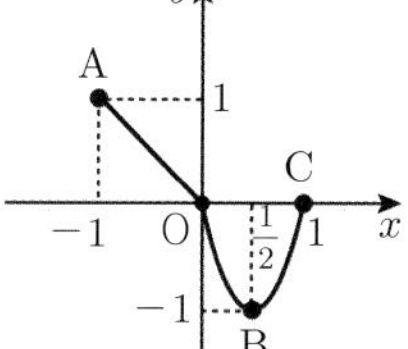


풀이

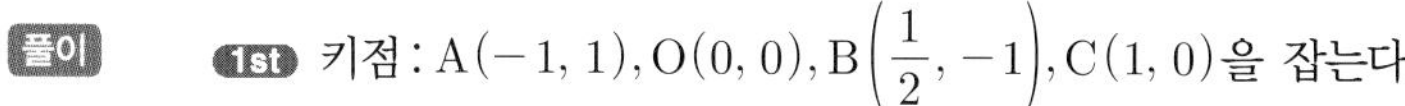

1st 키점 : $\mathrm{A}(-1,\ 1)$, $\mathrm{O}(0,\ 0)$, $\mathrm{B}\left(\frac{1}{2},\ -1\right)$, $\mathrm{C}(1,\ 0)$을 잡는다.

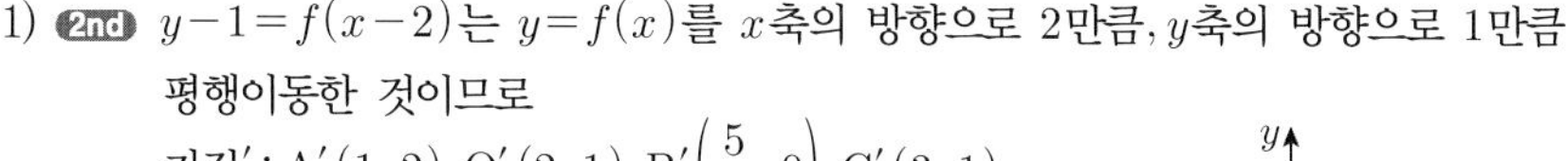

1) 2nd $y-1=f(x-2)$는 $y=f(x)$를 $x$축의 방향으로 2만큼, $y$축의 방향으로 1만큼 평행이동한 것이므로

키점′ : $\mathrm{A'}(1,\ 2)$, $\mathrm{O'}(2,\ 1)$, $\mathrm{B'}\left(\frac{5}{2},\ 0\right)$, $\mathrm{C'}(3,\ 1)$

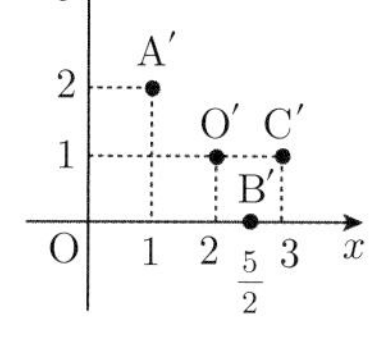


3rd 주어진 그래프의 모양과 비교하면서 직선은 직선으로, 곡선은 곡선으로 키점′ A′, O′, B′, C′을 연결한다.

(∵ 평행이동이나 대칭이동은 도형의 모양과 크기를 변형시키지 못한다.)

2) 2nd $y=f(-x)$는 $y=f(x)$를 $y$축에 대하여 대칭이동한 것이므로

키점′ : $\mathrm{A'}(1,\ 1)$, $\mathrm{O'}(0,\ 0)$, $\mathrm{B'}\left(-\frac{1}{2},\ -1\right)$, $\mathrm{C'}(-1,\ 0)$

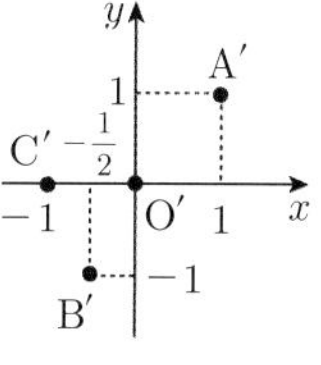


3rd 주어진 그래프의 모양과 비교하면서 직선은 직선으로, 곡선은 곡선으로 키점′ A′, O′, B′, C′을 연결한다.

(∵ 평행이동이나 대칭이동은 도형의 모양과 크기를 변형시키지 못한다.)

3) 2nd $-y=f(x)$는 $y=f(x)$를 $x$축에 대하여 대칭이동한 것이므로

키점′ : $\mathrm{A'}(-1,\ -1)$, $\mathrm{O'}(0,\ 0)$, $\mathrm{B'}\left(\frac{1}{2},\ 1\right)$, $\mathrm{C'}(1,\ 0)$

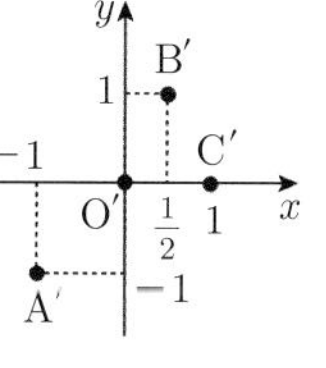


3rd 주어진 그래프의 모양과 비교하면서 직선은 직선으로, 곡선은 곡선으로 키점′ A′, O′, B′, C′을 연결한다.

(∵ 평행이동이나 대칭이동은 도형의 모양과 크기를 변형시키지 못한다.)

정답 1) 2) 3)

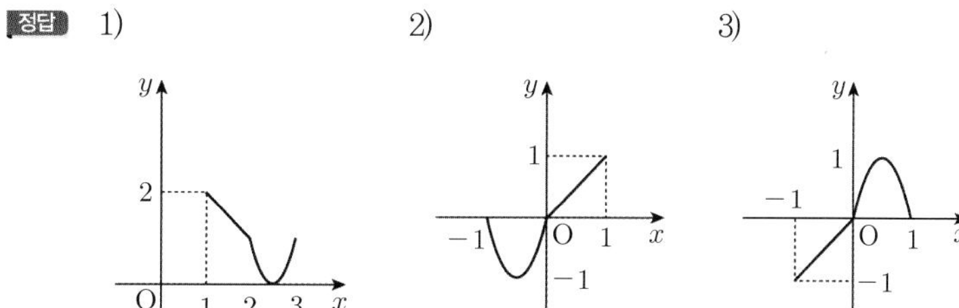

## 뿌리 2-2 도형의 평행이동과 대칭이동

직선 $y=ax+3$을 $x$축의 방향으로 2만큼 평행이동한 후 직선 $y=x$에 대하여 대칭이동하면 점 $(1, 4)$를 지난다고 할 때, 실수 $a$의 값을 구하여라.

**풀이** 직선 $y=ax+3$을 $x$축의 방향으로 2만큼 평행이동한 직선의 방정식은
$y=a(x-2)+3$
이 직선을 직선 $y=x$에 대하여 대칭이동한 직선의 방정식은
$x=a(y-2)+3$
이 직선이 점 $(1, 4)$를 지나므로
$1=a(4-2)+3 \quad \therefore a=-1$

**[줄기2-1]** 함수 $y=f(x)$의 그래프가 오른쪽 그림과 같을 때, 다음 각 그래프를 그려라.

1) $y=-f(-x)$
2) $x=f(y)$
3) $y=3f(x)$

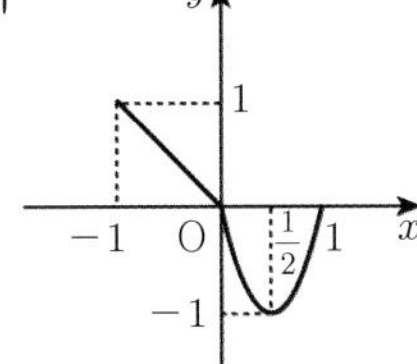

**[줄기2-2]** 함수 $y=f(x)$의 그래프가 오른쪽 그림과 같을 때, 다음 각 그래프를 그려라.

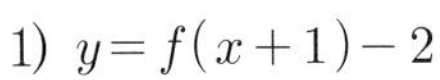

1) $y=f(x+1)-2$ 　 2) $y=-f(x)$ 　 3) $y=f(-x)$

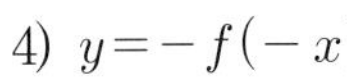

4) $y=-f(-x)$ 　 5) $x=f(y)$ 　 6) $y=\frac{1}{2}f(x)$

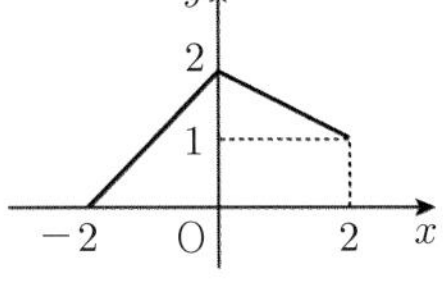

**[줄기2-3]** 다음 물음에 답하여라.

1) 점 $(2, -5)$를 $x$축, $y$축, 원점, 직선 $y=x$, 직선 $y=-x$에 대하여 각각 대칭이동한 점의 좌표를 구하여라.
2) 다음 방정식이 나타내는 도형을 $x$축, $y$축, 원점, 직선 $y=x$, 직선 $y=-x$에 대하여 각각 대칭이동한 도형의 방정식을 구하여라.
㉠ $y=-2x+1$ 　 ㉡ $x^2+y^2-x+4y-4=0$ 　 ㉢ $(x-1)^2+(y+3)^2=9$

**[줄기2-4]** 포물선 $y=x^2+ax-2$를 $x$축에 대하여 대칭이동한 후 $x$축의 방향으로 $-1$만큼, $y$축의 방향으로 3만큼 평행이동하였더니 포물선 $y=-x^2-7x-1$이 되었다. 이때 실수 $a$의 값을 구하여라.

## 뿌리 2-3 도형의 대칭이동을 그리는 요령 (2)

방정식 $f(x, y)=0$ 이 나타내는 도형이 오른쪽 그림과 같을 때, 방정식 $f(x, y)=0$, $f(-x, y)=0$, $f(x, -y)=0$, $f(-x, -y)=0$이 나타내는 도형으로 둘러싸인 넓이를 구하여라.

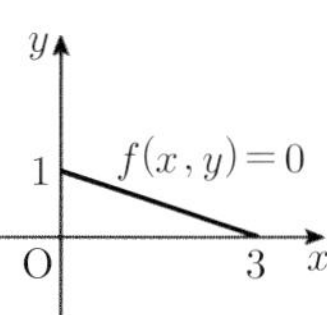


**풀이** i) $f(-x, y)=0$은 $f(x, y)=0$에 $x$ 대신 $-x$를 대입했으므로 도형 $f(x, y)=0$을 $y$축에 대하여 대칭이동한 것이다.

ii) $f(x, -y)=0$은 $f(x, y)=0$에 $y$ 대신 $-y$를 대입했으므로 도형 $f(x, y)=0$을 $x$축에 대하여 대칭이동한 것이다.

iii) $f(-x, -y)=0$은 $f(x, y)=0$에 $x$ 대신 $-x$, $y$ 대신 $-y$를 대입했으므로 도형 $f(x, y)=0$을 원점에 대하여 대칭이동한 것이다.

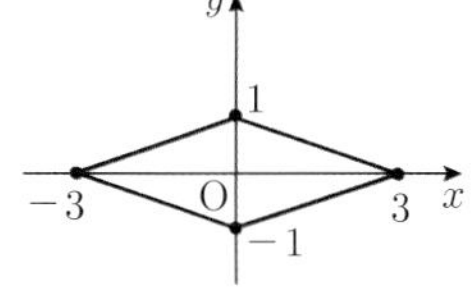


따라서 구하는 넓이는 $\frac{1}{2}\times3\times1\times4=$ **6**

**팁** 뿌리 2-3)은 도형을 이동하는 것이 쉽다. 하지만 줄기 2-5), 줄기 2-6), 줄기 2-7)은 키점을 이동하는 것이 더 쉽다. ※줄기 2-5), 줄기 2-6), 줄기 2-7)의 유형이 더 잘 출제된다.

**줄기 2-5** 방정식 $f(x, y)=0$이 나타내는 도형이 오른쪽 그림과 같을 때, 방정식 $f(-y, x)=0$이 나타내는 도형을 그려라.

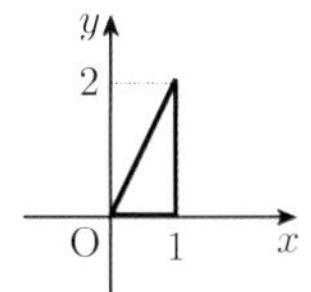


**줄기 2-6** 방정식 $f(x, y)=0$이 나타내는 도형이 오른쪽 그림과 같을 때, 방정식 $f(-x, -y+1)=0$이 나타내는 도형을 그려라.

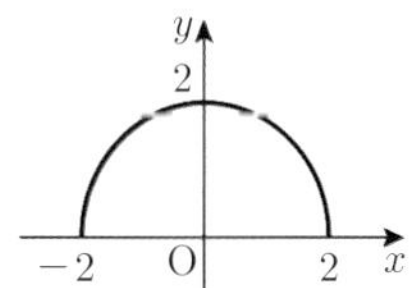


**줄기 2-7** 방정식 $f(x, y)=0$이 나타내는 도형이 오른쪽 그림과 같을 때, 방정식 $f(y, 1-x)=0$이 나타내는 도형을 그려라.

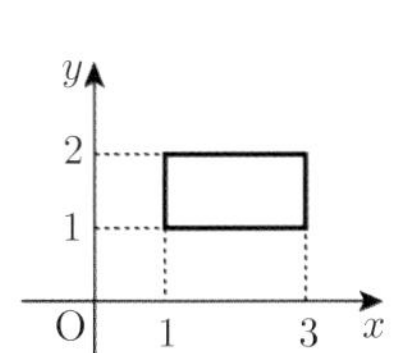

# 03 점과 직선에 대한 대칭이동

## 1 점에 대한 대칭이동 ⇨ 이 점이 대칭점 (대칭의 중심)이 된다.

점 $\mathrm{P}(x,\ y)$를 점 $(a,b)$에 대하여 대칭이동한 점을 $\mathrm{P}'(x',\ y')$이라 하면

$a=\dfrac{x+x'}{2},\ b=\dfrac{y+y'}{2}$

$\therefore x'=2a-x,\ y'=2b-y$

$\therefore \mathrm{P}'(2a-x,\ 2b-y)$

★대칭점 (대칭의 중심) $\mathrm{P}'(x',\ y')$
$\mathrm{P}(x,y)$ $(a,b)$ 대칭인 점 (대칭이동한 점)

1) **점 $\mathrm{P}(x,\ y)$를 대칭점 $(a,b)$에 대하여 대칭이동한 점의 좌표**
점 $\mathrm{P}(x,\ y)$에 $x$ 대신 $2a-x$, $y$ 대신 $2b-y$를 대입한다. $\therefore \mathrm{P}'(2a-x,\ 2b-y)$

2) **방정식 $f(x,\ y)=0$을 대칭점 $(a,b)$에 대하여 대칭이동한 도형의 방정식**
방정식 $f(x,\ y)=0$에 $x$ 대신 $2a-x$, $y$ 대신 $2b-y$를 대입한다.
($\because$ ★대칭이동은 '점'과 '식'에서 대칭이동하는 방법이 같다. p.97 결론)
$\therefore f(2a-x,\ 2b-y)=0$

익히는 방법
점 $(x,\ y)$와 방정식 $f(x,\ y)=0$을 대칭점 $(a,b)$에 대하여 대칭이동하는 방법
⇨ '점 $(x,\ y)$'와 '식 $f(x,\ y)=0$'에 $x$ 대신 $2a-x$, $y$ 대신 $2b-y$를 대입한다.

※ 점의 좌표와 도형의 방정식을 각각 '점'과 '식'이라 칭했다.

**씨앗. 1** 점 $\mathrm{P}(-1,\ 2)$를 점 $\mathrm{A}(1,\ 3)$에 대하여 대칭이동한 점의 좌표를 구하여라.

**방법 I** 「강추」 점 $(x,\ y)$를 대칭점 $(a,b)$에 대하여 대칭이동한 점의 좌표는 $(2a-x,\ 2b-y)$이므로
점 $(-1,\ 2)$를 대칭점 $(1,\ 3)$에 대하여 대칭이동한 점의 좌표는 $(2+1,\ 6-2)$ $\quad\therefore$ **(3, 4)**

**방법 II** 점 $\mathrm{P}(-1,\ 2)$를 점 $\mathrm{A}(1,\ 3)$에 대하여 대칭이동한 점을 $\mathrm{P}'(t,k)$라 하면, 선분 $\mathrm{PP}'$의 중점이 점 $\mathrm{A}(1,\ 3)$이므로

$\left(\dfrac{-1+t}{2},\ \dfrac{2+k}{2}\right)=(1,\ 3)$ $\quad\therefore t=3,\ k=4$ $\quad\therefore \mathrm{P}'(\mathbf{3,\ 4})$

**팁** 점 $(\boldsymbol{x},\ \boldsymbol{y})$를 점 $(a,b)$에 대하여 대칭이동한 점의 좌표는 $(2a-\boldsymbol{x},\ 2b-\boldsymbol{y})$이다.
($\because$ 대칭점 $(a,b)$는 두 점 $(x,\ y)$, $(2a-x,\ 2b-y)$의 중점이다.)

**씨앗. 2** 두 점 $(5,\ -2)$, $(3,\ -6)$가 점 $(a,\ b)$에 대하여 대칭일 때, 실수 $a,\ b$의 값을 구하여라.

**방법 I** 점 $(5,\ -2)$를 대칭점 $(a,b)$에 대하여 대칭이동한 점의 좌표는 $(2a-5,\ 2b-(-2))$이므로
$(2a-5,\ 2b+2)=(3,\ -6)$ $\quad\therefore \boldsymbol{a=4,\ b=-4}$

**방법 II** 「강추」 $\left(\dfrac{5+3}{2},\ \dfrac{-2+(-6)}{2}\right)=(a,b)$ $\quad\therefore \boldsymbol{a=4,\ b=-4}$

## 2 직선에 대한 점의 대칭이동

점 $P(\alpha, \beta)$를 직선 $l : ax+by+c=0$에 대하여 대칭이동한 점을 $P'(\alpha', \beta')$이라 하면 점 $P'$의 좌표는 다음과 같이 두 가지 조건을 이용하여 구한다.

i) **중점 조건**

$\overline{PP'}$의 중점 $\left(\dfrac{\alpha+\alpha'}{2}, \dfrac{\beta+\beta'}{2}\right)$은 직선 $l$ 위의 점이다.

⇨ $a\left(\dfrac{\alpha+\alpha'}{2}\right)+b\left(\dfrac{\beta+\beta'}{2}\right)+c=0$

ii) **수직 조건**

직선 $PP'$과 직선 $l$은 수직이다.

⇨ $\dfrac{\beta'-\beta}{\alpha'-\alpha}\cdot\left(-\dfrac{a}{b}\right)=-1$ ($\because$ 수직인 두 직선의 기울기의 곱은 $-1$이다. p.44)

$l : ax+by+c=0$
$P(\alpha, \beta)$
$M\left(\dfrac{\alpha+\alpha'}{2}, \dfrac{\beta+\beta'}{2}\right)$
$P'(\alpha', \beta')$
대칭축

※ 한 직선에 대하여 도형이 대칭이 될 때, 그 직선을 대칭축이라 한다. [p.98 참고]

**써앗. 3** 다음 물음에 답하여라.

1) 점 $(1, -2)$를 직선 $y=x+3$에 대하여 대칭이동한 점의 좌표를 구하여라.

2) 두 점 $(2, -1), (-3, 4)$가 직선 $y=ax+b$에 대하여 대칭일 때, 상수 $a, b$의 값을 구하여라.

**풀이** 1) 점 $(1, -2)$를 직선 $y=x+3$에 대하여 대칭이동한 점의 좌표를 $(a, b)$라 하면

두 점 $(1, -2), (a, b)$을 이은 선분의 중점 $\left(\dfrac{a+1}{2}, \dfrac{b-2}{2}\right)$는 직선 $y=x+3$ 위의 점이므로

$\dfrac{b-2}{2}=\dfrac{a+1}{2}+3,\ b-2=a+1+6 \quad \therefore a-b=-9 \cdots ㉠$

또, 두 점 $(1, -2), (a, b)$를 지나는 직선이 직선 $y=x+3$에 수직이므로

$\dfrac{b-(-2)}{a-1}\cdot 1=-1,\ b+2=-a+1 \quad \therefore a+b=-1 \cdots ㉡$

따라서 ㉠, ㉡을 연립하여 풀면 $a=-5, b=4 \quad \therefore$ **$(-5, 4)$**

2) 두 점 $(2, -1), (-3, 4)$를 이은 선분의 중점 $\left(-\dfrac{1}{2}, \dfrac{3}{2}\right)$이 직선 $y=ax+b$ 위의 점이므로

$\dfrac{3}{2}=-\dfrac{1}{2}a+b \quad \therefore a-2b=-3 \cdots ㉠$

또, 두 점 $(2, -1), (-3, 4)$를 지나는 직선이 직선 $y=ax+b$에 수직이므로

$\dfrac{4-(-1)}{-3-2}\cdot a=-1 \quad \therefore \boldsymbol{a=1}$

$a=1$을 ㉠에 대입하면 $\boldsymbol{b=2}$

## 뿌리 3-1 대칭이동을 이용하여 선분의 길이의 합의 최솟값 구하기

두 점 $\mathrm{A}(-2,\ 3)$, $\mathrm{B}(1,\ 2)$와 $x$축 위를 움직이는 점 $\mathrm{P}$에 대하여 $\overline{\mathrm{AP}}+\overline{\mathrm{BP}}$의 최솟값을 구하여라.

**핵심** 선분의 길이의 합의 최솟값은 대칭인 점을 이용하여 이 선분들이 일직선이 되도록 만든다.

**풀이** $\overline{\mathrm{AP}}+\overline{\mathrm{BP}} \Leftrightarrow \overline{\mathrm{AP}}+\overline{\mathrm{PB}}$

$\overline{\mathrm{AP}}+\overline{\mathrm{BP}}$보다 $\overline{\mathrm{AP}}+\overline{\mathrm{PB}}$가 더 쉽게 와 닿는다. ^^

점 A를 $x$축에 대하여 대칭이동한 점을 A′이라 하면

$\mathrm{A}'(-2,\ -3)$

이때, $\star\ \overline{\mathrm{AP}}=\overline{\mathrm{A'P}}$ ($\because \triangle\mathrm{PMA} \equiv \triangle\mathrm{PMA'}$ ⇦ SAS합동)

$\overline{\mathrm{AP}}+\overline{\mathrm{PB}}$, 즉 $\overline{\mathrm{A'P}}+\overline{\mathrm{PB}}$가 최소인 경우는 점 A′, P, B가 일직선 위에 놓인 $\overline{\mathrm{A'B}}$이다.

$\overline{\mathrm{A'B}}=\sqrt{(1+2)^2+(2+3)^2}=\sqrt{34}$

따라서 $\overline{\mathrm{AP}}+\overline{\mathrm{PB}}$의 최솟값은 $\boldsymbol{\sqrt{34}}$

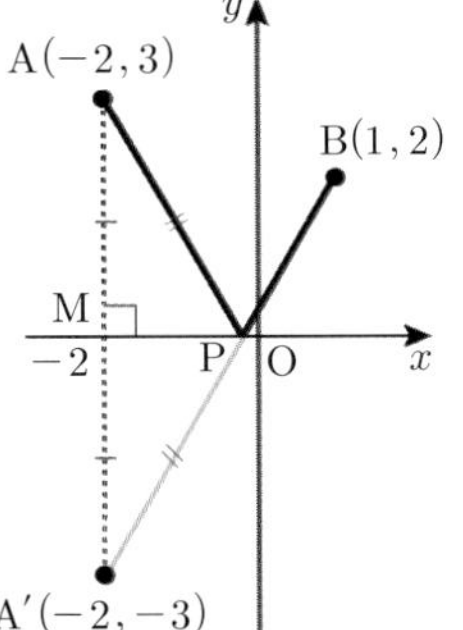


**참고** **$\triangle\mathrm{PMA} \equiv \triangle\mathrm{PMA'}$는 직각삼각형의 합동인데 SAS합동인 이유**

$\overline{\mathrm{PM}}$ (공통) ⇨ S, $\angle\mathrm{PMA}=\angle\mathrm{PMA'}=90°$ ⇨ A, $\overline{\mathrm{MA}}=\overline{\mathrm{MA'}}$ ⇨ S

즉, H (빗변)가 같다는 조건이 없고, H (빗변)가 같음을 보이기 위한 합동이므로

※ R: Right angle (직각), H: Hypotenuse (빗변), A: Angle (각), S: Side (변)

- RHA합동: R(직각), H(빗변), A(직각이 아닌 각)가 같은 두 직각삼각형은 합동이다.
- RHS합동: R(직각), H(빗변), S(빗변이 아닌 변)가 같은 두 직각삼각형은 합동이다.

**주의** **학생들이 많이 헷갈려 하는 개념**

1) $\overline{\mathrm{AB}}$를 내분하는 경우가 아니면 $\overline{\mathrm{AB}}$와 $\overline{\mathrm{BA}}$는 같다. 즉, $\overline{\mathrm{AB}} \Leftrightarrow \overline{\mathrm{BA}}$

2) $\overline{\mathrm{AB}}$를 $m:n$으로 내분하는 점과 $\overline{\mathrm{BA}}$를 $m:n$으로 내분하는 점은 다르다.

ex) p.21 뿌리 2-1), 줄기 2-1), 뿌리 2-2), 줄기 2-2)

**[줄기3-1]** 두 점 $\mathrm{A}(2,\ 0)$, $\mathrm{B}(5,\ 0)$과 동점 $\mathrm{P}(t,\ t)$가 있을 때, $\overline{\mathrm{AP}}+\overline{\mathrm{BP}}$의 최솟값을 구하여라.

**[줄기3-2]** 두 점 $\mathrm{A}(0,\ 6)$, $\mathrm{B}(6,\ 0)$과 직선 $x+y=2$가 있다. 직선 위에 한 점 P를 잡아 $\overline{\mathrm{AP}}+\overline{\mathrm{BP}}$가 최소가 되게 할 때, $\overline{\mathrm{AP}}+\overline{\mathrm{BP}}$의 최솟값과 점 P의 좌표를 구하여라.

## 뿌리 3-2 대칭이동은 도형의 모양과 크기를 변형시키지 못한다.

원 $(x-1)^2+y^2=2^2$을 직선 $x+2y=6$에 대하여 대칭이동한 도형의 방정식을 구하여라.

**풀이** 원의 중심 $(1, 0)$을 직선 $x+2y=6$에 대하여 대칭이동한 점을 $(a, b)$라 하면 두 원의 중심 $(1, 0)$, $(a, b)$가 직선 $x+2y=6$에 대하여 대칭이므로 두 점 $(1, 0)$, $(a, b)$를 이은 선분의 중점 $\left(\frac{a+1}{2}, \frac{b+0}{2}\right)$은 직선 $x+2y=6$ 위의 점이다.

따라서 $\frac{a+1}{2}+2\cdot\frac{b}{2}=6$, $a+1+2b=12$ $\quad\therefore a+2b=11 \cdots$ ㉠

또, 두 점 $(1, 0)$, $(a, b)$를 지나는 직선이 직선 $x+2y=6$, 즉 $y=-\frac{1}{2}x+3$에 수직이므로

$\frac{b-0}{a-1}\cdot\left(-\frac{1}{2}\right)=-1$, $\frac{b}{a-1}=2$ $\quad\therefore b=2a-2 \cdots$ ㉡

㉠, ㉡을 연립하여 풀면 $a=3$, $b=4$ $\quad\therefore (3, 4)$

대칭이동은 도형의 모양과 크기를 변형시키지 못하므로 구하는 도형은 반지름의 길이가 2인 원

$\therefore (x-3)^2+(y-4)^2=2^2$

**참고** 대칭이동은 도형의 모양과 크기를 변형시키지는 못한다. (비슷한 예) p.94 6
i) 원을 대칭이동하면 반지름의 길이가 같은 원으로 옮겨진다.
ii) 원을 대칭이동하면 원의 중심은 원의 중심으로 옮겨진다.

**[줄기3-3]** 원 $x^2+y^2+16x+7=0$을 직선 $y=ax+b$에 대하여 대칭이동한 도형의 방정식이 $x^2+y^2-4x-12y+c=0$ 일 때, 상수 $a$, $b$, $c$ 의 값을 구하여라.

**[줄기3-4]** 두 원 $x^2+(y-1)^2=9$, $(x-4)^2+(y+3)^2=9$가 직선 $ax+by+6=0$에 대하여 대칭일 때, 상수 $a$, $b$의 값을 구하여라.

**[줄기3-5]** 원 $(x-1)^2+(y+2)^2=1$을 점 $(-1, 1)$에 대하여 대칭이동한 원의 중심의 좌표와 원의 방정식을 구하여라.

**[줄기3-6]** 포물선 $y=x^2-6x+5$를 점 $(a, b)$에 대하여 대칭이동하였더니 포물선의 꼭짓점의 좌표가 $(1, 0)$이 되었다. 이때, 상수 $a$, $b$의 값을 구하여라.

**[줄기3-7]** 두 포물선 $y=\frac{1}{3}x^2$, $y=-\frac{1}{3}x^2+4x-8$이 점 $(a, b)$에 대하여 대칭일 때, 상수 $a$, $b$의 값을 구하여라.

## 3 기울기가 ±1인 직선에 대한 점의 대칭이동

1) 점 $\mathrm{P}(\alpha, \beta)$를 직선 $y=x+m$ ⋯ ㉠에 대하여 대칭이동한 점의 $x$좌표는 ㉠에 $y=\beta$를 대입한 $\beta=x+m$, 즉 $\beta-m$이고, $y$좌표는 ㉠에 $x=\alpha$를 대입한 $y=\alpha+m$, 즉 $\alpha+m$이다.
2) 점 $\mathrm{P}(\alpha, \beta)$를 직선 $y=-x+n$ ⋯ ㉡에 대하여 대칭이동한 점의 $x$좌표는 ㉡에 $y=\beta$를 대입한 $\beta=-x+n$, 즉 $-\beta+n$이고, $y$좌표는 ㉡에 $x=\alpha$를 대입한 $y=-\alpha+n$, 즉 $-\alpha+n$이다.

증명 1)

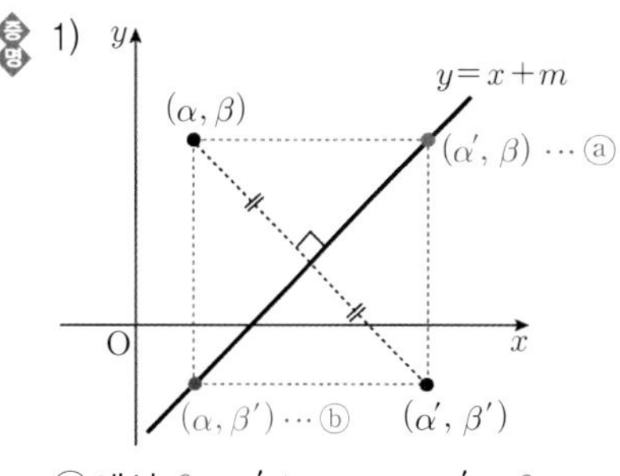


ⓐ에서 $\beta=\alpha'+m$ $\quad\therefore \alpha'=\beta-m$

ⓑ에서 $\beta'=\alpha+m$

2)

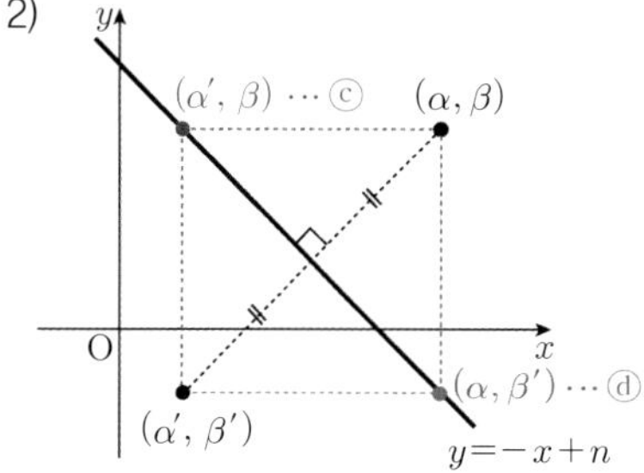


ⓒ에서 $\beta=-\alpha'+n$ $\quad\therefore \alpha'=-\beta+n$

ⓓ에서 $\beta'=-\alpha+n$

주의 기울기가 ±1이 아닌 직선에 대한 점의 대칭이동에서는 위 방법이 적용되지 않는다.

## 뿌리 3-3 직선에 대한 직선의 대칭이동

직선 $x-2y+4=0$을 직선 $x+y-2=0$에 대하여 대칭이동한 도형의 방정식을 구하여라.

**핵심** i) 두 직선의 교점과 ii) 직선에 대한 점의 대칭이동을 이용한다.

**풀이** i) $x-2y+4=0$, $x+y-2=0$를 연립하여 풀면 $x=0$, $y=2$
따라서 두 직선의 교점의 좌표는 $(0, 2)$

ii) $x-2y+4=0$ 위의 점 $(-4, 0)$을 직선 $y=-x+2$ ⋯ ㉠에 대하여 대칭이동한 점의 $x$좌표는 ㉠에 $y=0$를 대입한 $0=-x+2$, 즉 $2$이고, $y$좌표는 ㉠에 $x=-4$를 대입한 $y=-(-4)+2$, 즉 $6$이므로 대칭이동한 점의 좌표는 $(2, 6)$이다.

따라서 구하는 도형은 두 점 $(0, 2)$, $(2, 6)$을 지나는 직선이므로

$y-2=\dfrac{6-2}{2-0}(x-0)$ $\quad\therefore \boldsymbol{2x-y+2=0}$

**팁** **반드시 *두 직선의 교점을 먼저 구해야 한다. 그 이유는**
직선에 대한 점의 대칭이동을 구했는데 구한 점이 재수 없게 두 직선의 교점인 경우도 있다.
즉, 대칭이동하는 직선 위의 임의의 점을 잡았는데 그 점이 하필 두 직선의 교점이었던 것이다.
따라서 먼저 두 직선의 교점을 구하여 교점부터 배제시켜야 한다.

**[줄기3-8]** 직선 $y=\dfrac{1}{2}x-1$을 직선 $y=x+2$에 대하여 대칭이동한 도형의 방정식을 구하여라.

[정답 및 풀이에 있는 방법 Ⅱ를 꼭 익히자!]

**[줄기3-9]** 직선 $7x+y=1$을 직선 $2x+y=6$에 대하여 대칭이동한 도형의 방정식을 구하여라.

## 뿌리 3-4 점에 대한 대칭이동

직선 $3x-2y+3=0$을 점 $(-2, 3)$에 대하여 대칭이동한 도형의 방정식을 구하여라.

**핵심** 직선을 점에 대하여 대칭이동하면 기울기가 같은 직선으로 옮겨진다.
⇨ 이 개념을 알고 있어야 풀리는 문제도 출제된다. 예) *잎 4-8)

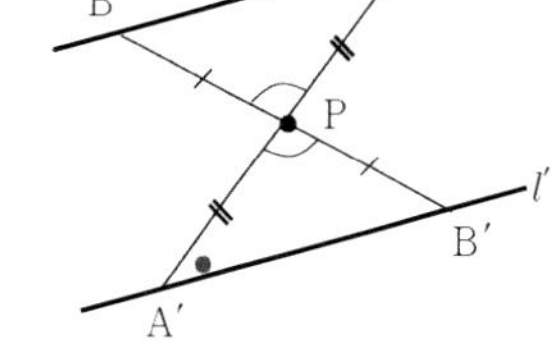

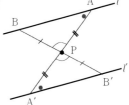

**증명** $\triangle PAB \equiv \triangle PA'B'$ (SAS합동)
$\therefore \angle A = \angle A'$, 즉 엇각의 크기가 같으므로 두 직선은 평행한다.
$\therefore l /\!/ l'$
따라서 직선을 점에 대하여 대칭이동하면 기울기가 같은 직선으로 옮겨진다.

**주의** 직선을 직선에 대하여 대칭이동하면 기울기가 다른 직선으로 이동하는 경우가 더 흔하다.

**방법 I** 점 $(x, y)$를 대칭점 $(a, b)$에 대하여 대칭이동하는 방법
⇨ $x$ 대신 $2a-x$, $y$ 대신 $2b-y$를 대입한다.
직선 $3x-2y+3=0$ 위의 점 $(-1, 0)$을 대칭점 $(-2, 3)$에 대하여 대칭이동하면
$(-4+1, 6-0)$ $\quad \therefore (-3, 6)$
직선 $y=\frac{3}{2}x+\frac{3}{2}$을 점 $(-2, 3)$에 대하여 대칭이동한 직선의 기울기는 $\frac{3}{2}$이다.
($\because$ 직선을 점에 대하여 대칭이동하면 기울기가 같은 직선으로 이동한다.)
따라서 기울기가 $\frac{3}{2}$이고 점 $(-3, 6)$을 지나는 직선의 방정식은
$y-6=\frac{3}{2}(x+3)$ ⇨ 양변에 2를 곱하면
$2y-12=3x+9$ $\quad \therefore \mathbf{3x-2y+21=0}$

**방법 II** 「강추」 방정식 $f(x, y)=0$을 대칭점 $(a, b)$에 대하여 대칭이동하는 방법
⇨ $x$ 대신 $2a-x$, $y$ 대신 $2b-y$를 대입한다.
직선 $3x-2y+3=0$을 대칭점 $(-2, 3)$에 대하여 대칭이동하면
$x$ 대신 $-4-x$, $y$ 대신 $6-y$를 대입하므로
$3(-4-x)-2(6-y)+3=0$, $-12-3x-12+2y+3=0$
$\therefore \mathbf{3x-2y+21=0}$

**참고** 점 $(x, y)$와 방정식 $f(x, y)=0$을 대칭점 $(a, b)$에 대하여 대칭이동하는 방법
⇨ '점 $(x, y)$'와 '식 $f(x, y)=0$'에 $x$ 대신 $2a-x$, $y$ 대신 $2b-y$를 대입한다
이것을 쓰면 점에 대한 대칭이동 문제는 식은 죽 먹기이다.

**[줄기3-10]** 포물선 $y=x^2-6x+5$를 점 $(1, -2)$에 대하여 대칭이동한 도형의 방정식을 구하여라.

**[줄기3-11]** 직선 $l$을 점 $A(0, 2)$에 대하여 대칭이동한 도형의 방정식이 $y=-2x+3$이다. 직선 $l$의 방정식을 구하여라.

# 4 도형의 이동

정답 및 풀이 ➡ 48p

**• 잎 4-1**

직선 $2x-y+1=0$을 $x$축의 방향으로 $a$만큼, $y$축의 방향으로 $b$만큼 평행이동하였더니 직선 $2x-y+3=0$과 일치하였다. 이때, $b$를 $a$에 대한 식으로 나타내면? [교육청 기출]

① $b=-2a+2$ ② $b=-a+2$ ③ $b=a+2$ ④ $b=2a+2$ ⑤ $b=3a+2$

**• 잎 4-2**

원 $x^2+y^2=1$을 $x$축의 방향으로 $a$만큼 평행이동하면 직선 $3x-4y-4=0$에 접한다. 이때, 양수 $a$의 값은? [교육청 기출]

① $\frac{8}{3}$ ② $2\sqrt{2}$ ③ $3$ ④ $\sqrt{10}$ ⑤ $\frac{7}{2}$

**• 잎 4-3**

좌표평면에서 원점 O와 두 점 $A(2, 0)$, $C(0, 1)$에 대하여 $\overline{OA}$, $\overline{OC}$를 두 변으로 하는 직사각형 OABC를 평행이동하여 $O \to O'$, $A \to A'$, $B \to B'$, $C \to C'$로 옮겨지도록 하였다. 점 $B'$의 좌표가 $(7, 4)$일 때, 직선 $A'C'$의 방정식은? [교육청 기출]

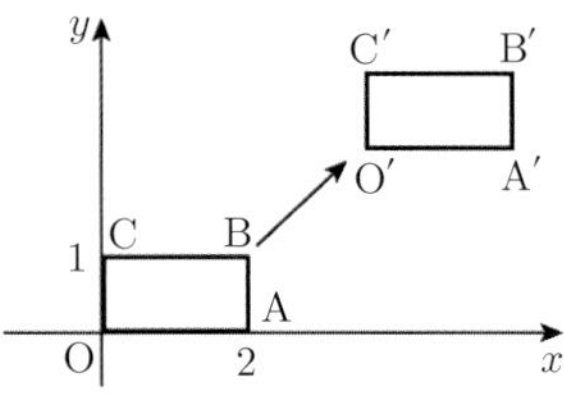


① $x+2y-10=0$ ② $x+2y-13=0$
③ $x+2y-16=0$ ④ $2x+3y-17=0$ ⑤ $2x+3y-19=0$

**• 잎 4-4**

방정식 $f(x, y)=0$이 나타내는 도형을 방정식 $f(x+1, y-3)=0$이 나타내는 도형으로 옮기는 평행이동에 의하여 원 $x^2+y^2-4x+a=0$이 옮겨지는 원의 중심의 좌표가 $(b, 3)$이고 반지름의 길이가 2일 때, 상수 $a$, $b$의 값을 구하여라.

**• 잎 4-5**

도형 $f(x+3, y-1)=0$을 도형 $f(x, y)=0$으로 옮기는 평행이동에 의하여 직선 $5x-2y+4=0$이 옮겨지는 직선의 방정식을 구하여라.

## • 잎 4-6

도형 $f(x+3,\ y)=0$을 도형 $f(x+5,\ y-3)=0$으로 옮기는 평행이동에 의하여 직선 $5x-2y+4=0$이 옮겨지는 직선의 방정식을 구하여라.

## • 잎 4-7

좌표평면에서 점 $\mathrm{A}(1,\ 3)$을 $x$축, $y$축에 대하여 대칭이동한 점을 각각 B, C라 하고, $\mathrm{D}(a,\ b)$를 $x$축에 대하여 대칭이동한 점을 E라 하자. 세 점 B, C, E가 한 직선 위에 있을 때, 직선 AD의 기울기는? (단, $a\neq\pm1$이다.) [교육청 기출]

① $-2$　　② $-1$　　③ $1$　　④ $2$　　⑤ $3$

## • 잎 4-8

좌표평면 위의 정점 P에 대한 두 점 A, B의 대칭인 점은 각각 A′, B′이고, 직선 AB의 방정식은 $x-2y+4=0$이다. 점 A′의 좌표가 $(3,\ 1)$, 직선 A′B′의 방정식이 $y=ax+b$일 때, 두 상수 $a,\ b$의 값을 각각 구하여라. [교육청 기출]

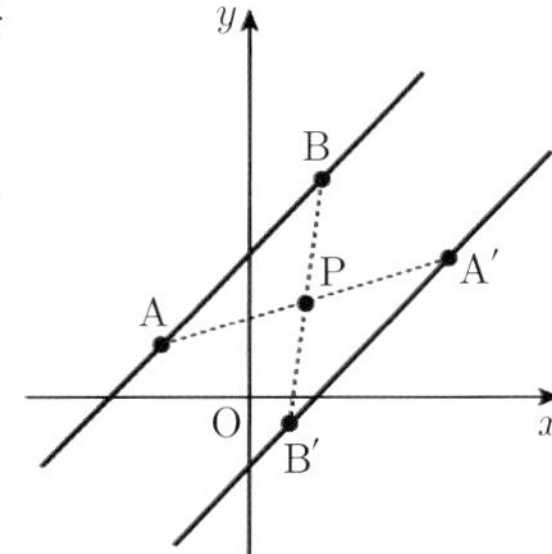


## • 잎 4-9

$\sqrt{(x-2)^2+4^2}+\sqrt{(x-4)^2+1^2}$의 최솟값을 구하여라. (단, $x$는 실수이다.)

## • 잎 4-10

점 $\mathrm{A}(3,\ 1)$과 직선 $y=x$ 위를 움직이는 점 B, $x$축 위를 움직이는 점 C에 대하여 세 점 A, B, C를 꼭짓점으로 하는 삼각형 ABC의 둘레의 길이의 최솟값을 구하여라.

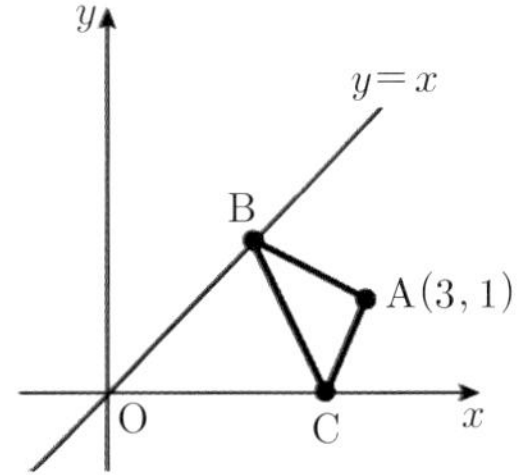

**• 잎 4-11**

방정식 $f(x, y)=0$이 나타내는 도형을 $y=-x$에 대하여 대칭이동한 후, 다시 $x$축의 방향으로 $-2$만큼 평행이동한 도형의 방정식을 골라라.

① $f(y, -x+2)=0$ ② $f(-y, -x-2)=0$ ③ $f(x, y-2)=0$ ④ $f(x, y+2)=0$

**• 잎 4-12**

방정식 $f(-x, y-1)=0$이 나타내는 도형을 $y$축의 방향으로 $2$만큼 평행이동한 후, 다시 $x$축에 대하여 대칭이동한 도형의 방정식을 골라라.

① $f(-x, -y-3)=0$ ② $f(-x, y-3)=0$ ③ $f(x, y-3)=0$ ④ $f(x, y+3)=0$

**• 잎 4-13**

도형 $f(x, y)=0$을 도형 $f(x+2, -y+1)=0$으로 옮기는 이동에 의하여 직선 $5x-2y+4=0$이 옮겨지는 도형의 방정식을 구하여라.

**• 잎 4-14**

방정식 $f(x, y)=0$이 나타내는 도형이 오른쪽 그림과 같을 때, $f(y, x+1)=0$이 나타내는 도형을 그려라. [교육청 기출]

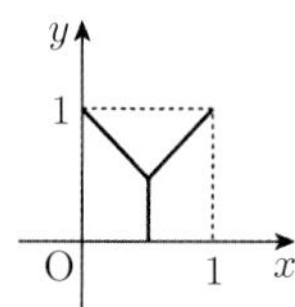


**• 잎 4-15**

좌표평면 위에 중심의 좌표가 $\left(-\frac{1}{2}, 0\right)$이고, 반지름의 길이가 $1$인 원 $O_1$이 있다. 원 $O_1$을 $y$축에 대하여 대칭이동한 원을 $O_2$라 하고, $x$축의 방향으로 $2$만큼 평행이동한 원을 $O_3$라 하자. 두 원 $O_1$, $O_2$의 내부의 공통부분의 넓이와 두 원 $O_2$, $O_3$의 내부의 공통부분의 넓이의 합은? [교육청 기출]

① $\frac{4}{3}\pi-2\sqrt{3}$ ② $\frac{2}{3}\pi-\frac{\sqrt{3}}{2}$ ③ $\frac{4}{3}\pi-\sqrt{3}$ ④ $\frac{2}{3}\pi+\frac{\sqrt{3}}{2}$ ⑤ $\frac{2}{3}\pi+\sqrt{3}$

# 5. 집합의 뜻과 표현

# 01 집합의 뜻과 표현

## 1 수학에서 '집합'이란? (명확한 기준에 의한 모임)

**기준이 명확**하여 모을 수 있는 대상을 분명하게 정할 수 있을 때, 그때의 모임을 **집합**이라 한다.
단 **기준이 불명확**하여 모으는데 의견이 분분하면 수학에서는 **집합이 아니다.**
ex) '4의 양의 약수들의 모임'은 기준이 명확하여 그 대상이 1, 2, 4로 분명하게 정할 수 있어 집합이다.

주의 키가 큰 학생들의 모임, 귀여운 사람들의 모임, 무거운 과일들의 모임, 7에 가까운 자연수의 모임에서 '키가 큰', '귀여운', '무거운', '가까운'은 기준이 불명확하여 그 대상을 모으는데 의견이 분분하므로 이 모임들은 집합이 아니다.

## 2 원소

집합을 구성하고 있는 하나하나를 그 집합의 **원소**라 한다. **$a$가 집합 $S$의 원소**일 때, '$a$는 집합 $S$에 속한다.'고 하며, 기호로 $a \in S$ 또는 $S \ni a$와 같이 나타낸다.

## 3 집합의 표현

1) **원소나열법**

집합에 속하는 모든 원소를 { } 안에 나열하여 집합을 나타내는 방법이다.

i) 원소를 나열하는 순서는 상관없다.

ex) $\{1, 2, 3\} = \{2, 1, 3\}$

ii)* 같은 원소를 중복하여 쓰지 않는다.

ex) $\{1, 2, 2, 3\}$ (×) ⇨ $\{1, 2, 3\}$ (○)

2) **조건제시법**

집합의 원소가 가지는 조건을 { } 안에서 제시하여 집합을 나타내는 방법이다.

즉, {☆ | ~ … ⋈ } 꼴은 ☆에 관한 집합이고 조건으로 ~ … ⋈을 제시한 것이다.

ex) $\{x \mid x=1, 2, y=a, b, c\}$를 원소나열법으로 나타내면 $\{1, 2\}$
$\{y \mid x=1, 2, y=a, b, c\}$를 원소나열법으로 나타내면 $\{a, b, c\}$
$\{z \mid x=1, 2, y=a, b, c\}$를 원소나열법으로 나타내면 $\varnothing$, 즉 { }

※ 원소가 하나도 없는 집합을 공집합이라 하고, 기호로 $\varnothing$ 또는 { }로 나타낸다.

3) **벤다이어그램**

벤(venn)은 수학자 이름이고, 다이어그램(diagram)은 도형을 뜻한다.

집합을 그림으로 나타내는 방법이다.

ex) 집합 $X=\{1, 2, 3, \cdots, 7\}$을 벤다이어그램으로 나타내면 오른쪽 그림과 같다.

※ 집합 $X=\{1, 2, 3, \cdots, 7\}$과 같이 원소가 많고 원소 사이에 일정한 규칙이 있으면 '…'을 사용하여 줄여서 나타낸다.

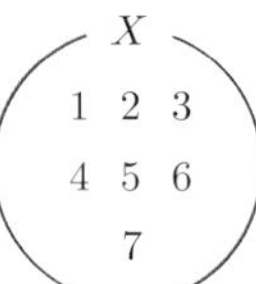

## 4 집합과 원소

1) $a$가 집합 $S$의 원소이다. $\Leftrightarrow$ $a$가 집합 $S$에 속한다.
이것을 기호로 $a \in S$와 같이 나타낸다.

2) $b$가 집합 $S$의 원소가 아니다. $\Leftrightarrow$ $b$가 집합 $S$에 속하지 않는다.
이것을 기호로 $b \notin S$와 같이 나타낸다.

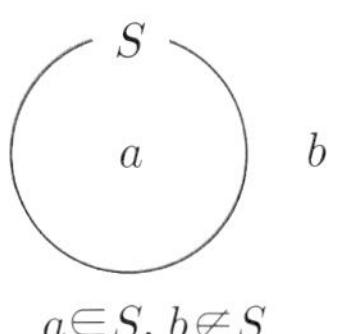


참고 집합은 일반적으로 대문자 $A, B, C, \cdots$ 등으로 나타낸다.
원소는 일반적으로 소문자 $a, b, c, \cdots$ 등으로 나타낸다.

## 5 유한집합과 무한집합 ※ 유(有): 있을 유, 한(限): 한계 한, 무(無): 없을 무

1) **유한집합**: 원소가 유한개인 집합이다. ⇨ 원소의 모든 개수를 셀 수 있다.
ex) $\{1, 2, 4, 8\}$, 즉 $\{x \mid x$는 $8$의 양의 약수$\}$

2) **무한집합**: 원소가 무한개인 집합이다. ⇨ 원소의 모든 개수를 셀 수 없다.
ex) $\{3, 4, 5, \cdots\}$, 즉 $\{x \mid x$는 $2$보다 큰 자연수$\}$

## 6 공집합

원소가 하나도 없는 집합을 **공집합**이라 하고, 기호로 $\varnothing$ 또는 $\{\ \}$와 같이 나타낸다.
※ 공집합은 원소의 개수가 $0$인 유한집합이다.

주의 $\{\ \}$과 $\{0\}$는 다른 집합이다. 즉, $\{0\}$은 공집합이 아니고 $0$을 원소로 갖는 집합이다. $\therefore 0 \in \{0\}$
$\varnothing$과 $\{\varnothing\}$는 다른 집합이다. 즉, $\{\varnothing\}$는 공집합이 아니고 $\varnothing$를 원소로 갖는 집합이다. $\therefore \varnothing \in \{\varnothing\}$

## 7 유한집합의 원소의 개수

집합 $A$의 원소의 개수가 유한개일 때, $A$의 원소의 개수를 $n(A)$와 같이 나타낸다.
예) $n(\{0, \varnothing\}) = 2$, $n(\{0\}) = 1$, $n(\{\varnothing\}) = 1$, $n(\{\ \}) = 0$, $n(\varnothing) = 0$

※ $n(A)$의 $n$은 $n$umber의 첫 글자이다.

**씨앗. 1** 다음 중 집합인 것을 모두 골라라.

① 예쁜 사람들의 모임
② 15의 양의 약수의 모임
③ 키가 10m 이상인 사람들의 모임
④ 5보다 큰 자연수의 모임
⑤ 0에 가까운 수의 모임
⑥ 축구를 잘하는 학생들의 모임

**풀이** ① '예쁜'은 기준이 불명확하여 모으는 데 의견이 분분하므로 집합이 아니다.
② $\{1, 3, 5, 15\}$는 원소의 모든 개수를 셀 수 있는 유한집합이다.
③ 원소가 하나도 없는 공집합이다. ※ 공집합은 원소의 개수가 0인 유한집합이다.
④ $\{6, 7, 8, \cdots\}$은 원소의 모든 개수를 셀 수 없는 무한집합이다.
⑤ '~에 가까운'은 기준이 불명확하여 모으는 데 의견이 분분하므로 집합이 아니다.
⑥ '잘하는'은 기준이 불명확하여 모으는 데 의견이 분분하므로 집합이 아니다.

**정답** ②, ③, ④

## 뿌리 1-1 집합과 원소 사이의 관계

집합 $A=\{3, ☆, △, \{0\}, \{a\}\}$에 대하여 다음 중 옳은 것을 골라라.

① $3 \notin A$ ② 별$\in A$ ③ 세모$\in A$ ④ $0 \in A$ ⑤ $\{a\} \in A$

**풀이** 원소는 집합 기호 { }와 쉼표 ( , )로 구분하므로
$A=\{3, ☆, △, \{0\}, \{a\}\}$ ⇨ 집합 기호 { } 안에 들어 있는 집합은 원소로 생각한다.
집합 $A$의 원소는 $3, ☆, △, \{0\}, \{a\}$ 이다.
① $3 \in A$ ② $☆ \in A$, 별$\notin A$ ③ $△ \in A$, 세모$\notin A$ ④ $\{0\} \in A$, $0 \notin A$

**정답** ⑤

## 뿌리 1-2 집합의 표현

조건제시법으로 주어진 다음 집합을 원소나열법으로 나타내어라.

1) $A=\{x \mid x=1, 2, y=4\}$
2) $B=\{y \mid x=1, 2, y=4\}$
3) $C=\{2y+1 \mid x=1, 2, y=4\}$
4) $D=\{2x+y \mid x=1, 2, y=4\}$

**풀이** 1) $A=\{x \mid x=1, 2, y=4\}$
집합 $A$는 $x$에 관한 집합이고 조건으로 $x=1, 2, y=4$를 제시했으므로
$A=\{1, 2\}$
2) 집합 $B$는 $y$에 관한 집합이고 조건으로 $x=1, 2, y=4$를 제시했으므로
$B=\{4\}$
3) 집합 $C$는 $2y+1$에 관한 집합이고 조건으로 $x=1, 2, y=4$를 제시했으므로
$C=\{9\}$
4) 집합 $D$는 $2x+y$에 관한 집합이고 조건으로 $x=1, 2, y=4$를 제시했으므로
$D=\{6, 8\}$

# 02 집합 사이의 포함 관계

## 1 부분집합

**집합 $A$의 모든 원소가 집합 $B$에 속할 때,** '$A$는 $B$에 포함된다.' 또는 '$B$는 $A$를 포함한다.'고 한다.
즉 $x \in A$이면 반드시 $x \in B$일 때, 기호로 $\boldsymbol{A \subset B}$ 또는 $\boldsymbol{B \supset A}$와 같이 나타낸다.
이때, **집합 $A$를 집합 $B$의 부분집합**이라 한다.
ex) 두 집합 $A=\{1, 2\}$, $B=\{1, 2, 3, 4\}$에서 집합 $A$의 원소 1, 2가 모두 집합 $B$에 속하므로 $A \subset B$

※ 집합 $A$가 집합 $B$의 부분집합이 아닐 때, $A \not\subset B$로 나타낸다.
ex) 두 집합 $A=\{2, 4\}$, $B=\{1, 2, 5\}$에서 집합 $A$의 원소 중 4가 집합 $B$에 속하지 않으므로 $A \not\subset B$

## 2 부분집합의 성질

1) 모든 집합은 자기 자신을 부분집합으로 갖는다.
   ex) $A \subset A, B \subset B, C \subset C, \cdots$
2) 공집합은 모든 집합의 부분집합이다.
   ex) $\varnothing \subset \varnothing, \varnothing \subset A, \varnothing \subset B, \varnothing \subset C, \cdots$
3) $A \subset B$이고 $B \subset C$이면 $A \subset C$이다.

참고 $A \subset B$를 벤다이어그램으로 나타내면

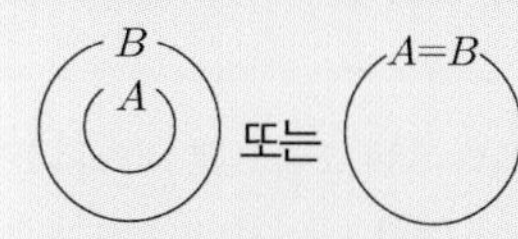


$A \subset B$는 위의 2가지 경우를 내포하고 있다.

비슷한 예
$A \leq B$ ($A < B$ 또는 $A=B$)
$\therefore$ ⋆$\subset$는 $\leq$와 비슷하다.

**씨앗. 1** 다음 집합의 부분집합을 모두 구하여라.

1) $\{ \}$　　2) $\{a\}$　　3) $\{a, b\}$　　4) $\{a, b, c\}$

핵심 i) 공집합은 모든 집합의 부분집합이다.
ii) 모든 집합은 자기 자신을 부분집합으로 갖는다.

풀이 1) 원소의 개수가 0인 부분집합 : $\varnothing$
2) 원소의 개수가 0인 부분집합 : $\varnothing$
원소의 개수가 1인 부분집합 : $\{a\}$
3) 원소의 개수가 0인 부분집합 : $\varnothing$
원소의 개수가 1인 부분집합 : $\{a\}$, $\{b\}$
원소의 개수가 2인 부분집합 : $\{a, b\}$
4) 원소의 개수가 0인 부분집합 : $\varnothing$
원소의 개수가 1인 부분집합 : $\{a\}$, $\{b\}$, $\{c\}$
원소의 개수가 2인 부분집합 : $\{a, b\}$, $\{a, c\}$, $\{b, c\}$
원소의 개수가 3인 부분집합 : $\{a, b, c\}$

정답 1) $\varnothing$　2) $\varnothing$, $\{a\}$　3) $\varnothing$, $\{a\}$, $\{b\}$, $\{a, b\}$
4) $\varnothing$, $\{a\}$, $\{b\}$, $\{c\}$, $\{a, b\}$, $\{a, c\}$, $\{b, c\}$, $\{a, b, c\}$

## 3 서로 같은 집합

$A\subset B$이고 $B\subset A$ 이면 두 집합 $A$와 $B$는 서로 같다고 하며, 기호로 $A=B$와 같이 나타낸다.

증명 $A\subset B$ 이고 $B\subset A$ 이면 $A=B$

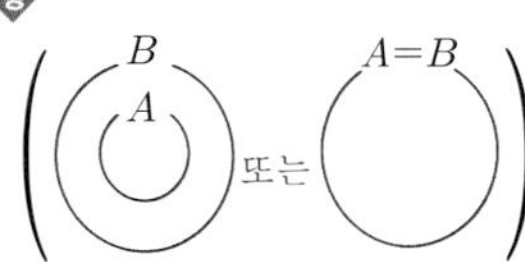


이고

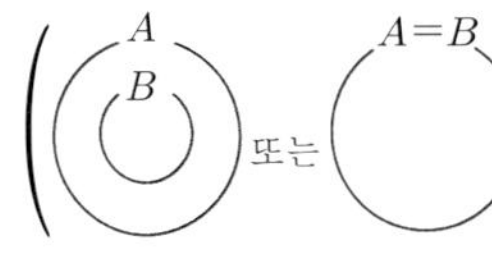


이면

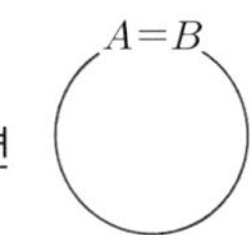


참고 두 집합이 서로 같으면 두 집합의 모든 원소가 같다. 따라서 $X=\{1, 2, 3\}, Y=\{1, 2, 3\}$이면 $X=Y$

※ 두 집합 $A, B$가 서로 같지 않을 때, 기호로 $A\neq B$와 같이 나타낸다.

### 뿌리 2-1 서로 같은 집합

$A\subset B$이고 $B\subset A$일 때, 두 집합 $A, B$의 상관관계를 말하여라.

풀이 포함관계를 벤다이어그램으로 나타내었을 때, 포함된 것$(A)$이 다시 나와서 포함하는 것$(A)$은 $A=B=A$이기 때문에 가능하다.

Ⓐ$\subset B\subset$Ⓐ $\Leftrightarrow$ Ⓐ$=B=$Ⓐ

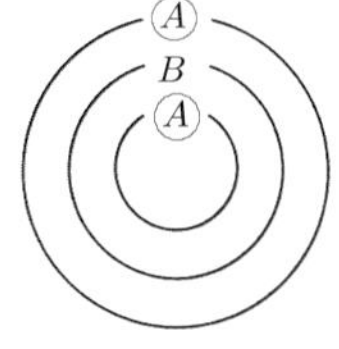


참고 기호 '$\Leftrightarrow$'의 의미는 '서로 같다'라는 뜻이다.

정답 $A=B$

**[줄기 2-1]** $A\subset B$이고 $B\subset C$이고 $C\subset D$이고 $D\subset E$이고 $E\subset B$일 때, 집합 $C$와 $D$의 상관관계를 말하여라.

### 뿌리 2-2 기호 $\in$, $\subset$의 사용

집합 $A=\{1, 2, \{1\}, \{1, 2\}\}$에서 옳은 것을 모두 골라라.

① $\varnothing\in A$　② $1\subset A$　③ $\{1, 2\}\in A$　④ $\{1, 2\}\subset A$
⑤ $\{\{1, 2\}\}\subset A$　⑥ $\{1, \{1\}\}\subset A$　⑦ $\{\{1\}, \{2\}\}\subset A$

풀이 $A=\{1, 2, \{1\}, \{1, 2\}\}$ ⇨ 집합 기호 { } 안에 들어 있는 집합은 원소로 생각한다.
집합 $A$의 원소는 $1, 2, \{1\}, \{1, 2\}$이다.
① $\varnothing\not\in A$, $\varnothing\subset A$　② $1\in A$, $\{1\}\subset A$　③ $\{1, 2\}\in A$　④ $\{1, 2\}\subset A$
⑤ $\{\{1, 2\}\}\subset A$　⑥ $\{1, \{1\}\}\subset A$　⑦ $\{\{1\}, \{2\}\}\not\subset A$, $\{\{1\}, \{1, 2\}\}\subset A$

정답 ③, ④, ⑤, ⑥

**[줄기 2-2]** 집합 $A=\{\varnothing, 별, \{a\}, \{a, b\}\}$에 대하여 다음 중 옳은 것을 모두 골라라.

① $\varnothing\in A$　② 별$\in A$　③ $\{a\}\subset A$　④ $\{a, b\}\subset A$　⑤ $a\in A$

## 4 진부분집합 ※ 진(眞): 진짜 진

두 집합 $A$, $B$에 대하여 **$A \subset B$이고 $A \neq B$일 때,** $A$를 $B$의 **진부분집합**이라 한다.
따라서 부분집합 중에서 자기 자신을 제외하면 진부분집합을 모두 구할 수 있다.

참고 $A$는 $B$의 진부분집합이다.

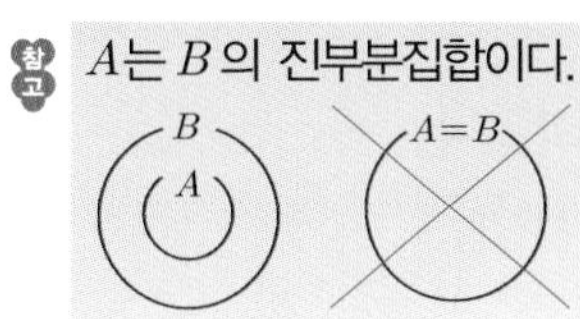


비슷한 예 $A < B$

### 뿌리 2-3 진부분집합

다음 집합의 진부분집합을 모두 구하여라.

1) $\{\ \}$  2) $\{a\}$  3) $\{a, b\}$  4) $\{a, b, c\}$

**풀이** 부분집합 중에서 *자신을 제외하면 진부분집합을 모두 구할 수 있다.

1) ~~$\varnothing$~~  2) $\varnothing$, $\{a\}$  3) $\varnothing$, $\{a\}$, $\{b\}$, ~~$\{a, b\}$~~

4) $\varnothing$, $\{a\}$, $\{b\}$, $\{c\}$, $\{a, b\}$, $\{a, c\}$, $\{b, c\}$, ~~$\{a, b, c\}$~~

**정답** 1) 없음  2) $\varnothing$  3) $\varnothing$, $\{a\}$, $\{b\}$
4) $\varnothing$, $\{a\}$, $\{b\}$, $\{c\}$, $\{a, b\}$, $\{a, c\}$, $\{b, c\}$

### 뿌리 2-4 집합의 포함관계와 원소의 개수

집합 $A$, $B$에 대하여 다음 중 옳은 것을 모두 골라라.

① $n(A) \leq n(B)$이면 $A \subset B$이다.  ② $A \subset B$이면 $n(A) \leq n(B)$이다.
③ $n(A) < n(B)$이면 $A \subset B$이다.  ④ $A \subset B$이면 $n(A) < n(B)$이다.
⑤ $n(A) = n(B)$이면 $A = B$이다.  ⑥ $A = B$이면 $n(A) = n(B)$이다.

**핵심** $A \subset B$일 때는 $A$가 $B$의 진부분집합이거나 $A = B$임을 뜻한다.

**풀이** ① [반례] $A = \{1, 2\}$, $B = \{a, b, c\}$일 때, $n(A) \leq n(B)$이지만 $A \not\subset B$이다.
③ [반례] $A = \{1, 2\}$, $B = \{a, b, c\}$일 때, $n(A) < n(B)$이지만 $A \not\subset B$이다.
④*[반례] $A = \{1, 2\}$, $B = \{1, 2\}$일 때, $A \subset B$이지만 $n(A) < n(B)$가 아니다.
⑤ [반례] $A = \{1, 2, 3\}$, $B = \{a, b, c\}$일 때, $n(A) = n(B)$이지만 $A \neq B$이다.

**정답** ②, ⑥

**참고** 집합 $A$의 원소의 개수가 유한개일 때, $A$의 원소의 개수를 $n(A)$로 나타낸다.
예) $n(\{0, \varnothing\}) = 2$, $n(\{0\}) = 1$, $n(\{\varnothing\}) = 1$, $n(\{\ \}) = 0$, $n(\varnothing) = 0$
※ $n(A)$의 $n$은 $n$umber의 첫 글자이다.

## 5 부분집합의 개수

유한집합 $A=\{a_1, a_2, a_3, \cdots, a_n\}$의 부분집합의 개수는 다음과 같다.

⇨ $2^{ⓝ}$ (ⓝ은 원소의 개수)

증명 ① $A=\{\ \}$의 부분집합의 개수를 구하여라.

$A$의 부분집합 : $\varnothing$ ※ 공집합은 모든 집합의 부분집합이다.

$2^{⓪}$개 (원소의 개수 : ⓪) ∴ 부분집합의 개수 : 1 팁 $x^0=1$

> 아래와 같이 원소 중에서 부분집합에 속하는 경우를 ○, 속하지 않는 경우를 ×로 나타내면 모든 부분집합을 구할 수 있다.

② $A=\{a_1\}$의 부분집합의 개수를 구하여라.

$a_1$ $A$의 부분집합

○ … $\{a_1\}$

× … $\varnothing$

$2^{①}$ (원소의 개수 : ①) ∴ 부분집합의 개수 : 2

③ $A=\{a_1, a_2\}$의 부분집합의 개수를 구하여라.

$a_1$ $a_2$ $A$의 부분집합

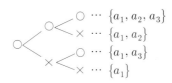

○ < ○ … $\{a_1, a_2\}$
　 × … $\{a_1\}$

× < ○ … $\{a_2\}$
　 × … $\varnothing$

$2\times2=2^{②}$ (원소의 개수 : ②) ∴ 부분집합의 개수 : 4

④ $A=\{a_1, a_2, a_3\}$의 부분집합의 개수를 구하여라.

$a_1$ $a_2$ $a_3$ $A$의 부분집합

○ < ○ < ○ … $\{a_1, a_2, a_3\}$
　　　 × … $\{a_1, a_2\}$
　 × < ○ … $\{a_1, a_3\}$
　　　 × … $\{a_1\}$

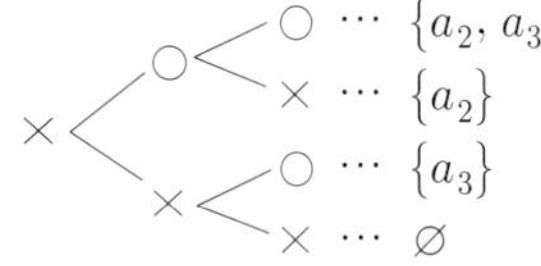

× < ○ < ○ … $\{a_2, a_3\}$
　　　 × … $\{a_2\}$
　 × < ○ … $\{a_3\}$
　　　 × … $\varnothing$

$2\times2\times2=2^{③}$ (원소의 개수 : ③) ∴ 부분집합의 개수 : 8

⑤ $A=\{a_1, a_2, a_3, a_4\}$의 부분집합의 개수를 구하여라.

$2\times2\times2\times2=2^{④}$ (원소의 개수 : ④) ∴ 부분집합의 개수 : 16

⑥ $A=\{a_1, a_2, a_3, a_4, a_5\}$의 부분집합의 개수를 구하여라.

$2\times2\times2\times2\times2=2^{⑤}$ (원소의 개수 : ⑤) ∴ 부분집합의 개수 : 32

⋮

따라서 원소의 개수가 $0, 1, 2, 3, \cdots, n$일 때, 부분집합의 개수는 각각 $2^0, 2^1, 2^2, 2^3, \cdots, 2^n$임을 알 수 있다.

(익히는 방법)

유한집합에서 각 원소의 존재 유무 (○, ×), 즉 이 2가지 경우로 부분집합의 개수 공식이 유도된다.
따라서 $n$개의 원소를 가진 집합의 부분집합의 개수는 다음과 같다.

$$\underbrace{2\times2\times2\times\cdots\times2}_{n\text{개}}=2^n$$

## 뿌리 2-5 부분집합과 진부분집합의 개수

집합 $A=\{1, 2, 3, 4\}$에 대하여 다음 물음에 답하여라.

1) 집합 $A$의 부분집합의 개수를 구하여라.

2) 집합 $A$의 진부분집합의 개수를 구하여라.

**풀이** 1) 원소의 개수가 4이므로 부분집합의 개수는 $2^4=16$

2) 부분집합의 개수에서 1개 (자신)를 제외하면 진부분집합의 개수이므로 $16-1=15$

**참고** 집합 $A=\{a_1, a_2, a_3, \cdots, a_n\}$에 대하여

1) 부분집합의 개수: $2^n$

2) 진부분집합의 개수: $2^n-1$

↳ 부분집합 중에서 자신 (1개)을 제외하면 진부분집합을 모두 구할 수 있다. [p.117 4]

**[줄기2-3]** 집합 $A=\{1, 2, 3, \{1, 2\}\}$의 부분집합의 개수를 구하여라.

**[줄기2-4]** 부분집합의 개수가 128인 집합의 원소의 개수를 구하여라.

**[줄기2-5]** 진부분집합의 개수가 31인 집합의 원소의 개수를 구하여라.

**[줄기2-6]** 집합 $A=\{x\mid x\text{는 }12\text{의 양의 약수}\}$에 대하여 집합 $A$의 진부분집합의 개수를 구하여라.

## 6 특정한 원소를 갖거나 갖지 않는 부분집합의 개수

집합 $A=\{a_1, a_2, a_3, \cdots, a_n\}$에 대하여 **특정한 원소에 대한 집합 $A$의 부분집합의 개수**는 다음과 같다.

1) 집합 $A$의 **특정한 원소 $k$개를 원소로 갖지 않는** 집합 $A$의 부분집합의 개수
   ⇨ $2^{n-k}$ (단, $k<n$)
2) 집합 $A$의 **특정한 원소 $k$개를 원소로 갖는** 집합 $A$의 부분집합의 개수
   ⇨ $2^{n-k}$ (단, $k<n$)
3) 집합 $A$의 **특정한 원소 $k$개를 원소로 갖고 특정한 원소 $t$개를 원소로 갖지 않는** 집합 $A$의 부분집합의 개수 ⇨ $2^{n-k-t}$ (단, $k+t<n$)

(익히는 방법)
특정한 원소를 갖거나 갖지 않는 부분집합의 개수
⇨ *특정한 원소를 모두 제외한 집합의 부분집합의 개수와 같다.
※ 씨앗.2)와 뿌리 2-6)을 풀어보면 자연스럽게 공식이 익혀진다.

**씨앗. 2** 집합 $A=\{a_1, a_2, a_3, a_4, a_5\}$에 대하여 다음을 구하여라.

1) 원소 $a_4$, $a_5$가 들어있지 않는 집합 $A$의 부분집합의 개수
2) 원소 $a_4$, $a_5$가 들어있는 집합 $A$의 부분집합의 개수
3) 원소 $a_4$는 들어있고 원소 $a_5$는 들어있지 않은 집합 $A$의 부분집합의 개수

**풀이** 1) 집합 $A$에서 원소 $a_4$, $a_5$를 제외한 $\{a_1, a_2, a_3\}$의 부분집합은
$\varnothing$, $\{a_1\}$, $\{a_2\}$, $\{a_3\}$, $\{a_1, a_2\}$, $\{a_1, a_3\}$, $\{a_2, a_3\}$, $\{a_1, a_2, a_3\}$
$\therefore 2^{5-2}=2^3=8$

2) 집합 $A$에서 원소 $a_4$, $a_5$를 제외한 $\{a_1, a_2, a_3\}$의 부분집합은
$\varnothing$, $\{a_1\}$, $\{a_2\}$, $\{a_3\}$, $\{a_1, a_2\}$, $\{a_1, a_3\}$, $\{a_2, a_3\}$, $\{a_1, a_2, a_3\}$
여기에 원소 $a_4$, $a_5$를 추가하면 $a_4$, $a_5$가 들어있는 부분집합이 된다.
따라서 구하는 부분집합의 개수는 $\{a_1, a_2, a_3\}$의 부분집합의 개수와 같다.
$\therefore 2^{5-2}=2^3=8$

3) 집합 $A$에서 원소 $a_4$, $a_5$를 제외한 $\{a_1, a_2, a_3\}$의 부분집합은
$\varnothing$, $\{a_1\}$, $\{a_2\}$, $\{a_3\}$, $\{a_1, a_2\}$, $\{a_1, a_3\}$, $\{a_2, a_3\}$, $\{a_1, a_2, a_3\}$
여기에 원소 $a_4$만을 추가하면, $a_4$는 들어있고 $a_5$는 들어있지 않은 부분집합이 된다.
따라서 구하는 부분집합의 개수는 $\{a_1, a_2, a_3\}$의 부분집합의 개수와 같다.
$\therefore 2^{5-1-1}=2^3=8$

## 뿌리 2-6 특정한 원소를 갖거나 갖지 않는 부분집합의 개수

집합 $X=\{1, 2, 3, 4, 5\}$에 대하여 다음을 구하여라.

1) 원소 3, 4가 들어있지 않는 집합 $X$의 부분집합의 개수
2) 원소 3, 4가 들어있는 집합 $X$의 부분집합의 개수
3) 원소 3은 들어있고 원소 4는 들어있지 않는 집합 $X$의 부분집합의 개수
4) 원소 3, 4는 들어있고 원소 5는 들어있지 않는 집합 $X$의 부분집합의 개수

**풀이** 1) 집합 $X$에서 원소 3, 4를 제외한 $\{1, 2, 5\}$의 부분집합의 개수를 구한다.
$\therefore 2^{5-2}=2^3=8$

2) 집합 $X$에서 특정한 원소 3, 4를 제외한 $\{1, 2, 5\}$의 부분집합은
$\varnothing, \{1\}, \{2\}, \{5\}, \{1, 2\}, \{1, 5\}, \{2, 5\}, \{1, 2, 5\}$
여기에 원소 3, 4를 추가하면 3, 4가 들어있는 부분집합이 된다.
따라서 구하는 부분집합의 개수는 $\{1, 2, 5\}$의 부분집합의 개수와 같다.
$\therefore 2^{5-2}=2^3=8$

3) 집합 $X$에서 특정한 원소 3, 4를 제외한 $\{1, 2, 5\}$의 부분집합은
$\varnothing, \{1\}, \{2\}, \{5\}, \{1, 2\}, \{1, 5\}, \{2, 5\}, \{1, 2, 5\}$
여기에 원소 3만을 추가하면, 3은 들어있고 원소 4는 들어있지 않은 부분집합이 된다.
따라서 구하는 부분집합의 개수는 $\{1, 2, 5\}$의 부분집합의 개수와 같다.
$\therefore 2^{5-1-1}=2^3=8$

4) 집합 $X$에서 특정한 원소 3, 4와 5를 제외한 $\{1, 2\}$의 부분집합은
$\varnothing, \{1\}, \{2\}, \{1, 2\}$
여기에 원소 3, 4만을 추가하면, 3, 4는 들어있고 원소 5는 들어있지 않는 부분집합이 된다.
따라서 구하는 부분집합의 개수는 $\{1, 2\}$의 부분집합의 개수와 같다.
$\therefore 2^{5-2-1}=2^2=4$

**참고** 특정한 원소를 갖거나 갖지 않는 부분집합의 개수
⇨ ⋆특정한 원소를 모두 제외한 집합의 부분집합의 개수와 같다.

**[줄기2-7]** 집합 $X$가 집합 $A=\{1, 2, 3, 4, 5, 6\}$의 부분집합일 때,
$1\notin X$, $2\notin X$, $3\notin X$, $4\in X$를 모두 만족시키는 집합 $X$를 구하여라.

**[줄기2-8]** 두 집합 $A=\{x\mid x$는 6의 양의 약수$\}$, $B=\{x\mid x$는 10보다 작은 자연수$\}$에 대하여
$A\subset X\subset B$를 만족하는 집합 $X$의 개수를 구하여라.

**[줄기2-9]** 집합 $A=\{1, 3, 5, 7, 9, 11\}$의 부분집합 중에서 3 또는 7을 원소로 갖는 부분집합의 개수를 구하여라.

## 뿌리 2-7 집합 사이의 포함 관계가 성립하도록 하는 상수 구하기 (1)

두 집합 $A=\{2, 5, 8\}$, $B=\{x-4, x-1, x+2\}$에 대하여 $A\subset B$, $B\subset A$일 때, 실수 $x$의 값을 구하여라.

**핵심** 두 집합이 서로 같으면 두 집합의 모든 원소가 같다.

**풀이** $A\subset B$, $B\subset A$이므로 $A=B$

이때, $x-4<x-1<x+2$이므로

$x-4=2$, $x-1=5$, $x+2=8$ $\quad\therefore x=6$

## 뿌리 2-8 집합 사이의 포함 관계가 성립하도록 하는 상수 구하기 (2)

두 집합 $X=\{1, \alpha\}$, $Y=\{3, \alpha-1, \alpha^2-2\}$에 대하여 $X\subset Y$가 성립할 때, 실수 $\alpha$의 값을 구하여라.

**풀이** $X\subset Y$이면 집합 $X$의 모든 원소는 집합 $Y$에 속한다.

**방법 I** $1\in X$이면 $1\in Y$이므로 $\alpha-1=1$ 또는 $\alpha^2-2=1$

i) $\alpha=2$일 때, $X=\{1, 2\}$, $Y=\{3, 1, 2\}$ $\quad\therefore X\subset Y$

ii) $\alpha^2=3$, 즉 $\alpha=\pm\sqrt{3}$일 때

ㄱ. $\alpha=\sqrt{3}$이면 $X=\{1, \sqrt{3}\}$, $Y=\{3, \sqrt{3}-1, 1\}$ $\quad\therefore X\not\subset Y$

ㄴ. $\alpha=-\sqrt{3}$이면 $X=\{1, -\sqrt{3}\}$, $Y=\{3, -\sqrt{3}-1, 1\}$ $\quad\therefore X\not\subset Y$

따라서 i)에 의하여 실수 $\alpha$의 값은 **2**이다.

**방법 II** $\alpha\in X$이면 $\alpha\in Y$이므로 $\alpha=3$ 또는 $\alpha=\alpha-1$ 또는 $\alpha=\alpha^2-2$

i) $\alpha=3$일 때, $X=\{1, 3\}$, $Y=\{3, 2, 7\}$ $\quad\therefore X\not\subset Y$

ii) $\alpha=\alpha-1$, 즉 $0\cdot\alpha=-1$이므로 $\alpha$의 값이 존재하지 않는다. (불능)

iii) $\alpha=\alpha^2-2$, 즉 $\alpha^2-\alpha-2=0$, $(\alpha+1)(\alpha-2)=0$ $\quad\therefore \alpha=-1$ 또는 $\alpha=2$

ㄱ. $\alpha=-1$이면 $X=\{1, -1\}$, $Y=\{3, -2, -1\}$ $\quad\therefore X\not\subset Y$

ㄴ. $\alpha=2$이면 $X=\{1, 2\}$, $Y=\{3, 1, 2\}$ $\quad\therefore X\subset Y$

따라서 iii)의 ㄴ에 의하여 실수 $\alpha$의 값은 **2**이다.

「강추」 **방법 III** i) $1=\alpha-1$, $\alpha=\alpha^2-2$일 때

$$\begin{cases}\alpha=2\\ \alpha^2-\alpha-2=0,\ (\alpha+1)(\alpha-2)=0 \quad \therefore \alpha=-1 \text{ 또는 } \alpha=2\end{cases}$$

$\therefore \alpha=2$

ii) $\alpha=\alpha-1$, $1=\alpha^2-2$일 때

$\alpha=\alpha-1$, 즉 $0\cdot\alpha=-1$이므로 $\alpha$의 값이 존재하지 않는다. (불능)

따라서 i)에 의하여 실수 $\alpha$의 값은 **2**이다.

**줄기 2-10** 두 집합 $A=\{3, a^2-3a\}$, $B=\{-2, a^2+2a\}$에 대하여 $A\subset B$가 성립할 때, 실수 $a$의 값을 구하여라.

# 5 집합의 뜻과 표현

| 평가일 | 점수 |
| --- | --- |
| | |

정답 및 풀이 54p

**잎 5-1**

집합 $A=\{\varnothing,\ \triangle,\ \{1,\ 2\},\ 3\}$에 대하여 다음 중 옳지 않은 것을 모두 골라라.

① $\varnothing\in A$　② $\varnothing\subset A$　③ $\{\ \}\subset A$　④ $\{3\}\in A$
⑤ $\{1,\ 2\}\subset A$　⑥ $\{1\}\subset A$　⑦ $\{1,\ 2,\ 3\}\subset A$　⑧ $\{2\}\in A$
⑨ 세모$\in A$　⑩ $\{\{1,\ 2\}\}\subset A$

**잎 5-2**

집합 $X=\{\varnothing,\ \{0\},\ \{\varnothing\}\}$에 대하여 다음 중 옳지 않은 것을 골라라.

① $\varnothing\in X$　② $\{\ \}\subset X$　③ $\{0\}\in X$　④ $\varnothing\subset X$
⑤ $\{\varnothing\}\in X$　⑥ $\{\{\varnothing\}\}\subset X$　⑦ $\{\varnothing\}\not\subset X$

**잎 5-3**

집합 $A=\{x+1\mid x$는 5보다 작은 홀수인 자연수$\}$에 대하여
집합 $B=\{y-1\mid y=2\times a-1,\ a\in A\}$일 때, 집합 $B$를 원소나열법으로 나타내어라.

**잎 5-4**

$A=\{0,\ 1\},\ B=\{-1,\ 1\}$이고
$X=\{x+y\mid x\in A,\ y\in B,\ x\neq y\},\ Y=\{2x-y\mid x\in A,\ y\in B\}$
일 때, 집합 $X,\ Y$를 원소나열법으로 나타내어라.

**잎 5-5**

집합 $A=\{0,\ \{1\},\ 2,\ \{3,\ 4\},\ 5\}$의 부분집합의 개수와 진부분집합의 개수를 구하여라.

**잎 5-6**

집합 $A=\{a,\ b,\ c,\ d,\ e\}$의 부분집합 중에서 원소 $a,\ c$는 포함하고 원소 $e$는 포함하지 않는 부분집합의 개수를 구하여라.

**잎 5-7**

두 집합 $A=\{a_1,\ a_2\},\ B=\{a_1,\ a_2,\ a_3,\ a_4,\ a_5\}$에 대하여 $A\subset X\subset B$를 만족하는 집합 $X$의 개수를 구하여라.

• 잎 5-8

다음 물음에 답하여라.

1) 두 집합 $A=\{1, 2, 3, 4, 5\}$, $B=\{2, 3\}$에 대하여 $B\subset X\subset A$를 만족시키는 집합 $X$가 집합 $A$의 진부분집합일 때, 집합 $X$의 개수를 구하여라.
2) 집합 $A=\{x\,|\,x$는 5 이하의 자연수$\}$의 진부분집합 중에서 2, 3을 원소로 갖지 않는 집합의 개수를 구하여라.
3) 집합 $A=\{x\,|\,x$는 5 이하의 자연수$\}$의 진부분집합 중에서 2, 3을 반드시 원소로 갖는 집합의 개수를 구하여라.

**씨앗. 1** 집합 $X=\{a, b, c, d, e\}$에 대하여 적어도 한 개의 자음을 원소로 갖는 집합 $X$의 부분집합의 개수를 구하여라.

핵심 '적어도'란 말이 있으면
⇨ 전체의 경우에서 주어진 조건을 만족하지 않는 경우를 빼면 된다.

풀이 i) $\{a, b, c, d, e\}$의 부분집합의 개수는 $2^5=32$
ii) $\{a, e\}$의 부분집합의 개수는 $2^2=4$
따라서 구하는 부분집합의 개수는 $32-4=\mathbf{28}$

• 잎 5-9

집합 $X=\{1, 2, 3, 4, 5, 6, 7\}$의 부분집합 중 적어도 한 개의 소수를 원소로 갖는 부분집합의 개수를 구하여라.

• 잎 5-10

다음 물음에 답하여라.

1) 집합 $A=\{x\,|\,x$는 $10\le x<20$인 자연수$\}$의 부분집합 중 적어도 한 개의 짝수를 원소로 갖는 부분집합의 개수를 구하여라.
2) 집합 $A=\{x\,|\,x$는 $10\le x<20$인 자연수$\}$의 부분집합 중 적어도 한 개의 짝수를 원소로 갖는 진부분집합의 개수를 구하여라.

• 잎 5-11

두 집합 $A=\{x\,|\,x$는 6의 양의 약수$\}$, $B=\{a-1, 3, b-2, 6\}$에 대하여
$A\subset B$, $B\subset A$일 때, 상수 $a, b$의 값을 구하여라.

# 6. 집합의 연산

## 01 집합의 연산

1 합집합과 교집합
2 여집합과 차집합
3 집합의 연산의 성질(Ⅰ)
4* 차집합은 ∩을 이용하여 나타낼 수 있다.
5 집합의 연산의 성질(Ⅱ)

## 02 집합의 연산 법칙

1 집합의 연산 법칙
2 드모르간 법칙
3 벤다이어그램을 이용하는 방법

## 03 유한집합의 원소의 개수

1 합집합의 원소의 개수(Ⅰ)
2 합집합의 원소의 개수(Ⅱ)
3 유한집합의 원소의 개수의 최댓값과 최솟값

## 04 배수와 약수의 집합의 연산과 대칭차집합

1 배수의 집합의 연산
2 약수의 집합의 연산
3 대칭차집합

## 연습문제

# 01 집합의 연산

## 1 합집합과 교집합

1) **합집합**

두 집합 $A$, $B$에 대하여 **집합 $A$에 속하거나 집합 $B$에 속하는 모든 원소로 이루어진 집합**을 $A$와 $B$의 **합집합**이라 하고, 기호로 $A \cup B$로 나타낸다.

즉, $A \cup B = \{x \mid x \in A$ **또는** $x \in B\}$

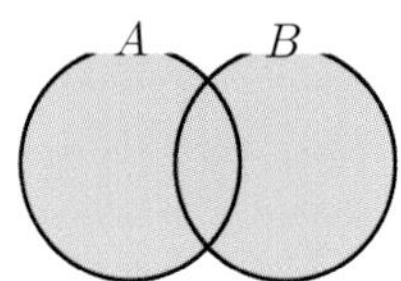


2) **교집합**

두 집합 $A$, $B$에 대하여 **집합 $A$에도 속하고 동시에 집합 $B$에도 속하는 모든 원소로 이루어진 집합**을 $A$와 $B$의 **교집합**이라 하고, 기호로 $A \cap B$로 나타낸다.

즉, $A \cap B = \{x \mid x \in A$ **그리고** $x \in B\}$

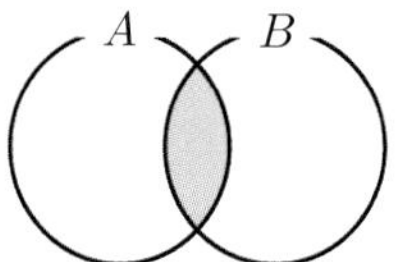


3) **서로소**

두 집합 $A$, $B$에서 공통된 원소가 하나도 없을 때, 즉 $A \cap B = \varnothing$일 때, $A$와 $B$는 **서로소**라 한다.

※ $\varnothing$은 모든 집합과 서로소이다.

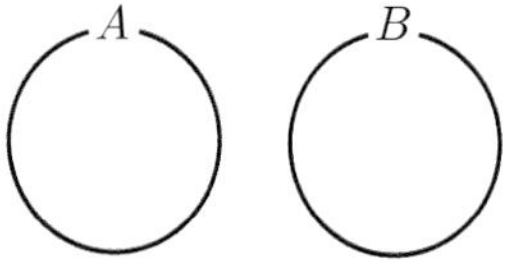


익히는 방법

서로소의 벤다이어그램은 소 두 마리가 서로 떨어져 앉아 있는 뒷모습과 비슷하다.
즉, '서로 소' 같죠. ^^ ∴ 두 집합 $A$와 $B$가 서로소이면 $A \cap B = \varnothing$이다.

---

**씨앗. 1** 세 집합 $A = \{2, 3, 6, 7\}$, $B = \{x \mid x$는 9의 양의 약수$\}$, $C = \{n \mid n$은 10 이하의 소수$\}$에 대하여 다음을 구하여라.

1) $A \cup (B \cap C)$　　　　2) $(A \cup B) \cap C$

**풀이** $A = \{2, 3, 6, 7\}$, $B = \{1, 3, 9\}$, $C = \{2, 3, 5, 7\}$

1) $B \cap C = \{3\}$이므로
$A \cup (B \cap C) = \mathbf{\{2, 3, 6, 7\}}$

2) $A \cup B = \{1, 2, 3, 6, 7, 9\}$이므로
$(A \cup B) \cap C = \mathbf{\{2, 3, 7\}}$

---

**씨앗. 2** 두 집합 $A = \{1, 2, a+2\}$, $B = \{b+5, b+9, 6, 7\}$에 대하여 $A \cap B = \{1, 5\}$일 때, 상수 $a$, $b$의 값을 구하여라.

**풀이** $A \cap B = \{1, 5\}$에서 $5 \in A$이므로 $a+2=5$　　$\therefore \mathbf{a=3}$
또, $A \cap B = \{1, 5\}$에서 $1 \in B$, $5 \in B$이므로 $b+5=1$, $b+9=5$　　$\therefore \mathbf{b=-4}$

## 뿌리 1-1 서로소인 두 집합

다음 중 집합 $X=\{x\,|\,x$는 $1\le x\le 9$인 소수$\}$와 서로소인 것을 골라라.

ㄱ. $A=\{x\,|\,x$는 9보다 작은 홀수인 자연수$\}$

ㄴ. $B=\{x\,|\,x$는 8의 양의 약수$\}$

ㄷ. $C=\{x\,|\,x$는 8 이하의 짝수인 자연수$\}$

ㄹ. $D=\{x\,|\,2<x<9,\ x$는 짝수인 자연수$\}$

**풀이** $X=\{2, 3, 5, 7\}$, $A=\{1, 3, 5, 7\}$, $B=\{1, 2, 4, 8\}$, $C=\{2, 4, 6, 8\}$, $D=\{4, 6, 8\}$

$X\cap A=\{3, 5, 7\}$, $X\cap B=\{2\}$, $X\cap C=\{2\}$, $X\cap D=\varnothing$

따라서 집합 $X$와 서로소인 것은 집합 $D$이다.

**정답** ㄹ

## 뿌리 1-2 집합의 연산을 만족시키는 미지수 구하기

다음 물음에 답하여라.

1) 두 집합 $A=\{3,\ a^2+a\}$, $B=\{2,\ a^2,\ a+2\}$에 대하여 $A\cap B=\{2, 3\}$일 때, $A\cup B$를 구하여라. (단, $a$는 상수이다.)

2) 두 집합 $A=\{2, 3, a+6\}$, $B=\{b-1, b+2, 7\}$에 대하여 $A\cap B=\{3, 7\}$, $A\cup B=\{2, 3, 6, 7\}$일 때, 상수 $a$, $b$의 값을 구하여라.

**풀이** 1) $A\cap B=\{2, 3\}$에서 $2\in A$이므로

$a^2+a=2,\ a^2+a-2=0,\ (a+2)(a-1)=0\quad \therefore a=-2$ 또는 $a=1$

i) $a=-2$일 때, $A=\{3, 2\}$, $B=\{2, 4, 0\}\quad \therefore A\cap B=\{2\}$ (×)

ii) $a=1$일 때, $A=\{3, 2\}$, $B=\{2, 1, 3\}\quad \therefore A\cap B=\{2, 3\}$ (○)

따라서 ii)에서 $A=\{2, 3\}$, $B=\{1, 2, 3\}$이므로 $A\cup B=\mathbf{\{1, 2, 3\}}$

2) $A\cap B=\{3, 7\}$에서 $7\in A$이므로 $a+6=7\quad \therefore \mathbf{a=1}$

또, $A\cap B=\{3, 7\}$에서 $3\in B$이므로 $b-1=3$ 또는 $b+2=3\quad \therefore b=4$ 또는 $b=1$

i) $b=4$일 때, $A=\{2, 3, 7\}$, $B=\{3, 6, 7\}\quad \therefore A\cup B=\{2, 3, 6, 7\}$ (○)

ii) $b=1$일 때, $A=\{2, 3, 7\}$, $B-\{0, 3, 7\}\quad \therefore A\cup B-\{0, 2, 3, 7\}$ (×)

따라서 i)에서 $\mathbf{b=4}$

**[줄기 1-1]** 두 집합 $A=\{2, 2a+1\}$, $B=\{1, 2, a+2\}$에 대하여 $A\cup B=\{1, 2, 4, 5\}$일 때, 실수 $a$와 $A\cap B$를 구하여라. (단, $a$는 상수이다.)

**[줄기 1-2]** 전체집합 $U$의 두 부분집합 $A$, $B$가 서로소일 때, 다음 중 옳은 것을 모두 골라라. (단, $A\neq\varnothing$, $B\neq\varnothing$)

① $A\cap B^C=\varnothing$ ② $A\subset B^C$ ③ $A\cap(B-A)=B$ ④ $(A-B)\cup B=A\cup B$

## 2 여집합과 차집합

1) **전체집합과 여집합**

$U=\{1, 2, 3, \cdots, 9\}$에 대하여 $A=\{2, 3, 4\}$, $B=\{2, 7, 8\}$일 때, 집합 $A$, $B$는 모두 집합 $U$의 부분집합이다. 이와 같이 어떤 주어진 집합에 대하여 그 부분집합을 생각할 때, 처음 주어진 집합 $U$를 **전체집합**이라 한다.

전체집합은 특별한 말이 없으면 $U$로 나타낸다.

참고 ① 전체집합 $U$는 전체를 뜻하는 $U$niversal set의 첫 글자이다.
② 전체집합 $U$를 벤다이어그램으로 나타낼 때에는 일반적으로 직사각형으로 나타낸다.

또 집합 $A$가 전체집합 $U$의 부분집합일 때, **$U$의 원소 중에서 $A$에 속하지 않는 모든 원소로 이루어진 집합**을 $A$의 **여집합**이라 하고, 기호로 $A^C$로 나타낸다.

즉, $A^C=\{x \mid x \in U$ **그리고** $x \notin A\}$

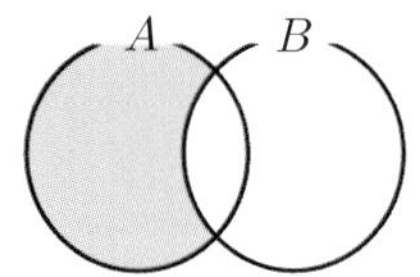

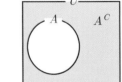

핵심 여집합을 생각할 때는 반드시 전체집합을 같이 생각해야 한다.

2) **차집합**

두 집합 $A$, $B$에 대하여 **집합 $A$에는 속하지만 집합 $B$에는 속하지 않는 모든 원소로 이루어진 집합**을 $A$에 대한 $B$의 **차집합**이라 하고, 기호로 $A-B$로 나타낸다.

즉, $A-B=\{x \mid x \in A$ **그리고** $x \notin B\}$

## 3 집합의 연산의 성질 ( I )

전체집합 $U$의 부분집합 $A$에 대하여

1) $A \cap A=A$, $A \cup A=A$

2) $A \cap \varnothing=\varnothing$, $A \cup \varnothing=A$, $A \cap U=A$, $A \cup U=U$

3) $A \cap A^C=\varnothing$, $A \cup A^C=U$

4) $(A^C)^C=A$, $U^C=\varnothing$, $\varnothing^C=U$

증명 벤다이어그램으로 쉽게 알 수 있다.

## 4 차집합은 ∩을 이용하여 나타낼 수 있다.

전체집합 $U$의 두 부분집합 $A$, $B$에 대하여

$A-B=A \cap B^C$

증명

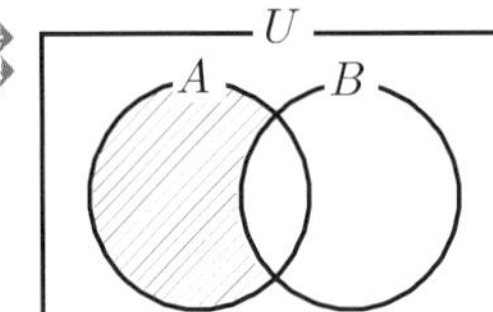


=

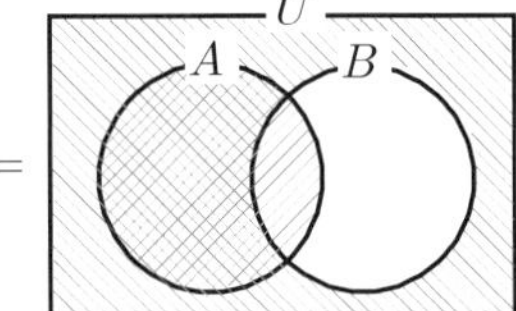

**씨앗. 3** 전체집합 $U$의 부분집합 $X, Y$에 대하여, 다음 차집합을 $\cap$을 이용하여 나타내어라.

1) $X-Y$  2) $X-Y^C$  3) $X^C-Y$  4) $X^C-Y^C$

**풀이** 1) $X-Y=\boldsymbol{X\cap Y^C}$  2) $X-Y^C=X\cap(Y^C)^C=\boldsymbol{X\cap Y}$

3) $X^C-Y=\boldsymbol{X^C\cap Y^C}$  4) $X^C-Y^C=X^C\cap(Y^C)^C=\boldsymbol{X^C\cap Y}$

## 뿌리 1-3 여집합과 차집합

전체집합 $U=\{1, 2, 3, 4, 5, 6, 7, 8\}$의 두 부분집합

$A=\{x\mid x$는 6의 약수$\}$, $B=\{x\mid x$는 홀수$\}$에 대하여 다음을 구하여라.

1) $(A\cup B)^C$  2) $(A\cap B)^C$  3) $B-A^C$  4) $A^C-B^C$  5) $(A-B)^C$

**풀이** $A=\{1, 2, 3, 6\}$, $B=\{1, 3, 5, 7\}$

1) $A\cup B=\{1, 2, 3, 5, 6, 7\}$

$(A\cup B)^C=\boldsymbol{\{4,8\}}$

2) $A\cap B=\{1, 3\}$

$(A\cap B)^C=\boldsymbol{\{2,4,5,6,7,8\}}$

3) $B-A^C=B\cap(A^C)^C=B\cap A$

$B\cap A=\boldsymbol{\{1,3\}}$

3) $A^C=\{4, 5, 7, 8\}$

$B-A^C=\boldsymbol{\{1,3\}}$

4) $A^C-B^C=A^C\cap(B^C)^C=A^C\cap B$

$A^C=\{4, 5, 7, 8\}$이므로

$A^C\cap B=\boldsymbol{\{5,7\}}$

4) $A^C=\{4, 5, 7, 8\}$, $B^C=\{2, 4, 6, 8\}$

$A^C-B^C=\boldsymbol{\{5,7\}}$

5) $A-B=\{2, 6\}$

$(A-B)^C=\boldsymbol{\{1,3,4,5,7,8\}}$

**[줄기 1-3]** 전체집합 $U=\{1, 2, 3, \cdots, 9\}$의 두 부분집합

$A=\{x\mid x=2k-1,\ k$는 자연수$\}$, $B=\{x\mid x=4k-3,\ k$는 자연수$\}$

에 대하여 $n(A^C\cap B^C)-n(A^C\cup B^C)$의 값을 구하여라.

## 뿌리 1-4 조건을 만족시키는 집합 구하기

다음 물음에 답하여라.

1) 두 집합 $A, B$에 대하여 $A=\{1, 3, 5\}$, $A\cap B=\{3, 5\}$, $A\cup B=\{1, 2, 3, 4, 5, 6\}$ 일 때, 집합 $B$를 구하여라.

2) 전체집합 $U$의 두 집합 $A, B$에 대하여 $B=\{2, 4, 6\}$, $A-B=\{1, 3, 5\}$, $A\cap B=\{2, 4\}$일 때, 집합 $A$를 구하여라.

3) 전체집합 $U=\{x \mid x$는 9보다 작은 자연수$\}$의 두 집합 $A, B$에 대하여 $(A\cup B)^C=\{2, 3, 4\}$, $A\cap B=\{6, 8\}$, $B-A=\{1, 5\}$일 때, 집합 $A$를 구하여라.

4) 전체집합 $U=\{x \mid x$는 7 이하의 자연수$\}$의 두 집합 $A, B$에 대하여 $A=\{x \mid x$는 7 이하의 소수$\}$, $A\cup B=U$, $A\cap B=\varnothing$일 때, 집합 $B$를 구하여라.

**풀이** 1) 주어진 조건을 벤다이어그램으로 나타내면 오른쪽 그림과 같으므로

key $A\cap B=\{3,5\}$

$B=\{2,3,4,5,6\}$

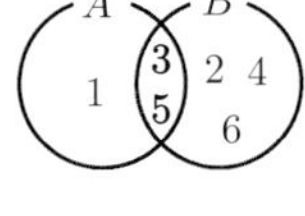


2) 주어진 조건을 벤다이어그램으로 나타내면 오른쪽 그림과 같으므로

key $A\cap B=\{2,4\}$

$A=\{1,2,3,4,5\}$

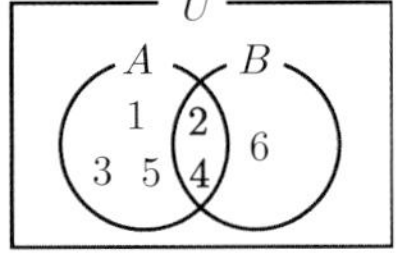


3) 전체집합 $U=\{1, 2, 3, \cdots, 8\}$이므로 주어진 조건을 벤다이어그램으로 나타내면 오른쪽 그림과 같으므로

key $A\cap B=\{6,8\}$

$A=\{6,7,8\}$

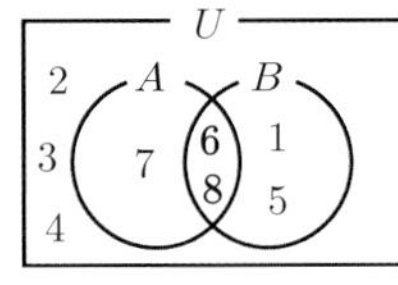


4) 전체집합 $U=\{1, 2, 3, \cdots, 7\}$, $A=\{2, 3, 5, 7\}$이므로 주어진 조건을 벤다이어그램으로 나타내면 오른쪽 그림과 같으므로

key $A\cap B=\varnothing$

$B=\{2,3,4,5,6\}$

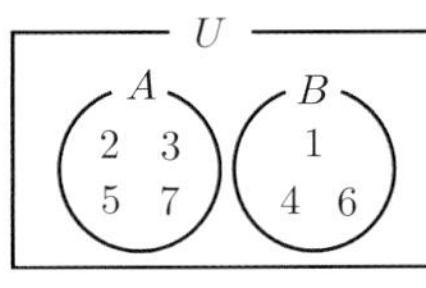


**줄기 1-4** 전체집합 $U$의 두 집합 $A, B$에 대하여 $(A-B)\cup(B-A)=\{3, 4, 6\}$, $B=\{1, 2, 3, 4, 5\}$일 때, 집합 $A$를 구하여라.

## 5 집합의 연산의 성질(Ⅱ) ※ 기호 '⇔'의 의미는 '서로 같다.'라는 뜻이다.

전체집합 $U$의 두 부분집합 $A, B$에 대하여 $A \subset B$일 때, 다음과 같이 표현할 수 있다.

1) $A \cap B = A \Leftrightarrow A \subset B$  2) $A \cup B = B \Leftrightarrow A \subset B$

3) $A - B = \varnothing \Leftrightarrow A \subset B$  4) $B^C \subset A^C \Leftrightarrow A \subset B$

5) $A^C \cup B = U \Leftrightarrow A \subset B$

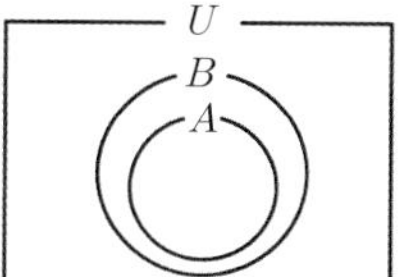


증명 오른쪽 그림의 벤다이어그램으로 쉽게 알 수 있다.

(익히는 방법)

1) $A \cap B = A$이면 $A$가 작은 집합이다. $\therefore A \subset B$

2) $A \cup B = B$이면 $B$가 큰 집합이다. $\therefore A \subset B$

3) $A - B = \varnothing$이면 $B$가 큰 집합이다. $\therefore A \subset B$

4) $B^C \subset A^C$, 즉 $A^C$이 큰 집합이므로 $A$는 작은 집합이다. $\therefore A \subset B$

5) $A^C \cup B = U$이면 $A^C$이 큰 집합이므로 $A$가 작은 집합이다. $\therefore A \subset B$

참고 *$A \cap B = A \cup B \Leftrightarrow A = B$

$A \subset B$이고 $B \subset A \Leftrightarrow A = B$ [p.116]

TIP $A \cap B = \varnothing$ (서로소)와 같은 표현

$A \cap B = \varnothing \Leftrightarrow A - B = A \Leftrightarrow B - A = B \Leftrightarrow A \subset B^C \Leftrightarrow B \subset A^C$

## 뿌리 1-5 조건을 만족시키는 부분집합의 개수

다음 두 조건을 만족시키는 집합 $A$의 개수를 구하여라.

(가) $A \cap \{a, b\} = \{a, b\}$

(나) $A \cup \{a, b, c, d, e, f\} = \{a, b, c, d, e, f\}$

**풀이** (가) $A \cap \{a, b\} = \{a, b\}$이면 $\{a, b\}$가 작은 집합이다. $\therefore \{a, b\} \subset A$

(나) $A \cup \{a, b, c, d, e, f\} = \{a, b, c, d, e, f\}$이면 $\{a, b, c, d, e, f\}$가 큰 집합이다.

$\therefore A \subset \{a, b, c, d, e, f\}$

따라서 $\{a, b\} \subset A \subset \{a, b, c, d, e, f\}$에서 집합 $A$는 집합 $\{a, b, c, d, e, f\}$의 부분집합 중에서 $a, b$를 반드시 원소로 갖는 집합이므로 집합 $A$의 개수는 $2^{6-2} = 2^4 = 16$

**[줄기1-5]** 집합 $X$가 집합 $A = \{1, 2, 3, 4, 5, 6\}$의 부분집합일 때, $\{1, 2, 3, 4\} \cap X = \{4\}$를 만족하는 집합 $X$의 개수를 구하여라.

**[줄기1-6]** 두 집합 $A = \{1, 2, 3, 4, 5\}, B = \{4, 5, 6, 7, 8\}$에 대하여 $A \cap X = X, (A \cap B) \cup X = X$를 만족하는 집합 $X$의 개수를 구하여라.

**[줄기1-7]** 전체집합 $U = \{x \mid 1 \le x \le 12, x$는 자연수$\}$의 두 집합 $A = \{1, 2\}, B = \{2, 3, 5, 7\}$에 대하여 다음 조건을 만족시키는 $U$의 부분집합 $X$의 개수를 구하여라. [교육청 기출]

(가) $A \cup X = X$  (나) $(B - A) \cap X = \{5, 7\}$

# 02 집합의 연산 법칙

## 1 집합의 연산 법칙 (벤다이어그램으로 쉽게 알 수 있다.)

세 집합 $A, B, C$에 대하여

1) **교환법칙**

$A\cup B=B\cup A,\ A\cap B=B\cap A$

2) **결합법칙**

$(A\cup B)\cup C=A\cup(B\cup C),\ (A\cap B)\cap C=A\cap(B\cap C)$

교환법칙과 결합법칙이 성립하므로 '∩ 만으로' 또는 '∪ 만으로' 이루어져 있으면 집합의 위치를 마음대로 바꿔도 된다.

$A\cup B\cup C\cup D=B\cup C\cup A\cup D=D\cup A\cup C\cup B=C\cup D\cup B\cup A=\cdots$

$A\cap B\cap C\cap D=D\cap B\cap A\cap C=C\cap D\cap A\cap B=B\cap A\cap D\cap C=\cdots$

3) **분배법칙**

$A\cup(B\cap C)=(A\cup B)\cap(A\cup C),\ A\cap(B\cup C)=(A\cap B)\cup(A\cap C)$

익히는 방법

'∩ 만으로' 또는 '∪ 만으로' 이루어져 있으면 집합의 순서를 마음대로 바꿔도 된다.

'∩ 과 ∪'이 섞여 있으면 분배법칙을 쓴다.

**씨앗. 1** 전체집합 $U$의 두 부분집합 $A, B$에 대하여 다음을 간단히 하여라.

1) $A\cap(A^C\cup B^C)$　　　2) $(A-B)\cup(A\cap B)$

**풀이** 1) '∩ 과 ∪'이 섞여 있으면 분배법칙을 쓴다.

$A\cap(A^C\cup B^C)=(A\cap A^C)\cup(A\cap B^C)=\varnothing\cup(A\cap B^C)=\boldsymbol{A\cap B^C}$

2) $(A\cap B^C)\cup(A\cap B)$ ⇨ '∩ 과 ∪'이 섞여 있으면 분배법칙을 쓴다.

$(A\cap B^C)\cup(A\cap B)=A\cap(B^C\cup B)=A\cap U=\boldsymbol{A}$

## 2 드모르간 법칙 (벤다이어그램으로 쉽게 알 수 있다.)

$(A\cap B)^C=A^C\cup B^C,\ (A\cup B)^C=A^C\cap B^C$

$(A\cap B\cap C)^C=A^C\cup B^C\cup C^C,\ (A\cup B\cup C)^C=A^C\cap B^C\cap C^C$

$(A\cup B\cap C\cup D)^C=A^C\cap B^C\cup C^C\cap D^C,\ (A\cup B^C\cap C\cup D^C)^C=A^C\cap B\cup C^C\cap D$

익히는 방법

the '모두'간 법칙 ex) 새 전구로 간(바꾼) 조명이 밝다.

즉, '모두' 바꾸는 법칙으로 기억하면 된다.

**씨앗. 2** 전체집합 $U$의 두 부분집합 $A, B$에 대하여 다음을 간단히 하여라.

1) $B\cap(A\cup B)^C$　　2) $(A\cup B)\cap A^C$
3) $(A\cup B^C)^C\cup(A\cap B)$　　4) $(A-B)^C\cup A$
5) $(A-B)\cap(A\cup B^C)^C$

**풀이** 1) $B\cap(A^C\cap B^C)$ ⇨ '∩ 만으로' 이루어져 있으므로 집합의 순서를 마음대로 바꿔도 된다.
$B\cap A^C\cap B^C=B\cap B^C\cap A^C=\varnothing\cap A^C=\varnothing$
2) $(A\cup B)\cap A^C$ ⇨ '∩과 ∪'이 섞여 있으므로 분배법칙을 쓴다.
$(A\cup B)\cap A^C=(A\cap A^C)\cup(B\cap A^C)=\varnothing\cup(B\cap A^C)=\boldsymbol{B\cap A^C}$
3) $(A^C\cap B)\cup(A\cap B)$ ⇨ '∩과 ∪'이 섞여 있으므로 분배법칙을 쓴다.
$(A^C\cap B)\cup(A\cap B)=(A^C\cup A)\cap B=U\cap B=\boldsymbol{B}$
4) $(A\cap B^C)^C\cup A$
$(A^C\cup B)\cup A$ ⇨ '∪ 만으로' 이루어져 있으므로 집합의 순서를 마음대로 바꿔도 된다.
$A^C\cup B\cup A=A^C\cup A\cup B=U\cup B=\boldsymbol{U}$
5) $(A\cap B^C)\cap(A^C\cap B)$ ⇨ '∩ 만으로' 이루어져 있으므로 집합의 순서를 마음대로 바꿔도 된다.
$A\cap B^C\cap A^C\cap B=A\cap A^C\cap B^C\cap B=\varnothing\cap\varnothing=\varnothing$

## 뿌리 2-1 집합의 연산 법칙과 드모르간 법칙

전체집합 $U$의 두 부분집합 $A, B$에 대하여 다음을 간단히 하여라.

1) $(A\cup B)\cap(A\cup B^C)$　　2) $(A\cup B)^C\cap A$
3) $(A\cap B)\cup(A^C\cap B)$　　4) $(A\cap B)\cup(A^C\cup B)^C$
5) $(A-B)^C\cap A$　　6) $(A\cap B^C)\cap(B-A)$
7) $(A-B)\cup(B\cap A)$

**핵심** '∩과 ∪'이 섞여 있으면 분배법칙을 쓴다.
'∩ 만으로' 또는 '∪ 만으로' 이루어져 있으면 집합의 순서를 마음대로 바꿔도 된다.

**풀이** 1) $(A\cup B)\cap(A\cup B^C)=A\cup(B\cap B^C)=A\cup\varnothing=\boldsymbol{A}$
2) $(A^C\cap B^C)\cap A=A^C\cap A\cap B^C=\varnothing\cap B^C=\varnothing$
3) $(A\cap B)\cup(A^C\cap B)=(A\cup A^C)\cap B=U\cap B=\boldsymbol{B}$
4) $(A\cap B)\cup(A\cap B^C)=A\cap(B\cup B^C)=A\cap U=\boldsymbol{A}$
5) $(A-B)^C\cap A=(A\cap B^C)^C\cap A$
$(A^C\cup B)\cap A=(A^C\cap A)\cup(B\cap A)=\varnothing\cup(B\cap A)=B\cap A=\boldsymbol{A\cap B}$
6) $(A\cap B^C)\cap(B\cap A^C)=A\cap A^C\cap B^C\cap B=\varnothing\cap\varnothing=\varnothing$
7) $(A\cap B^C)\cup(A\cap B)=A\cap(B^C\cup B)=A\cap U=\boldsymbol{A}$

## 3 벤다이어그램을 이용하는 방법

저자가 나눈 구역의 번호를 따르자!
⇨ 문제를 일관되게 풀 수 있다.

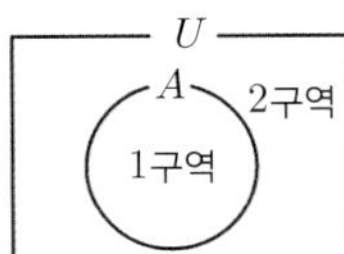


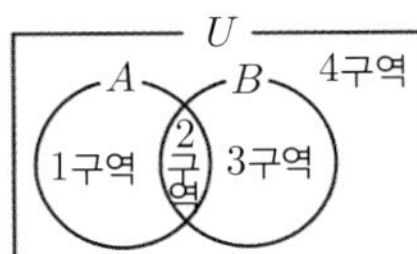


## 뿌리 2-2 집합의 연산과 포함 관계

전체집합 $U$의 두 부분집합 $A, B$에 대하여 $\{(A\cap B)\cup(A-B)\}\cup B=B$가 성립할 때, 다음 중 집합 $A, B$ 사이의 관계가 항상 옳은 것은?

① $A\subset B$ ② $B\subset A$ ③ $A=B$ ④ $B^C\subset A$ ⑤ $A\cap B=\varnothing$

**방법 I** 「강추」 $\{(A\cap B)\cup(A-B)\}\cup B=B$에서 먼저 좌변을 정리할 때 ⇨ 벤다이어그램을 이용하는 방법

오른쪽 그림의 구역을 숫자 위에 점을 찍어 나타내면

1구역은 $\dot{1}$, 2구역은 $\dot{2}$, 3구역은 $\dot{3}$, 4구역은 $\dot{4}$이므로

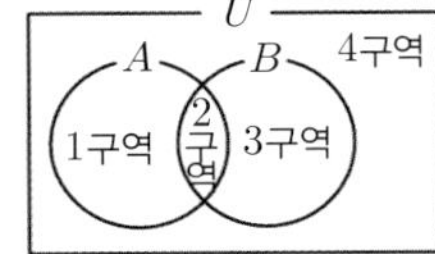


$\{(A\cap B)\cup(A-B)\}\cup B=(\{\dot{2}\}\cup\{\dot{1}\})\cup\{\dot{2},\dot{3}\}$

$=\{\dot{1},\dot{2},\dot{3}\}$

$\therefore \{(A\cap B)\cup(A-B)\}\cup B$는 $A\cup B$이다.

따라서 $A\cup B=B$이므로 ($B$가 큰 집합이다.)

$A, B$ 사이에는 항상 $A\subset B$가 성립한다.

**방법 II** $\{(A\cap B)\cup(A-B)\}\cup B=B$에서 먼저 좌변을 정리할 때 ⇨ 연산법칙을 이용하는 방법

$\{(A\cap B)\cup(A-B)\}\cup B=\{(A\cap B)\cup(A\cap B^C)\}\cup B$

$=\{A\cap(B\cup B^C)\}\cup B$

$=(A\cap U)\cup B$

$=A\cup B$

$\therefore \{(A\cap B)\cup(A-B)\}\cup B$는 $A\cup B$이다.

따라서 $A\cup B=B$이므로 ($B$가 큰 집합이다.)

$A, B$ 사이에는 항상 $A\subset B$가 성립한다.

정답 ①

**줄기2-1** 전체집합 $U$의 두 부분집합 $A, B$에 대하여
$\{A\cap(A-B)^C\}\cup\{A\cap(A^C\cup B)\}=A\cup B$를 만족할 때, 다음 중 항상 옳은 것은?

① $A\subset B$ ② $B\subset A$ ③ $A=B$ ④ $A\cap B=\varnothing$ ⑤ $A\cup B=U$

**줄기2-2** 전체집합 $U$의 두 부분집합 $A, B$에 대하여 $\{(A\cap B)^C\cap(A\cup B^C)\}\cap A=\varnothing$이 성립할 때, 다음 중 항상 옳은 것을 골라라.

① $A\subset B$ ② $B\subset A$ ③ $A=B$ ④ $A\cap B=\varnothing$ ⑤ $A\cup B=U$

## 03 유한집합의 원소의 개수

### 1 합집합의 원소의 개수 ( I )

두 유한집합 $A$, $B$에 대하여

$n(A\cup B)=n(A)+n(B)-n(A\cap B)$

증명 저자가 나눈 구역의 번호를 따르자! ⇨ 문제를 일관되게 풀 수 있다.

$A\cup B=$1구역+2구역+3구역

$A+B=$(1구역+2구역)+(2구역+3구역)

$A\cap B=$2구역

$\therefore A\cup B=A+B-(A\cap B)$

$\therefore n(A\cup B)=n(A)+n(B)-n(A\cap B)$

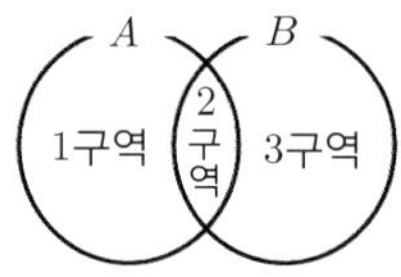


주의 집합에서 $A+B$는 쓰지 않는 표현이지만 이해를 돕고자 사용했다.
($A\cup B$와 $A+B$는 다르다.)

### 2 합집합의 원소의 개수 ( II )

세 유한집합 $A$, $B$, $C$에 대하여

$n(A\cup B\cup C)=n(A)+n(B)+n(C)-n(A\cap B)-n(B\cap C)-n(C\cap A)$
$+n(A\cap B\cap C)$

증명 저자가 나눈 구역의 번호를 따르자! ⇨ 문제를 일관되게 풀 수 있다.

$A\cup B\cup C=$(1구역+3구역+5구역)+(2+4+6)+7

$A+B+C=$(1구역+3구역+5구역)+2·(2+4+6)+3·7

$(A\cap B)+(B\cap C)+(C\cap A)=$ 2+4+6+3·7

$A\cap B\cap C=$ 7

$A\cup B\cup C=A+B+C-\{(A\cap B)+(B\cap C)+(C\cap A)\}$
$+(A\cap B\cap C)$

$\therefore A\cup B\cup C=A+B+C-(A\cap B)-(B\cap C)-(C\cap A)$
$+(A\cap B\cap C)$

$\therefore n(A\cup B\cup C)=n(A)+n(B)+n(C)-n(A\cap B)-n(B\cap C)-n(C\cap A)+n(A\cap B\cap C)$

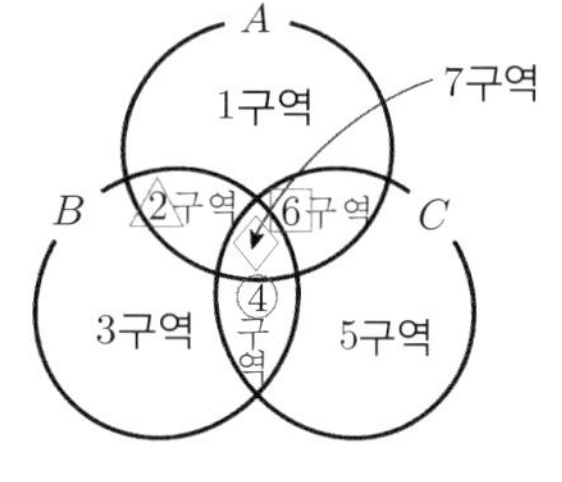


주의 집합에서 $A+B+C$는 쓰지 않지만 이해를 돕고자 사용했다. ($A\cup B\cup C$와 $A+B+C$는 다르다.)

익히는 방법 $(A\cup B)=A+B-(A\cap B)$와 비슷하다.

$(A\cup B\cup C)=A+B+C-(A\cap B)-(B\cap C)-(C\cap A)+(A\cap B\cap C)$

1st 세 집합을 모두 합한다. $A+B+C$

2nd 윤환의 꼴의 교집합(3개)을 뺀다. $-(A\cap B)-(B\cap C)-(C\cap A)$ ⇨

3rd *끝으로 세 집합의 교집합을 더한다. $+(A\cap B\cap C)$

따라서 $A\cup B\cup C=A+B+C-(A\cap B)-(B\cap C)-(C\cap A)+(A\cap B\cap C)$

$\therefore n(A\cup B\cup C)=n(A)+n(B)+n(C)-n(A\cap B)-n(B\cap C)-n(C\cap A)+n(A\cap B\cap C)$

[윤환의 꼴] A → B → C → A

TIP 문제에서 $n(A\cup B\cup C)$나 $n(A\cap B\cap C)$가 보이면 가장 먼저 이 공식을 생각한다.
⇨ 무조건 $n(A\cup B\cup C)$의 공식을 여백에 적어 놓은 후 생각한다.

**씨앗. 1** $A=\{a, b, c, d, e\}$, $B=\{c, d, e, f\}$일 때, $A\cup B$를 구하여라.

핵심 $A\cup B$와 $A+B$는 다르다. ※ 집합에서 $A+B$는 쓰지 않는 표현이다. [p.135]

풀이 $A+B=\{a, b, \underline{\underline{c, d, e}}\}+\{\underline{\underline{c, d, e}}, f\}$
$A\cap B=\{c, d, e\}$
$\therefore A\cup B=\{\boldsymbol{a, b, c, d, e, f}\}$

주의 원소나열법은 같은 원소를 중복하여 쓰지 않는다.
$\{1, 2, 2, 3\}$ (×) ⇨ $\{1, 2, 3\}$ (○)

**씨앗. 2** $A=\{a, b, c, d, e\}$, $B=\{c, d, e, f\}$일 때, $n(A\cup B)$를 구하여라.

핵심 $A\cup B=A+B-(A\cap B)$, 즉 $n(A\cup B)=n(A)+n(B)-n(A\cap B)$

풀이 $n(A)=5$, $n(B)=4$
$A\cap B=\{c, d, e\}$ $\quad\therefore n(A\cap B)=3$
$n(A\cup B)=5+4-3=\mathbf{6}$

## 뿌리 3-1 유한집합의 원소의 개수 (1)

두 집합 $A$, $B$에 대하여 $n(A)=4$, $n(B)=3$, $n(A\cap B)=2$일 때, $n(A\cup B)$의 값을 구하여라.

풀이 $n(A\cup B)=n(A)+n(B)-n(A\cap B)$
$=4+3-2=\mathbf{5}$

참고 $A\cup B=A+B-(A\cap B)$, 즉 $n(A\cup B)=n(A)+n(B)-n(A\cap B)$

**[줄기3-1]** 두 집합 $A$, $B$에 대하여 $n(A)=8$, $n(A\cap B)=5$, $n(A\cup B)=21$일 때, $n(B)$의 값을 구하여라.

**[줄기3-2]** 1부터 100까지의 자연수 중에서 2의 배수의 집합을 $A$, 3의 배수의 집합을 $B$라고 할 때, $n(A)$, $n(B)$, $n(A\cap B)$, $n(A\cup B)$의 값을 구하여라.

**[줄기3-3]** 두 집합 $A$, $B$에 대하여 $n(A)=10$, $n(B)=7$, $n(A\cup B)=14$일 때, $n(B-A)$의 값을 구하여라.

**[줄기3-4]** 전체집합 $U$의 두 부분집합 $A$, $B$에 대하여 $n(A)=10$, $n(B)=6$, $n(A\cup B)=12$일 때, $n(A-B^C)$의 값을 구하여라.

## 뿌리 3-2 유한집합의 원소의 개수 (2)

전체집합 $U$의 두 부분집합 $A, B$에 대하여 $n(U)=9$, $n(A)=5$, $n(B)=3$, $n(A^C \cap B^C)=3$일 때, $n(A-B)$의 값을 구하여라.

**풀이** $A^C \cap B^C=(A \cup B)^C$이므로 $n(A^C \cap B^C)=n((A \cup B)^C)=3$

$n((A \cup B)^C)=n(U)-n(A \cup B)$이므로

$3=9-n(A \cup B)$ $\quad \therefore n(A \cup B)=6$

$n(A \cup B)=n(A)+n(B)-n(A \cap B)$에서

$6=5+3-n(A \cap B)$ $\quad \therefore n(A \cap B)=2$

벤다이어그램을 그리면 오른쪽 그림과 같다.

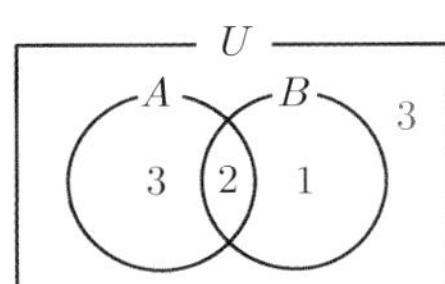


$\therefore n(A-B)=\mathbf{3}$

**참고** *여집합을 생각할 때는 반드시 전체집합을 같이 생각해야 한다.

**[줄기3-5]** 전체집합 $U$의 두 부분집합 $A, B$에 대하여 $n(U)=8$, $n(A)=5$, $n(B)=4$, $n(A^C \cap B^C)=2$일 때, $n(A \cap B)$의 값을 구하여라.

**[줄기3-6]** 전체집합 $U$의 두 부분집합 $A, B$에 대하여 $n(A \cap B^C)=3$, $n(B \cap A^C)=2$, $n(A \cup B)-9$일 때, $n(A)+n(B)$의 값을 구하여라.

## 뿌리 3-3 유한집합의 원소의 개수의 활용

어느 학급의 학생 40명을 대상으로 소풍 장소로 산과 바다 중 어느 곳이 좋은지에 대한 설문 조사를 하였다. 산이 좋다는 응답을 한 학생은 23명, 산과 바다가 모두 좋다고 응답한 학생은 16명, 산과 바다 모두 싫다고 응답한 학생은 5명이었다.
이 학급에서 바다가 좋다고 응답한 학생은 몇 명인지 구하여라.

**핵심** 복잡한 문장은 수학 기호와 문자를 사용하여 간략하게 표현한다.

**풀이** 학생 40명 전체의 집합을 $U$, 산이 좋다고 응답한 학생의 집합을 $A$, 바다가 좋다고 응답한 학생의 집합을 $B$라 하면

$n(U)=40$, $n(A)=23$, $n(A\cap B)=16$, $n(A^C\cap B^C)=5$ → 기호와 문자로 표현했다.

$A^C\cap B^C=(A\cup B)^C$이므로 $n(A^C\cap B^C)=n((A\cup B)^C)=5$

$n((A\cup B)^C)=n(U)-n(A\cup B)$이므로 $5=40-n(A\cup B)$ $\quad\therefore n(A\cup B)=35$

$n(A\cup B)=n(A)+n(B)-n(A\cap B)$에서 $35=23+n(B)-16$ $\quad\therefore n(B)=28$

따라서 바다가 좋다고 응답한 학생의 수는 **28**이다.

**줄기3-7** 민지네 반 학생 중에서 음악동아리에 가입한 학생은 13명, 연극동아리에 가입한 학생은 16명, 두 동아리에 모두 가입하지 않은 학생이 6명, 두 동아리 중 한 곳에만 가입한 학생이 21명이었다. 이 학급의 학생 수를 구하여라.

**줄기3-8** 100명의 학생에게 영어, 수학 문제를 풀게 하였더니 영어 문제를 푼 학생은 80명, 수학 문제를 푼 학생은 30명, 두 문제를 다 푼 학생은 15명일 때, 영어, 수학 문제 중 적어도 한 문제를 푼 학생의 수를 구하여라.
[정답 및 풀이의 방법 I 과 방법 II 를 꼭 확인하자!]

## 뿌리 3-4 유한집합의 원소의 개수 (3)

세 집합 $A, B, C$에 대하여 $n(A)=10$, $n(B)=5$, $n(C)=7$이고 $n(A\cup B\cup C)=16$, $n(A\cap B)=3$, $n(B\cap C)=2$, $n(C\cap A)=5$라고 할 때, $n(A\cap B\cap C)$의 값을 구하여라.

**풀이** $n(A\cup B\cup C)=n(A)+n(B)+n(C)-n(A\cap B)-n(B\cap C)-n(C\cap A)$
$+n(A\cap B\cap C)$

$16=10+5+7-3-2-5+n(A\cap B\cap C)$

$\therefore n(A\cap B\cap C)=\mathbf{4}$

## 뿌리 3-5 유한집합의 원소의 개수 (4)

세 집합 $A, B, C$에 대하여 $n(A)=10$, $n(B)=5$, $n(C)=7$, $n(A\cap C)=0$일 때, $n(A\cup B\cup C)=16$이다. 이때, $n(A\cap B)+n(B\cap C)$의 값을 구하여라.

**풀이** $n(A\cup B\cup C)=n(A)+n(B)+n(C)-n(A\cap B)-n(B\cap C)-n(C\cap A)$
$+n(A\cap B\cap C)$

$n(A\cap C)=n(C\cap A)=0$

$A\cap C=\varnothing$이므로 $A\cap B\cap C=\varnothing$ $\quad\therefore n(A\cap B\cap C)=0$

$16=10+5+7-n(A\cap B)-n(B\cap C)-0+0$

$16=22-\{n(A\cap B)+n(B\cap C)\}$

$\therefore n(A\cap B)+n(B\cap C)=\mathbf{6}$

**참고** $n(A\cup B\cup C)$나 $n(A\cap B\cap C)$가 보이면 무조건 $n(A\cup B\cup C)$의 공식을 여백에 적어 놓은 후 생각한다. ($\because$ 99 %는 이 공식을 쓰는 문제이다.)

**[줄기3-9]** 세 집합 $A, B, C$에 대하여 $A$와 $B$는 서로소이고, $n(A)=10$, $n(B)=5$, $n(C)=7$, $n(B\cup C)=10$, $n(A\cap C)=3$일 때, $n(A\cup B\cup C)$의 값을 구하여라.

**[줄기3-10]** 세 집합 $A, B, C$에 대하여 $A\cap C=\varnothing$이고, $n(A)=10$, $n(B)=7$, $n(C)=5$, $n(A\cup B)=13$, $n(B\cup C)=10$일 때, $n(A\cup B\cup C)$의 값을 구하여라.

## 3 유한집합의 원소의 개수의 최댓값과 최솟값 ⇨⋆최대가 최소보다 생각하기 더 쉽다.

전체집합 $U$의 두 부분집합 $A, B$에 대하여 $n(B)<n(A)$일 때,

i) $\boldsymbol{n(A\cup B)}=n(A)+n(B)-\boldsymbol{n(A\cap B)}$와 $\boldsymbol{n(A\cap B)}=n(A)+n(B)-\boldsymbol{n(A\cup B)}$는 같다. 즉 $\boldsymbol{n(A\cup B)}$**가 최대**이면 $n(A\cap B)$는 최소이고, $\boldsymbol{n(A\cap B)}$**가 최대**이면 $n(A\cup B)$는 최소이다.

ii) $\boldsymbol{n(A\cup B)}$**가 최대**이면 $A\cup B=U$일 때이고, $\boldsymbol{n(A\cap B)}$**가 최대**이면 $B\subset A$일 때이다.

**씨앗. 3** 전체집합 $U$의 두 부분집합 $A, B$에 대하여 $n(U)=10$, $n(A)=7$, $n(B)=5$일 때, $n(A\cap B)$의 최댓값 $M$과 최솟값 $m$을 구하여라.

**핵심** $n(A\cap B)$와 $n(A\cup B)$의 최대가 최소보다 생각하기 더 쉽다.

**풀이** i) $n(A\cap B)$의 최대는 $B\subset A$일 때이므로 $\boldsymbol{M=n(B)=5}$

ii) $n(A\cap B)$가 최소, 즉 $n(A\cup B)$의 최대는 $A\cup B=U$일 때이므로
$n(A\cap B)=n(A)+n(B)-n(A\cup B)$에서 $\boldsymbol{m=7+5-10=2}$

### 뿌리 3-6 유한집합의 원소의 개수의 최댓값과 최솟값

두 집합 $A, B$에 대하여 $n(A)=4$, $n(B)=8$, $n(A\cap B)\geq 2$일 때, $a\leq n(A\cup B)\leq b$를 만족하는 상수 $a, b$의 값을 구하여라.

**풀이** $n(A\cap B)$의 최대는 $A\subset B$일 때이므로 $n(A\cap B)\leq 4$ $\quad\therefore 2\leq n(A\cap B)\leq 4$

$n(A\cup B)=n(A)+n(B)-n(A\cap B)$에서 $n(A\cup B)=4+8-n(A\cap B)$이므로

i) $n(A\cap B)=2$일 때, $n(A\cup B)$가 최대이므로 $\boldsymbol{b=10}$

ii) $n(A\cap B)=4$일 때, $n(A\cup B)$가 최소이므로 $\boldsymbol{a=8}$

**줄기3-11** 전체집합 $U$의 두 부분집합 $A, B$에 대하여 $n(U)=15$, $n(A)=10$, $n(B)=6$일 때, $n(A^C\cap B^C)$의 최댓값과 최솟값을 구하여라.

## 04 배수와 약수의 집합의 연산과 대칭차집합

### 1 배수의 집합의 연산 ※배수의 집합은 첨자가 클수록 작은 집합이다. ex) $A_8 \subset A_2$

자연수 $k, l$의 양의 배수의 집합을 각각 $A_k$, $A_l$이라 할 때,

1) $A_k \cap A_l$은 $k$와 $l$의 최소공배수의 배수의 집합이다.

ex) $A_2 \cap A_4 = A_4$, $A_3 \cap A_4 = A_{12}$, $A_2 \cap A_3 = A_6$, $A_6 \cap A_9 = A_{18}$, $\cdots$

2) $A_k \cup A_l$은 i) $k$와 $l$의 최대공약수의 배수의 집합이다. ($k$ 또는 $l$이 최대공약수일 때)

i)의 집합의 부분집합이다. (*$k$ 또는 $l$이 최대공약수가 아닐 때)

↳줄기 4-1)과 줄기 4-2)의 2)번 ⇨ 시험은 이런 문제가 출제된다.

ex) $A_{②} \cup A_4 = A_{②}$, $A_9 \cup A_{③} = A_{③}$, $A_{⑥} \cup A_{12} = A_{⑥}$, *$(A_8 \cup A_{12}) \subset A_4$, *$(A_6 \cup A_{15}) \subset A_3$

(익히는 방법)

1) '∩'(캡) ⇨ 욕조 바닥의 캡(마개)은 물을 최소로 배수시킨다. 즉 캡은 최소공배수와 관련이 있다.

2) '∪'(컵) ⇨ 컵은 최대로 약수를 마실 수 있게 한다. 즉 컵은 최대공약수와 관련이 있다.

**씨앗. 1** 자연수 $k$의 양의 배수의 집합을 $A_k$라 할 때, 다음을 간단히 하여라.

1) $A_4 \cap A_8$ 2) $A_3 \cup A_6$ 3) $A_3 \cap (A_2 \cup A_6)$

핵심 캡(∩)은 최소로 배수시킨다. vs 컵(∪)은 최대로 약수를 마실 수 있게 한다.

풀이 1) $A_4 \cap A_8 = \mathbf{A_8}$ 2) $A_3 \cup A_6 = \mathbf{A_3}$ 3) $A_3 \cap (A_2 \cup A_6) = A_3 \cap A_2 = \mathbf{A_6}$

**씨앗. 2** 자연수 $k$의 양의 배수의 집합을 $A_k$라 할 때, $(A_4 \cap A_6) \cup A_{24}$를 원소나열법으로 나타내어라.

풀이 $(A_4 \cap A_6) \cup A_{24} = A_{12} \cup A_{24} = A_{12} = \{\mathbf{12, 24, 36, \cdots}\}$

### 2 약수의 집합의 연산 ※ 약수의 집합은 첨자가 클수록 큰 집합이다. ex) $A_2 \subset A_8$

자연수 $k, l$의 양의 약수의 집합을 각각 $A_k$, $A_l$이라 할 때,

⇨ $A_k \cap A_l$은 $k$와 $l$의 최대공약수의 약수의 집합이다. (∵ ***공약수는 최대공약수의 약수이다.**)

ex) $A_2 \cap A_4 = A_2$, $A_3 \cap A_9 = A_3$, $A_6 \cap A_{12} = A_6$, $A_8 \cap A_{12} = A_4$, $A_6 \cap A_{15} = A_3$

**씨앗. 3** 자연수 $k$의 양의 약수의 집합을 $A_k$라 할 때, $A_{18} \cap A_{24} \cap A_{32}$를 원소나열법으로 나타내어라.

풀이 $A_{18} \cap A_{24} \cap A_{32} = (A_{18} \cap A_{24}) \cap A_{32} = A_6 \cap A_{32} = A_2 = \{\mathbf{1, 2}\}$

## 뿌리 4-1 배수의 집합의 연산

집합 $A_k=\{x\mid x$는 $k$의 양의 배수, $k$는 자연수$\}$에 대하여 다음 중 옳지 않은 것을 모두 골라라.

① $A_2\cap(A_3\cup A_6)=A_6$ ② $A_{12}\subset(A_3\cap A_6)$ ③ $(A_4\cup A_8)\subset A_8$
④ $(A_6\cup A_{18})\subset A_3$ ⑤ $(A_8\cup A_{24})\cap(A_{18}\cup A_{54})=A_{18}$

**풀이** ① $A_2\cap(A_3\cup A_6)=A_2\cap A_3=A_6$ ② $A_3\cap A_6=A_6$이므로 $A_{12}\subset(A_3\cap A_6)$
③ $A_4\cup A_8=A_4$이므로 $A_8\subset(A_4\cup A_8)$ ④ $A_6\cup A_{18}=A_6$이므로 $(A_6\cup A_{18})\subset A_3$
⑤ $(A_8\cup A_{24})\cap(A_{18}\cup A_{54})=A_8\cap A_{18}=A_{72}$

정답 ③, ⑤

**[줄기 4-1]** 자연수 $k$의 양의 배수의 집합을 $A_k$라 할 때, 다음 중 옳지 않은 것을 모두 골라라.

① $A_4{}^C\cup A_6{}^C=A_{12}{}^C$ ② $(A_2\cap A_3)\cup A_3=A_3$
③ $\{A_6\cap(A_3\cap A_4)\}\subset A_{24}$ ④ $A_2{}^C\cap A_{10}{}^C=A_2{}^C$
⑤ $(A_2\cup A_3)\cap A_4=A_4$ ⑥ $(A_6\cup A_{12})\cap(A_9\cup A_{12})=A_6$

**[줄기 4-2]** 자연수 $k$의 양의 배수의 집합 $A_k$에 대하여 다음 물음에 답하여라.

1) $A_k\subset(A_6\cap A_{15})$일 때, $k$의 최솟값을 구하여라.
2) $(A_8\cup A_{12})\subset A_k$일 때, $k$의 최댓값을 구하여라.

## 3 대칭차집합

두 집합을 대칭으로 차(빼기)를 한 차집합의 합집합을 **대칭차집합**이라 한다. 즉,

$(A-B)\cup(B-A)=(A\cap B^C)\cup(B\cap A^C)$

차 차 $=(A\cup B)-(A\cap B)$

대칭 $=(A\cup B)\cap(A\cap B)^C$

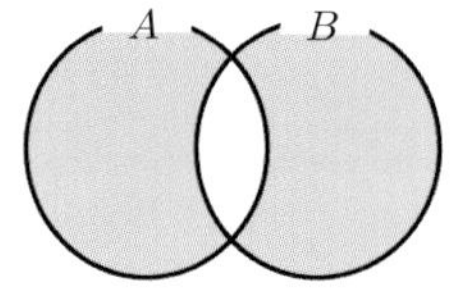


벤다이어그램으로 나타내면 오른쪽 그림과 같다. (대칭차집합의 특징적인 형태이다.)
즉, 두 집합 중에서 교집합에는 속하지 않는 원소들로만 이루어진 집합이다.
따라서 서로 겹치는 것을 제거하고 **순수한 것들로만 이루어진 집합**이다.

익히는 방법
대칭차집합은 *순수한 집합이다.

## 뿌리 4-2 대칭차집합 (1)

$X\triangle Y=(X\cap Y^C)\cup(X^C\cap Y)$로 정의할 때, $(A\triangle B)\triangle A$를 간단히 하여라.

**풀이** $X\triangle Y=(X\cap Y^C)\cup(Y\cap X^C)=(X-Y)\cup(Y-X)$

$X\triangle Y$를 벤다이어그램으로 나타내면 연산 △은 '대칭차집합'을 만든다.
즉, 연산 △은 '순수한 집합'을 만든다.
$(A\triangle B)\triangle A$는 $(A\triangle B)$와 $A$에서 서로 겹치는 부분(녹색)을 제거하고 겹치지 않는 순수한 부분을 합치면 아래의 그림과 같다.

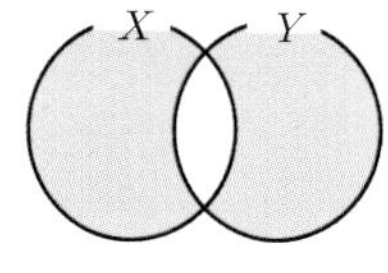


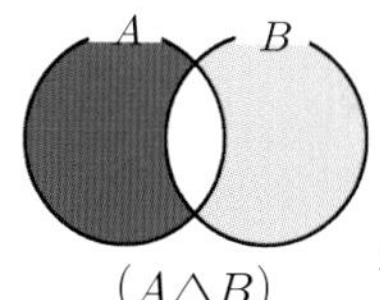


$(A\triangle B)$ 와

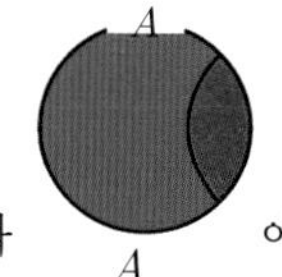


$A$ 에서

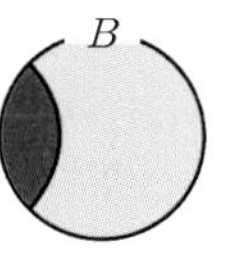


**정답** $B$

## 뿌리 4-3 대칭차집합 (2)

두 집합 $A$, $B$에 대하여 연산 △를 $A\triangle B=(A\cup B)-(A\cap B)$로 정의할 때, 오른쪽 그림에서 $(A\triangle B)\triangle C$를 색칠해보아라.

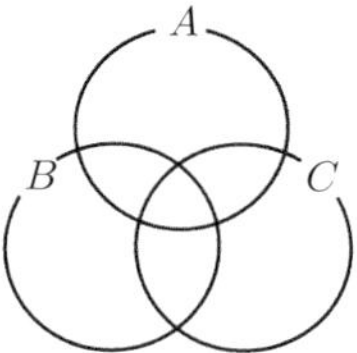


**풀이** $A\triangle B=(A\cup B)-(A\cap B)$

$A\triangle B$를 벤다이어그램으로 나타내면 연산 △은 '대칭차집합'을 만든다.
즉, 연산 △은 '순수한 집합'을 만든다.
$(A\triangle B)\triangle C$는 $(A\triangle B)$와 $C$에서 서로 겹치는 부분(녹색)을 제거하고 겹치지 않는 순수한 부분을 합치면 아래의 그림과 같다.

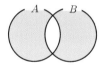

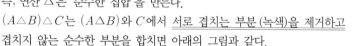

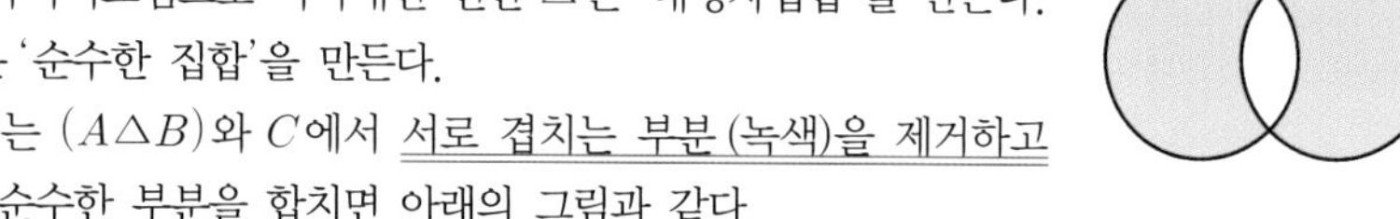


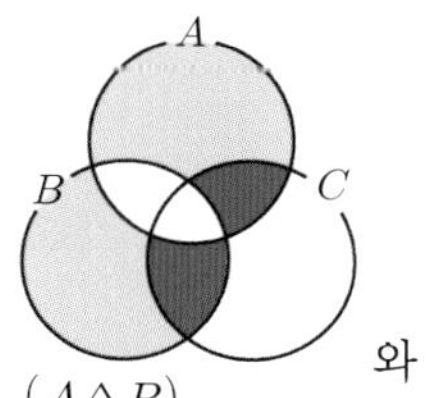


$(A\triangle B)$ 와

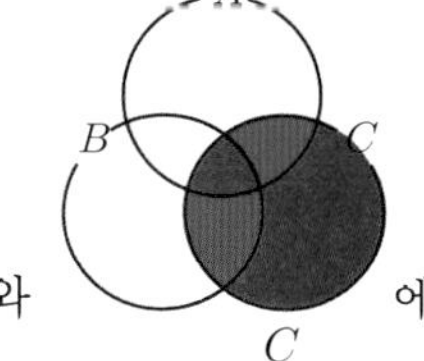


$C$ 에서

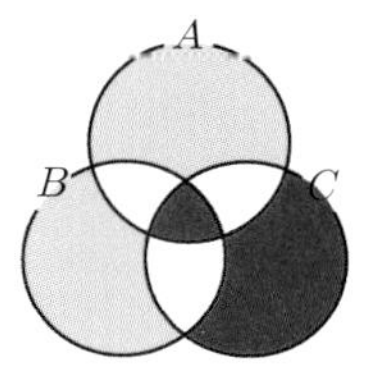


**정답**

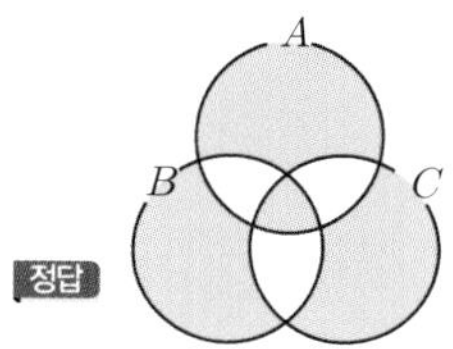


**[줄기 4-3]** 두 집합 $A$, $B$에 대하여 연산 △을 $A\triangle B=(A\cup B)\cap(A\cap B)^C$로 정의할 때, $(A\triangle B)\triangle B$를 간단히 하여라.

## 뿌리 4-4 대칭차집합 (3)

전체집합 $U$의 두 부분집합 $A, B$에 대하여 연산 $*$를
$A*B=(A\cap B^C)\cup(B\cap A^C)$로 정의할 때, 다음 중 옳은 것을 모두 골라라.
(단, $U\neq\varnothing$)

① $U*B=B^C$ ② $B*B=\varnothing$ ③ $\varnothing*A=A$
④ $A*B=B*A$ ⑤ $U*\varnothing=\varnothing$

**풀이** $A*B=(A\cap B^C)\cup(B\cap A^C)=(A-B)\cup(B-A)$
$A*B$를 벤다이어그램으로 나타내면 연산 $*$은 '대칭차집합'을 만든다.
즉, 연산 $*$은 '순수한 집합'을 만든다.
따라서 서로 겹치는 부분을 제거하고 겹치지 않는 순수한 부분의 합을 나타내면

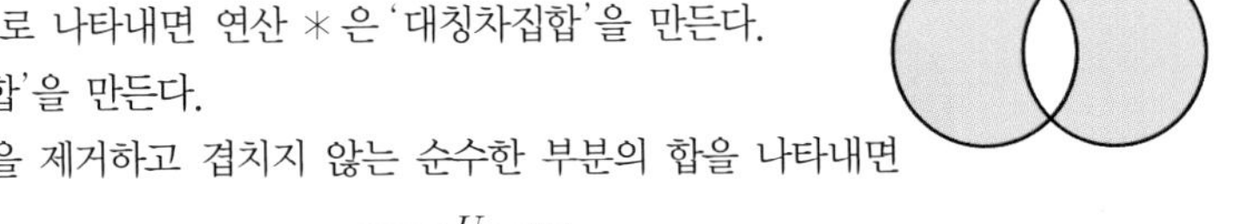
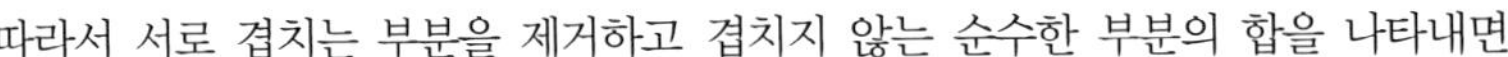

① 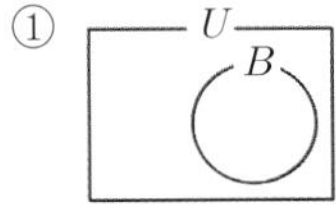 일 때, 대칭차집합을 구하면 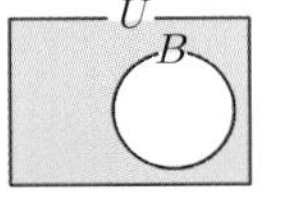 (참)

② 일 때, 대칭차집합을 구하면 $\varnothing$ (참)

③ 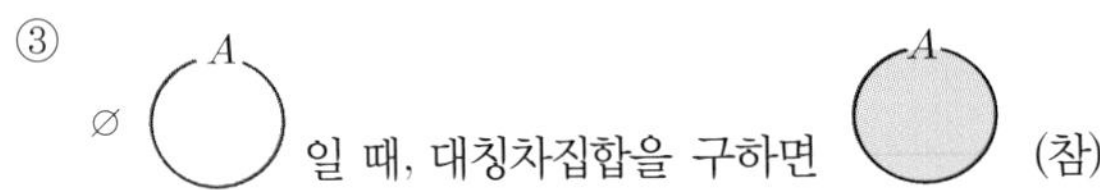 (참)

④ 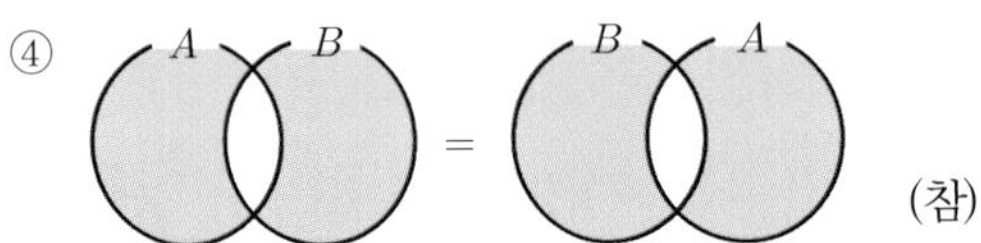 (참)

⑤ 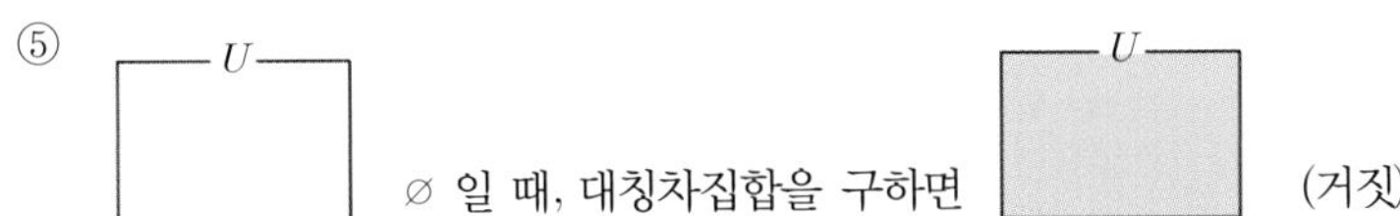 (거짓)

**정답** ①, ②, ③, ④

**[줄기 4-4]** $A\circ B=(A\cup B)-(A\cap B)$로 정의할 때, $A\circ B=B$이다. 이때, 다음 중에서 옳은 것은?

① $A\subset B$ ② $B\subset A$ ③ $A=\varnothing$
④ $B=\varnothing$ ⑤ $A=B$ ⑥ $A\cap B=\varnothing$

## 뿌리 4-5 대칭차집합 (4)

$(A\cup B)\cap(A^C\cup B^C)=\varnothing$일 때, 다음 중 옳은 것은?

① $A\subset B$ ② $B\subset A$ ③ $A=B$ ④ $A=\varnothing$ ⑤ $B=\varnothing$

**풀이** $(A\cup B)\cap(A^C\cup B^C)=\varnothing$가 성립할 때,
먼저 좌변을 정리하면
$(A\cup B)\cap(A\cap B)^C=(A\cup B)-(A\cap B)$
$(A-B)\cup(B-A)$는 '대칭차집합'이다.
즉, '순수한 집합'이다.
따라서 (순수한 집합)$=\varnothing$이므로 '서로 겹치지 않는 순수한 부분이 없다.'라는 말이므로
$A=B$이다.

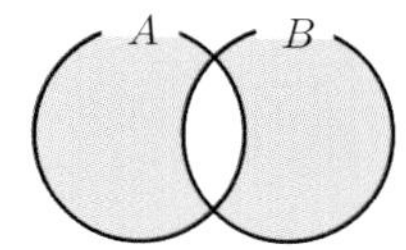

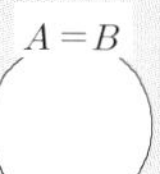

일 때, 대칭차집합을 구하면 $\varnothing$

정답 ③

**[줄기4-5]** $(A\cap B^C)\cup(A^C\cap B)=B-A$가 성립할 때, $A$, $B$ 사이의 관계를 구하여라.

**[줄기4-6]** 전체집합 $U=\{1, 2, 3, 4, 5, 6, 7\}$의 두 부분집합 $A$, $B$에 대하여 연산 $\triangle$를 $A\triangle B=(A^C\cap B^C)^C\cap(A\cap B)^C$로 정의한다. $A=\{1, 3, 5, 7\}$이고, $A\triangle B=\{3, 4, 5, 6\}$일 때, $(A\cup B)^C$를 구하여라.

**[줄기4-7]** 전체집합 $U$의 두 부분집합 $A=\{1, 3, 5, 7\}$, $B=\{3, 5, a\}$에 대하여 연산 ☆를 $A☆B=(A\cup B)-(A\cap B)$로 정의할 때, $A☆X=B$를 만족시키는 집합 $X$의 모든 원소의 합이 20이다. 이때, 상수 $a$의 값을 구하여라.

**[줄기4-8]** 전체집합 $U$의 두 부분집합 $A$, $B$에 대하여 $A◎B=(A\cup B)\cap(A\cap B)^C$로 정의할 때, 다음 중 옳지 않은 것은?

① $A◎\varnothing=A$ ② $A◎A=\varnothing$ ③ $A◎U=A^C$
④ $A◎A^C=U$ ⑤ $\varnothing◎U=U$ ⑥ $A◎B\neq B◎A$

# 6 집합의 연산

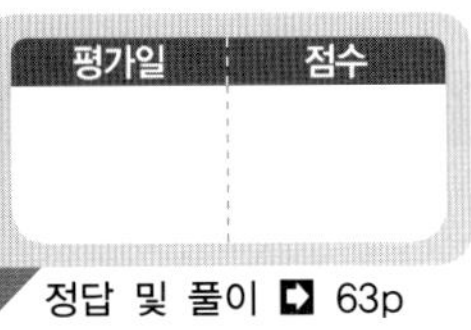


정답 및 풀이 63p

• 잎 6-1

전체집합 $U$의 두 부분집합 $A, B$에 대하여 다음 중 옳은 것을 모두 골라라.

① $B-A^C=A\cap B$
② $(B^C-A)^C=A\cup B$
③ $A\cap(A^C\cup B)=A\cap B$
④ $(A^C\cap B^C)\cap(A\cup B)=\varnothing$
⑤ $(A-B)\cap(A-C)=A-(B\cup C)$
⑥ $(A-B)\cup(A-C)=A-(B\cap C)$

• 잎 6-2

전체집합 $U$의 두 부분집합 $A, B$에 대하여 $A^C\subset B^C$일 때, $(A\cup B)^C\cap(A^C\cup B)$를 간단히 하면?

① $A$ ② $B$ ③ $U$ ④ $A^C$ ⑤ $\varnothing$

• 잎 6-3

전체집합 $U$의 두 부분집합 $A, B$에 대하여 $\{(A^C\cap B)\cup(A\cap B)\}\cap\{(A^C\cup B^C)\cap(A^C\cup B)\}=\varnothing$일 때, $A$와 $B$의 포함 관계를 구하여라.

• 잎 6-4

두 집합 $A, B$에 대하여 $n(B\cap A^C)=5,\ n(A)=10,\ n(B)=7$일 때, $n(A\cup B)$와 $n(A-B)$의 값을 구하여라.

• 잎 6-5

세 집합 $A, B, C$에서 $n(A)=7,\ n(B)=5,\ n(C)=3,\ n(A\cup B)=10$이고 $B$와 $C$가 서로소, $A$와 $C$도 서로소일 때, $n(A\cup B\cup C)$의 값을 구하여라.

• 잎 6-6

두 집합 $A, B$에 대해 $n(A)=10,\ n(B)=7,\ n(A\cap B)=4$일 때, $(A-B)\cup(B-A)$의 원소의 개수를 구하여라.

## • 잎 6-7

전체집합 $U$의 두 부분집합 $A, B$에 대하여 $n(U)=15$, $n(A)=10$, $n(B)=6$, $n(A^C-B)=3$일 때, $n(A\cup B)$와 $n(A\cap B)$, $n(B\cap A^C)$의 값을 구하여라.

## • 잎 6-8

다음 물음에 답하여라.

1) 자연수 $n$에 대하여 $n$의 양의 약수 전체의 집합을 $A_n(n=1, 2, 3, \cdots)$이라 할 때, 참, 거짓을 말하여라.

ㄱ. $A_2\cap A_3=\varnothing$ ( )

ㄴ. $n$이 $m$의 배수이면 $A_m\subset A_n$이다. ( )

ㄷ. $m, n$이 서로소이면 $A_m\cap A_n=\varnothing$이다. ( )

ㄹ. $(A_m\cap A_n)\subset A_{mn}$ ( )

2) 자연수 $n$에 대하여 1보다 큰 양의 약수 전체의 집합을 $A_n(n=2, 3, 4, \cdots)$이라 할 때, 참, 거짓을 말하여라.

ㄱ. $A_2\cap A_3=\varnothing$ ( )

ㄴ. $n$이 $m$의 배수이면 $A_m\subset A_n$이다. ( )

ㄷ. $m, n$이 서로소이면 $A_m\cap A_n=\varnothing$이다. ( )

ㄹ. $(A_m\cap A_n)\subset A_{mn}$ ( )

## • 잎 6-9

자연수 $k$의 양의 배수를 원소로 갖는 집합을 $A_k$라 할 때, $A_m\subset(A_6\cap A_{22})$, $(A_{12}\cup A_{18})\subset A_n$을 만족시키는 $m$의 최솟값과 $n$의 최댓값을 구하여라.

## • 잎 6-10

전체집합 $U$의 두 부분집합 $A=\{1, 2, 3, 4\}$, $B=\{1, 3, a\}$에 대하여 연산 $\triangle$를 $A\triangle B=(A\cup B)-(A\cap B)$라 할 때, $A\triangle X=B$를 만족시키는 집합 $X$의 모든 원소의 합이 12이다. 이때, 실수 $a$의 값을 구하여라.

**• 잎 6-11**

두 집합 $A=\{4,\ a+1,\ a^2-1\}$, $B=\{3,\ 4,\ -a-1\}$에 대하여 $(A-B)\cup(B-A)=\{-1,\ 1\}$일 때, 실수 $a$의 값과 집합 $A, B$를 구하여라.

**• 잎 6-12**

어느 학급의 학생 모두에게 영어, 수학 문제를 풀게 하였더니 영어 문제를 푼 학생은 80명, 수학 문제를 푼 학생은 30명, 두 문제를 모두 못 푼 학생은 5명, 두 문제 중 한 문제만 푼 학생은 70명이었다.
이 학급의 학생의 수를 구하여라.

**• 잎 6-13**

전체집합 $U$의 두 부분집합 $A, B$에 대하여 연산 ◎를 $A◎B=(A\cup B)\cap(A\cap B)^C$로 정의한다.
전체집합 $U$의 세 부분집합 $A, B, C$에 대하여 $n(A\cup B\cup C)=70$, $n(A◎B)=20$, $n(B◎C)=41$, $n(C◎A)=35$일 때, $n(A\cap B\cap C)$의 값을 구하여라.

**• 잎 6-14**

전체집합 $U$의 두 부분집합 $A, B$에 대하여 연산 △를 $A\triangle B=(A^C\cup B)\cap(A\cup B^C)$로 정의한다.
전체집합 $U$의 세 부분집합 $A, B, C$가 다음 조건을 모두 만족시킬 때, $n((A-C)\cup(C-A))$의 값을 구하여라.

(가) $n(U)=50$, $n(A\cap B\cap C)=4$, $n(A\cup B\cup C)=37$
(나) $n(A\triangle B)=n(B\triangle C)=n(C\triangle A)$

**• 잎 6-15**

어느 학급의 학생 40명을 대상으로 소풍 장소로 산과 바다 중 어느 곳이 좋은지에 대한 설문 조사를 하였다. 산이 좋다는 응답을 한 학생은 23명, 바다가 좋다는 응답을 한 학생은 28명이었다. 산과 바다가 모두 좋다고 응답한 학생은 16명 이상일 때, 산과 바다 중 적어도 어느 하나를 좋다고 응답한 학생은 최대 $a$명이고 최소 $b$명이다. 이때 $a, b$의 값을 구하여라.

MATH

# 7. 명제(1)

## 01 명제와 조건

1 명제
2 조건
3 진리집합
4 명제와 조건의 부정
5 '모든'이나 '어떤'이 들어 있는 명제
6 부정
7 수학에서 쉼표(,)의 의미

## 02 명제 $p \to q$

1 명제 $p \to q$의 참, 거짓
2 반례

## 03 명제의 역과 대우

1 명제의 역과 대우
2 명제와 그 대우의 참, 거짓
3 기호 $\Rightarrow$ 의 정의
4 삼단논법

## 04 충분조건과 필요조건

1 충분조건, 필요조건
2 필요충분조건

## 연습문제

# 01 명제와 조건

## 1 명제

참, 거짓을 판별할 수 있는 문장이나 식을 **명제**라 한다.

## 2 조건

문자를 포함하는 문장이나 식 중에서 **문자의 값에 따라 참, 거짓이 결정**될 때 그 문장이나 식을 **조건**이라 한다.
이때 문자 $x$를 포함하는 조건을 $p(x)$, $q(x)$, $r(x)$, $\cdots$ 등으로 나타내는 데, 경우에 따라서 간단히 $p$, $q$, $r$, $\cdots$과 같이 나타내기도 한다.

cf { 2는 6의 약수이다. ⇨ 참, 거짓을 판별할 수 있다. ∴ 명제
  $x$는 6의 약수이다. ⇨ $x$의 값에 따라 참, 거짓이 결정된다. ∴ 조건

## 3 진리집합

전체집합 $U=\{x\,|\,x$는 9 이하의 자연수$\}$의 원소 중에서 조건 '$p$ : $x$는 4의 약수이다.'를 참이 되게 하는 모든 $x$의 값의 집합을 $P$라 하면 $P=\{1,\ 2,\ 4\}$이다.
이와 같이 전체집합 $U$의 원소 중에서 **조건 $p$를 참이 되게 하는 모든 원소의 집합 $P$**를 조건 $p$의 **진리집합**이라 한다.
따라서 조건 $p$, $q$의 진리집합을 각각 $P, Q$라 할 때, '$p$ 또는 $q$', '$p$ 그리고 $q$', '$\sim p$'의 진리집합이 각각 $P\cup Q$, $P\cap Q$, $P^C$이므로 다음과 같은 관계가 성립함을 알 수 있다.

1) $\sim(p$ 또는 $q)$ ⇨ $(P\cup Q)^C$ ⇨ $P^C\cap Q^C$ ⇨ $\sim p$ 그리고 $\sim q$
2) $\sim(p$ 그리고 $q)$ ⇨ $(P\cap Q)^C$ ⇨ $P^C\cup Q^C$ ⇨ $\sim p$ 또는 $\sim q$
3) $\sim(\sim p)$ ⇨ $(P^C)^C$ ⇨ $P$ ⇨ $p$

참고 문제에서 전체집합이 주어지지 않은 경우 ⇨ 실수 전체의 집합을 전체집합으로 생각한다.
즉, 특별한 언급이 없으면 전체집합을 *실수 전체의 집합으로 생각한다.

## 4 명제와 조건의 부정

어떤 명제나 조건 $p$에 대하여 '**$p$가 아니다**'를 $p$의 **부정**이라 하고, 기호로 $\sim p$로 나타낸다.
※ $\sim p$는 not $p$로 읽는다.
1) 명제 $p$가 참이면 $\sim p$는 거짓이고, 명제 $p$가 거짓이면 $\sim p$는 참이다.
2) 조건 $p$가 참이면 $\sim p$는 거짓이고, 조건 $p$가 거짓이면 $\sim p$는 참이다.

cf { 명제 ⇨ $p$: 2는 짝수이다. (참), $\sim p$: 2는 짝수가 아니다. (거짓)
  조건 ⇨ $p$: $x$는 짝수이다. $\sim p$: $x$는 짝수가 아니다. ($x$의 값에 따라 참, 거짓이 결정된다.)

## 5 '모든'이나 '어떤'이 있는 명제

1) '**모든**'이 있는 명제

⇨ **명제를 만족시키지 않는 예가 하나만 있어도 거짓**이다.

즉, 반례가 하나만 존재해도 거짓이다.

2) '**어떤**'이 있는 명제

⇨ **명제를 만족시키는 예가 하나만 있어도 참**이다.

## 6 부정

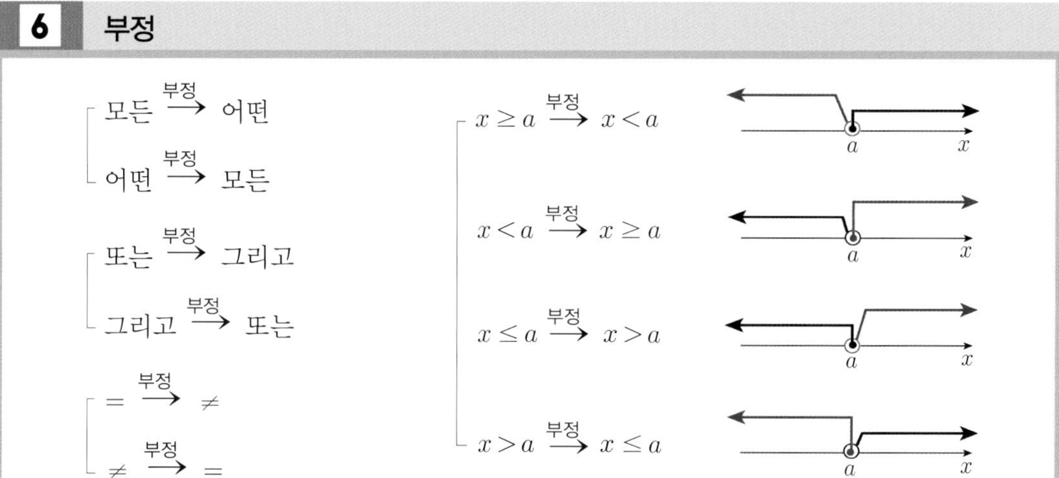


참고 부등호 (이상, 초과, 이하, 이내, 미만)

1) $x \geq 3$ ($x$는 3 이상) vs $x > 3$ ($x$는 3 초과)

2) $x \leq 3$ ($x$는 3 이하) vs $x < 3$ ($x$는 3 미만)

(익히는 방법)

이상, 이하 (이내)의 '이'는 이퀄 (equal)의 '이'이다. 따라서 등호가 있다.

## 7 수학에서 쉼표 (,)의 의미

1) ★쉼표 (,)는 '**그리고**'를 의미한다. ⇨ p.153 줄기 1-1)

ex) $-1 < x \leq 5 \Leftrightarrow -1 < x$ 그리고 $x \leq 5 \Leftrightarrow -1 < x,\ x \leq 5$

2) 쉼표 (,)는 '**나열**'을 의미한다. ⇨ 집합의 원소나열법이 대표적인 예이다. p.112

ex) $S = \{a, b, c, d\} \Leftrightarrow$ 집합 $S$의 원소는 $a, b, c, d$이다.

$x = 1, 2, 3, \cdots \Leftrightarrow x = 1,\ x = 2,\ x = 3, \cdots$

$A, B > 0 \Leftrightarrow A > 0,\ B > 0$

참고 기호 '$\Leftrightarrow$'의 의미는 '서로 같다'라는 뜻이다.

## 뿌리 1-1 명제

다음 중 명제인 것을 모두 골라라.

① $x+3=7$ ② 토끼는 가볍다. ③ $3x-2 \le 0$

④ 백두산은 높다. ⑤ $x^2-3x+2=0$ ⑥ $4+3=9$

⑦ 9는 3의 배수이다. ⑧ $2<5$ ⑨ $5-x=3-x$

⑩ $\triangle ABC$ 가 둔각삼각형이면 $\angle A > 90°$ 이다.

**풀이** ① 참, 거짓을 판별할 수 없으므로 명제가 아니다.

② '가볍다'는 사람에 따라 그 기준이 달라 참, 거짓을 판별할 수 없으므로 명제가 아니다.

③ 참, 거짓을 판별할 수 없으므로 명제가 아니다.

④ '높다'는 사람에 따라 그 기준이 달라 참, 거짓을 판별할 수 없으므로 명제가 아니다.

⑤ 참, 거짓을 판별할 수 없으므로 명제가 아니다.

⑥ 거짓인 명제이다.

⑦ 참인 명제이다.

⑧ 참인 명제이다.

⑨ $5-x=3-x$에서 $5=3$이므로 거짓인 명제이다.

⑩ $\triangle ABC$ 가 둔각삼각형이면 $\angle B > 90°$ 이거나 $\angle C > 90°$ 일 수도 있으므로 거짓인 명제이다.

**정답** ⑥, ⑦, ⑧, ⑨, ⑩

## 뿌리 1-2 명제의 참, 거짓

다음 명제의 참, 거짓을 판별하여라.

1) 모든 고등학생은 대학에 진학한다. 2) 어떤 고등학생은 대학에 진학한다.

3) 모든 삼각형의 내각의 합은 $180°$ 이다. 4) 어떤 삼각형은 내각의 합이 $180°$ 가 아니다.

5) 모든 새는 난다. 6) 어떤 새는 날지 못한다.

7) 모든 자연수는 10의 양의 약수이다. 8) 어떤 자연수는 10의 양의 약수이다.

**풀이** 1) '모든'이 들어 있는 명제는 만족하지 않는 예가 하나만 있어도 거짓이다.
[반례] 올 해 재수생이 된 철수 **(거짓)**

2) '어떤'이 들어 있는 명제는 만족하는 예가 하나만 있어도 참이다.
[예] 올 해 대학생이 된 영희 **(참)**

3) 삼각형의 내각의 합은 $180°$ 이다. **(참)**

4) 삼각형의 내각의 합이 $180°$ 가 아닌 경우는 없다. **(거짓)**

5) '모든'이 들어 있는 명제는 만족하지 않는 예가 하나만 있어도 거짓이다.
[반례] 타조 **(거짓)**

6) '어떤'이 들어 있는 명제는 만족하는 예가 하나만 있어도 참이다.
[예] 타조 **(참)**

7) '모든'이 들어 있는 명제는 만족하지 않는 예가 하나만 있어도 거짓이다.
[반례] 73 **(거짓)**

8) '어떤'이 들어 있는 명제는 만족하는 예가 하나만 있어도 참이다.
[예] 1 **(참)**

## 뿌리 1-3 조건 또는 명제의 부정

다음 조건 또는 명제의 부정을 말하여라.

1) $x=2$ 또는 $y=3$
2) $x\neq a$ 그리고 $y=b$
3) $1+2=4$
4) $x\geq 2$
5) 삼각형의 내각의 합은 $180°$이다.
6) 모든 삼각형의 내각의 합은 $180°$이다.
7) 모든 고등학생은 대학에 진학한다.
8) 어떤 실수 $x$에 대하여 $x^2>0$이다.

**풀이**

1) $x\neq 2$ 그리고 $y\neq 3$
2) $x=a$ 또는 $y\neq b$
3) $1+2\neq 4$
4) $x<2$
5) 삼각형의 내각의 합은 $180°$가 아니다.
6) 어떤 삼각형의 내각의 합은 $180°$가 아니다.
7) 어떤 고등학생은 대학에 진학하지 않는다.
8) 모든 실수 $x$에 대하여 $x^2\leq 0$이다.

**[줄기 1-1]** 다음 물음에 답하여라.

1) 조건 '$-4<x\leq 5$'의 부정을 구하여라.
2) 조건 '$x<-1$ 또는 $x\geq 3$'의 부정을 구하여라.
3) 조건 '$x<-2$ 또는 $1\leq x<4$'의 부정을 구하여라.

## 뿌리 1-4 진리집합 (1)

전체집합 $U=\{x\mid x$는 $x<9$인 자연수$\}$에서 정의된 두 조건 $p, q$가 각각
$p: x$는 6의 약수, $q: x$는 소수일 때, 다음 조건의 진리집합을 구하여라.

1) $\sim q$
2) $p$ 그리고 $q$
3) $p$ 또는 $q$
4) $\sim p$ 그리고 $\sim q$

**풀이** 전체집합 $U=\{1, 2, 3, 4, 5, 6, 7, 8\}$이고, 두 조건 $p, q$의 진리집합을 각각 $P, Q$라 하면
$P=\{1, 2, 3, 6\}$, $Q=\{2, 3, 5, 7\}$

1) 조건 $\sim q$의 진리집합은 $Q^C$이므로 $Q^C=\{1, 4, 6, 8\}$
2) 조건 '$p$ 그리고 $q$'의 진리집합은 $P\cap Q$이므로 $P\cap Q=\{2, 3\}$
3) 조건 '$p$ 또는 $q$'의 진리집합은 $P\cup Q$이므로 $P\cup Q=\{1, 2, 3, 5, 6, 7\}$
4) 조건 '$\sim p$ 그리고 $\sim q$'의 진리집합은 $P^C\cap Q^C$이므로 $P^C\cap Q^C=(P\cup Q)^C=\{4, 8\}$

**[줄기 1-2]** 전체집합 $U=\{x\mid x$는 8 이하의 자연수$\}$에 대하여 두 조건 $p, q$가 각각
$p: \dfrac{12}{x}$는 자연수이다. $q: x^2-35>0$일 때, 다음 조건의 진리집합을 구하여라.

1) $\sim p$
2) $p$ 또는 $q$
3) $p$ 그리고 $\sim q$

## 뿌리 1-5 진리집합 (2)

실수 전체의 집합에서 두 조건 $p$, $q$가 각각
$p: x<3$ 또는 $x>10$, $q: 0\le x\le 7$일 때, 다음 조건의 진리집합을 구하여라.

1) $\sim p$　　　2) $\sim q$　　　3) $\sim p$ 그리고 $\sim q$

**풀이** 두 조건 $p, q$의 진리집합을 각각 $P, Q$라 하면
$P=\{x\,|\,x<3$ 또는 $x>10\}$, $Q=\{x\,|\,0\le x\le 7\}$

1) 조건 $\sim p$의 진리집합은 $P^C$이므로
$P^C=\{x\,|\,x\ge 3$ 그리고 $x\le 10\}$　　$\therefore$ **$P^C=\{x\,|\,3\le x\le 10\}$**

2) 조건 $\sim q$의 진리집합은 $Q^C$이므로
$Q=\{x\,|\,0\le x$ 그리고 $x\le 7\}$
$Q^C=\{x\,|\,0>x$ 또는 $x>7\}$　　$\therefore$ **$Q^C=\{x\,|\,x<0$ 또는 $x>7\}$**

3) 조건 '$\sim p$ 그리고 $\sim q$'의 진리집합은 $P^C\cap Q^C$이므로
$P^C\cap Q^C=$ **$\{x\,|\,7<x\le 10\}$**

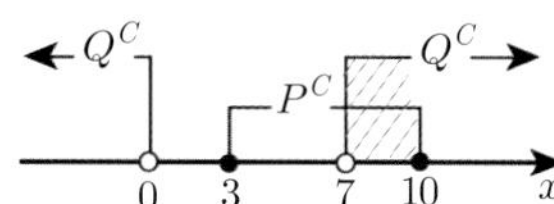


**[줄기 1-3]** 두 조건 $p$, $q$가 각각 $p: -3\le x<2$, $q: x<0$ 또는 $x\ge 5$일 때,
조건 '$p$ 그리고 $\sim q$'의 진리집합을 구하여라.

## 뿌리 1-6 '모든'이나 '어떤'이 있는 명제

전체집합 $U=\{-2, -1, 0, 1, 2, \cdots, 5\}$일 때, 다음 명제의 참, 거짓을 판별하여라.

1) 모든 $x$에 대하여 $2x-3<9$이다.　　2) 어떤 $x$에 대하여 $|x|>6$이다.
3) 모든 $x$, $y$에 대하여 $x^2+y^2<49$이다.　　4) 어떤 $x$, $y$에 대하여 $x-y^2>4$이다.

**풀이** 주어진 조건의 진리집합을 $P$라 하면

1) $2x-3<9$에서 $x<6$　$\therefore P=\{-2, -1, 0, 1, 2, \cdots, 5\}$　$\therefore P=U$ **(참)**
2) $|x|>6$에서 $x<-6$ 또는 $x>6$　$\therefore P=\varnothing$ **(거짓)**
3) [반례] $x=5$, $y=5$　$\therefore P\ne U$ **(거짓)**
4) [예] $x=5$, $y=0$　$\therefore P\ne\varnothing$ **(참)**

**참고** 전체집합 $U$에 대하여 조건 $p$의 진리집합을 $P$라 할 때,
cf { '모든 $x$에 대하여 $p$이다.'는 $P=U$이면 참이고, $P\ne U$이면 거짓이다.
'어떤 $x$에 대하여 $p$이다.'는 $P\ne\varnothing$이면 참이고, $P=\varnothing$이면 거짓이다.

**[줄기 1-4]** 전체집합 $U=\{-1, 0, 1\}$일 때, 다음 명제의 참, 거짓을 판별하여라.

1) 어떤 $x$에 대하여 $x-1>0$이다.　　2) 모든 $x$에 대하여 $2x\in U$이다.
3) 모든 $x$에 대하여 $x^2>0$이다.　　4) $x^2=0$을 만족시키지 않는 $x$가 있다.
5) 임의의 $x$, $y$에 대하여 $x^2+y^2=1$이다.

## 02 명제 $p \to q$

### 1 명제 $p \to q$의 참, 거짓 (명제 '$p$이면 $q$이다.'의 참, 거짓)

두 조건 $p$, $q$로 이루어진 명제 '**$p$ 이면 $q$ 이다**'를 기호로 $p \to q$와 같이 나타낸다.
이때, 조건 $p$를 **가정**, 조건 $q$를 **결론**이라 한다.
명제 $p \to q$에 대하여 두 조건 $p$, $q$의 진리집합을 각각 $P$, $Q$라 하면 다음이 성립한다.

1) 명제 $p \to q$가 참이면 $P \subset Q$이다.
 ex) 사람이면 동물이다. (참) ⇔ 사람 → 동물 : (참)
  즉, (앞의 것)⊂(뒤의 것) : (참)

2) 명제 $p \to q$가 거짓이면 $P \not\subset Q$이다.
 ex) 동물이면 사람이다. (거짓) ⇔ 동물 → 사람 : (거짓)
  즉, (앞의 것)⊄(뒤의 것) : (거짓)

(익히는 방법) 대표적인 명제로 기억하면 쉽다.
1) 사람이면 동물이다. (참인 이유 : 앞의 것이 뒤의 것에 포함되므로)
2) 동물이면 사람이다. (거짓인 이유 : 앞의 것이 뒤의 것에 포함되지 않으므로)

### 2 반례 ※반(反): 반대 반, 예(例): 보기 예

명제 $p \to q$가 거짓일 때, 명제 $p \to q$가 거짓임을 보이려면 $p$, $q$의 진리집합 $P$, $Q$에 대하여 **집합 $P$에 속하지만 집합 $Q$에는 속하지 않는 원소**를 예로 들면 된다.
이와 같은 예를 '**반례**(反例)'라고 한다.
반례는 오른쪽 벤다이어그램에서 색칠한 부분에 속하는 원소, 즉 집합 $P-Q=P\cap Q^C$의 원소이다.

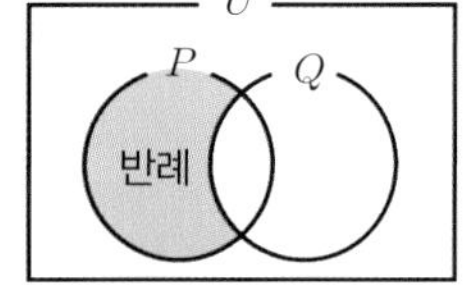


TIP 명제가 참이 아님을 증명하기 위해서는 그 명제가 성립하지 않는 반례를 하나 들면 된다.
∴ 반례는 상당히 유용하다.
즉, 반례가 1개만 있어도 그 명제는 거짓이다.

**씨앗. 1** 명제 '$x^2=1$이면 $x=1$이다.'의 참, 거짓을 판별하여라.

방법Ⅰ 명제 '$p: x=\pm1 \to q: x=1$'에서 두 조건 $p$, $q$의 진리집합을 각각 $P$, $Q$라 하면
$P=\{-1, 1\}$, $Q=\{1\}$  $\therefore P \not\subset Q$  ∴ **거짓**

방법Ⅱ [반례] $x=-1$일 때, $x^2=1$이지만 $x\neq1$이다.
따라서 주어진 명제는 **거짓**이다. (∵ 반례가 1개만 있어도 그 명제는 거짓이다.)

## 뿌리 2-1 명제 $p \to q$의 참, 거짓

다음 명제의 참, 거짓을 판별하여라.

1) $x=3$이면 $x^2=9$이다.
2) 여자이면 사람이다.
3) 이등변삼각형이면 정삼각형이다.
4) $x$가 소수이면 $x$는 홀수이다.

풀이 명제 $p \to q$에서 두 조건 $p$, $q$의 진리집합을 각각 $P$, $Q$라 하면

1) $x=3 \to x^2=9$, 즉 $P=\{3\}$, $Q=\{-3, 3\}$이므로 $P \subset Q$ $\quad\therefore$ **참**
2) (여자) $\to$ (사람), 즉 $P$는 여자의 집합이고, $Q$는 사람의 집합이므로 $P \subset Q$ $\quad\therefore$ **참**
3) (이등변삼각형) $\to$ (정삼각형), 즉 $P$는 이등변삼각형의 집합이고, $Q$는 정삼각형의 집합이므로 $P \not\subset Q$ $\quad\therefore$ **거짓**
4) ($x$가 소수) $\to$ ($x$는 홀수)
[반례] $x=2$일 때, 2는 소수이지만 2는 홀수가 아니다. $\quad\therefore$ **거짓**

참고 반례가 1개만 있어도 그 명제는 거짓이다.

**[줄기2-1]** 다음 명제의 참, 거짓을 판별하여라.

1) $x^2-x=0$이면 $x \le 0$이다.
2) $4<x\le 5$이면 $1<x<7$이다.
3) $x$가 2의 배수이면 $x$는 4의 배수이다.
4) $x+2=3$이면 $x^2-3x+2=0$이다.
5) $x\le 1$, $y \le 1$이면 $x+y\le 2$이다.
6) $x<y<z$이면 $xy<yz$이다.
7) 실수 $x$, $y$에 대하여 $xy=0$이면 $x^2+y^2=0$이다.
8) 대각선이 직교하는 사각형은 정사각형이다.

## 뿌리 2-2 거짓인 명제의 반례

전체집합 $U$에서 두 조건 $p$, $q$의 진리집합을 각각 $P$, $Q$라 하자.
두 집합 $P$, $Q$가 오른쪽 그림과 같을 때, 명제 '$\sim p$이면 $\sim q$이다.'가 거짓임을 보이는 원소를 구하여라.

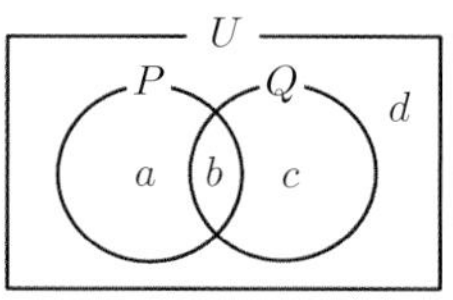


풀이 명제 $\sim p \to \sim q$가 거짓임을 보이는 원소는 $P^C$에는 속하고 $Q^C$에는 속하지 않아야 하므로 $P^C \cap (Q^C)^C$의 원소이다. 따라서
$P^C \cap (Q^C)^C = P^C \cap Q = Q \cap P^C = Q-P$이므로 구하는 원소는 $c$ 이다.

**[줄기2-2]** 전체집합 $U=\{x \mid x$는 9보다 작은 자연수$\}$에 대하여 두 조건 $p$, $q$가 각각

$p$ : $x$는 6의 약수, $q$ : $x$는 소수

이다. 이때, 명제 $p \to q$가 거짓임을 보이는 원소를 모두 구하여라.

## 뿌리 2-3 명제의 참, 거짓과 진리집합 사이의 관계 (1)

세 조건 $p, q, r$의 진리집합을 각각 $P, Q, R$이라 할 때, 이들 사이의 포함관계가 오른쪽 그림과 같다. 다음 중에서 항상 참인 것은?

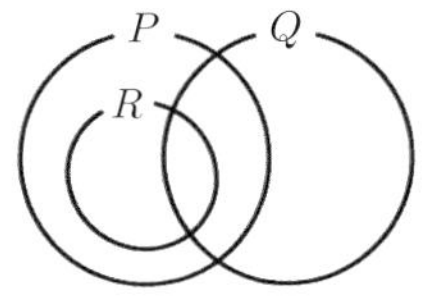


① $p \to q$　　② $p \to r$　　③ $q \to r$

④ $q \to p$　　⑤ $r \to p$　　⑥ $r \to q$

**풀이** 주어진 벤다이어그램에서 $R \subset P$이므로 명제 $r \to p$가 참이다.

**정답** ⑤

## 뿌리 2-4 명제의 참, 거짓과 진리집합 사이의 관계 (2)

전체집합 $U$에서 두 조건 $p, q$의 진리집합을 각각 $P, Q$라 하자. 명제 $p \to \sim q$가 참일 때, 다음 중에서 항상 옳은 것을 모두 골라라.

① $P \subset Q$　　② $P \cup Q = U$　　③ $P \cap Q = \varnothing$

④ $P \subset Q^C$　　⑤ $Q \subset P^C$

**풀이** 명제 $p \to \sim q$가 참이므로 $P \subset Q^C$
이것을 벤다이어그램으로 나타내면 오른쪽 그림과 같으므로

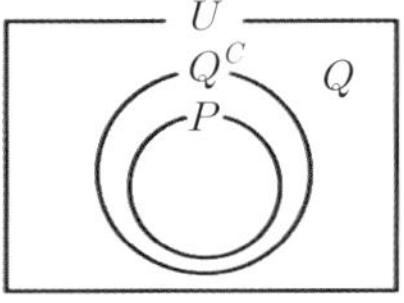

① $P \subset Q^C$　　② $P \cup Q \neq U$, $Q^C \cup Q = U$

**정답** ③, ④, ⑤

**[줄기2-3]** 전체집합 $U$에서 세 조건 $p, q, r$의 진리집합을 각각 $P, Q, R$이라 하면 $P \cap Q = \varnothing$, $P \cap R = R$이 성립한다. 다음 중 항상 참인 명제는? (단, $U \neq \varnothing$)

① $p \to q$　　② $p \to r$　　③ $q \to p$

④ $q \to r$　　⑤ $r \to p$　　⑥ $r \to q$

**[줄기2-4]** 전체집합 $U$에서 두 조건 $p, q$의 진리집합을 각각 $P, Q$라 하자. 명제 $\sim p \to q$가 참일 때, 다음 중 항상 옳은 것을 모두 골라라.

① $P^C \subset Q$　　② $P^C \cup Q = U$　　③ $P^C \cap Q = P^C$

④ $P^C \cap Q^C = \varnothing$　　⑤ $Q \subset P$　　⑥ $P \cup Q = U$

## 뿌리 2-5 명제 $p \to q$가 참이 되도록 하는 상수 구하기

다음 물음에 답하여라.

1) 두 조건 $p$, $q$가 $p: a \le x \le 3$, $q: x \ge -2$일 때, 명제 $p \to q$가 참이 되도록 하는 상수 $a$의 값의 범위를 구하여라.

2) 두 조건 $p$, $q$가 $p: a \le x < 3$, $q: x > -2$일 때, 명제 $p \to q$가 참이 되도록 하는 상수 $a$의 값의 범위를 구하여라.

**풀이** 1) 두 조건 $p, q$의 진리집합을 각각 $P, Q$라 하면

$P=\{x \mid a \le x \le 3\}$, $Q=\{x \mid x \ge -2\}$

i) *고정된 것을 먼저 그려야 하므로 $p: x \le 3$, $q: x \ge -2$를 그린다.

ii) $p \to q$가 참이 되도록 $P \subset Q$인 나머지 그림을 그린다.

iii) ii)의 그림을 보면서 움직이는 $a$의 등호가 없는 범위를 구한다. $\therefore -2<a<3$, 즉 $a$는 $-2$ 초과 3 미만이다.

이때 $a$가 '$-2$ 초과인지 이상인지', '3 미만인지 이하인지'를 판별한다.

$a=-2$일 때 성립 (이상), $a=3$일 때 성립 (이하) $\quad \therefore \mathbf{-2 \le a \le 3}$

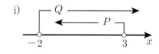

2) 두 조건 $p, q$의 진리집합을 각각 $P, Q$라 하면

$P=\{x \mid a \le x < 3\}$, $Q=\{x \mid x > -2\}$

i) *고정된 것을 먼저 그려야 하므로 $p: x < 3$, $q: x > -2$를 그린다.

ii) $p \to q$가 참이 되도록 $P \subset Q$인 나머지 그림을 그린다.

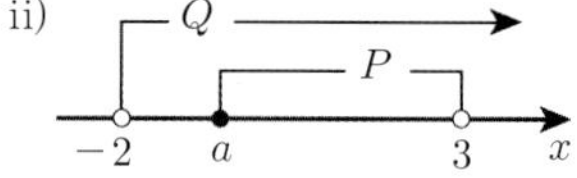


iii) ii)의 그림을 보면서 움직이는 $a$의 등호가 없는 범위를 구한다. $\therefore -2 < a < 3$, 즉 $a$는 $-2$ 초과 3 미만이다.

이때 $a$가 '$-2$ 초과인지 이상인지', '3 미만인지 이하인지'를 판별한다.

$a=-2$일 때 불성립 (초과), $a=3$일 때 불성립 (미만) $\quad \therefore \mathbf{-2<a<3}$

**참고** *두 조건의 진리집합 중에서 고정된 것을 먼저 수직선 위에 그려놓고 생각해야 쉽다.

**[줄기2-5]** 다음 물음에 답하여라.

1) 두 조건 $p$, $q$가 $p: a < x \le 3$, $q: x \ge -2$일 때, 명제 $p \to q$가 참이 되도록 하는 상수 $a$의 값의 범위를 구하여라.

2) 두 조건 $p$, $q$가 $p: a < x < 3$, $q: x > -2$일 때, 명제 $p \to q$가 참이 되도록 하는 상수 $a$의 값의 범위를 구하여라.

**[줄기2-6]** 두 조건 $p$, $q$가 $p: a+1 \le x < 4$, $q: -1 < x < -2a+3$일 때, 명제 $p \to q$가 참이 되도록 하는 상수 $a$의 값의 범위를 구하여라.

**[줄기2-7]** 두 조건 $p$, $q$가 $p: x<4$ 또는 $x \ge a+1$, $q: -2a+3 < x < 10$일 때, 명제 $\sim p \to q$가 참이 되게 하는 상수 $a$의 값의 범위를 구하여라.

# 03 명제의 역과 대우

## 1 명제의 역과 대우

명제 $p \to q$ 에서 다음과 같이 새로운 명제를 만들 수 있다.

1) 가정과 결론을 서로 바꾸어 놓은 명제 $q \to p$를 명제 $p \to q$ 의 **역**이라 한다.

※ 역(逆): 거꾸로 역

2) 가정과 결론을 각각 부정하여 서로 바꾸어 놓은 명제 $\sim q \to \sim p$를 명제 $p \to q$ 의 **대우**라 한다.

※ 대(對): 대할 대, 우(偶): 짝 우, 배우자 우

익히는 방법

1) 역 : 역방향　2) 대우 : 명제의 배우자로 명제의 가정과 결론을 각각 부정하여 서로 바꾸어 놓은 명제이다.

## 2 명제와 그 대우의 참, 거짓

명제 $p \to q$ 와 그 대우 $\sim q \to \sim p$ 는 참, 거짓이 일치한다.

1) 명제 $p \to q$ 가 **참**이면 그 대우 $\sim q \to \sim p$ 도 **참**이다.

2) 명제 $p \to q$ 가 **거짓**이면 그 대우 $\sim q \to \sim p$ 도 **거짓**이다.

증명 명제 $p \to q$에 대한 두 조건 $p, q$의 진리집합을 각각 $P, Q$라 할 때

1) $p \to q$가 참 ⇨ $P \subset Q$ ⇨ $Q^C \subset P^C$ ⇨ $\sim q \to \sim p$도 참

2) $p \to q$가 거짓 ⇨ $P \not\subset Q$ ⇨ $Q^C \not\subset P^C$ ⇨ $\sim q \to \sim p$도 거짓

익히는 방법

명제와 대우(배우자)는 부부일심동체로 참, 거짓이 일치한다.

## 3 기호 ⇒의 정의 (약속)

1) 명제 $p \to q$ 가 **참**일 때, 이것을 기호로 $p \Rightarrow q$ 와 같이 나타낸다.

2) 명제 $p \to q$ 가 **거짓**일 때, 이것을 기호로 $p \not\Rightarrow q$ 와 같이 나타낸다.

## 4 삼단논법 (이미 알고 있는 두 단계로부터 새로운 단계를 이끌어 내는 추론이다.)

명제 $p \to q$ 가 참이고 명제 $q \to r$ 이 참이면 $p \Rightarrow r$ 이다.

증명 세 조건의 $p, q, r$의 진리집합을 각각 $P, Q, R$이라 할 때,

$p \Rightarrow q,\ q \Rightarrow r$이면 $P \subset Q,\ Q \subset R$　$\therefore P \subset R$　$\therefore p \Rightarrow r$

예를 들면 두 개의 참인 명제 '소크라테스는 사람이다.', '사람은 죽는다.'로부터 새로운 명제 '소크라테스는 죽는다.'가 참임을 증명하는 것이 삼단논법이다.

즉, 세 조건의 $p, q, r$을 각각

$p$: 소크라테스이다.　$q$: 사람이다.　$r$: 죽는다.

로 놓으면 명제 $p \to q$가 참이고 명제 $q \to r$이 참이므로 명제 $p \to r$이 참이다.

따라서 명제 '소크라테스는 죽는다.'는 참이다.

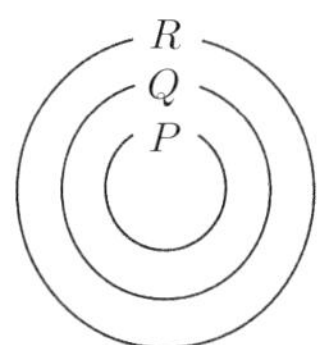

## 뿌리 3-1 명제의 대우

명제 $\sim p \rightarrow q$가 참일 때, 다음 중 반드시 참인 명제를 골라라.

① $p \rightarrow \sim q$　② $q \rightarrow \sim p$　③ $\sim q \rightarrow p$　④ $\sim p \rightarrow \sim q$　⑤ $p \rightarrow q$

**풀이** 명제 $\sim p \rightarrow q$가 참이면 이 명제의 대우 $\sim q \rightarrow p$도 참이다.

**정답** ③

**[줄기3-1]** 명제 '$x^2+ax-6 \neq 0$이면 $x-1 \neq 0$이다.'가 참일 때, 실수 $a$의 값을 구하여라.

**[줄기3-2]** 명제 '$x+y>5$이면 $x>k$ 또는 $y>-1$이다.'가 참일 때, 실수 $k$의 최댓값을 구하여라.

## 뿌리 3-2 명제의 역과 대우

명제 '사람이면 동물이다.'의 참, 거짓을 판별하라.
또한, 이 명제의 역과 대우를 말하고, 참, 거짓을 판별하여라.

**핵심** 명제와 그 역은 참, 거짓이 항상 일치하는 것은 아니다.
하지만 명제와 그 대우는 참, 거짓이 항상 일치한다.

**풀이** [명제] 사람 → 동물 : 사람의 집합을 $P$, 동물의 집합을 $Q$라 하면 $P \subset Q$　$\therefore$ 참
[역] 동물 → 사람 : 동물의 집합을 $P$, 사람의 집합을 $Q$라 하면 $P \not\subset Q$　$\therefore$ 거짓
[대우] $\sim$(동물) → $\sim$(사람)
- 동물이 아닌 집합을 $X$, 사람이 아닌 집합을 $Y$라 하면 $X \subset Y$　$\therefore$ 참
- 명제와 그 대우는 참, 거짓이 항상 일치한다.　$\therefore$ 참

**정답** 명제 : (참), 역 : 동물이면 사람이다. (거짓)
대우 : 동물이 아니면 사람이 아니다. (참)

**[줄기3-3]** 명제 '$xy=0$이면 $x=0$ 또는 $y=0$이다.'의 참, 거짓을 판별하라.
또한, 이 명제의 역과 대우를 말하고, 참, 거짓을 판별하여라.

**[줄기3-4]** 다음 명제의 대우를 말하고, 참, 거짓을 판별하여라.

1) $x>0$이고 $y>0$이면 $x+y>0$이다.
2) $xy<1$이면 $x<1$ 또는 $y<1$이다.

## 뿌리 3-3 삼단논법

조건 $p$, $q$, $r$에 대한 추론 중 옳은 것을 모두 골라라.

① 명제 $p \to q$, $\sim r \to \sim q$가 모두 참이면 $p \to r$도 참이다.
② 명제 $p \to \sim q$, $r \to q$가 모두 참이면 $r \to \sim p$도 참이다.
③ 명제 $p \to r$, $q \to \sim r$이 모두 참이면 $q \to \sim p$도 참이다.
④ 명제 $p \to \sim q$, $r \to q$가 모두 참이면 $p \to \sim r$도 참이다.
⑤ 명제 $p \to \sim q$, $\sim r \to q$가 모두 참이면 $p \to \sim r$도 참이다.
⑥ 명제 $q \to \sim p$, $\sim q \to r$이 모두 참이면 $r \to p$도 참이다.

**핵심** 명제 $p \to q$가 참일 때, 기호로 $p \Rightarrow q$와 같이 나타낸다.

**풀이** 두 명제에 공통으로 있는 조건을 매개로 삼단논법을 만든다.

① $\sim r \Rightarrow \sim q$이므로 그 대우는 $q \Rightarrow r$이다.
따라서 $p \Rightarrow q$, $q \Rightarrow r$이므로 $p \Rightarrow r$

② $p \Rightarrow \sim q$이므로 그 대우는 $q \Rightarrow \sim p$이다.
따라서 $r \Rightarrow q$, $q \Rightarrow \sim p$이므로 $r \Rightarrow \sim p$

③ $q \Rightarrow \sim r$이므로 그 대우는 $r \Rightarrow \sim q$이다.
따라서 $p \Rightarrow r$, $r \Rightarrow \sim q$이므로 $p \Rightarrow \sim q$ $\therefore p \Rightarrow \sim q$의 대우는 $q \Rightarrow \sim p$이다.

④ $r \Rightarrow q$이므로 그 대우는 $\sim q \Rightarrow \sim r$이다.
따라서 $p \Rightarrow \sim q$, $\sim q \Rightarrow \sim r$이므로 $p \Rightarrow \sim r$

⑤ $\sim r \Rightarrow q$이므로 그 대우는 $\sim q \Rightarrow r$이다.
따라서 $p \Rightarrow \sim q$, $\sim q \Rightarrow r$이므로 $p \Rightarrow r$ $\therefore P \subset R$이므로 $P \not\subset R^C$이다. 즉, $p \not\Rightarrow \sim r$

⑥ $q \Rightarrow \sim p$이므로 그 대우는 $p \Rightarrow \sim q$이다.
따라서 $p \Rightarrow \sim q$, $\sim q \Rightarrow r$이므로 $p \Rightarrow r$
그런데 명제 $p \to r$이 참이라고 해서 이 명제의 역 $r \to p$가 반드시 참인 것은 아니다.
($\because$ 명제와 그 역은 참, 거짓이 항상 일치하는 것은 아니다.)

**정답** ①, ②, ③, ④

**[줄기3-5]** 조건 $p$, $q$, $r$에 대한 추론 중 옳은 것을 골라라.

① 명제 $p \to q$, $\sim r \to \sim q$가 모두 참이면 $\sim p \to \sim r$도 참이다.
② 명제 $p \to r$, $q \to r$이 모두 참이면 $p \to q$도 참이다.

**[줄기3-6]** 세 조건 $p$, $q$, $r$에 대하여 두 명제 $\sim p \to q$와 $r \to \sim q$가 모두 참일 때, 다음 명제 중 반드시 참이라고 할 수 없는 것을 모두 골라라.

① $\sim q \to p$　② $q \to \sim r$　③ $\sim p \to \sim r$
④ $r \to p$　⑤ $p \to r$　⑥ $\sim r \to q$

# 04 충분조건과 필요조건

- 명제 $p \to q$가 참일 때, 기호로 *$p \Rightarrow q$와 같이 나타낸다.

## 1 충분조건, 필요조건

명제 $p \to q$가 참일 때 ($p \Rightarrow q$일 때), ⇨ 문제에서는 이 참인 명제를 보통 생략한다.
$p$는 $q$이기 위한 **충분조건**, $q$는 $p$이기 위한 **필요조건**이라 한다.
예) 명제 '사람 → 동물'(참)일 때 ('**사람 ⇒ 동물**'일 때), ⇨ 문제에서는 이 참인 명제를 보통 생략한다.
**사람은** 동물이기 위한 **충분조건**, **동물은** 사람이기 위한 **필요조건**이라 한다.

**씨앗. 1** 다음 물음에 답하여라.
1) 사람은 동물이기 위한 무슨 조건인지 말하여라.
2) 동물은 사람이기 위한 무슨 조건인지 말하여라.

**풀이** 1) 사람은 동물의 부분집합이므로
사람은 동물이기 위한 **충분조건**이다.
2) 동물은 사람을 포함하므로
동물은 사람이기 위한 **필요조건**이다.

《문제에서 생략한 명제》
명제 '사람 → 동물'이 참일 때

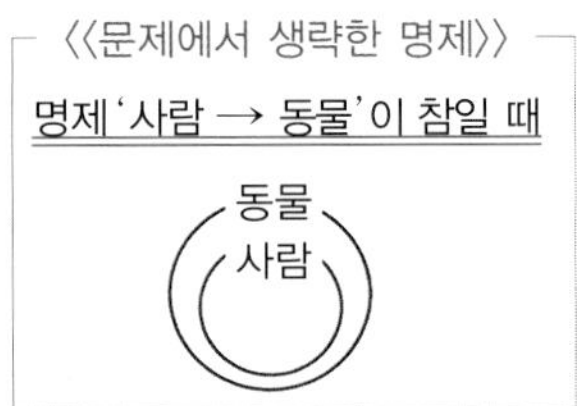


**참고** 사람은 동물이기 위한 충분한 조건이므로 사람을 동물이기 위한 충분조건이라 하고, 동물은 사람이기 위해 직립보행, 불사용, 언어사용 등 조건이 더 필요하므로 동물을 사람이기 위한 필요조건이라 한다.

**주의** 충분조건은 필요조건의 부분집합이다. (○) vs 충분조건은 필요조건의 진부분집합이다. (×)

**씨앗. 2** $x \ge a$는 $x \ge 3$이기 위한 충분조건일 때, 실수 $a$의 값의 범위는?
① $a > 3$ ② $a \ge 3$ ③ $a < 3$ ④ $a \le 3$ ⑤ $a = 3$

**풀이** $x \ge a$는 $x \ge 3$이기 위한 충분조건, 즉 $x \ge a$는 $x \ge 3$의 부분집합이므로
$\{x \mid x \ge a\} \subset \{x \mid x \ge 3\}$이므로 $a \ge 3$ **주의** $a > 3$ (×)

**정답** ②

## 2 필요충분조건

명제 $p \to q$와 그 역 $q \to p$가 모두 참일 때 ($p \Rightarrow q$이고 $q \Rightarrow p$일 때), $p$는 $q$이기 위한 **필요충분조건** (혹은 $q$는 $p$이기 위한 **필요충분조건**)이라 하고 기호로 $p \Leftrightarrow q$와 같이 나타낸다.
이때, 두 조건 $p, q$의 진리집합을 각각 $P, Q$라 하면 $P \subset Q$이고 $Q \subset P$이므로 $P = Q$인 관계가 성립한다. 따라서 기호 ⇔는 '서로 같다'라는 뜻이다.
예) 명제 '사람 ⇒ 인간, 인간 ⇒ 사람'일 때 ('사람 ⇔ 인간'일 때),
사람은 인간이기 위한 필요충분조건 (혹은 인간은 사람이기 위한 필요충분조건)이라 한다.

## 뿌리 4-1 필요조건, 충분조건, 필요충분조건 (1)

다음 (  ) 안에 필요, 충분, 필요충분 중에서 알맞은 용어를 써넣어라.

1) $x=2$는 $x^2=4$이기 위한 (  )조건이다.

2) $x \geq 2$는 $x>5$이기 위한 (  )조건이다.

3) $|x|=1$은 $x^2=1$이기 위한 (  )조건이다.

**풀이** 1) $p: x=2$, $q: x^2=4$라 하고 $p$, $q$의 진리집합을 각각 $P$, $Q$라 하면

$P=\{2\}$, $Q=\{x \mid x^2=4\}=\{x \mid x=\pm 2\}=\{-2, 2\}$이므로 $P \subset Q$

$x=2$는 $x^2=4$이기 위한 **충분**조건이다.

2) $p: x \geq 2$, $q: x>5$라 하고 $p$, $q$의 진리집합을 각각 $P$, $Q$라 하면

$P=\{x \mid x \geq 2\}$, $Q=\{x \mid x>5\}$이므로 $P \supset Q$

$x \geq 2$는 $x>5$이기 위한 **필요**조건이다.

3) $p: |x|=1$, $q: x^2=1$이라 하고 $p$, $q$의 진리집합을 각각 $P$, $Q$라 하면

$P=\{x \mid |x|=1\}=\{-1, 1\}$, $Q=\{x \mid x^2=1\}=\{-1, 1\}$이므로 $P=Q$

$|x|=1$는 $x^2=1$이기 위한 **필요충분**조건이다.

**참고** 두 조건 $p$, $q$의 진리집합을 $P$, $Q$라 하면

1) $\boldsymbol{p}$는 $q$이기 위한 **충분조건**: $P \subset Q$

2) $\boldsymbol{p}$는 $q$이기 위한 **필요조건**: $P \supset Q$

3) $\boldsymbol{p}$는 $q$이기 위한 **필요충분조건**: $P=Q$

(익히는 방법)

♡ ⇒ ☆일 때

포함되는 것(♡)을 충분조건이라 하고

포함하는 것(☆)을 필요조건이라 한다.

## 뿌리 4-2 필요조건, 충분조건, 필요충분조건 (2)

두 조건 $p$, $q$에 대하여 $\sim p$는 $q$이기 위한 충분조건일 때,

다음 (  ) 안에 필요, 충분, 필요충분 중에서 알맞은 용어를 써넣어라.

1) $\sim q$는 $p$이기 위한 (  )조건이다.

2) $p$는 $\sim q$이기 위한 (  )조건이다.

**풀이** $\sim p$는 $q$이기 위한 충분조건이므로 $\sim p \Rightarrow q$

이때, 참인 명제의 대우도 참이므로 $\sim q \Rightarrow p$

1) $\sim q$는 $p$이기 위한 **충분**조건 ($\because \sim \boldsymbol{q} \Rightarrow p$)

2) $p$는 $\sim q$이기 위한 **필요**조건 ($\because \sim q \Rightarrow \boldsymbol{p}$)

**참고** □ ⇒ ◇이면 □은 ◇이기 위한 **충분조건**이고, ◇는 □이기 위한 **필요조건**이다.

△ ⇐ ○이면 △은 ○이기 위한 **필요조건**이고, ○는 △이기 위한 **충분조건**이다.

## 뿌리 4-3 필요조건, 충분조건, 필요충분조건(3)

조건 $p, q, r, s$에 있어서 $p$는 $q$이기 위한 충분조건, $s$는 $q$이기 위한 필요조건, $r$은 $s$이기 위한 필요조건일 때, 옳은 것을 모두 골라라.

① $p$는 $s$이기 위한 충분조건이다.
② $r$은 $q$이기 위한 충분조건이다.
③ $s$는 $r$이기 위한 필요충분조건이다.
④ $r$은 $q$이기 위한 충분조건이다.
⑤ $s$는 $p$이기 위한 필요조건이다.

*충분조건은 필요조건의 부분집합이다.
즉, 필요조건은 충분조건을 포함한다.

**풀이** i) $p$는 $q$이기 위한 충분조건 : $p \Rightarrow q$

ii) $s$는 $q$이기 위한 필요조건 : $s \Leftarrow q$ $\quad\therefore q \Rightarrow s$

iii) $r$은 $s$이기 위한 필요조건 : $r \Leftarrow s$ $\quad\therefore s \Rightarrow r$

따라서 $p \Rightarrow q$, $q \Rightarrow s$, $s \Rightarrow r$를 벤 다이어그램으로 나타내면 오른쪽 그림과 같다.

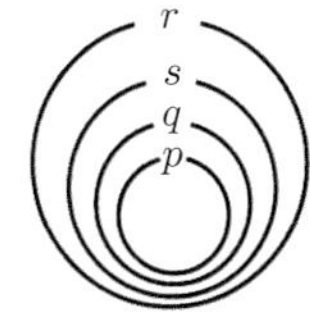


서술형 문제에서는 조건 $p, q, r, s$의 진리집합을 각각 $P, Q, R, S$라 한 후 오른쪽 벤다이어그램에서 $p, q, r, s$ 대신 $P, Q, R, S$로 써야 한다.

① $p$는 $s$이기 위한 충분조건이다.
② $r$은 $q$이기 위한 필요조건이다.
③ $s$는 $r$이기 위한 충분조건이다.
④ $r$은 $q$이기 위한 필요조건이다.
⑤ $s$는 $p$이기 위한 필요조건이다.

**정답** ①, ⑤

**참고** 두 조건 $p, q$의 진리집합을 $P, Q$라 하면

1) $p$는 $q$이기 위한 **충분조건** : $p \Rightarrow q$ $\quad\therefore P \subset Q$
 $q$는 $p$이기 위한 **필요조건** : $p \Rightarrow q$ $\quad\therefore P \subset Q$

2) $p$는 $q$이기 위한 **필요조건** : $p \Leftarrow q$ $\quad\therefore P \supset Q$
 $q$는 $p$이기 위한 **충분조건** : $p \Leftarrow q$ $\quad\therefore P \supset Q$

※ $p$는 $q$이기 위한 **필요충분조건** : $p \Leftrightarrow q$ $\quad\therefore P = Q$
 $q$는 $p$이기 위한 **필요충분조건** : $p \Leftrightarrow q$ $\quad\therefore P = Q$

**[줄기4-1]** 조건 $p, q, r, s, t$에 있어서 $p$는 $q$이기 위한 충분조건, $r$은 $q$이기 위한 필요조건, $s$는 $r$이기 위한 필요조건, $t$는 $s$이기 위한 필요조건, $r$은 $t$이기 위한 필요조건이다. 이때, 옳은 것을 모두 골라라.

① $p$는 $s$이기 위한 충분조건이다.
② $s$는 $q$이기 위한 필요조건이다.
③ $r$은 $t$이기 위한 충분조건이다.
④ $r$은 $s$이기 위한 필요충분조건이다.
⑤ $t$는 $r$이기 위한 필요조건이다.
⑥ $t$는 $p$이기 위한 필요조건이다.

## 뿌리 4-4 필요조건, 충분조건, 필요충분조건 (4)

세 조건 $p, q, r$은 다음을 모두 만족시킨다.

(가) $r$은 $p$이기 위한 필요조건이다.
(나) $\sim r$은 $\sim q$이기 위한 필요조건이다.
(다) $q$는 $p$이기 위한 충분조건이다.

이때, $q$는 $r$이기 위한 어떤 조건인지 구하여라.

**풀이** (가) $r \Leftarrow p$에서 $p \Rightarrow r$
(나) $\sim r \Leftarrow \sim q$에서 $\sim q \Rightarrow \sim r$ $\quad \therefore r \Rightarrow q$ ($\because$ 대우)
(다) $q \Rightarrow p$
따라서 $p \Rightarrow r$, $r \Rightarrow q$, $q \Rightarrow p$을 벤다이어그램으로 나타내면
오른쪽 그림과 같으므로 ⓟ$\subset r \subset q \subset$ⓟ $\quad \therefore$ ⓟ$= r = q =$ⓟ
따라서 $q = r$, 즉 $q \Leftrightarrow r$이므로 $q$는 $r$이기 위한 **필요충분조건**

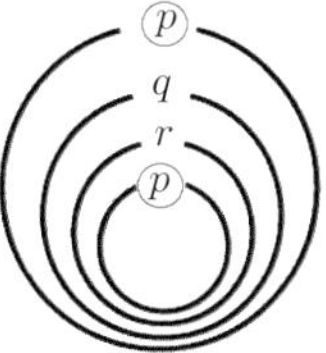


**[줄기4-2]** 네 조건 $p, q, r, s$에 대하여 $r$은 $s$이기 위한 필요조건, $q$는 $\sim p$이기 위한 충분조건, $q$는 $\sim s$이기 위한 필요조건일 때, 다음 중에서 항상 옳은 것을 모두 골라라.

① $r$은 $p$이기 위한 필요조건이다. ② $s$는 $p$이기 위한 필요조건이다.
③ $p$는 $s$이기 위한 필요조건이다. ④ $p$는 $r$이기 위한 충분조건이다.

**[줄기4-3]** 다음 중 $p$는 $q$이기 위한 필요충분조건인 것을 모두 골라라. (단, $x, y, z$는 실수이다.)

① $p: x^2+y^2+z^2=0 \quad q: xyz=0$ ② $p: xy=0 \quad q: xyz=0$
③ $p: x^2=1 \quad q: x=1$ ④ $p: x>0$이고 $y>0 \quad q: xy>0$
⑤ $p: |x|+|y|=0 \quad q: x=y=0$ ⑥ $p: xy\neq 0 \quad q: x\neq 0$이고 $y\neq 0$
⑦ $p: x^2+y^2<2 \quad q: -1<x<1$이고 $-1<y<1$

## 열매 4-1 학생들이 가장 헷갈려 하는 개념

다음 물음에 답하여라.

1) $x \geq a$는 $x \geq 3$이기 위한 충분조건일 때, $a$의 값의 범위는?
① $a>3$ ② $a\geq 3$ ③ $a<3$ ④ $a\leq 3$ ⑤ $a=3$

2) $x \geq a$는 $x \geq 3$이기 위한 충분조건이지만 필요충분조건이 아닐 때, $a$의 값의 범위는?
① $a>3$ ② $a\geq 3$ ③ $a<3$ ④ $a\leq 3$ ⑤ $a=3$

3) $x \geq a$는 $x \geq 3$이기 위한 충분조건이지만 필요조건이 아닐 때, $a$의 값의 범위는?
① $a>3$ ② $a\geq 3$ ③ $a<3$ ④ $a\leq 3$ ⑤ $a=3$

**풀이** 1) $\{x \mid x \geq a\} \subset \{x \mid x \geq 3\}$이므로 $a \geq 3$
2) $p: \{x \mid x \geq a\}$가 $q: \{x \mid x \geq 3\}$의 진부분집합($\because P \subset Q, P \neq Q$)일 때이므로 $a>3$
3) $p: \{x \mid x \geq a\}$가 $q: \{x \mid x \geq 3\}$의 진부분집합($\because P \subset Q, P \not\supset Q$)일 때이므로 $a>3$

**정답** 1) ② 2) ① 3) ①

◉ 연습문제

# 7 명제 (1)

| 평가일 | 점수 |
|---|---|
| | |

정답 및 풀이 ▶ 72p

## • 잎 7-1

다음 중 명제인 것을 모두 골라라.

① 오늘 날씨가 좋다.
② 장미꽃은 예쁘다.
③ $x^2-2x-3=0$
④ 어떤 고등학생은 대학교에 진학한다.
⑤ 어떤 실수 $x$는 $x^2<0$이다.
⑥ 소수는 홀수이다.
⑦ 자연수 $n$이 소수이면 $n^2$은 홀수이다.
⑧ 정삼각형이면 이등변삼각형이다.
⑨ 집합에서의 서로소는 교집합이 공집합이다.

## • 잎 7-2

실수 전체의 집합에서 정의된 다음 조건의 부정을 말하여라.

1) $x=\pm 1$ 2) $xy=0$ 3) $xyz\neq 0$ 4) $x=y=z=2$ 5) $x\leq -1$ 또는 $3<x\leq 4$

## • 잎 7-3

명제 '모든 남자는 군대에 간다.'가 거짓일 때 항상 참인 것을 골라라.

① 군대에 가는 남자는 없다.
② 모든 남자는 군대에 가지 않는다.
③ 군대에 가지 않는 남자도 있다.
④ 어떤 남자는 군대에 간다.
⑤ 군대에 가지 않는 남자는 없다.

## • 잎 7-4

다음 물음에 답하여라.

1) 명제 '$x+y>2$이면 $x>1$이고 $y>1$이다.'에 대하여 명제와 역, 대우의 참, 거짓을 판별하여라.
2) 명제 '$x+y>2$이면 $x>1$ 또는 $y>1$이다.'에 대하여 명제와 역, 대우의 참, 거짓을 판별하여라.

## • 잎 7-5

세 조건 $p$, $q$, $r$의 진리집합을 각각 $P$, $Q$, $R$이라 하자. 오른쪽 그림은 세 집합 $P$, $Q$, $R$ 사이의 관계를 나타낸 벤 다이어그램이다. 다음 명제 중 참인 것을 골라라. (단, $U$는 전체집합이다.) [교육청 기출]

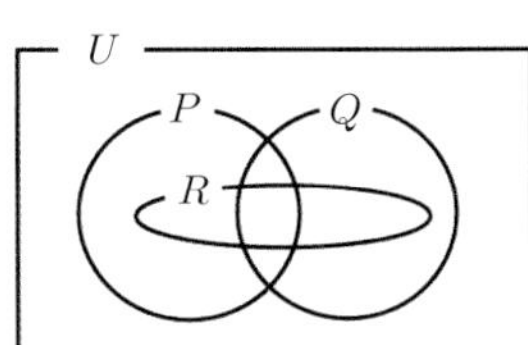


① $p\rightarrow q$
② $r\rightarrow \sim p$
③ $p\rightarrow \sim q$
④ $r\rightarrow (p$ 또는 $q)$
⑤ $(p$ 이고 $r)\rightarrow q$

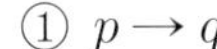

**• 잎 7-6**

세 조건 $p, q, r$의 진리집합을 각각 $P, Q, R$이라 하자. $(P \cup Q) \cap R = \varnothing$일 때, 다음 중 참인 명제를 모두 골라라.

① $p$이면 $q$이다. ② $q$이면 $r$이다. ③ $p$이면 $\sim r$이다.
④ $\sim r$이면 $p$이다. ⑤ $\sim r$이면 $q$이다. ⑥ $r$이면 $\sim q$이다.

**• 잎 7-7**

(가), (나)의 명제가 모두 참이라고 가정할 때, 다음 중 반드시 참이라고 할 수 없는 것을 골라라.

(가) 웃는 사람은 여유로운 사람이다.
(나) 배려하는 사람은 웃는 사람이다.

① 여유롭지 않은 사람은 안 웃는 사람이다.
② 안 웃는 사람은 배려하지 않는 사람이다.
③ 배려하는 사람은 여유로운 사람이다.
④ 여유롭지 않는 사람은 배려하지 않는 사람이다.
⑤ 여유로운 사람은 웃는 사람이다.

**• 잎 7-8**

두 조건 $p, q$에 대하여 명제 $p \rightarrow q$와 $\sim p \rightarrow \sim r$이 모두 참일 때, 다음 중 참인 명제는?

① $\sim r \rightarrow \sim p$ ② $\sim r \rightarrow p$ ③ $\sim q \rightarrow \sim r$ ④ $p \rightarrow \sim r$ ⑤ $q \rightarrow r$

**• 잎 7-9**

다음 중 $p$가 $q$이기 위한 충분조건이지만 필요조건이 아닌 것을 모두 골라라. (단, $x, y$는 실수이다.)

① $p: x^2=0 \quad q: |x|=0$
② $p: x^2=1 \quad q: (x-1)^2=0$
③ $p: x>0, y<0 \quad q: xy<0$
④ $p: x<0, y>0 \quad q: x^2+y^2>0$
⑤ $p: x^2=y^2 \quad q: x=y$
⑥ $p: |x|>y \quad q: y<0$
⑦ $p: |x|+|y|>|x+y| \quad q: xy<0$
⑧ $p: x^2>y^2 \quad q: x>y>0$
⑨ $p: \dfrac{1}{x}<\dfrac{1}{y} \quad q: x>y$ (단, $xy \neq 0$)
⑩ $p: x^2+y^2+z^2=0 \quad q: xyz=0$

**잎 7-10**

전체집합 $U$의 두 부분집합 $A, B$에 대하여
$(A\cap B^C)\cup(A^C\cap B)=B-A$가 성립하기 위한 필요충분조건인 것은?

① $A=B$ ② $A\subset B$ ③ $B\subset A$ ④ $A=\varnothing$ ⑤ $A\cap B=\varnothing$

**잎 7-11**

다음 물음에 답하여라.

1) $x-1\neq 0$이 $x^2+ax-6\neq 0$이기 위한 필요조건일 때, 상수 $a$의 값을 구하여라.

2) 세 조건 $p: x-2=0$, $q: x^2-(a+3)x+a=0$, $r: 3x^2+bx-2c=0$에 대하여
$p$는 $q$이기 위한 충분조건이고 $p$는 $r$이기 위한 필요충분조건일 때, 상수 $a, b, c$의 값을 구하여라.

3) 두 조건 $p: x>k$ 또는 $y>-1$, $q: x+y>5$에 대하여 $p$가 $q$이기 위한 필요조건일 때, 실수 $k$의 최댓값을 구하여라.

**잎 7-12**

$x>a$는 $-1<x<3$이기 위한 필요조건이고, $5<x\leq 8$은 $b-1\leq x<2b$이기 위한 충분조건일 때, 실수 $a, b$의 값의 범위를 구하여라.

**잎 7-13**

$-3<x\leq -1$ 또는 $x>5$이기 위한 필요조건이 $x>a$이고, 충분조건이 $x\geq b$일 때, 실수 $a$와 $b$의 값의 범위를 구하여라.

**잎 7-14**

전체집합 $U$에서 두 조건 $p, q$의 진리집합을 각각 $P, Q$라 하자. 명제 $p\rightarrow \sim q$가 참일 때, 다음 중 항상 옳은 것을 모두 골라라.

① $P\subset Q$ ② $P\cup Q=U$ ③ $P\cap Q=\varnothing$ ④ $P\subset Q^C$ ⑤ $Q\subset P^C$

**잎 7-15**

전체집합 $U$에서 두 조건 $p, q$의 진리집합을 각각 $P, Q$라 하자. 명제 $\sim p\rightarrow q$가 참일 때, 다음 중 항상 옳은 것을 모두 골라라.

① $P\cup Q^C=P$ ② $P^C\cap Q=U$ ③ $P\cup Q=U$
④ $P\subset Q^C$ ⑤ $P^C\cup Q^C=(P-Q)\cup(Q-P)$

MATH

# 7. 명제 (2)

## 05 명제의 증명

1 정의

2 정리

3 공리

4 증명

5 여러 가지 증명법

## 06 「특강」 부등식의 증명

1 부등식

2 두 수 또는 두 식의 대소 비교 ( I )

3 두 수 또는 두 식의 대소 비교 ( II )

4 차를 이용한 증명에서 큰 쪽이 좌변에 있어야 증명하기가 편하다.

## 07 절대부등식

1 조건부등식

2 절대부등식

3 기본적인 절대부등식

4 산술평균

5 기하평균

6 산술평균과 기하평균의 관계

7 코시 – 슈바르츠의 부등식

8 삼각부등식

## 연습문제

# 05 명제의 증명

## 1 정의 (약속)

용어의 뜻을 명확하게 약속한 문장을 그 용어의 **정의**라고 한다.

예) 점 : 점은 부분이 없는 것이다. 즉, 위치는 있지만 부피는 없다.
선 : 선은 폭이 없는 길이다.
직선 : 선 중에서 똑바른 것 또는 두 점간의 최단의 통로이다.

## 2 정리

증명된 명제 중에서 기본이 되는 명제로 다른 명제를 증명할 때 자주 사용되는 명제를 **정리**라고 한다.

예) 피타고라스의 정리

## 3 공리

증명 없이 바르다고 하는 명제를 **공리**라고 한다.

예) 한 점에서 다른 한 점으로 직선을 그릴 수 있다.
모든 직각은 서로 같다.

## 4 증명

정의, 정리, 공리 등을 이용하여 명제의 가정으로부터 결론을 체계적으로 이끌어 내어 명제가 참임을 설명하는 것을 **증명**이라 한다.

## 5 여러 가지 증명법

1) **대우를 이용한 증명법**

명제 $p \to q$가 참이면 그 대우 $\sim q \to \sim p$도 참이므로 **대우가 참**임을 증명함으로써 명제가 참임을 증명한다.

2) **귀류법** ※ 귀(歸): 돌아갈 귀, 류(謬): 오류 류

주어진 명제 또는 명제의 결론을 **부정한 다음 모순(오류)이 생기는 것**을 보임으로써 주어진 명제로 다시 되돌아가 그 명제가 원래 참임을 보이는 방법이다.

## 뿌리 5-1 대우를 이용한 명제의 증명

명제 '자연수 $n$에 대하여 $n^2$이 짝수이면 $n$은 짝수이다.'가 참임을 증명하여라.

**증명** [명제] ($n^2$이 짝수) → ($n$이 짝수)

[대우] ~($n$이 짝수) → ~($n^2$이 짝수)　　∴ ($n$이 홀수) → ($n^2$이 홀수)

따라서 '자연수 $n$에 대하여 $n$이 홀수이면 $n^2$도 홀수이다.'가 참임을 보이면 된다.

자연수 $n$이 홀수이므로 $n=2k-1$ ($k$는 자연수)로 놓으면

$n^2=(2k-1)^2=4k^2-4k+1=2(2k^2-2k)+1$이므로 $n^2$은 홀수이다.

따라서 주어진 명제의 대우가 참이므로 주어진 명제도 참이다.

**참고** 줄기 5-3)과 같은 문제이다.

**[줄기5-1]** 명제 '$x+y \geq 2$이면 $x \geq 1$ 또는 $y \geq 1$이다.'가 참임을 증명하여라.

## 뿌리 5-2 귀류법

명제 '$\sqrt{3}$은 무리수이다.'가 참임을 증명하여라.

**증명** $\sqrt{3}$이 무리수가 아니라고 가정하면, 즉 $\sqrt{3}$을 유리수라고 가정을 하면

$\sqrt{3}=\frac{n}{m}$ ($m, n$은 서로소인 정수, $m \neq 0$) …㉠으로 나타낼 수 있다.

㉠의 양변을 제곱하면 $3=\frac{n^2}{m^2}$　　∴ $n^2=3m^2$ …㉡

이때, $n^2$이 3의 배수이므로 $n$도 3의 배수이다. (∵ $n$은 정수)

$n=3k$ ($k$는 정수)로 놓고 ㉡에 대입하면 $(3k)^2=3m^2$　　∴ $m^2=3k^2$

이때, $m^2$이 3의 배수이므로 $m$도 3의 배수이다. (∵ $m$은 정수)

즉, $m, n$이 모두 3의 배수이므로 $m, n$이 서로소라는 가정에 모순(오류)이다.

따라서 $\sqrt{3}$은 무리수이다.

**참고** 귀류법
1) 명제를 부정하는 방법 ⇨ 뿌리 5-2)
2) 명제의 결론을 부정하는 방법 ⇨ 줄기 5-2), 줄기 5-3)

**[줄기5-2]** 명제 '$\sqrt{2}$가 무리수일 때, $3-\sqrt{2}$는 무리수이다.'가 참임을 증명하여라.

**[줄기5-3]** 자연수 $n$에 대하여 $n^2$이 2의 배수이면 $n$은 2의 배수임을 귀류법으로 증명하여라.

# 06 「특강」 부등식의 증명

## 1 부등식

부등호 $>$, $<$, $\geq$, $\leq$를 사용하여 수나 식의 대소 관계를 나타내는 식을 **부등식**이라 하며 **부등식은 실수의 범위 안에서 취급된다.**

$cf$ { 대소비교는 실수에서만 가능하다. ($\because$ real number)
허수에서는 대소비교가 불가능하다. ($\because$ imaginary number) }

핵심 허수에서는 대소 관계가 없으므로 부등식에 포함되어 있는 문자는 모두 실수를 나타내는 것이다.
예) 부등식 $a<x<b$에서는 문자 $a, x, b$는 실수라는 조건이 자동으로 주어진 것이다.

## 2 두 수 또는 두 식의 대소 비교(Ⅰ)

$A, B$의 대소를 비교할 때, $A, B$의 부호에 상관없이 **$A-B$의 부호를 조사한다.**

i) $A-B>0 \Leftrightarrow A>B$ ii) $A-B=0 \Leftrightarrow A=B$ iii) $A-B<0 \Leftrightarrow A<B$

## 3 두 수 또는 두 식의 대소 비교(Ⅱ)

$A, B$의 대소를 비교할 때, $A>0, B>0$이면 다음을 조사한다.

1) **$A$와 $B$의 비를 조사한다.**

i) $\frac{A}{B}>1 \Leftrightarrow A>B$ ii) $\frac{A}{B}=1 \Leftrightarrow A=B$ iii) $\frac{A}{B}<1 \Leftrightarrow A<B$

2) **$A^2-B^2$의 부호를 조사한다.**

i) $A^2-B^2>0 \Leftrightarrow A>B$

증명 $(A-B)(A+B)>0 \quad \therefore A>B \ (\because A+B>0)$

ii) $A^2-B^2=0 \Leftrightarrow A=B$

증명 $(A-B)(A+B)=0 \quad \therefore A=B \ (\because A+B>0)$

iii) $A^2-B^2<0 \Leftrightarrow A<B$

증명 $(A-B)(A+B)<0 \quad \therefore A<B \ (\because A+B>0)$

공식 $A, B$의 대소비교 ⇨ $A-B$ 또는 $A^2-B^2$ (단, $A, B>0$) 또는 $\frac{A}{B}$ (단, $A, B>0$)를 조사한다.

팁 이용 빈도는 1위: $A-B$, 2위: $A^2-B^2$ (단, $A, B>0$), 3위: $\frac{A}{B}$ (단, $A, B>0$) 순이다.

## 뿌리 6-1 두 수 또는 두 식의 대소 비교(1)

다음 물음에 답하여라.

1) $a>c, b>d$일 때, $a-d$와 $c-b$의 대소를 비교하여라.

2) $a>0, b>0$일 때, $\sqrt{2(a+b)}$, $\sqrt{a}+\sqrt{b}$의 대소를 비교하여라.

3) 두 수 $2^{40}$, $3^{15}$의 대소를 비교하여라.

4) 실수 $a, b$에 대하여 $a^2+2b^2$, $2ab$의 대소를 비교하여라.

**핵심** 1) $A-B$ 또는 2) $A^2-B^2$ (단, $A, B>0$) 또는 3) $\frac{A}{B}$ (단, $A, B>0$)를 조사한다.

※ 식에 $\sqrt{\ }$ 또는 절댓값 기호 ($|\ |$)가 있으면 제곱의 차($A^2-B^2$)의 부호를 조사한다.

**풀이** 1) $(a-d)-(c-b)=(a-c)+(b-d)>0$ ($\because a>c$에서 $a-c>0$, $b>d$에서 $b-d>0$)

$\therefore (a-d)-(c-b)>0 \qquad \therefore \boldsymbol{a-d>c-b}$

2) $\sqrt{2(a+b)}>0$, $\sqrt{a}+\sqrt{b}>0$이고 근호가 있으므로 두 식의 제곱의 차의 부호를 조사한다.

$\{\sqrt{2(a+b)}\}^2-(\sqrt{a}+\sqrt{b})^2=2(a+b)-(a+b+2\sqrt{a}\sqrt{b})$

$=a+b-2\sqrt{a}\sqrt{b}$

$=(\sqrt{a}-\sqrt{b})^2\geq 0$ (단, 등호는 $\sqrt{a}-\sqrt{b}=0$일 때 성립)

$\{\sqrt{2(a+b)}\}^2-(\sqrt{a}+\sqrt{b})^2\geq 0$ (단, 등호는 $\sqrt{a}=\sqrt{b}$일 때 성립)

$\therefore \boldsymbol{\sqrt{2(a+b)}\geq\sqrt{a}+\sqrt{b}}$ (단, 등호는 $a=b$일 때 성립)

3) $2^{40}>0$, $3^{15}>0$이고 근호나 절댓값 기호가 없으므로 두 수의 비를 조사한다.

$\frac{2^{40}}{3^{15}}=\frac{(2^8)^5}{(3^3)^5}=\left(\frac{2^8}{3^3}\right)^5=\left(\frac{256}{27}\right)^5>1 \qquad \therefore \boldsymbol{2^{40}>3^{15}}$

4) $(a^2+2b^2)-2ab=a^2-2ab+b^2+b^2$

$=(a-b)^2+b^2\geq 0$ (단, 등호는 $a-b=0$, $b=0$일 때 성립)

$\therefore (a^2+2b^2)-2ab\geq 0$ (단, 등호는 $a=b$, $b=0$일 때 성립)

$\therefore \boldsymbol{(a^2+2b^2)\geq 2ab}$ (단, 등호는 $a=0$, $b=0$일 때 성립)

**참고** 부등식의 증명에서 부등호가 $\leq$, $\geq$인 경우는 등호가 성립할 때를 설명해야 한다.
⇨ 2), 4)번

## 4 차를 이용한 증명은 큰 쪽이 좌변에 있어야 증명하기가 편하다.

cf $\begin{cases} B<A : \text{큰 쪽이 우변에 있으면 차를 이용하여 증명하기가 **불편하다.**} \\ \quad (\because B-A<0\text{이므로 차에서 음수가 나오므로 부담스럽다.}) \\ A>B : \text{큰 쪽이 좌변에 있으면 차를 이용하여 증명하기가 **편하다.**} \\ \quad (\because A-B>0\text{이므로 차에서 양수가 나오므로 편하다.}) \end{cases}$

## 뿌리 6-2 두 수 또는 두 식의 대소 비교 (2)

부등식 $|a+b|\le|a|+|b|$가 성립함을 증명하여라.

**핵심** 식에 $\sqrt{\ }$ 또는 절댓값 기호 ($|\ |$)가 있으면 제곱의 차 $(A^2-B^2)$의 부호를 조사한다.

**증명** $|a+b|\le|a|+|b|$에서 $|a|+|b|\ge|a+b|$임을 증명한다.

($\because$ 차를 이용한 증명은 큰 쪽이 좌변에 있어야 증명하기가 편하다.)

$\underline{|a|+|b|\ge0,\ |a+b|\ge0}$이고 절댓값 기호가 있으므로 두 식의 제곱의 차의 부호를 조사한다.

$$\begin{aligned}(|a|+|b|)^2-|a+b|^2&=|a|^2+2|a||b|+|b|^2-(a+b)^2\\&=a^2+2|ab|+b^2-a^2-2ab-b^2\\&=2(|ab|-ab)\end{aligned}$$

그런데 $|ab|\ge ab$이므로 $2(|ab|-ab)\ge0$ (단, 등호는 $ab\ge0$일 때 성립)

$\therefore (|a|+|b|)^2-|a+b|^2\ge0$ (단, 등호는 $ab\ge0$일 때 성립)

$\therefore |a|+|b|\ge|a+b|$ (단, 등호는 $ab\ge0$일 때 성립)

## 뿌리 6-3 두 수 또는 두 식의 대소 비교 (3)

부등식 $|a|-|b|\le|a-b|$가 성립함을 증명하여라.

**증명** $|a|-|b|\le|a-b|$에서

$|a-b|\ge|a|-|b|$ ($\because$ 차를 이용한 증명은 큰 쪽이 좌변에 있어야 증명하기가 편하다.)

이때, $|a-b|+|b|\ge|a|$임을 증명한다.

$\underline{|a-b|+|b|\ge0,\ |a|\ge0}$이고 절댓값 기호가 있으므로 두 식의 제곱의 차의 부호를 조사한다.

$$\begin{aligned}(|a-b|+|b|)^2-|a|^2&=a^2-2ab+b^2+2|a-b||b|+b^2-a^2\\&=2\{|ab-b^2|-(ab-b^2)\}\end{aligned}$$

그런데 $|ab-b^2|\ge ab-b^2$이므로 $2\{|ab-b^2|-(ab-b^2)\}\ge0$ (단, 등호는 $ab-b^2\ge0$일 때 성립)

$\therefore (|a-b|+|b|)^2-|a|^2\ge0$ (단, 등호는 $ab\ge b^2$일 때 성립)

$\therefore |a-b|+|b|\ge|a|$ (단, 등호는 $ab\ge b^2\ge0$일 때 성립)

$\therefore |a-b|\ge|a|-|b|$ (단, 등호는 $ab\ge0$일 때 성립)

# 07 절대부등식

## 1 조건부등식 (비슷한 예) 방정식

부등식 $2x-3>1$이 $x>2$일 때 성립하는 것처럼 특정한 변수의 값의 범위에 대해서만 성립하는 부등식을 **조건부등식**이라 한다.

## 2 절대부등식 (비슷한 예) 항등식

부등식 $x^2+1>0$이 임의의 실수 $x$에 대하여 성립하는 것처럼 모든 변수의 값의 범위에 대하여 항상 성립하는 부등식을 **절대부등식**이라 한다.

주의 허수는 대소 관계가 없으므로 부등식에 포함되어 있는 모든 문자는 실수를 나타내는 것이다.
예) 부등식 $a<x<2b-1$에서는 문자 $a, x, b$는 실수라는 조건이 자동으로 주어진 것이다.

## 3 기본적인 절대부등식

1) $a^2+ab+b^2\geq 0$, $a^2-ab+b^2\geq 0$ (단, 등호는 $a=b=0$일 때 성립)

증명 $\frac{1}{2}(2a^2\pm 2ab+2b^2)=\frac{1}{2}\{(a\pm b)^2+a^2+b^2\}\geq 0$ (단, 등호는 $a=b=0$일 때 성립)

(익히는 방법)
$a^3-b^3=(a-b)(a^2+ab+b^2)$에서 인수 $a^2+ab+b^2$은 $a^2+ab+b^2\geq 0$인 절대부등식이다.
$a^3+b^3=(a+b)(a^2-ab+b^2)$에서 인수 $a^2-ab+b^2$은 $a^2-ab+b^2\geq 0$인 절대부등식이다.

2) $a^2+b^2+c^2-ab-bc-ca\geq 0$ (단, 등호는 $a=b=c$일 때 성립)

증명
$$\begin{aligned}a^2+b^2+c^2-ab-bc-ca&=\frac{1}{2}(2a^2+2b^2+2c^2-2ab-2bc-2ca)\\&=\frac{1}{2}(\underline{a^2-2ab+b^2}+\underline{b^2-2bc+c^2}+\underline{c^2-2ca+a^2})\\&=\frac{1}{2}\{(a-b)^2+(b-c)^2+(c-a)^2\}\geq 0\end{aligned}$$
(단, 등호는 $a=b=c$일 때 성립)

(익히는 방법)
$a^2+b^2+c^2-ab-bc-ca=\frac{1}{2}\{(a-b)^2+(b-c)^2+(c-a)^2\}\geq 0$ (단, 등호는 $a=b=c$일 때 성립)

3) 산술평균과 기하평균의 관계

$a>0$, $b>0$일 때, $\frac{a+b}{2}\geq\sqrt{ab}$ (단, 등호는 $a=b$일 때 성립)

증명 뿌리 7-1)의 1)번을 참조한다. [p.177]

## 4 산술(*산수) 평균

평균성적, 평균체중, 평균수입 등 일상에서 흔히 사용하는 평균을 **산술평균**이라 한다.

예) 수학 $a$점, 영어 $b$점의 산술평균 : $\frac{a+b}{2}$

## 5 기하(*도형) 평균

직사각형의 넓이를 결정하는 가로와 세로의 길이의 **기하평균**은 동일한 넓이의 정사각형의 한 변의 길이를 의미한다.

주의 (길이)$>0$ ⇨ $a>0$, $b>0$

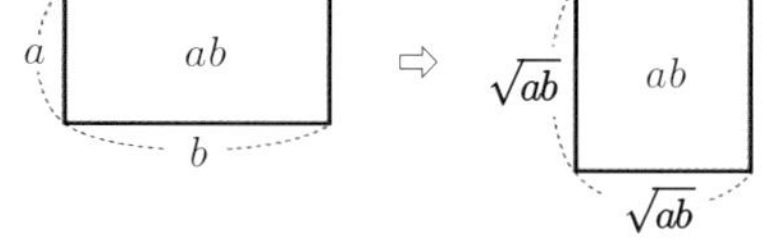


## 6 산술평균과 기하평균의 관계 (절대부등식이다.)

1) $a>0$, $b>0$일 때, $\frac{a+b}{2} \geq \sqrt{ab}$ (단, 등호는 $a=b$일 때 성립)

2) $a>0$, $b>0$일 때, $a+b \geq 2\sqrt{ab}$ (단, 등호는 $a=b$일 때 성립)

※ 2)번을 주로 이용한다.

## 7 코시-슈바르츠의 부등식 (절대부등식이다.)

1) $(a^2+b^2)(x^2+y^2) \geq (ax+by)^2$ (단, 등호는 $\frac{x}{a}=\frac{y}{b}$일 때 성립)

증명 뿌리 7-1)의 2)번을 참조한다. [p.177]

2) $(a^2+b^2+c^2)(x^2+y^2+z^2) \geq (ax+by+cz)^2$ (단, 등호는 $\frac{x}{a}=\frac{y}{b}=\frac{z}{c}$일 때 성립)

증명 줄기 7-1)의 5)번을 참조한다. [p.177]

(익히는 방법)

**1st** 제곱한 것들의 합의 곱은 두 개를 하나로 합칠 수 있다.

$(a^2+b^2)(x^2+y^2)=(ax+by)^2$

$(a^2+b^2+c^2)(x^2+y^2+z^2)=(ax+by+cz)^2$

⇨ 공식이 쉽게 익혀지도록 저자가 자의적으로 만든 것이다. 실제로는 옳지 않은 내용이다.

**2nd** 당연히 두 개가 하나로 합친 것보다 크거나 같다.

$(a^2+b^2)(x^2+y^2) \geq (ax+by)^2$

$(a^2+b^2+c^2)(x^2+y^2+z^2) \geq (ax+by+cz)^2$

**3rd** ① 단, 등호는 $\frac{x}{a}=\frac{y}{b}=\cdots$ 일 때 성립 (강추) ② 단, 등호는 $\frac{a}{x}=\frac{b}{y}=\cdots$ 일 때 성립 (비추)

↳ $a$, $b$, $c$가 상수이고 $x$, $y$, $z$가 변수라면 분모가 상수일 때 이용이 편하므로 ①번을 강추한다.

## 8 삼각부등식 (절대부등식이다.)

$\pm(|a|-|b|) \le ||a|-|b|| \le |a \pm b| \le |a|+|b|$ (단, 등호는 $a=0$ 또는 $b=0$일 때 성립)

증명 직관적으로 생각해도 너무나 당연한 식이므로 증명을 생략한다.

## 뿌리 7-1 절대부등식의 증명 (1)

다음 부등식을 증명하여라. (단, $a, b, x, y$는 실수)

1) $a>0$, $b>0$일 때, $\dfrac{a+b}{2} \ge \sqrt{ab}$

2) $(a^2+b^2)(x^2+y^2) \ge (ax+by)^2$

핵심 (단, $a, b, x, y$는 실수)라는 조건이 주어졌지만 이 조건이 주어지지 않더라도 부등식에 포함되어 있는 모든 문자는 실수라는 사실을 알고 있어야 한다.

증명 1) $\dfrac{a+b}{2}-\sqrt{ab}=\dfrac{a+b-2\sqrt{ab}}{2}=\dfrac{(\sqrt{a})^2-2\sqrt{a}\sqrt{b}+(\sqrt{b})^2}{2}$

방법 I

$=\dfrac{(\sqrt{a}-\sqrt{b})^2}{2} \ge 0$ (단, 등호는 $\sqrt{a}=\sqrt{b}$ 일 때 성립)

$\therefore \dfrac{a+b}{2}-\sqrt{ab} \ge 0 \quad \therefore \dfrac{a+b}{2} \ge \sqrt{ab}$ (단, 등호는 $a=b$일 때 성립)

1) $\dfrac{2ab}{a+b}>0$, $\sqrt{ab}>0$이므로

방법 II

$\left(\dfrac{a+b}{2}\right)^2-(\sqrt{ab})^2=\dfrac{a^2+2ab+b^2}{4}-ab=\dfrac{a^2+2ab+b^2-4ab}{4}$

$=\dfrac{a^2-2ab+b^2}{4}=\dfrac{(a-b)^2}{4} \ge 0$ (단, 등호는 $a=b$일 때 성립)

$\therefore \left(\dfrac{a+b}{2}\right)^2-(\sqrt{ab})^2 \ge 0 \quad \therefore \dfrac{a+b}{2} \ge \sqrt{ab}$ (단, 등호는 $a=b$일 때 성립)

2) $(a^2+b^2)(x^2+y^2)-(ax+by)^2=a^2x^2+a^2y^2+b^2x^2+b^2y^2-(a^2x^2+2abxy+b^2y^2)$

$=b^2x^2-2abxy+a^2y^2$

$=(bx-ay)^2 \ge 0$ (단, 등호는 $bx=ay$일 때 성립)

$\therefore (a^2+b^2)(x^2+y^2)-(ax+by)^2 \ge 0$ (단, 등호는 $bx=ay$일 때 성립)

$\therefore (a^2+b^2)(x^2+y^2) \ge (ax+by)^2$ (단, 등호는 $\dfrac{x}{a}=\dfrac{y}{b}$일 때 성립)

**[줄기7-1]** 다음을 증명하여라. (단, $a, b, c, x, y$는 실수)

1) $a^2+b^2+c^2 \ge ab+bc+ca$

2) $a^3+b^3+c^3 \ge 3abc$ (단, $a>0$, $b>0$, $c>0$)

3) $a^2+b^2 \ge -ab$

4) $a^2+b^2 \ge ab$

5) $(a^2+b^2+c^2)(x^2+y^2+z^2) \ge (ax+by+cz)^2$

## 뿌리 7-2 절대부등식의 증명 (2)

다음 부등식을 증명하여라.

1) $\frac{b}{a}+\frac{a}{b}\geq 2$ (단, $a>0$, $b>0$) 2) $a+\frac{4}{a}\geq 4$ (단, $a>0$)

3) $(a+b)(b+c)(c+a)\geq 8abc$ (단, $a>0$, $b>0$, $c>0$)

**핵심** 산술평균과 기하평균의 관계
⇨ ☆>0, ◇>0일 때, ☆+◇ ≥ $2\sqrt{☆◇}$ (단, 등호는 ☆=◇일 때 성립)

**증명** 1) $\frac{b}{a}>0$, $\frac{a}{b}>0$ ($\because a>0, b>0$)이므로 산술평균과 기하평균의 관계에 의하여

$\frac{b}{a}+\frac{a}{b}\geq 2\sqrt{\frac{b}{a}\cdot\frac{a}{b}}=2$ (단, 등호는 $\frac{b}{a}=\frac{a}{b}$일 때 성립)

$a^2=b^2$, $a=\pm b$ $\therefore a=b$ ($\because a>0$, $b>0$)

$\therefore \frac{b}{a}+\frac{a}{b}\geq 2$ (단, 등호는 $a=b$일 때 성립)

2) $a>0$, $\frac{4}{a}>0$ ($\because a>0$)이므로 산술평균과 기하평균의 관계에 의하여

$a+\frac{4}{a}\geq 2\sqrt{a\cdot\frac{4}{a}}=4$ (단, 등호는 $a=\frac{4}{a}$일 때 성립)

$a^2=4$ $\therefore a=2$ ($\because a>0$)

$\therefore a+\frac{4}{a}\geq 4$ (단, 등호는 $a=2$일 때 성립)

3) $a>0$, $b>0$, $c>0$이므로

$a+b\geq 2\sqrt{ab}$ (단, 등호는 $a=b$일 때 성립)

$b+c\geq 2\sqrt{bc}$ (단, 등호는 $b=c$일 때 성립)

$c+a\geq 2\sqrt{ca}$ (단, 등호는 $c=a$일 때 성립)

$(a+b)(b+c)(c+a)\geq 8\sqrt{a^2b^2c^2}=8abc$ (단, 등호는 $a=b$, $b=c$, $c=a$일 때 성립)

$\therefore (a+b)(b+c)(c+a)\geq 8abc$ (단, 등호는 $a=b=c$일 때 성립)

**[줄기7-2]** $a>0$, $b>0$일 때, $(a+b)\left(\frac{1}{a}+\frac{1}{b}\right)\geq 4$을 증명하여라.

## 뿌리 7-3 산술평균과 기하평균의 관계 (1)

$a>0,\ b>0$일 때, $\left(a+\frac{1}{b}\right)\left(b+\frac{9}{a}\right)$의 최솟값을 구하여라.

**풀이** $\left(a+\frac{1}{b}\right)\left(b+\frac{9}{a}\right)=ab+9+1+\frac{9}{ab}=ab+\frac{9}{ab}+10$

$ab>0,\ \frac{9}{ab}>0$ ($\because a>0,\ b>0$)이므로 산술평균과 기하평균의 관계에 의하여

$ab+\frac{9}{ab}+10\geq 2\sqrt{ab\cdot\frac{9}{ab}}+10=16$ (단, 등호는 $ab=\frac{9}{ab}$일 때 성립)

$(ab)^2=9 \qquad \therefore ab=3\ (\because a>0,\ b>0)$

$\therefore ab+\frac{9}{ab}+10\geq 16$ (단, 등호는 $ab=3$일 때 성립)

따라서 $\left(a+\frac{1}{b}\right)\left(b+\frac{9}{a}\right)$의 최솟값은 16이다.

**주의** 다음과 같은 풀이는 오류이다.

$a+\frac{1}{b}\geq 2\sqrt{\frac{a}{b}}$ …㉠ (단, 등호는 $a=\frac{1}{b}$, 즉 $ab=1$일 때 성립)

$b+\frac{9}{a}\geq 2\sqrt{\frac{9b}{a}}$ …㉡ (단, 등호는 $b=\frac{9}{a}$, 즉 $ab=9$일 때 성립)

㉠, ㉡을 변끼리 곱하면

$\left(a+\frac{1}{b}\right)\left(b+\frac{9}{a}\right)\geq 2\sqrt{\frac{a}{b}}\cdot 2\sqrt{\frac{9b}{a}}=12$ (단, 등호는 $ab=1,\ ab=9$일 때 성립)

$\therefore \left(a+\frac{1}{b}\right)\left(b+\frac{9}{a}\right)\geq 12$ ⇨ *오류

㉠에서 등호가 성립하는 경우는 $a=\frac{1}{b}$, 즉 $ab=1$일 때이고 ㉡에서 등호가 성립하는 경우는 $b=\frac{9}{a}$, 즉 $ab=9$일 때이므로 두 등식 $ab=1,\ ab=9$를 동시에 만족하는 $a, b$는 존재하지 않는다.

$\therefore \left(a+\frac{1}{b}\right)\left(b+\frac{9}{a}\right)\geq 12$는 오류이다.

**개념** 곱으로 이루어진 식은 전개한 후, 산술-기하평균의 관계를 이용해야 오류 가능성이 줄어든다.

**[줄기7-3]** $a>0,\ b>0$일 때, $(3a+2b)\left(\frac{3}{a}+\frac{2}{b}\right)$의 최솟값을 구하여라.

**[줄기7-4]** $a>0,\ b>0,\ c>0$일 때, $\left(\frac{a}{b}+\frac{b}{c}\right)\left(\frac{b}{c}+\frac{c}{a}\right)\left(\frac{c}{a}+\frac{a}{b}\right)$의 최솟값을 구하여라.

**[줄기7-5]** $x>0,\ y>0,\ z>0$일 때, $\frac{y+z}{x}+\frac{z+x}{y}+\frac{x+y}{z}$의 최솟값을 구하여라.

## 뿌리 7-4 산술평균과 기하평균의 관계 (2)

양수 $a, b$에 대하여 $a+b=2$일 때, $\frac{1}{a}+\frac{4}{b}$의 최솟값을 구하여라.

**풀이** $a>0$, $b>0$이고 $a+b=2$이므로

$$\frac{1}{a}+\frac{4}{b}=\frac{1}{2}(a+b)\left(\frac{1}{a}+\frac{4}{b}\right)=\frac{1}{2}\left(1+\frac{4a}{b}+\frac{b}{a}+4\right)$$

$\frac{4a}{b}>0$, $\frac{b}{a}>0$ ($\because a>0, b>0$)이므로 산술평균과 기하평균의 관계에 의하여

$$\frac{1}{2}\left(\frac{4a}{b}+\frac{b}{a}+5\right)\geq\frac{1}{2}\left(2\sqrt{\frac{4a}{b}\cdot\frac{b}{a}}+5\right)=\frac{9}{2}$$

$\therefore \frac{1}{2}\left(\frac{4a}{b}+\frac{b}{a}+5\right)\geq\frac{9}{2}$ (단, 등호는 $\frac{4a}{b}=\frac{b}{a}$일 때 성립)

$4a^2=b^2$, $2a=\pm b$ $\quad\therefore 2a=b$ ($\because a>0, b>0$)

$\therefore \frac{1}{a}+\frac{4}{b}\geq\frac{9}{2}$ (단, 등호는 $2a=b$일 때 성립) $\quad\therefore$ **최솟값은 $\frac{9}{2}$이다.**

**[줄기7-6]** 양수 $a, b$에 대하여 $a+b=3$일 때, $\frac{1}{a}+\frac{1}{b}$의 최솟값을 구하여라.

**[줄기7-7]** 양수 $x$, $y$, $z$가 $x+y+z=1$을 만족시킬 때, $\frac{1}{x}+\frac{4}{y}+\frac{9}{z}$의 최솟값과 그때의 $x$, $y$, $z$의 값을 구하여라.

## 뿌리 7-5 산술평균과 기하평균의 관계 (3)

$x>3$일 때, $x+\frac{1}{x-3}$의 최솟값과 그때의 $x$의 값을 구하여라.

**핵심** ☆$>0$, ◇$>0$일 때, ☆$+$◇$\geq 2\sqrt{☆◇}$ (단, 등호는 ☆$=$◇일 때 성립)

**풀이** $x-3>0$, $\frac{1}{x-3}>0$ ($\because x>3$)이므로 산술평균과 기하평균의 관계를 이용하기 위하여

$x+\frac{1}{x-3}$을 $(x-3)+3+\frac{1}{x-3}$로 변형하면

$x-3+\frac{1}{x-3}+3\geq 2\sqrt{(x-3)\cdot\frac{1}{x-3}}+3=5$ (단, 등호는 $x-3=\frac{1}{x-3}$일 때 성립)

$(x-3)^2=1$, $x=3\pm1$ $\quad\therefore x=4$ ($\because x>3$)

$\therefore x+\frac{1}{x-3}\geq 5$ (단, 등호는 $x=4$일 때 성립) $\quad\therefore$ **최솟값은 5, 그때의 $x$의 값은 4**

**[줄기7-8]** $a>1$일 때, $4a-1+\frac{1}{a-1}\geq k$가 항상 성립하도록 하는 $k$의 최댓값을 구하여라.

## 뿌리 7-6 산술평균과 기하평균의 관계 (4)

$x>0$, $y>0$이고 $x+y=4$일 때, $xy$의 최댓값과 그때의 $x$, $y$의 값을 구하여라.

**풀이** $x>0$, $y>0$이므로 산술평균과 기하평균의 관계에 의하여
$x+y\geq 2\sqrt{xy}$ (단, 등호는 $x=y$일 때 성립)
$4\geq 2\sqrt{xy}$ ($\because x+y=4$)
양변이 모두 양수이므로 양변을 제곱하면
$16\geq 4xy$ $\quad\therefore xy\leq 4$ (단, 등호는 $x=y$일 때 성립)
**따라서 $xy$의 최댓값은 4이다.**
최댓값 4는 $x=y$일 때이므로 $x+y=4$와 연립하여 풀면 $\boldsymbol{x=y=2}$

**[줄기7-9]** $x>0$, $y>0$이고 $xy=2$일 때, $2x+4y$의 최솟값과 그때의 $x$, $y$의 값을 구하여라.

**[줄기7-10]** 직선 $ax+3by=6$과 $x$축, $y$축과 둘러싸인 도형의 넓이가 2일 때, 상수 $a+b$의 최솟값과 그때의 $a$, $b$의 값을 구하여라. (단, $a>0$, $b>0$)

**[줄기7-11]** 다음 물음에 답하여라.

1) $x>0$, $y>0$이고 $xy=9$일 때, $4x+y$의 최솟값과 그때의 $x$, $y$의 값을 구하여라.
2) 두 양수 $x$, $y$가 $4x^2+y^2=32$를 만족시킬 때, $xy$의 최댓값과 그때의 $x$, $y$의 값을 구하여라.
3) $x>0$, $y>0$이고 $x+2y=8$일 때, $xy$의 최댓값과 그때의 $x$, $y$의 값을 구하여라.

**[줄기7-12]** $x>0$, $y>0$이고 $3x+2y=8$일 때, $\sqrt{3x}+\sqrt{2y}$의 최댓값을 구하여라.

[정답 및 풀이에 있는 방법Ⅱ를 꼭 익히자!]

## 뿌리 7-7 코시-슈바르츠의 부등식

$a, b, c, d, x, y$가 실수일 때, 다음 물음에 답하여라.

1) $a^2+b^2=2$, $x^2+y^2=8$일 때, $ax+by$의 값의 범위를 구하여라.

2) $a^2+c^2=2$, $b^2+d^2=8$일 때, $ab+cd$의 값의 범위를 구하여라.

3) $x^2+y^2=4$일 때, $2x+3y$의 값의 범위를 구하여라.

**풀이** 1) 1st 제곱한 것들의 합의 곱은 두 개를 하나로 합칠 수 있다.

$(a^2+b^2)(x^2+y^2)=(ax+by)^2$

⇨ 실제로는 옳지 않은 내용이다. [p.176 7]

2nd 당연히 두 개가 하나로 합친 것보다 크거나 같다.

$(a^2+b^2)(x^2+y^2)\geq(ax+by)^2$

$2\cdot8\geq(ax+by)^2$ $(\because a^2+b^2=2,\ x^2+y^2=8)$

$(ax+by)^2-16\leq0,\ \{(ax+by)+4\}\{(ax+by)-4\}\leq0$ $\quad\therefore -4\leq ax+by\leq4$

3rd 단, 등호는 $\frac{x}{a}=\frac{y}{b}$일 때 성립

2) 1st 제곱한 것들의 합의 곱은 두 개를 하나로 합칠 수 있다.

$(a^2+c^2)(b^2+d^2)=(ab+cd)^2$

⇨ 실제로는 옳지 않은 내용이다. [p.176 7]

2nd 당연히 두 개가 하나로 합친 것보다 크거나 같다.

$(a^2+c^2)(b^2+d^2)\geq(ab+cd)^2$

$2\cdot8\geq(ab+cd)^2$ $(\because a^2+c^2=2,\ b^2+d^2=8)$

$(ab+cd)^2-16\leq0,\ \{(ab+cd)+4\}\{(ab+cd)-4\}\leq0$ $\quad\therefore -4\leq ab+cd\leq4$

3rd 단, 등호는 $\frac{b}{a}=\frac{d}{c}$일 때 성립

3) 1st 제곱한 것들의 합의 곱은 두 개를 하나로 합칠 수 있다.

$(2^2+3^2)(x^2+y^2)=(2x+3y)^2$

⇨ 실제로는 옳지 않은 내용이다. [p.176 7]

2nd 당연히 두 개가 하나로 합친 것보다 크거나 같다.

$(2^2+3^2)(x^2+y^2)\geq(2x+3y)^2$

$13\cdot4\geq(2x+3y)^2$ $(\because x^2+y^2=4)$

$(2x+3y)^2-52\leq0,\ \{(2x+3y)+\sqrt{52}\}\{(2x+3y)-\sqrt{52}\}\leq0$

$\therefore -\sqrt{52}\leq 2x+3y\leq\sqrt{52}$

3rd 단, 등호는 $\frac{x}{2}=\frac{y}{3}$일 때 성립

**참고** 제곱한 것들의 합이 주어지면 코시-슈바르츠의 부등식을 제일 먼저 떠올린다.

**줄기7-13** $a, b, x, y$가 실수일 때, 다음 물음에 답하여라.

1) $2x+3y=5$일 때, $x^2+y^2$의 최솟값과 그때의 $x$, $y$의 값을 구하여라.

2) $a^2+9b^2=10$일 때, $3a+6b$의 값의 범위를 구하여라.

3) $a+b=10$일 때, $a^2+4b^2$의 최솟값과 그때 $a, b$의 값을 구하여라.

# 명제 (2)

| 평가일 | 점수 |
| --- | --- |
| | |

정답 및 풀이 ▶ 82p

**• 잎 7-1**

직선 $\frac{x}{a}+\frac{y}{b}=1\,(a>0,\ b>0)$이 점 $(2,\ 3)$을 지날 때, $ab$의 최솟값은? [교육청 기출]

① 18 ② 21 ③ 24 ④ 27 ⑤ 30

**• 잎 7-2**

이차방정식 $x^2-2x+a=0$ ($a$는 실수)이 허근을 가질 때, $a+\frac{4}{a-1}$의 최솟값과 그때의 $a$의 값을 구하여라.

**• 잎 7-3**

양수 $a,b$에 대하여 $a^2-6a+\frac{a}{b}+\frac{9b}{a}$가 $a=m,\ b=n$일 때, 최솟값을 갖는다. 이때 $m+n$의 값은? [경찰대 기출]

① 1 ② 2 ③ 3 ④ 4 ⑤ 5

**• 잎 7-4**

좌표평면 위에서 점 $\mathrm{P}(2,1)$을 지나는 직선 $\frac{x}{a}+\frac{y}{b}=1\ (a>0,b>0)$이 $x$축, $y$축과 만나는 점을 각각 A, B라 할 때, 삼각형 OAB의 넓이의 최솟값은? (단, 점 O는 원점이다.) [교육청 기출]

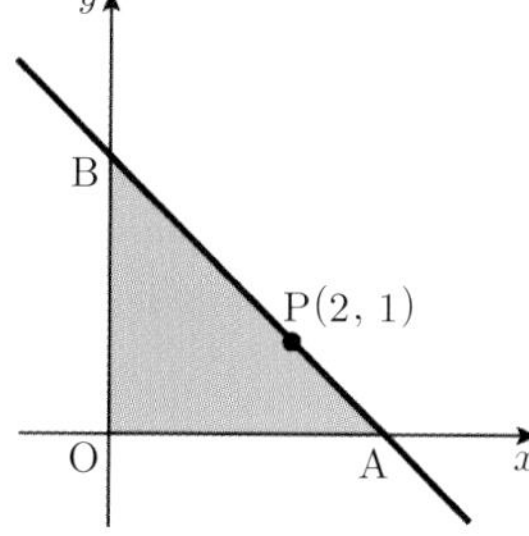


① 2 ② $\sqrt{5}$ ③ $2\sqrt{2}$
④ 4 ⑤ 5

**• 잎 7-5**

$a^2+b^2=31$, $c^2+d^2=27$일 때, $ab+cd$의 최댓값은? (단, $a, b, c, d$는 0이 아닌 실수) [교육청 기출]

① 23 ② 25 ③ 27 ④ 29 ⑤ 31

**• 잎 7-6**

실수 $a, b, c, d$에 대하여 $a^2+b^2=4$, $c^2+d^2=9$일 때, $ac+bd$의 최댓값을 구하여라.

**• 잎 7-7**

오른쪽 그림과 같이 넓이가 $4\pi$인 원의 내부에 임의의 점 P가 있다. 이 점 P를 지나는 현에 의해 만들어지는 두 활꼴의 넓이를 각각 $S_1, S_2$라 할 때, $4{S_1}^2+{S_2}^2$의 최솟값은? [교육청 기출]

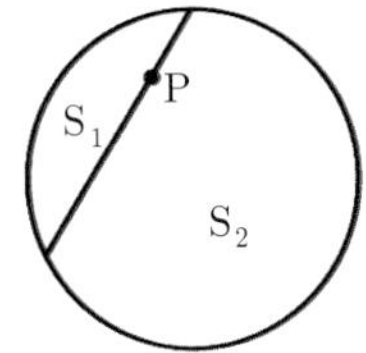


① $12\pi^2$ ② $\frac{64}{5}\pi^2$ ③ $13\pi^2$ ④ $\frac{66}{5}\pi^2$ ⑤ $20\pi^2$

**• 잎 7-8**

실수 $x, y, z$에 대하여 $x^2+y^2+z^2=4$일 때, $x+\sqrt{5}y+\sqrt{3}z$의 값의 범위를 구하여라.

**• 잎 7-9**

$x \ge 0$, $y \ge 0$, $x+y=3$을 만족하는 두 실수 $x, y$에 대하여 $2x^2+y^2$의 최댓값과 최솟값을 구하여라.

**• 잎 7-10**

다음은 실수 $a, b$에 대하여 $a>0$, $b>0$일 때, $\left(a+\dfrac{1}{b}\right)\left(b+\dfrac{4}{a}\right)$의 최솟값을 구하는 과정으로 어떤 학생의 오답에 대한 선생님의 첨삭지도 일부이다.

**〈학생풀이〉**

산술평균과 기하평균의 대소 관계를 적용하면

$a+\dfrac{1}{b}\ge 2\sqrt{\dfrac{a}{b}}$ …㉠  $b+\dfrac{4}{a}\ge 2\sqrt{\dfrac{4b}{a}}$ …㉡

㉠, ㉡의 양변을 각각 곱하면 $\left(a+\dfrac{1}{b}\right)\left(b+\dfrac{4}{a}\right)\ge 4\sqrt{\dfrac{a}{b}\cdot\dfrac{4b}{a}}=8$ …㉢

그러므로 구하는 최솟값은 8이다.

**〈첨삭내용〉**

㉠의 등호가 성립할 때는 (가) 이고

㉡의 등호가 성립할 때는 (나) 이다.

따라서 (가)와 (나)를 동시에 만족하는 양수 $a, b$는 존재하지 않으므로 최솟값 8은 될 수 없다.

(가), (나)에 알맞은 것과 최솟값을 바르게 구한 것은? [교육청 기출]

| | (가) | (나) | 최솟값 |
|---|---|---|---|
| ① | $ab=1$ | $a=4b$ | 10 |
| ② | $ab=1$ | $ab=4$ | 10 |
| ③ | $a=b$ | $a=b$ | 10 |
| ④ | $a=b$ | $ab=1$ | 9 |
| ⑤ | $ab=1$ | $ab=4$ | 9 |

**• 잎 7-11**

$a>0$, $b>0$일 때, $(3a+2b)\left(\dfrac{3}{a}+\dfrac{2}{b}\right)$의 최솟값을 구하여라.

**• 잎 7-12**

양수 $x$, $y$에 대하여 $x+2y=5$일 때, $\dfrac{1}{x}+\dfrac{2}{y}$의 최솟값을 구하여라.

## 열매 7-1 산술 – 기하평균의 관계와 코시 – 슈바르츠의 부등식은 만능이 아니다.

$x>0$, $y>0$이고 $3x+2y=8$일 때, $\sqrt{3x}+\sqrt{2y}$의 값의 범위는?

① $\sqrt{2}<\sqrt{3x}+\sqrt{2y}\le 4$ ② $2\sqrt{2}<\sqrt{3x}+\sqrt{2y}\le 4$

③ $\sqrt{3}<\sqrt{3x}+\sqrt{2y}\le 4$ ④ $2\sqrt{3}<\sqrt{3x}+\sqrt{2y}\le 4$

**참고** 열매 7-1)은 줄기 7-12)의 질문을 약간 변경한 것이다. [p.181] (비슷한 예) 잎 7-9) [p.184]

**방법 I** $3x>0$, $2y>0$ ($\because x>0, y>0$)이므로 산술평균과 기하평균의 관계에 의하여

$3x+2y\ge 2\sqrt{6xy}$ (단, 등호는 $3x=2y$일 때 성립)

$8\ge 2\sqrt{6xy}$ $\therefore \sqrt{6xy}\le 4$

$\therefore (\sqrt{3x}+\sqrt{2y})^2=3x+2y+2\sqrt{6xy}\le 8+2\cdot 4=16$

$\therefore (\sqrt{3x}+\sqrt{2y})^2\le 16$이므로 $0<\sqrt{3x}+\sqrt{2y}\le 4$ ($\because \sqrt{3x}>0, \sqrt{2y}>0$)

⇨ 답을 찾지 못한다. ㅠㅠ; ($\because$ 한쪽 범위의 값만 정확하게 나온다.)

**방법 II** 코시 – 슈바르츠의 부등식에 의하여

$(1^2+1^2)\{(\sqrt{3x})^2+(\sqrt{2y})^2\}\ge(\sqrt{3x}+\sqrt{2y})^2$ (단, 등호는 $\sqrt{3x}=\sqrt{2y}$, 즉 $3x=2y$일 때 성립)

$(\sqrt{3x}+\sqrt{2y})^2\le 2(3x+2y)=2\cdot 8$

$(\sqrt{3x}+\sqrt{2y})^2\le 16$이므로 $0<\sqrt{3x}+\sqrt{2y}\le 4$ ($\because \sqrt{3x}>0, \sqrt{2y}>0$)

⇨ 답을 찾지 못한다. ㅠㅠ; ($\because$ 한쪽 범위의 값만 정확하게 나온다.)

**방법 III** $\sqrt{3x}=X$, $\sqrt{2y}=Y$로 놓으면

$X>0, Y>0$, $X^2+Y^2=8$일 때, $X+Y$의 값의 범위를 구하라는 문제로 바뀐다.

$X+Y=k$ (단, $k>0$) ⇨ $Y=k-X$

이것을 $X^2+Y^2=8$에 대입하면 $X^2+(k-X)^2=8$, $2X^2-2kX+k^2-8=0$

만족하는 $X$는 양의 두 실근이므로

i) $\frac{D}{4}=k^2-2(k^2-8)\ge 0$, $k^2-16\le 0$, $(k+4)(k-4)\le 0$ $\therefore -4\le k\le 4$

ii) (두 근의 합)$=\frac{2k}{2}>0$ $\therefore k>0$

iii) (두 근의 곱)$=\frac{k^2-8}{2}>0$ $\therefore k<-\sqrt{8}$ 또는 $k>\sqrt{8}$

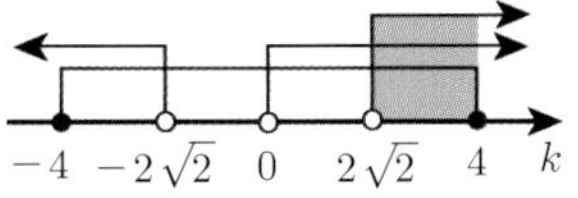


따라서 i), ii), iii)에 의하여 구하는 $k$의 값의 범위는 $2\sqrt{2}<k\le 4$

$\therefore \sqrt{3x}+\sqrt{2y}$의 값의 범위는 $2\sqrt{2}<\sqrt{3x}+\sqrt{2y}\le 4$

**정답** ②

**TIP** $\sqrt{3x}=X$, $\sqrt{2y}=Y$, $X+Y=k$로 놓으면

$X>0, Y>0$, $X^2+Y^2=8$일 때,

$X+Y=k$ (단, $k>0$) ⇨ $Y=-X+k$

i) 직선 $Y=-X+k$가 점 $(2\sqrt{2}, 0)$을 지날 때

$0=-2\sqrt{2}+k$ $\therefore k=2\sqrt{2}$

ii) 직선 $X+Y-k=0$이 원 $X^2+Y^2=8$에 접할 때

$\frac{|0+0-k|}{\sqrt{1^2+1^2}}=2\sqrt{2}$ $\therefore k=4$ ($\because k>0$)

따라서 i), ii)에 의하여 구하는 $k$의 값의 범위는 $2\sqrt{2}<k\le 4$

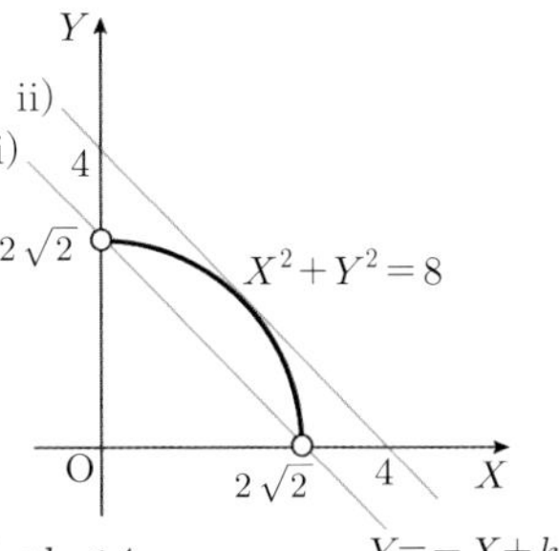


★ 최댓값과 최솟값을 모두 구하라는 문제 (예 잎 7-9)에서 산술 – 기하평균의 관계와 코시 – 슈바르츠의 부등식을 쓰면 답을 못 구할 수도 있다. ($\because$ 한쪽 범위의 값만 정확하게 나오는 경우도 있다.) 따라서 산술 – 기하평균의 관계와 코시 – 슈바르츠의 부등식으로 답을 구하지 못하면 빨리 다른 방법을 찾는다.

# 8. 함수 (1)

## 01 함수

1 함수의 어원

2 대응

3 함수

4 정의역, 공역, 치역, 함숫값

## 02 서로 같은 함수와 함수의 그래프

1 서로 같은 함수

2 함수 $y=f(x)$는 좌표평면 위에 그래프로 그려질 수 있다.

3 함수의 그래프

## 03 여러 가지 함수

1 일대일함수

2 일대일함수의 특징

3 일대일대응

4 일대일대응의 특징

5 항등함수

6 상수함수

## 연습문제

# 01 함수

## 1 함수의 어원

한자로 '함(函) : 상자 함', '수(數) : 수 수'이다. ex) 보석함(보석상자)

영어로 $function$(기능)이다.

예) 미지수를 두 배 한 다음 1을 더하는 기능을 하는 식을 구하여라.

1) 초등 : 2) 중등 : $y=2x+1$ 3) 고등 : $f(x)=2x+1$

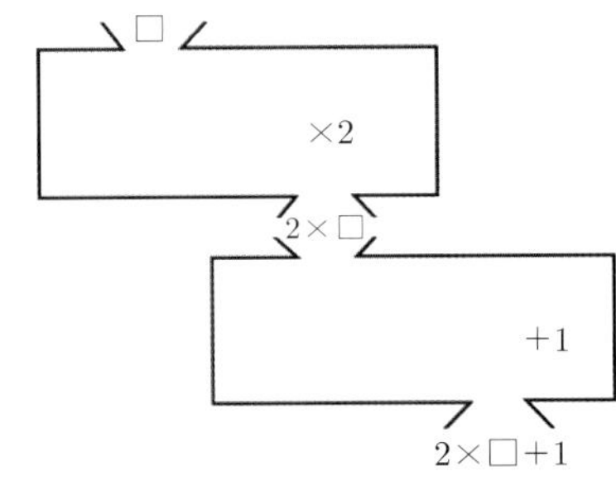


## 2 대응

공집합이 아닌 두 집합 $X$, $Y$에 대하여 $X$의 각 원소에 $Y$의 원소를 짝짓는 것을 집합 $X$에서 집합 $Y$로의 **대응**이라 한다. 이때 $X$의 원소 $x$에 $Y$의 원소 $y$가 짝지어지면 기호로 $\boldsymbol{x \to y}$와 같이 나타낸다.

## 3 함수

두 집합 $X$, $Y$에 대하여 **$X$의 각 원소에 $Y$의 원소가 오직 하나씩 대응**될 때, 이 대응을 $X$에서 $Y$로의 **함수**라 한다.

이 함수를 $f$라 할 때, 기호로 $\boldsymbol{f : X \to Y}$와 같이 나타낸다.

주의 i) $X$의 원소 중에서 $Y$의 원소에 대응하지 않고 남아 있는 원소가 있으면 함수가 아니다.
ii) $X$의 한 원소가 $Y$의 두 개 이상의 원소에 대응하면 함수가 아니다.

(익히는 방법) 함수 $f : X \to Y$는 활쏘기와 비슷하다.

집합 $X$는 화살집으로, 집합 $X$의 원소는 화살로 생각한다.

집합 $Y$는 과녁으로, 집합 $Y$의 원소는 과녁의 점수로 생각한다.

i) 모든 화살이 과녁의 점수를 맞힐 때만 함수이다. 즉, 과녁의 점수를 맞히지 못한 화살이 한 발이라도 있으면 함수가 아니다.

ii) 화살 한 발은 과녁에서 오직 한 개의 점수만을 맞힐 수 있다.
(∵ 화살 한 발이 과녁에서 동시에 5점, 8점, …을 맞힐 수는 없다. 즉, 화살 한 발이 두 개 이상의 점수를 동시에 맞힐 수 없다.)

**씨앗. 1** 다음 $X$에서 $Y$로의 대응 중 함수인 것을 찾아라.

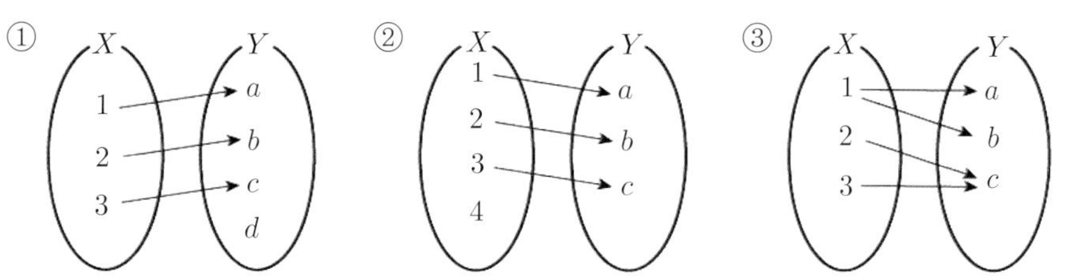

**핵심** 함수를 활쏘기로 생각한다.

**풀이** ① 모든 화살이 과녁의 점수를 하나씩 맞히므로 함수이다.
② 4의 화살이 과녁의 점수를 맞히지 못했으므로 함수가 아니다.
③ 1의 화살이 $a$, $b$ 이렇게 두 개의 점수를 동시에 맞히므로 함수가 아니다.

**정답** ①

## 4 정의역, 공역, 치역, 함숫값

집합 $X$에서 집합 $Y$로의 함수 $f$, 즉 $f : X \to Y$에서 집합 $X$를 함수 $f$의 **정의역**, 집합 $Y$를 함수 $f$의 **공역**이라 한다.
오른쪽 그림과 같이 함수 $f : X \to Y$에서 정의역 $X$의 원소 $m$에 공역 $Y$의 원소 $\alpha$가 대응할 때, 이것을 기호로 $f(m)=\alpha$와 같이 나타내고, $\alpha$를 함수 $f$에 의한 $m$의 **함숫값**이라 한다.
따라서 $n$의 함숫값은 $\beta$, $t$의 함숫값은 $\gamma$, $k$의 함숫값은 $\gamma$이다.
이때, 함숫값 전체의 집합 $\{f(x) \mid x \in X\}$를 **치역**이라 한다.
따라서 치역은 공역의 부분집합이다.

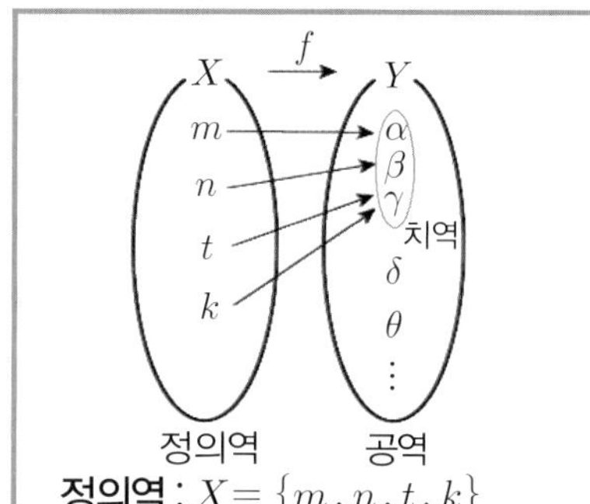


**정의역** : $X=\{m, n, t, k\}$
**공역** : $Y=\{\alpha, \beta, \gamma, \delta, \theta, \cdots\}$
**치역** : $\{\alpha, \beta, \gamma\}$
$\therefore$ (치역) $\subset$ (공역)

**씨앗. 2** 오른쪽 그림은 함수 $f : X \to Y$이다. 이 함수의 정의역, 공역, 치역을 각각 구하여라.

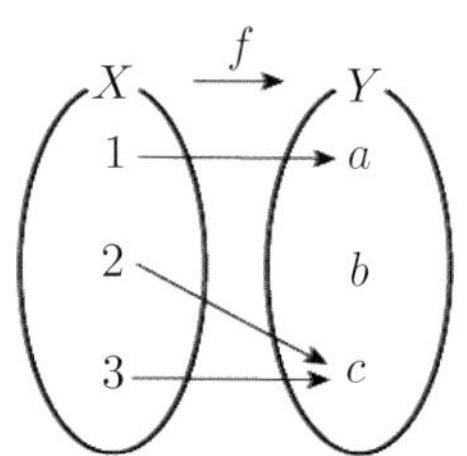

**핵심** 정의역, 공역, 치역은 집합으로 표현한다.

**풀이** 정의역은 화살집, 공역은 과녁, 치역은 화살이 맞은 과녁의 점수들의 집합이다.

**정답** 정의역 : $\{1, 2, 3\}$, 공역 : $\{a, b, c\}$, 치역 : $\{a, c\}$

## 뿌리 1-1 함수, 정의역, 공역, 치역

다음 $X$에서 $Y$로의 대응 중 함수인 것을 모두 찾고, 함수인 것의 정의역과 공역과 치역을 각각 구하여라.

①
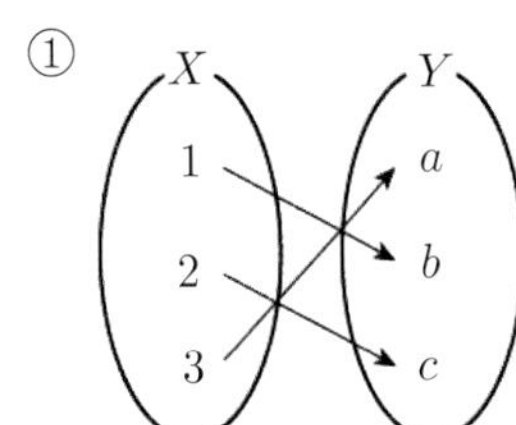

②
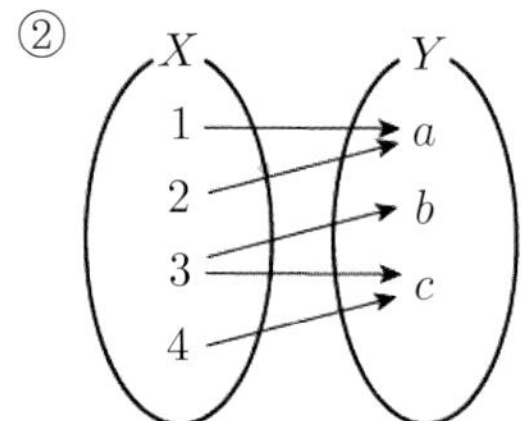

③
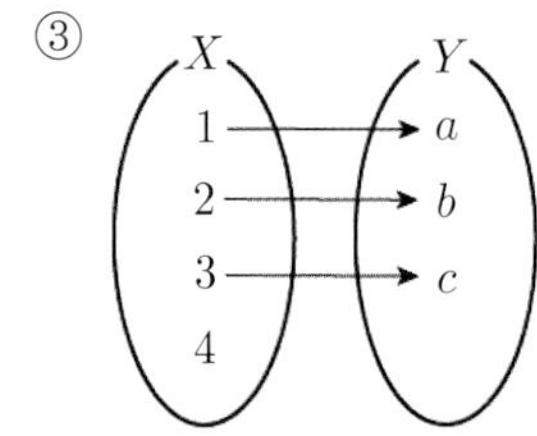

④
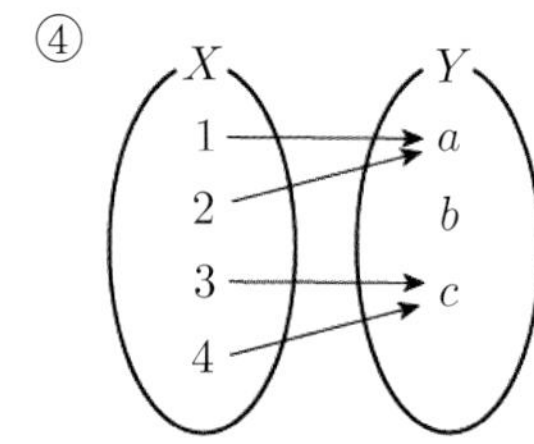

**핵심** 정의역, 공역, 치역은 집합으로 표현한다.
※ 치역은 공역의 부분집합이다.

**풀이** ① 모든 화살이 과녁의 점수를 하나씩 맞히므로 함수이다.
② 3의 화살이 $b$, $c$ 이렇게 두 개의 점수를 동시에 맞히므로 함수가 아니다.
③ 4의 화살이 과녁의 점수를 맞히지 못했으므로 함수가 아니다.
④ 모든 화살이 과녁의 점수를 하나씩 맞히므로 함수이다.

**정답** ① 정의역 : $\{1, 2, 3\}$, 공역 : $\{a, b, c\}$, 치역 : $\{a, b, c\}$
④ 정의역 : $\{1, 2, 3, 4\}$, 공역 : $\{a, b, c\}$, 치역 : $\{a, c\}$

**[줄기1-1]** 두 집합 $X=\{-1, 0, 1\}$, $Y=\{1, 2, 3\}$에 대하여 함수 $f: X \to Y$를 $f(x)=|2x-1|$로 정의할 때, 다음을 구하여라.

1) 정의역, 공역
2) $f(-1)$, $f(0)$, $f(1)$의 값
3) 치역

## 뿌리 1-2 함수의 뜻

두 집합 $X=\{-1, 0, 1\}$, $Y=\{1, 2, 3\}$에 대하여 다음 중 $X$에서 $Y$로의 함수인 것을 찾아라.

① $x \to |x|$　② $x \to x^2$　③ $x \to x^2+1$　④ $x \to x^3+1$

**풀이** ① $X$에서 $Y$로의 함수를 $f$라 하면 $f(x)=|x|$이므로
$f(-1)=1$, $f(0)=0$, $f(1)=1$
오른쪽 그림과 같이 $X$의 원소 0이 대응하는 $Y$의 원소가 없으므로 함수가 아니다.

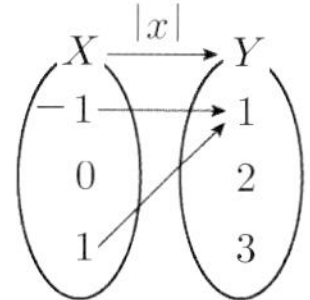

② $X$에서 $Y$로의 함수를 $f$라 하면 $f(x)=x^2$이므로
$f(-1)=1$, $f(0)=0$, $f(1)=1$
오른쪽 그림과 같이 $X$의 원소 0이 대응하는 $Y$의 원소가 없으므로 함수가 아니다.

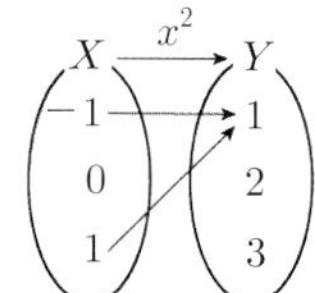

③ $X$에서 $Y$로의 함수를 $f$라 하면 $f(x)=x^2+1$이므로
$f(-1)=2$, $f(0)=1$, $f(1)=2$
오른쪽 그림과 같이 $X$의 각 원소가 $Y$의 원소에 하나씩 대응하므로 함수이다.

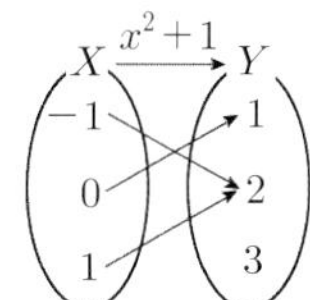

④ $X$에서 $Y$로의 함수를 $f$라 하면 $f(x)=x^3+1$이므로
$f(-1)=0$, $f(0)=1$, $f(1)=2$
오른쪽 그림과 같이 $X$의 원소 $-1$이 대응하는 $Y$의 원소가 없으므로 함수가 아니다.

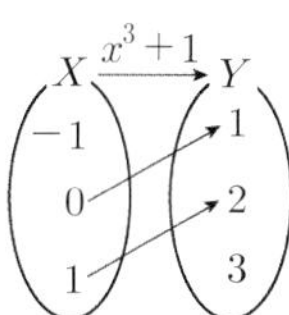

**정답** ③

**줄기 1-2** 두 집합 $X=\{0, 1, 2\}$, $Y=\{0, 1, 2, 3\}$에 대하여 다음 중 $X$에서 $Y$로의 함수인 것을 모두 찾아라.

① $f(x)=x^2-|x|+1$　② $f(x)=x+1$

**줄기 1-3** 다음 함수의 정의역과 공역과 치역을 구하여라.

1) $y=x+2$　2) $y=x^2+1$　3) $y=\sqrt{x-2}$　4) $y=\dfrac{1}{x}$

**참고** *함수에서 정의역이나 공역이 주어져 있지 않은 경우
⇨ 정의역은 함수가 정의되는 모든 실수의 집합으로, 공역은 실수 전체의 집합으로 생각한다.
즉, 함수는 실수의 범위에서 정의된다.

# 02 서로 같은 함수와 함수의 그래프

## 1 서로 같은 함수

두 함수 $f: X \to Y$, $g: U \to V$에 대하여
i) **정의역과 공역이 각각 같고** $(X=U, Y=V)$
ii) **함숫값이 같을 때** (정의역의 모든 원소 $x$에 대하여 $f(x)=g(x)$일 때)
두 함수 $f$와 $g$는 **서로 같다**고 하고, 기호로 $f=g$와 같이 나타낸다.

**씨앗. 1** 두 집합 $X=\{-1, 1\}$, $Y=\{-1, 1, 3\}$에 대하여 $X$에서 $Y$로의 두 함수 $f$와 $g$가 서로 같은 것을 다음 중에서 모두 골라라.

① $f(x)=x$, $g(x)=x^3$　　② $f(x)=\sqrt{x^2}$, $g(x)=|x|$

③ $f(x)=x+2$, $g(x)=\dfrac{x^2-4}{x-2}$

**핵심** 두 함수가 서로 같으려면 ⇨ 정의역과 공역이 각각 같고, 함숫값도 서로 같아야 한다.

**풀이** 두 함수 $f$와 $g$의 정의역은 $X=\{-1, 1\}$로 같다.
두 함수 $f$와 $g$의 공역은 $Y=\{-1, 1, 3\}$으로 같다.
① $f(-1)=g(-1)=-1$, $f(1)=g(1)=1$ ➔ 두 함수 $f$와 $g$의 함숫값이 서로 같다.
$\therefore f=g$
② $f(-1)=g(-1)=1$, $f(1)=g(1)=1$　$\therefore f=g$
③ $f(-1)=g(-1)=1$, $f(1)=g(1)=3$　$\therefore f=g$

**정답** ①, ②, ③

### 뿌리 2-1 서로 같은 함수 (1)

집합 $X=\{-1, 0, 1\}$에 대하여 $X$에서 $X$로의 두 함수 $f$와 $g$가 서로 같은 것을 다음 중에서 골라라.

① $\begin{cases} f(x)=|x| \\ g(x)=x \end{cases}$　② $\begin{cases} f(x)=x \\ g(x)=x^3 \end{cases}$　③ $\begin{cases} f(x)=x \\ g(x)=-x \end{cases}$

**풀이** 두 함수 $f$와 $g$의 정의역은 $X=\{-1, 0, 1\}$로 같다.
두 함수 $f$와 $g$의 공역은 $X=\{-1, 0, 1\}$로 같다.
① $f(-1)=1$, $g(-1)=-1$, $f(0)=0$, $g(0)=0$, $f(1)=1$, $g(1)=1$에서
$f(-1)\neq g(-1)$이므로 $f\neq g$
② $f(-1)=-1$, $g(-1)=-1$, $f(0)=0$, $g(0)=0$, $f(1)=1$, $g(1)=1$에서
$f(-1)=g(-1)$, $f(0)=g(0)$, $f(1)=g(1)$이므로 $f=g$
③ $f(-1)=-1$, $g(-1)=1$, $f(0)=0$, $g(0)=0$, $f(1)=1$, $g(1)=-1$에서
$f(-1)\neq g(-1)$, $f(1)\neq g(1)$이므로 $f\neq g$

**정답** ②

## 뿌리 2-2 서로 같은 함수(2)

다음 두 함수 $f$와 $g$가 서로 같은 함수인지 아닌지 말하여라.

1) $f(x)=\sqrt{x^2}$, $g(x)=|x|$  2) $f(x)=\dfrac{1}{x+2}$, $g(x)=\dfrac{x-2}{x^2-4}$

**핵심** 두 함수가 서로 같으려면 ⇨ 정의역과 공역이 각각 같고, 함숫값도 서로 같아야 한다.

**풀이** 1) i) $f$와 $g$는 모든 실수 $x$에서 정의되므로 정의역은 실수 전체의 집합으로 같다.
$f$와 $g$의 공역은 실수 전체의 집합으로 같다.

ii) $f(x)=\sqrt{x^2}=|x|$, $g(x)=|x|$이므로
정의역의 모든 원소에 대하여 함숫값이 서로 같다.

따라서 두 함수 $f$와 $g$는 서로 같다. $\therefore f=g$

2) $f(x)=\dfrac{1}{x+2}$은 $x=-2$에서 정의되지 않으므로 정의역은 $x\neq-2$인 실수 전체의 집합이고,
$g(x)=\dfrac{x-2}{(x-2)(x+2)}$는 $x=\pm2$에서 정의되지 않으므로 정의역은 $x\neq\pm2$인 실수 전체의 집합이다.
⇨ 두 함수 $f$와 $g$의 정의역이 서로 다르다.
따라서 두 함수 $f$와 $g$는 서로 같지 않다. $\therefore f\neq g$

**참고** * 함수에서 정의역이나 공역이 주어져 있지 않은 경우
⇨ 정의역은 함수가 정의되는 모든 실수의 집합으로, 공역은 실수 전체의 집합으로 생각한다.
즉, 함수는 실수의 범위에서 정의된다.

**[줄기2-1]** 다음 물음에 답하여라.

1) 집합 $X=\{0, 1\}$을 정의역으로 하는 두 함수
$f(x)=ax+b$, $g(x)=-x^2+3x-2$에 대하여 $f=g$일 때, 상수 $a, b$의 값을 구하여라.

2) 집합 $X=\{-1, 1\}$을 정의역으로 하는 두 함수
$f(x)=x^3+ax+2b$, $g(x)=-ax^2+b$이고 두 함수가 서로 같을 때, 상수 $a, b$의 값을 구하여라.

**[줄기2-2]** 집합 $X=\{a, b\}$에서 $Y=\{y\mid y$는 실수$\}$로의 두 함수 $f, g$를
$f(x)=x^2-x+1$, $g(x)=x+9$로 정의할 때, $f=g$가 성립하는 상수 $a, b$의 값을 구하여라. (단, $a<b$)

## 2 함수 $y=f(x)$는 좌표평면 위에 그래프로 그릴 수 있다.

함수의 **식**과 함수의 **그래프**는 **동전의 양면** 같이 떼려야 뗄 수 없는 관계이다.

## 3 함수의 그래프

함수 $f: X \to Y$에서 정의역 $X$의 원소 $x$를 $x$좌표로 하고, $x$에 대한 함숫값 $f(x)$를 $y$좌표로 하는 순서쌍 $(x, f(x))$를 모두 좌표평면 위에 나타낸 $\{(x, f(x)) \mid x \in X\}$를 **함수 $f$의 그래프**라 한다.

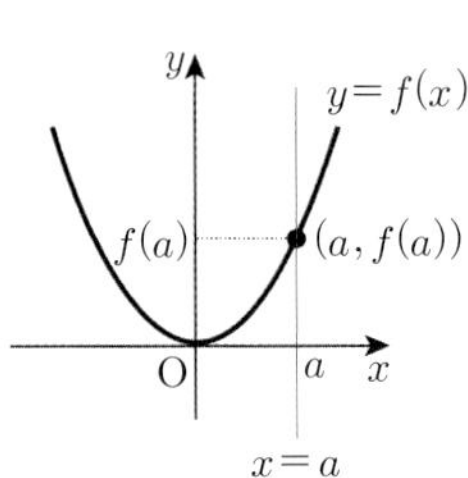


함수 $y=f(x)$의 그래프는 좌표평면 위에 기하학적인 **점** 또는 **직선** 또는 **곡선**으로 나타낼 수 있다.
함수 $y=f(x)$의 그래프는 정의역의 각 원소 $a$에 대하여 $x$축에 수직인 **직선 $x=a$와 오직 한 점**에서 만난다.
(∵ 화살 한 발은 오직 한 개의 점수만을 맞힐 수 있다. p.188 3)

참고 집합 $X$의 원소 $x$와 이에 대응하는 집합 $Y$의 원소 $y$를 짝지어 만든 쌍 $(x, y)$를 순서쌍이라 한다.

**씨앗. 2** 오른쪽 그림과 같이 주어진 함수 $f: X \to Y$에 대하여 함수 $f$의 그래프를 좌표평면 위에 그려라.

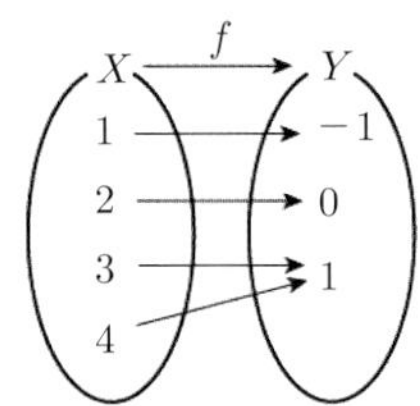


핵심 함수는 정의역 $X$의 각 원소가 대응하는 공역 $Y$의 원소는 오직 1개다.
∴ 그래프는 *정의역 $X$의 원소의 개수만큼 생기는 점에 의해 그려진다.

풀이 함수 $f$의 순서쌍 $(1, -1), (2, 0), (3, 1), (4, 1)$을 좌표로 하는 점을 좌표평면 위에 나타내면 오른쪽 그림과 같다. 정답

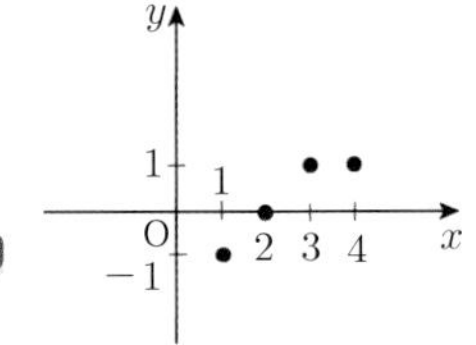


**씨앗. 3** 두 집합 $X=\{x \mid x\text{는 실수}\}, Y=\{y \mid y\text{는 실수}\}$에 대하여 함수 $f: X \to Y, f(x)=x+2$의 그래프를 좌표평면 위에 그려라.

핵심 함수는 정의역 $X$의 각 원소가 대응하는 공역 $Y$의 원소는 오직 1개다.
∴ 그래프는 *정의역 $X$의 원소의 개수만큼 생기는 점에 의해 그려진다.
⇨ 점이 무수히 모이면 선이 된다.

풀이 정의역의 원소가 무수히 많으므로 점이 무수히 많이 생겨서 선이 된다.
순서쌍 $\cdots, (-3, -1), \cdots, (-2, 0), \cdots, (-1, 1), \cdots, (0, 2), \cdots$를 좌표로 하는 점을 좌표평면 위에 나타내면 오른쪽 그림과 같다. 정답

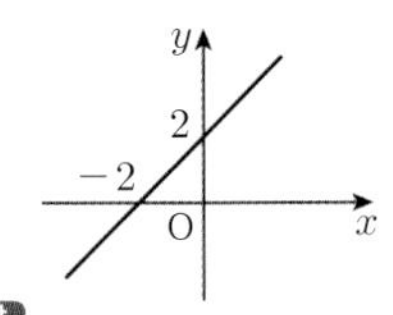

## 뿌리 2-3 함수의 그래프

다음 그림 중에서 함수의 그래프인 것을 모두 찾아라.

① 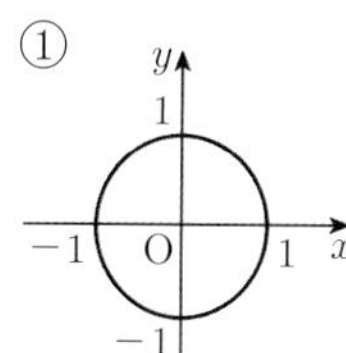


② 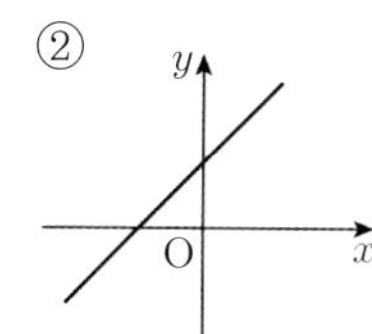


③ 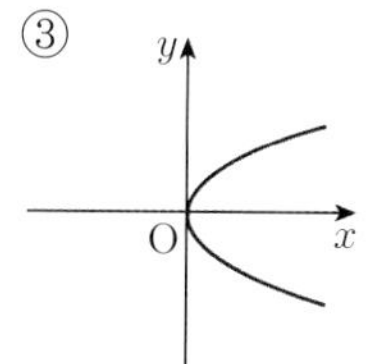


④ 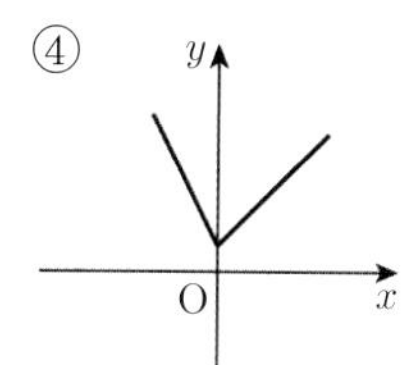


**핵심** 두 집합 $X, Y$에서 정의역 $X$의 각 원소에 공역 $Y$의 원소가 오직 하나씩 대응될 때, 이 대응을 $X$에서 $Y$로의 함수라 한다. 따라서 함수의 그래프는 $a \in X$ 인 원소 $a$에 대하여 $x$축에 수직인 직선 $x=a$와 오직 한 점에서 만난다.

**풀이** ① 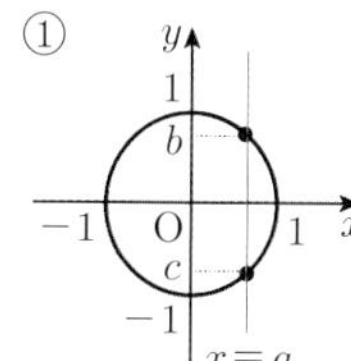


② 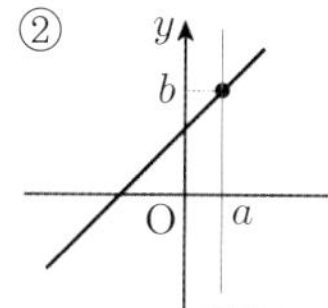


③ 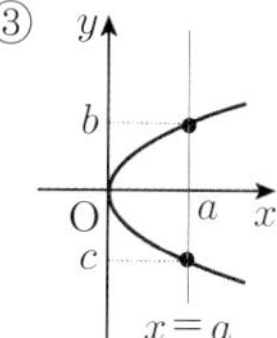


④ 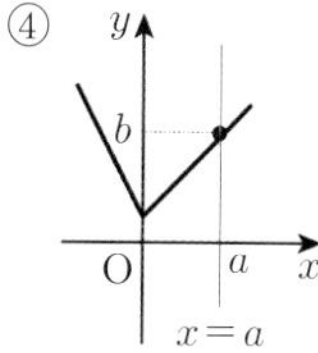


① $a$의 화살이 $b$, $c$ 이렇게 두 개의 점수를 동시에 맞혔으므로 함수가 아니다.

② $a$의 화살이 오직 한 개의 점수 $(b)$를 맞히는 꼴이므로 함수이다.

③ $a$의 화살이 $b$, $c$ 이렇게 두 개의 점수를 동시에 맞혔으므로 함수가 아니다.

④ $a$의 화살이 오직 한 개의 점수 $(b)$를 맞히는 꼴이므로 함수이다.

**참고** 함수의 그래프는 정의역의 원소와 이에 대응하는 공역의 원소를 짝지어 순서쌍을 만들고 이것을 좌표로 하는 점을 좌표평면 위에 나타낸 것이다. 따라서 함수의 그래프는 정의역의 원소의 개수만큼 점이 생긴다. ∴ 그려진 그래프의 $x$의 범위가 정의역이다.

※ 점이 무수히 많이 모이면 선이 된다.

**정답** ②, ④

**[줄기2-3]** 다음 그림 중에서 함수의 그래프인 것을 모두 찾아라.

① 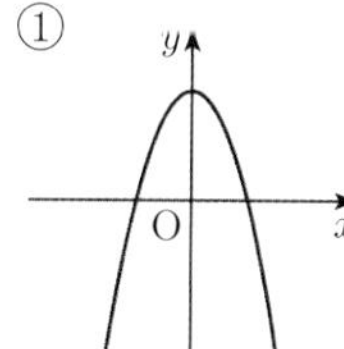


② 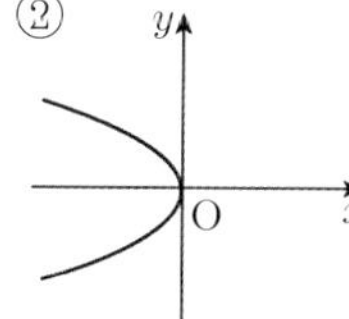


③ 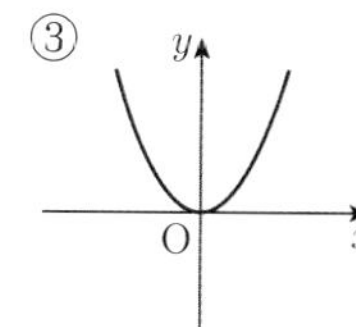


④ 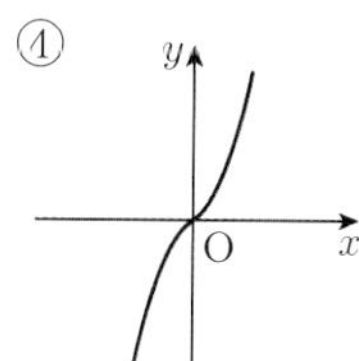


⑤ 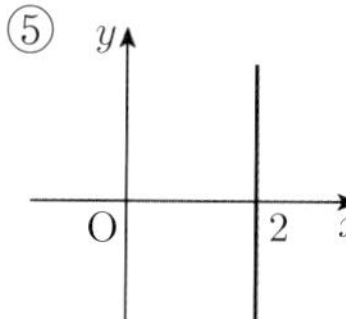


⑥ 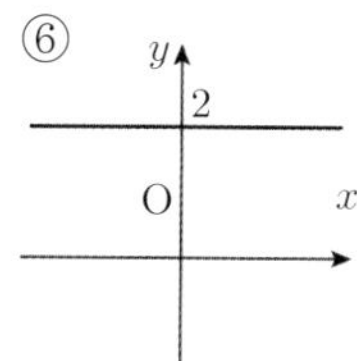


⑦ 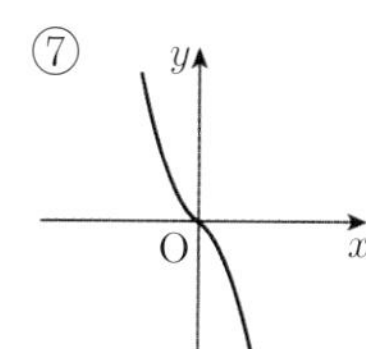


⑧ 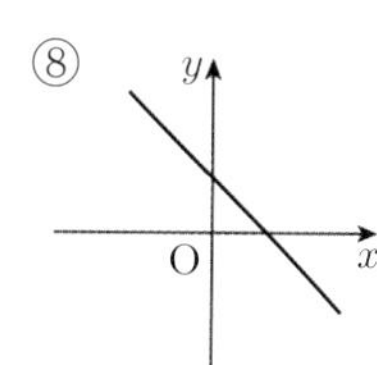

# 03 여러 가지 함수

## 1 일대일함수(화살이 과녁의 각 점수에 한 발씩 꽂힌다. ⇨ 1 : 1)

함수 $f : X \to Y$에서 다음의 두 조건 i), ii)를 만족할 때, 이 함수 $f$를 **일대일함수**라 한다.

i) 정의역 $X$의 임의의 두 원소 $x_1$, $x_2$에 대하여

$x_1 \neq x_2$이면 $f(x_1) \neq f(x_2)$

(익히는 방법)
화살이 다르면 과녁의 점수가 다르다. ⇨ (화살) : (점수)가 1 : 1이다.

ii) **공역과 치역이 달라도 된다.**

(익히는 방법)
화살이 과녁의 각 점수에 한 발씩 꽂히게 하되 모든 점수에 다 꽂힐 필요는 없다.

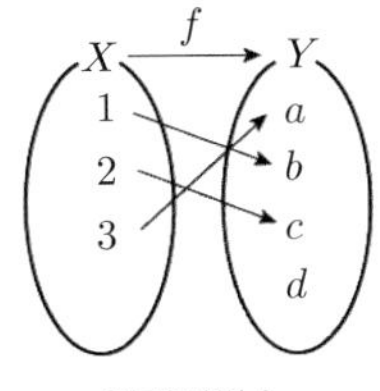

일대일함수

참고 함수 $f(x)$가 일대일함수임을 보이기 위해서는 '$x_1 \neq x_2$이면 $f(x_1) \neq f(x_2)$' 또는 그 대우 '$f(x_1) = f(x_2)$이면 $x_1 = x_2$'가 참임을 보이면 된다.

## 2 일대일함수의 특징

i) **일대일함수가 연속함수**이면 일대일함수는 증가함수 또는 감소함수이다.

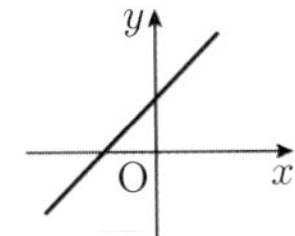

일대일함수 (○)
(∵증가함수)

일대일함수 (○)
(∵감소함수)

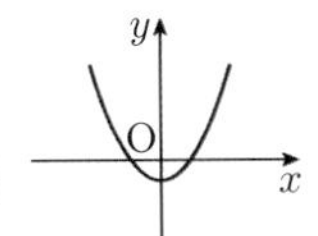

일대일함수 (×)

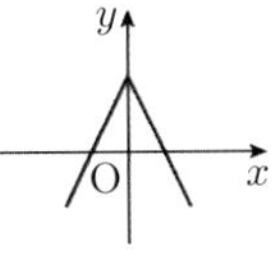

일대일함수 (×)
(∵증가·감소가 함께 있는 함수)

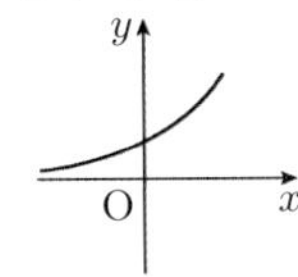

일대일함수 (○)
(∵증가함수)

증명 연속함수일 때, 증가·감소가 함께 있는 함수의 그래프에 $x$축에 평행한 직선 $y=k$ ($k \in$(치역))를 그으면 그래프와 두 점 이상에서 만난다. 즉, $x_1 \neq x_2$인 $x_1$, $x_2$에 대하여 $f(x_1)=f(x_2)$이므로 증가·감소가 함께 있는 연속함수는 일대일함수가 아니다.

ii) **일대일함수가 불연속함수**이면 연속함수일 때와 다르게 증가·감소가 함께 있는 함수도 일대일함수일 수 있다. ⇨ ①번의 그래프를 참조한다.

①

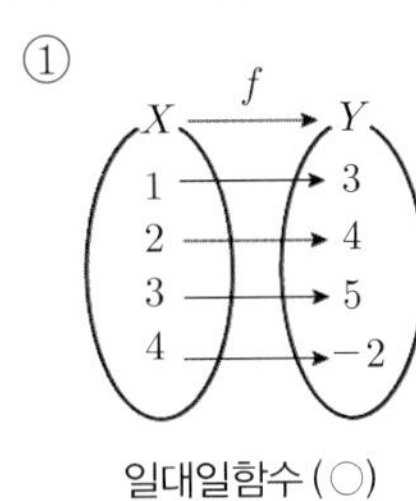

일대일함수 (○)

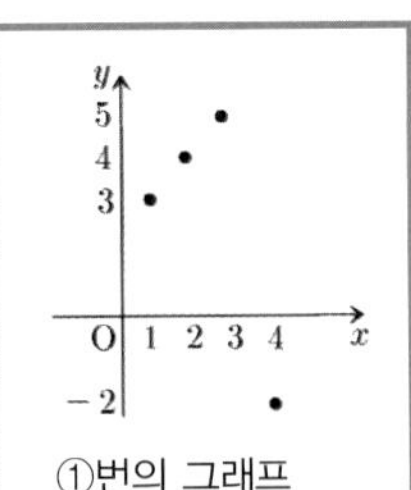

①번의 그래프

②

일대일함수 (○)

주의 불연속함수일 때는 ①번의 그래프에서 보듯 증가·감소가 함께 있는 함수도 일대일함수일 수 있다.

## 3 일대일대응(화살이 과녁의 각 점수에 한 발씩 *모두 다 꽂힌다.)

함수 $f : X \to Y$에서 다음의 두 조건을 만족할 때, 이 함수 $f$를 **일대일대응**이라 한다.

i) 정의역 $X$의 임의의 두 원소 $x_1$, $x_2$에 대하여

$x_1 \neq x_2$**이면** $f(x_1) \neq f(x_2)$

(익히는 방법)
화살이 다르면 과녁의 점수가 다르다. ⇨ (화살) : (점수)가 1 : 1이다.

ii) ***공역과 치역이 같아야 한다.**

(익히는 방법)
화살이 과녁의 각 점수에 한 발씩 꽂히게 하되 모든 점수에 다 꽂혀야 한다.

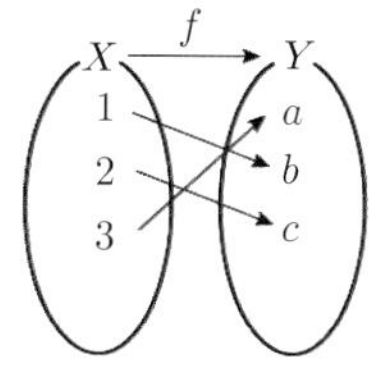

일대일대응

참고 일대일대응이면 일대일함수이지만, 일대일함수라고 해서 모두 일대일대응인 것은 아니다.
즉, 일대일함수 중에서 공역과 치역이 같은 것을 일대일대응이라 한다.

## 4 일대일대응의 특징

i) 연속함수인 일대일함수 중에서 **공역과 치역이 같으면** 일대일대응이다.

연속함수인 일대일함수는 증가함수 또는 감소함수이다. [p.196 2]

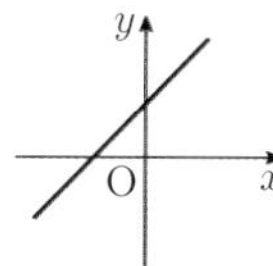
일대일대응 (○)

일대일대응 (○)

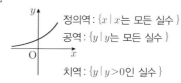

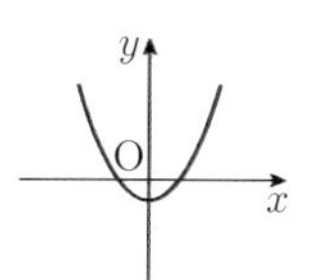
일대일대응 (×)

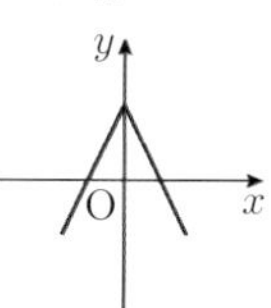
일대일대응 (×)

정의역 : $\{x \mid x$는 모든 실수$\}$
공역 : $\{y \mid y$는 모든 실수$\}$
치역 : $\{y \mid y>0$인 실수$\}$

일대일대응 (×)
(∵ *공역과 치역이 다르다.)

ii) 불연속함수인 일대일함수 중에서 **공역과 치역이 같으면** 일대일대응이다.

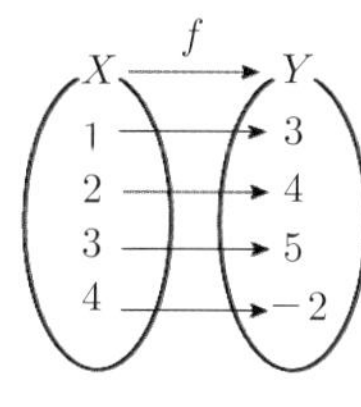

일대일대응 (○)

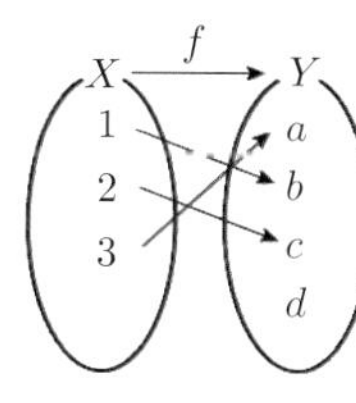

일대일대응 (×)
(∵ *공역과 치역이 다르다.)

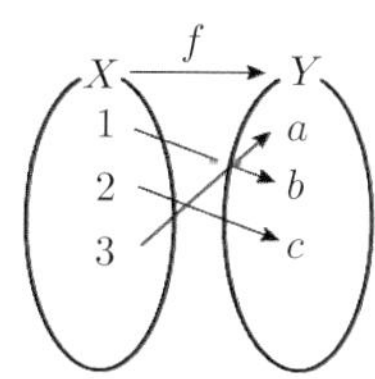

일대일대응 (○)

※ *(일대일대응) ⊂ (일대일함수)
즉, 일대일대응은 일대일함수이면서 (공역)=(치역)일 때이다.

암기 일대일함수 중에서 공역과 치역이 같으면 일대일대응이다.

## 5 항등함수 (1의 화살은 1에, 2의 화살은 2에, $\cdots$, $x$의 화살은 $x$에, 즉 자신에게 꽂힌다.)

함수 $f: X \to X$에서 정의역 $X$의 **각 원소 $x$에 그 자신인 $x$가 대응**할 때, 즉 $f(x)=x$일 때, 이 함수 $f$를 집합 $X$에서의 **항등함수**라 하고, 항등함수 $f$는 기호로 $I$와 같이 나타낸다.

※ 항등함수는 일대일대응에 속한다.

예)

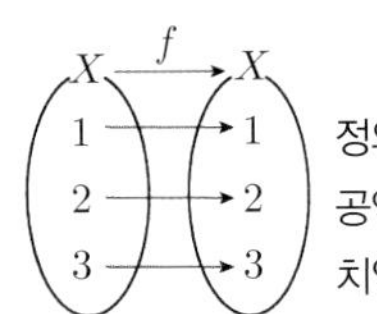

정의역 : $X=\{1, 2, 3\}$
공역 : $X=\{1, 2, 3\}$
치역 : $\{1, 2, 3\}$

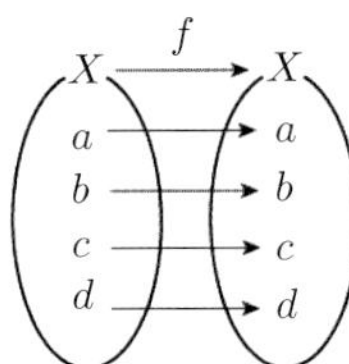

정의역 : $X=\{a, b, c, d\}$
공역 : $X=\{a, b, c, d\}$
치역 : $\{a, b, c, d\}$

※ *(항등함수)$\subset$(일대일대응)$\subset$(일대일함수)

## 6 상수함수 (모든 화살이 과녁의 한 점수에 꽂힌다.)

1) 함수 $f: X \to Y$에서 정의역 $X$의 **모든 원소 $x$가 공역 $Y$의 한 원소 $c$에 대응**할 때, 즉 $f(x)=c$일 때, 이 함수 $f$를 **상수함수**라 한다.

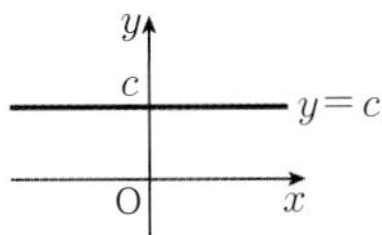

2) 상수함수의 치역은 원소가 1개인 집합이다.

예)

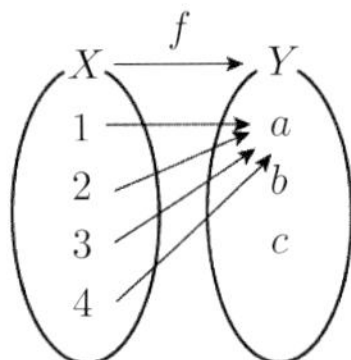

정의역 : $X=\{1, 2, 3, 4\}$
공역 : $Y=\{a, b, c\}$
**치역 : $\{a\}$**

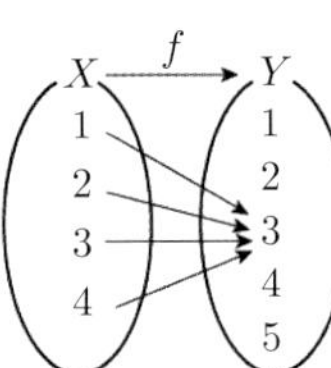

정의역 : $X=\{1, 2, 3, 4\}$
공역 : $Y=\{1, 2, 3, 4, 5\}$
**치역 : $\{3\}$**

**씨앗. 1** 다음 중 일대일대응인 것을 모두 찾아라.

① 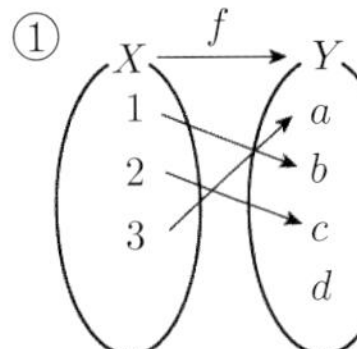
② 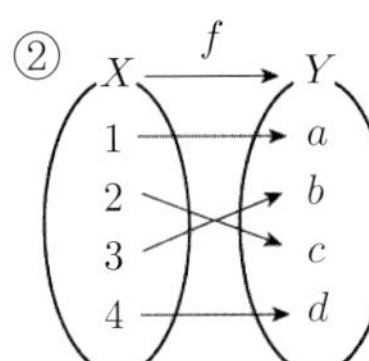
③ 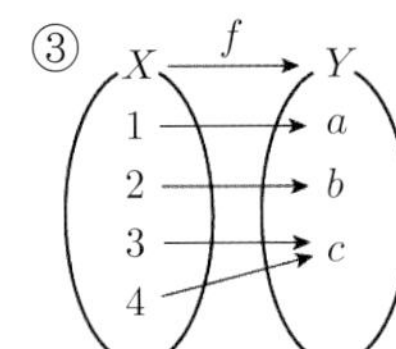
④ 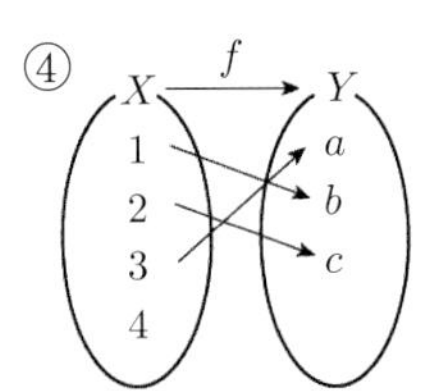

**핵심** (화살) : (점수)가 1 : 1로 꽂히면 일대일함수이고, 이때 (공역)=(치역)이면 일대일대응이다.

**풀이** ① (화살) : (점수)가 1 : 1로 꽂혔지만 (공역)$\neq$(치역)이므로 일대일대응이 아니라 일대일함수이다.
③ 3과 4의 화살이 점수 $c$에 꽂혔으므로, 즉 2 : 1로 꽂혔으므로 일대일함수가 아니다.
④ 4의 화살이 과녁의 점수를 맞히지 못했으므로 함수가 아니다.

**정답** ②

## 뿌리 3-1 일대일함수, 일대일대응, 항등함수, 상수함수

다음의 그래프 중 일대일함수, 일대일대응, 항등함수, 상수함수를 각각 찾아라.

① 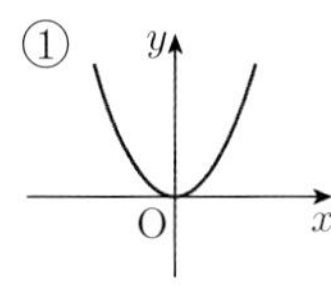
② 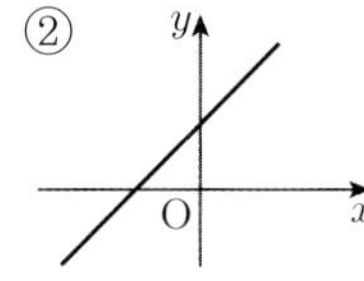
③ 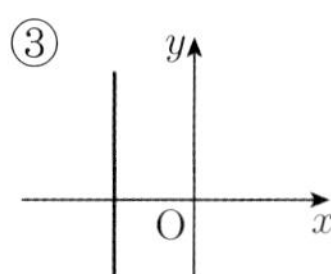
④ 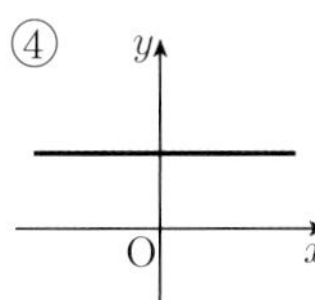
⑤ 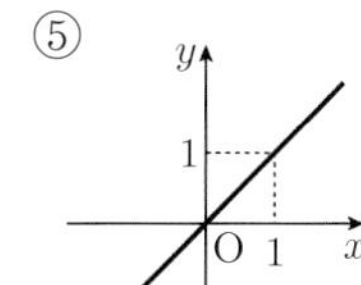
⑥ 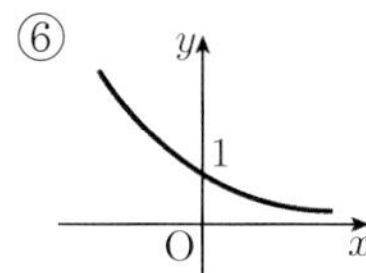

**풀이** ① 연속함수이면서 증가함수도, 감소함수도 아니므로 일대일함수가 아니다.
따라서 일대일함수가 아니므로 일대일대응이 아니다.
② 연속함수이면서 증가함수이므로 일대일함수이다. 이때, (공역)=(치역)이므로 일대일대응이다.
($\because$ 공역 : $\{y \mid y$는 모든 실수$\}$, 치역 : $\{y \mid y$는 모든 실수$\}$)
③ $x$의 값 하나가 $y$의 모든 값에 대응하므로 함수가 아니다.
즉, 화살 한 발로 과녁의 모든 점수를 동시에 맞히는 꼴이므로 함수가 아니다.
④ 정의역의 모든 $x$에 대하여 함숫값이 단 하나이므로 상수함수이다.
즉, 모든 화살이 과녁의 한 점수에 꽂히는 꼴이므로 상수함수이다.
⑤ 연속함수이면서 증가함수이므로 일대일함수이다. 이때, (공역)=(치역)이므로 일대일대응이다.
($\because$ 공역 : $\{y \mid y$는 모든 실수$\}$, 치역 : $\{y \mid y$는 모든 실수$\}$)
또한 정의역의 각 원소가 공역의 자기 자신에 대응하므로 항등함수이다.
⑥ 연속함수이면서 감소함수이므로 일대일함수이다. 이때, (공역)$\neq$(치역)이므로 일대일대응이 아니다.
($\because$ 공역 : $\{y \mid y$는 모든 실수$\}$, 치역 : $\{y \mid y>0$인 실수$\}$)

**참고** 1) 일대일함수의 그래프는 직선 $y=k$ ($k\in$(치역))를 그었을 때 한 점에서 만난다.
이때, (공역)=(치역)이면 일대일대응이다.
2) 상수함수의 그래프는 $x$축에 평행하다.

① 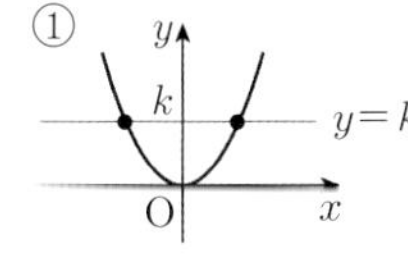
② 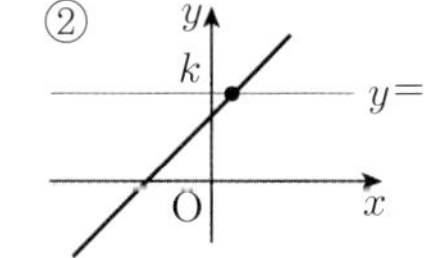
⑤ 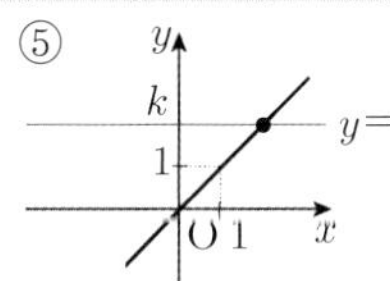
⑥ 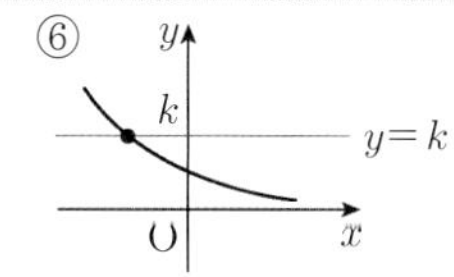

**정답** 일대일함수 : ②, ⑤, ⑥ 일대일대응 : ②, ⑤ 항등함수 : ⑤ 상수함수 : ④

**[줄기3-1]** 다음 함수 중 일대일대응인 것을 모두 골라라.

① $y=2x+1$ ② $y=-x+3$ ③ $y=2$ ④ $y=2(x-1)^2$

**[줄기3-2]** 다음 중 '$x_1\neq x_2$이면 $f(x_1)\neq f(x_2)$이다.'를 만족시키는 함수를 모두 골라라.

① $f(x)=-x+3$ ② $f(x)=2(x-1)^2$ ③ $f(x)=x+2$

## 뿌리 3-2 함수의 개수(1)

두 집합 $X=\{1, 2, 3\}$, $Y=\{a, b, c\}$에 대하여 다음을 구하여라.

1) $X$에서 $Y$로의 함수의 개수
2) $X$에서 $Y$로의 일대일대응의 개수
3) $X$에서 $Y$로의 상수함수의 개수

풀이 1) 1은 $a, b, c$ 중 하나에 대응할 수 있으므로 ⇨ 3가지
2는 $a, b, c$ 중 하나에 대응할 수 있으므로 ⇨ 3가지
3은 $a, b, c$ 중 하나에 대응할 수 있으므로 ⇨ 3가지
따라서 함수의 개수는 $3\times3\times3=$**27**

2) 1은 $a, b, c$ 중 하나에 대응할 수 있으므로 ⇨ 3가지
2는 1이 대응한 것을 제외한 나머지 둘에 대응할 수 있으므로 ⇨ 2가지
3은 1과 2가 대응하고 남은 마지막 하나에 대응해야 하므로 ⇨ 1가지
따라서 일대일대응의 개수는 $3\times2\times1=$**6**

3) 1, 2, 3 모두가 $a, b, c$ 중 단 하나에 대응하는 것이므로
상수함수의 개수는 **3**

**[줄기3-3]** 집합 $X=\{a, b, c, d\}$에 대하여 다음을 구하여라.

1) $X$에서 $X$로의 함수의 개수
2) $X$에서 $X$로의 일대일대응의 개수
3) $X$에서 $X$로의 항등함수의 개수
4) $X$에서 $X$로의 상수함수의 개수

## 뿌리 3-3 함수의 개수(2)

집합 $A=\{1, 2, 3, 4\}$에 대하여 $A$에서 $A$로의 함수 $f(x)$ 중에서 $f(3)=3$을 만족시키는 일대일함수의 개수를 구하여라.

핵심 정의역과 공역의 원소의 개수가 같은 일대일함수는 일대일대응이다.

풀이 3은 3에 대응한다. ($\because f(3)=3$)
1은 1, 2, 4 중 하나에 대응할 수 있으므로 ⇨ 3가지
2는 1이 대응한 것을 제외한 나머지 둘에 대응할 수 있으므로 ⇨ 2가지
4은 1과 2가 대응하고 남은 마지막 하나에 대응해야 하므로 ⇨ 1가지
따라서 일대일대응의 개수는 $3\times2\times1=6$
*정의역과 공역의 원소의 개수가 같은 일대일함수는 일대일대응과 같으므로
일대일함수의 개수는 **6**

**[줄기3-4]** 두 집합 $X=\{a, b, c, d\}$, $Y=\{1, 2, 3, 4, 5, 6\}$에 대하여 $X$에서 $Y$로의 함수 중 다음을 구하여라.

1) 일대일함수의 개수
2) 일대일대응의 개수

## 뿌리 3-4 일대일대응이 되기 위한 조건 (1)

집합 $\{x \mid -2 \le x \le 3\}$에서 집합 $\{y \mid 0 \le y \le 4\}$로의 함수 $f(x) = ax+b$가 일대일대응일 때, 실수 $a, b$의 값을 구하여라.

**풀이** 직선의 기울기가 고정되어 있지 않으면 (기울기)$>0$, (기울기)$=0$, (기울기)$<0$인 경우로 나누어 생각한다.

정의역 : $\{x \mid -2 \le x \le 3\}$
공역 : $\{y \mid 0 \le y \le 4\}$
이므로 오른쪽 그림의 색칠한 영역에서만 생각한다.

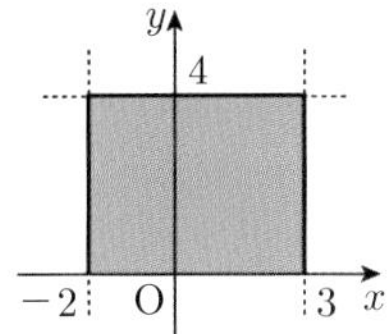


$f(x) = ax+b$에서

i) $a>0$일 때

(공역)=(치역)인 일대일대응이 되려면 오른쪽 그림과 같아야 하므로

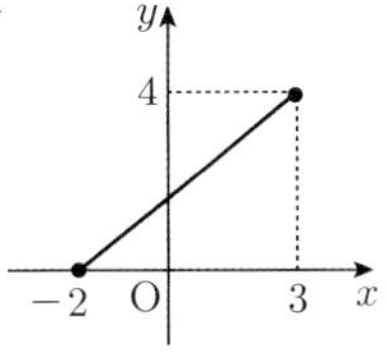


$f(-2)=0,\ f(3)=4$

$f(x)=ax+b$에서 $-2a+b=0,\ 3a+b=4$

두 식을 연립하여 풀면 $a=\dfrac{4}{5},\ b=\dfrac{8}{5}$

ii) $a=0$일 때, $f(x)=b$인 상수함수이므로 일대일대응이 될 수 없다.

iii) $a<0$일 때

(공역)=(치역)인 일대일대응이 되려면 오른쪽 그림과 같아야 하므로

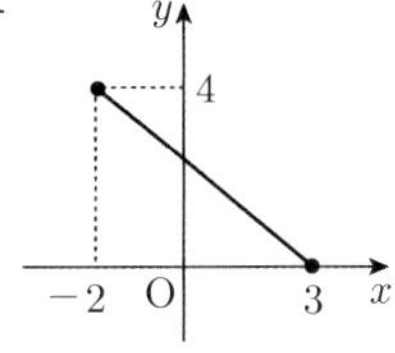


$f(-2)=4,\ f(3)=0$

$f(x)=ax+b$에서 $-2a+b=4,\ 3a+b=0$

두 식을 연립하여 풀면 $a=-\dfrac{4}{5},\ b=\dfrac{12}{5}$

**정답** $a=\dfrac{4}{5},\ b=\dfrac{8}{5}$ 또는 $a=-\dfrac{4}{5},\ b=\dfrac{12}{5}$

## 뿌리 3-5 일대일대응이 되기 위한 조건 (2)

실수 전체의 집합에서 정의된 함수 $f(x)=\begin{cases} x+2 & (x \ge 1) \\ ax+b & (x<1) \end{cases}$ 가 일대일대응이 되도록 실수 $b$의 값의 범위를 구하여라. (단, $a$는 상수이다.)

**핵심** 고정된 그래프를 먼저 그린 후, 움직이는 그래프를 조건에 맞게 그려본다.

**풀이** *고정된 직선 $y=x+2\ (x \ge 1)$를 먼저 그린 후, 움직이는 직선 $y=ax+b\ (x<1)$를 그린다.
함수 $f$는 실수 전체의 집합에서 정의되었으므로 정의역과 공역은 실수 전체의 집합이다.

i) 일대일대응이면 (공역)=(치역)이므로 $x<1$인 영역의 직선 $y=ax+b$가 점 $(1, 3)$을 지나야 한다. $\therefore 3=a+b \cdots$ ㉠

ii) 일대일대응은 연속함수에서 증가함수 또는 감소함수이므로 우측 그림과 같이 증가함수가 되기 위해서는 $x<1$인 영역의 직선 $y=ax+b$의 기울기가 양수가 되어야 한다.
즉, $a>0 \cdots$ ㉡ 이어야 한다.
$\therefore a=3-b>0$ ($\because$ ㉠, ㉡) $\qquad \therefore b<3$

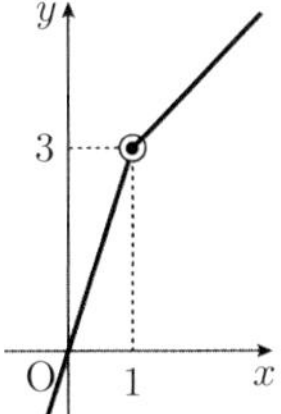

# 8 함수 (1)

| 평가일 | 점수 |
| --- | --- |
| | |

정답 및 풀이 ▶ 90p

**• 잎 8-1**

집합 $X=\{-1,\ 0,\ 1\}$에 대하여 $X$에서 $X$로의 두 함수 $f,\ g$가 아래와 같을 때, $f=g$인 것을 골라라.

(가) $f(x)=x,\ g(x)=-x$
(나) $f(x)=|x|,\ g(x)=x^2$
(다) $f(x)=\sqrt{x^2},\ g(x)=-x^3$

**• 잎 8-2**

집합 $X=\{2,\ 3,\ 6\}$에 대하여 집합 $X$에서 $X$로의 일대일대응, 항등함수, 상수함수를 각각 $f(x),\ g(x),\ h(x)$라 하자. 세 함수 $f(x),\ g(x),\ h(x)$가 다음 조건을 만족시킬 때, $f(3)+h(2)$의 값을 구하여라. [교육청 기출]

(가) $f(2)=g(3)=h(6)$
(나) $f(2)f(3)=f(6)$

① 4　② 5　③ 6　④ 8　⑤ 9

**• 잎 8-3**

집합 $X=\{-5,\ 0,\ 5\}$에 대하여 $X$에서 $X$로의 함수 중에서 $f(x)-f(-x)=0$을 만족시키는 함수 $f$의 개수를 구하여라.

**• 잎 8-4**

집합 $X$를 정의역으로 하는 함수 $f(x)=x^3+x^2-5x$가 항등함수가 되도록 하는 집합 $X$의 개수를 구하여라. (단, $X\neq\varnothing$)

## • 잎 8-5

실수 전체의 집합에서 정의된 함수 $f(x)=\begin{cases} x+2 & (x \geq 1) \\ (a^2-2a)x+b & (x<1) \end{cases}$ 가 일대일대응이 되도록 실수 $a, b$의 값의 범위를 구하여라.

## • 잎 8-6

두 집합 $X=\{x \mid 0 \leq x \leq 6\}, Y=\{y \mid 0 \leq y \leq 6\}$에 대하여 $X$에서 $Y$로의 함수

$f(x)=\begin{cases} \frac{1}{3}x & (0 \leq x < 3) \\ ax+b & (3 \leq x \leq 6) \end{cases}$ 가 일대일대응이 되도록 실수 $a, b$의 값을 구하여라. (단, $a<0$)

## • 잎 8-7

두 집합 $X=\{x \mid -1 \leq x \leq 2\}, Y=\{y \mid -1 \leq y \leq 2\}$에 대하여 $X$에서 $Y$로의 함수 $f(x)=ax+b$의 치역이 공역과 같을 때, 실수 $a$, $b$의 값을 구하여라.

## • 잎 8-8

두 집합 $X=\{x \mid x \geq k\}, Y=\{y \mid y \geq k\}$에 대하여 $X$에서 $Y$로의 함수 $f(x)=x^2+4x$가 일대일대응일 때, 실수 $k$의 값을 구하여라.

**• 잎 8-9**

집합 $X=\{a, b\}$에 대하여 $X$에서 $X$로의 함수

$f(x)=\begin{cases} -2 & (x<1) \\ 3x-8 & (x \geq 1) \end{cases}$ 이 항등함수일 때, $ab$의 값을 구하여라.

**• 잎 8-10**

집합 $X=\{-1, 0, 1\}$에 대하여 $X$에서 $X$로의 함수 $f(x)=ax^5$이 항등함수일 때, 실수 $a$의 값을 구하여라.

**• 잎 8-11**

두 집합 $X=\{x \mid -1 \leq x \leq 2\}$, $Y=\{y \mid -2 \leq y \leq 3\}$에 대하여 함수 $f$가 $f: X \rightarrow Y$, $f(x)=-x+a$일 때, 실수 $a$의 값의 범위를 구하여라.

**• 잎 8-12**

두 집합 $A=\{x \mid -1 \leq x \leq 3\}$, $B=\{y \mid -2 \leq y \leq 2\}$에 대하여 $A$에서 $B$로의 함수 $y=mx+m+1$이 정의될 때, 실수 $m$의 값의 범위를 구하여라.

**• 잎 8-13**

집합 $X=\{x \mid -1 \leq x \leq 2\}$에서 집합 $Y=\{y \mid -2 \leq y \leq b\}$로의 일차함수 $f(x)=x+a$가 $\{f(x) \mid x \in X\}=Y$를 만족시킬 때, 실수 $a, b$의 값을 구하여라.

# 8. 함수 (2)

## 04 합성함수

1 합성함수

2 합성함수의 성질

3 합성함수의 표현

## 05 역함수

1 역함수의 정의

2 함수 $f: X \to Y$가 *일대일대응일 때만 역함수가 존재한다.

3 역함수를 구하는 방법

4 역함수의 정의의 활용

## 06 역함수의 성질과 역함수의 그래프

1 역함수의 성질 ( I )

2 역함수 구하기

3 역함수의 그래프

## 연습문제

1 역함수의 성질 ( II ) ※ $I$는 항등함수이다.

# 04 합성함수

## 1 합성함수

두 함수 $f: X \to Y$, $g: Y \to Z$가 주어졌을 때, $X$의 임의의 원소 $x$가 $f$에 의해 $Y$의 원소 $f(x)$로 대응하고, 다시 $Y$의 원소 $f(x)$가 $g$에 의해 $Z$의 원소 $g(f(x))$로 대응하면 $X$를 정의역, $Z$를 공역으로 하는 새로운 함수를 정의할 수 있다.
이 함수를 $f$와 $g$의 **합성함수**라 하고 $g \circ f$로 표시한다.
따라서 $g \circ f(x) = (g \circ f)(x) = g(f(x))$로 정의된다.

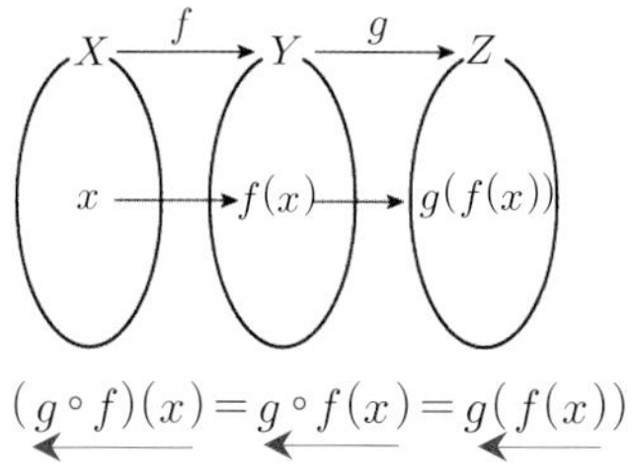


※ $g \circ f$는 $g$ 써클 $f$ ($g$ circle $f$)라고 읽는다.

## 2 합성함수의 성질

1) $g \circ f \neq f \circ g$ ⇨ *교환법칙이 성립하지 않는다.

증명 $f(x) = 2x - 3$, $g(x) = -x + 1$에 대하여
$(f \circ g)(x) = f(g(x)) = f(-x+1) = 2(-x+1) - 3 = -2x - 1$
$(g \circ f)(x) = g(f(x)) = g(2x-3) = -(2x-3) + 1 = -2x + 4$
$\therefore f \circ g \neq g \circ f$ (합성함수에서 교환법칙이 성립하지 않는다.)

2) $h \circ (g \circ f) = (h \circ g) \circ f$ ⇨ 결합법칙이 성립한다.

증명 $f: X \to Y$, $g: Y \to Z$, $h: Z \to W$에 대하여
$g \circ f: X \to Z$이므로 $h \circ (g \circ f): X \to W$
$h \circ g: Y \to W$이므로 $(h \circ g) \circ f: X \to W$
$\therefore h \circ (g \circ f) = (h \circ g) \circ f$ (결합법칙이 성립한다.)

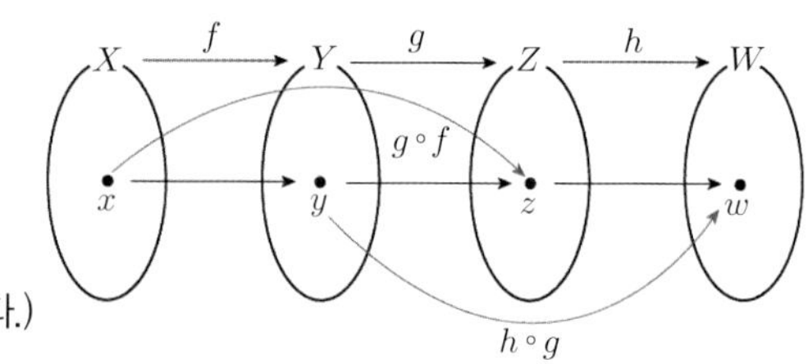


3) $f \circ I = I \circ f = f$ (단, $I$는 항등함수)

증명 항등함수 $I$에 대하여 $I(x) = x$이므로
$(f \circ I)(x) = f(I(x)) = f(x)$
$(I \circ f)(x) = I(f(x)) = f(x)$
$\therefore f \circ I = I \circ f = f$

## 3 합성함수의 표현

1) $(g \circ f)(x) = g(f(x))$ 2) $(h \circ g \circ f)(x) = ((h \circ g) \circ f)(x) = (h \circ g)(f(x)) = h(g(f(x)))$

합성함수의 표현은 다양하지만 결국 '←———'방향으로 합성이 순차적으로 이루어진다.

**씨앗. 1** 두 함수 $f(x)=2x-3$, $g(x)=-x+1$에 대하여 다음을 구하여라.

1) $(g\circ f)(5)$ 2) $(f\circ g)(x)$ 3) $(g\circ f)(x)$ 4) $(g\circ g)(x)$

**풀이** 1) $(g\circ f)(5)=g(f(5))=g(2\cdot5-3)=g(7)=-7+1=\mathbf{-6}$

2) $(f\circ g)(x)=f(g(x))=f(-x+1)=2(-x+1)-3=\mathbf{-2x-1}$

3) $(g\circ f)(x)=g(f(x))=g(2x-3)=-(2x-3)+1=\mathbf{-2x+4}$

4) $(g\circ g)(x)=g(g(x))=g(-x+1)=-(-x+1)+1=\boldsymbol{x}$

## 뿌리 4-1 합성함수의 정의

우측 그림과 같이 주어진 두 함수 $f:X\rightarrow Y$, $g:Y\rightarrow Z$에 대하여 다음 물음에 답하여라.

1) $(g\circ f)(2)$의 값을 구하여라.
2) $(f\circ g)(2)$의 값을 구하여라.
3) 함수 $g\circ f$의 치역을 구하여라.

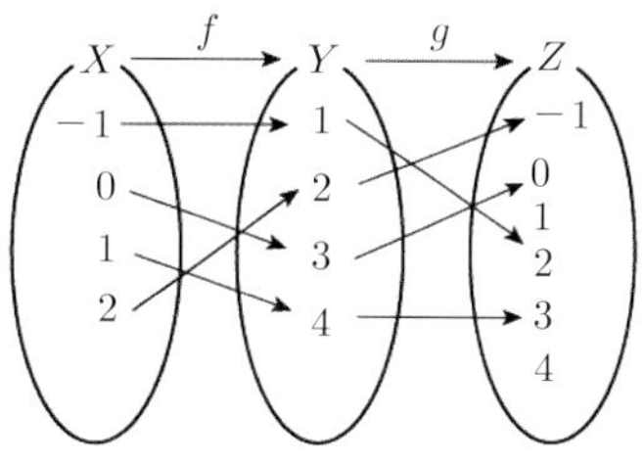


**풀이** 1) $(g\circ f)(2)=g(f(2))=g(2)=\mathbf{-1}$

2) $(f\circ g)(2)=f(g(2))=f(-1)=\mathbf{1}$

3) $(g\circ f)(-1)=2$, $(g\circ f)(0)=0$, $(g\circ f)(1)=3$, $(g\circ f)(2)=-1$

$\therefore \{-1, 0, 2, 3\}$

**[줄기4-1]** 우측 그림과 같이 주어진 두 함수 $f:X\rightarrow Y$, $g:Y\rightarrow Z$에 대하여 다음을 구하여라.

1) $(g\circ f)(-1)$의 값을 구하여라.
2) $(f\circ g)(3)$의 값을 구하여라.
3) 함수 $g\circ f$의 치역을 구하여라.

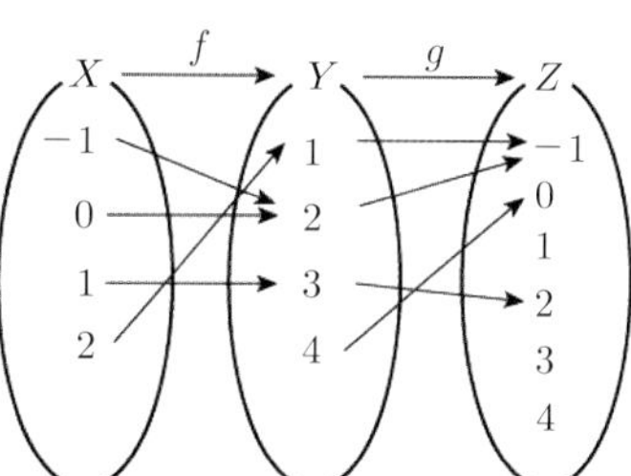

## 뿌리 4-2 합성함수의 함숫값(1)

두 함수 $f(x)=2x-1$, $g(x)=x^2$에 대하여 다음을 구하여라.

1) $(g\circ f)(x)$ 2) $(f\circ g)(x)$ 3) $(g\circ f)(-1)$ 4) $(f\circ g)(-1)$

풀이 1) $(g\circ f)(x)=g(f(x))=g(2x-1)=\mathbf{(2x-1)^2}$

2) $(f\circ g)(x)=f(g(x))=f(x^2)=\mathbf{2x^2-1}$

3) $(g\circ f)(-1)=g(f(-1))=g(2\cdot(-1)-1)=g(-3)=(-3)^2=\mathbf{9}$

4) $(f\circ g)(-1)=f(g(-1))=f((-1)^2)=f(1)=2\cdot1-1=\mathbf{1}$

**[줄기4-2]** 두 함수 $f(x)=x+k$, $g(x)=2x-3$에 대하여 $f\circ g=g\circ f$가 성립할 때, 실수 $k$의 값을 구하여라.

**[줄기4-3]** 함수 $f(x)=-x+3$과 일차함수 $g(x)$가 $f\circ g=g\circ f$, $g(1)=2$를 만족시킬 때, $g(x)$를 구하여라.

## 뿌리 4-3 합성함수의 함숫값(2)

세 함수 $f(x)=x-1$, $g(x)=x^2$, $h(x)=2x$에 대하여 다음을 구하여라.

1) $(g\circ f)(3)$ 2) $((h\circ g)\circ f)(x)$ 3) $(h\circ(g\circ f))(x)$

풀이 1) $(g\circ f)(3)=g(f(3))=g(3-1)=g(2)=2^2=\mathbf{4}$

방법 I 2) $((h\circ g)\circ f)(x)=(h\circ g)(f(x))=h(g(f(x)))=h(g(x-1))=h((x-1)^2)=\mathbf{2(x-1)^2}$

방법 II 「비추」 2) $(h\circ g)(x)=h(g(x))=h(x^2)=2x^2$

$((h\circ g)\circ f)(x)=(h\circ g)(f(x))=(h\circ g)(x-1)=\mathbf{2(x-1)^2}$

3) 합성함수에서 결합법칙이 성립하므로 2)번의 답과 동일하다.

$(h\circ(g\circ f))(x)=((h\circ g)\circ f)(x)=h(g(f(x)))=h(g(x-1))=h((x-1)^2)=\mathbf{2(x-1)^2}$

**[줄기4-4]** 세 함수 $f$, $g$, $h$에 대하여 $(h\circ g)(x)=x^2-1$, $f(x)=2x-3$ 일 때, $(h\circ(g\circ f))(4)$의 값을 구하여라.

## 뿌리 4-4 합성함수의 추정 (1)

두 함수 $f(x)=x-1$, $h(x)=2x$에 대하여 다음을 구하여라.

1) $(\underbrace{f\circ f\circ f\circ\cdots\circ f}_{n\text{개}})(x)$ 　　2) $(\underbrace{h\circ h\circ h\circ\cdots\circ h}_{k\text{개}})(x)$

**핵심** 합성함수의 추정 ⇨ 규칙성을 찾는다.

**풀이** 1) $f(x)=x-①$ ⇨ $f$가 1개

$(f\circ f)(x)=f(f(x))=f(x-1)=(x-1)-1=x-②$ ⇨ $f$가 2개

$(f\circ f\circ f)(x)=f(f(f(x)))=f(x-2)=(x-2)-1=x-③$ ⇨ $f$가 3개

$(f\circ f\circ f\circ f)(x)=f(f(f(f(x))))=f(x-3)=(x-3)-1=x-④$ ⇨ $f$가 4개

⋮

$(\underbrace{f\circ f\circ f\circ\cdots\circ f}_{n\text{개}})(x)=\boldsymbol{x-ⓝ}$ ⇨ $f$가 $n$개

2) $h(x)=2^{①}x$ ⇨ $h$가 1개

$(h\circ h)(x)=h(h(x))=2(2x)=2^{②}x$ ⇨ $h$가 2개

$(h\circ h\circ h)(x)=h(h(h(x)))=h(2^2x)=2(2^2x)=2^{③}x$ ⇨ $h$가 3개

$(h\circ h\circ h\circ h)(x)=h(h(h(h(x))))=h(2^3x)=2(2^3x)=2^{④}x$ ⇨ $h$가 4개

⋮

$(\underbrace{h\circ h\circ h\circ\cdots\circ h}_{k\text{개}})(x)=\boldsymbol{2^{ⓚ}x}$ ⇨ $h$가 $k$개

**정답** 1) $x-n$ 　2) $2^kx$

## 뿌리 4-5 $f(g(x))=h(x)$일 때, 함숫값 구하기

함수 $f$에 대하여 $f\left(\dfrac{x-1}{x+1}\right)=\dfrac{x-5}{x+5}$가 성립할 때, $f(2)$의 값을 구하여라.

**풀이** $f\left(\dfrac{x-1}{x+1}\right)=\dfrac{x-5}{x+5}$ ⋯ ㉠에서 $f(2)$의 값을 구해야 하므로

$\dfrac{x-1}{x+1}=2$라 하면 $x=-3$ ⋯ ㉡ $\left(\because \dfrac{x-1}{x+1}=2,\ x-1=2x+2 \quad \therefore x=-3\right)$

㉡을 ㉠에 대입하면

$f(2)=\dfrac{-3-5}{-3+5}=\dfrac{-8}{2}=-4$

## 뿌리 4-6 $f(g(x))=h(x)$를 만족시키는 함수 구하기

실수 전체의 집합에서 정의된 함수 $f$가 $f\left(\dfrac{x+1}{3}\right)=2x+3$을 만족시킬 때, $f\left(\dfrac{1-3x}{2}\right)$를 구하여라.

**풀이** $f\left(\dfrac{x+1}{3}\right)=2x+3 \cdots$ ㉠

$\dfrac{x+1}{3}=t$라 하면 $x=3t-1 \cdots$ ㉡

㉡을 ㉠에 대입하면

$f(t)=2(3t-1)+3=6t+1$

$\therefore f\left(\dfrac{1-3x}{2}\right)=6\cdot\dfrac{1-3x}{2}+1=\mathbf{-9x+4}$

**줄기4-5** 함수 $f\left(\dfrac{x-2}{x+2}\right)=x^2+2x-1$일 때, $f(3)+f(2)$의 값을 구하여라.

**줄기4-6** 함수 $f(x)=\dfrac{2x+1}{x+1}$일 때, $(g\circ f)(x)=x$를 만족시키는 함수 $g(x)$를 구하여라.

**줄기4-7** 다음 물음에 답하여라.

1) 두 함수 $f(x)=2x-1$, $g(x)=3x+2$에 대하여 $h\circ g\circ f=g$를 만족시키는 함수 $h(x)$를 구하여라.

2) 두 함수 $f(x)=2x-1$, $g(x)=3x+2$에 대하여 $g\circ h=f$를 만족시키는 함수 $h(x)$를 구하여라.

**줄기4-8** 다음 물음에 답하여라.

1) 두 함수 $f(x)=3x+1$, $g(x)=x-2$에 대하여 $h\circ g\circ f=f$를 만족시키는 함수 $h(x)$를 구하여라.

2) 두 함수 $f(x)=3x+1$, $g(x)=x-2$에 대하여 $g\circ h=g$를 만족시키는 함수 $h(x)$를 구하여라.

## 뿌리 4-7 합성함수의 추정 (2)

함수 $f(x)=3x$에 대하여 $f^1=f,\ f^2=f\circ f,\ f^3=f\circ f\circ f,\cdots$와 같이 정의할 때, $f^{10}(a)=3^{12}$을 만족시키는 상수 $a$의 값을 구하여라.

**핵심** 합성함수의 추정 ⇨ $f^1, f^2, f^3, f^4, \cdots$을 차례로 구하여 규칙성을 찾는다.

**풀이** $f^1(x)=f(x)=3x$

$f^2(x)=(f\circ f)(x)=f(f(x))=f(3x)=3\cdot 3x=3^2x$

$f^3(x)=(f\circ f^2)(x)=f(f^2(x))=f(3^2x)=3\cdot 3^2x=3^3x$

$f^4(x)=(f\circ f^3)(x)=f(f^3(x))=f(3^3x)=3\cdot 3^3x=3^4x$

$\vdots$

$\therefore f^n(x)=3^nx$ (단, $n$은 자연수)

따라서 $f^{10}(x)=3^{10}x$이므로 $f^{10}(a)=3^{10}a=3^{12}$ $\quad\therefore a=3^2=9$

## 뿌리 4-8 합성함수의 추정 (3)

자연수 전체의 집합에서 정의된 함수 $f(x)=\begin{cases}2 & (x\text{는 홀수})\\ 3 & (x\text{는 짝수})\end{cases}$에 대하여

$f^1=f,\ f^{n+1}=f\circ f^n$과 같이 정의할 때, $f^{2n+1}(1)$의 값을 구하여라.
(단, $n$은 자연수)

**풀이** $f^1(1)=f(1)=2$

$f^2(1)=(f\circ f)(1)=f(f(1))=f(2)=3$

$f^3(1)=(f\circ f^2)(1)=f(f^2(1))=f(3)=2$

$f^4(1)=(f\circ f^3)(1)=f(f^3(1))=f(2)=3$

$\vdots$

$\therefore f^{2n+1}(1)=2$

**[줄기 4-9]** 함수 $f(x)=\begin{cases}\sqrt{2} & (x\text{는 유리수})\\ \sqrt{3} & (x\text{는 무리수})\end{cases}$일 때, $(f\circ f\circ f)(x)$를 구하여라.

**[줄기 4-10]** 오른쪽 그림은 두 함수 $y=f(x)$와 $y=x$의 그래프이다. 이때, 다음을 구하여라.
(단, 모든 점선은 $x$축 또는 $y$축에 평행하다.)

1) $(f\circ f\circ f\circ f\circ f)(1)$

2) $(f\circ f)(x)=e$를 만족시키는 $x$의 값

3) $(f\circ f\circ f)(x)=d$를 만족시키는 $x$의 값

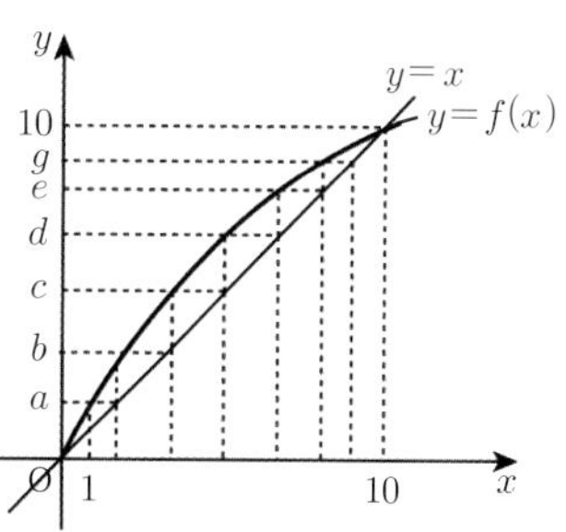

## 뿌리 4-9 합성함수의 그래프

$0 \le x \le 1$에서 정의된 함수 $y=f(x)$의 그래프가 오른쪽 그림과 같을 때, $y=(f \circ f)(x)$의 그래프를 그려라.

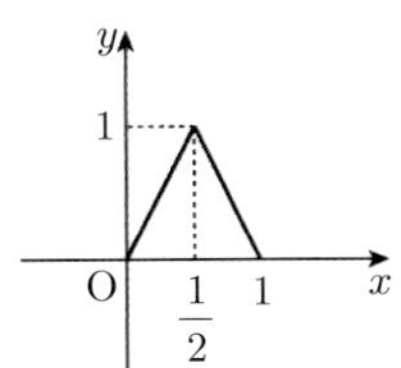

**풀이** $0 \le x \le 1$일 때, $y=f(x)$의 그래프의 개형은 $\wedge$이다.

$y=f(f(x))$에서 $f(x)=X$라 하면 $X$의 값의 범위는 $y=f(X)$의 정의역의 범위가 된다.

따라서 $X=f(x)$의 값의 범위를 구하면

| $x$ | $0 \le x \le \frac{1}{2}$ | $\frac{1}{2} \le x \le 1$ |
|---|---|---|
| $X=f(x)$ | $0 \le X \le 1$ | $1 \ge X \ge 0$ |
| $y=f(X)$ | $\wedge$ | $\wedge$ |

i) $0 \le x \le \frac{1}{2}$일 때, $0 \le X \le 1$이므로 $y=f(X)$의 그래프의 개형은 $\wedge$이다.

ii) $\frac{1}{2} \le x \le 1$일 때, $1 \ge X \ge 0$이므로 $y=f(X)$의 그래프의 개형은 $\wedge$이다.

i), ii)에 의하여 $0 \le x \le 1$일 때, $y=f(X)$의 그래프의 개형은 $\wedge\wedge$이므로 오른쪽 그림과 같다.

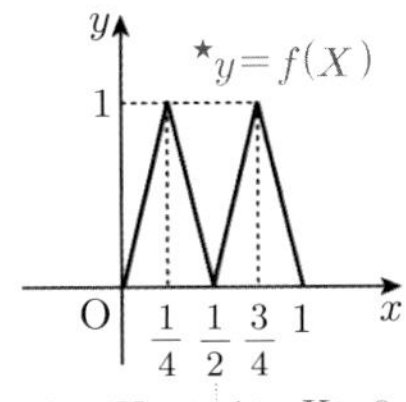


**줄기4-11** 두 함수 $y=f(x)$와 $y=g(x)$의 그래프가 각각 오른쪽 그림과 같다. $y=(f \circ g)(x)$의 그래프를 그려라.

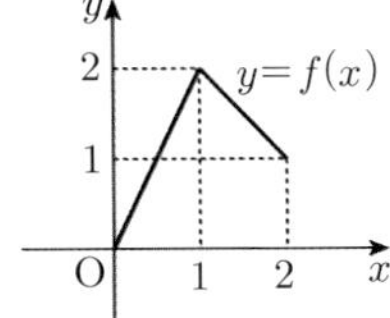


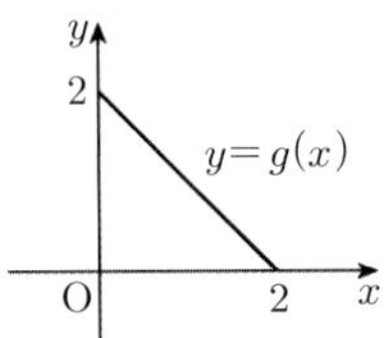


**줄기4-12** 두 함수 $y=f(x)$와 $y=g(x)$의 그래프가 각각 오른쪽 그림과 같다. $y=(g \circ f)(x)$의 그래프를 그려라.

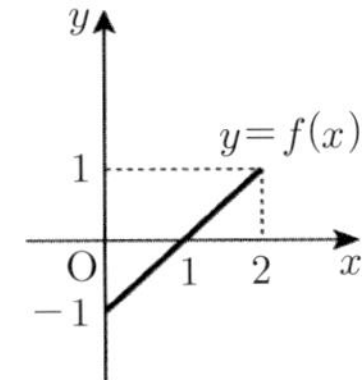


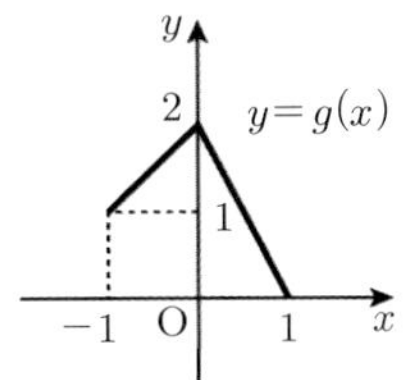


**줄기4-13** 두 함수 $y=f(x)$와 $y=g(x)$의 그래프가 각각 오른쪽 그림과 같다. $y=(g \circ f)(x)$의 그래프를 그려라.

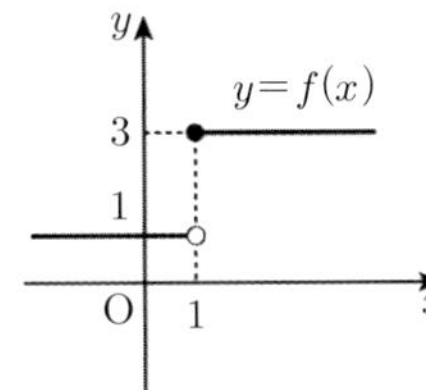


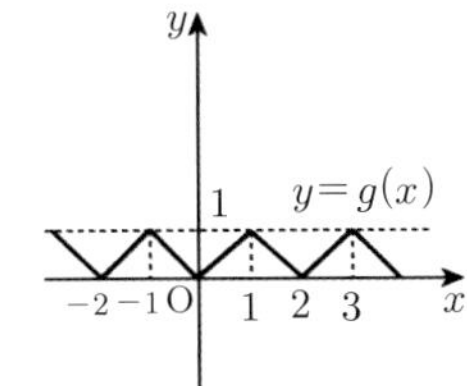

# 05 역함수

## 1 역함수의 정의(약속)

**함수 $f: X \to Y$ 가 일대일대응이면** $Y$ 의 임의의 원소 $y$ 에 대하여 $f(x)=y$ 인 $X$ 의 원소 $x$ 가 오직 하나 존재한다.
따라서 $Y$ 의 각 원소 $y$ 에 $f(x)=y$ 인 $X$ 의 원소 $x$ 에 대응시키면 $Y$ 를 정의역, $X$ 를 공역으로 하는 새로운 함수를 정의할 수 있다.
이 새로운 함수를 원래의 함수 $f$ 의 **역함수**라 하고, 기호로 $\boldsymbol{f^{-1}}$ 와 같이 나타낸다. 즉,
$f^{-1}: Y \to X,\ \boldsymbol{x=f^{-1}(y)}$
※ $f^{-1}$ 는 '$f$ 의 역함수' 또는 '$f$ inverse'라 읽는다.

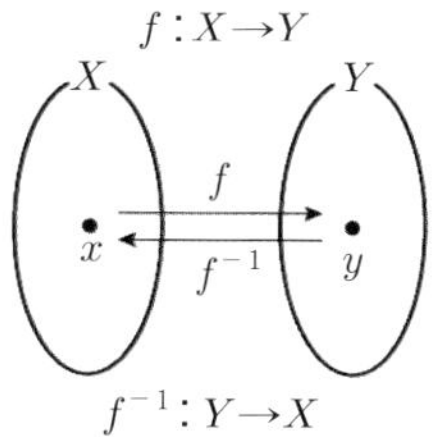


생각하는 방법
역방향, 역주행

참고 **역함수 $y=f^{-1}(x)$** [p.214 ③]
함수를 나타낼 때 일반적으로 정의역의 원소를 $x$, 치역의 원소를 $y$ 로 나타내므로 함수 $y=f(x)$ 의 역함수 $x=f^{-1}(y)$ 의 경우도 $x$ 와 $y$ 를 서로 바꾸어 $y=f^{-1}(x)$ 와 같이 나타낸다.

예) $y=f(x) \Leftrightarrow y=2x+1$
$x=f^{-1}(y) \Leftrightarrow x=\frac{1}{2}y-\frac{1}{2}$ ← 역함수의 정의
$\boldsymbol{y=f^{-1}(x) \Leftrightarrow y=\frac{1}{2}x-\frac{1}{2}}$ ← 역함수

주의 '역함수의 정의'와 '역함수'의 차이를 알아야 한다.

## 2 함수 $f: X \to Y$ 가 *일대일대응일 때만 역함수가 존재한다.

어떤 함수의 **역함수**가 존재하기 위한 필요충분조건은 그 함수가 **일대일대응**인 것이다.

증명 $f: X \to Y$ 가 일대일대응이 아니면 $Y$ 에서 $X$ 로의 대응, 즉 역의 대응 $f^{-1}: Y \to X$ 가 함수가 되지 않으므로 역함수가 정의되지 않는다.

예)

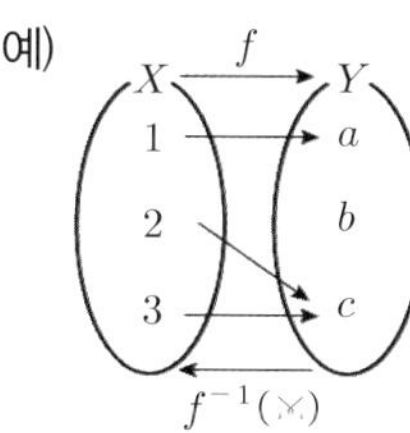


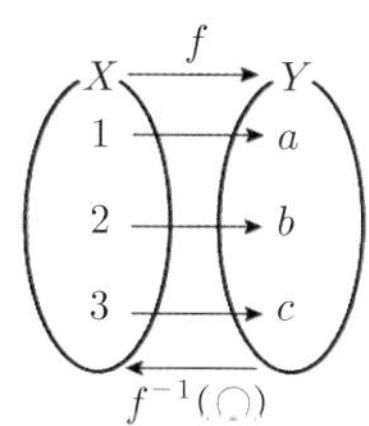


암기 (역함수가 존재할 조건) ⇔ (일대일대응이 될 조건)

주의 정의역의 원소가 2개 이상인 상수함수는 일대일대응이 될 수 없다.
∴ 역함수가 존재하지 않는다.

예)

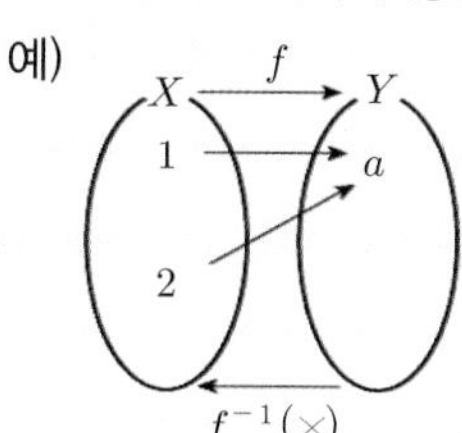


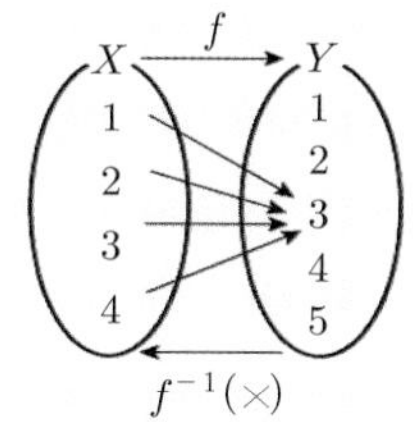

## 뿌리 5-1 역함수가 존재하기 위한 조건 (1)

다음 함수 중 역함수가 존재하는 것을 골라라.

① $y=x^2$ 　　② $y=-|x|$ 　　③ $y=x-1$

**핵심** ⋆(역함수가 존재할 조건) ⇔ (일대일대응이 될 조건)

**참고** 일대일대응 : 연속함수에서는 (공역)=(치역)인 증가함수 또는 감소함수이다.

**풀이** ① $y=x^2$의 그래프는 오른쪽 그림과 같이 연속함수이지만 증가함수도, 감소함수도 아니므로 일대일함수가 아니다.
따라서 일대일대응이 아니므로 역함수가 존재하지 않는다.

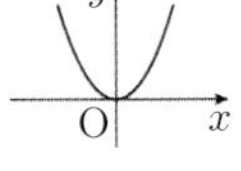

② $y=-|x|$의 그래프는 오른쪽 그림과 같이 연속함수이지만 증가함수도, 감소함수도 아니므로 일대일함수가 아니다.
따라서 일대일대응이 아니므로 역함수가 존재하지 않는다.

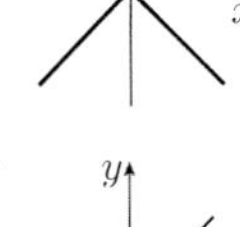

③ $y=x-1$의 그래프는 오른쪽 그림과 같이 연속함수이면서 증가함수이므로 일대일함수이다. 이때, (공역)=(치역)이므로 일대일대응이다.
($\because$ 공역 : $\{y\,|\,y$는 모든 실수$\}$, 치역 : $\{y\,|\,y$는 모든 실수$\}$)
따라서 일대일대응이므로 역함수가 존재한다.

**정답** ③

**줄기 5-1** 함수 $f:X\to Y$의 그래프가 다음과 같을 때, 역함수가 존재하는 것을 모두 찾아라.

①
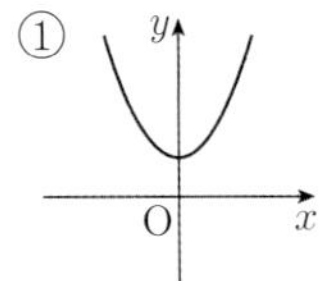
②
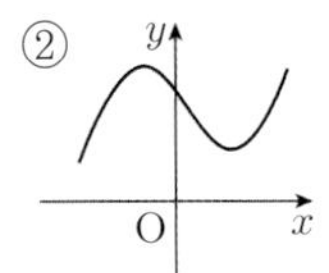
③
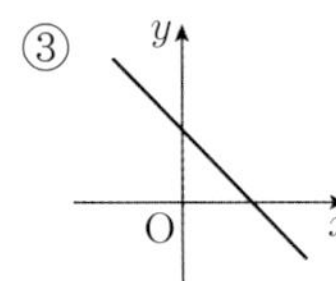
④
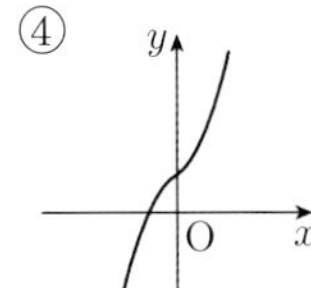
⑤
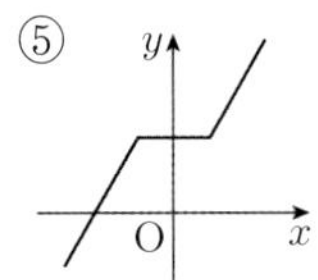
⑥
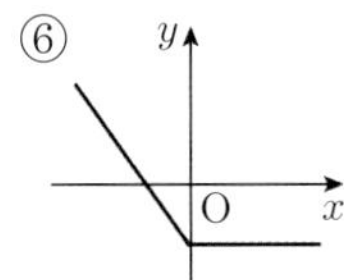

## 3 역함수를 구하는 방법

일대일대응인 함수 $y=f(x)$를 $x$에 대하여 정리하면 $x=f^{-1}(y)$가 된다. 그런데 함수를 나타낼 때는 일반적으로 정의역의 원소를 $x$, 치역의 원소를 $y$로 나타내므로 역함수 $x=f^{-1}(y)$도 $x$와 $y$를 서로 바꾸어 $y=f^{-1}(x)$와 같이 나타내고, 이것을 $y=f(x)$의 역함수라 한다.
따라서 ⋆일대일대응인 함수 $y=f(x)$에서 $x$와 $y$를 서로 바꾸어 $x=f(y)$로 나타낸 후 $y$에 대하여 정리하여 $y=f^{-1}(x)$로 나타내어도 된다. ⇨ 이게 더 쉽다. ^^

**1st** 주어진 함수 $y=f(x)$가 **일대일대응**인지 확인한다.

**2nd** $y=f(x)$에서 **$x$ 대신 $y$, $y$ 대신 $x$를 대입**하여 $x=f(y)$로 나타낸다.
(즉, 직선 $y=x$에 대한 대칭이동과 같다. [참고] 역함수의 그래프 p.223)

**3rd** $x=f(y)$를 $y$에 대하여 정리하여 $\boldsymbol{y=f^{-1}(x)}$로 나타낸다.

이때 함수 $f$의 공역, 즉 치역이 역함수 $f^{-1}$의 정의역이 되고, 함수 $f$의 정의역이 역함수 $f^{-1}$의 공역, 즉 치역이 된다. ($\because$ 함수 $f$는 일대일대응이므로 *(공역)=(치역)이다.)

## 뿌리 5-2 역함수 구하기

다음 각 함수의 역함수를 구하여라.

1) $y=x-2$ 2) $y=x^2-2\ (x\geq 0,\ y\geq -2)$ 3) $f(x)=x^2-4x\ (x\geq 2)$

**핵심** *다항함수에서 정의역이나 공역이 주어져 있지 않은 경우
⇨ 정의역과 공역을 실수 전체의 집합으로 생각한다.
※ 정의역과 공역이 실수 전체의 집합이 아닌 경우는 정의역과 공역을 표시해야 한다.

**풀이** 1) i) $y=x-2$는 연속함수이면서 (공역)=(치역)인 증가함수이므로 일대일대응이다.
$\therefore$ 역함수가 존재한다. ↳공역과 치역이 실수 전체의 집합으로 같다.
ii) $y=x-2$에서 $x$ 대신 $y$, $y$ 대신 $x$를 대입하면 $x=y-2$
iii) $x=y-2$를 $y$에 대하여 정리하면 $\boldsymbol{y=x+2}$

2) i) $y=x^2-2$는 정의역 $\{x\mid x\geq 0\}$, 공역 $\{y\mid y\geq -2\}$에서 연속함수이면서 (공역)=(치역)인 증가함수이므로 일대일대응이다. $\therefore$ 역함수가 존재한다.
ii) $y=x^2-2\ (x\geq 0,\ y\geq -2)$에서 $x$ 대신 $y$, $y$ 대신 $x$를 대입하면
$x=y^2-2\ (y\geq 0,\ x\geq -2)$
iii) $x=y^2-2\ (y\geq 0,\ x\geq -2)$를 $y$에 대하여 정리하면
$y^2=x+2\ (y\geq 0,\ x\geq -2)$
$y=\sqrt{x+2}\ (\because y\geq 0)$
$\therefore \boldsymbol{y=\sqrt{x+2}\ (x\geq -2,\ y\geq 0)}$

3) $f(x)=x^2-4x\ (x\geq 2)$, 즉 $y=(x-2)^2-4\ (x\geq 2)$
*역함수는 (공역)=(치역)일 때 구할 수 있으므로 $\{y\mid y\geq -4\}$인 치역을 공역으로 생각한다.
i) $y=x^2-4x$는 정의역 $\{x\mid x\geq 2\}$, 공역 $\{y\mid y\geq -4\}$에서 연속함수이면서 (공역)=(치역)인 증가함수이므로 일대일대응이다. $\therefore$ 역함수가 존재한다.
ii) $y=x^2-4x\ (x\geq 2,\ y\geq -4)$에서 $x$ 대신 $y$, $y$ 대신 $x$를 대입하면
$x=y^2-4y\ (y\geq 2,\ x\geq -4)$
iii) $y^2-4y-x=0\ (y\geq 2,\ x\geq -4)$를 $y$에 대하여 정리하면 (근의 공식을 이용!)
$y=2+\sqrt{4+x}\ (\because y\geq 2)$
$\therefore y=2+\sqrt{4+x}\ (x\geq -4,\ y\geq 2)$
$\therefore f^{-1}(x)=2+\sqrt{x+4}\ (x\geq -4,\ y\geq 2)$ $\therefore \boldsymbol{f^{-1}(x)=2+\sqrt{x+4}\ (x\geq -4)}$

**주의** 역함수 문제에서 정의역이 실수 전체의 집합이 아닌 경우에는 정의역을 반드시 표시한다. 그런데 공역은 (공역)=(치역)이므로 치역을 공역으로 생각하여 *공역을 표시하지 않는 경우가 왕왕 있다.
예) 뿌리 5-2)의 3)번

## 4 역함수의 정의의 활용

함수 $f: X \to Y$ 가 일대일대응일 때, 함수 $f$의 역함수 $f^{-1}$가 존재하고 $f(a)=b \Leftrightarrow f^{-1}(b)=a$가 성립한다.
따라서 $*f^{-1}(b)=a \Leftrightarrow f(a)=b$를 이용하여 문제를 쉽게 해결할 수 있다.

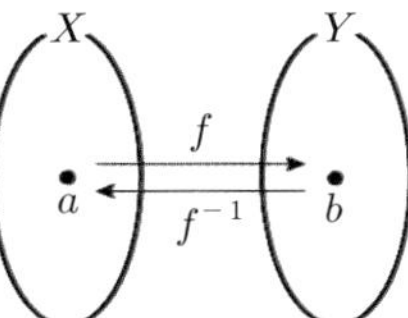


**씨앗. 1** 함수 $f(x)=ax+b$에 대하여 $f^{-1}(2)=1$, $f^{-1}(-4)=-1$이 성립할 때, 실수 $a, b$의 값을 구하여라.

풀이 $f^{-1}(2)=1 \Leftrightarrow f(1)=2 \quad \therefore a+b=2 \cdots$ ㉠
$f^{-1}(-4)=-1 \Leftrightarrow f(-1)=-4 \quad \therefore -a+b=-4 \cdots$ ㉡
㉠, ㉡을 연립하여 풀면 $\boldsymbol{a=3, b=-1}$

## 뿌리 5-3 역함수의 정의의 활용

다음 물음에 답하여라.

1) 함수 $f(x)=2x-3$일 때, $f^{-1}(5)$의 값을 구하여라.

2) 함수 $f(x)=ax+b$에 대하여 $f^{-1}(3)=1$, $(f \circ f)(1)=5$일 때, $f(x)$를 구하여라.

풀이 1) $f^{-1}(5)=a$라 하면
$f(a)=5$이므로 $2a-3=5 \quad \therefore a=4 \quad \therefore f^{-1}(5)=4$

2) $f^{-1}(3)=1$에서 $f(1)=3$이므로 $a+b=3 \cdots$ ㉠
$(f \circ f)(1)=f(f(1))=5$에서 $f(3)=5$이므로 $3a+b=5 \cdots$ ㉡
㉠, ㉡을 연립하여 풀면 $a=1, b=2 \quad \therefore \boldsymbol{f(x)=x+2}$

참고 $f^{-1}(t)=k$이면 $f(k)=t$임을 이용한다.

**[줄기5-2]** 함수 $f(x)=x^3-1$일 때, $f^{-1}(-2)+f^{-1}(26)$의 값을 구하여라.

**[줄기5-3]** 집합 $X=\{1, 3, 5\}$에 대하여 $X$에서 $X$로의 함수 $f$의 역함수 $f^{-1}$가 존재할 때, $f(1)+f(3)+f(5)$와 $f^{-1}(1)+f^{-1}(3)+f^{-1}(5)$의 값을 각각 구하여라.

## 뿌리 5-4 역함수가 존재하기 위한 조건(2)

함수 $f(x)=\begin{cases} -2x & (x \ge 0) \\ ax & (x<0) \end{cases}$ 의 역함수가 존재할 때, 실수 $a$의 값의 범위를 구하여라.

**풀이** 함수 $f(x)$의 역함수가 존재하면 $f(x)$는 일대일대응이다. 이때, 함수 $f(x)$의 공역이 주어져 있지 않으므로 공역은 실수 전체의 집합이다.

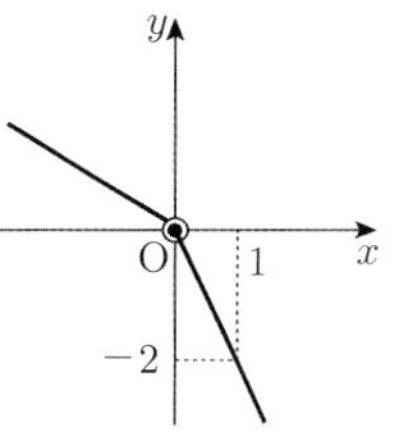

i) 일대일대응이면 (공역)=(치역)이어야 하므로 $x<0$인 영역의 직선 $y=ax$가 점 $(0, 0)$을 지난다.

ii) 일대일대응은 연속함수에서 증가함수 또는 감소함수이므로 오른쪽 그림과 같이 감소함수가 되기 위해서는 $x<0$인 영역에서 직선 $y=ax$의 기울기가 음수가 되어야 한다.

즉, $\boldsymbol{a<0}$이어야 한다.

**참고** *고정된 직선 $y=-2x\ (x \ge 0)$을 먼저 그린 후, 움직이는 직선 $y=ax\ (x<0)$를 조건에 맞게 그려본다. ※ 고정된 그래프를 먼저 그려놓고 생각해야 쉽다.

**[줄기5-4]** 실수 전체의 집합에서 정의된 함수 $f(x)=\begin{cases} x+2 & (x \ge 1) \\ ax+b & (x<1) \end{cases}$ 의 역함수가 존재할 때, 실수 $b$의 값의 범위를 구하여라. (단, $a$는 상수)

## 뿌리 5-5 역함수가 존재하기 위한 조건(3)

실수 전체의 집합에서 정의된 함수 $f(x)=k|x-2|+(2-k)x+2k$의 역함수가 존재할 때, 실수 $k$의 값의 범위를 구하여라.

**풀이** 함수 $f(x)$의 역함수가 존재하면 $f(x)$는 일대일대응이다. 이때, 함수 $f(x)$는 실수 전체의 집합에서 정의되었으므로 정의역과 공역은 실수 전체의 집합이다.

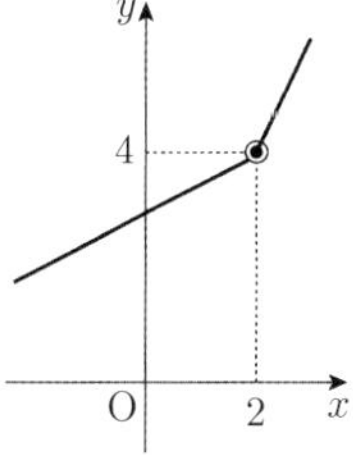

$f(x)=k|x-2|+(2-k)x+2k$에서

i) $x \ge 2$일 때, $f(x)=k(x-2)+(2-k)x+2k=2x$

ii) $x<2$일 때, $f(x)=-k(x-2)+(2-k)x+2k=(2-2k)x+4k$

일대일대응이면 (공역)=(치역)이어야 하므로 $x<2$인 영역의 직선 $y=(2-2k)x+4k$는 점 $(2, 4)$를 지난다.

일대일대응은 연속함수에서 증가함수 또는 감소함수이므로 우측 그림과 같이 증가함수가 되기 위해서는 $x<2$인 영역에서 직선 $y=(2-2k)x+4k$의 기울기가 양수가 되어야 하므로

$2-2k>0 \quad \therefore \boldsymbol{k<1}$

**참고** 절댓값을 0이 되게 하는 $x$의 값을 경계로 범위를 나누면 절댓값 기호가 풀린다.

**[줄기5-5]** 함수 $f(x)=|x-1|+kx+1$의 역함수가 존재할 때, 실수 $k$의 값의 범위를 구하여라.

## 뿌리 5-6 역함수가 존재하기 위한 조건 (4)

실수 전체의 집합에서 정의된 함수 $f(x)=\begin{cases} x+2 & (x\geq 1) \\ (a^2-2a)x+b & (x<1) \end{cases}$ 의 역함수가 존재할 때, 실수 $a, b$의 값의 범위를 구하여라.

**풀이** 함수 $f(x)$의 역함수가 존재하면 $f(x)$는 일대일대응이다. 이때, 함수 $f(x)$는 실수 전체의 집합에서 정의되었으므로 정의역과 공역은 실수 전체의 집합이다.

i) 일대일대응이면 (공역)=(치역)이어야 하므로 $x<1$인 영역의 직선 $y=(a^2-2a)x+b$가 점 $(1, 3)$을 지난다. $\therefore 3=(a^2-2a)+b$ ⋯㉠

ii) 일대일대응은 연속함수에서 증가함수 또는 감소함수이므로 오른쪽 그림과 같이 증가함수가 되기 위해서는 $x<1$인 영역에서 직선 $y=(a^2-2a)x+b$의 기울기가 양수가 되어야 한다.
즉, $a^2-2a>0$ ⋯㉡ 이어야 한다.
$\therefore a^2-2a=3-b>0$ ($\because$ ㉠, ㉡) $\therefore$ **$b<3$**
$\therefore a(a-2)>0$ $\therefore$ **$a<0$ 또는 $a>2$**

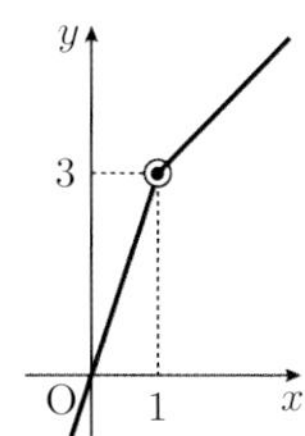


**참고** *고정된 직선 $y=x+2$ $(x\geq 1)$을 먼저 그린 후, 움직이는 직선 $y=(a^2-2a)x+b$ $(x<1)$를 조건에 맞게 그려본다. ※ 고정된 그래프를 먼저 그려놓고 생각해야 쉽다.

## 뿌리 5-7 역함수가 존재할 조건 (5)

두 집합 $X=\{x\mid 0\leq x\leq 6\}$, $Y=\{y\mid 0\leq y\leq 6\}$에 대하여 $X$에서 $Y$로의 함수
$f(x)=\begin{cases} \frac{1}{3}x & (0\leq x<3) \\ ax+b & (3\leq x\leq 6) \end{cases}$ 의 역함수가 존재할 때, 실수 $a, b$의 값을 구하여라.
(단, $a<0$)

**풀이** 함수 $f(x)$의 역함수가 존재하면 $f(x)$는 일대일대응이다.
정의역 : $X=\{x\mid 0\leq x\leq 6\}$, 공역 : $Y=\{y\mid 0\leq y\leq 6\}$
$0\leq x<3$에서 $f(x)=\frac{1}{3}x$의 치역은 $\{y\mid 0\leq y<1\}$이고
함수 $f(x)$가 일대일대응이면 (공역)=(치역)이므로
$3\leq x\leq 6$에서 $f(x)=ax+b$의 치역은 $\{y\mid 1\leq y\leq 6\}$
이때, $a<0$이므로 우측 그림에서 $f(3)=6$, $f(6)=1$이다.
따라서 $f(x)=ax+b$에서 $3a+b=6$, $6a+b=1$
두 식을 연립하여 풀면 **$a=-\frac{5}{3}$, $b=11$**

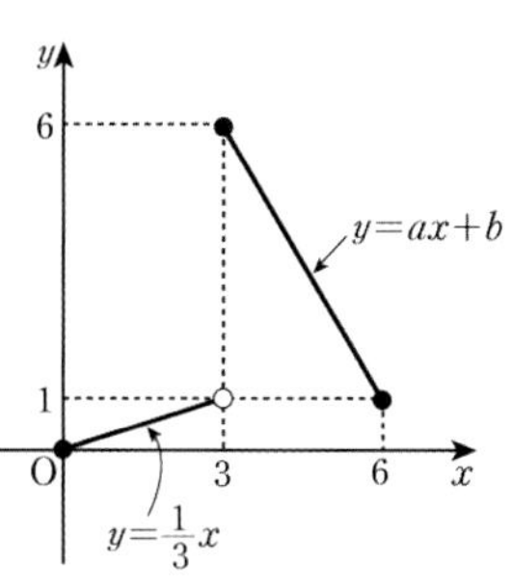


**참고** 뿌리 5-6), 뿌리 5-7)은 잎 8-5), 잎 8-6)과 같은 문제이다. [p.203]

**[줄기5-6]** 집합 $\{x\mid -2\leq x\leq 3\}$에서 집합 $\{x\mid 0\leq y\leq 4\}$로의 함수 $f(x)=ax+b$의 역함수가 존재할 때, 실수 $a, b$의 값을 구하여라.

## 06 역함수의 성질과 역함수의 그래프

### 1 역함수의 성질 ( I )

함수 $f: X \to Y$가 일대일대응일 때, 그 역함수 $f^{-1}: Y \to X$에 대하여 다음이 성립한다.

1) $(f^{-1})^{-1}=f$ (비슷한 예) $(A^C)^C=A$

증명 $y=f(x) \Leftrightarrow x=f^{-1}(y) \Leftrightarrow y=(f^{-1})^{-1}(x) \quad \therefore (f^{-1})^{-1}=f$

2) $(f^{-1}\circ f)(x)=x$, 즉 $f^{-1}\circ f=I$ ($I$는 항등함수)

$(f\circ f^{-1})(y)=y$, 즉 $f\circ f^{-1}=I$ ($I$는 항등함수)

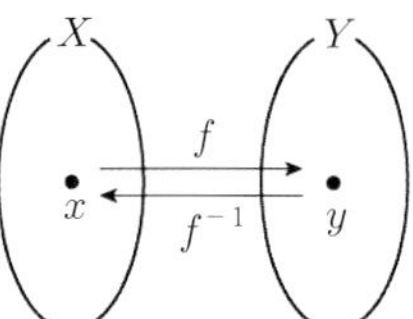


(익히는 방법)
*두 함수의 합성이 항등함수이면 두 함수는 서로가 서로의 역함수이다.

증명 $y=f(x) \Leftrightarrow x=f^{-1}(y)$이므로
$(f^{-1}\circ f)(x)=f^{-1}(f(x))=f^{-1}(y)=x\ (x\in X) \quad \therefore f^{-1}\circ f=I$
$(f\circ f^{-1})(y)=f(f^{-1}(y))=f(x)=y\ (y\in Y) \quad \therefore f\circ f^{-1}=I$

주의 $f^{-1}\circ f$는 $X$에서의 항등함수이고, $f\circ f^{-1}$는 $Y$에서의 항등함수이다. 따라서 일반적으로 $f^{-1}\circ f$와 $f\circ f^{-1}$는 같은 함수가 아니다.

3) $(g\circ f)(x)=x$, 즉 $g\circ f=I$이면 $f=g^{-1}$, $g=f^{-1}$

$(f\circ g)(x)=x$, 즉 $f\circ g=I$이면 $f=g^{-1}$, $g=f^{-1}$

(익히는 방법) 2)번과 같은 개념이다.
*두 함수의 합성이 항등함수이면 두 함수는 서로가 서로의 역함수이다.

증명 $g\circ g^{-1}=I$이므로 $g\circ f=I$에서 $f=g^{-1}$이고, $f^{-1}\circ f=I$이므로 $g\circ f=I$에서 $g=f^{-1}$이다.
$g^{-1}\circ g=I$이므로 $f\circ g=I$에서 $f=g^{-1}$이고, $f\circ f^{-1}=I$이므로 $f\circ g=I$에서 $g=f^{-1}$이다.

4) $(g\circ f)^{-1}=f^{-1}\circ g^{-1}$

$(f\circ g)^{-1}=g^{-1}\circ f^{-1}$

$(f\circ g\circ h)^{-1}=h^{-1}\circ g^{-1}\circ f^{-1}$

$(f\circ g\circ h\circ k)^{-1}=k^{-1}\circ h^{-1}\circ g^{-1}\circ f^{-1}$

(합성함수에서 inverse하는 방법)
함수 각각에 모두 inverse한 후 위치도 정반대로 바꾼다.

※ $f^{-1}$는 '$f$의 역함수' 또는 '$f$ inverse'라고 읽는다.

증명 $(g\circ f)^{-1}=f^{-1}\circ g^{-1}$을 증명해 보자.
함수 $f: X\to Y$, $g: Y\to Z$가 일대일대응일 때
$g\circ f: X\to Z \quad \therefore (g\circ f)^{-1}: Z\to X \cdots$ ㉠
$f^{-1}\circ g^{-1}: Z\to X \cdots$ ㉡
㉠과 ㉡은 $Z\to X$로 같으므로 $(g\circ f)^{-1}=f^{-1}\circ g^{-1}$

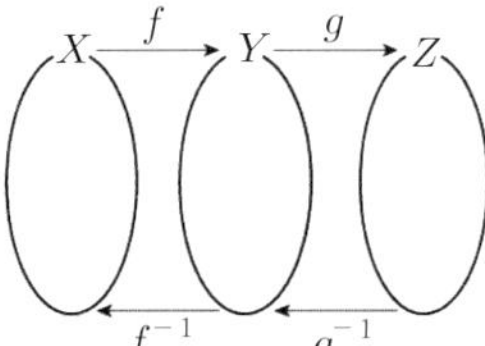

## 뿌리 6-1 역함수의 성질(1)

오른쪽 그림과 같이 주어진 함수 $f$에 대하여 다음을 구하여라.

1) $f(2)$
2) $f^{-1}(d)$
3) $(f^{-1})^{-1}(1)$
4) $(f^{-1}\circ f)(4)$
5) $(f\circ f^{-1})(d)$

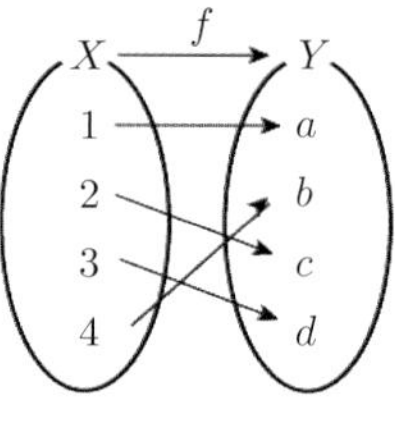

**풀이** 1) $f(2)=\boldsymbol{c}$ 2) $f^{-1}(d)=\mathbf{3}$ 3) $(f^{-1})^{-1}(1)=f(1)=\boldsymbol{a}$
4) $f^{-1}\circ f(4)=I(4)=\mathbf{4}$ ($I$는 항등함수) 5) $f\circ f^{-1}(d)=I(d)=\boldsymbol{d}$ ($I$는 항등함수)

**[줄기6-1]** 오른쪽 그림과 같이 주어진 함수 $f$에 대하여 다음을 구하여라.

1) $f(1)$
2) $f^{-1}(6)$
3) $(f^{-1})^{-1}(1)$
4) $(f^{-1}\circ f)(5)$
5) $(f\circ f^{-1})(6)$

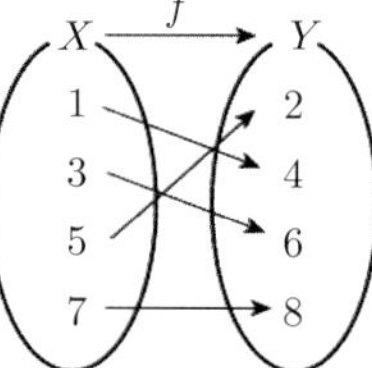

## 2 역함수 구하기 [p.214]

1st 주어진 함수 $y=f(x)$가 **일대일대응**인지 확인한다.

2nd $y=f(x)$에서 **$x$ 대신 $y$, $y$ 대신 $x$를 대입**하여 $x=f(y)$로 나타낸다.
(즉, *직선 $y=x$에 대한 대칭이동과 같다. [참고] 역함수의 그래프 p.223)

3rd $x=f(y)$를 $y$에 대하여 정리하여 $\boldsymbol{y=f^{-1}(x)}$로 나타낸다.

## 뿌리 6-2 역함수 구하기(1)

두 함수 $f(x)=\frac{1}{3}x$, $g(x)=2x-1$에 대하여 다음을 구하여라.

1) $f^{-1}(x)$
2) $g^{-1}(x)$
3) $(g^{-1}\circ f)(x)$

**풀이** 1) $f(x)=\frac{1}{3}x$, 즉 $y=\frac{1}{3}x$에서 $x$ 대신 $y$, $y$ 대신 $x$를 대입하면

$x=\frac{1}{3}y \quad \therefore y=3x \quad \therefore f^{-1}(x)=\mathbf{3}\boldsymbol{x}$

2) $g(x)=2x-1$, 즉 $y=2x-1$에서 $x$ 대신 $y$, $y$ 대신 $x$를 대입하면

$x=2y-1 \quad \therefore y=\frac{1}{2}(x+1) \quad \therefore g^{-1}(x)=\boldsymbol{\frac{1}{2}x+\frac{1}{2}}$

3) $g^{-1}(f(x))=g^{-1}\left(\frac{1}{3}x\right)=\frac{1}{2}\left(\frac{1}{3}x\right)+\frac{1}{2}=\boldsymbol{\frac{1}{6}x+\frac{1}{2}}$

## 뿌리 6-2 역함수 구하기(1)

두 함수 $f(x)=\frac{1}{3}x$, $g(x)=2x-1$에 대하여 다음을 구하여라.

4) $(f^{-1}\circ g^{-1})(x)$ 5) $(g\circ f)^{-1}(x)$

풀이 4) $f^{-1}(g^{-1}(x))=f^{-1}\left(\frac{1}{2}x+\frac{1}{2}\right)$ $(\because g^{-1}(x)=\frac{1}{2}x+\frac{1}{2})$

$=3\left(\frac{1}{2}x+\frac{1}{2}\right)$ $(\because f^{-1}(x)=3x)$

$=\mathbf{\frac{3}{2}(x+1)}$

5) $(g\circ f)^{-1}(x)=(f^{-1}\circ g^{-1})(x)$이므로 4)번의 답과 동일하다.

5) $(g\circ f)(x)=g(f(x))=g\left(\frac{1}{3}x\right)=2\left(\frac{1}{3}x\right)-1=\frac{2}{3}x-1$

$(g\circ f)(x)=\frac{2}{3}x-1$, 즉 $y=\frac{2}{3}x-1$에서 $x$ 대신 $y$, $y$ 대신 $x$를 대입하면

$x=\frac{2}{3}y-1$ $\therefore y=\frac{3}{2}(x+1)$ $\therefore (g\circ f)^{-1}(x)=\mathbf{\frac{3}{2}(x+1)}$

**[줄기6-2]** 두 함수 $f(x)=2x-1$, $g(x)=-2x+3$에 대하여 $(f^{-1}\circ g^{-1})(x)$와 $(g\circ f)^{-1}(x)$를 구하여라.

## 뿌리 6-3 역함수 구하기(2)

실수 전체의 집합에서 정의된 함수 $f$에 대하여 $f(2x-3)=4x+1$이고 $f^{-1}(x)=ax+b$일 때, 실수 $a, b$의 값을 구하여라.

풀이 $f(2x-3)=4x+1$ ⋯㉠

$2x-3=t$로 놓으면 $x=\frac{t+3}{2}$

이것을 ㉠에 대입하면

$f(t)=4\cdot\frac{t+3}{2}+1=2t+7$ ← $t$를 $x$로 바꾼다.

$f(x)=2x+7$, 즉 $y=2x+7$에서 $x$ 대신 $y$, $y$ 대신 $x$를 대입하면

$x=2y+7$ $\therefore y=\frac{1}{2}(x-7)$ $\therefore f^{-1}(x)=\frac{1}{2}x-\frac{7}{2}$ $\therefore \mathbf{a=\frac{1}{2}, b=-\frac{7}{2}}$

**[줄기6-3]** 역함수가 존재하는 함수 $f(x)$가 모든 실수 $x$에 대하여 $f\left(\frac{2x-1}{3}\right)=4x-5$를 만족시킨다. 함수 $f(x)$의 역함수를 $f^{-1}(x)$라 할 때, $f^{-1}(x)$를 구하여라.

## 뿌리 6-4 역함수의 성질(2)

두 함수 $f(x)=2x-3$, $g(x)=3x+1$에 대하여 $(f\circ(f\circ g)^{-1}\circ f)(-5)$의 값을 구하여라.

풀이 $(f\circ(f\circ g)^{-1}\circ f)(-5)=(f\circ g^{-1}\circ f^{-1}\circ f)(-5)=(f\circ g^{-1}\circ I)(-5)=(f\circ g^{-1})(-5)$
$=f(g^{-1}(-5))$ ($I$는 항등함수)

비추 방법 I $g(x)=3x+1$, 즉 $y=3x+1$에서 $x$ 대신 $y$, $y$ 대신 $x$를 대입하면
$x=3y+1$ $\quad\therefore y=\frac{1}{3}(x-1)$ $\quad\therefore g^{-1}(x)=\frac{1}{3}x-\frac{1}{3}$ $\quad\therefore g^{-1}(-5)=-2$
$\therefore f(g^{-1}(-5))=f(-2)=2\cdot(-2)-3=\mathbf{-7}$

강추 방법 II $g^{-1}(-5)=a$에서 $g(a)=-5$이므로 $3a+1=-5$ $\quad\therefore a=-2$ $\quad\therefore g^{-1}(-5)=-2$
$\therefore f(g^{-1}(-5))=f(-2)=2\cdot(-2)-3=\mathbf{-7}$

**[줄기6-4]** 두 함수 $f(x)=2x+a$, $g(x)=-3x+b$에 대하여 $f^{-1}(-2)=3$, $g^{-1}(5)=-2$가 성립한다. 이때, 실수 $a, b$의 값을 구하여라.

**[줄기6-5]** 두 함수 $f(x)=-3x+1$, $g(x)=\frac{1}{2}x+2$에 대하여 $(f^{-1}\circ(f\circ g)^{-1}\circ f)(1)$의 값을 구하여라.

**[줄기6-6]** 함수 $f$에 대하여 $f\left(\frac{2x-1}{3}\right)=4x-5$가 성립할 때, $f^{-1}(3)$의 값을 구하여라.

## 뿌리 6-5 역함수와 항등함수

세 함수 $f$, $g$, $I$에 대하여 $f\circ g=g\circ f=I$가 성립하고 $f(2)=3$, $g(2)=4$일 때, $(f^{-1}\circ g)(3)$의 값을 구하여라. (단, $I$는 항등함수이다.)

풀이 $f\circ g=g\circ f=I$ $\quad\therefore \underline{g=f^{-1}}$, $f=g^{-1}$
$g=f^{-1}$를 이용하면
$g(2)=f^{-1}(2)=4$
$(f^{-1}\circ g)(3)=(f^{-1}\circ f^{-1})(3)=f^{-1}(f^{-1}(3))$
$=f^{-1}(2)$ ($\because f(2)=3$에서 $f^{-1}(3)=2$)
$=4$

참고 $f\circ g=g\circ f=I$이면 $g=f^{-1}$, $f=g^{-1}$이므로
$\underline{g=f^{-1}}$를 이용한다. ($\because$ ★$g$를 익숙한 $f$의 꼴로 변형하면 문제가 쉬워진다.)

**[줄기6-7]** 세 함수 $f$, $g$, $h$에 대하여 $f(x)=2x-3$, $g(x)=-x+2$이고, 합성함수 $f^{-1}\circ g^{-1}\circ h$가 항등함수일 때, $h(x)$를 구하여라.

## 3 역함수의 그래프

함수 $y=f(x)$와 그 역함수 $y=f^{-1}(x)$의 그래프는 **직선 $y=x$에 대하여 대칭이다.**

증명 점 $(a,b)$가 함수 $y=f(x)$의 그래프 위의 점이면 점 $(b,a)$는 그 역함수 $y=f^{-1}(x)$의 그래프 위의 점이다. 이때, 점 $(a,b)$와 점 $(b,a)$는 직선 $y=x$에 대하여 대칭이므로 함수 $y=f(x)$의 그래프와 그 역함수 $y=f^{-1}(x)$의 그래프는 직선 $y=x$에 대하여 대칭이다.

**씨앗. 1** 함수 $f(x)=x^2\ (x\geq 0)$의 역함수의 그래프를 그려라. 또한 이 함수의 역함수도 구하여라.

핵심 1) 함수 $y=f(x)$와 그 역함수 $y=f^{-1}(x)$의 그래프는 직선 $y=x$에 대하여 대칭이다.
2) (역함수가 존재할 조건) ⇔ (일대일대응이 될 조건)
일대일대응 : 연속함수에서는 (공역)=(치역)인 증가함수 또는 감소함수이다. [p.197 4]
※ 일대일함수 : 연속함수에서는 증가함수 또는 감소함수이다. [p.196 2]

풀이 함수 $f(x)=x^2\ (x\geq 0)$, 즉 $y=x^2\ (x\geq 0)$에서 역함수는 *(공역)=(치역)일 때 구할 수 있으므로 $\{y\mid y\geq 0\}$인 치역을 공역으로 생각한다.

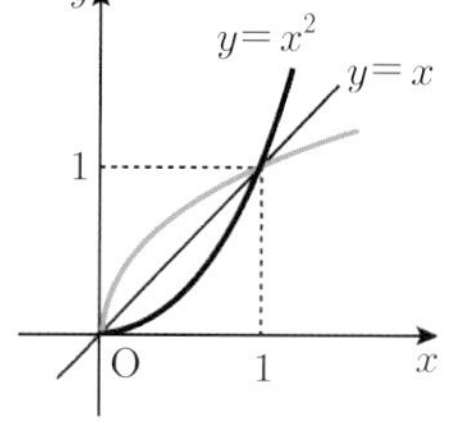


함수 $f(x)=x^2\ (x\geq 0,\ y\geq 0)$, 즉 $y=x^2\ (x\geq 0,\ y\geq 0)$의 그래프를 직선 $y=x$에 대하여 대칭이동하면 **역함수의 그래프 (녹색 곡선)**가 된다.

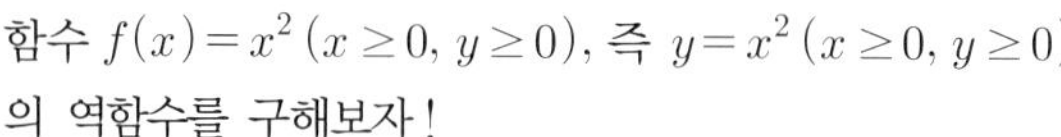
함수 $f(x)=x^2\ (x\geq 0,\ y\geq 0)$, 즉 $y=x^2\ (x\geq 0,\ y\geq 0)$의 역함수를 구해보자!

1st $y=x^2\ (x\geq 0,\ y\geq 0)$에서 $x$와 $y$를 서로 바꾸면
$x=y^2\ (y\geq 0,\ x\geq 0)$

2nd $y^2=x\ (y\geq 0,\ x\geq 0)$를 $y$에 대하여 정리하면
$y=\sqrt{x}\ \ (\because y\geq 0)$
$\therefore y=\sqrt{x}\ \ (x\geq 0,\ y\geq 0)$
$\therefore f^{-1}(x)=\sqrt{x}\ \ (x\geq 0,\ y\geq 0)$
$\therefore \boldsymbol{f^{-1}(x)=\sqrt{x}\ \ (x\geq 0)}$

참고 다항함수에서 정의역이나 공역이 주어져 있지 않은 경우 [p.215]
⇨ 정의역과 공역을 실수 전체의 집합으로 생각한다.
※ 정의역과 공역이 실수 전체의 집합이 아닌 경우는 정의역과 공역을 표시해야 한다.

주의 역함수 문제에서 정의역이 실수 전체의 집합이 아닌 경우에는 정의역을 반드시 표시한다. 그런데 공역은 (공역)=(치역)이므로 치역을 공역으로 생각하여*공역을 표시하지 않는 경우가 왕왕 있다. 따라서 씨앗. 1)의 질문에서 역함수가 존재하려면 함수 $f(x)=x^2\ (x\geq 0,\ y\geq 0)$으로 나타내어야 맞지만 함수 $f(x)=x^2\ (x\geq 0)$과 같이 공역을 생략하고 나타내는 경우도 드물지 않게 있다.

## 뿌리 6-6 그래프를 이용하여 역함수의 함숫값 구하기

두 함수 $y=f(x)$와 $y=x$의 그래프가 오른쪽 그림과 같을 때, 다음을 구하여라.
(단, 모든 점선은 $x$축 또는 $y$축에 평행하다.)

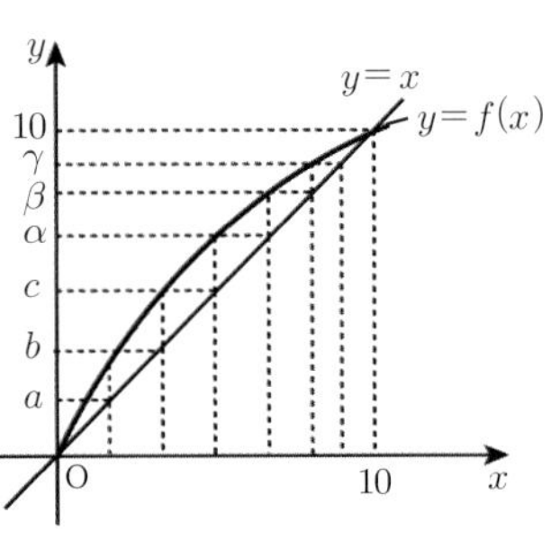

1) $(f\circ f\circ f)^{-1}(\beta)$

2) $(f\circ f\circ f\circ f\circ f)^{-1}(\gamma)$

**핵심** [방법Ⅰ] 직선 $y=x$에 대하여 대칭인 그래프를 그리면 역함수 $y=f^{-1}(x)$의 그래프가 된다.
[방법Ⅱ]* $y$축을 $x$축으로, $x$축을 $y$축으로 바꾸면 역함수 $y=f^{-1}(x)$의 그래프가 된다.

**풀이** 직선 $y=x$를 이용하여 좌표축과 점선이 만나는 점의 좌표를 구하면 오른쪽 그림과 같다.

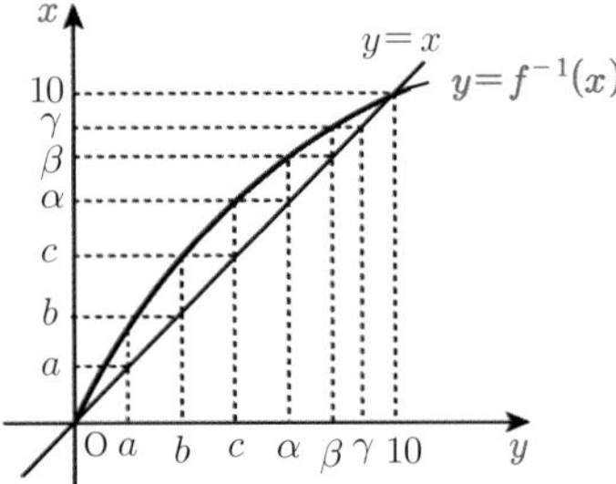


1) $y=f^{-1}(x)$의 그래프가 오른쪽 그림과 같으므로
$f^{-1}(\beta)=\alpha$, $f^{-1}(\alpha)=c$, $f^{-1}(c)=b$이다.

$$\begin{aligned}(f\circ f\circ f)^{-1}(\beta)&=(f^{-1}\circ f^{-1}\circ f^{-1})(\beta)\\&=f^{-1}(f^{-1}(f^{-1}(\beta)))\\&=f^{-1}(f^{-1}(\alpha))\\&=f^{-1}(c)=\boldsymbol{b}\end{aligned}$$

2) $y=f^{-1}(x)$의 그래프가 오른쪽 그림과 같으므로
$f^{-1}(\gamma)=\beta$, $f^{-1}(\beta)=\alpha$, $f^{-1}(\alpha)=c$,
$f^{-1}(c)=b$, $f^{-1}(b)=a$이다.

$$\begin{aligned}(f\circ f\circ f\circ f\circ f)^{-1}(\gamma)&=(f^{-1}\circ f^{-1}\circ f^{-1}\circ f^{-1}\circ f^{-1})(\gamma)\\&=f^{-1}(f^{-1}(f^{-1}(f^{-1}(f^{-1}(\gamma)))))\\&=f^{-1}(f^{-1}(f^{-1}(f^{-1}(\beta))))\\&=f^{-1}(f^{-1}(f^{-1}(\alpha)))\\&=f^{-1}(f^{-1}(c))\\&=f^{-1}(b)=\boldsymbol{a}\end{aligned}$$

**[줄기6-8]** 두 함수 $y=f(x)$와 $y=x$의 그래프가 오른쪽 그림과 같을 때, 다음을 구하여라.
(단, 모든 점선은 $x$축 또는 $y$축에 평행하다.)

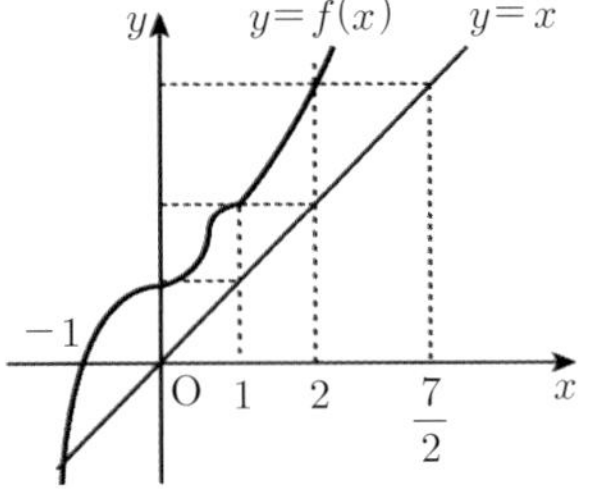


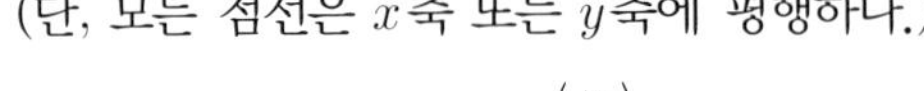
1) $(f\circ f)(0)+(f^{-1}\circ f)\left(\dfrac{7}{2}\right)+f^{-1}(0)$

2) $(f\circ f)^{-1}\left(\dfrac{7}{2}\right)$

## 뿌리 6-7 역함수의 그래프의 성질

함수 $f(x)=x^2-4x+6\ (x\geq 2,\ y\geq 2)$에 대하여 $y=f(x)$의 그래프와 그 역함수 $y=f^{-1}(x)$의 그래프는 서로 다른 두 점에서 만난다. 이때, 두 점 사이의 거리를 구하여라.

**풀이** $f(x)=x^2-4x+6$, 즉 $y=(x-2)^2+2\ (x\geq 2,\ y\geq 2)$에서
함수 $y=f(x)$의 그래프와 그 역함수 $y=f^{-1}(x)$의 그래프는 직선 $y=x$에 대하여 대칭이므로 오른쪽 그림과 같다.
따라서 함수 $y=f(x)$와 그 역함수 $y=f^{-1}(x)$의 그래프의 교점은 $y=f(x)$의 그래프와 직선 $y=x$의 교점과 같으므로
$x^2-4x+6=x,\quad x^2-5x+6=0\quad \therefore x=2$ 또는 $x=3$
따라서 두 교점은 $(2,2)$, $(3,3)$이므로 두 점사이의 거리는
$\sqrt{(3-2)^2+(3-2)^2}=\sqrt{2}$
※ 교점은 직선 $y=x$ 위에 있으므로 교점의 $x$, $y$좌표의 값이 같다.

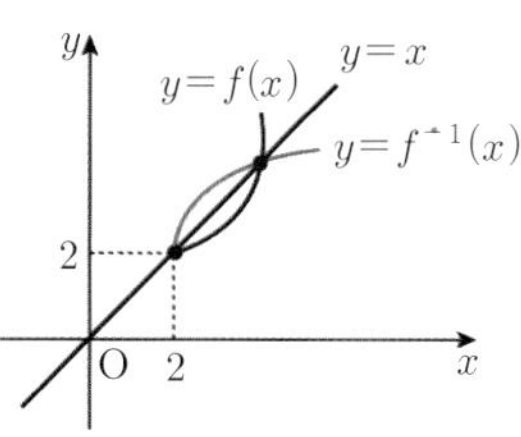


**참고** 함수 $y=f(x)$의 그래프와 역함수 $y=f^{-1}(x)$의 그래프는 직선 $y=x$에 대하여 대칭이므로 두 함수 $y=f^{-1}(x)$와 $y=f(x)$의 그래프의 교점은 함수 $y=f(x)$의 그래프와 직선 $y=x$의 교점과 같다. 따라서 교점은 직선 $y=x$ 위에 있으므로 교점의 $x$, $y$좌표의 값은 같다.

**[줄기6-9]** 함수 $f(x)=2x-1$의 역함수를 $f^{-1}(x)$라 할 때, 함수 $y=f(x)$, $y=f^{-1}(x)$의 그래프의 교점의 좌표를 구하여라.

**[줄기6-10]** 함수 $f(x)=-2x+a$에 대하여 함수 $y=f(x)$의 그래프와 그 역함수 $y=f^{-1}(x)$의 그래프의 교점의 $x$좌표가 3일 때, 실수 $a$의 값을 구하여라.

**[줄기6-11]** 함수 $f(x)=x^2-6x\ (x\geq 3)$의 그래프와 그 역함수 $y=f^{-1}(x)$의 그래프의 교점이 $(a,b)$일 때, 실수 $a,b$의 값을 구하여라.

**[줄기6-12]** $x\geq 1$에서 정의된 함수 $f(x)=x^2-2x+2$에 대하여 함수 $y=f(x)$의 그래프와 그 역함수 $y=f^{-1}(x)$의 그래프는 서로 다른 두 점에서 만난다. 이때, 두 점의 좌표를 구하여라.

**[줄기6-13]** 오른쪽 그림은 함수 $y=f(x)$와 역함수 $y=f^{-1}(x)$의 그래프를 나타낸 것이다. 점 A의 $x$좌표가 $a$일 때, 점 D의 좌표는?

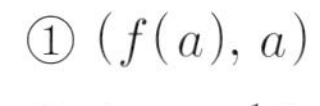
① $(f(a),a)$　② $(f^{-1}(a),a)$
③ $(a,f^{-1}(a))$　④ $(f(a),f^{-1}(a))$
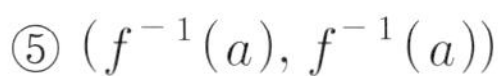
⑤ $(f^{-1}(a),f^{-1}(a))$

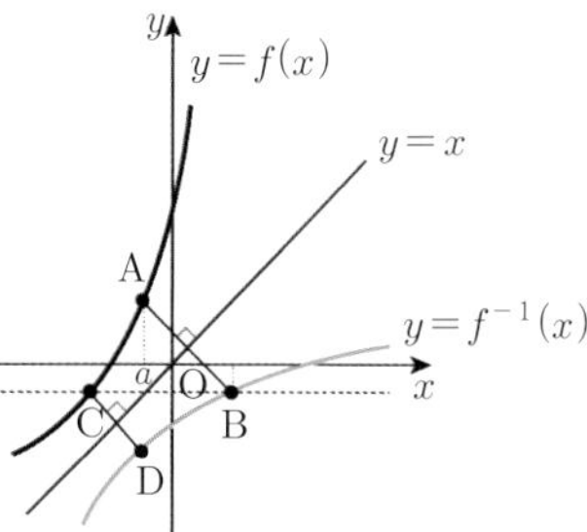

# 함수(2)

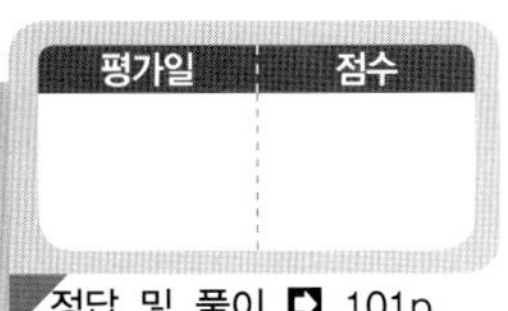


정답 및 풀이 ▶ 101p

• 잎 8-1

함수 $f(x)=2x+3$에 대하여 $(f\circ f\circ f)(2)$의 값을 구하여라.

• 잎 8-2

집합 $X=\{1,\ 2,\ 3\}$에 대하여 함수 $f: X \rightarrow X$가 오른쪽 그림과 같다. $f^1(x)=f(x)$, $f^{n+1}(x)=f(f^n(x))$ $(n=1,\ 2,\ 3,\ \cdots)$이라 할 때, $f^{2010}(2)+f^{2011}(3)$의 값을 구하여라. [교육청 기출]

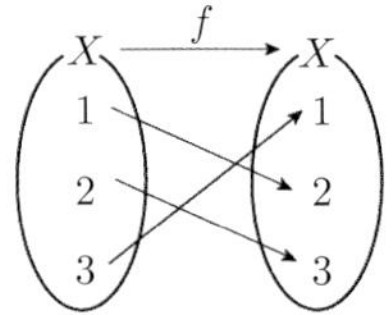

• 잎 8-3

두 함수 $f$, $g$가 오른쪽 그림과 같고 함수 $h$가 $g(x)=(h\circ f)(x)$를 만족할 때, $h(1)+h(2)+h(3)$의 값을 구하여라.

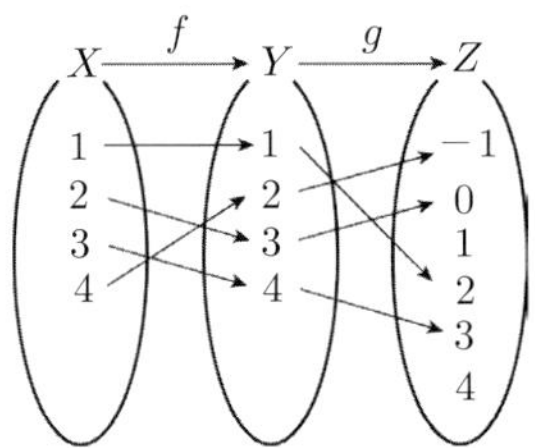

• 잎 8-4

집합 $X=\{1,\ 2,\ 3,\ 4\}$에 대하여 $X$에서 $X$로의 두 함수 $f$와 $g$가 오른쪽 그림과 같을 때, $(f\circ g^{-1})(1)+(g\circ f)^{-1}(4)$의 값을 구하여라.

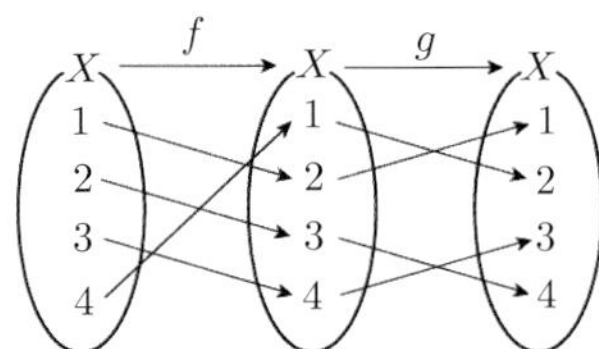

• 잎 8-5

실수 전체의 집합에서 정의된 두 함수 $f(x)=5x+20$, $g(x)=\begin{cases} 2x & (x<25) \\ x+25 & (x\geq 25) \end{cases}$에 대하여 $f(g^{-1}(40))+f^{-1}(g(40))$의 값을 구하여라. (단, $f^{-1}$, $g^{-1}$는 각각 $f$, $g$의 역함수이다.) [교육청 기출]

## • 잎 8-6

집합 $X=\{1,\ 2,\ 3,\ 4\}$에서 집합 $Y=\{1,\ 3,\ 7,\ 9\}$로의 두 함수 $f,\ g$를 각각

$f(n)=(3^n$의 일의 자릿수$),\ g(n)=(7^n$의 일의 자릿수$)$

로 정의할 때, $(f\circ g^{-1})(1)+(g\circ f^{-1})(7)$의 값은? [교육청 기출]

① 4 ② 8 ③ 10 ④ 12 ⑤ 16

## • 잎 8-7

집합 $A=\{1,\ 2,\ 3,\ 4\}$에 대하여 집합 $A$에서 $A$로의 두 함수 $y=f(x),\ y=g(x)$의 그래프가 각각 그림과 같을 때, $(g\circ f)(1)+(f\circ g)^{-1}(3)$의 값은?
[교육청 기출]

① 4 ② 5 ③ 6 ④ 7 ⑤ 8

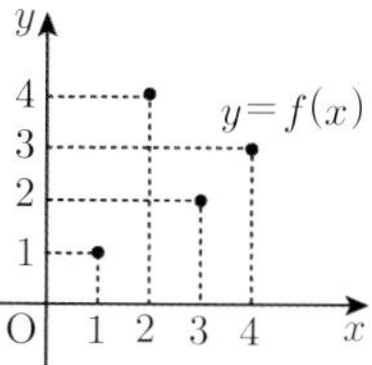


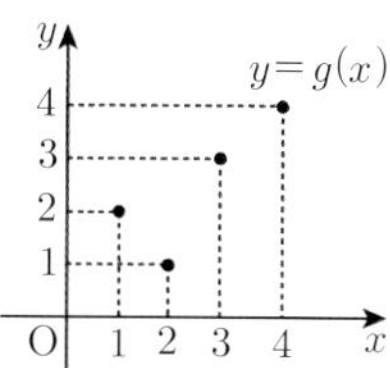


## • 잎 8-8

두 함수 $f(x),\ g(x)$에 대하여 $f(x)=2x-1,\ f^{-1}(x)=g(2x+1)$일 때, $g(5)$의 값은? [교육청 기출]

① 0 ② $\frac{1}{2}$ ③ 1 ④ $\frac{3}{2}$ ⑤ 2

## • 잎 8-9

역함수가 존재하는 함수 $f(x)$가 모든 실수 $x$에 대하여 $f\left(\frac{x+1}{3}\right)=2x+3$을 만족시킨다.

함수 $f(x)$의 역함수를 $f^{-1}(x)$라 할 때, $f^{-1}(-1)$의 값을 구하여라.

## • 잎 8-10

역함수가 존재하는 함수 $f(x)$가 모든 실수 $x$에 대하여 $f(x^2+2x-1)=\dfrac{x-2}{x+2}$을 만족시킨다. 함수 $f(x)$의 역함수를 $f^{-1}(x)$라 할 때, $f^{-1}(-1)$의 값을 구하여라.

## • 잎 8-11

집합 $X=\{1, 2, 3\}$에 대하여 두 함수 $f:X\to X$, $g:X\to X$가 있다. 다음에서 참, 거짓을 말하여라. [교육청 기출]

ㄱ. $f$, $g$가 모두 항등함수이면 $g\circ f$는 항등함수이다. ( )
ㄴ. $g\circ f$가 항등함수이면 $f$, $g$는 모두 일대일 대응이다. ( )
ㄷ. $g\circ f$가 항등함수이면 $f$, $g$는 모두 항등함수이다. ( )

## • 잎 8-12

두 함수 $f(x)=ax+b$, $g(x)=2x+c$에 대하여 $g(f(x))=4x+1$, $f^{-1}(-1)=1$이 성립할 때, $a$, $b$, $c$의 값을 구하여라. [경찰대 기출]

## • 잎 8-13

오른쪽 그림은 $x\geq 0$에서 정의된 두 함수 $y=f(x)$, $y=g(x)$의 그래프와 직선 $y=x$를 나타낸 것이다. $g^{-1}(f(c))$의 값은? (단, $g$는 역함수가 존재한다.) [교육청 기출]

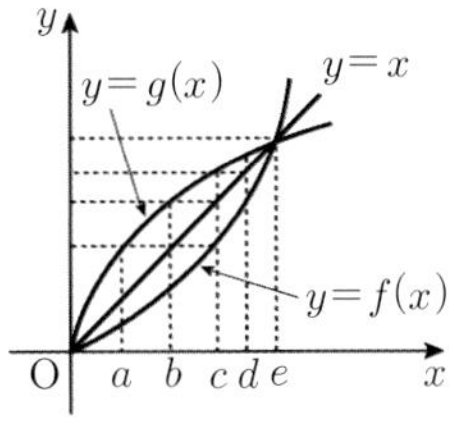


① $a$ ② $b$ ③ $c$ ④ $d$ ⑤ $e$

## • 잎 8-14

함수 $f(x)=x^2-6x\ (x\geq 3)$의 그래프와 그 역함수 $y=f^{-1}(x)$의 그래프의 교점이 $(a, b)$일 때, $a, b$의 값을 구하여라. [교육청 기출]

## • 잎 8-15

오른쪽 그림은 이차함수 $y=f(x)$의 그래프이다. 방정식 $f(f(x))=0$의 서로 다른 세 실근의 합은? [교육청 기출]

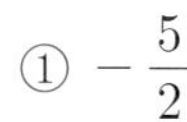

① $-\dfrac{5}{2}$ ② $-\dfrac{3}{2}$ ③ $-\dfrac{1}{2}$ ④ 0 ⑤ 1

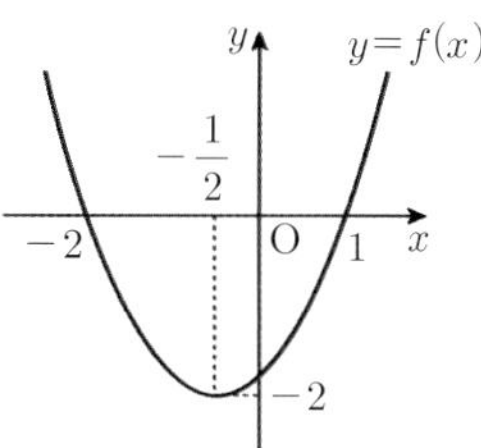


## • 잎 8-16

점 $(5, -1)$을 지나는 일차함수 $y=f(x)$의 그래프와 $y=f^{-1}(x)$의 그래프와 일치할 때, $f(1)$의 값을 구하여라.

### 1 역함수의 성질(Ⅱ) ※ $I$는 항등함수이다.

1) $I^{-1}=I$ 2) $f=I$ 이면 $f^{-1}=I$, 2-1) $f^{-1}=I$ 이면 $f=I$

증명

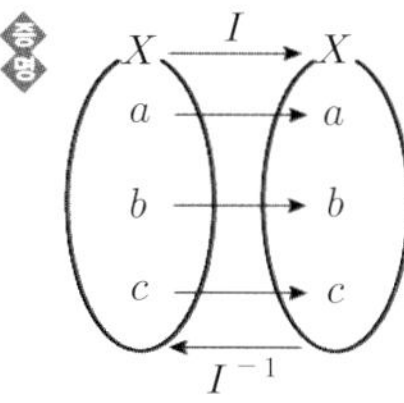


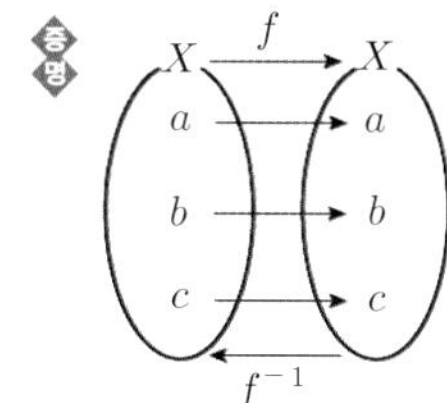


3) $(f^n)^{-1}-(f^{-1})^n$

증명 $(f\circ g\circ\cdots\circ h\circ k)^{-1}=k^{-1}\circ h^{-1}\circ\cdots\circ g^{-1}\circ f^{-1}$에서

$\underbrace{(f\circ f\circ\cdots\circ f\circ f)^{-1}}_{n\text{개}}=\underbrace{(f^{-1}\circ f^{-1}\circ\cdots\circ f^{-1}\circ f^{-1})}_{n\text{개}}$

4) $f^n=I$ 이면 $(f^n)^{-1}=(f^{-1})^n=I$

증명 $f^n=I$ 이면 $(f^n)^{-1}=I^{-1}=I$

$(f^n)^{-1}=(f^{-1})^n$ 이므로 $(f^n)^{-1}=(f^{-1})^n=I$

(익히는 방법)

항등함수 $I$는 곱셈에서 숫자 1과 비슷하다.

**• 잎 8-17**

함수 $f$에 대하여 $f^2(x)=f(f(x))$, $f^3(x)=f(f^2(x))$, $\cdots$ 이라 정의하자. 이때, 집합 $X=\{1, 2, 3\}$에 대하여 함수 $f: X \to X$가 두 조건 $f(1)=3$, $f^3=I$ ($I$는 항등함수)를 만족한다. 함수 $f$의 역함수를 $g$라 할 때, $g^{10}(2)+g^{11}(3)$의 값은? [교육청 기출]

① 6 ② 5 ③ 4 ④ 3 ⑤ 2

**• 잎 8-18**

다음 물음에 답하여라.

1) 함수 $f(x)=3x-2$ 이고, 두 함수 $f(x)$, $g(x)$가 임의의 함수 $h(x)$에 대하여 $(f \circ g \circ h)(x)=h(x)$를 만족시킨다.
   이때, 함수 $g(x)$를 구하여라.

2) 함수 $f(x)$중 $(f \circ f \circ f)(x)=f(x)$가 성립하는 것을 모두 골라라.

   ① $f(x)=x+1$ ② $f(x)=-x$ ③ $f(x)=-x+1$
   ④ $f(x)=2x$ ⑤ $f(x)=x-1$

**• 잎 8-19**

함수 $f(x)=|x-2|$에 대하여 방정식 $(f \circ f \circ f)(x)=0$을 만족시키는 $x$의 값을 구하여라.

**• 잎 8-20**

양의 실수 전체의 집합 $X$에서 $X$로의 일대일대응인 두 함수 $f$, $g$에 대하여 $f^{-1}(x)=x^2$, $(f \circ g^{-1})(x^2)=x$일 때, $(f \circ g)(20)$의 값은?

(단, $f^{-1}$, $g^{-1}$는 각각 $f$, $g$의 역함수이다.) [교육청 기출]

① $2\sqrt{5}$ ② $4\sqrt{10}$ ③ 40 ④ 200 ⑤ 400

# 8. 함수(3)

## 07 절댓값 기호를 포함한 식의 그래프

1 절댓값 기호를 포함한 식의 그래프를 그리는 방법(Ⅰ)

2 절댓값 기호를 포함한 식의 그래프를 그리는 방법(Ⅱ)

3 두 개 이상의 절댓값 기호를 포함한 일차함수의 그래프

## 연습문제

1 절댓값 기호가 있는 항의 합만으로 이루어진 일차함수의 최솟값

# 07 절댓값 기호를 포함한 식의 그래프

## 1 절댓값 기호를 포함한 식의 그래프를 그리는 방법(Ⅰ)

절댓값 기호를 포함한 식의 그래프는 다음과 같은 순서로 그릴 수 있다.

i) **절댓값 기호 안을 0으로 하는** $x$ 또는 $y$의 값을 **경계로 구간을 나누어** 식을 구한다.

ii) 각 구간에서 **i)의 식을 이용**하여 그래프를 그린다.

## 2 절댓값 기호를 포함한 식의 그래프를 그리는 방법(Ⅱ)

절댓값 기호를 포함한 식의 그래프는 대칭이동을 이용하여 그릴 수 있다.

1) $y=|f(x)|$ ⇨ *그리기가 제일 쉽다. ($\because y<0$인 부분만 접어 올리면 된다.)

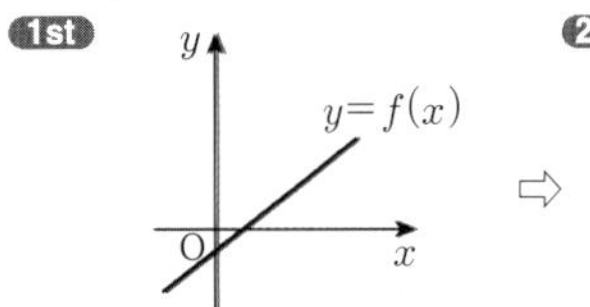


⇨

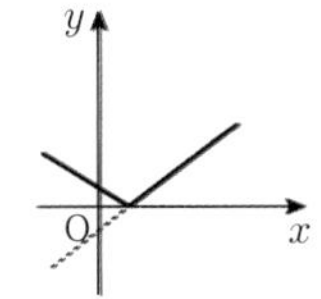


(그리는 요령) $y=|f(x)|$ ⇨ '그리기가 제일 쉽다.'로 기억한다.
1st 절댓값 기호를 지운 $y=f(x)$의 그래프를 그린다.
2nd $y<0$인 부분을 $x$축에 대하여 대칭으로 접어 올린다.

2) $y=f(|x|)$ ⇨ 절댓값 기호 안을 0으로 하는 $x$의 값을 경계로 구간을 나누어 그린다.

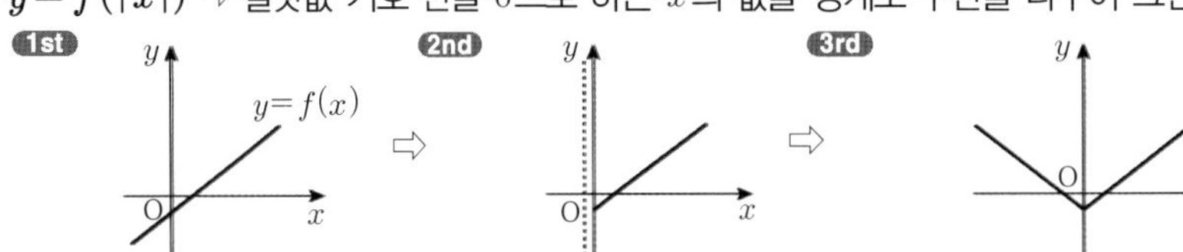


(그리는 요령) $y=f(|x|)$
1st 절댓값 기호를 지운 $y=f(x)$의 그래프를 그린다.
2nd $x\geq 0$일 때만 $y=f(x)$이므로 $x\geq 0$인 부분만 남기고 $x<0$인 부분은 지운다.
3rd 남겨둔 부분과 대칭이 되게 지운 영역에 그래프를 그린다.
($\because x<0$일 때는 $y=f(-x)$로 $y=f(x)$와 $y$축에 대하여 대칭이다.)

3) $|y|=f(x)$ ⇨ 절댓값 기호 안을 0으로 하는 $y$의 값을 경계로 구간을 나누어 그린다.

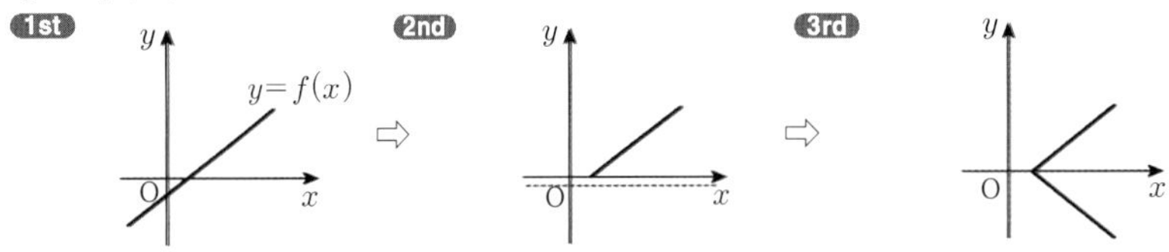


(그리는 요령) $|y|=f(x)$
1st 절댓값 기호를 지운 $y=f(x)$의 그래프를 그린다.
2nd $y\geq 0$일 때만 $y=f(x)$이므로 $y\geq 0$인 부분만 남기고 $y<0$인 부분은 지운다.
3rd 남겨둔 부분과 대칭이 되게 지운 영역에 그래프를 그린다.
($\because y<0$일 때는 $-y=f(x)$로 $y=f(x)$와 $x$축에 대하여 대칭이다.)

4) $|y|=f(|x|)$ ⇨ 절댓값 기호 안을 0으로 하는 $x$, $y$의 값을 경계로 구간을 나눠 그린다.

1st

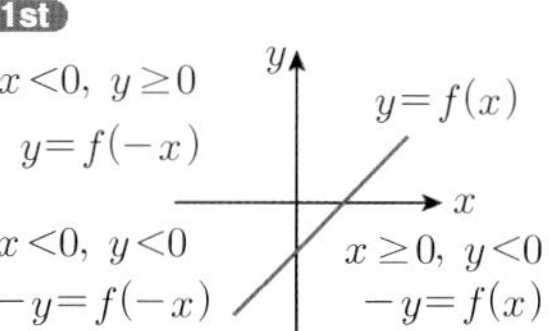


⇨ 2nd

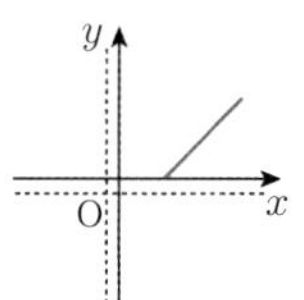

⇨ 3rd

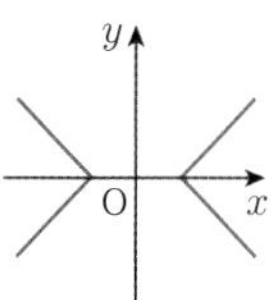

(그리는 요령) $|y|=f(|x|)$

1st 절댓값 기호를 지운 $y=f(x)$의 그래프를 그린다.

2nd $x\ge0,\ y\ge0$일 때만 $y=f(x)$이므로 $x\ge0,\ y\ge0$인 부분만 남긴다.

3rd 남겨둔 부분을 $x$축, $y$축, 원점에 대하여 각각 대칭이동하여 그린다.

$\because \begin{cases} x\ge0,\ y<0\text{일 때 } -y=f(x)\text{로 } y=f(x)\text{와 } x\text{축에 대하여 대칭이다.} \\ x<0,\ y\ge0\text{일 때 } y=f(-x)\text{로 } y=f(x)\text{와 } y\text{축에 대하여 대칭이다.} \\ x<0,\ y<0\text{일 때 } -y=f(-x)\text{로 } y=f(x)\text{와 원점에 대하여 대칭이다.} \end{cases}$

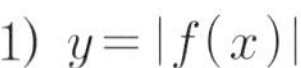 절댓값 기호를 포함한 식의 그래프를 그릴 때 key는 절댓값 기호를 지운 식의 그래프이다.

**씨앗. 1** 함수 $y=f(x)$의 그래프가 오른쪽 그림과 같을 때, 다음 그래프를 그려라.

1) $y=|f(x)|$ 2) $y=f(|x|)$

3) $|y|=f(x)$ 4) $|y|=f(|x|)$

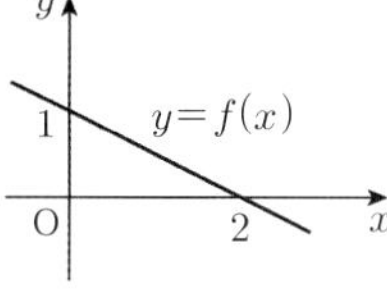

풀이 1) $y=|f(x)|$ ⇨ 그리기가 제일 쉽다. ^^

1st 절댓값 기호를 지운 $y=f(x)$의 그래프를 그린다.

2nd $y<0$인 부분을 $x$축에 대하여 대칭으로 접어 올린다.

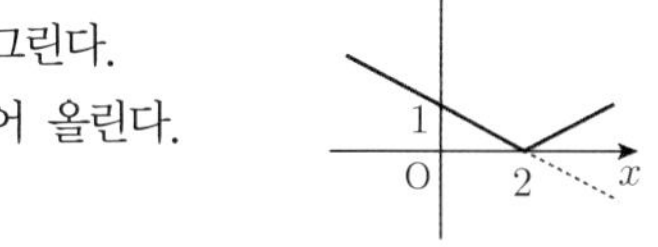

2) $y=f(|x|)$

1st 절댓값 기호를 지운 $y=f(x)$의 그래프를 그린다.

2nd $x\ge0$일 때만 $y=f(x)$이므로 $x\ge0$인 부분만 남기고 $x<0$인 부분은 지운다.

3rd 남겨둔 부분과 대칭이 되게 지운 영역에 그래프를 그린다.

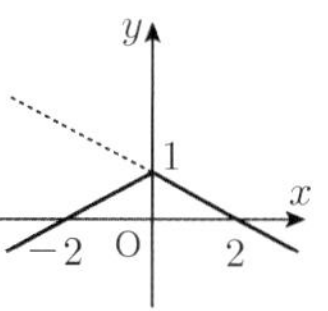

3) $|y|=f(x)$

1st 절댓값 기호를 지운 $y=f(x)$의 그래프를 그린다.

2nd $y\ge0$일 때만 $y=f(x)$이므로 $y\ge0$인 부분만 남기고 $y<0$인 부분은 지운다.

3rd 남겨둔 부분과 대칭이 되게 지운 영역에 그래프를 그린다.

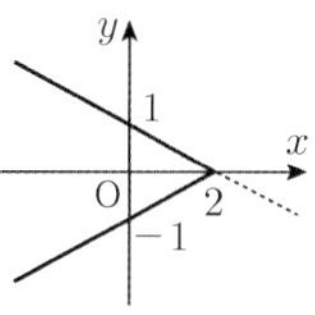

4) $|y|=f(|x|)$

1st 절댓값 기호를 지운 $y=f(x)$의 그래프를 그린다.

2nd $x\ge0,\ y\ge0$일 때만 $y=f(x)$이므로 $x\ge0,\ y\ge0$인 부분만 남긴다.

3rd 남겨둔 부분을 $x$축, $y$축, 원점에 대하여 각각 대칭이동한다.

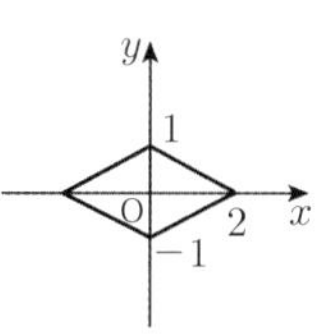

## 뿌리 7-1 절댓값 기호를 포함한 식의 그래프 (1)

다음 식의 그래프를 그려라.

1) $y=|x-2|-3$ 2) $x=|y+1|+2$ 3) $y=2|x|-x+1$ 4) $y=\dfrac{|x|}{x}$

**풀이** 절댓값 기호 안을 0으로 하는 $x$ 또는 $y$의 값을 경계로 구간을 나누어 그린다.

1) **1st** 직선 $x=2$를 경계로 구간을 나눈다. **2nd**

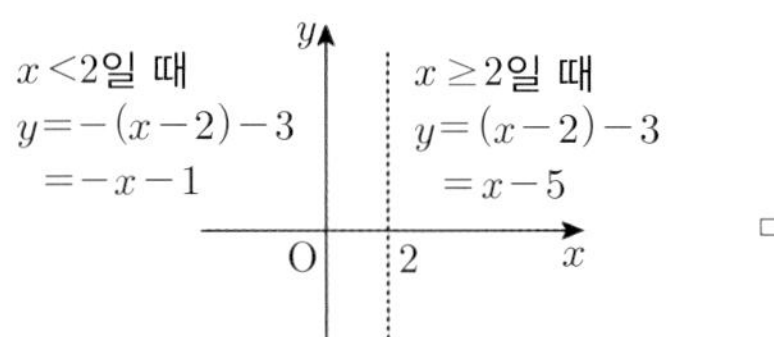


⇨

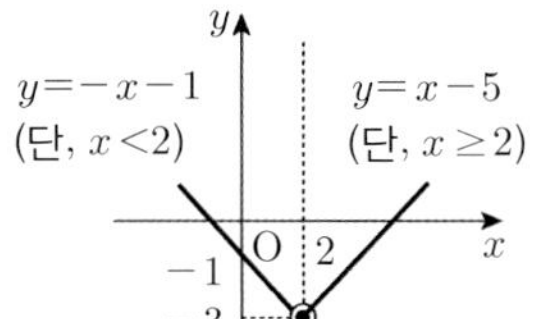


2) **1st** 직선 $y=-1$을 경계로 구간을 나눈다. **2nd**

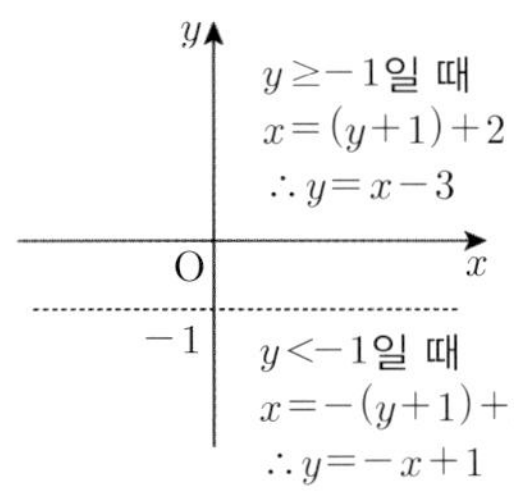


⇨

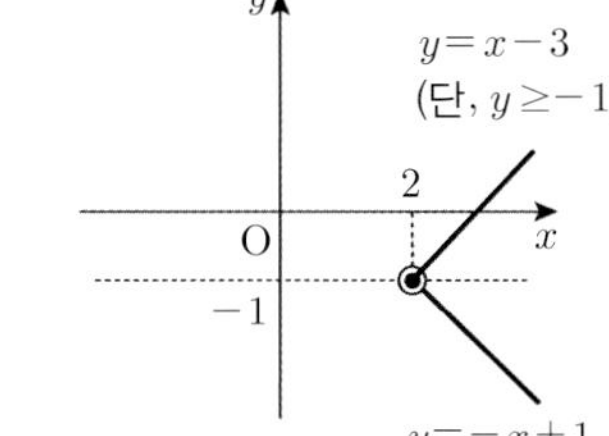


3) **1st** 직선 $x=0$을 경계로 구간을 나눈다. **2nd**

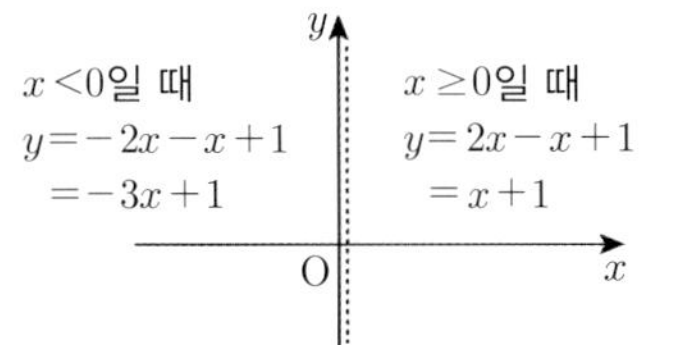


⇨

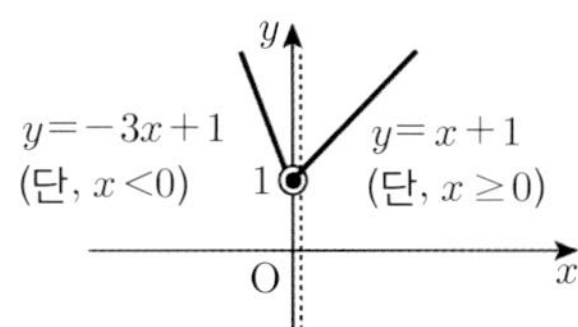


4) $y=\dfrac{|x|}{x}$에서 $x\neq 0$이다. ($\because$ 분모는 0이 될 수 없다.)

**1st** 직선 $x=0$을 경계로 구간을 나눈다. **2nd**

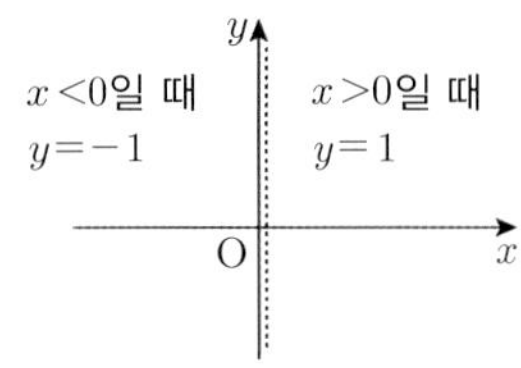


⇨

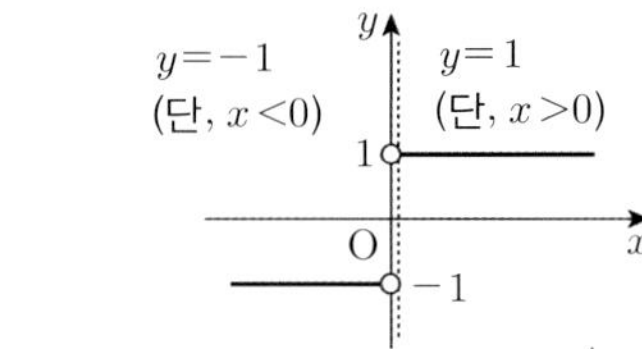


**정답** 1) 2) 3) 4)

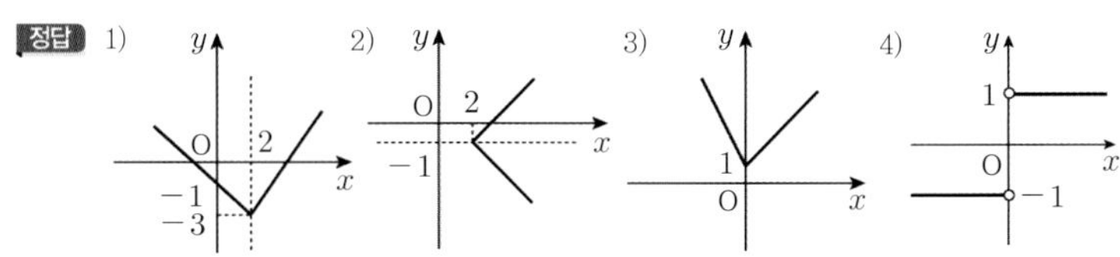

## 3 두 개 이상의 절댓값 기호를 포함한 일차함수의 그래프 ⇨ 직선 꺾기이다.

일차함수의 그래프는 직선이고, 절댓값 기호는 이 직선을 꺾는 역할을 한다.
이때, **절댓값 기호 안을 0으로 하는** $x$의 값이 $x$좌표인 **점에서 직선이 꺾인다.**
특히 **좌변이** '$y$'이고 우변은 절댓값 기호를 포함한 $x$에 대한 일차식일 때, **이 직선은 절단되지 않는다.**

증명 $y=|f(x)|\pm|g(x)|$ (단, $f(x)$, $g(x)$는 $x$의 계수가 양수인 일차식) 꼴일 때, 절댓값 기호 안을 0으로 하는 $x$의 값을 $a, b$ ($a<b$, $f(a)=0$, $g(b)=0$)라 하면

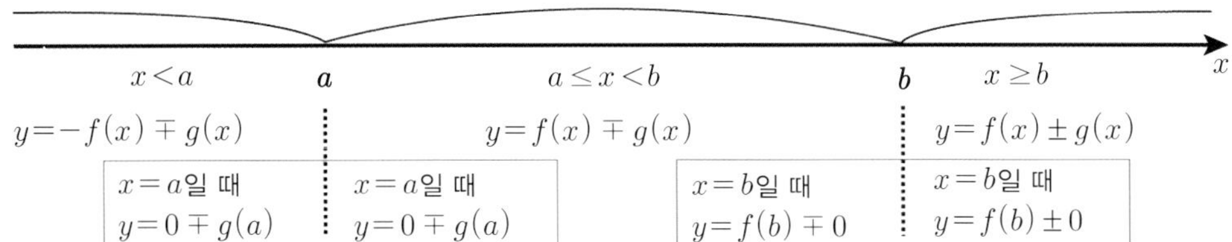


각 구간의 경계선 부분의 $y$의 값이 서로 같으므로 각 구간의 직선은 연결된다. 따라서 좌변이 $y$이고 우변은 절댓값 기호를 포함한 $x$에 대한 일차식일 때, 이 직선은 절단되지 않는다.

주의 $|x|$, $|y|$가 한 식에 함께 있으면 직선이 절단되는 경우도 있다. 예) 뿌리 7-4)

### 뿌리 7-2 두 개 이상의 절댓값 기호를 포함한 일차함수의 그래프 (1)

함수 $y=|x+1|+|x-2|$의 그래프를 그려라.

**풀이** 이 직선이 꺾이는 점은 $(-1, 3)$, $(2, 3)$으로 두 곳이다.

i) 좌변이 '$y$'이고 우변은 절댓값 기호를 포함한 $x$에 대한 일차식일 때, 이 직선은 절단되지 않으므로 두 점 $(-1, 3)$, $(2, 3)$을 연결한다.
따라서 $-1\le x\le 2$인 중간 구간의 그래프는 쉽게 그릴 수 있다.

ii) 세 구간 (좌측, 중간, 우측)으로 나눌 때, 절댓값 기호를 괄호로 바꾸는 요령
⇨ 세 구간으로 나눈 후, 각 구간에서 절댓값 기호를 모두 괄호로 바꾼다.
① 좌측 구간에서는 절댓값 기호를 괄호로 바꾼 모두에 '$-$'가 붙는다.
② 우측 구간에서는 절댓값 기호를 괄호로 바꾼 모두에 '$-$'가 붙지 않는다.
※ 이 tip은 절댓값 기호 안의 $x$의 계수가 양수일 때만 이용할 수 있다.

$x<-1$일 때, $y=-(x+1)+\{-(x-2)\}$ $\quad\therefore y=-2x+1$
$x>2$일 때, $y=(x+1)+(x-2)$ $\quad\therefore y=2x-1$

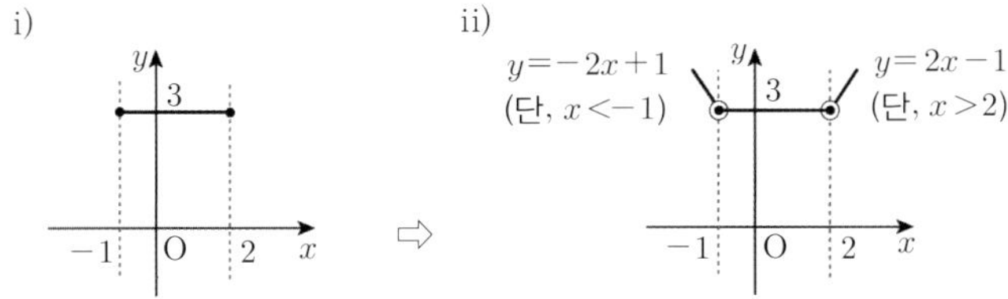

## 뿌리 7-3 두 개 이상의 절댓값 기호를 포함한 일차함수의 그래프 (2)

함수 $y=||x+1|-|x-3||$의 그래프를 그려라.

**핵심** $y=|x+1|-|x-3|$의 그래프의 $y<0$인 부분을 $x$축에 대하여 대칭으로 접어 올린다.

**풀이** $y=|x+1|-|x-3|$의 그래프를 먼저 그린다.

이 직선이 꺾이는 점은 $(-1, -4), (3, 4)$로 두 곳이다.

i) 좌변이 '$y$'이고 우변은 절댓값 기호를 포함한 $x$에 대한 일차식일 때, 이 직선은 절단되지 않으므로 두 점 $(-1, -4), (3, 4)$를 연결한다.

따라서 $-1 \le x \le 3$인 중간 구간의 그래프는 쉽게 그릴 수 있다.

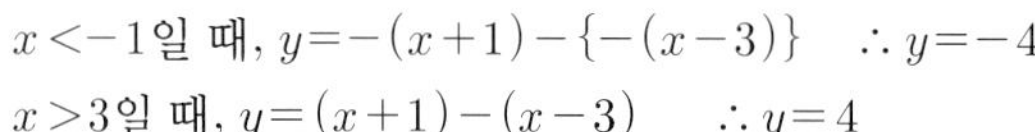

$x<-1$일 때, $y=-(x+1)-\{-(x-3)\}$ $\quad \therefore y=-4$

$x>3$일 때, $y=(x+1)-(x-3)$ $\quad \therefore y=4$

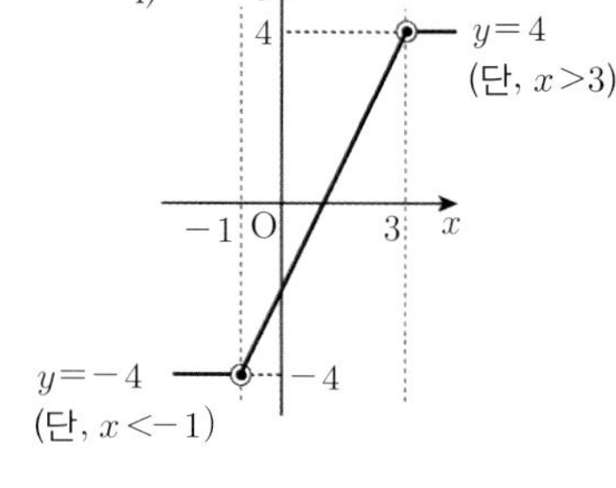


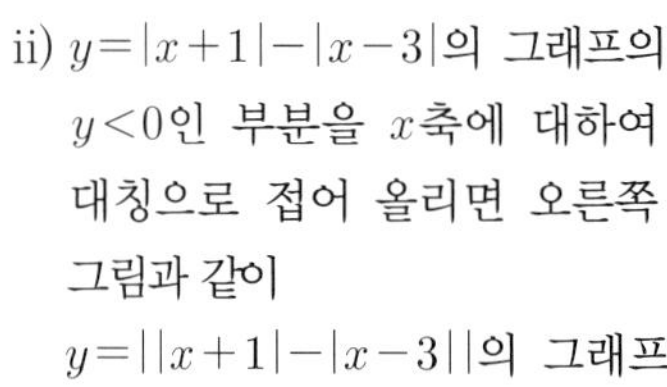

ii) $y=|x+1|-|x-3|$의 그래프의 $y<0$인 부분을 $x$축에 대하여 대칭으로 접어 올리면 오른쪽 그림과 같이 $y=||x+1|-|x-3||$의 그래프가 된다.

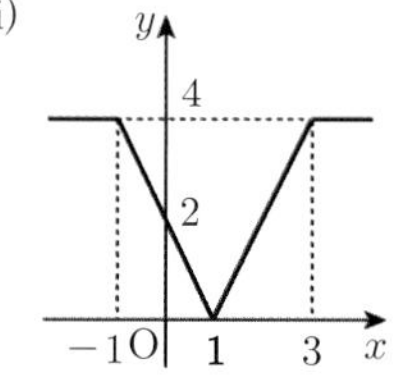


**참고** ii)의 그래프의 $x$절편 1을 쉽게 구하는 방법

i)의 그래프에서 구하고 싶은 $x$절편을 포함한 직각삼각형을 그리면 오른쪽 그림과 같으므로 $4:8=k:4$ $\quad \therefore k=2$

따라서 i)의 그래프에서 구하고 싶은 $x$절편은 $3-2=1$

따라서 ii)의 그래프에서 구하고 싶은 $x$절편은 1이다.

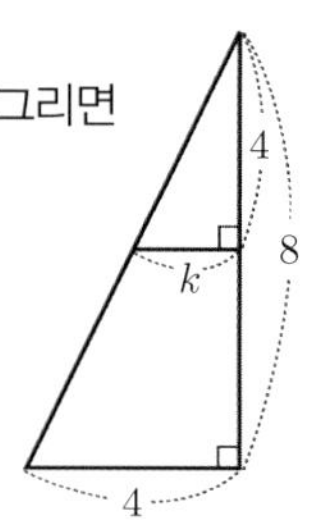


## 뿌리 7-4 절댓값 기호를 포함한 식의 그래프

$|y|=|x|+3$의 그래프를 그려라.

**핵심** $|x|, |y|$가 한 식에 함께 있으면 직선이 절단되는 경우도 있다.

**풀이** 직선 $x=0, y=0$을 경계로 구간을 나눈다.

**1st** $x \ge 0, y \ge 0$일 때

$(y)=(x)+3 \quad \therefore y=x+3$

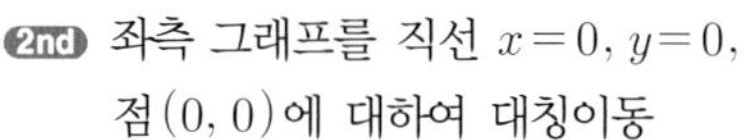

**2nd** 좌측 그래프를 직선 $x=0, y=0$, 점$(0, 0)$에 대하여 대칭이동

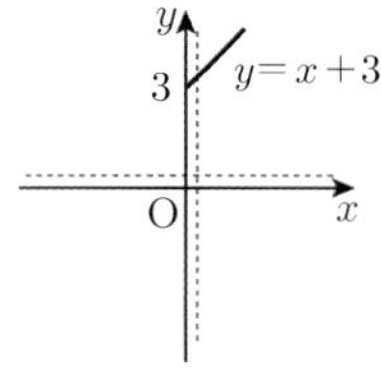

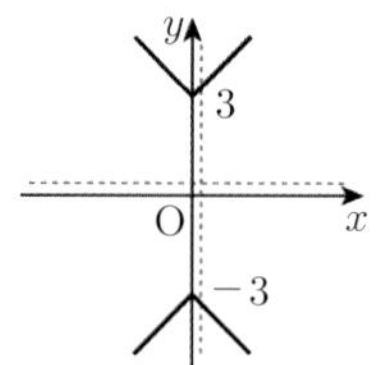

# 8 함수 (3)

◆ 연습문제

| 평가일 | 점수 |
|---|---|
| | |

정답 및 풀이 ▶ 107p

## 1 절댓값 기호가 있는 항의 합만으로 이루어진 일차함수의 최솟값

① $y=|x-a|+k$ 꼴

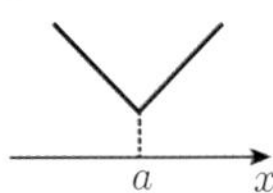

(익히는 방법) **홀수는 남성(♂)**
절댓값 기호가 있는 항의 개수가 홀수이면 최솟값은 중간에 있는 송곳 모양(∨)의 끝에 있다.

② $y=|x-a|+|x-b|$ 꼴 (단, $a<b$)

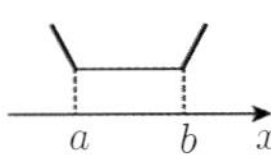

(익히는 방법) **짝수는 여성(♀)**
절댓값 기호가 있는 항의 개수가 짝수이면 최솟값은 중간에 있는 일자 드라이버 모양(_/)의 일자에 있다.

③ $y=|x-a|+|x-b|+|x-c|$ 꼴 (단, $a<b<c$)

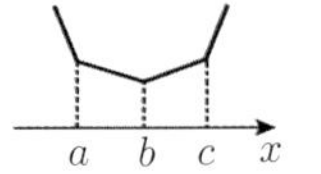

(익히는 방법) **홀수는 남성(♂)**
절댓값 기호가 있는 항의 개수가 홀수이면 최솟값은 중간에 있는 송곳 모양(∨)의 끝에 있다.

④ $y=|x-a|+|x-b|+|x-c|+|x-d|$ 꼴 (단, $a<b<c<d$)

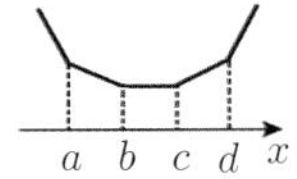

(익히는 방법) **짝수는 여성(♀)**
절댓값 기호가 있는 항의 개수가 짝수이면 최솟값은 중간에 있는 일자 드라이버 모양(_/)의 일자에 있다.

주의 $y=|x-a|-|x-b|$와 같이 차(빼기)가 있으면 위의 성질은 성립하지 않는다.

**• 잎 8-1**

함수 $y=|x+1|+|x-3|+|x-14|$의 최솟값을 구하여라.

**• 잎 8-2**

함수 $y=|x+3|+|x+1|+|x-3|+|x-9|$의 최솟값을 구하여라.

**• 잎 8-3**

함수 $y=|x-a|+|x-3a|+|x-5a|$의 최솟값이 8일 때, 상수 $a$의 값을 구하여라. (단, $a>0$)

**• 잎 8-4**

함수 $y=|x+a|+|x-a|+|x-2a|+|x-3a|$의 최솟값이 $15$일 때, 상수 $a$의 값을 구하여라.

(단, $a>0$)

**• 잎 8-5**

$|x|+|x-1|+|x-2|+\cdots+|x-50|$의 값을 최소가 되게 하는 실수 $x$의 값을 구하여라.

**• 잎 8-6**

$|x|+|x-1|+|x-2|+\cdots+|x-51|$의 값을 최소가 되게 하는 실수 $x$의 값의 범위를 구하여라.

**• 잎 8-7**

함수 $y=|x+3|-|x-2|$의 최댓값을 $M$, 최솟값을 $m$이라 할 때, 상수 $M$, $m$의 값을 구하여라.

**• 잎 8-8**

함수 $y=|2x-2|-2$의 그래프와 직선 $y=a$로 둘러싸인 도형의 넓이가 $8$일 때, 상수 $a$의 값을 구하여라.

**• 잎 8-9**

$|y-4|=|x|+a$의 그래프와 $x$축으로 둘러싸인 도형의 넓이가 $9$일 때, 상수 $a$의 값을 구하여라.

(단, $0<a<4$)

**• 잎 8-10**

두 함수 $y=|x|-|x-3|$와 $y=n$ ($n$은 정수)의 그래프가 만나도록 할 때, 정수 $n$의 값을 모두 구하여라.

MATH

# 9. 유리함수 (1)

## 01 유리식

1 유리식

2 약분

3 기약분수식

4 통분

5 유리식의 성질

6 유리식의 사칙연산

## 02 특수한 형태의 유리식의 연산

1 (분자의 차수) ≥ (분모의 차수)일 때, 분수식을 간단히 하는 방법

2 분모가 곱의 꼴일 때, 분수식을 간단히 하는 방법

3 분모 또는 분자가 분수식인 번분수식을 간단히 하는 방법

## 03 비례식

1 비례식

## 연습문제

# 01 유리식

## 1 유리식 ※(유리식) = (다항식) ∪ (분수식)

두 다항식 $A, B(B \neq 0)$에 대하여 $\dfrac{A}{B}$ 즉, * $\dfrac{\text{다항식}}{\text{다항식}}$ 꼴로 나타낸 식을 **유리식**이라 한다.

이때, $B$가 $0$이 아닌 상수이면 $\dfrac{A}{B}$는 다항식이 되므로 다항식도 유리식이다.

특히, 다항식이 아닌 유리식을 **분수식**이라 한다.

유리식 $\dfrac{A}{B}$ (단, $B \neq 0$)

- 다항식 : 분모 $B$가 상수일 때
  ex) $\dfrac{1}{2}, -\dfrac{3}{5}x,\ 5x\left(\text{즉, } \dfrac{5x}{1}\right),\ x^2-3x\left(\text{즉, } \dfrac{x^2-3x}{1}\right),\ \dfrac{x^3+1}{2},\ \dfrac{1}{3}x^4+\dfrac{5}{2}x, \cdots$
- 분수식 : 분모 $B$가 일차 이상의 다항식일 때
  ex) $\dfrac{1}{x},\ \dfrac{x-1}{x+1},\ \dfrac{x}{2x-1}+1\left(\text{즉, } \dfrac{3x-1}{2x-1}\right),\ \dfrac{x^4}{x^2+3}, \cdots$

$cf$) 다항식 : 단항식 또는 단항식의 합으로 이루어진 식이다.

주의 '3은 다항식이다.'의 참, 거짓을 판별하여라.
정답) 참 (∵ 단항식도 다항식이라 하기 때문이다.)

익히는 방법
(다항식) ≥ (단항식)

※ 유리식 { 다항식, 분수식 }

## 2 약분

분모와 분자를 그들의 공약수로 나누어 분수를 간단히 하는 것을 **약분**이라 한다.

## 3 기약분수식

분모와 분자를 그들의 최대공약수로 약분하면 분자와 분모는 서로소가 된다.
이와 같이 더 이상 약분할 수 없는 분수식을 **기약분수식**이라 한다.

## 4 통분

둘 이상의 분수의 분모를 같게 만드는 것을 **통분**이라 한다.
분수식을 통분할 때는 분모들의 최소공배수를 공통분모가 되게 변형한다.

## 5 유리식의 성질

다항식 $A, B, C$ ($B \neq 0, C \neq 0$ ∵ 분모는 0이 될 수 없다.)에 대하여

1) $\dfrac{A}{B} = \dfrac{A \times C}{B \times C}$  2) $\dfrac{A}{B} = \dfrac{A \div C}{B \div C}$

## 6 유리식의 사칙연산

1) 다항식 $A, B, C, D$ ($C \neq 0, D \neq 0$ ∵ 분모는 0이 될 수 없다.)에 대하여

$\dfrac{A}{C} + \dfrac{B}{C} = \dfrac{A+B}{C}$, $\dfrac{A}{C} - \dfrac{B}{C} = \dfrac{A-B}{C}$ ⇨ 분모가 같을 때

$\dfrac{A}{C} + \dfrac{B}{D} = \dfrac{AD+BC}{CD}$, $\dfrac{A}{C} - \dfrac{B}{D} = \dfrac{AD-BC}{CD}$ ⇨ 분모가 다를 때 (분모를 통분)

2) 다항식 $A, B, C, D$ ($B \neq 0, D \neq 0$ ∵ 분모는 0이 될 수 없다.)에 대하여

$\dfrac{A}{B} \times \dfrac{C}{D} = \dfrac{AC}{BD}$, $\dfrac{A}{B} \div \dfrac{C}{D} = \dfrac{A}{B} \times \dfrac{D}{C} = \dfrac{AD}{BC}$ (단, $C \neq 0$ ∵ 분모는 0이 될 수 없다.)

※ **분모가 0이 될 수 없는 이유**

$\dfrac{3}{0}$의 값 $k$가 존재한다고 가정하면 $\dfrac{3}{0} = k \Leftrightarrow 3 = k \times 0$, 즉 $3 = 0$ (모순)

∴ 분모가 0일 때의 값은 존재하지 않는다. 따라서 분모는 0이 될 수 없다.

### 뿌리 1-1 유리식의 약분

다음 분수식을 기약분수식으로 나타내어라.

1) $\dfrac{18a^2b^3c}{3ab^2c}$  2) $\dfrac{x^2-4x-5}{x^2-2x-3}$

**풀이** 1) 분모, 분자의 최대공약수가 $3ab^2c$이므로 이것으로 분모, 분자를 나누면

$\dfrac{18a^2b^3c}{3ab^2c} = \mathbf{6ab}$

2) 분모, 분자를 인수분해한 후 약분한다.

$\dfrac{x^2-4x-5}{x^2-2x-3} = \dfrac{(x+1)(x-5)}{(x+1)(x-3)} = \mathbf{\dfrac{x-5}{x-3}}$

**참고** 1) 기약분수식 : 더 이상 약분할 수 없는 분수식을 기약분수식이라 한다.
2) 유리식의 약분 : 분모, 분자를 인수분해 ⇨ 약분

**[줄기 1-1]** 다음 분수식을 기약분수식으로 나타내어라.

1) $\dfrac{x^3-1}{x^2-1}$  2) $\dfrac{(x+1)^3}{x^3+1}$  3) $\dfrac{x^4+x^2y^2+y^4}{x^3-y^3}$

## 뿌리 1-2 유리식의 덧셈과 뺄셈

다음을 계산하여라.

1) $\dfrac{1}{x+y}+\dfrac{2}{x-y}-\dfrac{2x}{x^2-y^2}$　　2) $\dfrac{1}{x^2-1}+\dfrac{1}{x^2-3x+2}$

풀이 1) (주어진 식)$=\dfrac{1}{x+y}+\dfrac{2}{x-y}-\dfrac{2x}{(x-y)(x+y)}$

$=\dfrac{(x-y)+2(x+y)-2x}{(x-y)(x+y)}=\dfrac{x+y}{(x-y)(x+y)}=\boldsymbol{\dfrac{1}{x-y}}$

2) (주어진 식)$=\dfrac{1}{(x-1)(x+1)}+\dfrac{1}{(x-1)(x-2)}$

$=\dfrac{(x-2)+(x+1)}{(x-1)(x+1)(x-2)}=\boldsymbol{\dfrac{2x-1}{(x-1)(x+1)(x-2)}}$

참고 유리식의 덧셈과 뺄셈 : 분모를 인수분해 ⇨ 통분 ⇨ 계산

**[줄기 1-2]** 다음을 계산하여라.

1) $\dfrac{1}{x+1}-\dfrac{1}{x^2-x+1}-\dfrac{1}{x^3+1}$　　2) $\dfrac{x-1}{x+2}-\dfrac{x+11}{x^2+x-2}$

## 뿌리 1-3 유리식의 곱셈과 나눗셈

다음을 계산하여라.

1) $\dfrac{x^2-1}{x^3-1}\times\dfrac{x-1}{x+1}$　　2) $\dfrac{2x^2-3x+1}{x^2+4x+4}\div\dfrac{2x-1}{x^2-4}$

풀이 1) (주어진 식)$=\dfrac{(x-1)(x+1)}{(x-1)(x^2+x+1)}\times\dfrac{x-1}{x+1}=\boldsymbol{\dfrac{x-1}{x^2+x+1}}$

2) (주어진 식)$=\dfrac{(2x-1)(x-1)}{(x+2)^2}\times\dfrac{(x-2)(x+2)}{2x-1}=\boldsymbol{\dfrac{(x-1)(x-2)}{x+2}}$

참고 유리식의 곱셈과 나눗셈 : 분모, 분자를 인수분해 ⇨ 약분 ⇨ 계산

**[줄기 1-3]** 다음을 계산하여라.

1) $\dfrac{x+5}{x^2-2x-3}\div\dfrac{x^2+4x-5}{x-3}$　　2) $\dfrac{x^2-4}{x^2+2x-3}\times\dfrac{x-3}{x^2-5x+6}\div\dfrac{x+2}{x-1}$

3) $\dfrac{1}{x^2-4x+4}\div\dfrac{1}{x^2-5x+6}\div\dfrac{1}{x^2-6x+8}$

## 02 특수한 형태의 유리식의 연산

### 1 (분자의 차수)≥(분모의 차수)일 때, 분수식을 간단히 하는 방법

분자의 차수가 분모의 차수보다 크거나 같을 때, 즉 **(분자의 차수)≥(분모의 차수)**일 때 분자의 차수를 분모의 차수보다 낮추기 위해 분자를 **분모로 나눈다.**

1) **상수항이 없는 일차식의 분모**로 분자를 나누는 요령

① $\dfrac{x^2-3x+2}{x}=\dfrac{x^2}{x}-\dfrac{3x}{x}+\dfrac{2}{x}=x-3+\dfrac{2}{x}$

② $\dfrac{x+3}{2x}=\dfrac{x}{2x}+\dfrac{3}{2x}=\dfrac{1}{2}+\dfrac{3}{2x}$

2) ***상수항이 있는 일차식의 분모**로 분자를 나누는 요령

① $\dfrac{x+1}{x-2}=\dfrac{(x-2)+3}{x-2}=\dfrac{x-2}{x-2}+\dfrac{3}{x-2}=1+\dfrac{3}{x-2}$

(만드는 방법)

1st 분모의 $x-2$를 분자에 무조건 적는다.

$\dfrac{x+1}{x-2}=\dfrac{(x-2)}{x-2}$

2nd 위 등식이 성립하도록 우변의 분자를 다시 만든다.

$\dfrac{x+1}{x-2}=\dfrac{(x-2)+3}{x-2}$ $\quad\therefore \dfrac{x+1}{x-2}=1+\dfrac{3}{x-2}$

② $\dfrac{x^2-x+2}{x-1}=\dfrac{(x-1)x+2}{x-1}=\dfrac{(x-1)x}{x-1}+\dfrac{2}{x-1}=x+\dfrac{2}{x-1}$

(만드는 방법)

1st 분모의 $x-1$을 분자에 무조건 적는다.

$\dfrac{x^2-x+2}{x-1}=\dfrac{(x-1)}{x-1}$

2nd 위 등식이 성립하도록 우변의 분자를 다시 만든다.

$\dfrac{x^2-x+2}{x-1}=\dfrac{(x-1)x+2}{x-1}$ $\quad\therefore \dfrac{x^2-x+2}{x-1}=x+\dfrac{2}{x-1}$

③ $\dfrac{3x}{x+1}=\dfrac{3\boxed{(x+1)}-3}{\boxed{x+1}}=\dfrac{3(x+1)}{x+1}+\dfrac{-3}{x+1}=3-\dfrac{3}{x+1}$

④ $\dfrac{2x^2+3x+1}{x+2}=\dfrac{\boxed{(x+2)}(2x-1)+3}{\boxed{x+2}}=\dfrac{(x+2)(2x-1)}{x+2}+\dfrac{3}{x+2}=2x-1+\dfrac{3}{x+2}$

(비슷한 예)
(분자)≥(분모)인 가분수는 대분수로 나타낼 수 있다.

참고

1) 가분수 (가(假): 가짜 가) ex) $\dfrac{3}{3}, \dfrac{7}{7}, \dfrac{7}{3}, \dfrac{92}{25}, \dfrac{5132}{401}, \cdots$

2) 대분수 (대(帶): 혁대 대) ex) $2\dfrac{1}{3}$ (즉, $2+\dfrac{1}{3}$), $5\dfrac{3}{4}$ (즉, $5+\dfrac{3}{4}$), $\cdots$

3) 진분수 (진(眞): 진짜 진) ex) $\dfrac{1}{3}, \dfrac{13}{15}, \dfrac{276}{7899}, \cdots$

## 뿌리 2-1　(분자의 차수)≥(분모의 차수)인 분수식 ⇨ 2), 3) 번

다음 식을 간단히 하여라.

1) $\dfrac{1}{x+2}+\dfrac{1}{x+3}-\dfrac{1}{x+5}-\dfrac{1}{x+6}$　　2) $\dfrac{x-1}{x-2}+\dfrac{x-3}{x-4}-\dfrac{x+1}{x}-\dfrac{x-5}{x-6}$

3) $\dfrac{2x^2-3x+1}{x-2}-\dfrac{2x^2+3x+1}{x+2}$

**풀이** 1) (준 식)$=\left(\dfrac{1}{x+2}-\dfrac{1}{x+5}\right)+\left(\dfrac{1}{x+3}-\dfrac{1}{x+6}\right)=\dfrac{x+5-x-2}{(x+2)(x+5)}+\dfrac{x+6-x-3}{(x+3)(x+6)}$

$=\dfrac{3}{(x+2)(x+5)}+\dfrac{3}{(x+3)(x+6)}=\dfrac{3(x+3)(x+6)+3(x+2)(x+5)}{(x+2)(x+5)(x+3)(x+6)}$

$=\dfrac{3(2x^2+16x+28)}{(x+2)(x+3)(x+5)(x+6)}=\mathbf{\dfrac{6(x^2+8x+14)}{(x+2)(x+3)(x+5)(x+6)}}$

2) (준 식)$=\dfrac{(x-2)+1}{x-2}+\dfrac{(x-4)+1}{x-4}-\left(\dfrac{x}{x}+\dfrac{1}{x}\right)-\dfrac{(x-6)+1}{x-6}$

$=\left(1+\dfrac{1}{x-2}\right)+\left(1+\dfrac{1}{x-4}\right)-\left(1+\dfrac{1}{x}\right)-\left(1+\dfrac{1}{x-6}\right)$

$=\dfrac{1}{x-2}+\dfrac{1}{x-4}-\dfrac{1}{x}-\dfrac{1}{x-6}=\left(\dfrac{1}{x-2}-\dfrac{1}{x}\right)+\left(\dfrac{1}{x-4}-\dfrac{1}{x-6}\right)$

$=\dfrac{x-x+2}{(x-2)x}+\dfrac{x-6-x+4}{(x-4)(x-6)}=\dfrac{2}{x(x-2)}+\dfrac{-2}{(x-4)(x-6)}$

$=\dfrac{2(x-4)(x-6)-2x(x-2)}{x(x-2)(x-4)(x-6)}=\dfrac{2(x^2-10x+24-x^2+2x)}{x(x-2)(x-4)(x-6)}$

$=\dfrac{2(-8x+24)}{x(x-2)(x-4)(x-6)}=\mathbf{\dfrac{-16(x-3)}{x(x-2)(x-4)(x-6)}}$

3) (준 식)$=\dfrac{(x-2)(2x+1)+3}{x-2}-\dfrac{(x+2)(2x-1)+3}{x+2}=\left(2x+1+\dfrac{3}{x-2}\right)-\left(2x-1+\dfrac{3}{x+2}\right)$

$=2+\dfrac{3}{x-2}-\dfrac{3}{x+2}=\dfrac{2(x-2)(x+2)+3(x+2)-3(x-2)}{(x-2)(x+2)}$

$=\dfrac{2x^2-8+3x+6-3x+6}{(x-2)(x+2)}=\dfrac{2x^2+4}{(x-2)(x+2)}=\mathbf{\dfrac{2x^2+4}{x^2-4}}$

참고
1) 분자가 상수인 네 개 이상의 분수식의 합 ⇨ 적당한 순서로 두 개씩 묶어서 계산한다.
2) 분자의 차수와 분모의 차수가 같은 가분수 꼴 ⇨ 대분수 꼴로 변형한다.
3) 분자의 차수가 분모의 차수보다 큰 가분수 꼴 ⇨ 대분수 꼴로 변형한다.

**[줄기2-1]** 다음 식을 간단히 하여라.

1) $\dfrac{x+1}{x}-\dfrac{x+2}{x+1}-\dfrac{x-4}{x-3}+\dfrac{x-5}{x-4}$　　2) $\dfrac{x^2-2x+3}{x-1}-\dfrac{x^2-3}{x+1}$

## 2 분모가 곱의 꼴일 때, 분수식을 간단히 하는 방법

분모가 곱의 꼴인 경우 ⇨ **부분분수로 변형**한다. ※부분분수의 부분은 *두 부분을 말한다.

$\frac{1}{AB}=\frac{1}{B-A}\left(\frac{1}{A}-\frac{1}{B}\right)$ (단, $A\neq B$ ∵ 분모는 0이 될 수 없다.)

ex) $\frac{1}{k(k+1)}=\frac{1}{(k+1)-k}\left(\frac{1}{k}-\frac{1}{k+1}\right)=\left(\frac{1}{k}-\frac{1}{k+1}\right)$

(익히는 방법)

**1st** 분모가 곱의 꼴이면 제일 먼저 *두 부분으로 분할해 본다.

$\frac{1}{AB}$ ⇨ $\frac{1}{A}-\frac{1}{B}$

**2nd** $\frac{1}{AB}\neq\frac{1}{A}-\frac{1}{B}$ 이므로 '어떻게 하면 좌변과 우변을 같게 할 수 있을까'를 생각한다.

$\frac{1}{A}-\frac{1}{B}=\frac{B-A}{AB}$ 이므로 $\frac{1}{A}-\frac{1}{B}$ 의 앞에 $\frac{1}{B-A}$ 을 곱해준다.

$\therefore \frac{1}{AB}=\frac{1}{B-A}\left(\frac{1}{A}-\frac{1}{B}\right)$

## 뿌리 2-2 분모가 곱의 꼴인 분수식의 합 ⇨ 부분분수를 이용한다. (1)

다음 식을 간단히 하여라.

1) $\frac{1}{x(x+1)}+\frac{1}{(x+1)(x+2)}+\frac{1}{(x+2)(x+3)}+\frac{1}{(x+3)(x+4)}$

2) $\frac{1}{x(x+2)}+\frac{1}{(x+2)(x+4)}+\frac{1}{(x+4)(x+6)}+\frac{1}{(x+6)(x+8)}$

**핵심** 분모가 곱의 꼴: $\frac{1}{AB}=\frac{1}{B-A}\left(\frac{1}{A}-\frac{1}{B}\right)$

**풀이** 1) (주어진 식)$=\underbrace{\left(\frac{1}{x}-\frac{1}{x+1}\right)}_{\text{첫째항}}+\left(\frac{1}{x+1}-\frac{1}{x+2}\right)+\left(\frac{1}{x+2}-\frac{1}{x+3}\right)+\underbrace{\left(\frac{1}{x+3}-\frac{1}{x+4}\right)}_{\text{끝항}}$

$=\frac{1}{x}-\frac{1}{x+4}=\frac{x+4-x}{x(x+4)}=\boldsymbol{\frac{4}{x(x+4)}}$

2) (주어진 식)$=\frac{1}{2}\left(\frac{1}{x}-\frac{1}{x+2}\right)+\frac{1}{2}\left(\frac{1}{x+2}-\frac{1}{x+4}\right)+\frac{1}{2}\left(\frac{1}{x+4}-\frac{1}{x+6}\right)+\frac{1}{2}\left(\frac{1}{x+6}-\frac{1}{x+8}\right)$

$=\frac{1}{2}\left\{\underbrace{\left(\frac{1}{x}-\frac{1}{x+2}\right)}_{\text{첫째항}}+\left(\frac{1}{x+2}-\frac{1}{x+4}\right)+\left(\frac{1}{x+4}-\frac{1}{x+6}\right)+\underbrace{\left(\frac{1}{x+6}-\frac{1}{x+8}\right)}_{\text{끝항}}\right\}$

$=\frac{1}{2}\left(\frac{1}{x}-\frac{1}{x+8}\right)=\frac{1}{2}\left\{\frac{x+8-x}{x(x+8)}\right\}=\frac{1}{2}\left\{\frac{8}{x(x+8)}\right\}=\boldsymbol{\frac{4}{x(x+8)}}$

**참고** 부분분수의 합에서 첫째항의 앞의 것이 남으면 끝항의 뒤의 것이 남는다.

## 뿌리 2-3 분모가 곱의 꼴인 분수식의 합 ⇨ 부분분수를 이용한다. (2)

다음 식을 간단히 하여라.

1) $\dfrac{2}{x(x+2)}+\dfrac{2}{(x+2)(x+4)}+\dfrac{2}{(x+4)(x+6)}+\dfrac{2}{(x+6)(x+8)}$

2) $\dfrac{1}{(x+1)x}+\dfrac{2}{(x+3)(x+1)}+\dfrac{3}{(x+6)(x+3)}+\dfrac{4}{(x+10)(x+6)}$

3) $\dfrac{2}{x(x-2)}+\dfrac{4}{x(x+4)}+\dfrac{6}{(x+4)(x+10)}$

4) $\dfrac{2}{x(x-2)}+\dfrac{2}{(x-2)(x-4)}+\dfrac{2}{(x-4)(x-6)}+\dfrac{2}{(x-6)(x-8)}$

**핵심** $\dfrac{1}{AB}=\dfrac{1}{B-A}\left(\dfrac{1}{A}-\dfrac{1}{B}\right)$에서 $A<B$일 때, $B-A>0$이므로 계산하기가 편하다.
따라서 분모가 두 개의 인수의 곱일 때, 우측에 좌측보다 큰 인수를 배치한다.
예) 2), 3), 4)

**풀이** 1) (주어진 식)$=\underbrace{\left(\dfrac{1}{x}-\dfrac{1}{x+2}\right)}_{\text{첫째항}}+\left(\dfrac{1}{x+2}-\dfrac{1}{x+4}\right)+\left(\dfrac{1}{x+4}-\dfrac{1}{x+6}\right)+\underbrace{\left(\dfrac{1}{x+6}-\dfrac{1}{x+8}\right)}_{\text{끝항}}$

$=\dfrac{1}{x}-\dfrac{1}{x+8}=\dfrac{x+8-x}{x(x+8)}=\mathbf{\dfrac{8}{x(x+8)}}$

2) (주어진 식)$=\dfrac{1}{x(x+1)}+\dfrac{2}{(x+1)(x+3)}+\dfrac{3}{(x+3)(x+6)}+\dfrac{4}{(x+6)(x+10)}$

$=\left(\dfrac{1}{x}-\dfrac{1}{x+1}\right)+\left(\dfrac{1}{x+1}-\dfrac{1}{x+3}\right)+\left(\dfrac{1}{x+3}-\dfrac{1}{x+6}\right)+\left(\dfrac{1}{x+6}-\dfrac{1}{x+10}\right)$

$=\dfrac{1}{x}-\dfrac{1}{x+10}=\dfrac{x+10-x}{x(x+10)}=\mathbf{\dfrac{10}{x(x+10)}}$

3) (주어진 식)$=\dfrac{2}{(x-2)x}+\dfrac{4}{x(x+4)}+\dfrac{6}{(x+4)(x+10)}$

$=\left(\dfrac{1}{x-2}-\dfrac{1}{x}\right)+\left(\dfrac{1}{x}-\dfrac{1}{x+4}\right)+\left(\dfrac{1}{x+4}-\dfrac{1}{x+10}\right)$

$=\dfrac{1}{x-2}-\dfrac{1}{x+10}=\dfrac{x+10-(x-2)}{(x-2)(x+10)}=\mathbf{\dfrac{12}{(x-2)(x-10)}}$

4) (주어진 식)$=\dfrac{2}{(x-2)x}+\dfrac{2}{(x-4)(x-2)}+\dfrac{2}{(x-6)(x-4)}+\dfrac{2}{(x-8)(x-6)}$

$=\underbrace{\left(\dfrac{1}{x-2}-\dfrac{1}{x}\right)}_{\text{첫째항}}+\left(\dfrac{1}{x-4}-\dfrac{1}{x-2}\right)+\left(\dfrac{1}{x-6}-\dfrac{1}{x-4}\right)+\underbrace{\left(\dfrac{1}{x-8}-\dfrac{1}{x-6}\right)}_{\text{끝항}}$

$=\dfrac{1}{x-8}-\dfrac{1}{x}=\dfrac{x-x+8}{(x-8)x}=\mathbf{\dfrac{8}{x(x-8)}}$

**참고** 부분분수의 합에서 첫째항의 앞의 것이 남으면 끝항의 뒤의 것이 남는다. ⇨ 1), 2), 3)
부분분수의 합에서 첫째항의 뒤의 것이 남으면 끝항의 앞의 것이 남는다. ⇨ 4)

## 3 분모 또는 분자가 분수식인 번분수식을 간단히 하는 방법

번분수식의 계산 ※번(繁): 많을 번, 번성할 번

방법 I $\dfrac{\boxed{\dfrac{A}{B}}}{\dfrac{C}{D}}=\dfrac{AD}{BC}$ 증명 $\dfrac{A}{B}\div\dfrac{C}{D}=\dfrac{A}{B}\times\dfrac{D}{C}=\dfrac{AD}{BC}$

(익히는 방법)
$\boxed{\dfrac{A}{B}}$가 key!, 즉 분자 $A$는 분자 $AD$가 되고, 분모 $B$는 분모 $BC$가 된다.

예) $\dfrac{\dfrac{7}{4}}{\dfrac{2}{3}} \Leftrightarrow \dfrac{\boxed{\dfrac{7}{4}}}{\dfrac{2}{3}}=\dfrac{7\cdot3}{4\cdot2}=\dfrac{21}{8}$

$\dfrac{\dfrac{4}{3}}{5} \Leftrightarrow \dfrac{\boxed{\dfrac{4}{3}}}{\dfrac{5}{1}}=\dfrac{4\cdot1}{3\cdot5}=\dfrac{4}{15}$

$\dfrac{7}{\dfrac{9}{2}} \Leftrightarrow \dfrac{\boxed{\dfrac{7}{1}}}{\dfrac{9}{2}}=\dfrac{7\cdot2}{1\cdot9}=\dfrac{14}{9}$

★강추 방법 II $\dfrac{\dfrac{A}{B}}{\dfrac{C}{D}}=\dfrac{\dfrac{A}{B}\times BD}{\dfrac{C}{D}\times BD}=\dfrac{A\times D}{B\times C}=\dfrac{AD}{BC}$

팁 방법 I 보다는 주로 방법 II를 이용한다.

**[줄기2-2]** 다음 식을 계산하여라.

1) $\dfrac{b}{a(a+b)}+\dfrac{c}{(a+b)(a+b+c)}+\dfrac{d}{(a+b+c)(a+b+c+d)}$

2) $\dfrac{1}{x(x+1)}+\dfrac{2}{(x+1)(x+3)}+\dfrac{3}{(x+3)(x+6)}-\dfrac{6}{x(x+6)}$

3) $\dfrac{1}{1\cdot2}+\dfrac{1}{2\cdot3}+\dfrac{1}{3\cdot4}+\dfrac{1}{4\cdot5}+\cdots+\dfrac{1}{9\cdot10}$

4) $\dfrac{1}{3\cdot1}+\dfrac{1}{5\cdot3}+\dfrac{1}{7\cdot5}+\dfrac{1}{9\cdot7}+\cdots+\dfrac{1}{21\cdot19}$

## 뿌리 2-4 번분수식

다음 식을 간단히 하여라.

1) $\dfrac{1}{1-\dfrac{1}{x}}$ 2) $\dfrac{x-\dfrac{1}{x}}{\dfrac{x-1}{x}}$ 3) $\dfrac{\dfrac{x^2(x+1)}{x-1}}{\dfrac{x(x+1)}{x-1}}$

풀이

1) 방법 I $\dfrac{\dfrac{1}{1}}{\dfrac{x-1}{x}}=\boldsymbol{\dfrac{x}{x-1}}$

1) 강추 방법 II $\dfrac{1}{1-\dfrac{1}{x}}=\dfrac{1\times x}{\left(1-\dfrac{1}{x}\right)\times x}=\boldsymbol{\dfrac{x}{x-1}}$

2) 방법 I $\dfrac{\dfrac{x^2-1}{x}}{\dfrac{x-1}{x}}=\dfrac{(x^2-1)x}{x(x-1)}=\dfrac{(x-1)(x+1)x}{x(x-1)}=\boldsymbol{x+1}$

2) 강추 방법 II $\dfrac{x-\dfrac{1}{x}}{\dfrac{x-1}{x}}=\dfrac{\left(x-\dfrac{1}{x}\right)\times x}{\dfrac{x-1}{x}\times x}=\dfrac{x^2-1}{x-1}=\dfrac{(x-1)(x+1)}{x-1}=\boldsymbol{x+1}$

3) 방법 I $\dfrac{\dfrac{x^2(x+1)}{x-1}}{\dfrac{x(x+1)}{x-1}}=\dfrac{x^2(x+1)(x-1)}{(x-1)x(x+1)}=\boldsymbol{x}$

3) 강추 방법 II $\dfrac{\dfrac{x^2(x+1)}{x-1}\times(x-1)}{\dfrac{x(x+1)}{x-1}\times(x-1)}=\dfrac{x^2(x+1)}{x(x+1)}=\boldsymbol{x}$

참고 방법 II 의 진가는 복잡한 번분수식에서 발휘된다. 예) 줄기 2-3)

**[줄기 2-3]** 다음 식을 간단히 하여라.

1) $\dfrac{1}{1-\dfrac{1}{1+\dfrac{1}{x}}}$ 2) $\dfrac{\dfrac{1}{x+1}+\dfrac{1}{x-1}}{\dfrac{1}{x+1}-\dfrac{1}{x-1}}$ 3) $\dfrac{1+\dfrac{2}{x+1}}{x-2-\dfrac{5}{x+2}}$ 4) $\dfrac{1-\dfrac{x-2y}{x-y}}{\dfrac{2x}{x-y}-1}$

## 뿌리 2-5 곱셈 공식의 변형을 이용한 유리식의 값 (1)

$x+\dfrac{1}{x}=3$일 때, 다음 식의 값을 구하여라.

1) $x^2+\dfrac{1}{x^2}$ 2) $x^3+\dfrac{1}{x^3}$ 3) $x-\dfrac{1}{x}$

**핵심** 합과 곱의 값을 알면 곱셈 공식을 이용하여 답을 구할 수 있다.

**풀이** $x+\dfrac{1}{x}=3$ (합의 값), $x\cdot\dfrac{1}{x}=1$ (곱의 값)

1) $x^2+\dfrac{1}{x^2}=\left(x+\dfrac{1}{x}\right)^2-2\cdot x\cdot\dfrac{1}{x}=3^2-2=\mathbf{7}$

2) $x^3+\dfrac{1}{x^3}=\left(x+\dfrac{1}{x}\right)^3-3\cdot x\cdot\dfrac{1}{x}\left(x+\dfrac{1}{x}\right)=3^3-3\cdot3=\mathbf{18}$

3) $\left(x-\dfrac{1}{x}\right)^2=\left(x+\dfrac{1}{x}\right)^2-4\cdot x\cdot\dfrac{1}{x}=3^2-4=5$ $\quad\therefore x-\dfrac{1}{x}=\pm\sqrt{5}$

**참고** 3) 합과 곱의 값을 알면 $(a-b)^2=(a+b)^2-4ab$를 이용하여 차의 값도 알아 낼 수 있다.

## 뿌리 2-6 곱셈 공식의 변형을 이용한 유리식의 값 (2)

$x^2+3x+1=0$일 때, 다음 식의 값을 구하여라.

1) $x^2+\dfrac{1}{x^2}$ 2) $x^3+\dfrac{1}{x^3}$ 3) $x^5+\dfrac{1}{x^5}$

**핵심** $x^2+3x+1=0$에서 ⋆$x\neq0$이므로 양변을 $x$로 나누면 $x+3+\dfrac{1}{x}=0$ $\therefore x+\dfrac{1}{x}=-3$
($x=0$은 $x^2+3x+1=0$을 만족시키지 못하므로 ⋆$x\neq0$이다.)

**풀이** $x+\dfrac{1}{x}=-3$ (합의 값), $x\cdot\dfrac{1}{x}=1$ (곱의 값)

1) $x^2+\dfrac{1}{x^2}=\left(x+\dfrac{1}{x}\right)^2-2\cdot x\cdot\dfrac{1}{x}=(-3)^2-2=\mathbf{7}$

2) $x^3+\dfrac{1}{x^3}=\left(x+\dfrac{1}{x}\right)^3-3\cdot x\cdot\dfrac{1}{x}\left(x+\dfrac{1}{x}\right)=(-3)^3-3\cdot(-3)=\mathbf{-18}$

3) $x^5+\dfrac{1}{x^5}=\left(x^2+\dfrac{1}{x^2}\right)\left(x^3+\dfrac{1}{x^3}\right)-\left(x+\dfrac{1}{x}\right)=7\cdot(-18)-(-3)=\mathbf{-123}$

**[줄기 2-4]** $x-\dfrac{1}{x}=1$일 때, 다음 식의 값을 구하여라.

1) $x^2+\dfrac{1}{x^2}$ 2) $x^3+\dfrac{1}{x^3}$ 3) $x^5+\dfrac{1}{x^5}$

## 뿌리 2-7 곱셈 공식의 변형을 이용한 유리식의 값 (3)

$a^2+a+1=0$일 때, $a^8+\frac{1}{a^8}$의 값을 구하여라.

**방법 Ⅰ** $a^2+a+1=0$에서 ★$a\neq0$이므로 양변을 $a$로 나누면 $a+1+\frac{1}{a}=0$

$a=0$은 $a^2+a+1=0$을 만족시키지 못하므로 ★$a\neq0$이다.

$\therefore a+\frac{1}{a}=-1$ (합의 값), $a\cdot\frac{1}{a}=1$ (곱의 값)

$a^2+\frac{1}{a^2}=\left(a+\frac{1}{a}\right)^2-2\cdot a\cdot\frac{1}{a}=(-1)^2-2=-1$

$a^4+\frac{1}{a^4}=\left(a^2+\frac{1}{a^2}\right)^2-2\cdot a^2\cdot\frac{1}{a^2}=(-1)^2-2=-1$

$a^8+\frac{1}{a^8}=\left(a^4+\frac{1}{a^4}\right)^2-2\cdot a^4\cdot\frac{1}{a^4}=(-1)^2-2=\mathbf{-1}$

**방법 Ⅱ** $a^2+a+1=0$에서 ★$a-1\neq0$이므로 양변에 $a-1$을 곱하면

$a=1$은 $a^2+a+1=0$을 만족시키지 못하므로 $a\neq1$이다. 즉, ★$a-1\neq0$이다.

$(a-1)(a^2+a+1)=0 \quad \therefore a^3-1=0 \quad \therefore a^3=1$

$a^8+\frac{1}{a^8}=(a^3)^2\cdot a^2+\frac{1}{(a^3)^2\cdot a^2}=a^2+\frac{1}{a^2}$

$a^2+a+1=0$에서 $a\neq0$이므로 양변을 $a$로 나누면 $a+1+\frac{1}{a}=0$

$\therefore a+\frac{1}{a}=-1$ (합의 값), $a\cdot\frac{1}{a}=1$ (곱의 값)

$a^2+\frac{1}{a^2}=\left(a+\frac{1}{a}\right)^2-2\cdot a\cdot\frac{1}{a}=(-1)^2-2=-1$

$\therefore \mathbf{a^8+\frac{1}{a^8}=-1}$

**[줄기2-5]** $a+\frac{1}{a}=-1$일 때, $a^{200}+\frac{1}{a^{200}}$의 값을 구하여라.

**[줄기2-6]** $x^2-x+1=0$일 때, $x^2+\frac{1}{x^2}$, $x^3+\frac{1}{x^3}$, $x^4+\frac{1}{x^4}$, $x^5+\frac{1}{x^5}$, $x^{200}+\frac{1}{x^{200}}$의 값을 각각 구하여라.

## 03 비례식

### 1 비례식

비의 값이 같은 두 개의 비 $a:b$와 $c:d$를 $a:b=c:d$ 또는 $a/b=c/d$ 또는 $\dfrac{a}{b}=\dfrac{c}{d}$와 같이 등식으로 나타낸 식을 **비례식**이라 한다.

0이 아닌 실수 $k$에 대하여

1) $\dfrac{x}{a}=\dfrac{y}{b} \Leftrightarrow \dfrac{x}{a}=\dfrac{y}{b}=k \Leftrightarrow x=ak,\ y=bk$

2) $x:y=a:b \Leftrightarrow x=ak,\ y=bk$

3) $\dfrac{x}{a}=\dfrac{y}{b}=\dfrac{z}{c} \Leftrightarrow \dfrac{x}{a}=\dfrac{y}{b}=\dfrac{z}{c}=k \Leftrightarrow x=ak,\ y=bk,\ z=ck$

4) $x:y:z=a:b:c \Leftrightarrow x=ak,\ y=bk,\ z=ck$

**씨앗. 1** 다음 물음에 답하여라.

1) $\dfrac{x}{2}=\dfrac{y}{3}$일 때, $\dfrac{2x-y}{x+y}$의 값을 구하여라.

2) $x:y=2:3$일 때, $\dfrac{2x-y}{x+y}$의 값을 구하여라.

3) $x:3=y:2$일 때, $\dfrac{2x-y}{x+y}$의 값을 구하여라.

4) $x:3=y:2=z:4$일 때, $\dfrac{z^2-xy}{x^2+yz}$의 값을 구하여라.

**풀이** 1) $\dfrac{x}{2}=\dfrac{y}{3}=k\ (k\neq 0)$라 하면 $x=2k,\ y=3k$

$\dfrac{2x-y}{x+y}=\dfrac{2\cdot 2k-3k}{2k+3k}=\dfrac{k}{5k}=\mathbf{\dfrac{1}{5}}$

2) $x:y=2:3$이므로 $x=2k,\ y=3k\ (k\neq 0)$라 하면

$\dfrac{2x-y}{x+y}=\dfrac{2\cdot 2k-3k}{2k+3k}=\dfrac{k}{5k}=\mathbf{\dfrac{1}{5}}$

3) $x:3=y:2 \Leftrightarrow x/3=y/2 \Leftrightarrow \dfrac{x}{3}=\dfrac{y}{2}$

$\dfrac{x}{3}=\dfrac{y}{2}=k\ (k\neq 0)$라 하면 $x=3k,\ y=2k$

$\dfrac{2x-y}{x+y}=\dfrac{2\cdot 3k-2k}{3k+2k}=\dfrac{4k}{5k}=\mathbf{\dfrac{4}{5}}$

4) $x:3=y:2=z:4 \Leftrightarrow x/3=y/2=z/4 \Leftrightarrow \dfrac{x}{3}=\dfrac{y}{2}=\dfrac{z}{4}$

$\dfrac{x}{3}=\dfrac{y}{2}=\dfrac{z}{4}=k\ (k\neq 0)$라 하면 $x=3k,\ y=2k,\ z=4k$

$\dfrac{z^2-xy}{x^2+yz}=\dfrac{(4k)^2-(3k)(2k)}{(3k)^2+(2k)(4k)}=\dfrac{10k^2}{17k^2}=\mathbf{\dfrac{10}{17}}$

## 뿌리 3-1 비례식의 계산

$(x+y):(y+z):(z+x)=3:4:5$일 때, 다음 식의 값을 구하여라.

1) $x:y:z$ 2) $\dfrac{x+2y+3z}{x+y+z}$ 3) $\dfrac{xy-yz-zx}{x^2+y^2+z^2}$

풀이 $(x+y):(y+z):(z+x)=3:4:5$
이므로 0이 아닌 실수 $k$에 대하여
$x+y=3k$ …㉠
$y+z=4k$ …㉡
$x+z=5k$ …㉢
㉠+㉡+㉢을 하면
$2(x+y+z)=12k \quad \therefore x+y+z=6k$ …㉣
㉣에서 ㉠, ㉡, ㉢을 각각 빼면 $x=2k, y=k, z=3k$
1) $x:y:z=2k:k:3k=\mathbf{2:1:3}$
2) $x:y:z=2:1:3$이므로 $x=2k, y=k, z=3k\ (k\neq 0)$
$\dfrac{x+2y+3z}{x+y+z}=\dfrac{2k+2\cdot k+3\cdot 3k}{2k+k+3k}=\dfrac{13k}{6k}=\mathbf{\dfrac{13}{6}}$
3) $x:y:z=2:1:3$이므로 $x=2k, y=k, z=3k\ (k\neq 0)$
$\dfrac{xy-yz-zx}{x^2+y^2+z^2}=\dfrac{2k\cdot k-k\cdot 3k-3k\cdot 2k}{(2k)^2+k^2+(3k)^2}=\dfrac{-7k^2}{14k^2}=\mathbf{-\dfrac{1}{2}}$

**[줄기3-1]** $\dfrac{x+y}{3}=\dfrac{y+z}{5}=\dfrac{z+x}{6}$ 일 때, 다음 식의 값을 구하여라.

1) $x:y:z$ 2) $\dfrac{x^2+y^2-z^2}{xy+yz+zx}$

**[줄기3-2]** 다음 물음에 답하여라.

1) $3x=5y$일 때, $\dfrac{x^2-y^2}{xy}$의 값을 구하여라. (단, $xy\neq 0$)

2) $\dfrac{x-y}{x+y}=\dfrac{1}{5}$일 때, $\dfrac{3xy}{x^2-y^2}$의 값을 구하여라. (단, $xy\neq 0$)

3) $\dfrac{4x+2y}{5}=\dfrac{3x+2y}{4}$일 때, $\dfrac{x^2-3xy}{xy-y^2}$의 값을 구하여라. (단, $xy\neq 0$)

## 뿌리 3-2 비례식의 응용

$x-y+z=0,\ 2x+3y-4z=0$일 때, 다음 식의 값을 구하여라. (단, $xyz\neq 0$)

1) $x:y:z$ 2) $\dfrac{y^2-yz+x^2}{x^2-xy+z^2}$

**핵심** 미지수의 개수와 방정식의 개수가 같을 때, 미지수의 값을 구할 수 있다.
⇨ 미지수는 3개인데 주어진 방정식은 2개이므로 미지수의 값을 구할 수 없다.
따라서 미지수의 값을 구할 수 없으므로 미지수의 비를 구해본다.

**풀이** 1) $x-y+z=0$ ⋯㉠, $2x+3y-4z=0$ ⋯㉡

㉠$\times 3+$㉡을 하면 $5x-z=0$

$\therefore 5x=z$, 즉 $x:z=1:5$

$\therefore x=k, z=5k\ (k\neq 0)$ ⋯㉢

㉢을 ㉠에 대입하면 $k-y+5k=0$ $\quad \therefore y=6k$

$\therefore x:y:z=k:6k:5k=$ **1 : 6 : 5**

2) $x:y:z=1:6:5$이므로 $x=k, y=6k, z=5k\ (k\neq 0)$

$\dfrac{y^2-yz+x^2}{x^2-xy+z^2}=\dfrac{(6k)^2-6k\cdot 5k+k^2}{k^2-k\cdot 6k+(5k)^2}=\dfrac{7k^2}{20k^2}=\mathbf{\dfrac{7}{20}}$

**[줄기3-3]** $3x+y-2z=0,\ 2x-y=0$일 때, 다음 식의 값을 구하여라. (단, $xyz\neq 0$)

1) $x:y:z$ 2) $\dfrac{x+y+z}{x+2y+3z}$

▶ 연습문제

# 9 유리함수 (1)

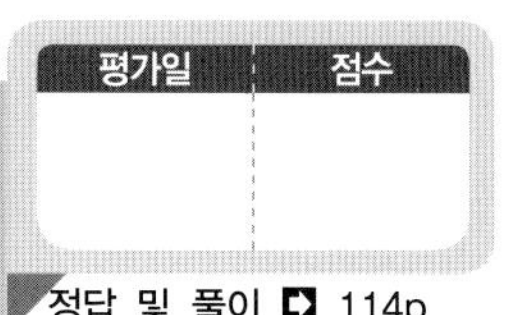


정답 및 풀이 ▶ 114p

**• 잎 9-1**

$x(x-1)\neq0$인 모든 실수 $x$에 대하여 등식 $1-\dfrac{1}{1-\dfrac{1}{1-x}}=\dfrac{a}{x+b}$가 성립하도록 하는 상수 $a, b$의 합 $a+b$의 값은? [교육청 기출]

① 0　② 1　③ 2　④ 3　⑤ 4

**• 잎 9-2**

$x\neq-1$, $x\neq-3$인 모든 실수 $x$에 대하여 등식 $\dfrac{x}{1+\dfrac{2}{x+1}}=x+a+\dfrac{b}{x+3}$가 성립할 때, $a+b$의 값을 구하여라. (단, $a, b$는 상수이다.) [교육청 기출]

**• 잎 9-3**

다음 식의 분모를 0으로 만들지 않는 모든 실수 $x$에 대하여 $\dfrac{1-\dfrac{1}{x+1}}{1+\dfrac{1}{x-1}}=\dfrac{ax+b}{x+1}$가 성립할 때, 상수 $a, b$의 합 $a+b$의 값은? [교육청 기출]

① $-2$　② $-1$　③ 0　④ 1　⑤ 2

**• 잎 9-4**

정수 $m$에 대하여 $\dfrac{3m+9}{m^2-9}$ $(m\neq-3, m\neq3)$의 값이 정수가 되도록 하는 $m$의 값을 모두 구하여라. [교육청 기출]

**• 잎 9-5**

임의의 두 유리식 $A, B$에 대하여 연산 $\triangle$를 $A\triangle B=\dfrac{A+B}{A-B}$ (단, $A-B\neq0$)로 정의할 때, $(x\triangle1)\triangle\left(\dfrac{1}{x\triangle1}\right)$을 간단히 하면? [교육청 기출]

① 1　② $\dfrac{x^2-1}{x}$　③ $\dfrac{x^2-1}{2x}$　④ $\dfrac{x^2+1}{x}$　⑤ $\dfrac{x^2+1}{2x}$

## • 잎 9-6

두 다항식 $A, B$에 대하여 $<A, B> = \dfrac{A-B}{AB}$ (단, $AB \neq 0$)로 정의할 때,
$<x+2, x> + <x+4, x+2> + <x+6, x+4> = <x+\alpha, x>$를 성립하도록 하는 상수 $\alpha$의 값은? [교육청 기출]

① $-2$ ② $0$ ③ $2$ ④ $4$ ⑤ $6$

## • 잎 9-7

서로 다른 세 실수 $a, b, c$에 대하여 $\dfrac{a^2}{(a-b)(a-c)} + \dfrac{b^2}{(b-c)(b-a)} + \dfrac{c^2}{(c-a)(c-b)}$을 간단히 하여라.

## • 잎 9-8

분수식

$$\frac{b}{a(a+b)} + \frac{c}{(a+b)(a+b+c)} + \frac{d}{(a+b+c)(a+b+c+d)} + \frac{e}{(a+b+c+d)(a+b+c+d+e)}$$

를 간단히 하여라.

## • 잎 9-9

$\dfrac{5x-y}{3x-2y} = \dfrac{3}{2}$일 때, $\dfrac{3x^2+xy}{x^2-xy}$의 값을 구하여라.

## • 잎 9-10

$x + \dfrac{2}{y} = 1$, $y + \dfrac{1}{z} = 2$일 때, $z + \dfrac{1}{2x}$의 값을 구하여라.

**• 잎 9-11**

$\dfrac{x+y}{3}=\dfrac{y+z}{4}=\dfrac{z+x}{5}$ 일 때, $\dfrac{xy-yz-zx}{x^2+y^2+z^2}$ 의 값은? (단, $xyz\neq 0$) [교육청 기출]

① $-\dfrac{9}{14}$　② $-\dfrac{1}{2}$　③ $\dfrac{1}{14}$　④ $\dfrac{1}{2}$　⑤ $\dfrac{9}{14}$

**• 잎 9-12**

$\dfrac{x^3-y^3}{x^3+y^3}=\dfrac{9}{7}$ 일 때, $\dfrac{2x+y}{x-y}$ 의 값을 구하여라. (단, $x$, $y$는 실수)

**• 잎 9-13**

$2x+y-4z=0$, $x-2y+3z=0$ 일 때, $\dfrac{5x-y}{x+3z}$ 의 값을 구하여라. (단, $xyz\neq 0$)

**• 잎 9-14**

$\dfrac{x+y}{2z}=\dfrac{y+2z}{x}=\dfrac{2z+x}{y}$ 일 때, $\dfrac{x^3+y^3+z^3}{xyz}$ 의 값은? (단, $x+y+2z\neq 0$) [교육청 기출]

① $\dfrac{17}{4}$　② $\dfrac{9}{2}$　③ $\dfrac{19}{4}$　④ $5$　⑤ $\dfrac{21}{4}$

**• 잎 9-15**

$x+\dfrac{1}{x}=-1$ 일 때, 다음 식의 참, 거짓을 말하여라. [교육청 기출]

ㄱ. $1+\dfrac{1}{x}+\dfrac{1}{x^2}=0$

ㄴ. $x+x^2+x^3+\dfrac{1}{x}+\dfrac{1}{x^2}+\dfrac{1}{x^3}=0$

ㄷ. $x^{3n}+x^{3n+1}+x^{3n+2}+\dfrac{1}{x^{3n}}+\dfrac{1}{x^{3n+1}}+\dfrac{1}{x^{3n+2}}=0$ (단, $n$은 자연수이다.)

# 9. 유리함수(2)

## 04 유리함수

[1] 유리함수

[2] 유리함수 $y=\frac{k}{x}\ (k\neq 0)$의 그래프

[3] 유리함수 $y=\frac{k}{x-m}+n\ (k\neq 0)$의 그래프

[4] 유리함수 $y=\frac{cx+d}{ax+b}$를 $y=\frac{k}{x-m}+n\ (k\neq 0)$ 꼴로 변형하는 방법

[5] 유리함수 $y=\frac{cx+d}{ax+b}$는 $y=\frac{k}{x-m}+n\ (k\neq 0)$ 꼴로 변형한 후 그래프를 그린다.

[6] 유리함수 $y=\frac{cx+d}{ax+b}$의 그래프의 점근선의 방정식을 구하는 간단한 방법

[7] 유리함수 $f(x)=\frac{cx+d}{ax+b}$의 역함수

[8] 유리함수 $f(x)=\frac{k}{x-m}+n\ (k\neq 0)$의 역함수 ⇨ $f^{-1}(x)=\frac{k}{x-n}+m$

## 연습문제

# 04 유리함수

## 1 유리함수 ※ (유리함수) = (다항함수) ∪ (분수함수)

함수 $y=f(x)$에서 $f(x)$가 $x$에 대한 유리식 [p.240]일 때, 이 함수를 **유리함수**라 한다.

1) **다항함수** : 분모에 변수가 없고 상수만 있다. 예) $y=x-2,\ y=\frac{1}{3}x^2+5x-\frac{7}{8},\cdots$

2) **분수함수** : 분모에 변수가 있다. 예) $y=\frac{1}{x},\ y=\frac{x}{2x-1}+1,\ y=\frac{x-1}{x+1},\cdots$

※ 다항함수에서 정의역이나 공역이 주어져 있지 않은 경우
1) 정의역은 실수 전체의 집합이다. 2) 공역은 실수 전체의 집합이다.

※ 분수함수에서 정의역이나 공역이 주어져 있지 않은 경우
1) 정의역은 분모를 0으로 만드는 $x$의 값을 제외한 실수 전체의 집합이다.
2) 공역은 실수 전체의 집합이다.

※ 유리함수 { 다항함수, 분수함수 }

함수에서 정의역이나 공역이 주어져 있지 않은 경우
⇨ 정의역은 함수가 정의되는 모든 실수의 집합으로, 공역은 실수 전체의 집합으로 생각한다.

**씨앗. 1** 함수 $y=\frac{1}{x}$의 정의역과 공역을 구하여라.

핵심 분모가 0인 경우는 정의되지 않는다.

풀이 **정의역 : $\{x \mid x\neq 0$인 실수$\}$, 공역 : $\{y \mid y$는 모든 실수$\}$**

**씨앗. 2** 다음 방정식을 만족하는 실수 $x$의 값을 구하여라.

1) $x(x+1)=0$

2) $\frac{x(x+1)}{x}=0$

풀이 1) $x=0$ **또는** $x=-1$

2) $x=-1$ $(\because x\neq 0)$
※ 분모는 0이 될 수 없다. [p.241]

## 2 유리함수 $y=\frac{k}{x}$ $(k\neq 0)$의 그래프

1) 점근선은 **두 직선 $x=0$ ($y$축), $y=0$ ($x$축)**이다.

※ 점근선은 함수의 그래프가 한없이 근접하는 가상의 직선이다.
따라서 점근선과 함수의 그래프는 만날 수 없다.

2) $k>0$이면 **제1, 3 사분면**에 그려지고, $k<0$이면 **제2, 4 사분면**에 그려진다. $|k|$의 값이 클수록 그래프는 원점에서 멀어진다.

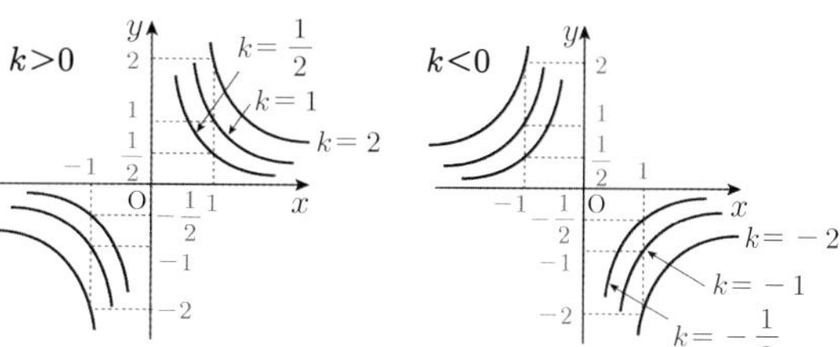


3) **원점**과 **두 직선** $y=\pm x$에 대하여 대칭이다.

> (익히는 방법)
> 유리함수의 그래프는 *3군데 (점 1군데, 직선 2군데)에 대하여 대칭이다.
> 따라서 원점 $(0, 0)$, 두 직선 $y=\pm x$에 대하여 대칭이다.

4) **정의역** : $\{x \mid x\neq 0$**인 실수**$\}$, 공역 : $\{y \mid y$는 모든 실수$\}$, **치역** : $\{y \mid y\neq 0$**인 실수**$\}$

> (익히는 방법)
> 정의역은 그래프가 존재하는 $x$의 값의 범위이고, 치역은 그래프가 존재하는 $y$의 값의 범위이므로 정의역과 치역에서는 점근선에 해당하는 값이 없다.

참고 함수 $y=\frac{k}{x}$ $(k\neq 0)$의 그래프는 직선 $y=x$에 대하여 대칭이므로 그 역함수는 자기 자신이다.

## 3 유리함수 $y=\frac{k}{x-m}+n$ $(k\neq 0)$의 그래프

1) $y=\frac{k}{x}$의 그래프를 $x$축의 방향으로 $m$만큼, $y$축의 방향으로 $n$만큼 평행 이동한 것이다.
※ $m>0$, $n>0$일 때, 오른쪽 그림과 같다.

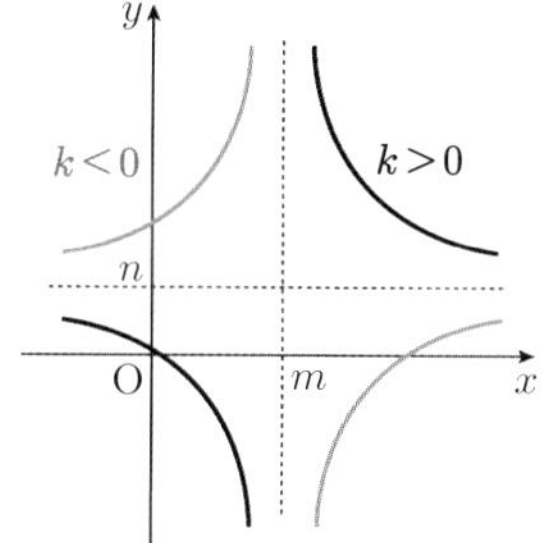


2) 점근선은 **두 직선** $x=m$, $y=n$이다.

3) **점** $(m, n)$과 **두 직선** $y=\pm(x-m)+n$에 대하여 대칭이다.

> (익히는 방법)
> 유리함수의 그래프는 *3군데 (점 1군데, 직선 2군데)에 대하여 대칭이다.
> 따라서 원점 $(0, 0)$과 두 직선 $y=\pm x$를 $x$축의 방향으로 $m$만큼, $y$축의 방향으로 $n$만큼 평행이동한 점 $(m, n)$, 두 직선 $y=\pm(x-m)+n$에 대하여 대칭이다.

4) **정의역** : $\{x \mid x\neq m$**인 실수**$\}$, 공역 : $\{y \mid y$는 모든 실수$\}$, **치역** : $\{y \mid y\neq n$**인 실수**$\}$

> (익히는 방법)
> 정의역은 그래프가 존재하는 $x$의 값의 범위이고, 치역은 그래프가 존재하는 $y$의 값의 범위이므로 정의역과 치역에서는 점근선에 해당하는 값이 없다.

## 4 유리함수 $y=\dfrac{cx+d}{ax+b}$를 $y=\dfrac{k}{x-m}+n(k\neq0)$ 꼴로 변형하는 방법

① $y=\dfrac{2x-1}{x-1}$을 $y=\dfrac{1}{x-1}+2$로 변형하는 방법

1st $y=\dfrac{2(x-1)+1}{x-1}$

2nd $y=\dfrac{2(x-1)}{x-1}+\dfrac{1}{x-1}=\dfrac{1}{x-1}+2$

② $y=\dfrac{-8x+3}{2x-1}$을 $y=\dfrac{-1}{2x-1}-4$로 변형하는 방법

1st $y=\dfrac{-4(2x-1)-1}{2x-1}$

2nd $y=\dfrac{-4(2x-1)}{2x-1}+\dfrac{-1}{2x-1}=\dfrac{-1}{2x-1}-4$

③ $y=\dfrac{-x}{2x+2}$를 $y=\dfrac{1}{2x+2}-\dfrac{1}{2}$로 변형하는 방법

1st $y=\dfrac{-\frac{1}{2}(2x+2)+1}{2x+2}$

2nd $y=\dfrac{-\frac{1}{2}(2x+2)}{2x+2}+\dfrac{1}{2x+2}=\dfrac{1}{2x+2}-\dfrac{1}{2}$

④ $y=\dfrac{4x}{-2x+1}$를 $y=\dfrac{-2}{2x-1}-2$로 변형하는 방법

핵심 *분모의 일차항의 계수가 음수이면 식의 변형이 어렵다.
$y=\dfrac{4x}{-2x+1}$ (어렵다.) ⇨ $y=\dfrac{-4x}{2x-1}$ (쉽다.)

1st $y=\dfrac{-4x}{2x-1}=\dfrac{-2(2x-1)-2}{2x-1}$

2nd $y=\dfrac{-2(2x-1)}{2x-1}+\dfrac{-2}{2x-1}=\dfrac{-2}{2x-1}-2$

## 5 유리함수 $y=\dfrac{cx+d}{ax+b}$를 $y=\dfrac{k}{x-m}+n(k\neq0)$ 꼴로 변형한 후 그래프를 그린다.

(유리함수의 그래프를 그리는 아주 쉬운 요령) ⇨ key는 점근선이다!

1st 점근선인 두 직선 $x=m$, $y=n$을 긋는다.

2nd 유리함수의 그래프 위의 임의의 한 점을 잡고, 이 점을 지나는 그래프를 점근선을 고려하여 그린다.

3rd 두 점근선의 교점 $(m, n)$에 대하여 대칭인 그래프를 그린다.

## 뿌리 4-1 유리함수의 그래프

다음 유리함수의 그래프를 그려라.

1) $y=\dfrac{2}{x}$　　　　2) $y=-\dfrac{5}{x+1}+3$

풀이 1) 1st

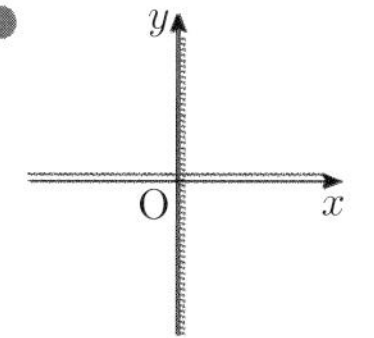

2nd ⇨ 3rd ⇨

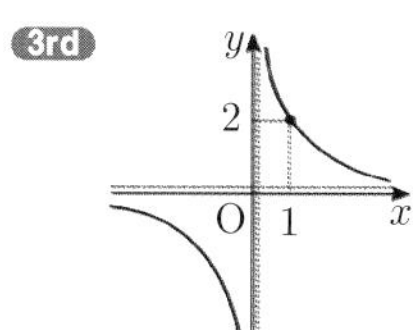

1st 점근선인 두 직선 $x=0$ ($y$축), $y=0$ ($x$축)을 긋는다. (검은색 점선)

2nd 유리함수의 그래프 위의 임의의 한 점 $(1,\ 2)$를 잡고, 이 점을 지나는 그래프를 점근선을 고려하여 그린다.

3rd 두 점근선의 교점 $(0,\ 0)$에 대하여 대칭인 그래프를 그린다.

2) 1st

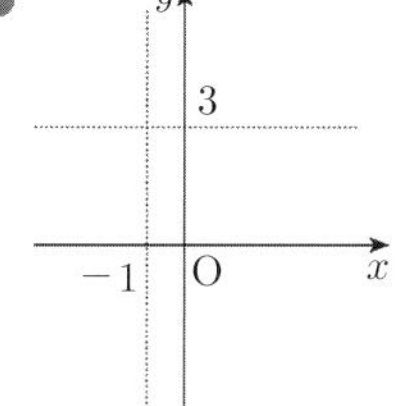

2nd ⇨

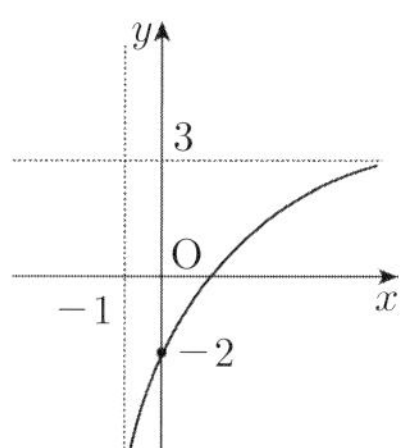

3rd ⇨

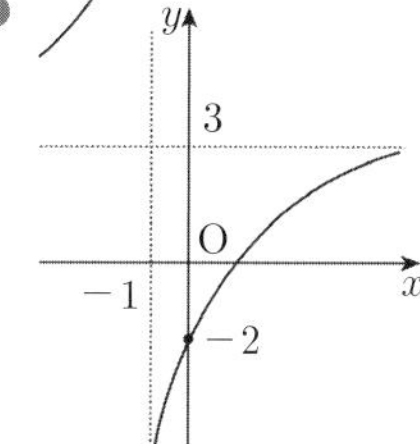

1st 점근선인 두 직선 $x=-1$, $y=3$을 긋는다. (검은색 점선)

2nd 유리함수의 그래프 위의 임의의 한 점 $(0,\ -2)$를 잡고, 이 점을 지나는 그래프를 점근선을 고려하여 그린다.

3rd 두 점근선의 교점 $(-1,\ 3)$에 대하여 대칭인 그래프를 그린다.

참고 유리함수의 그래프를 그릴 때 key는 점근선이다.
⇨ 점근선은 함수의 그래프가 한없이 근접하는 가상의 직선이다.
따라서 점근선과 함수의 그래프는 만날 수 없다.

**[줄기 4-1]** 다음 유리함수의 그래프를 그려라.

1) $y=-\dfrac{1}{2x}$　　　　2) $y=\dfrac{1}{2x-1}+4$

**[줄기 4-2]** 다음 함수의 그래프를 그리고 정의역, 공역, 치역과 점근선의 방정식을 구하여라.

1) $y=\dfrac{-3x+1}{x+2}$　2) $y=\dfrac{4x}{1-2x}$　3) $y=\dfrac{-4x+1}{2x-1}$　4) $y=\dfrac{6x+2}{3x-1}$

**[줄기 4-3]** 유리함수 $y=\dfrac{2x+4}{1-3x}$의 점근선의 방정식을 구하여라.

## 6 유리함수 $y=\dfrac{cx+d}{ax+b}$의 그래프의 점근선의 방정식을 구하는 간단한 방법

점근선의 방정식 : $x=-\dfrac{b}{a},\ y=\dfrac{c}{a}$

증명

$$y=\frac{\frac{c}{a}(ax+b)-\frac{bc}{a}+d}{ax+b}=\frac{c}{a}+\frac{-\frac{bc}{a}+d}{ax+b}=\frac{-\frac{bc}{a}+d}{a\left(x+\frac{b}{a}\right)}+\frac{c}{a}=\frac{\frac{1}{a}\left\{c\cdot\left(-\frac{b}{a}\right)+d\right\}}{x+\frac{b}{a}}+\frac{c}{a}$$

따라서 점근선의 방정식은 $x=-\dfrac{b}{a},\ y=\dfrac{c}{a}$이다.

익히는 방법 $y=\dfrac{c\,x+d}{a\,x+b}$의 점근선의 방정식을 구하는 간단한 방법

점근선의 방정식 : $x=-\dfrac{b}{a}$ (분모 $ax+b$를 $0$으로 하는 $x$의 값)

$y=\dfrac{c}{a}$ (일차항 $x$의 계수의 비)

## 뿌리 4-2 유리함수의 그래프의 점근선의 방정식을 구하는 간단한 방법

다음 유리함수의 점근선의 방정식을 구하여라.

1) $y=\dfrac{2x+4}{1-3x}$  2) $y=\dfrac{3-4x}{-2x-1}$

**풀이** 1) $y=\dfrac{2x+4}{-3x+1}$ ∴ 점근선의 방정식 : $x=\dfrac{1}{3},\ y=-\dfrac{2}{3}$

2) $y=\dfrac{-4x+3}{-2x-1}$ ∴ 점근선의 방정식 : $x=-\dfrac{1}{2},\ y=2$

**[줄기4-4]** 두 함수 $y=\dfrac{ax+2}{-x-3}$, $y=\dfrac{4x-1}{2x+b}$의 그래프의 점근선이 일치할 때, 상수 $a, b$의 값을 구하여라.

**[줄기4-5]** 함수 $y=\dfrac{ax+b}{x+c}$의 그래프가 오른쪽 그림과 같을 때, 상수 $a, b, c$의 값을 구하여라.

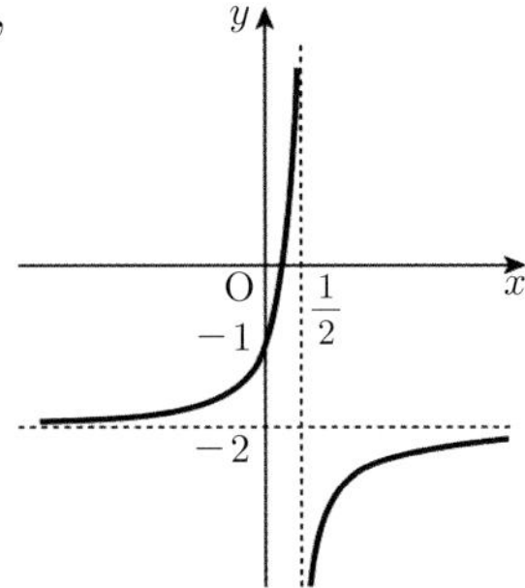

## 뿌리 4-3 유리함수의 정의역과 치역

유리함수 $y=\dfrac{2x-2}{2x-1}$에 대하여 다음 물음에 답하여라.

1) 정의역이 $\left\{x \,\middle|\, -1 \le x < \dfrac{1}{2} \text{ 또는 } \dfrac{1}{2} < x \le 2\right\}$일 때, 치역을 구하여라.

2) 치역이 $\{y \mid y \le 0 \text{ 또는 } y \ge 2\}$일 때, 정의역을 구하여라.

**풀이** $y=\dfrac{2x-2}{2x-1}$의 점근선의 방정식이 $x=\dfrac{1}{2}$, $y=1$이므로 두 점근선과 점 $(0, 2)$를 이용하여 그래프를 그리면 오른쪽 그림과 같다.

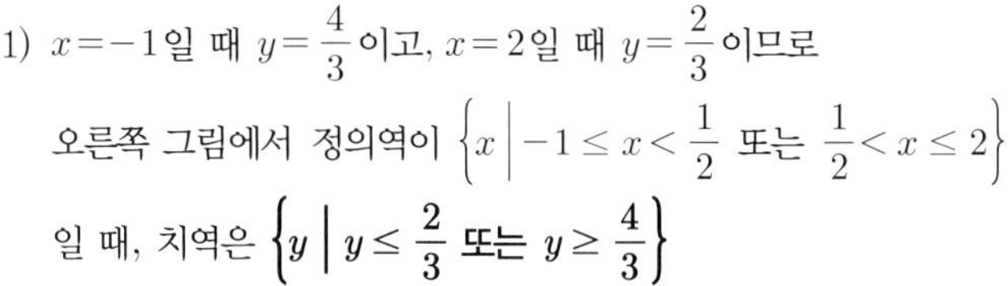

1) $x=-1$일 때 $y=\dfrac{4}{3}$이고, $x=2$일 때 $y=\dfrac{2}{3}$이므로

오른쪽 그림에서 정의역이 $\left\{x \,\middle|\, -1 \le x < \dfrac{1}{2} \text{ 또는 } \dfrac{1}{2} < x \le 2\right\}$

일 때, 치역은 $\left\{y \,\middle|\, y \le \dfrac{2}{3} \text{ 또는 } y \ge \dfrac{4}{3}\right\}$

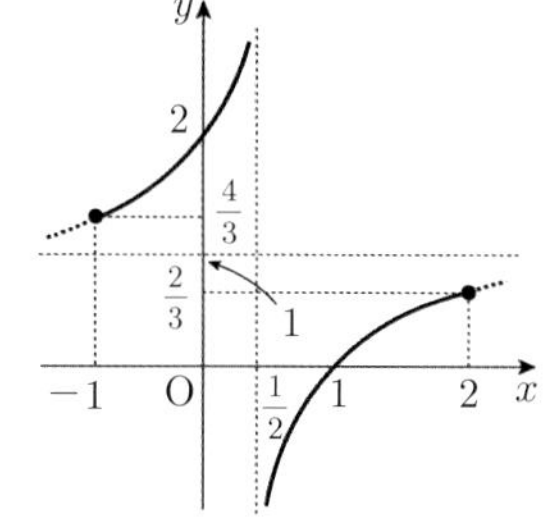


2) $y=0$일 때 $x=1$ $\left(\because 0=\dfrac{2x-2}{2x-1}\right)$이고,

$y=2$일 때 $x=0$ $\left(\because 2=\dfrac{2x-2}{2x-1}\right)$이므로

오른쪽 그림에서 치역이 $\{y \mid y \le 0 \text{ 또는 } y \ge 2\}$일 때,

정의역은 $\left\{x \,\middle|\, 0 \le x < \dfrac{1}{2} \text{ 또는 } \dfrac{1}{2} < x \le 1\right\}$

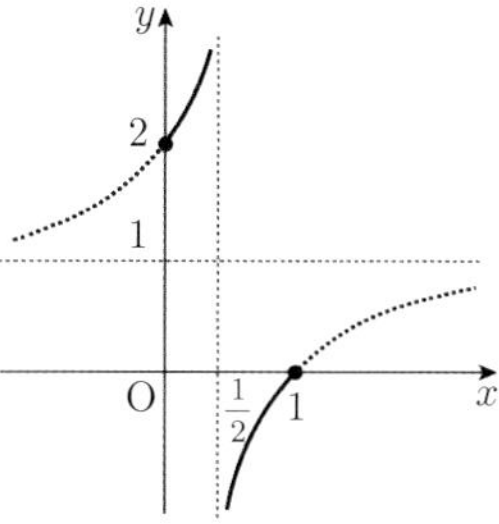


**[줄기 4-6]** 유리함수 $y=\dfrac{2x+3}{x+1}$에 대하여 다음 물음에 답하여라.

1) 정의역이 $\{x \mid 0 \le x \le 4\}$일 때, 치역을 구하여라.

2) 치역이 $\{y \mid y \le 0 \text{ 또는 } y \ge 3\}$일 때, 정의역을 구하여라.

## 7 유리함수 $f(x)=\dfrac{cx+d}{ax+b}$ 의 역함수 ⇨ $f^{-1}(x)=\dfrac{-bx+d}{ax-c}$

증명 $f(x)=\dfrac{cx+d}{ax+b}$, 즉 $y=\dfrac{cx+d}{ax+b}$ 에서 $x$ 대신 $y$, $y$ 대신 $x$를 대입하면

$x=\dfrac{cy+d}{ay+b}$, $axy+bx=cy+d$, $(ax-c)y=-bx+d$ $\therefore y=\dfrac{-bx+d}{ax-c}$ $\therefore f^{-1}(x)=\dfrac{-bx+d}{ax-c}$

익히는 방법

$f(x)=\dfrac{cx+d}{ax+b}$ 의 역함수 ⇨ $f^{-1}(x)=\dfrac{-bx+d}{ax-c}$

↳ 역함수를 구할 때는 $b$, $c$ 의 부호와 위치를 모두 바꾸고, 대각선 ($ax$, $+d$는 그대로 둔다.)

※ (대각선)은 문제를 틀렸을 때 긋는 빗금(/)의 방향과 같다.

## 뿌리 4-4 유리함수의 역함수 (1)

다음 유리함수의 역함수를 구하여라.

1) $y=\dfrac{x-2}{x+1}$ 2) $y=\dfrac{2}{x-1}-1$ 3) $y=\dfrac{-4+6x}{3x+2}$ 4) $y=\dfrac{3}{2x-1}+1$

풀이 1) $y=\dfrac{x-2}{x+1}$ 의 역함수 ⇨ $y=\dfrac{-x-2}{x-1}$ ← 「강추」

1) 함수에서 $x$ 대신 $y$, $y$ 대신 $x$를 대입하면

$x=\dfrac{y-2}{y+1}$, $xy+x=y-2$, $(x-1)y=-x-2$ $\therefore y=\dfrac{-x-2}{x-1}$

2) $y=\dfrac{2}{x-1}-1=\dfrac{-x+3}{x-1}$ 의 역함수 ⇨ $y=\dfrac{x+3}{x+1}$

3) $y=\dfrac{-4+6x}{3x+2}$, 즉 $y=\dfrac{6x-4}{3x+2}$ 의 역함수 ⇨ $y=\dfrac{-2x-4}{3x-6}$

4) $y=\dfrac{3}{2x-1}+1=\dfrac{2x+2}{2x-1}$ 의 역함수 ⇨ $y=\dfrac{x+2}{2x-2}$

주의 역함수는 (공역)=(치역)일 때 구할 수 있으므로 치역을 공역으로 생각한다.

**[줄기 4-7]** 다음 물음에 답하여라.

1) 함수 $f(x)=\dfrac{ax-b}{2x-c}$ 의 역함수가 $f^{-1}(x)=\dfrac{-x+1}{2x-3}$ 일 때, 상수 $a$, $b$, $c$의 값을 구하여라.

2) 함수 $f(x)=\dfrac{ax-b}{2x-c}$, $g(x)=\dfrac{-x+1}{2x-3}$ 에 대하여 $f(g(x))=x$가 성립할 때, $a$, $b$, $c$의 값을 구하여라.

## 뿌리 4-5 유리함수의 그래프의 점근선

유리함수 $y=\dfrac{bx+c}{x+a}$의 그래프가 점 $(0,\ 4)$를 지나고 점근선의 방정식이 $x=-1,\ y=2$일 때, 상수 $a, b, c$의 값을 구하여라.

풀이 $y=\dfrac{bx+c}{1x+a}$의 점근선의 방정식은 $x=-a,\ y=b$ $\quad\therefore\ a=1,\ b=2$

$y=\dfrac{2x+c}{x+1}$가 점 $(0, 4)$를 지나므로 $4=c$ $\quad\therefore\ c=4$

**[줄기4-8]** 유리함수 $y=\dfrac{ax+b}{2x+c}$의 그래프가 점 $(4,\ 0)$을 지나고, 점근선의 방정식이 $x=2,\ y=4$일 때, 상수 $a, b, c$의 값을 구하여라.

**[줄기4-9]** 유리함수 $y=\dfrac{ax+b}{2x+c}$의 그래프가 점 $(0,\ -2)$를 지나고, 점근선의 방정식이 $x=1,\ y=4$일 때, 상수 $a, b, c$의 값을 구하여라.

**[줄기4-10]** 다음 물음에 답하여라.

1) 함수 $f(x)=\dfrac{4x-3}{-x+a}$에 대하여 $f=f^{-1}$가 성립할 때, 상수 $a$의 값을 구하여라.

2) 함수 $f(x)=\dfrac{4x-3}{-x+a}$의 그래프가 직선 $y=x$에 대하여 대칭일 때, 상수 $a$의 값을 구하여라.

3) 함수 $f(x)=\dfrac{4x-3}{-x+a}$에 대하여 $f\circ f=I$가 성립할 때, 상수 $a$의 값을 구하여라. (단, $I$는 항등함수)

## 뿌리 4-6 유리함수의 합성

함수 $f(x)=\dfrac{2x+1}{x-2}$에 대하여 $f^{1001}(3)$의 값을 구하여라.

(단, $f^1=f,\ f^{n+1}=f\circ f^n$, $n$은 자연수)

풀이 $f(x)=\dfrac{2x+1}{x-2}$ $\quad\therefore\ f^{-1}(x)=\dfrac{2x+1}{x-2}$

$f(x)=f^{-1}(x)$이므로 $f^2(x)=(f\circ f)(x)=(f\circ f^{-1})(x)=x$

즉 $f^2=I$ ($I$는 항등함수)이므로 $f^2(x)=f^4(x)=f^6(x)=\cdots=x$ $\quad\therefore\ f^{2n}(x)=x$

$\therefore\ f^{1001}(x)=(f^{2\times 500}\circ f)(x)=f(x)$ $\quad\therefore\ f^{1001}(3)=f(3)=\dfrac{2\cdot 3+1}{3-2}=7$

**[줄기4-11]** 함수 $f(x)=\dfrac{x-1}{x}$에 대하여 $f^{100}(3)$의 값을 구하여라.

(단, $f^1=f,\ f^{n+1}=f\circ f^n$, $n$은 자연수)

## 뿌리 4-7 두 유리함수의 그래프가 평행이동에 의하여 겹쳐질 때

유리함수 $y=\frac{k}{x}$의 그래프를 $y$축에 대하여 대칭이동한 그래프를 적당히 평행이동하면 유리함수 $y=\frac{2x-1}{4x+2}$의 그래프와 겹쳐진다고 할 때, 상수 $k$의 값을 구하여라.

(단, $k\neq0$)

**핵심** $y=\frac{☆}{x-m}+n\ (☆\neq0)$ 꼴, 즉 분모의 $x$의 계수가 1이고 분자가 상수 ☆ 꼴일 때, 상수 ☆의 값이 같으면 평행이동에 의하여 두 함수의 그래프는 겹쳐질 수 있다.

**참고** $y=\frac{cx+d}{ax+b}=\frac{\frac{1}{a}(cx+d)}{x+\frac{b}{a}}=\frac{\star\frac{1}{a}\left\{c\cdot\left(-\frac{b}{a}\right)+d\right\}}{x+\frac{b}{a}}+\frac{c}{a}$ ($\because$ p.262 증명)

⇨ $\star\frac{1}{a}\left\{c\cdot\left(-\frac{b}{a}\right)+d\right\}$는 분자 $\frac{1}{a}(cx+d)$에 분모 $x+\frac{b}{a}$가 0일 때의 $x$의 값, 즉 $x=-\frac{b}{a}$를 대입한 것이다.

**풀이** $y=\frac{k}{x}$를 $y$축에 대하여 대칭이동하므로 $x$ 대신 $-x$를 대입하면 $y=\frac{k}{-x}$

$\therefore y=\frac{-k}{x}$ ⋯㉠ → 분모의 $x$의 계수가 1이고, 분자가 상수인 꼴로 변형한 것이다.

$y=\frac{2x-1}{4x+2}$의 점근선의 방정식은 $x=-\frac{1}{2}$, $y=\frac{1}{2}$

$$y=\frac{2x-1}{4x+2}=\frac{\frac{1}{4}(2x-1)}{x+\frac{1}{2}}=\frac{\star\frac{1}{4}\left\{2\cdot\left(-\frac{1}{2}\right)-1\right\}}{x+\frac{1}{2}}+\frac{1}{2}$$

$\therefore y=\frac{-\frac{1}{2}}{x+\frac{1}{2}}+\frac{1}{2}$ ⋯㉡ → 분모의 $x$의 계수가 1이고, 분자가 상수인 꼴로 변형한 것이다.

㉠을 평행이동하면 ㉡과 겹쳐지므로

$-k=\frac{-1}{2}$ $\quad\therefore \boldsymbol{k=\frac{1}{2}}$

**줄기4-12** 다음 함수의 그래프 중에서 평행이동에 의하여 함수 $y=\frac{1}{3x}$의 그래프와 겹쳐지는 것을 모두 골라라.

ㄱ. $y=\frac{1}{3x-3}$ ㄴ. $y=\frac{8x+3}{6x}$ ㄷ. $y=\frac{6x+1}{3x+1}$ ㄹ. $y=\frac{-x+2}{3x-3}$

## 뿌리 4-8 두 유리함수의 그래프가 평행이동

유리함수 $y=-\dfrac{3}{x}$의 그래프를 $x$축의 방향으로 2만큼, $y$축의 방향으로 $-4$만큼 평행이동한 그래프의 식이 $y=\dfrac{ax+b}{x-c}$일 때, 상수 $a, b, c$의 값을 구하여라.

풀이 $y=-\dfrac{3}{x}$에서 $x$ 대신 $x-2$, $y$ 대신 $y+4$를 대입하면

$y+4=-\dfrac{3}{(x-2)}$, $y=\dfrac{-3}{x-2}-4$ $\quad\therefore y=\dfrac{-4x+5}{x-2}$ $\quad\therefore$ **$a=-4, b=5, c=2$**

**줄기4-13** 함수 $y=\dfrac{-3x+4}{x+2}$의 그래프는 함수 $y=\dfrac{a}{x}$의 그래프를 $x$축의 방향으로 $b$만큼, $y$축의 방향으로 $c$만큼 평행이동한 것이다. 이때, 상수 $a, b, c$의 값을 구하여라.

**줄기4-14** 함수 $y=\dfrac{-x}{2x+2}$의 그래프가 $x$축의 방향으로 $a$만큼, $y$축의 방향으로 $b$만큼 평행이동하면 함수 $y=\dfrac{x}{2x-2}$의 그래프와 겹쳐질 때, 상수 $a, b$의 값을 구하여라.

**줄기4-15** 함수 $y=\dfrac{-2}{x+1}-1$의 그래프가 $x$축의 방향으로 $a$만큼 $y$축의 방향으로 $b$만큼 평행이동하면 함수 $y=\dfrac{x+c}{x+2}$의 그래프와 겹쳐질 때, 상수 $a, b, c$의 값을 구하여라.

## 뿌리 4-9 유리함수의 그래프의 대칭성

함수 $y=\dfrac{x-1}{x-3}$의 그래프가 $y=x+a$와 $y=-x+b$의 두 직선에 대하여 각각 대칭일 때, 상수 $a, b$의 값을 구하여라.

풀이 $y=\dfrac{1x-1}{1x-3}$의 점근선의 방정식은 $x=3$, $y=1$이다.

유리함수의 그래프는 *3군데 (점 1군데, 직선 2군데)에 대하여 대칭이다.

i) 점근선인 두 직선 $x=3$, $y=1$의 교점 $(3, 1)$에 대하여 대칭이다.

ii) 대칭점 $(3, 1)$을 지나는 기울기가 $\pm1$인 직선에 대하여 대칭이므로

$y=\pm(x-3)+1$ $\quad\therefore y=x-2$ 또는 $y=-x+4$

즉, 그래프는 두 직선 $y=x-2$, $y=-x+4$에 대하여 대칭이므로 **$a=-2, b=4$**

참고 유리함수의 그래프는 *3군데 (대칭점, 대칭점을 지나는 기울기가 $\pm1$인 직선)에 대하여 대칭이다.

**줄기4-16** 함수 $y=\dfrac{4x+3}{2x-1}$의 그래프가 점 $(m, n)$에 대하여 대칭일 때, $m, n$의 값을 구하여라.

## 뿌리 4-10 유리함수의 그래프와 직선의 위치 관계

두 집합 $A=\left\{(x,\ y)\ \middle|\ y=\dfrac{x+1}{x}\right\}$, $B=\{(x,\ y)\mid y=mx-1\}$에 대하여 $A\cap B=\varnothing$이 되도록 실수 $m$의 값의 범위를 구하여라.

$y=\dfrac{1x+1}{1x+0}$의 점근선의 방정식이 $x=0$, $y=1$이므로 두 점근선과 점$(-1,\ 0)$을 이용하여 그래프를 그리면 오른쪽 그림과 같다.

직선 $y=mx-1$은 $m$의 값에 관계없이 반드시 점$(0,\ -1)$을 지난다.

( $\because$ $x=0$이면 $y=0\cdot m-1$이므로 $m$에 어떤 값을 대입하여도 $y=-1$)

i) $m>0$일 때, 직선과 곡선은 두 점에서 만난다.

ii) $m=0$일 때, 직선과 곡선은 한 점에서 만난다.

iii) $m<0$일 때, $\dfrac{x+1}{x}=mx-1$에서 $mx^2-2x-1=0$ ⋯㉠

㉠의 판별식을 $D$라 하면 접할 때는

$\dfrac{D}{4}=(-1)^2+m=0\qquad\therefore m=-1$

직선과 곡선이 만나지 않으려면 직선의 기울기는 접할 때의 기울기보다 작아야 하므로 $\boldsymbol{m<-1}$

곡선 $y=\dfrac{x+1}{x}$과 직선 $y=mx-1$이 만나지 않으므로 $\dfrac{x+1}{x}=mx-1$에서 $mx^2-2x-1=0$ ⋯㉡

i) $m=0$일 때, ㉡에서 $-2x-1=0$, 즉 $x=-\dfrac{1}{2}$이므로 한 점에서 만난다.

ii) $m\neq 0$일 때, ㉡의 판별식을 $D$라 하면 $\dfrac{D}{4}=(-1)^2+m<0\qquad\therefore \boldsymbol{m<-1}$

주의 * 방법 II로 풀기 어려운 문제가 시험에 잘 출제되므로 방법 I으로 푸는 습관을 가져야 한다.

**줄기4-17** 곡선 $y=\dfrac{2x+1}{x+1}$과 직선 $y=mx+2$가 만날 때, 상수 $m$의 값의 범위를 구하여라.

**줄기4-18** 곡선 $y=\dfrac{2x+3}{x+1}$과 직선 $y=mx$가 만나지 않을 때, 상수 $m$의 값의 범위를 구하여라.

## 뿌리 4-11 유리함수의 역함수 (2)

두 함수 $f(x)=\dfrac{x}{x+2}$, $g(x)=\dfrac{3x-4}{x-1}$에 대하여 $(f\circ(g\circ f)^{-1}\circ f)(k)=5$를 만족시키는 실수 $k$의 값을 구하여라.

**풀이** $(f\circ(g\circ f)^{-1}\circ f)(k)=(f\circ f^{-1}\circ g^{-1}\circ f)(k)=(I\circ g^{-1}\circ f)(k)=(g^{-1}\circ f)(k)$ ($I$는 항등함수)

$=g^{-1}(f(k))$

$g(x)=\dfrac{3x-4}{x-1}$ $\quad\therefore g^{-1}(x)=\dfrac{x-4}{x-3}$

$g^{-1}(f(k))=5$에서 $\dfrac{f(k)-4}{f(k)-3}=5$, $f(k)-4=5f(k)-15$ $\quad\therefore f(k)=\dfrac{11}{4}$

$f(k)=\dfrac{11}{4}$에서 $\dfrac{k}{k+2}=\dfrac{11}{4}$, $4k=11k+22$ $\quad\therefore \boldsymbol{k=-\dfrac{22}{7}}$

**참고** 유리함수의 역함수는 구하기가 쉬우므로 유리함수의 역함수 문제는 역함수를 구하여 푼다.
⇨ 줄기 4-19)와 같이 유리함수의 역함수 문제는 역함수를 구하면 쉽게 풀린다.
※ 역함수를 구하기가 어려우면 $f^{-1}(a)=b \Leftrightarrow f(b)=a$를 이용한다.

**줄기 4-19** 함수 $f(x)=\dfrac{2x+3}{x-1}$에 대하여 $(f\circ g)(x)=x$를 만족시키는 함수 $g(x)$가 있을 때, $(g\circ g)(1)$의 값을 구하여라.

## 8 유리함수 $f(x)=\dfrac{k}{x-m}+n\,(k\neq0)$의 역함수 ⇨ $f^{-1}(x)=\dfrac{k}{x-n}+m$

(익히는 방법) $f(x)=\dfrac{k}{x-m}+n\,(k\neq0)$의 역함수를 구하는 방법 ➔ 대칭점이 key이다.

**1st** 함수 $f(x)$의 대칭점 $(m, n)$을 직선 $y=x$에 대하여 대칭이동하면 점 $(n, m)$이 되고, 이 점은 역함수 $f^{-1}(x)$의 대칭점이 된다.
따라서 역함수 $f^{-1}(x)$의 점근선의 방정식은 $x=n$, $y=m$이다.

**2nd** 직선 $y=x$에 대한 대칭이동은 유리함수의 그래프와 대칭점 사이의 거리를 변화시키지 못하므로 $f(x)=\dfrac{k}{x-m}+n$와 그 역함수 $f^{-1}(x)=\dfrac{k'}{x-n}+m$에서 $k=k'$이다.

따라서 $f^{-1}(x)=\dfrac{k}{x-n}+m\,(k\neq0)$

## 뿌리 4-12 유리함수의 역함수 (3)

다음 유리함수의 역함수를 구하여라.

1) $y=\dfrac{-3}{x+1}+1$ 2) $y=\dfrac{2}{x-1}-1$ 3) $y=\dfrac{5}{4x-6}+\dfrac{1}{2}$

풀이 1) $y=\dfrac{-3}{x+1}+1$의 대칭점 $(-1,1)$을 직선 $y=x$에 대하여 대칭이동하면 역함수의 대칭점의 좌표가 $(1,-1)$이 되므로 역함수는 $y=\dfrac{k}{x-1}-1$ 꼴이다.

$y=\dfrac{k}{x-m}+n(k\neq0)$ 꼴에서 함수와 그 역함수의 $k$의 값은 같으므로 $k=-3$

따라서 구하는 역함수는 $\mathbf{y=\dfrac{-3}{x-1}-1}$

2) $y=\dfrac{2}{x-1}-1$의 대칭점 $(1,-1)$을 직선 $y=x$에 대하여 대칭이동하면 역함수의 대칭점의 좌표가 $(-1,1)$이 되므로 역함수는 $y=\dfrac{k}{x+1}+1$ 꼴이다.

$y=\dfrac{k}{x-m}+n(k\neq0)$ 꼴에서 함수와 그 역함수의 $k$의 값은 같으므로 $k=2$

따라서 구하는 역함수는 $\mathbf{y=\dfrac{2}{x+1}+1}$

3) $y=\dfrac{5}{4x-6}+\dfrac{1}{2}$의 대칭점 $\left(\dfrac{3}{2},\dfrac{1}{2}\right)$을 직선 $y=x$에 대하여 대칭이동하면 역함수의 대칭점의 좌표가 $\left(\dfrac{1}{2},\dfrac{3}{2}\right)$이 되므로 역함수는 $y=\dfrac{k}{x-\frac{1}{2}}+\dfrac{3}{2}$ 꼴이다.

$y=\dfrac{k}{x-m}+n(k\neq0)$ 꼴에서 함수와 그 역함수의 $k$의 값은 같으므로 $k=\dfrac{5}{4}$

따라서 구하는 역함수는

$y=\dfrac{\frac{5}{4}}{x-\frac{1}{2}}+\dfrac{3}{2}$, $y=\dfrac{5}{4\left(x-\frac{1}{2}\right)}+\dfrac{3}{2}$ $\therefore \mathbf{y=\dfrac{5}{4x-2}+\dfrac{3}{2}}$

**줄기4-20** 다음 유리함수의 역함수를 구하여라.

1) $y=-\dfrac{8}{3x+2}+2$ 2) $y=\dfrac{3}{-2x+1}+1$

연습문제

# 9 유리함수(2)

| 평가일 | 점수 |
|---|---|
| | |

정답 및 풀이 ▶ 125p

**• 잎 9-1**

유리함수 $y=\dfrac{3x+5}{x-1}$의 그래프에 대한 설명으로 다음 보기에서 참, 거짓을 말하여라. [교육청 기출]

ㄱ. 점근선의 방정식은 $x=1$, $y=3$이다. (　　)

ㄴ. 그래프는 제3 사분면을 지난다. (　　)

ㄷ. 그래프는 직선 $y=x+3$에 대하여 대칭이다. (　　)

**• 잎 9-2**

함수 $y=\dfrac{ax+b}{x+c}$가 점 $(2, 1)$에 대하여 대칭이고 점 $(3, 3)$을 지난다. $-1\le x\le 1$에서 이 함수의 최댓값과 최솟값을 구하여라. [경찰대 기출]

**• 잎 9-3**

유리함수 $y=\dfrac{-3x+7}{x-2}$의 그래프는 두 직선 $y=ax+b$와 $y=cx+d$에 각각 대칭이다. 이때, $a+b+c+d$의 값은? [교육청 기출]

① $-6$　② $-3$　③ $0$　④ $3$　⑤ $6$

**• 잎 9-4**

다음 물음에 답하여라.

1) 함수 $f(x)=\dfrac{ax+b}{x+c}$의 역함수 $f^{-1}(x)=\dfrac{2x-4}{-x+3}$일 때, 상수 $a, b, c$의 값을 구하여라.

2) 두 유리함수 $y=\dfrac{ax+1}{2x-6}$, $y=\dfrac{bx+1}{2x+6}$의 그래프가 직선 $y=x$에 대하여 대칭일 때, 상수 $a, b$의 값을 구하여라. [교육청 기출]

**• 잎 9-5**

오른쪽 그림은 함수 $y=f(x)$의 역함수 $y=f^{-1}(x)$의 그래프이다. $f(3)+(f\circ f)(3)+(f\circ f\circ f)(3)$의 값을 구하여라.

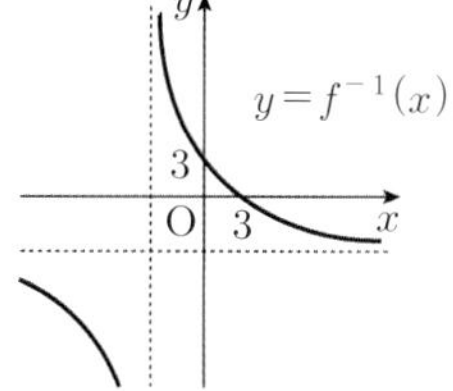


**• 잎 9-6**

좌표평면에 점 $\mathrm{P}(0, 3)$과 곡선 $y=\dfrac{8}{x}+3$이 있다. 점 Q가 이 곡선 위를 움직일 때, 선분 PQ의 길이의 최솟값을 구하여라. [교육청 기출]

**• 잎 9-7**

수직선 위에 두 점 $A(-2)$, $B(4)$가 있다. 선분 $AB$를 $1:t\ (t>0)$로 내분하는 점 $P$의 좌표를 $f(t)$라 할 때, 함수 $y=f(t)$의 그래프의 개형을 그려라. [교육청 기출]

**• 잎 9-8**

그림과 같이 함수 $y=\dfrac{1}{x}$의 제1사분면 위의 점 A에서 $x$축과 $y$축에 평행한 직선을 그어 $y=\dfrac{k}{x}\ (k>0)$와 만나는 점을 각각 B, C라 하자. $\triangle ABC$의 넓이가 50일 때, $k$의 값을 구하여라. [교육청 기출]

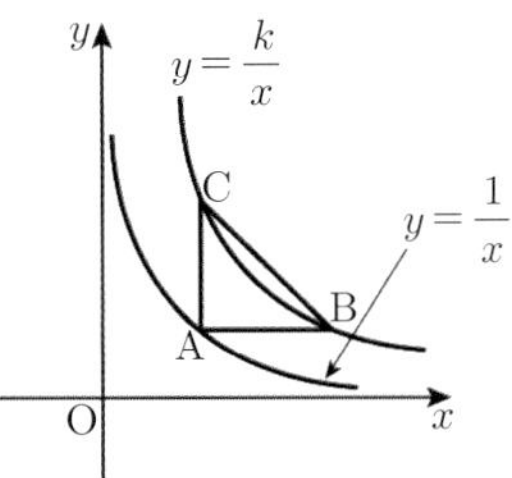


**• 잎 9-9**

다음 물음에 답하여라.

1) 함수 $y=\dfrac{x+1}{2x+1}$의 그래프와 직선 $y=-x+m$이 한 점에서 만나도록 하는 양수 $m$의 값을 구하여라.

2) 두 집합 $A=\left\{(x,\ y)\,\middle|\, y=\dfrac{2}{x}\right\}$, $B=\{(x,\ y)\mid y=-2x+k\}$에 대하여 $n(A\cap B)=2$가 되도록 하는 양수 $k$의 값의 범위를 구하여라.

3) 함수 $y=\dfrac{3x-1}{x}$의 그래프와 직선 $y=ax+3$이 만나지 않도록 하는 실수 $a$의 값의 범위를 구하여라.

4) 정의역이 $\{x\mid 2\le x\le 4\}$인 함수 $y=\dfrac{3x}{x-1}$의 그래프와 직선 $y=ax-a$가 만날 때, 실수 $a$의 값의 범위를 구하여라.

**• 잎 9-10**

정의역이 $\{x\mid a\le x\le 0\}$인 함수 $y=\dfrac{2x+k}{x-1}$의 최댓값이 $\dfrac{5}{3}$, 최솟값이 1일 때, 실수 $a$, $k$의 값을 구하여라. (단, $k>-2$)

**• 잎 9-11**

다음 물음에 답하여라.

1) 함수 $y=\dfrac{3x-k+1}{x+4}$의 그래프가 모든 사분면을 지나도록 하는 상수 $k$의 값의 범위를 구하여라.

2) 함수 $y=\dfrac{4x-k+3}{x-2}$의 그래프가 제1, 2, 4사분면만을 지나도록 하는 상수 $k$의 값의 범위를 구하여라.

# 10. 무리함수(1)

## 01「특강」 무리수

1 $\sqrt[2]{a}$를 $\sqrt{a}$로 표기한다.

2 $\sqrt[n]{a}$는 '$n$제곱근 $a$'라 읽는다. (단, $n$은 자연수)

3 $a$의 제곱근

4 $\sqrt{\ }$를 만들게 된 이유

5 $11 \sim 19$를 제곱한 값

6 $11 \sim 19$를 제곱한 값을 기억하고 있어야 하는 이유

7 무리수

## 02 무리식

1 무리식

2 무리식은 실수의 범위에서 정의된다.

3 *범위의 언급이 없으면 무리식은 실수의 범위에서 문제를 푼다.

4 제곱근의 성질

5 분모의 유리화

## 연습문제

# 01 「특강」 무리수

## 1 $\sqrt[2]{a}$를 $\sqrt{a}$로 표기한다.

$\sqrt{a}$는 '**루트** $a$' 또는 '**제곱근** $a$'라 읽는다.

ex) ① 루트 9는? $\sqrt{9}=3$

② 제곱근 9는? $\sqrt{9}=3$

## 2 $\sqrt[n]{a}$는 '$n$제곱근 $a$'라 읽는다. (단, $n$은 자연수)

$\sqrt[3]{a}$는 세제곱근 $a$, $\sqrt[4]{a}$는 네제곱근 $a$, $\sqrt[5]{a}$는 오제곱근 $a$, $\cdots$라 읽는다.

## 3 $a$의 제곱근

제곱하여 $a$가 되는 수를 **$a$의 제곱근**이라 하므로

$x^2=a \quad \therefore x=\pm\sqrt{a}$

따라서 $\pm\sqrt{a}$를 $a$의 제곱근이라 한다.

ex) ① 4의 제곱근은? $x^2=4 \quad \therefore x=\pm\sqrt{4}=\pm 2$

② 3의 제곱근은? $x^2=3 \quad \therefore x=\pm\sqrt{3}$

③ 0의 제곱근은? $x^2=0 \quad \therefore x=\pm\sqrt{0}=0$

주의 1) 제곱근 $a$ ⇨ $\sqrt{a}$

ex) 제곱근 4 ⇨ $\sqrt{4}=2$

2) $a$의 제곱근 ⇨ $\pm\sqrt{a}$ ($\because$ 제곱해서 $a$가 되는 수)

ex) 4의 제곱근 ⇨ $\pm\sqrt{4}=\pm 2$

## 4 $\sqrt{\phantom{a}}$를 만들게 된 이유

무리수인 **비순환 무한소수**를 간단하고 완벽하게 나타내기 위하여 만들었다.

1) 0의 제곱근은? $x^2=0 \quad \therefore x=0$

2) 9의 제곱근은? $x^2=9 \quad \therefore x=\pm 3$

3) 2의 제곱근은? $x^2=2 \quad \therefore x=\pm 1.414\cdots$

→ $\therefore x=\pm\sqrt{2}$ (비순환 무한소수를 간단하고 완벽하게 표현했다.)

4) 3의 제곱근은? $x^2=3 \quad \therefore x=\pm 1.732\cdots$

→ $\therefore x=\pm\sqrt{3}$ (비순환 무한소수를 간단하고 완벽하게 표현했다.)

## 5 11 ~ 19를 제곱한 값

(익히는 방법)

$11^2 = 121$ (반복)

$12^2 = 144$ (반복)

$13^2 = 169$ (삼 육 구 게임)

$14^2 = 196$

$15^2 = 225$ (5천원은 이이오) ※ 5만원은 신사임당(이이의 어머니) 1천원은 이황이오.

$16^2 = 256$ (6 · 25 전쟁)

$17^2 = 289$ (땡칠이 팔구 고양이 살까) ※ 땡칠이는 영구의 개 이름이다. (10+7=땡+칠)
땡칠 이팔구

$18^2 = 324$ (십팔! '남이사' 뭘 하든)
십팔 남이사 삼

$19^2 = 361$ (식구는 365일 끼니를 같이 하는 사람이다.)
식구 361

팁 $2^{⑥} = ⑥4$, $2^{⑩} = ⑩24$, $2^8 = (2^4)^2 = 16^2 = 256$을 기억하고 있으면 계산이 빨라진다.

## 6 11 ~ 19를 제곱한 값을 기억하고 있어야 하는 이유

문제를 푸는 과정에서 $\sqrt{121}$, $\sqrt{169}$, $\sqrt{289}$, $\sqrt{361}$ 등과 같은 수가 나왔을 경우에 11 ~ 19를 제곱한 값을 기억하고 있지 않으면 **답을 찾지 못하는 경우가 왕왕 생긴다.**

즉 $\sqrt{121} = \sqrt{11^2} = 11$, $\sqrt{169} = 13$, $\sqrt{289} = 17$, $\sqrt{361} = 19$임을 알고 있어야 한다.

## 7 무리수

분수로 나타낼 수 없는 비순환 무한소수를 **무리수**라 한다.

예) $\sqrt{5}$, $\sqrt{3} - \sqrt{2}$, $\dfrac{1}{\sqrt{3} + \sqrt{2}}$, $4\sqrt{5} + 7$, $13 - \dfrac{2}{\sqrt{6}}$, $\pi$, $\cdots$

특히 실수 중에서 **$\sqrt{\ }$를 벗지 못하는 수가 무리수**임을 기억하자.

⇨ 무리수와 유리수의 판별을 쉽게 할 수 있다.

ex) $\sqrt{3}$, $-\sqrt{2}$ ⇨ 무리수 ($\because$ $\sqrt{\ }$를 벗지 못한다.)

$-\sqrt{4} = -2$, $\sqrt{\dfrac{4}{9}} = \dfrac{2}{3}$ ⇨ 유리수 ($\because$ $\sqrt{\ }$를 벗을 수 있다.)

# 02 무리식

## 1 무리식

근호 안에 문자가 있으면서 근호를 벗을 수 없는 식을 **무리식**이라 한다.

예) $\sqrt{x}$, $\dfrac{1}{\sqrt{4x}}$, $\dfrac{1}{2\sqrt{x}}$, $\sqrt{x+1}+\sqrt{x}$, $\dfrac{1}{\sqrt{x+1}-\sqrt{x}}$, $\sqrt{3x}+x$, $2x-\dfrac{3x}{\sqrt{x-5}}$, $\cdots$

참고 $x-\sqrt{3}$, $\sqrt{2}x^2$, $\sqrt{3}x^3+\sqrt{2}$, $\cdots$ 와 같이 근호 안에 문자가 없으면 무리식이 아니다. 그리고 근호 안에 문자가 있더라도 $\sqrt{x^2}=|x|$와 같이 근호를 벗을 수 있으면 무리식이 아니다.
또 $\dfrac{\sqrt{2}}{x}$, $\dfrac{x^2-\sqrt{3}}{\sqrt{5}}$, $\dfrac{\sqrt{3}x^3-\sqrt{5}x+2}{\sqrt{2}x^2}$, $\cdots$ 와 같은 $\dfrac{\text{다항식}}{\text{다항식}}$ 꼴은 유리식이다. [p.240 1]

※ 식 $\begin{cases} \text{유리식} \begin{cases} \text{다항식} \\ \text{분수식} \end{cases} \\ \text{무리식} \end{cases}$

※ 다항식은 상수항, 일차항, 이차항, 삼차항 등의 단항식 또는 단항식의 합으로 이루어진 식이므로 가우스 기호나 절댓값 기호를 포함한 식, 즉 $[x]$, $|2x-1|$, $\cdots$ 은 다항식이 아니다.

## 2 무리식은 실수의 범위에서 정의된다.

무리식의 값이 실수가 되려면 근호 안에 있는 식의 값은 $0$ 이상이어야 한다. 따라서 무리식은 **(근호 안에 있는 식의 값)** $\geq 0$, **(분모)** $\neq 0$이 되는 범위에서만 생각한다.

증명 i) $x^2=a$에서 $x$가 실수이면 $a\geq 0$이다.
ii) $x^2=a$에서 $x=\pm\sqrt{a}$로 정의(약속)한다. ($a$의 제곱근의 정의)
i), ii)에 의하여 $x$가 실수이면 근호 안의 식의 값 $a$는 $a\geq 0$이다.
따라서 무리식을 계산할 때는 (근호 안의 식의 값) $\geq 0$이 되는 범위에서만 생각한다.

ex) $\sqrt{a-3}$이 실수가 되기 위한 조건 ⇨ $a\geq 3$

## 3 *범위의 언급이 없으면 무리식은 실수의 범위에서 문제를 푼다.

예로 $\sqrt{x-1}$에서는 $x\geq 1$인 범위가, $\sqrt{x+2}$에서는 $x\geq -2$인 범위가, $x+\sqrt{x-3}$에서는 $x\geq 3$인 범위가 주어져 있는 것으로 생각한다.

(비슷한 예)
수학에서 분모가 $0$인 경우는 없으므로 $\dfrac{1}{x}$은 $x\neq 0$인 조건이, $\dfrac{3}{x+1}$은 $x\neq -1$인 조건이, $\dfrac{1}{x(x-2)}$은 $x\neq 0$, $x\neq 2$인 조건이 주어져 있는 것으로 생각한다.
따라서 고등수학부터는 언급되지 않은 조건도 철저히 따지는 습관을 길러야 한다.

**씨앗. 1** $\sqrt{x-1}+\sqrt{2-x}$ 의 값이 실수가 되도록 하는 실수 $x$의 값의 범위를 구하여라.

**풀이** 주어진 무리식의 값이 실수가 되려면 (근호 안의 식의 값)$\geq 0$이므로
$x-1\geq 0,\ 2-x\geq 0 \Leftrightarrow x\geq 1,\ x\leq 2$ $\quad\therefore\ \mathbf{1\leq x\leq 2}$

**씨앗. 2** $\sqrt{3-x}-\dfrac{2}{\sqrt{x}}$ 의 값이 실수가 되도록 하는 실수 $x$의 값의 범위를 구하여라.

**풀이** 주어진 무리식의 값이 실수가 되려면 (근호 안의 식의 값)$\geq 0$, (분모)$\neq 0$이므로
$3-x\geq 0,\ x>0 \Leftrightarrow x\leq 3,\ x>0$ $\quad\therefore\ \mathbf{0<x\leq 3}$

## 4 제곱근의 성질

$a$가 실수일 때

$$\sqrt{a^2}=|a|=\begin{cases} a\ (a\geq 0) \\ -a\ (a<0) \end{cases}$$

증명 $a\geq 0$이면 $\sqrt{a^2}=a$이고, $a<0$이면 $\sqrt{a^2}=-a$
$\therefore\ \sqrt{a^2}=|a|$
ex) $\sqrt{3^2}=3,\ \sqrt{(-3)^2}=-(-3)$

★$cf$
- $\sqrt{x^2}\Leftrightarrow |x|$
- (익히는 방법) $\sqrt{\ }$ 안의 제곱은 $\sqrt{\ }$ 와 없어지면서 안에 절댓값이 생긴다.
- **$(\sqrt{x}\,)^2\Leftrightarrow x$ (단, $x\geq 0$): 실수의 범위일 때** $\quad cf)\ (\sqrt{x}\,)^2\Leftrightarrow x$: 복소수의 범위일 때
- (익히는 방법) $\sqrt{\ }$ 밖의 제곱은 $\sqrt{\ }$ 와 없어지면서 밖에 범위가 생긴다. (실수의 범위일 때)

※ **무리식은 실수의 범위에서 정의된다.** $cf)$ 음수의 제곱근은 복소수의 범위에서 정의된다.

주의 음수의 제곱근의 성질
① $\sqrt{a}\sqrt{b}=-\sqrt{ab}$ 이면 $a<0,\ b<0$ 또는 $a=0$ 또는 $b=0$이다.
② $\dfrac{\sqrt{a}}{\sqrt{b}}=-\sqrt{\dfrac{a}{b}}$ 이면 $a>0,\ b<0$ 또는 $a=0$이다.
⇨ 음수의 제곱근은 복소수의 범위에서 정의되므로 (근호 안의 식의 값)$<0$일 수 있다.
예) 뿌리 2–4) [p.280], 잎 10–7), 잎 10–8), 잎 10–9) [p.282]

**씨앗. 3** 다음 식을 근호 없이 나타내어라.

1) $\sqrt{(-3)^2}$ 2) $\sqrt{(3-\sqrt{10}\,)^2}$ 3) $\sqrt{(a-1)^2}$

**풀이** 1) $\sqrt{(-3)^2}=|-3|=\mathbf{3}$ 2) $\sqrt{(3-\sqrt{10}\,)^2}=|3-\sqrt{10}\,|=\mathbf{\sqrt{10}-3}$ 3) $\sqrt{(a-1)^2}=\mathbf{|a-1|}$

## 뿌리 2-1 제곱근의 계산

다음 중 옳은 것을 모두 골라라.

① $\sqrt{(2-\sqrt{5})^2}=2-\sqrt{5}$

② $x<-2$일 때, $\sqrt{x^2+4x+4}=-(x+2)$

③ $x\geq 0$일 때, $\sqrt{9x^2}=9x$

④ $x<0$일 때, $\sqrt{x^2}+\sqrt{(-x)^2}=-2x$

⑤ $x\geq 0$일 때, $\sqrt{(x+\sqrt{x^2})^2}=2x$

⑥ $-1<x<1$일 때, $\sqrt{x^2+2x+1}-\sqrt{x^2-2x+1}=2x$

**핵심** $\sqrt{a^2}=|a|$

**풀이** ① $\sqrt{(2-\sqrt{5})^2}=|2-\sqrt{5}|=-(2-\sqrt{5})=\sqrt{5}-2$ (거짓)

② $\sqrt{x^2+4x+4}=\sqrt{(x+2)^2}=|x+2|$

이때 $x<-2$이므로 $x+2<0$ $\quad\therefore |x+2|=-(x+2)$ (참)

③ $\sqrt{9x^2}=\sqrt{(3x)^2}=|3x|$

이때 $x\geq 0$이므로 $3x\geq 0$ $\quad\therefore |3x|=3x$ (거짓)

④ $\sqrt{x^2}+\sqrt{(-x)^2}=|x|+|-x|=|x|+|x|=2|x|$

이때 $x<0$이므로 $2|x|=2(-x)=-2x$ (참)

⑤ $\sqrt{(x+\sqrt{x^2})^2}=|x+|x||$

이때 $x\geq 0$이므로 $|x+|x||=|x+x|=|2x|=2x$ (참)

⑥ $\sqrt{x^2+2x+1}-\sqrt{x^2-2x+1}=\sqrt{(x+1)^2}-\sqrt{(x-1)^2}=|x+1|-|x-1|$

$-1<x<1$일 때, $|x+1|-|x-1|$은

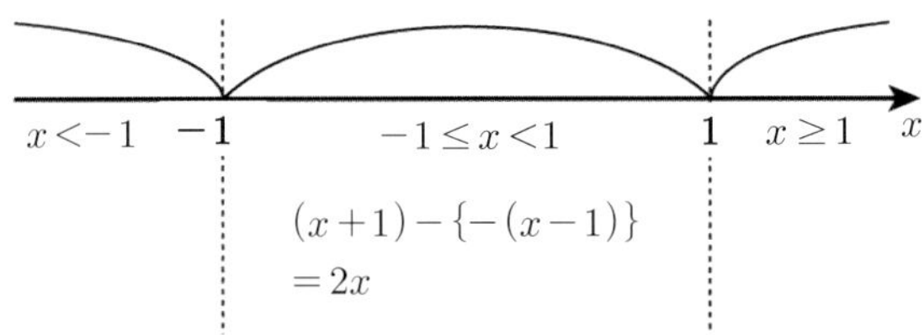


따라서 $-1<x<1$일 때, $\sqrt{x^2+2x+1}-\sqrt{x^2-2x+1}=2x$ (참)

**TIP** 세 구간(좌측, 중간, 우측)으로 나눌 때, 절댓값 기호를 괄호로 바꾸는 요령
⇨ 세 구간으로 나눈 후, 각 구간에서 절댓값 기호를 모두 괄호로 바꾼다.
① 좌측 구간에서는 절댓값 기호를 괄호로 바꾼 모두에 '$-$'가 붙는다.
② 중간 구간에서는 괄호로 바꾼 것 중에 하나만 '$-$'가 붙는다.
$-1\leq x<1$에 속하는 $x=0$을 절댓값 기호가 괄호로 바뀐 두 괄호에 각각 대입하여 음수의 값이 되는 괄호 앞에 '$-$'를 붙인다.
③ 우측 구간에서는 절댓값 기호를 괄호로 바꾼 모두에 '$-$'가 붙지 않는다.

※*위의 tip은 절댓값 기호 안의 $x$의 계수가 양수일 때만 이용할 수 있다.

**정답** ②, ④, ⑤, ⑥

## 5 분모의 유리화

분모에 근호가 포함된 수 또는 식이 있을 때, 분모, 분자에 적당한 수 또는 식을 곱하여 분모에 근호가 포함되지 않도록 변형하는 것을 **분모의 유리화**라 한다.

$a>0$, $b>0$일 때

1) $\dfrac{a}{\sqrt{b}}=\dfrac{a\sqrt{b}}{\sqrt{b}\sqrt{b}}=\dfrac{a\sqrt{b}}{b}$

2) $\dfrac{c}{\sqrt{a}+\sqrt{b}}=\dfrac{c(\sqrt{a}-\sqrt{b})}{(\sqrt{a}+\sqrt{b})(\sqrt{a}-\sqrt{b})}=\dfrac{c(\sqrt{a}-\sqrt{b})}{a-b}$ (단, $a\neq b$)
↳ 분모는 0이 될 수 없다.

$\dfrac{c}{\sqrt{a}-\sqrt{b}}=\dfrac{c(\sqrt{a}+\sqrt{b})}{(\sqrt{a}-\sqrt{b})(\sqrt{a}+\sqrt{b})}=\dfrac{c(\sqrt{a}+\sqrt{b})}{a-b}$ (단, $a\neq b$)
↳ 분모는 0이 될 수 없다.

팁 ⋆분모의 유리화를 하는 이유 ⇨ 분모에 근호가 없을 때 계산이 더 편해진다.

### 뿌리 2-2 무리식의 계산 (범위의 언급이 없을 때)

다음 식을 간단히 하여라.

1) $\dfrac{1}{1-\sqrt{x}}+\dfrac{1}{1+\sqrt{x}}$

2) $\dfrac{x}{\sqrt{x+4}+2}+\dfrac{x}{\sqrt{x+4}-2}$

3) $\dfrac{\sqrt{x}}{\sqrt{x+1}-\sqrt{x+2}}\times\dfrac{\sqrt{x}}{\sqrt{x+1}+\sqrt{x+2}}$

**핵심** 범위의 언급이 없으면 무리식은 실수의 범위에서 문제를 푼다. [p.276]

**풀이** 범위의 언급이 없으면 무리식은 실수의 범위에서 정의되므로
(근호 안의 식의 값) $\geq 0$, ⋆(분모) $\neq 0$인 범위가 주어진 것이다.

1) $x\geq 0$, $x\neq 1$인 범위가 주어져 있는 것이므로

$$\frac{1}{1-\sqrt{x}}+\frac{1}{1+\sqrt{x}}=\frac{(1+\sqrt{x})+(1-\sqrt{x})}{(1-\sqrt{x})(1+\sqrt{x})}=\frac{2}{1-(\sqrt{x})^2}=\mathbf{\frac{2}{1-x}}$$

2) $x+4\geq 0$, ⋆$x\neq 0$인 범위가 주어져 있는 것이므로

$$\frac{x}{\sqrt{x+4}+2}+\frac{x}{\sqrt{x+4}-2}=\frac{x(\sqrt{x+4}-2)+x(\sqrt{x+4}+2)}{(\sqrt{x+4}+2)(\sqrt{x+4}-2)}$$

$$=\frac{x\sqrt{x+4}-2x+x\sqrt{x+4}+2x}{(\sqrt{x+4})^2-2^2}$$

$$=\frac{2x\sqrt{x+4}}{(x+4)-4}=\mathbf{2\sqrt{x+4}}\ (\because ⋆\, x\neq 0)$$

3) $x\geq 0$, $x+1\geq 0$, $x+2\geq 0$인 범위가 주어져 있는 것이므로

$$\frac{\sqrt{x}}{\sqrt{x+1}-\sqrt{x+2}}\times\frac{\sqrt{x}}{\sqrt{x+1}+\sqrt{x+2}}=\frac{(\sqrt{x})^2}{(\sqrt{x+1})^2-(\sqrt{x+2})^2}$$

$$=\frac{x}{(x+1)-(x+2)}=\frac{x}{-1}=\mathbf{-x}$$

## 뿌리 2-3 무리식의 계산 ($x$의 값이 주어졌을 때)

$x=\dfrac{\sqrt{3}}{2}$ 일 때, $\sqrt{\dfrac{1-x}{1+x}}+\sqrt{\dfrac{1+x}{1-x}}$ 의 값을 구하여라.

**풀이** $x=\dfrac{\sqrt{3}}{2}$ 이면 $1+x>0,\ 1-x>0$ 이므로

(주어진 식)$=\dfrac{\sqrt{1-x}}{\sqrt{1+x}}+\dfrac{\sqrt{1+x}}{\sqrt{1-x}}=\dfrac{(\sqrt{1-x})^2+(\sqrt{1+x})^2}{\sqrt{1+x}\sqrt{1-x}}=\dfrac{(1-x)+(1+x)}{\sqrt{1-x^2}}=\dfrac{2}{\sqrt{1-x^2}}$

이 식에 $x=\dfrac{\sqrt{3}}{2}$ 을 대입하면 $\dfrac{2}{\sqrt{1-\left(\dfrac{3}{4}\right)}}=\dfrac{2}{\dfrac{1}{2}}=2\times2=\mathbf{4}$

**[줄기2-1]** 다음 물음에 답하여라.

1) $x=\sqrt{3}$ 일 때, $\dfrac{\sqrt{x+1}+\sqrt{x-1}}{\sqrt{x+1}-\sqrt{x-1}}$ 의 값을 구하여라.

2) $x=\sqrt{3}$ 일 때, $\dfrac{\sqrt{x}-1}{\sqrt{x}+1}+\dfrac{\sqrt{x}+1}{\sqrt{x}-1}$ 의 값을 구하여라.

3) $x=\dfrac{1}{\sqrt{5}-2},\ y=\dfrac{1}{\sqrt{5}+2}$ 일 때, $\dfrac{\sqrt{x}+\sqrt{y}}{\sqrt{x}-\sqrt{y}}$ 의 값을 구하여라.

## 뿌리 2-4 음수의 제곱근의 성질

$\sqrt{x-5}\sqrt{-1-x}=-\sqrt{(x-5)(-1-x)}$ 를 만족하는 자연수 $x$의 개수를 구하여라.

**핵심** $\sqrt{음}\sqrt{음}=-\sqrt{음\cdot음}$ ← 음수의 제곱근

**풀이** $\sqrt{x-5}\sqrt{-1-x}=-\sqrt{(x-5)(-1-x)}$ 에서

$x-5<0,\ -1-x<0$ 또는 $x-5=0$ 또는 $-1-x=0$

$\therefore x\le5,\ x\ge-1 \quad \therefore -1\le x\le5$

따라서 $1, 2, 3, 4, 5$의 **5**개다.

**주의** $\sqrt{x-5}\sqrt{-1-x}=-\sqrt{(x-5)(-1-x)}$ 이면 음수의 제곱근의 문제이다.
무리식은 실수의 범위에서 정의되고 *음수의 제곱근은 복소수의 범위에서 정의된다. [p.277]
따라서 음수의 제곱근에서는 복소수의 범위에서 정의되므로 (근호의 안의 식의 값)$<0$일 수 있다.
예) 잎 10-7), 잎 10-8), 잎 10-9) [p.282]

연습문제

# 10 무리함수 (1)

평가일 | 점수

정답 및 풀이 ▶ 130p

**잎 10-1**

$\sqrt{6-3x}+\dfrac{\sqrt{x+5}}{1-x}$의 값이 실수가 되도록 하는 $x$의 값의 범위를 구하여라.

**잎 10-2**

$a=2-\sqrt{3}$, $b=\sqrt{2}$일 때, $\sqrt{(a+b)^2}+\sqrt{(a-b)^2}$의 값은? [교육청 기출]

① $\sqrt{2}-1$　② $2$　③ $2\sqrt{2}$　④ $2\sqrt{3}$　⑤ $\sqrt{2}+\sqrt{3}$

**잎 10-3**

$\dfrac{1}{\sqrt{x+1}-\dfrac{1}{\sqrt{x}+\dfrac{1}{\sqrt{x+1}+\sqrt{x}}}}$을 간단히 하여라.

**잎 10-4**

다음 물음에 답하여라.

1) $x=288$일 때, $\dfrac{1}{\sqrt{x+1}+\sqrt{x}}+\dfrac{1}{\sqrt{x+1}-\sqrt{x}}$의 값을 구하여라.

2) $x=\sqrt{5}$일 때, $\sqrt{\dfrac{x-2}{x+2}}-\sqrt{\dfrac{x+2}{x-2}}$의 값을 구하여라.

3) $x=\sqrt{3}$일 때, $\dfrac{\sqrt{x+1}-\sqrt{x-1}}{\sqrt{x+1}+\sqrt{x-1}}$의 값을 구하여라.

**잎 10-5**

다음 물음에 답하여라.

1) $x^2-3x+1=0$일 때, $\sqrt{x}+\dfrac{1}{\sqrt{x}}$의 값을 구하여라.

2) $x=\dfrac{\sqrt{2}+1}{\sqrt{2}-1}$, $y=\dfrac{\sqrt{2}-1}{\sqrt{2}+1}$일 때, $\sqrt{3x}-\sqrt{3y}$의 값을 구하여라.

3) $x+y=-3$, $xy=1$일 때, $\sqrt{\dfrac{y}{x}}+\sqrt{\dfrac{x}{y}}$의 값을 구하여라.

**• 잎 10-6**

$x=\dfrac{\sqrt{3}+1}{\sqrt{2}}$, $y=\dfrac{\sqrt{3}-1}{\sqrt{2}}$ 일 때, $\dfrac{\sqrt{x}+\sqrt{y}}{\sqrt{x}-\sqrt{y}}$ 의 값을 구하여라.

**• 잎 10-7**

실수 $x$가 $\dfrac{\sqrt{x+1}}{\sqrt{x-1}}=-\sqrt{\dfrac{x+1}{x-1}}$ 을 만족할 때,

$\sqrt{(x-1)^2+4x}-\sqrt{(x+1)^2-4x}$ 를 간단히 하면? [교육청 기출]

① $2$　② $2x$　③ $-2x$　④ $2x+2$　⑤ $-2x+2$

**• 잎 10-8**

실수 $a, b$에 대하여 $\sqrt{a}\,\sqrt{b}+\sqrt{ab}=0$이 성립할 때, $\sqrt{(a+b)^2}-\sqrt{a^2}-2|b|$를 간단히 하여라.

**• 잎 10-9**

실수 $x$에 대하여 $\sqrt{x-3}\,\sqrt{-2-x}=-\sqrt{(x-3)(-2-x)}$ 가 성립할 때,

$\sqrt{(x+4)^2}+\sqrt{(x-5)^2}$ 을 간단히 하여라.

**• 잎 10-10**

$f(x)=\sqrt{x-1}+\sqrt{x}$ 일 때, $\dfrac{1}{f(1)}+\dfrac{1}{f(2)}+\dfrac{1}{f(3)}+\cdots+\dfrac{1}{f(100)}$ 의 값을 구하여라.

(단, $x\geq 1$)

# 10. 무리함수(2)

## 03 무리함수

1 무리함수

2 무리함수 $y=\sqrt{ax}\ (a\neq 0)$의 그래프

3 무리함수 $y=-\sqrt{ax}\ (a\neq 0)$의 그래프

4 무리함수 $y=\sqrt{a(x-m)}+n\,(a\neq 0)$의 그래프

5 무리함수 $y=\sqrt{ax+b}+c\ (a\neq 0)$의 그래프

6 무리함수의 그래프는 형태가 $4$가지 타입뿐인 것에 착안하여 그릴 수 있다.

## 연습문제

1 $(\sqrt{f(x)}\,)^2 \Leftrightarrow f(x)$(단, $f(x)\geq 0$)

2 함수의 그래프와 그 역함수의 그래프의 교점의 정확한 개념

# 03 무리함수

## 1 무리함수

함수 $y=f(x)$에서 $f(x)$가 $x$에 대한 무리식 [p.276]일 때, 이 함수를 무리함수라 한다.

예) $y=\sqrt{x}$, $y=\sqrt{x+1}$, $y=\sqrt{x-2}-1$, $y=\sqrt{3-x^2}$, $\cdots$

주의 $y=x-\sqrt{3}$, $y=\sqrt{2}x^2$, $\cdots$과 같이 근호 안에 변수가 없거나, 근호 안에 변수가 있더라도 $y=\sqrt{(x-1)^2}$, 즉 $y=|x-1|$와 같이 근호를 벗을 수 있는 것은 무리함수가 아니다.

※ *무리함수에서 정의역이 주어져 있지 않을 때
⇨ (근호 안의 식의 값) $\geq 0$인 실수 전체의 집합이 정의역이다.

**씨앗. 1** 다음 무리함수의 정의역과 공역을 구하여라.

1) $y=\sqrt{3x}$ 2) $y=\sqrt{-2x+1}$ 3) $y=\sqrt{4x-1}-3$ 4) $y=-\sqrt{-3x}$

핵심 정의역이 주어져 있지 않으면 (근호 안의 식의 값) $\geq 0$인 실수 전체의 집합이 정의역이다.

풀이 1) $3x \geq 0$, 즉 $x \geq 0$ $\therefore$ **정의역** : $\{x \mid x \geq 0\}$, **공역** : $\{y \mid y$는 모든 실수$\}$

2) $-2x+1 \geq 0$, 즉 $x \leq \frac{1}{2}$ $\therefore$ **정의역** : $\left\{x \,\middle|\, x \leq \frac{1}{2}\right\}$, **공역** : $\{y \mid y$는 모든 실수$\}$

3) $4x-1 \geq 0$, 즉 $x \geq \frac{1}{4}$ $\therefore$ **정의역** : $\left\{x \,\middle|\, x \geq \frac{1}{4}\right\}$, **공역** : $\{y \mid y$는 모든 실수$\}$

4) $-3x \geq 0$, 즉 $x \leq 0$ $\therefore$ **정의역** : $\{x \mid x \leq 0\}$, **공역** : $\{y \mid y$는 모든 실수$\}$

## 2 $y=\sqrt{ax}\ (a\neq 0)$의 그래프

1) $a>0$일 때, **우측**에 그래프가 그려진다.

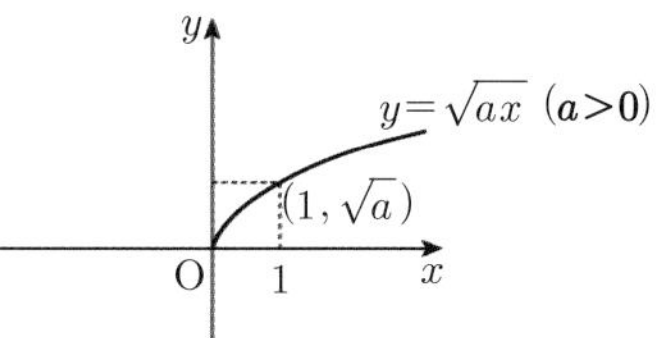


정의역 : $\{x \mid x \geq 0\}$, 치역 : $\{y \mid y \geq 0\}$

2) $a<0$일 때, **좌측**에 그래프가 그려진다.

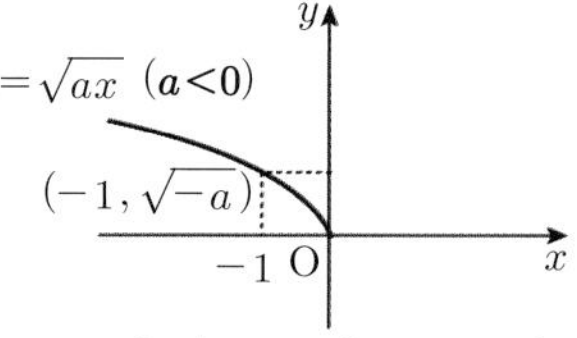


정의역 : $\{x \mid x \leq 0\}$, 치역 : $\{y \mid y \geq 0\}$

증명 *$\sqrt{ax} \geq 0$이므로 $y=\sqrt{ax}$에서 $y \geq 0$이다. $\therefore$ 치역 : $\{y \mid y \geq 0\}$
따라서 $y=\sqrt{ax}$의 그래프는 제1, 2 사분면에 그려진다.
1) $a>0$이면 $y=\sqrt{ax}$의 근호 안의 식의 값이 0 이상이 되어야 하므로 $x \geq 0$이다.
$\therefore$ 정의역 : $\{x \mid x \geq 0\}$ ⇨ $y$축을 기준으로 우측에 그래프가 그려진다.
2) $a<0$이면 $y=\sqrt{ax}$의 근호 안의 식의 값이 0 이상이 되어야 하므로 $x \leq 0$이다.
$\therefore$ 정의역 : $\{x \mid x \leq 0\}$ ⇨ $y$축을 기준으로 좌측에 그래프가 그려진다.

참고 정의역은 그래프가 존재하는 $x$의 값의 범위이고, 치역은 그래프가 존재하는 $y$의 값의 범위이다.

## 3 $y=-\sqrt{ax}$ $(a\neq0)$의 그래프

1) $a>0$일 때, **우측**에 그래프가 그려진다.

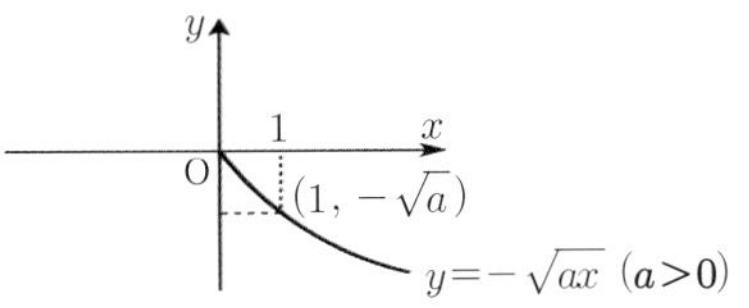


정의역 : $\{x \mid x \geq 0\}$, 치역 : $\{y \mid y \leq 0\}$

2) $a<0$일 때, **좌측**에 그래프가 그려진다.

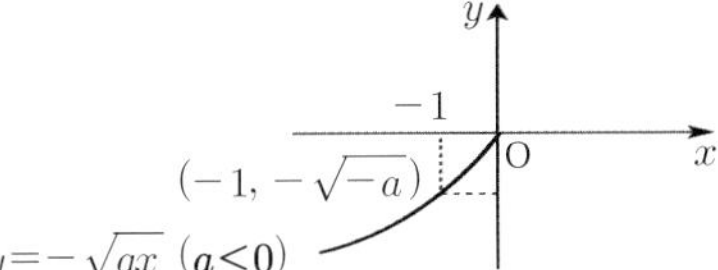


정의역 : $\{x \mid x \leq 0\}$, 치역 : $\{y \mid y \leq 0\}$

증명 ★$-\sqrt{ax} \leq 0$이므로 $y=-\sqrt{ax}$ 에서 $y \leq 0$이다. ∴ 치역: $\{y \mid y \leq 0\}$

따라서 $y=-\sqrt{ax}$ 의 그래프는 제3, 4 사분면에 그려진다.

1) $a>0$이면 $y=-\sqrt{ax}$ 의 근호 안의 식의 값이 0 이상이 되어야 하므로 $x \geq 0$이다.

∴ 정의역 : $\{x \mid x \geq 0\}$ ⇨ $y$축을 기준으로 우측에 그래프가 그려진다.

2) $a<0$이면 $y=-\sqrt{ax}$ 의 근호 안의 식의 값이 0 이상이 되어야 하므로 $x \leq 0$이다.

∴ 정의역 : $\{x \mid x \leq 0\}$ ⇨ $y$축을 기준으로 좌측에 그래프가 그려진다.

**씨앗. 2** 다음 무리함수의 그래프를 그리고, 정의역과 치역을 구하여라.

1) $y=\sqrt{3x}$　　2) $y=\sqrt{-3x}$

정답 1)

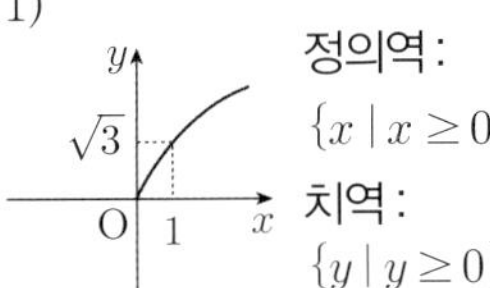


정의역 : $\{x \mid x \geq 0\}$
치역 : $\{y \mid y \geq 0\}$

2)

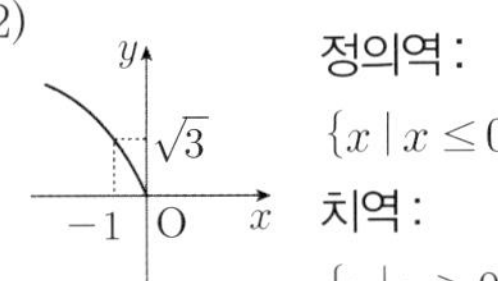


정의역 : $\{x \mid x \leq 0\}$
치역 : $\{y \mid y \geq 0\}$

**씨앗. 3** 다음 무리함수의 그래프를 그리고, 정의역과 치역을 구하여라.

1) $y=-\sqrt{3x}$　　2) $y=-\sqrt{-3x}$

정답 1)

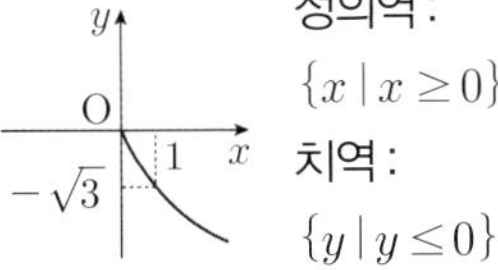


정의역 : $\{x \mid x \geq 0\}$
치역 : $\{y \mid y \leq 0\}$

2)

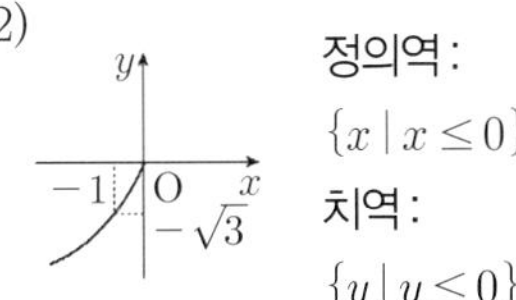


정의역 : $\{x \mid x \leq 0\}$
치역 : $\{y \mid y \leq 0\}$

## 4 무리함수 $y=\sqrt{a(x-m)}+n\,(a\neq0)$의 그래프

함수 $y=\sqrt{ax}$ 의 그래프를 $x$축의 방향으로 $m$만큼, $y$축의 방향으로 $n$만큼 평행이동한 것이다.

$a>0$일 때, **정의역은** $\{x\mid x\geq m\}$, 치역은 $\{y\mid y\geq n\}$

$a<0$일 때, 정의역은 $\{x\mid x\leq m\}$, 치역은 $\{y\mid y\geq n\}$

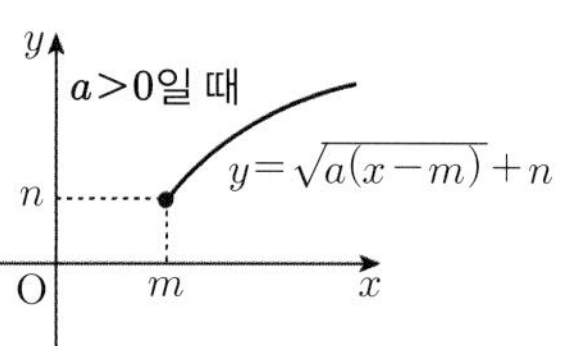


## 5 무리함수 $y=\sqrt{ax+b}+c\,(a\neq0)$의 그래프

함수 $y=\sqrt{a\left(x+\frac{b}{a}\right)}+c$의 꼴로 변형하면 $y=\sqrt{ax}$ 의 그래프를 $x$축의 방향으로 $-\frac{b}{a}$만큼, $y$축의 방향으로 $c$만큼 평행이동한 것임을 알 수 있다.

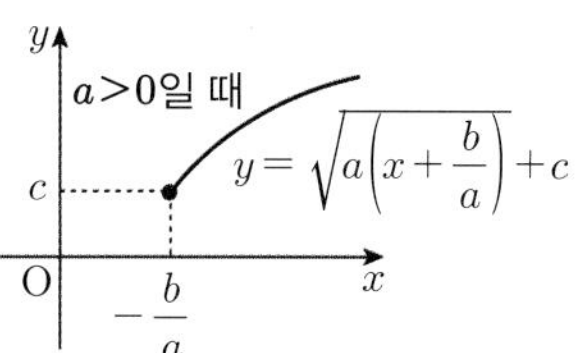


## 6 무리함수의 그래프는 형태가 4가지 타입뿐인 것에 착안하여 그릴 수 있다.

1) **더듬이 모양** ($y=\sqrt{ax}$ 꼴일 때)

$a>0$이면 우측 더듬이,
$a<0$이면 좌측 더듬이
이다.

$\sqrt{ax}\geq0$이므로

제로점

(익히는 방법) $\sqrt{ax}\geq0$이므로

곤충의 더듬이를 떠올린다.

2) **수염 모양** ($y=-\sqrt{ax}$ 꼴일 때)

$a>0$이면 우측 수염,
$a<0$이면 좌측 수염
이다.

제로점

$-\sqrt{ax}\leq0$이므로

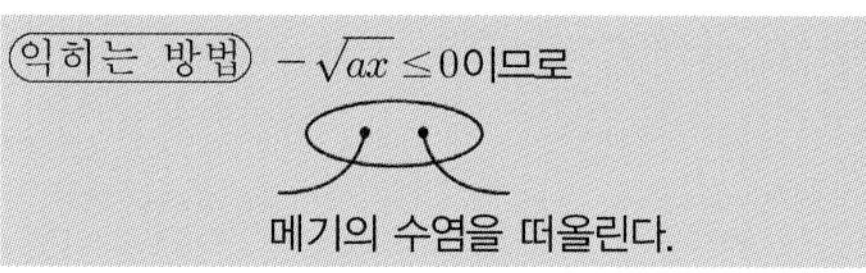

(익히는 방법) $-\sqrt{ax}\leq0$이므로

메기의 수염을 떠올린다.

ex) $y=\sqrt{x-2}+3$의 그래프를 그리는 방법

**1st** 제로점 (근호 안이 0일 때) : 점 $(2, 3)$

**2nd** 그래프 위의 임의의 한 점 : 점 $(3, 4)$

**3rd** $y=+\sqrt{x-2}+3$은 더듬이 모양이고 $x$의 계수가 1인 양수이므로 제로점에서 우측 더듬이 모양(◜)으로 점 $(3, 4)$를 지나는 그래프를 그린다.

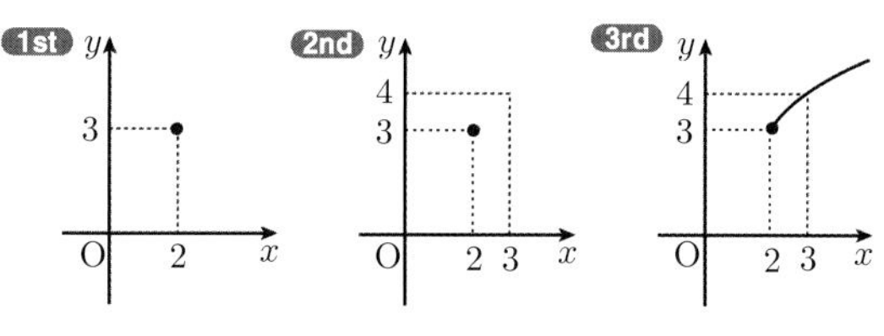


(무리함수의 그래프를 그리는 요령) ⇨ key는 *제로점! (제로점은 저자가 만든 말이다. ^^)

**1st** 제로점을 잡는다. ※ 제로점 : 근호 안의 식의 값이 0, 즉 제로일 때의 점이다.

**2nd** 무리함수의 그래프 위의 임의의 한 점을 잡는다.

**3rd** 제로점에서 더듬이 또는 수염 모양으로 그래프 위의 한 점을 지나는 그래프를 그린다.

## 뿌리 3-1 무리함수의 그래프와 정의역과 치역

다음 무리함수의 그래프를 그리고, 정의역과 치역을 구하여라.

1) $y=\sqrt{2x+4}+3$ 2) $y=-\sqrt{2x-3}-2$

풀이 1) 1st $y=\sqrt{2(x+2)}+3$ 2nd 3rd

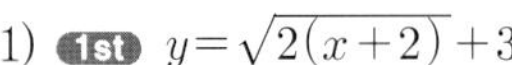

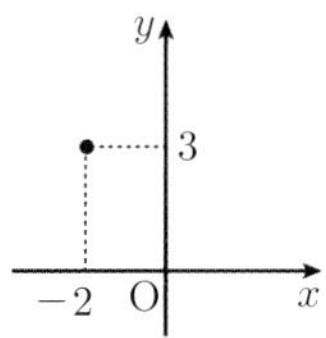

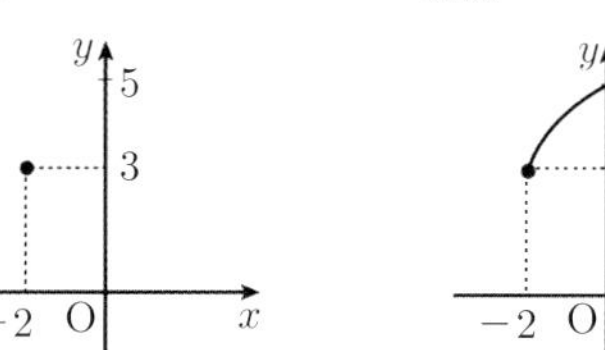

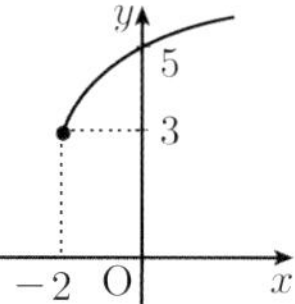

1st 제로점 (근호 안의 식의 값이 0일 때의 점) : 점 $(-2, 3)$

2nd 무리함수의 그래프 위의 임의의 한 점 $(0, 5)$를 잡는다.

3rd $y=+\sqrt{2x+4}+3$ (더듬이 모양)이고 $x$의 계수가 2인 양수이므로 제로점에서 우측 더듬이 모양(◜)으로 점 $(0, 5)$를 지나는 그래프를 그린다.

$y=\sqrt{2x+4}+3$에서 (근호 안의 식의 값) $\geq 0$이므로 $2x+4\geq 0$ ∴ **정의역** : $\{x\,|\,x\geq -2\}$

또한, $\sqrt{2x+4}\geq 0$이므로 $y=\sqrt{2x+4}+3\geq 3$ ∴ **치역** : $\{y\,|\,y\geq 3\}$

2) 1st $y=-\sqrt{2\left(x-\dfrac{3}{2}\right)}-2$ 2nd 3rd

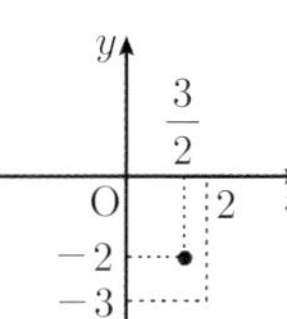

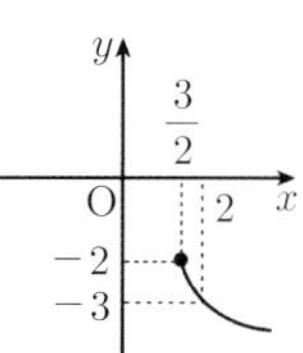

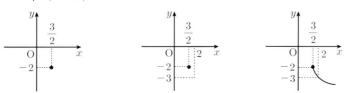

1st 제로점 (근호 안의 식의 값이 0일 때의 점) : 점 $\left(\dfrac{3}{2}, -2\right)$

2nd 무리함수의 그래프 위의 임의의 한 점 $(2, -3)$을 잡는다.

3rd $y=-\sqrt{2x-3}-2$ (수염 모양)이고 $x$의 계수가 2인 양수이므로 제로점에서 우측 수염모양(◟)으로 점 $(2, -3)$을 지나는 그래프를 그린다.

$y=-\sqrt{2x-3}-2$에서 (근호 안의 식의 값) $\geq 0$이므로 $2x-3\geq 0$ ∴ **정의역** : $\left\{x\,\middle|\,x\geq \dfrac{3}{2}\right\}$

또한, $-\sqrt{2x-3}\leq 0$이므로 $y=-\sqrt{2x-3}-2\leq -2$ ∴ **치역** : $\{y\,|\,y\leq -2\}$

**[줄기3-1]** 다음 무리함수의 그래프를 그리고, 정의역과 치역을 구하여라.

1) $y=\sqrt{3-x}$ 2) $y=1-\sqrt{4-4x}$

## 뿌리 3-2 무리함수의 정의역과 치역

다음 물음에 답하여라.

1) 함수 $y=-\sqrt{-2x+4}-1$의 정의역이 $\left\{x \,\middle|\, -\dfrac{5}{2} \le x \le 2\right\}$일 때, 치역을 구하여라.

2) 함수 $y=\sqrt{3-x}+2$의 치역이 $\{y \mid 2 \le y \le 4\}$일 때, 정의역을 구하여라.

**풀이** 1) 함수 $y=-\sqrt{-2(x-2)}-1$의 그래프는

i) 제로점 : $(2, -1)$

그래프 위의 한 점 : $(0, -3)$

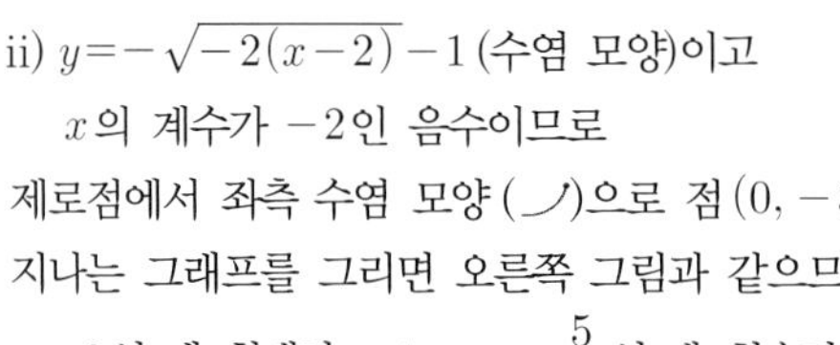

ii) $y=-\sqrt{-2(x-2)}-1$ (수염 모양)이고

$x$의 계수가 $-2$인 음수이므로

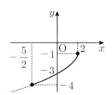

제로점에서 좌측 수염 모양 (╯)으로 점 $(0, -3)$을

지나는 그래프를 그리면 오른쪽 그림과 같으므로

$x=2$일 때 최댓값 $-1$, $x=-\dfrac{5}{2}$일 때 최솟값 $-4$

따라서 **치역은 $\{y \mid -4 \le y \le -1\}$**

2) 함수 $y=\sqrt{-(x-3)}+2$의 그래프는

i) 제로점 : $(3, 2)$

그래프 위의 한 점 : $(2, 3)$

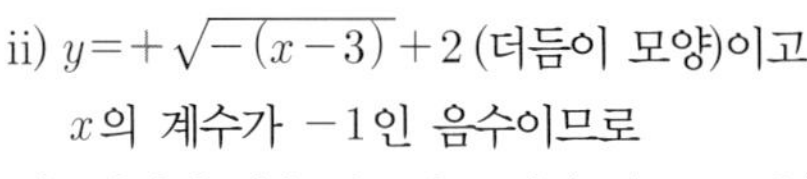

ii) $y=+\sqrt{-(x-3)}+2$ (더듬이 모양)이고

$x$의 계수가 $-1$인 음수이므로

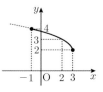

제로점에서 좌측 더듬이 모양 (╮)으로 점 $(2, 3)$을

지나는 그래프를 그리면 오른쪽 그림과 같으므로

$y=4$일 때, $4=\sqrt{3-x}+2$, $\sqrt{3-x}=2$, $3-x=4$ $\quad\therefore x=-1$

$y=2$일 때, $2=\sqrt{3-x}+2$, $\sqrt{3-x}=0$, $3-x=0$ $\quad\therefore x=3$

따라서 **정의역은 $\{x \mid -1 \le x \le 3\}$**

**[줄기3-2]** 무리함수 $y=\sqrt{ax+3}+b$의 정의역이 $\{x \mid x \le 1\}$이고 치역이 $\{y \mid y \ge 2\}$일 때, 실수 $a$, $b$의 값을 구하여라.

## 뿌리 3-3 무리함수의 그래프

함수 $y=\sqrt{ax+b}+c$의 그래프가 오른쪽 그림과 같을 때, 상수 $a, b, c$의 값을 구하여라.

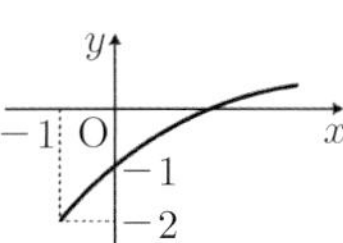


**풀이** $y=\sqrt{ax+b}+c$의 그래프에서 제로점이 점$(-1, -2)$임을 알 수 있으므로
$y=\sqrt{a(x+1)}-2$ ($a>0$ ∵ 우측 더듬이) ⋯ ㉠로 놓는다.
이때, ㉠의 그래프가 점$(0, -1)$을 지나므로
$-1=\sqrt{a(0+1)}-2$, $\sqrt{a}=1$ $\quad\therefore a=1$
$a=1$을 ㉠에 대입하면 $y=\sqrt{x+1}-2$ $\quad$ **$\therefore a=1, b=1, c=-2$**

**[줄기3-3]** 함수 $y=-\sqrt{ax+b}+c$의 그래프가 오른쪽 그림과 같을 때, 실수 $a, b, c$의 값을 구하여라.

**[줄기3-4]** 함수 $y=-\sqrt{ax+b}+c$의 그래프가 점$(4, -3)$을 지나고 정의역이 $\{x \mid x \geq 2\}$, 치역이 $\{y \mid y \leq -1\}$일 때, 실수 $a, b, c$의 값을 구하여라.

**[줄기3-5]** 함수 $y=\sqrt{a-x}+3$의 그래프를 $x$축의 방향으로 $-1$만큼 $y$축의 방향으로 $b$만큼 평행이동하였더니 함수 $y=\sqrt{2-x}-2$의 그래프와 겹쳐졌다. 이때, 실수 $a, b$의 값을 구하여라.

**[줄기3-6]** 함수 $y=\sqrt{4x-8}-5$의 그래프는 함수 $y=2\sqrt{x-3}$의 그래프를 $x$축의 방향으로 $m$만큼, $y$축의 방향으로 $n$만큼 평행이동한 것이다. 실수 $m, n$의 값을 구하여라.

## 뿌리 3-4 무리함수의 역함수 (1)

함수 $y=\sqrt{2x-1}+2$의 역함수를 구하고, 그 역함수의 정의역과 치역을 구하여라.

**핵심** ⋆역함수는 (공역)=(치역)일 때 구할 수 있으므로 치역을 공역으로 생각한다.

**풀이** $y=\sqrt{2x-1}+2$ $\left(x \geq \frac{1}{2}, y \geq 2\right)$에서 $x$ 대신 $y$, $y$ 대신 $x$를 대입하면
$x=\sqrt{2y-1}+2$ $\left(y \geq \frac{1}{2}, x \geq 2\right)$
$\sqrt{2y-1}=x-2$의 양변을 제곱하면 $2y-1=(x-2)^2$ $\left(y \geq \frac{1}{2}, x \geq 2\right)$
따라서 구하는 역함수는 $y=\frac{1}{2}(x-2)^2+\frac{1}{2}$ $\left(x \geq 2, y \geq \frac{1}{2}\right)$
**$\therefore y=\frac{1}{2}(x-2)^2+\frac{1}{2}$ $(x \geq 2)$, 정의역 $\{x \mid x \geq 2\}$, 치역 $\left\{y \,\middle|\, y \geq \frac{1}{2}\right\}$** ∵ (공역)=(치역)

## 뿌리 3-5 무리함수의 역함수 (2)

함수 $f(x)=\sqrt{-x+2}+3$의 역함수를 구하여라.

**핵심** $f(x)$가 무리함수이면 $f^{-1}(x)$는 이차함수가 된다.
$f(x)$의 제로점의 좌표가 $(m, n)$이면 $f^{-1}(x)$의 꼭짓점의 좌표는 $(n, m)$이다.

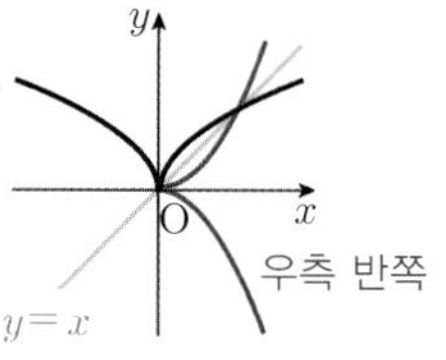


i) $f(x)=+\sqrt{a(x-m)}+n$일 때, $f^{-1}(x)=\dfrac{1}{a}(x-n)^2+m\ (x\geq n)$
$f(x)=+\sqrt{a(x-m)}+n$이면 $f^{-1}(x)$의 그래프는 대칭축을 기준으로 우측 반쪽이다.

ii) $f(x)=-\sqrt{a(x-m)}+n$일 때, $f^{-1}(x)=\dfrac{1}{a}(x-n)^2+m\ (x\leq n)$
$f(x)=-\sqrt{a(x-m)}+n$이면 $f^{-1}(x)$의 그래프는 대칭축을 기준으로 좌측 반쪽이다.

**풀이** $f(x)=+\sqrt{-(x-2)}+3$의 제로점이 $(2, 3)$이면 $f^{-1}(x)$의 꼭짓점은 $(3, 2)$이므로

$f^{-1}(x)=\dfrac{1}{-1}(x-3)^2+2\ (x\geq 3)$ $\quad\therefore \boldsymbol{f^{-1}(x)=-(x-3)^2+2\ (x\geq 3)}$

**증명** i) $y=\sqrt{a(x-m)}+n\ (y\geq n)$에서 $x$ 대신 $y$, $y$ 대신 $x$를 대입하면
$x=\sqrt{a(y-m)}+n\ (x\geq n)$
$\sqrt{a(y-m)}=x-n$의 양변을 제곱하면 $a(y-m)=(x-n)^2\ (x\geq n)$
$y-m=\dfrac{1}{a}(x-n)^2,\ y=\dfrac{1}{a}(x-n)^2+m \quad \therefore f^{-1}(x)=\dfrac{1}{a}(x-n)^2+m\ (x\geq n)$

ii) $y=-\sqrt{a(x-m)}+n\ (y\leq n)$에서 $x$ 대신 $y$, $y$ 대신 $x$를 대입하면
$x=-\sqrt{a(y-m)}+n\ (x\leq n)$
$\sqrt{a(y-m)}=-x+n$의 양변을 제곱하면 $a(y-m)=(x-n)^2\ (x\leq n)$
$y-m=\dfrac{1}{a}(x-n)^2,\ y=\dfrac{1}{a}(x-n)^2+m \quad \therefore f^{-1}(x)=\dfrac{1}{a}(x-n)^2+m\ (x\leq n)$

## 뿌리 3-6 무리함수의 역함수 (3)

함수 $f(x)=\dfrac{1}{3}\sqrt{x-2}+4$의 역함수를 구하여라.

**풀이** $f(x)=+\sqrt{\dfrac{1}{9}(x-2)}+4$에서 제로점의 좌표가 $(2, 4)$이면 $f^{-1}(x)$에서 꼭짓점의 좌표는 $(4, 2)$이므로

$\boldsymbol{f^{-1}(x)=9(x-4)^2+2\ (x\geq 4)}$

**[줄기3-7]** 함수 $y=-\dfrac{1}{2}(x^2+4x+3)$ (단, $x\leq -2$)의 역함수를 구하여라.

## 뿌리 3-7 무리함수의 그래프와 직선의 위치 관계

함수 $y=\sqrt{x-2}$ 의 그래프와 직선 $y=x+k$가 서로 다른 두 점에서 만날 때, 실수 $k$의 값의 범위를 구하여라.

**풀이** 고정된 $y=\sqrt{x-2}$ 의 그래프를 먼저 그린 후, 움직이는 $y=x+k$의 그래프를 이동시켜 본다.

이때, $k$는 직선 $y=x+k$의 $y$절편이다.

i) 직선 $y=x+k$가 점 $(2, 0)$을 지날 때,

$0=2+k \qquad \therefore k=-2$

즉, 직선 i)의 $y$절편이 $-2$이다.

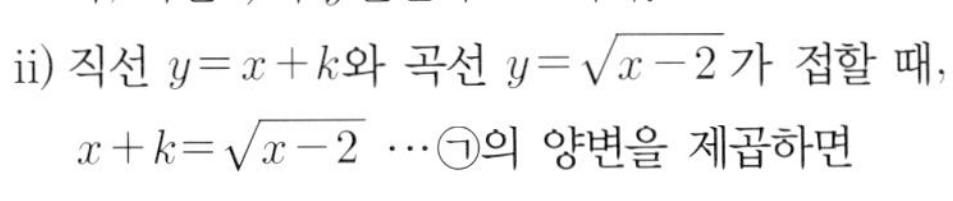


ii) 직선 $y=x+k$와 곡선 $y=\sqrt{x-2}$ 가 접할 때,

$x+k=\sqrt{x-2}$ $\cdots$㉠의 양변을 제곱하면

$(x+k)^2=x-2$ (단, $x+k\geq 0$, $x-2\geq 0$ $\because$ ㉠)

$x^2+(2k-1)x+k^2+2=0$ $\cdots$㉡

↳ ★이 문제에서는 필요 없지만 이것을 따져야 하는 문제도 있다! 예) 뿌리 3-8), 줄기 3-9)

㉡의 판별식을 $D$라 하면 접할 때는

$D=(2k-1)^2-4(k^2+2)=0$, $-4k-7=0 \qquad \therefore k=-\frac{7}{4}$

즉, 직선 ii)의 $y$절편이 $-\frac{7}{4}$이다.

따라서 서로 다른 두 점에서 만날 때는 직선 $y=x+k$가 i)이거나 i)와 ii) 사이에 있을 때이므로 직선 $y=x+k$의 $y$절편인 $k$를 따지면 $k$의 값의 범위를 쉽게 구할 수 있다.

$\therefore k=-2$ 또는 $-2<k<-\frac{7}{4}$

$\therefore \boldsymbol{-2\leq k<-\frac{7}{4}}$

**줄기 3-8** 함수 $y=\sqrt{4x+12}$ 의 그래프와 직선 $y=x+k$의 위치 관계가 다음과 같을 때, 실수 $k$의 값의 값 또는 범위를 구하여라.

1) 서로 다른 두 점에서 만난다. 2) 한 점에서 만난다. 3) 만나지 않는다.

## 뿌리 3-8 무리함수의 그래프와 그 역함수의 그래프의 교점

두 함수 $y=\sqrt{-2x+1}$, $x=\sqrt{-2y+1}$ 의 그래프의 교점의 좌표를 구하여라.

**풀이** 무리함수 $y=\sqrt{-2x+1}$ 에서 $x$와 $y$를 서로 바꾸면 무리함수 $x=\sqrt{-2y+1}$ 이므로 두 함수는 서로가 서로의 역함수이다.
따라서 두 함수의 그래프는 직선 $y=x$에 대하여 대칭이다.
즉, 두 함수의 그래프의 교점은 $y=\sqrt{-2x+1}$ 의 그래프와 직선 $y=x$의 교점과 같으므로

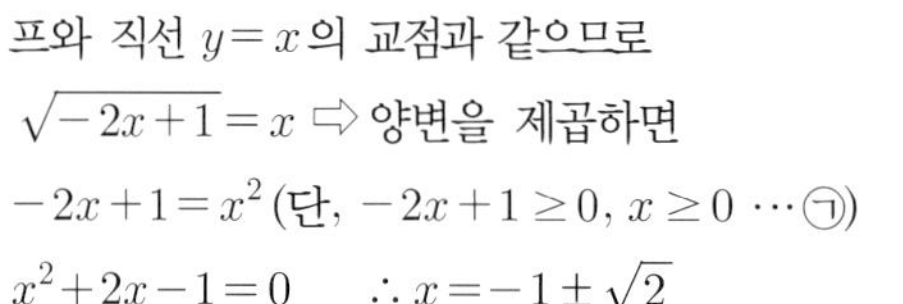

$\sqrt{-2x+1}=x$ ⇨ 양변을 제곱하면
$-2x+1=x^2$ (단, $-2x+1\geq 0,\ x\geq 0$ ⋯㉠)
$x^2+2x-1=0$ $\quad\therefore x=-1\pm\sqrt{2}$

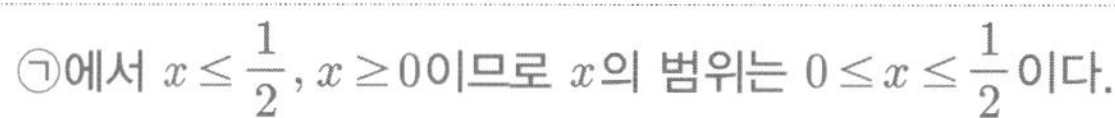

㉠에서 $x\leq\frac{1}{2}$, $x\geq 0$이므로 $x$의 범위는 $0\leq x\leq\frac{1}{2}$이다.

$\therefore x=-1+\sqrt{2}$ ($\because 0\leq x\leq\frac{1}{2}$)
$x=-1+\sqrt{2}$ 를 직선 $y=x$에 대입하면 $y=-1+\sqrt{2}$
따라서 두 함수의 그래프의 교점의 좌표는 $(-1+\sqrt{2},\ -1+\sqrt{2})$

**참고** 함수와 그 역함수의 그래프는 직선 $y=x$에 대하여 대칭이다. [p.223 3]
따라서 *함수와 그 역함수의 그래프의 교점은 함수의 그래프와 직선 $y=x$의 교점과 같다.

**줄기3-9** 함수 $y=-\sqrt{1-2x}$ 의 그래프와 그 역함수의 그래프가 만나는 점의 좌표가 $(a, b)$일 때, 실수 $a, b$의 값을 구하여라.

**줄기3-10** 함수 $f(x)=\sqrt{3x-k}$ 와 그 역함수의 그래프의 위치 관계가 다음과 같을 때, 실수 $k$의 값 또는 범위를 구하여라.

1) 서로 다른 두 점에서 만난다. 2) 한 점에서 만난다. 3) 만나지 않는다.

**줄기3-11** 함수 $f(x)=\sqrt{x-1}+k$와 그 역함수의 그래프의 위치 관계가 다음과 같을 때, 실수 $k$의 값 또는 범위를 구하여라.

1) 서로 다른 두 점에서 만난다. 2) 한 점에서 만난다. 3) 만나지 않는다.

## 뿌리 3-9 무리함수의 역함수와 합성함수

$x>2$에서 정의된 두 함수 $f(x)=\frac{1}{3}\sqrt{x-2}+4$, $g(x)=\frac{4}{3x-6}+3$에 대하여 $(f\circ g^{-1})\left(\frac{10}{3}\right)+(g\circ f^{-1})(5)$의 값을 구하여라.

**풀이** $(f\circ g^{-1})\left(\frac{10}{3}\right)+(g\circ f^{-1})(5)=f\left(g^{-1}\left(\frac{10}{3}\right)\right)+g(f^{-1}(5))$

$g(x)=\frac{4}{3(x-2)}+3$에서 $g^{-1}(x)=\frac{\frac{4}{3}}{x-3}+2$ [p.269 8]

$\therefore g^{-1}\left(\frac{10}{3}\right)=\frac{\frac{4}{3}}{\frac{10}{3}-3}+2=\frac{\frac{4}{3}\times 3}{\frac{1}{3}\times 3}+2=4+2=6$

$\therefore f\left(g^{-1}\left(\frac{10}{3}\right)\right)=f(6)=\frac{1}{3}\sqrt{6-2}+4=\frac{14}{3}$

$f^{-1}(5)=k$라 하면 $f(k)=5$이므로

$\frac{1}{3}\sqrt{k-2}+4=5$, $\sqrt{k-2}=3$, $k-2=9$ $\quad\therefore k=11$ $\quad\therefore f^{-1}(5)=11$

$\therefore g(f^{-1}(5))=g(11)=\frac{4}{3\cdot 11-6}+3=\frac{85}{27}$

따라서 $(f\circ g^{-1})\left(\frac{10}{3}\right)+(g\circ f^{-1})(5)=\frac{14}{3}+\frac{85}{27}=\mathbf{\frac{211}{27}}$

**참고** 무리함수의 역함수도 구하기 쉬우므로 무리함수의 역함수를 직접 구하여 풀어도 된다.
$f(x)=+\sqrt{\frac{1}{9}(x-2)}+4$에서 제로점의 좌표가 $(2, 4)$이면 $f^{-1}(x)$에서 꼭짓점의 좌표는 $(4, 2)$
$\therefore f^{-1}(x)=9(x-4)^2+2\ (\boldsymbol{x\geq 4})$ [p.290 뿌리 3-6]
$\therefore f^{-1}(5)=9+2=11$

**줄기3-12** 정의역이 $\{x\mid x>1\}$인 두 함수 $f(x)=\frac{3x-2}{x-1}$, $g(x)=\sqrt{x-1}+2$에 대하여 $(g\circ(f\circ g)^{-1}\circ g^{-1})(4)$의 값을 구하여라.

**줄기3-13** 두 함수 $f(x)=\sqrt{2x+4}-1$, $g(x)=\sqrt{5x-9}$의 역함수를 각각 $f^{-1}(x)$, $g^{-1}(x)$라 할 때, $(f^{-1}\circ g^{-1})(4)$의 값을 구하여라.

**줄기3-14** 함수 $y=\sqrt{ax+b}$의 그래프와 그 역함수의 그래프가 모두 점 $(1, 2)$를 지날 때, 실수 $a, b$의 값을 구하여라.

◎ 연습문제

# 10 무리함수 (2)

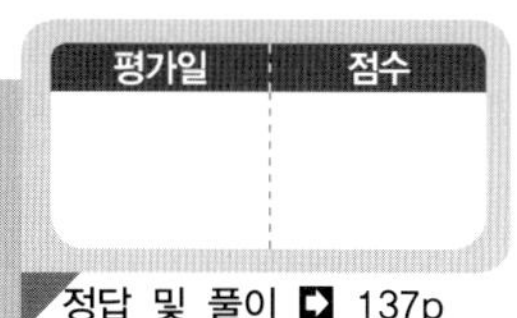


정답 및 풀이 ➡ 137p

## 1 $(\sqrt{f(x)})^2 \Leftrightarrow f(x)$ (단, $f(x) \geq 0$)

무리식이나 함수는 실수의 범위에서 정의되므로 $(\sqrt{f(x)})^2 \Leftrightarrow f(x)$ (단, $f(x) \geq 0$)이다.
이때, (단, $f(x) \geq 0$)이라는 조건을 계산에서 항상 따지는 게 맞지만 그럴 경우 시간이 많이 소비되는 문제점이 생긴다.
따라서 꼭 필요한 경우와 그렇지 않은 경우를 구분하면 시간을 많이 절약할 수 있다.

1) **$\sqrt{f(x)}=$(양수) 꼴의 양변을 제곱할 때, (단, $f(x) \geq 0$)의 조건을 따지지 않는다.**

$\sqrt{f(x)}=$(양수)의 양변을 제곱하면 $f(x)=$(양수)$^2$이므로 당연히 $f(x)>0$이다. 따라서 (단, $f(x) \geq 0$)을 따지지 않는다.

ex) $\sqrt{x-2}=3,\ x-2=9 \quad \therefore x=11$

$\sqrt{2x+4}-1=5,\ \sqrt{2x+4}=6,\ 2x+4=36 \quad \therefore x=16$

주의 $\sqrt{x+1}=-3$은 근이 없다. ($\because \sqrt{x+1} \geq 0$)

2) **$\sqrt{f(x)}=g(x)$ 꼴의 양변을 제곱할 때, (단, $f(x) \geq 0,\ g(x) \geq 0$)의 조건을 따진다.**

$\sqrt{-2x+3}=x \Leftrightarrow -2x+3=x^2$ (단, $-2x+3 \geq 0,\ x \geq 0$) $\quad \therefore x=1$ (○)

$\sqrt{-2x+3}=x \Leftrightarrow -2x+3=x^2 \quad \therefore x=-3$ 또는 $x=1$ (×)

ex) $\sqrt{-x+4}=x-2$의 양변을 제곱하면

$-x+4=(x-2)^2$ (단, $-x+4 \geq 0,\ x-2 \geq 0$)

$x^2-3x=0,\ x(x-3)=0$ (단, $x \leq 4,\ x \geq 2$)

$\therefore x=3$ ($\because 2 \leq x \leq 4$)

**• 잎 10-1**

함수 $f(x)=-\sqrt{ax+b}+c$의 그래프가 오른쪽 그림과 같을 때, $f(-3)$의 값을 구하여라. (단, $a, b, c$는 상수이다.)

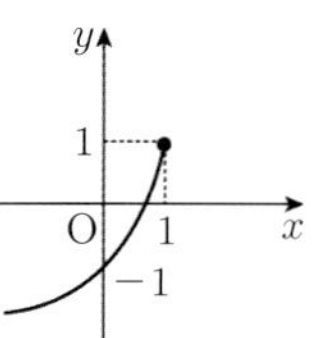


**• 잎 10-2**

이차함수 $y=ax^2+bx+c$의 그래프가 오른쪽 그림과 같을 때, 무리함수 $f(x)=a\sqrt{-x+b}-c$의 그래프의 개형을 그려라. (단, $a, b, c$는 상수)

[교육청 기출]

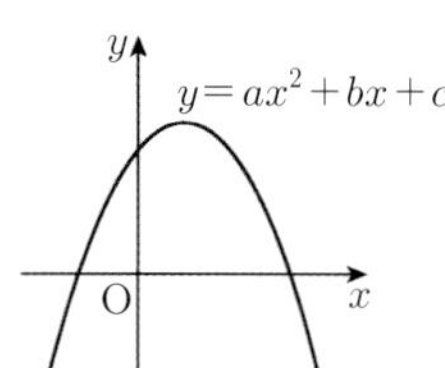

**• 잎 10-3**

함수 $y=\sqrt{2x+1}$ 의 그래프를 $x$축의 방향으로 3만큼, $y$축의 방향으로 $-1$만큼 평행이동하고, $y$축에 대하여 대칭이동하였더니 함수 $y=\sqrt{ax+b}+c$의 그래프와 일치하였다. 이때, 실수 $a, b, c$의 값을 구하여라.

**• 잎 10-4**

두 일차함수 $f(x)=ax+b$, $g(x)=cx+d$의 그래프의 개형이 오른쪽 그림과 같을 때, 무리함수 $y=a\sqrt{bx+c}+d$의 그래프의 개형을 그려라.

[교육청 기출]

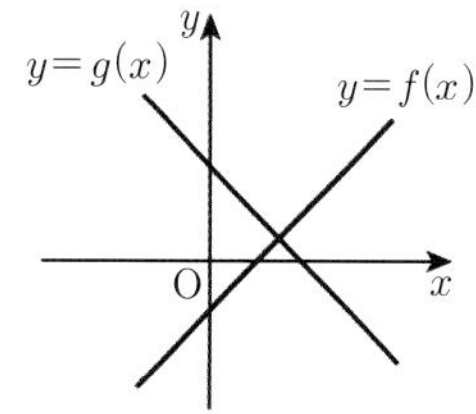


**• 잎 10-5**

두 무리함수 $f(x)=\sqrt{x+4}-3$, $g(x)=\sqrt{-x+4}+3$의 그래프와 두 직선 $x=-4$, $x=4$로 둘러싸인 도형의 넓이를 구하여라. [교육청 기출]

**• 잎 10-6**

함수 $y=\sqrt{|x|+1}$ 이 최솟값을 갖는 점을 A라 하고 이 함수와 직선 $y=3$과의 두 교점을 B, C라 할 때, 삼각형 ABC의 넓이를 구하여라. [평가원 기출]

**• 잎 10-7**

$M=\{(x, y) \mid y=\sqrt{4x-8}\}$, $N=\{(x, y) \mid y=x+k\}$의 두 집합에 대하여 $n(M\cap N)=2$가 되도록 하는 실수 $k$의 값의 범위를 구하여라. (단, $n(X)$은 집합 $X$의 원소의 개수) [사관학교 기출]

**• 잎 10-8**

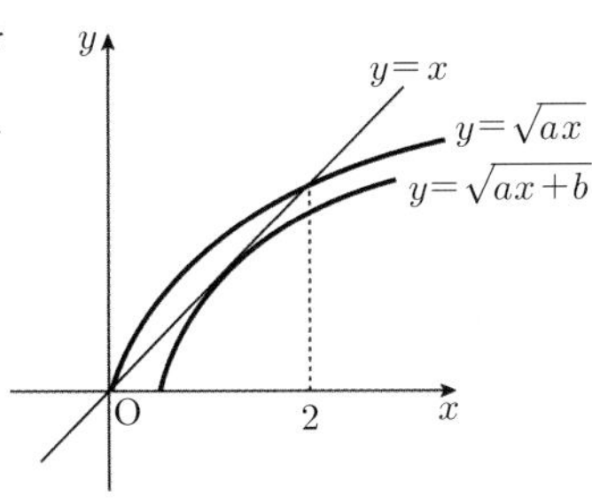


그림과 같이 무리함수 $y=\sqrt{ax}$ 의 그래프와 직선 $y=x$가 만나는 한 점의 $x$좌표가 2이다. 무리함수 $y=\sqrt{ax+b}$ 의 그래프가 직선 $y=x$에 접할 때, 실수 $a, b$의 값을 구하여라. [교육청 기출]

**• 잎 10-9**

다음 물음에 답하여라.

1) 두 함수 $f(x)=\sqrt{x+3}-2$, $g(x)=-\sqrt{2x-5}$ 의 역함수를 각각 $f^{-1}(x)$, $g^{-1}(x)$라 할 때, $(f^{-1}\circ g^{-1})(-1)$의 값을 구하여라.

2) 두 함수 $f(x)=\dfrac{-8}{3x+2}+2$, $g(x)=\dfrac{2x-8}{x-1}$의 역함수를 각각 $f^{-1}(x)$, $g^{-1}(x)$라 할 때, $(f^{-1}\circ g^{-1})(-1)$의 값을 구하여라.

**• 잎 10-10**

다음 물음에 답하여라.

1) 무리함수 $f(x)=3-\sqrt{2x+5}$ 의 역함수 $f^{-1}(x)$가 $f^{-1}(x)=ax^2+bx+c\ (x\le d)$일 때, 실수 $a, b, c, d$의 값을 구하여라.

2) 함수 $f(x)=a(x-b)^2+c\ (x\le b)$의 역함수 $f^{-1}(x)$가 $f^{-1}(x)=-\sqrt{-2x+1}-2$일 때, 실수 $a, b, c$의 값을 구하여라.

**• 잎 10-11**

다음 물음에 답하여라.

1) 두 함수 $y=\sqrt{-2x+1}$, $x=\sqrt{-2y+1}$ 의 그래프의 교점의 좌표를 구하여라.

2) 두 함수 $y=\sqrt{x+3}-3$, $x=\sqrt{y+3}-3$의 그래프의 교점의 좌표를 구하여라.

**• 잎 10-12**

두 함수 $f(x)=\sqrt{x}$, $g(x)=\sqrt{12-x}$ 에 대하여 $0\le x\le 12$에서 정의된 함수 $h(x)=f(x)+g(x)$의 최댓값을 구하여라.

• 잎 10-13

무리함수 $f(x)=\sqrt{x-1}+k$의 그래프와 그 역함수 $y=f^{-1}(x)$의 그래프가 서로 다른 두 점에서 만날 때, 실수 $k$의 최댓값을 구하여라.

## 2 함수의 그래프와 그 역함수의 그래프의 교점의 정확한 개념

함수 $y=f(x)$의 역함수가 $y=g(x)$일 때, 두 함수 $y=f(x)$, $y=g(x)$의 그래프의 교점은 $y=f(x)$의 그래프와 직선 $y=x$의 교점과 같다. (△)

함수 $y=f(x)$가 *증가함수이고, 그 역함수가 $y=g(x)$일 때, 두 함수 $y=f(x)$, $y=g(x)$의 그래프의 교점은 $y=f(x)$의 그래프와 직선 $y=x$의 교점과 같다. (○)

주의 함수와 그 역함수의 그래프의 교점은 함수의 그래프와 직선 $y=x$의 교점과 같다고 생각할 수 있는 데 감소함수인 경우는 예외가 생길 수 있다.

예) 함수 $f(x)=-x^3$일 때, 함수와 그 역함수의 그래프의 교점은 직선 $y=x$ 위에 있지만 오른쪽 그림과 같이 $(-1, 1)$, $(1, -1)$에서도 나타난다.

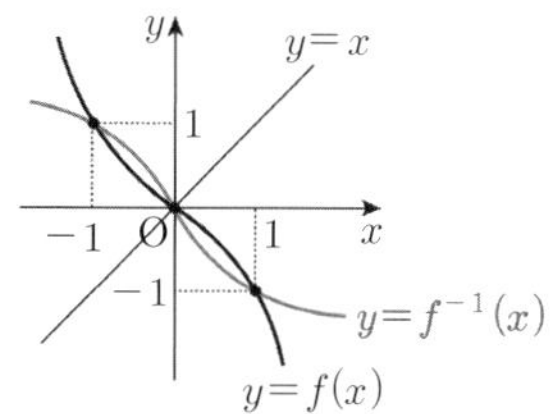


※ 2의 내용은 p.292에 있는 '뿌리 3-8) 무리함수의 그래프와 그 역함수의 그래프의 교점'에 추가되어야 할 내용이다. 하지만 그때 언급했으면 개념이 불확실한 상태에서 혼란이 가중되므로 어쩔 수 없이 여기서 언급했다.

## 열매 10-1 함수의 그래프와 그 역함수의 그래프의 교점의 정확한 개념

무리함수 $f(x)=\sqrt{ax+b}+1$의 역함수를 $g(x)$라 하자. 곡선 $y=f(x)$와 곡선 $y=g(x)$가 점 $(1, 3)$에서 만날 때, $g(5)$의 값은? (단, $a$, $b$는 상수) [교육청 기출]

① $-5$ ② $-4$ ③ $-3$ ④ $-2$ ⑤ $-1$

**핵심** 함수와 그 역함수의 그래프의 교점이 직선 $y=x$ 위에서만 있다고 생각하면 문제를 놓칠 수 있다.

**풀이** $y=\sqrt{ax+b}+1$의 그래프가 점 $(1, 3)$을 지나므로

$3=\sqrt{a+b}+1$, $\sqrt{a+b}=2$ $\therefore a+b=4$ ⋯㉠

역함수의 그래프가 점 $(1, 3)$을 지나면 함수 $y=\sqrt{ax+b}+1$의 그래프가 점 $(3, 1)$을 지나므로

$1=\sqrt{3a+b}+1$, $\sqrt{3a+b}=0$ $\therefore 3a+b=0$ ⋯㉡

㉠, ㉡을 연립하여 풀면 $a=-2$, $b=6$

따라서 $f(x)=\sqrt{-2x+6}+1$

$g(5)=k$라 하면 $f(k)=5$이므로

$f(k)=\sqrt{-2k+6}+1=5$에서 $\sqrt{-2k+6}=4$

$-2k+6=16$ $\therefore k=-5$

따라서 $g(5)=-5$

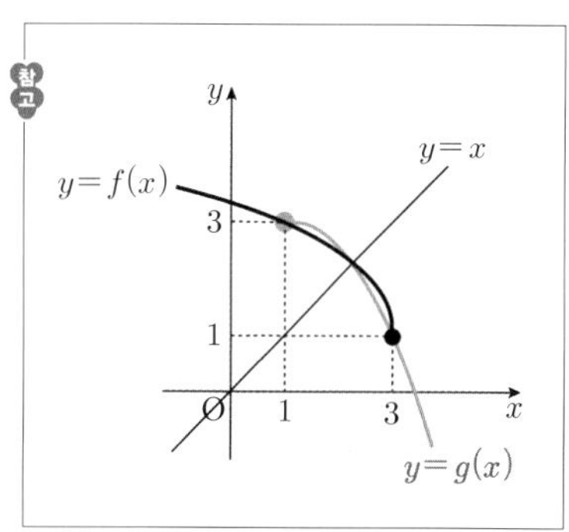


정답 ①

# 정답 및 풀이

1. 평면좌표
2. 직선의 방정식
3. 원의 방정식
4. 도형의 이동
5. 집합의 뜻과 표현
6. 집합의 연산
7. 명제
8. 함수
9. 유리함수
10. 무리함수

CHAPTER

# 1 평면좌표

본문 p.11

## 줄기 문제

### [줄기 1-1]

**풀이** 점 P가 $y$축 위의 점이므로 좌표를 $(0, a)$라 하면

$\overline{AP}=\overline{BP}$이므로

$\sqrt{(0+2)^2+(a-1)^2}=\sqrt{(0-2)^2+(a-3)^2}$

양변을 제곱하면

$2^2+(a-1)^2=2^2+(a-3)^2$

$a^2-2a+5=a^2-6a+13$

$4a=8 \quad \therefore a=2$

$\therefore P(0,\ 2)$

**정답** $P(0,\ 2)$

### [줄기 1-2]

**풀이** 점 P의 좌표를 $(a, b)$라 하면 점 P가 직선 $2x+y=1$ 위의 점이므로

$2a+b=1 \quad \therefore b=1-2a \cdots ㉠$

점 P의 좌표를 $(a, 1-2a)$로 놓으면 ($\because$ ㉠)

$\overline{AP}=\overline{BP}$이므로

$\sqrt{(a-1)^2+(-2a)^2}=\sqrt{(a-3)^2+(-2a)^2}$

양변을 제곱하면

$(a-1)^2+(2a)^2=(a-3)^2+(2a)^2$

$5a^2-2a+1=5a^2-6a+9$

$4a=8 \quad \therefore a=2$

$a=2$를 ㉠에 대입하면 $b=-3$

$\therefore P(2,\ -3)$

**정답** $P(2,\ -3)$

### [줄기 1-3]

**핵심** 삼각형의 모양을 알아볼 때는 세 변의 길이 사이의 관계를 이용한다.

**풀이** $\overline{OA}=\sqrt{a^2+(-b)^2}=\sqrt{a^2+b^2}$

$\overline{OB}=\sqrt{(a+b)^2+(a-b)^2}=\sqrt{2a^2+2b^2}$

$\overline{AB}=\sqrt{(a+b-a)^2+(a-b+b)^2}=\sqrt{a^2+b^2}$

$\therefore \overline{OA}=\overline{AB},\ \overline{OB}^2=\overline{OA}^2+\overline{AB}^2$

따라서 $\triangle OAB$는 $\angle A=90°$인 직각이등변삼각형이다.

**정답** $\angle A=90°$인 직각이등변삼각형

### [줄기 1-4]

**핵심** 외심은 삼각형에 외접하는 원의 중심이다.

**풀이** 외심을 $P(x,\ y)$라 하면 반지름의 길이는 $\overline{PO}=\overline{PA}=\overline{PB}$

따라서

$\overline{PO}=\overline{PA}$에서

$\sqrt{x^2+y^2}=\sqrt{(x-3)^2+(y-1)^2}$

양변을 제곱하면

$x^2+y^2=x^2-6x+y^2-2y+10$

$6x+2y=10 \quad \therefore 3x+y=5 \cdots ㉠$

$\overline{PO}=\overline{PB}$에서

$\sqrt{x^2+y^2}=\sqrt{(x-7)^2+(y+1)^2}$

양변을 제곱하면

$x^2+y^2=x^2-14x+y^2+2y+50$

$14x-2y=50 \quad \therefore 7x-y=25 \cdots ㉡$

㉠, ㉡을 연립하여 풀면 $x=3,\ y=-4$

$\therefore P(3,\ -4)$

외접원의 반지름의 길이는

$\overline{PO}=\overline{PA}=\overline{PB}$이므로

$\overline{PO}=\sqrt{3^2+(-4)^2}=\sqrt{25}=5$

**정답** 5

## [줄기 1-5]

**풀이** 점 P가 $x$축 위의 점이므로 점 P의 좌표를 $(a, 0)$이라 하면

$$\overline{AP}^2+\overline{BP}^2=(a+2)^2+4^2+(a-3)^2+2^2$$
$$=2a^2-2a+33=\underline{2(a^2-a)}+33$$
$$=\underline{2\left(a-\frac{1}{2}\right)^2-\frac{1}{2}}+33$$
$$=2\left(a-\frac{1}{2}\right)^2+\frac{65}{2}$$

$\overline{AP}^2+\overline{BP}^2\ge\frac{65}{2}$ $\left(\because \left(a-\frac{1}{2}\right)^2\ge 0\right)$

$\overline{AP}^2+\overline{BP}^2$은 $a=\frac{1}{2}$일 때 최솟값 $\frac{65}{2}$를 갖고, 그때의 점 P의 좌표는 $\left(\frac{1}{2}, 0\right)$이다.

**정답** $\frac{65}{2}$, $P\left(\frac{1}{2}, 0\right)$

## [줄기 1-6]

**방법 I** 점 P의 좌표를 $(a, b)$라 하면

$\overline{AP}^2+\overline{BP}^2+\overline{CP}^2$
$=(a-1)^2+(b-3)^2+(a+1)^2+(b+3)^2+(a+3)^2+(b+6)^2$
$=3a^2+6a+3b^2+12b+65$
$=3(a^2+2a)+3(b^2+4b)+65$
$=3(a+1)^2-3+3(b+2)^2-12+65$
$=3(a+1)^2+3(b+2)^2+50$

$\overline{AP}^2+\overline{BP}^2+\overline{CP}^2\ge 50$
$(\because (a+1)^2\ge 0, (b+2)^2\ge 0)$

$\overline{AP}^2+\overline{BP}^2+\overline{CP}^2$은 $a=-1$, $b=-2$일 때 최솟값 50을 갖고, 그때의 점 P의 좌표는 $(-1, -2)$이다.

**방법 II** 「강추」 세 정점으로부터 거리의 제곱의 합이 최소가 되는 점은 세 정점을 꼭짓점으로 하는 삼각형의 무게중심이다.

$A(1, 3)$, $B(-1, -3)$, $C(-3, -6)$을 꼭짓점으로 하는 삼각형의 무게중심의 좌표는

$P\left(\frac{1-1-3}{3}, \frac{3-3-6}{3}\right)$, 즉 $P(-1, -2)$

$\therefore$ ($\overline{AP}^2+\overline{BP}^2+\overline{CP}^2$의 최솟값)
$=(-1-1)^2+(-2-3)^2+(-1+1)^2+(-2+3)^2+(-1+3)^2+(-2+6)^2$
$=50$

**정답** 50, $P(-1, -2)$

## [줄기 1-7]

**풀이** 세 점 $O(0, 0)$, $A(a, b)$, $B(1, 2)$라 하면

$\sqrt{a^2+b^2}=\overline{OA}$, $\sqrt{(a-1)^2+(b-2)^2}=\overline{AB}$

즉, $\overline{OA}+\overline{AB}$의 최솟값을 구하라는 문제이다.

따라서 점 $A(a, b)$가 오른쪽 그림과 같이 $\overline{OB}$ 위에 있을 때, $\overline{OA}+\overline{AB}$는 $\overline{OB}$로 최소가 된다.

$\therefore \overline{OB}=\sqrt{(1-0)^2+(2-0)^2}$
$=\sqrt{1+4}=\sqrt{5}$

**정답** $\sqrt{5}$

## [줄기 1-8]

**풀이** 세 점 $A(-2, -2)$, $B(x, y)$, $C(3, 1)$이므로

$\sqrt{(x+2)^2+(y+2)^2}=\overline{AB}$
$\sqrt{(x-3)^2+(y-1)^2}=\overline{BC}$

즉, $\overline{AB}+\overline{BC}$의 최솟값을 구하라는 문제이다.

따라서 점 $B(x, y)$가 위의 그림과 같이 $\overline{AC}$ 위에 있을 때, $\overline{AB}+\overline{BC}$는 $\overline{AC}$로 최소가 된다.

$\therefore \overline{AC}=\sqrt{\{3-(-2)\}^2+\{1-(-2)\}^2}$
$=\sqrt{25+9}=\sqrt{34}$

**정답** $\sqrt{34}$

## [줄기 1-9]

**풀이** 오른쪽 그림과 같이 직선 BC를 $x$축, 점 D를 지나면서 $\overline{BC}$에 수직인 직선을 $y$축으로 잡으면 점 D는 원점이 된다.

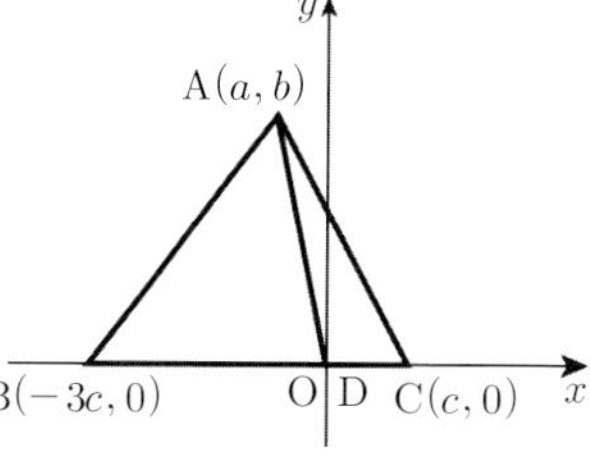


$A(a, b)$, $C(c, 0)$ $(c>0)$이라 하면 점 B의 좌표는 $(-3c, 0)$이므로

$\overline{AB}^2+3\overline{AC}^2$
$=\{(a+3c)^2+b^2\}+3\{(a-c)^2+b^2\}$
$=4(a^2+b^2+3c^2)$

또 $\overline{AD}^2=a^2+b^2$, $\overline{CD}^2=c^2$이므로

$4(\overline{AD}^2+3\overline{CD}^2)=4(a^2+b^2+3c^2)$

$\therefore \overline{AB}^2+3\overline{AC}^2=4(\overline{AD}^2+3\overline{CD}^2)$

정답 풀이 참조

## 줄기 1-10

풀이 오른쪽 그림과 같이 직선 BC를 $x$축, 직선 AB를 $y$축으로 하는 좌표평면을 잡으면 점 B는 원점이 된다.

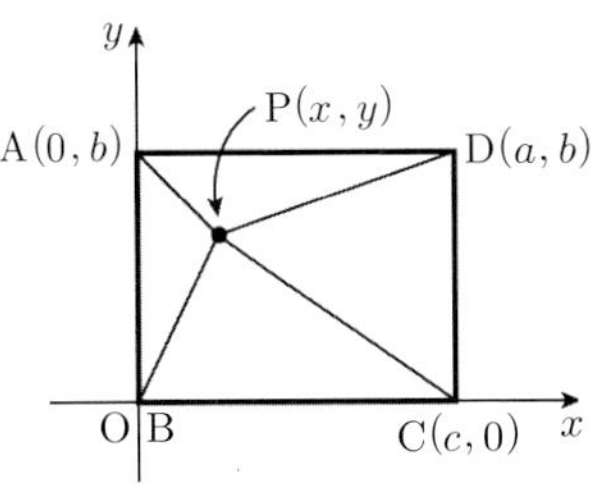


$A(0, b)$, $C(a, 0)$, $D(a, b)$라 하고 점 P의 좌표를 $(x, y)$라 하면

$\overline{PA}^2+\overline{PC}^2$

$=\{x^2+(y-b)^2\}+\{(x-a)^2+y^2\}$

$=2x^2+2y^2-2ax-2by+a^2+b^2$

$\overline{PB}^2+\overline{PD}^2$

$=(x^2+y^2)+\{(x-a)^2+(y-b)^2\}$

$=2x^2+2y^2-2ax-2by+a^2+b^2$

$\therefore \overline{PA}^2+\overline{PC}^2=\overline{PB}^2+\overline{PD}^2$

정답 풀이 참조

## 줄기 2-1

주의 내분점의 공식은 두 점 A, B의 수직선 위의 좌우 위치를 생각하지 말고 $\overline{BA}$를 내분하라고 했으면 $\overline{BA}$에 따라 공식을 적용한다. [p.19]

풀이 $B(5)$, $A(-3)$

1 : 2

$P\left(\frac{1\cdot(-3)+2\cdot5}{1+2}\right)$ $\therefore P\left(\frac{7}{3}\right)$

$M\left(\frac{-3+5}{2}\right)$ $\therefore M(1)$

정답 $P\left(\frac{7}{3}\right)$, $M(1)$

## 줄기 2-2

주의 $\overline{BA}$를 내분하라고 했으므로 $\overline{BA}$에 따라 내분점의 공식을 적용한다.

풀이 $B(3, 1)$, $A(-1, -2)$

2 : 3

$P\left(\frac{2\cdot(-1)+3\cdot3}{2+3}, \frac{2\cdot(-2)+3\cdot1}{2+3}\right)$

$\therefore P\left(\frac{7}{5}, \frac{-1}{5}\right)$

$M\left(\frac{-1+3}{2}, \frac{-2+1}{2}\right)$ $\therefore M\left(1, -\frac{1}{2}\right)$

정답 $P\left(\frac{7}{5}, -\frac{1}{5}\right)$, $M\left(1, -\frac{1}{2}\right)$

## 줄기 2-3

풀이 $\overline{AB}$의 연장선 위에 점 C가 있으므로 점 C는 $\overline{AB}$ 밖의 점이다.

$2\overline{AB}=3\overline{BC} \Leftrightarrow \overline{AB}:\overline{BC}=\mathbf{3}:2$

*두 점 A, B는 고정되었으므로 좌우 위치를 고려하여 수직선 위에 먼저 그려 놓는다.

i) A $(-\mathbf{2}, 5)$ —3— B $(\mathbf{2}, 3)$ —2— C $(a, b)$

ii) A $(-\mathbf{2}, 5)$ — C $(a, b)$ —2— B $(\mathbf{2}, 3)$ (A에서 B까지 3)

i)에서 점 B는 $\overline{AB}$를 3 : 2로 내분한 점이므로 $C(a, b)$라 하면

$A(-2, 5)$, $C(a, b)$

3 : 2

$\frac{3\cdot a+2\cdot(-2)}{3+2}=2$, $\frac{3\cdot b+2\cdot5}{3+2}=3$

$3a-4=10$, $3b+10=15$ $\therefore a=\frac{14}{3}$, $b=\frac{5}{3}$

ii)에서 점 C는 $\overline{AB}$ 위에 있으므로 구하는 점이 아니다.

따라서 i)에서 점 C의 좌표는 $\left(\frac{14}{3}, \frac{5}{3}\right)$이다.

정답 $\left(\frac{14}{3}, \frac{5}{3}\right)$

## [줄기 2-4]

**풀이** 선분 AB를 $t:(1-t)$로 내분하는 점의 좌표는

$A(-2,\ 5)$, $B(6,\ -3)$

$t \quad : \quad 1-t$

$\left(\dfrac{t\cdot 6+(1-t)\cdot(-2)}{t+(1-t)}, \dfrac{t\cdot(-3)+(1-t)\cdot 5}{t+(1-t)}\right)$

$=(8t-2,\ -8t+5)$

따라서 위의 점이 제1사분면에 있으므로

$8t-2>0$, $-8t+5>0$

$t>\dfrac{1}{4}$, $t<\dfrac{5}{8}$

$\therefore \dfrac{1}{4}<t<\dfrac{5}{8}$

**정답** ②

## [줄기 2-5]

**풀이** 평행사변형 ABCD에서

i) $a+6=2+(-1)$

$\therefore a=-5$

ii) $b+(-2)=2+1$

$\therefore b=5$

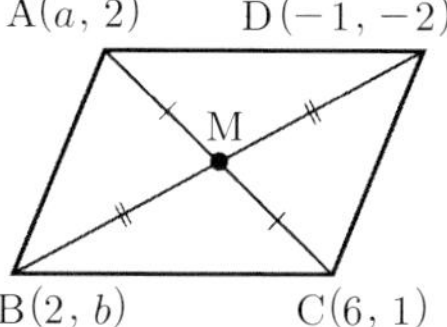


**정답** $a=-5$, $b=5$

## [줄기 2-6]

**풀이** 마름모 ABCD에서

i) 두 대각선의 중점이 서로 일치하므로

$a+2=b+3$

$\therefore b=a-1$ ⋯㉠

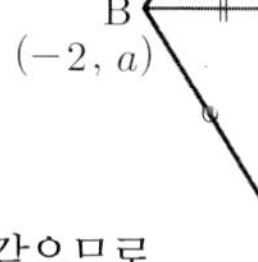


ii) 네 변의 길이가 같으므로

$\overline{AB}=\overline{AD}$에서 $\sqrt{4^2+(a-3)^2}=\sqrt{4^2+1^2}$

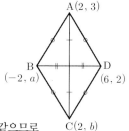

$\overline{AB}=\overline{BC}$, $\overline{AB}=\overline{CD}$는 계산이 복잡하다.

양변을 제곱하면 $a^2-6a+25=17$

$a^2-6a+8=0$, $(a-2)(a-4)=0$

$\therefore a=2$ 또는 $a=4$

이것을 ㉠에 각각 대입하면

$a=2$, $b=1$ 또는 $a=4$, $b=3$

**정답** $a=2$, $b=1$ 또는 $a=4$, $b=3$

## [줄기 3-1]

**풀이** 꼭짓점 C의 좌표를 $(a,\ b)$라 하면 $\triangle ABC$의 무게중심의 좌표는

$\left(\dfrac{2+(-6)+a}{3}, \dfrac{3+(-2)+b}{3}\right)=(3,\ -2)$

$\therefore \dfrac{-4+a}{3}=3$, $\dfrac{1+b}{3}=-2$

$\therefore a=13$, $b=-7$

**정답** $C(13,\ -7)$

## [줄기 3-2]

**핵심** $\triangle ABC$의 세 변 AB, BC, CA를 각각 $m:n$으로 내분 또는 외분하는 점을 연결하여 만든 삼각형의 무게중심은 $\triangle ABC$의 무게중심과 일치한다.

**풀이** $\triangle ABC$의 세 변 AB, BC, CA를 각각 $1:2$로 내분한 점을 연결한 삼각형의 무게중심은 $\triangle ABC$의 무게중심과 일치하므로

$\left(\dfrac{2+3+a}{3}, \dfrac{1+6+b}{3}\right)=\left(\dfrac{8}{3}, \dfrac{14}{3}\right)$

$\therefore \dfrac{a+5}{3}=\dfrac{8}{3}$, $\dfrac{b+7}{3}=\dfrac{14}{3}$

$\therefore a=3$, $b=7$

**정답** $a=3$, $b=7$

## [줄기 3-3]

**핵심** 좌표가 없는 도형의 문제는 좌표평면 위로 옮겨서 생각하면 쉽게 풀린다.

**팁** 도형의 꼭짓점을 좌표평면 위의 원점, $x$축, $y$축 위에 옮겨놓자! ⇨ 계산이 쉬워진다.

**풀이** $\overline{AB}=10$이므로 오른쪽 그림과 같이 좌표평면 위로 옮겨 생각한다.

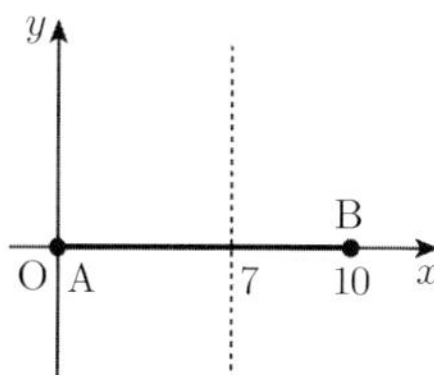


계산이 쉽도록 꼭짓점 A, B를 원점과 $x$축 위에 옮겨 놓는다.

점 P의 좌표를 $(x,\ y)$라 하면

$\overline{PA}^2-\overline{PB}^2=40$이므로

$(x^2+y^2)-\{(x-10)^2+y^2\}=40$

$20x-100=40 \quad \therefore x=7$

따라서 점 P의 자취는 A에서 B쪽으로 7의 거리의 점을 지나 $\overline{AB}$에 수직인 직선이다.

정답 $\overline{AB}$를 7 : 3으로 내분하는 점을 지나고 $\overline{AB}$에 수직인 직선이다.

## 줄기 3-4

풀이 $A(a, b)$가 직선 $y=3x$ 위의 점이므로 $b=3a$

$A(a, b)$, $B(a+b,\ 2a+b)$에서

$A(a, 3a)$, $B(4a, 5a)$

따라서 $\triangle OAB$의 무게중심의 좌표는

$\left(\dfrac{0+a+4a}{3},\ \dfrac{0+3a+5a}{3}\right)=\left(\dfrac{5a}{3},\ \dfrac{8a}{3}\right)$

자취의 방정식은 조건을 만족하는 임의의 점의 좌표가 $(x,\ y)$일 때, $x$, $y$의 관계식이므로

$\left(\dfrac{5a}{3},\ \dfrac{8a}{3}\right)=(x,\ y)$로 놓는다.

$\therefore \dfrac{5a}{3}=x,\ \dfrac{8a}{3}=y \qquad \therefore a=\dfrac{3x}{5},\ a=\dfrac{3y}{8}$

따라서 $\dfrac{3x}{5}=\dfrac{3y}{8}$, 즉 $y=\dfrac{8x}{5}$

정답 $y=\dfrac{8}{5}x$

## 줄기 3-5

핵심 자취의 방정식은 조건을 만족하는 임의의 점의 좌표가 $(x,\ y)$일 때, $x$, $y$의 관계식이다.

풀이 점 P의 좌표를 $(a, b)$라 하고, 선분 AP를 1 : 2로 내분하는 점을*Q$(x,\ y)$라 한다.

$P(a, b)$는 직선 $x-5y+4=0$ 위의 점이므로

$a-5b+4=0 \quad \therefore a=5b-4$

이것을 $P(a, b)$에 대입하면 $P(5b-4,\ b)$

$\overline{AP}$를 1 : 2로 내분하는 점*Q$(x,\ y)$이므로

$A(2,\ -3)$, $P(5b-4,\ b)$

1 : 2

$Q\left(\dfrac{1\cdot(5b-4)+2\cdot2}{1+2},\ \dfrac{1\cdot b+2\cdot(-3)}{1+2}\right)$

$\therefore Q\left(\dfrac{5b}{3},\ \dfrac{b-6}{3}\right)$

$\therefore Q\left(\dfrac{5b}{3},\ \dfrac{b-6}{3}\right)=Q(x,\ y)$

$\therefore \dfrac{5b}{3}=x,\ \dfrac{b-6}{3}=y$

$\therefore b=\dfrac{3x}{5},\ b=3y+6$

$\therefore \dfrac{3x}{5}=3y+6$ ⇨ 양변에 5를 곱하면

$\therefore 3x=15y+30 \qquad \therefore 3x-15y=30$

정답 $3x-15y=30$

## 줄기 3-6

풀이 $\overline{AD}$는 $\angle A$의 외각의 이등분선이므로

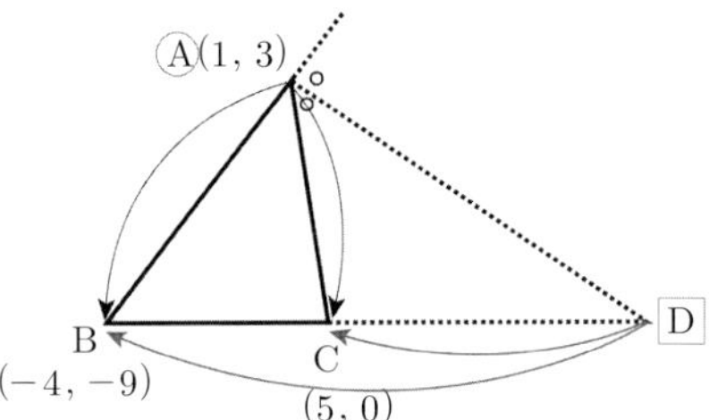


$\overline{AB} : \overline{AC}=\overline{DB} : \overline{DC}$

$\overline{AB}=\sqrt{(-4-1)^2+(-9-3)^2}=\sqrt{169}=13$

$\overline{AC}=\sqrt{(5-1)^2+(0-3)^2}=\sqrt{25}=5$

$\therefore \overline{DB} : \overline{DC}=\overline{AB} : \overline{AC}=13 : 5$

즉, 점 D는 $\overline{BC}$를 13 : 5로 외분하는 점이므로

$B(-4,\ -9) \quad C(5,\ 0)$

13 : 5

$D\left(\dfrac{13\cdot5-5\cdot(-4)}{13-5},\ \dfrac{13\cdot0-5\cdot(-9)}{13-5}\right)$

$\therefore D\left(\dfrac{85}{8},\ \dfrac{45}{8}\right)$

정답 $D\left(\dfrac{85}{8},\ \dfrac{45}{8}\right)$

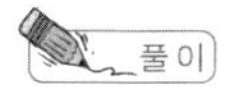

## 잎 문제

### 잎 1-1

**풀이** $\triangle$ABC의 세 변 AB, BC, CA를 각각 1:1로 내분한 점을 연결한 삼각형의 무게중심은 $\triangle$ABC의 무게중심과 일치하므로

$$\left(\frac{1+3+a}{3}, \frac{2+5+b}{3}\right)=\left(\frac{8}{3}, \frac{14}{3}\right)$$

$\therefore \dfrac{a+4}{3}=\dfrac{8}{3}, \dfrac{b+7}{3}=\dfrac{14}{3}$

$\therefore a=4, b=7$

$\therefore a+b=11$

**정답** ④

### 잎 1-2

**풀이** $\triangle$ABC의 세 꼭짓점의 좌표를 각각 $A(x_1, y_1)$, $B(x_2, y_2)$, $C(x_3, y_3)$이라 하면

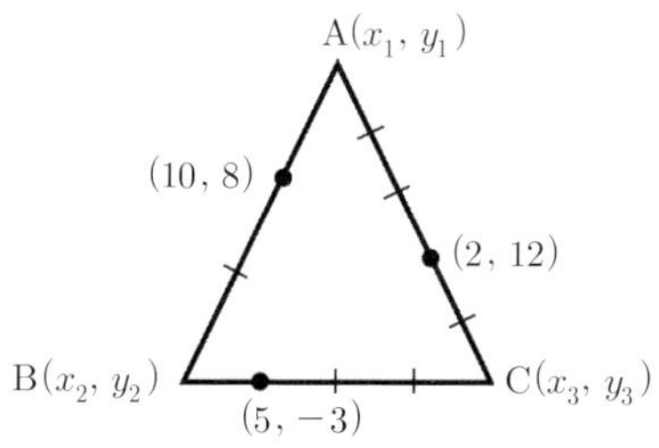


$$\left(\frac{1\cdot x_2+2\cdot x_1}{1+2}, \frac{1\cdot y_2+2\cdot y_1}{1+2}\right)=(10, 8)$$

$\therefore 2x_1+x_2=30 \cdots ㉠,\ 2y_1+y_2=24 \cdots ㉡$

$$\left(\frac{1\cdot x_3+3\cdot x_2}{1+3}, \frac{1\cdot y_3+3\cdot y_2}{1+3}\right)=(5, -3)$$

$\therefore 3x_2+x_3=20 \cdots ㉢,\ 3y_2+y_3=-12 \cdots ㉣$

$$\left(\frac{2\cdot x_1+3\cdot x_3}{2+3}, \frac{2\cdot y_1+3\cdot y_3}{2+3}\right)=(2, 12)$$

$\therefore 2x_1+3x_3=10 \cdots ㉤,\ 2y_1+3y_3=60 \cdots ㉥$

㉠+㉢+㉤을 하면

$4x_1+4x_2+4x_3=60 \quad \therefore x_1+x_2+x_3=15$

㉡+㉣+㉥을 하면

$4y_1+4y_2+4y_3=72 \quad \therefore y_1+y_2+y_3=18$

따라서 삼각형 ABC의 무게중심 G의 좌표는

$$G\left(\frac{x_1+x_2+x_3}{3}, \frac{y_1+y_2+y_3}{3}\right)$$

$G\left(\dfrac{15}{3}, \dfrac{18}{3}\right) \quad \therefore G(5, 6)$

$\therefore a=5, b=6$

$\therefore a+b=11$

**정답** 11

### 잎 1-3

**핵심** 밑변이 같은 직선 위에 있을 때, 직선 밖의 한 꼭짓점에서 각각의 밑변에 그어서 만든 삼각형들은 높이가 서로 같다.

(삼각형의 넓이)$=\dfrac{1}{2}\times$(밑변)$\times$(높이)이므로

삼각형의 높이가 같으면 삼각형의 넓이의 비는 밑변의 비와 같다.

**풀이** $\triangle ABP=\triangle APQ=\triangle AQC$, 즉 점 P, Q는 $\triangle$ABC의 넓이를 3등분 한다. 이때, 세 삼각형이 높이가 같으므로 점 P, Q는 $\overline{BC}$를 3등분 한다.

A(1, 2), B(−3, −2), C(3, 0)

i) 점 P는 $\overline{BC}$를 1:2로 내분하는 점이므로

$$P\left(\frac{1\cdot 3+2\cdot(-3)}{1+2}, \frac{1\cdot 0+2\cdot(-2)}{1+2}\right)$$

$\therefore P\left(\dfrac{-3}{3}, \dfrac{-4}{3}\right)$

ii) 점 Q는 BC를 2:1로 내분하는 점이므로

$$Q\left(\frac{2\cdot 3+1\cdot(-3)}{2+1}, \frac{2\cdot 0+1\cdot(-2)}{2+1}\right)$$

$\therefore Q\left(\dfrac{3}{3}, \dfrac{-2}{3}\right)$

**정답** $P\left(-1, -\dfrac{4}{3}\right), Q\left(1, -\dfrac{2}{3}\right)$

## 잎 1-4

**풀이** $\overline{AB}$의 연장선 위에 점 C가 있으므로 점 C는 $\overline{AB}$ 밖의 점이다.

$2\overline{AC}=3\overline{BC} \Leftrightarrow \overline{AC}:\overline{BC}=3:2$,

*두 점 A, B는 고정되었으므로 좌우 위치를 고려하여 수직선 위에 먼저 그려 놓는다.

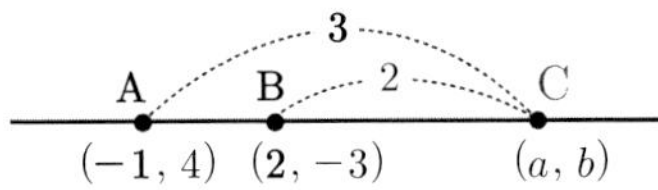


점 B는 $\overline{AC}$를 $1:2$로 내분하는 점이므로 $C(a, b)$라 하면

$A(-1, 4)$ $C(a, b)$

1 : 2

$\dfrac{1\cdot a+2\cdot(-1)}{1+2}=2$, $\dfrac{1\cdot b+2\cdot 4}{1+2}=-3$

$a-2=6$, $b+8=-9$ $\therefore a=8$, $b=-17$

따라서 점 C의 좌표는 $(8, -17)$이다.

**정답** $(8, -17)$

## 잎 1-5

**풀이** $\overline{AB}$의 연장선 위에 점 C가 있으므로 점 C는 $\overline{AB}$ 밖의 점이다.

$3\overline{AB}=2\overline{BC} \Leftrightarrow \overline{AB}:\overline{BC}=\mathbf{2}:3$

*두 점 A, B는 고정되었으므로 좌우 위치를 고려하여 수직선 위에 먼저 그려 놓는다.

i) 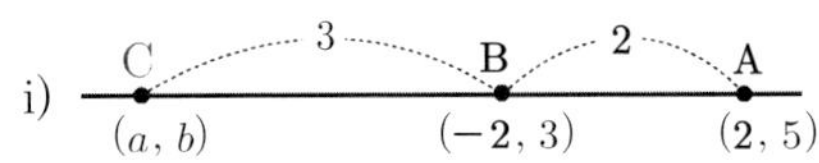


ii) 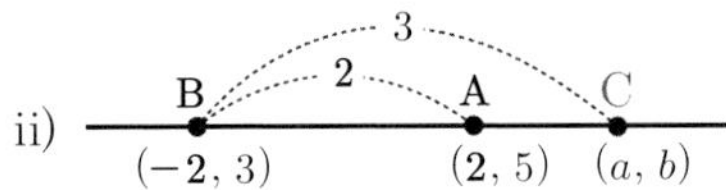


i)에서 점 B는 $\overline{CA}$를 $3:2$로 내분한 점이므로 $C(a, b)$라 하면

$C(a, b)$, $A(2, 5)$

3 : 2

$\dfrac{3\cdot 2+2\cdot a}{3+2}=-2$, $\dfrac{3\cdot 5+2\cdot b}{3+2}=3$

$2a+6=-10$, $2b+15=15$

$\therefore a=-8$, $b=0$

$\therefore C(-8, 0)$

ii)에서 점 A는 $\overline{BC}$를 $2:1$로 내분한 점이므로 $C(a, b)$라 하면

$B(-2, 3)$, $C(a, b)$

2 : 1

$\dfrac{2\cdot a+1\cdot(-2)}{2+1}=2$, $\dfrac{2\cdot b+1\cdot 3}{2+1}=5$

$2a-2=6$, $2b+3=15$

$\therefore a=4$, $b=6$

$\therefore C(4, 6)$

i), ii)에서 점 C의 좌표는 $(-8, 0)$, $(4, 6)$이다.

**정답** $(-8, 0)$, $(4, 6)$

## 잎 1-6

**풀이** $\overline{AB}$의 연장선 위에 점 C가 있으므로 점 C는 $\overline{AB}$ 밖의 점이다.

$2\overline{AB}=3\overline{BC} \Leftrightarrow \overline{AB}:\overline{BC}=\mathbf{3}:2$

*두 점 A, B는 고정되었으므로 좌우 위치를 고려하여 수직선 위에 먼저 그려 놓는다.

i) A 3 B 2 C
(−2, 5) (2, 3) (a, b)

ii) 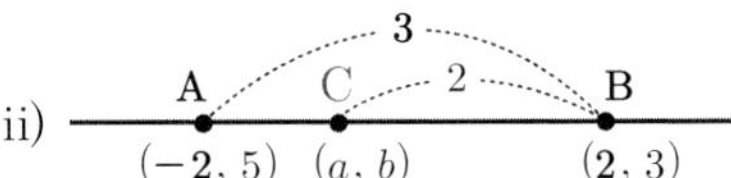


i)에서 점 B는 $\overline{AB}$를 $3:2$로 내분한 점이므로 $C(a, b)$라 하면

$A(-2, 5)$, $C(a, b)$

3 : 2

$\dfrac{3\cdot a+2\cdot(-2)}{3+2}=2$, $\dfrac{3\cdot b+2\cdot 5}{3+2}=3$

$3a-4=10$, $3b+10=15$ $\therefore a=\dfrac{14}{3}$, $b=\dfrac{5}{3}$

ii)에서 점 C는 $\overline{AB}$ 위에 있으므로 구하는 점이 아니다.

따라서 i)에서 점 C의 좌표는 $\left(\dfrac{14}{3}, \dfrac{5}{3}\right)$이다.

※ 줄기 2-3)과 같은 문제이다. [p.23]

**정답** $\left(\dfrac{14}{3}, \dfrac{5}{3}\right)$

## 잎 1-7

**주의** 내분점의 공식은 점 A, B의 수직선 위의 좌우 위치를 생각하지 말고 $\overline{AB}$, $\overline{BA}$에 따라 공식을 적용한다. [p.19]
$cf$)*공식과 달리 점을 수직선 위에 나타낼 때는 점의 좌우 위치를 생각해야 한다.

**풀이** $\overline{AB}$를 삼등분하는 점을 각각 P, Q라 하면

B $(-4, 6)$ — P — Q — A $(2, -3)$

i) 점 P는 $\overline{AB}$를 $2:1$로 내분한 점이므로
A$(2, -3)$, B$(-4, 6)$
$2 : 1$
$P\left(\dfrac{2\cdot(-4)+1\cdot2}{2+1}, \dfrac{2\cdot6+1\cdot(-3)}{2+1}\right)$
$\therefore P(-2, 3)$

ii) 점 Q는 $\overline{AB}$를 $1:2$로 내분한 점이므로
A$(2, -3)$, B$(-4, 6)$
$1 : 2$
$Q\left(\dfrac{1\cdot(-4)+2\cdot2}{1+2}, \dfrac{1\cdot6+2\cdot(-3)}{1+2}\right)$
$\therefore Q(0, 0)$

따라서 $\overline{AB}$를 삼등분하는 점의 좌표는 각각 $(-2, 3)$, $(0, 0)$이다.

**정답** $(-2, 3)$, $(0, 0)$

## 잎 1-8

**핵심** $\overline{AB}$를 $m:n$으로 내분한다고 하면
⇨*$m>0$, $n>0$

**풀이** $\overline{AB}$를 $a:(1-a)$로 내분하는 점의 좌표는
A$(-3, 4)$, B$(9, -3)$
$a : (1-a)$
$\left(\dfrac{a\cdot9+(1-a)\cdot(-3)}{a+(1-a)}, \dfrac{a\cdot(-3)+(1-a)\cdot4}{a+(1-a)}\right)$
$\therefore (12a-3, -7a+4)$
이 점이 제2사분면 위에 있으므로
$12a-3<0$, $-7a+4>0$ $\quad \therefore a<\dfrac{1}{4}$ ⋯㉠
또, $a:(1-a)$에서 *$a>0$, $1-a>0$
$\therefore 0<a<1$ ⋯㉡
㉠, ㉡의 공통 범위를 구하면 $0<a<\dfrac{1}{4}$

**주의** 사분면은 좌표축($x$축, $y$축)을 포함하지 않는다.

**정답** $0<a<\dfrac{1}{4}$

## 잎 1-9

**풀이** 선분 BC의 중점을 M이라 하고 삼각형 ABC의 무게중심을 G라 하면 오른쪽 그림과 같다.

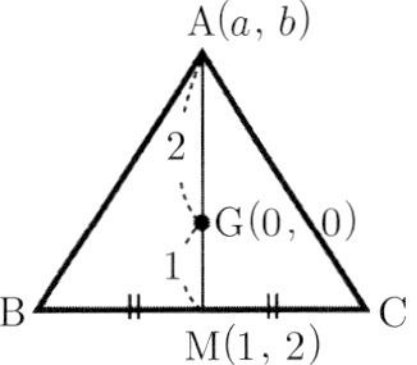


점 G는 $\overline{AM}$을 $2:1$로 내분한 점이므로
A$(a, b)$, M$(1, 2)$
$2 : 1$
$\dfrac{2\cdot1+1\cdot a}{2+1}=0$, $\dfrac{2\cdot2+1\cdot b}{2+1}=0$
$\therefore a=-2$, $b=-4$
$\therefore a\times b=8$

**정답** ②

## 잎 1-10

**풀이**

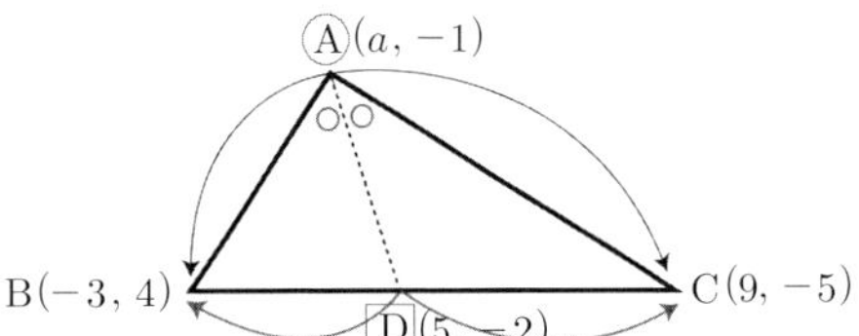


$\overline{AD}$는 $\angle A$의 이등분선이므로
$\overline{AB} : \overline{AC} = \overline{DB} : \overline{DC}$
$\overline{DB}=\sqrt{(-3-5)^2+(4+2)^2}=10$
$\overline{DC}=\sqrt{(9-5)^2+(-5+2)^2}=5$
$\therefore \overline{AB} : \overline{AC} = \overline{DB} : \overline{DC} = 10 : 5 = 2 : 1$
$\overline{AB} : \overline{AC} = 2 : 1$에서
$\overline{AB}=2\overline{AC}$
$\sqrt{(a+3)^2+5^2}=2\sqrt{(a-9)^2+4^2}$
$a^2+6a+34=4(a^2-18a+97)$
$3a^2-78a+354=0$
이 이차방정식의 근과 계수의 관계에 의하여 모든 $a$의 값의 합은 $\dfrac{78}{3}$, 즉 26이다.

**정답** 26

**잎 1-11**

**풀이** 점 P의 좌표를 $(x,\ y)$라 하면

$$\overline{AP}^2+\overline{BP}^2+\overline{CP}^2$$

$$=(x-x_1)^2+(y-y_1)^2+(x-x_2)^2+(y-y_2)^2+(x-x_3)^2+(y-y_3)^2$$

$$=3x^2-2(x_1+x_2+x_3)x+3y^2-2(y_1+y_2+y_3)y+{x_1}^2+{x_2}^2+{x_3}^2+{y_1}^2+{y_2}^2+{y_3}^2$$

$$=3\left(x-\frac{x_1+x_2+x_3}{3}\right)^2+3\left(y-\frac{y_1+y_2+y_3}{3}\right)^2-\frac{(x_1+x_2+x_3)^2}{3}-\frac{(y_1+y_2+y_3)^2}{3}+{x_1}^2+{x_2}^2+{x_3}^2+{y_1}^2+{y_2}^2+{y_3}^2$$

따라서 $x=\frac{x_1+x_2+x_3}{3}$, $y=\frac{y_1+y_2+y_3}{3}$ 일 때 $\overline{AP}^2+\overline{BP}^2+\overline{CP}^2$의 값이 최소이므로 점 P는 $\triangle$ABC의 무게중심이다.

**정답** 풀이 참조

**잎 1-12**

**풀이** 두 점 P, Q의 $x$좌표를 각각 $\alpha$, $\beta$라 하자.

곡선 $y=x^2-2x$와 직선 $y=3x+k$가 만나는 점이 P, Q이므로 두 식 $y=x^2-2x$, $y=3x+k$를 연립하여 얻은 방정식

$x^2-2x=3x+k$

$x^2-5x+k=0$

의 두 실근이 $\alpha$, $\beta$이다.

$\alpha+\beta=5$ ⋯ ㉠

$\alpha\beta=-k$ ⋯ ㉡

선분 PQ를 1 : 2로 내분하는 점의 $x$좌표가 1이므로

$\frac{1\cdot\beta+2\cdot\alpha}{1+2}=1$

$2\alpha+\beta=3$ ⋯ ㉢

㉠, ㉢을 연립하여 풀면

$\alpha=-2$, $\beta=7$

㉡에서 $k=-\alpha\beta=-(-2)\times7=14$

**정답** 14

CHAPTER 2 직선의 방정식

본문 p.33

## 줄기 문제

**[줄기 1-1]**

**풀이** 1) $y-y_1=m(x-x_1)$에 대입하면

$y-3=-5(x-2)$ $\quad\therefore y=-5x+13$

2) (기울기)$=\frac{y_2-y_1}{x_2-x_1}=\frac{(-2)-3}{3-(-2)}=-1$

방법 I 기울기가 $-1$이고 점 $(-2,\ 3)$을 지나므로

$y-3=-1(x+2)$ $\quad\therefore y=-x+1$

방법 II 기울기가 $-1$이고 점 $(3,\ -2)$를 지나므로

$y+2=-1(x-3)$ $\quad\therefore y=-x+1$

3) $\frac{x}{a}+\frac{y}{b}=1$ (단, $a\neq0$, $b\neq0$)에 대입하면

$\frac{x}{5}+\frac{y}{2}=1$ ⇨ 양변에 10을 곱하면

$2x+5y=10$

4) $x$절편이 2 ⇨ 점 $(2,\ 0)$

기울기가 3이고 점 $(2,\ 0)$을 지나므로

$y-0=3(x-2)$ $\quad\therefore y=3x-6$

4) $x$절편이 2이고, $y$절편을 $a$라 하면

$\frac{x}{2}+\frac{y}{a}=1$ ⇨ 양변에 $2a$을 곱하면

$ax+2y=2a$ $\quad\therefore y=-\frac{a}{2}x+a$ ⋯ ㉠

기울기가 3이므로 $-\frac{a}{2}=3$ $\quad\therefore a=-6$

이것을 ㉠에 대입하면 $y=3x-6$

5) $x$절편이 3 ⇨ 점 $(3,\ 0)$
두 점 $(3,\ 0)$, $(2,\ -4)$를 지나므로
$y-0=\frac{-4-0}{2-3}(x-3)$ $\quad\therefore y=4x-12$

5) $x$절편이 3이고, $y$절편을 $a$라 하면
$\frac{x}{3}+\frac{y}{a}=1$
이 직선이 점 $(2,\ -4)$를 지나므로
$\frac{2}{3}+\frac{-4}{a}=1$ ⇨ 양변에 $3a$를 곱하면
$2a-12=3a$ $\quad\therefore a=-12$
따라서 구하는 직선의 방정식은
$\frac{x}{3}+\frac{y}{-12}=1$ ⇨ 양변에 12를 곱하면
$4x-y=12$ $\quad\therefore y=4x-12$

정답 1) $y=-5x+13$ 2) $y=-x+1$
3) $2x+5y=10$ 4) $y=3x-6$
5) $y=4x-12$

## 줄기 1-2

풀이 $\triangle$ABC의 무게중심의 좌표는
$\left(\frac{1+2+(-6)}{3},\ \frac{3+(-1)+4}{3}\right)$, 즉
점 $(-1,\ 2)$를 지나고
$x$축에 수직인 직선을
그리면 오른쪽 그림과
같다.

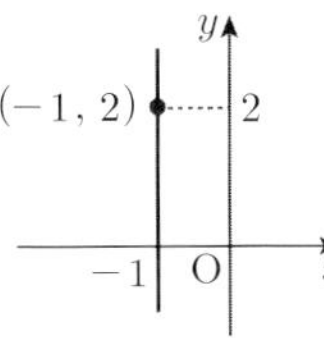


$\therefore x=-1$

정답 $x=-1$

## 줄기 1-3

풀이 $4x+ay=4a\ (a>0)$
i) $x=0$을 대입하면
$y$절편은 4
ii) $y=0$을 대입하면
$x$절편은 $a$

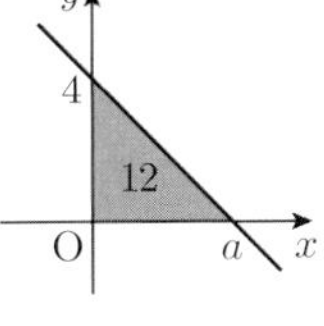


직선 $4x+ay=4a\ (a>0)$와 $x$축, $y$축으로 둘러싸인 직각삼각형의 넓이가 12이므로
$\frac{1}{2}\times a\times 4=12$ $\quad\therefore a=6$

정답 6

## 줄기 1-4

풀이 $x$축의 양의 방향과 이루는 각의 크기가 $45^\circ$이므로
(기울기)$=\tan 45^\circ=1$
$(m+1)x-y-n+2=0$에서
$y=(m+1)x-n+2$
i) 기울기가 1이므로 $m+1=1$ $\quad\therefore m=0$
ii) $y$절편이 4이므로 $-n+2=4$ $\quad\therefore n=-2$

정답 $m=0,\ n=-2$

## 줄기 1-5

풀이 $4x-6y+1=0$, 즉 $y=\frac{2}{3}x+\frac{1}{6}$의 기울기가 $\frac{2}{3}$이므로 평행한 직선의 기울기는 $\frac{2}{3}$이다.
따라서 기울기가 $\frac{2}{3}$이고 점 $(0,\ -2)$를 지나는 직선의 방정식은
$y+2=\frac{2}{3}(x-0)$ ⇨ 양변에 3을 곱하면
$3y+6=2x$ $\quad\therefore 2x-3y-6=0$
따라서 $a=2,\ b=-6$

정답 $a=2,\ b=-6$

## 줄기 1-6

풀이 두 점 $(a,\ -2)$, $(-2,\ 2a)$를 지나는 직선의 기울기가 2이므로
$\frac{2a-(-2)}{-2-a}=2$, $\quad 2a+2=-4-2a$
$4a=-6$ $\quad\therefore a=-\frac{3}{2}$
따라서 두 점 $\left(-\frac{3}{2},-2\right)$, $(-2,-3)$을 지난다.

방법 I 기울기는 2이고 점 $\left(-\frac{3}{2},\ -2\right)$를 지나는 직선의 방정식은
$y-(-2)=2\left\{x-\left(-\frac{3}{2}\right)\right\}$ $\quad\therefore y=2x+1$

방법 II 기울기는 2이고 점 $(-2,\ -3)$을 지나는 직선의 방정식은
$y-(-3)=2\{x-(-2)\}$ $\quad\therefore y=2x+1$

정답 $y=2x+1$

## [줄기 1-7]

**풀이** 세 점 A, B, C가 한 직선 위에 있으려면 직선 AB와 AC의 기울기가 같아야 하므로

> 직선 BC의 기울기는 분모, 분자에 문자 $a$가 있으므로 계산이 복잡해진다.
> 따라서 직선 BC의 기울기를 쓰지 말자.

$\frac{a-0}{4-1}=\frac{2-0}{a-1}$ …㉠

$\frac{a}{3}=\frac{2}{a-1}$, $a(a-1)=6$

$a^2-a-6=0$, $(a-3)(a+2)=0$

$\therefore a=-2$ ($\because a<0$)

이것을 ㉠에 대입하면 기울기는 $-\frac{2}{3}$ 이다.

이때, 점 $(1,\ 0)$을 지나므로 직선의 방정식은

$y-0=-\frac{2}{3}(x-1)$ $\quad\therefore y=-\frac{2}{3}x+\frac{2}{3}$

**정답** $y=-\frac{2}{3}x+\frac{2}{3}$

## [줄기 1-8]

**풀이** 세 점 A, B, C가 삼각형을 이루지 않으려면 세 점 A, B, C가 한 직선 위에 있어야 한다.
따라서 직선 AB와 AC의 기울기가 같아야 하므로

> 직선 BC의 기울기는 분모, 분자에 문자 $a$가 있으므로 계산이 복잡해진다.
> 따라서 직선 BC의 기울기를 쓰지 말자.

$\frac{a-0}{4-1}=\frac{2-0}{a-1}$, 즉 $\frac{a}{3}=\frac{2}{a-1}$

$a(a-1)=6$, $a^2-a-6=0$

$(a-3)(a+2)=0$ $\quad\therefore a=-2$ 또는 $a=3$

**정답** $-2$ 또는 $3$

## [줄기 1-9]

**풀이** 직선 $\frac{x}{3}+\frac{y}{5}=1$과 $x$축, $y$축의 교점을 각각 A, B라 하면 A$(3, 0)$, B$(0, 5)$

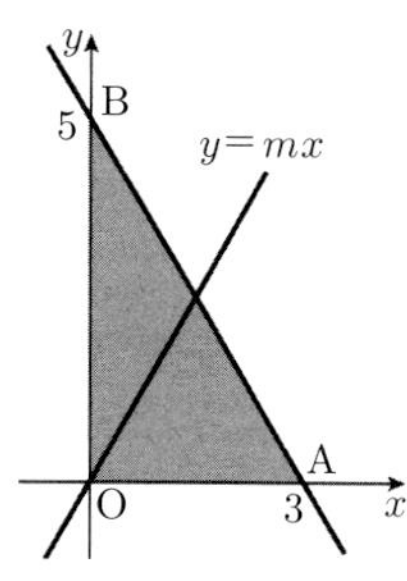


점 O를 지나는 직선 $y=mx$가 $\triangle$OAB의 넓이를 이등분하려면 $\overline{\text{AB}}$의 중점을 지나야 한다.

이때 $\overline{\text{AB}}$의 중점의 좌표는

$\left(\frac{3+0}{2}, \frac{0+5}{2}\right)$, 즉 $\left(\frac{3}{2}, \frac{5}{2}\right)$

따라서 직선 $y=mx$는 점 $\left(\frac{3}{2}, \frac{5}{2}\right)$를 지나므로

$\frac{5}{2}=m\cdot\frac{3}{2}$ $\quad\therefore m=\frac{5}{3}$

**정답** $\frac{5}{3}$

## [줄기 1-10]

**핵심** 평행사변형의 넓이는 두 대각선의 교점을 지나는 직선에 의하여 이등분된다.
($\because$ 평행사변형은 두 대각선의 교점에 대하여 점대칭인 도형이다.)

**풀이** 제1사분면에 있는 직사각형의 대각선의 교점은 두 점 $(1,\ 1)$, $(3,\ 5)$의 중점이다.

$\therefore \left(\frac{1+3}{2}, \frac{1+5}{2}\right)$, 즉 $(2,\ 3)$

제3사분면에 있는 직사각형의 대각선의 교점은 두 점 $(-2,\ -3)$, $(-4,\ -5)$의 중점이다.

$\left(\frac{-2+(-4)}{2}, \frac{-3+(-5)}{2}\right)$, 즉 $(-3,\ -4)$

두 직사각형의 넓이를 동시에 이등분하는 직선은 두 점 $(2,\ 3)$, $(-3,\ -4)$를 동시에 지나므로

$y-3=\frac{-4-3}{-3-2}(x-2)$

$y-3=\frac{7}{5}(x-2)$ ⇨ 양변에 5를 곱하면

$5y-15=7x-14$ $\quad\therefore 7x-5y+1=0$

**정답** $7x-5y+1=0$

**[줄기 1-11]**

**풀이** 직선 $ax+by+c=0$, 즉 $y=-\frac{a}{b}x-\frac{c}{b}$가 $x$축에 평행하고 제1, 2 사분면을 지나므로 기울기는 0이고 $y$절편은 양수이다. 따라서

$-\frac{a}{b}=0$, $-\frac{c}{b}>0$ (단, $b\neq0$)

$\therefore a=0$, $\frac{c}{b}<0$

$\frac{c}{b}<0$에서 $b$와 $c$의 부호가 다름을 알 수 있다.

$\therefore bc<0$

**정답** ③

**[줄기 1-12]**

**풀이** $(2k-1)x+ky=2k+3$을 $k$에 대하여 정리하면

($\because$ '$k$의 값에 관계없이'라는 말이 있다.)

$(2x+y-2)k+(-x-3)=0$

이 식이 $k$의 값에 관계없이 항상 성립하려면

$2x+y-2=0$, $-x-3=0$

이 두 식을 연립하여 풀면 $x=-3$, $y=8$

$\therefore (-3,\ 8)$

**정답** $(-3,\ 8)$

**[줄기 1-13]**

**풀이** $(k\quad 2)x+(2k-3)y+3k-2=0$을 $k$에 대하여 정리하면

($\because$ '$k$의 값에 관계없이'라는 말이 있다.)

$(x+2y+3)k+(-2x-3y-2)=0$

이 식이 $k$의 값에 관계없이 항상 성립하려면

$x+2y+3=0$, $-2x-3y-2=0$

이 두 식을 연립하여 풀면 $x=5$, $y=-4$

$\therefore (5,\ -4)$

**정답** $(5,\ -4)$

**[줄기 1-14]**

**핵심** 둘 중 고정된 그래프를 먼저 그린 후 움직이는 그래프를 이동시켜본다.

**풀이** 두 점 A$(-1,0)$, B$(0,2)$를 잇는 $\overline{AB}$는 고정된 그래프이므로 먼저 그려놓는다.

$y=m(x-1)+2$ ⋯㉠는 $m$의 값에 관계없이 점 $(1,\ 2)$를 지난다.

($\because x=1$이면 $y=m\cdot0+2$, 즉 $m$에 어떤 값을 대입해도 $y=2$이다.)

직선 ㉠의 기울기는 $m$이고 우측 그림과 같이 직선 ㉠을 $\overline{AB}$와 만나도록 움직여 본다. 따라서 직선 ㉠은 우측 그림과 같이

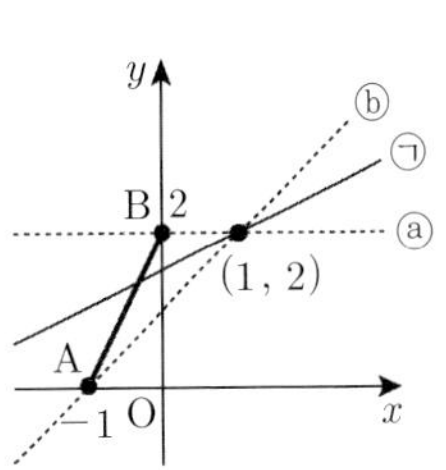


직선 ⓐ와 ⓑ 이내에 있어야 한다.

직선 ⓐ의 기울기는 0이고, 직선 ⓑ의 기울기는 1이므로 조건을 만족시키기 위한 직선 ㉠의 기울기 $m$의 범위는 $0\le m\le1$이다.

**참고** **사이 vs 이내**

사이 : 일정한 범위와 한도 안을 뜻하며 기준으로 제시한 말은 제외한다.
예를 들어 1등급과 5등급 사이라고 하면 2, 3, 4등급을 말한다.

이내 : 일정한 범위와 한도 안을 뜻하며 기준으로 제시한 말도 포함한다.
예를 들어 1등급과 5등급 이내라고 하면 1, 2, 3, 4, 5등급을 말한다.

**정답** $0\le m\le1$

**[줄기 1-15]**

**방법 I** 두 직선 $x-y-4=0$, $x+3y+4=0$의 교점을 지나는 직선의 방정식은

$(x-y-4)k+(x+3y+4)=0$ ($k$는 실수)

$(k+1)x+(-k+3)y+(-4k+4)=0$ ⋯ ㉠

직선 ㉠의 기울기가 $-\frac{1}{3}$이려면

$-\frac{k+1}{-k+3}=-\frac{1}{3}$, $3(k+1)=-k+3$

$4k=0\quad \therefore k=0$

$k=0$를 ㉠에 대입하면 $x+3y+4=0$

**방법 Ⅱ** $x-y-4=0$, $x+3y+4=0$을 연립하여 풀면

$x=2$, $y=-2$ $\quad\therefore$ 교점 $(2, -2)$

따라서 교점 $(2, -2)$를 지나고 기울기가

$-\frac{1}{3}$인 직선의 방정식은

$y+2=-\frac{1}{3}(x-2)$ ⇨ 양변에 3을 곱하면

$3y+6=-x+2 \quad \therefore x+3y+4=0$

**정답** $x+3y+4=0$

## [줄기 2-1]

**풀이** 1) 두 점 $(1, 2)$, $(3, 4)$를 지나는 직선의 기울기는 $\frac{4-2}{3-1}=1$이므로 이 직선에 수직인 직선의 기울기는 $-1$이다.
따라서 기울기가 $-1$이고 점 $(-2, 3)$을 지나는 직선의 방정식은
$y-3=-1(x+2) \quad \therefore y=-x+1$

2) 두 점 $(-1, 2)$, $(-3, -4)$를 지나는 직선의 기울기는 $\frac{-4-2}{-3-(-1)}=3$이므로 이 직선에 평행한 직선의 기울기는 3이다.
따라서 기울기가 3이고 점 $(-2, -3)$을 지나는 직선의 방정식은
$y+3=3(x+2) \quad \therefore y=3x+3$

**정답** 1) $y=-x+1$ 2) $y=3x+3$

## [줄기 2-2]

**핵심** (두 직선이 만나지 않는다.)
⇔ (두 직선이 평행하다.)

**풀이** 두 직선이 만나지 않으려면 평행해야 하므로

$\frac{a}{2}=\frac{-6}{-(2a-5)}\neq\frac{2}{1} \cdots$ ㉠

$\frac{a}{2}=\frac{6}{2a-5}$에서 $a(2a-5)=12$

$2a^2-5a-12=0$, $(2a+3)(a-4)=0$

$\therefore a=\frac{-3}{2}$ ($\cancel{a=4}$ $\because$ ㉠)

**정답** $-\frac{3}{2}$

## [줄기 2-3]

**풀이** $\overline{AB}$의 중점의 좌표는

$\left(\frac{3+1}{2}, \frac{4+(-6)}{2}\right)$, 즉 $(2, -1)$이다.

두 점 A, B를 지나는 직선의 기울기는

$\frac{-6-4}{1-3}=5$

즉 $\overline{AB}$의 수직이등분선의 기울기는 $-\frac{1}{5}$이다.

따라서 기울기가 $-\frac{1}{5}$이고 점 $(2, -1)$을 지나는 직선의 방정식은

$y+1=-\frac{1}{5}(x-2) \quad \therefore y=-\frac{1}{5}x-\frac{3}{5}$

이 직선이 점 $(a, -3)$을 지나므로

$-3=-\frac{1}{5}a-\frac{3}{5} \quad \therefore a=12$

**정답** 12

## [줄기 2-4]

**풀이** $\overline{AB}$의 중점의 좌표는 $\left(3, \frac{a+1}{2}\right)$이다.

직선 $x-2y+b=0$이 이 점을 지나므로

$3-2\cdot\frac{a+1}{2}+b=0 \quad \therefore a-b=2 \cdots$ ㉠

직선 $x-2y+b=0$의 기울기가 $\frac{1}{2}$이므로

이 직선에 수직인 $\overline{AB}$의 기울기는 $-2$이다.

따라서 $\frac{1-a}{4-2}=-2 \quad \therefore a=5 \cdots$ ㉡

㉠, ㉡을 연립하여 풀면 $a=5$, $b=3$

**정답** $a=5$, $b=3$

## [줄기 2-5]

**풀이** $2x+y=-3 \cdots$ ㉠, $x-y=4 \cdots$ ㉡, $ax-y=0 \cdots$ ㉢

세 직선이 좌표평면을 6개의 영역으로 나누는 경우는 (그림) (그림) 이다.

i) 세 직선 중 두 직선이 평행할 때,
직선 ㉠, ㉡은 기울기가 각각 $-2$, 1이므로 평행하지 않다.

두 직선 ㉠, ㉢이 평행한 경우는

$\frac{2}{a}=\frac{1}{-1}\neq\frac{-3}{0}$ (×) *분모가 0이므로 오류

$\frac{a}{2}=\frac{-1}{1}\neq\frac{0}{-3}$ $\therefore a=-2$

두 직선 ㉡, ㉢이 평행한 경우는

$\frac{1}{a}=\frac{-1}{-1}\neq\frac{4}{0}$ (×) *분모가 0이므로 오류

$\frac{a}{1}=\frac{-1}{-1}\neq\frac{0}{4}$ $\therefore a=1$

ii) 세 직선이 한 점에서 만날 때,
두 직선 ㉠, ㉡의 교점을 직선 ㉢이 지난다.

㉠, ㉡을 연립하여 풀면 $x=\frac{1}{3}$, $y=-\frac{11}{3}$

즉 ㉠, ㉡의 교점의 좌표는 $\left(\frac{1}{3}, -\frac{11}{3}\right)$

직선 ㉢이 교점 $\left(\frac{1}{3}, -\frac{11}{3}\right)$을 지나므로

$\frac{1}{3}a+\frac{11}{3}=0$ $\therefore a=-11$

따라서 i), ii)에서 실수 $a$의 값은
$-2$, $1$, $-11$

정답 $-11$, $-2$, $1$

## 줄기 2-6

풀이 $ax+4y=-3$, $-2x+by=2$, $x+2y=1$의 서로 다른 세 직선이 좌표평면을 4개의 부분으로 나누려면
오른쪽 그림과 같이 세 직선이 모두 평행해야 하므로

$\frac{a}{-2}=\frac{4}{b}\neq\frac{-3}{2}$ $\therefore ab=-8$ ⋯㉠

$\frac{-2}{1}=\frac{b}{2}\neq\frac{2}{1}$ $\therefore b=-4$ ⋯㉡

㉠, ㉡을 연립하여 풀면 $a=2$, $b=-4$

정답 $a=2$, $b=-4$

## 줄기 2-7

풀이 $x+y=0$ ⋯㉠
$3x-y-k=0$ ⋯㉡
$2x-y-3=0$ ⋯㉢

위의 서로 다른 세 직선이 좌표평면을 7개의 부분으로 나누려면
오른쪽 그림과 같이 평행한 직선이 없어야 하고 세 직선이 한 점에서 만나지 않아야 한다.

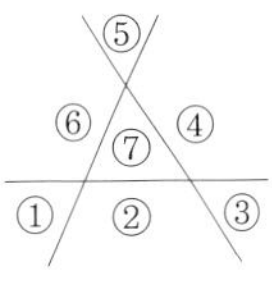


이때 ㉠, ㉡, ㉢ 중 어느 직선도 평행하지 않으므로 세 직선이 한 점에서 만나지 않으면 된다.
두 직선 ㉠, ㉢의 교점을 구하면 $(1, -1)$이고 직선 ㉡이 이 점을 지나지 않아야 하므로
$3\cdot1-(-1)-k\neq0$ $\therefore k\neq4$

정답 $k\neq4$인 모든 실수

## 줄기 3-1

풀이 $x+2y=0$, $x+3y=1$을 연립하여 풀면
$x=-2$, $y=1$
따라서 교점의 좌표는 $(-2, 1)$이다.
$y=3x+2$를 일반형으로 고치면 $3x-y+2=0$
점 $(-2, 1)$과 $3x-y+2=0$ 사이의 거리는

$\frac{|3\cdot(-2)-1+2|}{\sqrt{3^2+(-1)^2}}=\frac{5}{\sqrt{10}}=\frac{5}{10}\sqrt{10}$

정답 $\frac{\sqrt{10}}{2}$

## 줄기 3-2

풀이 $x-y=2$, $2x-3y=1$을 연립하여 풀면
$x=5$, $y=3$
따라서 교점의 좌표는 $(5, 3)$이다.
이때, 점 $(2, 1)$을 지나는 직선의 기울기를 $m$이라 하면 직선의 방정식은
$y-1=m(x-2)$ $\therefore y=m(x-2)+1$ ⋯㉠
㉠을 일반형으로 고치면 $mx-y-2m+1=0$
점 $(5, 3)$과 직선 $mx-y-2m+1=0$ 사이의 거리가 2이므로

$\frac{|m\cdot5-3-2m+1|}{\sqrt{m^2+(-1)^2}}=2$

$|3m-2|=2\sqrt{m^2+1}$ ⇨ 양변을 제곱하면

$(3m-2)^2=4(m^2+1)$

$5m^2-12m=0$, $m(5m-12)=0$

$\therefore m=0$ 또는 $m=\dfrac{12}{5}$

이것을 ㉠에 각각 대입하면

i) $m=0$일 때, $y=0\cdot(x-2)+1$ $\quad\therefore y=1$

ii) $m=\dfrac{12}{5}$일 때, $y=\dfrac{12}{5}\cdot(x-2)+1$

$5y=12(x-2)+5$ $\quad\therefore 12x-5y-19=0$

i), ii)에서 구하는 직선의 방정식은

$y=1$ 또는 $12x-5y-19=0$

정답 $y=1$ 또는 $12x-5y-19=0$

### [줄기 3-3]

풀이 $3x-4y-1=0$, 즉 $y=\dfrac{3}{4}x-\dfrac{1}{4}$의 기울기가 $\dfrac{3}{4}$이므로 수직인 직선의 기울기는 $-\dfrac{4}{3}$이다.

구하는 직선의 방정식을 $y=-\dfrac{4}{3}x+k\cdots$㉠로 놓고, 이것을 일반형으로 고치면

$\dfrac{4}{3}x+y-k=0$ ⇨ 양변에 3을 곱한다.

$4x+3y-3k=0\cdots$㉡

점 $(0,\ 0)$과 직선 ㉡ 사이의 거리가 $\dfrac{6}{5}$이므로

$\dfrac{|4\cdot0+3\cdot0-3k|}{\sqrt{4^2+3^2}}=\dfrac{6}{5}$, $\quad\dfrac{|3k|}{\sqrt{25}}=\dfrac{6}{5}$

$\dfrac{3|k|}{5}=\dfrac{6}{5}$, $|k|=2$ $\quad\therefore k=\pm2$

$k=\pm2$를 ㉡에 대입하면

$4x+3y-6=0$ 또는 $4x+3y+6=0$

정답 $4x+3y-6=0$ 또는 $4x+3y+6=0$

### [줄기 3-4]

풀이 직선 $3x-y+2=0$ 위의 점 $(0,\ 2)$와 직선 $6x-2y+k=0$ 사이의 거리가 $\sqrt{10}$이므로

$\dfrac{|6\cdot0-2\cdot2+k|}{\sqrt{6^2+(-2)^2}}=\sqrt{10}$, $\quad\dfrac{|-4+k|}{\sqrt{40}}=\sqrt{10}$

$|k-4|=20$, $k-4=\pm20$, $k=4\pm20$

$\therefore k=24$ 또는 $k=-16$

정답 $-16$ 또는 $24$

### [줄기 3-5]

풀이 $ax+2y-4=0$, $6x-2y+b=0$이 평행하므로

$\dfrac{a}{6}=\dfrac{2}{-2}\neq\dfrac{-4}{b}$ $\quad\therefore a=-6,\ b\neq4$

직선 $-6x+2y-4=0$ 위의 점 $(0,\ 2)$와 직선 $6x-2y+b=0$ 사이의 거리가 $\sqrt{10}$이므로

$\dfrac{|6\cdot0-2\cdot2+b|}{\sqrt{6^2+(-2)^2}}=\sqrt{10}$, $\quad\dfrac{|-4+b|}{\sqrt{40}}=\sqrt{10}$

$|b-4|=20$, $b-4=\pm20$, $b=4\pm20$

$\therefore b=24$ 또는 $b=-16$

그런데 $b>0$이므로 $b=24$

정답 $a=-6$, $b=24$

### [줄기 3-6]

풀이 주어진 두 직선의 방정식을 일반형으로 고치면

$x+2y-3=0$, $x-2y+3=0$

(두 직선이 이루는 각의 이등분선은 2개 있다.)

각의 이등분선 위의 임의의 점을 $\mathrm{P}(x,\ y)$라 하면 점 P에서 두 직선 $x+2y-3=0$, $x-2y+3=0$에 이르는 거리가 같으므로

$\dfrac{|x+2y-3|}{\sqrt{1^2+2^2}}=\dfrac{|x-2y+3|}{\sqrt{1^2+(-2)^2}}$

$|x+2y-3|=|x-2y+3|$

$x+2y-3=\pm(x-2y+3)$

$\therefore 4y-6=0$ 또는 $2x=0$

$\therefore y=\dfrac{3}{2}$ 또는 $x=0$

정답 $x=0$ 또는 $y=\dfrac{3}{2}$

### [줄기 3-7]

풀이 조건을 만족시키는 점 P의 좌표를 $(x,\ y)$라 하면, 점 $\mathrm{P}(x,\ y)$에서 두 직선 $x+2y+1=0$, $6x-3y+1=0$에 이르는 거리가 같으므로

$\dfrac{|x+2y+1|}{\sqrt{1^2+2^2}}=\dfrac{|6x-3y+1|}{\sqrt{6^2+(-3)^2}}$

$3|x+2y+1|=|6x-3y+1|$

$3(x+2y+1)=\pm(6x-3y+1)$

$\therefore -3x+9y+2=0$ 또는 $9x+3y+4=0$

정답 $3x-9y-2=0$ 또는 $9x+3y+4=0$

## [줄기 3-8]

**풀이** $y=x$ ⋯㉠, $y=2x+1$ ⋯㉡, $x+y=4$ ⋯㉢

㉠, ㉡을 연립하여 풀면 $x=-1$, $y=-1$

㉠, ㉢을 연립하여 풀면 $x=2$, $y=2$

㉡, ㉢을 연립하여 풀면 $x=1$, $y=3$

따라서 꼭짓점 $(-1, -1)$, $(2, 2)$, $(1, 3)$

**방법Ⅰ** 「강추」 삼각형은 꼭짓점의 위치의 확인 없이 사선공식을 이용할 수 있으므로

$$S=\frac{1}{2}\left|\begin{matrix} -1 & 2 & 1 & -1 \\ -1 & 2 & 3 & -1 \end{matrix}\right|$$

$$=\frac{1}{2}|(-2+6-1)-(-2+2-3)|$$

$$=\frac{1}{2}|3+3|=3$$

**방법Ⅱ** 「비추」

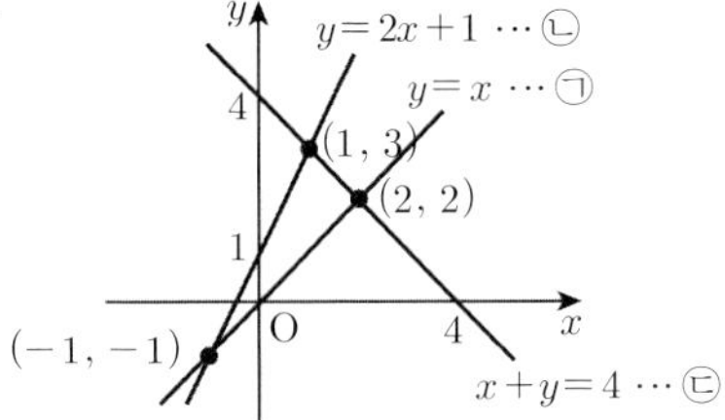


두 점 $(1, 3)$, $(2, 2)$ 사이의 거리는

$\sqrt{(2-1)^2+(2-3)^2}=\sqrt{2}$

점 $(-1, -1)$과 직선 $x+y=4$, 즉

$x+y-4=0$ 사이의 거리는

$\dfrac{|-1+(-1)-4|}{\sqrt{1^2+1^2}}=\dfrac{6}{\sqrt{2}}=3\sqrt{2}$

$\therefore$ 삼각형의 넓이는 $\dfrac{1}{2}\cdot\sqrt{2}\cdot 3\sqrt{2}=3$

**참고** 방법Ⅱ는 삼각형 이외의 다각형의 넓이를 구할 때 이용하면 시간도 많이 걸리고 너무 복잡하여 비추이다. 따라서 꼭짓점의 좌표를 아는 다각형의 넓이 구할 때는 고민 없이 방법Ⅰ을 이용하도록 하자. 방법Ⅰ은 모든 다각형에서 이용이 가능하다. ^^

**정답** 3

## 풀이 잎 문제

### 잎 2-1

**풀이** $y=ax-8$, $y=x+b$의 교점이 $(3, 4)$이므로 이 두 식에 $x=3$, $y=4$를 각각 대입하면

$4=3a-8$, $4=3+b$ $\quad\therefore a=4$, $b=1$

따라서 두 직선 $y=4x-8$, $y=x+1$의 $x$절편을 각각 구하면

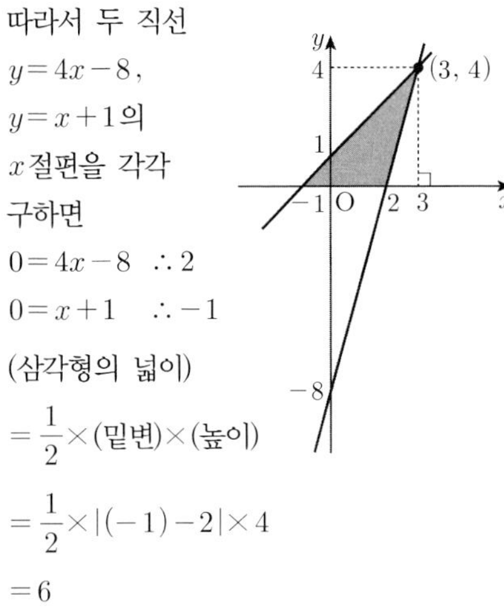


$0=4x-8$ $\therefore 2$

$0=x+1$ $\quad\therefore -1$

(삼각형의 넓이)

$=\dfrac{1}{2}\times$(밑변)$\times$(높이)

$=\dfrac{1}{2}\times|(-1)-2|\times 4$

$=6$

**정답** 6

### 잎 2-2

**풀이** $mx+y-2m+1=0$, 즉 $y=-m(x-2)-1$ ⋯㉠

은 $m$의 값에 관계없이 점 $(2, -1)$을 지난다.

($\because x=2$이면 $y=-m\cdot 0-1$, 즉 $m$에 어떤 값을 대입해도 $y=-1$이다.)

이때, 직선 ㉠이 꼭짓점 $\mathrm{A}(2, -1)$을 지나므로 $\triangle\mathrm{ABC}$의 넓이를 이등분하려면 $\overline{\mathrm{BC}}$의 중점 $(4, 2)$를 지나야 한다. 따라서

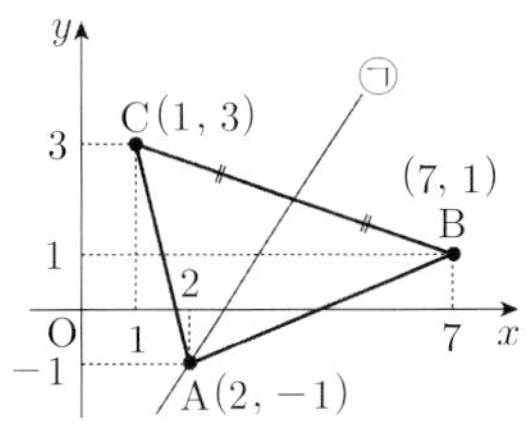


$2=-m(4-2)-1$

$2m=-3$ $\quad\therefore m=-\dfrac{3}{2}$

이때, 기울기는 $-m$이므로 (기울기)$=\dfrac{3}{2}$

**정답** $\dfrac{3}{2}$

## 잎 2-3

**풀이** i) $\overline{AB}$의 중점의 좌표는

$\left(\frac{3-5}{2}, \frac{-2+4}{2}\right)$, 즉 $(-1, 1)$

ii) 두 점 A, B를 지나는 직선의 기울기는

$\frac{4-(-2)}{-5-3}=-\frac{3}{4}$

즉 $\overline{AB}$의 수직이등분선은 기울기가 $\frac{4}{3}$이고

점 $(-1, 1)$를 지나므로 직선의 방정식은

$y-1=\frac{4}{3}(x+1)$ ⇨ 양변에 3을 곱하면

$3y-3=4x+4 \quad \therefore 4x-3y=-7 \cdots$ ㉠

㉠이 $mx+ny=1$과 일치해야 하므로

㉠의 양변을 $-7$로 나누면

$\frac{4}{-7}x+\frac{3}{7}y=1 \quad \therefore m=\frac{4}{-7}, n=\frac{3}{7}$

**정답** $m=-\frac{4}{7}, n=\frac{3}{7}$

## 잎 2-4

**풀이** 두 직선 $mx-y+3=0$, $nx-2y-2=0$이 수직이므로

$mn+(-1)\cdot(-2)=0 \quad \therefore mn=-2$

두 직선 $mx-y+3=0$, $(3-n)x-y-1=0$이 평행하므로

$\frac{m}{3-n}=\frac{-1}{-1}\neq\frac{3}{-1}$

$\frac{m}{3-n}=1$에서 $m=3-n \quad \therefore m+n=3$

$m^2+n^2=(m+n)^2-2mn$

$=3^2-2\cdot(-2)=13$

**정답** 13

## 잎 2-5

**풀이** 세 직선 $x+2y=4 \cdots$㉠, $4x-6y=5 \cdots$㉡, $ax+y=2 \cdots$㉢로 둘러싸인 삼각형이 직각삼각형이 되려면 어느 두 직선은 수직이어야 한다.

㉠, ㉡, ㉢의 기울기가 각각 $-\frac{1}{2}$, $\frac{2}{3}$, $-a$이므로 ㉠, ㉡은 수직이 될 수 없다. 따라서

i) ㉠, ㉢이 수직일 때,

$-\frac{1}{2}\cdot(-a)=-1 \quad \therefore a=-2$

ii) ㉡, ㉢이 수직일 때,

$\frac{2}{3}\cdot(-a)=-1 \quad \therefore a=\frac{3}{2}$

따라서 i), ii)에서 $a$의 값은 $-2, \frac{3}{2}$

**정답** $-2, \frac{3}{2}$

## 잎 2-6

**풀이** 직선 $y=x+3$의 $x$절편이 $-3$이고, $y$절편이 3이므로 점 B, C의 좌표는 각각 B$(-3, 0)$, C$(0, 3)$

$\triangle BOC$

$=\frac{1}{2}\times3\times3$

$=\mathbf{\frac{9}{2}}$

$\triangle ABO$

$=2\triangle BOC$

$=2\times\frac{9}{2}$

$=9$

$\therefore \triangle AOC=\frac{9}{2}$

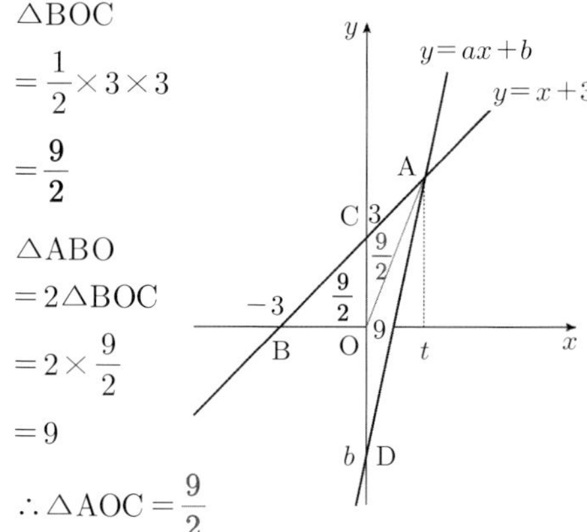


$\triangle ACD=3\triangle BOC=3\cdot\mathbf{\frac{9}{2}}=\frac{27}{2}$

$\triangle ACD=\triangle AOC+\triangle AOD$이므로

$\frac{27}{2}=\frac{9}{2}+\triangle AOD \quad \therefore \triangle AOD=9$

삼각형의 높이가 같으면 삼각형의 넓이의 비는 밑변의 비와 같다.

$\triangle AOD$는 $\triangle AOC$와 높이가 같고 넓이는 2배이므로 밑변의 길이가 2배이다.

즉, $\overline{OD}=2\overline{OC} \quad \therefore D(0, -6) \quad \therefore b=-6$

또한, $\triangle ACO$에서 $\frac{9}{2}=\frac{1}{2}\cdot3\cdot t \quad \therefore t=3$

즉, 점 A의 $x$좌표는 3이고, 점 A는 직선 $y=x+3$ 위의 점이므로 $x=3$을 대입하여 점 A의 좌표를 구하면 $(3, 6)$이다. 따라서 직선 $y=ax-6$이 점 A$(3, 6)$을 지나므로

$6=3a-6 \quad \therefore a=4$

**정답** ④

**잎 2-7**

**풀이** $6x-8y=5$에서 $6x-8y-5=0$

점 $(2, k)$와 이 직선 사이의 거리가 2이므로

$\dfrac{|6\cdot 2-8\cdot k-5|}{\sqrt{6^2+(-8)^2}}=2$, $\dfrac{|7-8k|}{\sqrt{100}}=2$

$|8k-7|=20$, $8k-7=\pm 20$, $8k=7\pm 20$

$\therefore k=\dfrac{27}{8}$ 또는 $k=-\dfrac{13}{8}$

이때, 점 $(2, k)$는 제4사분면 위의 점이므로

$k=-\dfrac{13}{8}$

**정답** $-\dfrac{13}{8}$

**잎 2-8**

**풀이** i) $y=\dfrac{1}{2}x$, $y=-2x+k$를 연립하여 풀면

$x=\dfrac{2}{5}k$, $y=\dfrac{k}{5}$ $\quad\therefore \mathrm{A}\left(\dfrac{2}{5}k, \dfrac{1}{5}k\right)$

ii) $y=3x$, $y=-2x+k$를 연립하여 풀면

$x=\dfrac{k}{5}$, $y=\dfrac{3}{5}k$ $\quad\therefore \mathrm{B}\left(\dfrac{1}{5}k, \dfrac{3}{5}k\right)$

$\triangle$OAB의 무게중심의 좌표가 $\left(2, \dfrac{8}{3}\right)$이므로

$\left(\dfrac{0+\frac{2}{5}k+\frac{1}{5}k}{3}, \dfrac{0+\frac{1}{5}k+\frac{3}{5}k}{3}\right)=\left(2, \dfrac{8}{3}\right)$

$\dfrac{3}{5}k\div 3=2$, $\dfrac{4}{5}k\div 3=\dfrac{8}{3}$

$\dfrac{3}{5}k\times\dfrac{1}{3}=2$, $\dfrac{4}{5}k\times\dfrac{1}{3}=\dfrac{8}{3}$ $\quad\therefore k=10$

**정답** ⑤

**잎 2-9**

**핵심** 삼각형은 예외적으로 꼭짓점의 위치 확인 없이 사선공식을 이용할 수 있다.

**풀이** 점 $\mathrm{P}(a, b)$는 $y=x^2$ 위의 점이므로 $b=a^2$

$\therefore \mathrm{P}(a, a^2)$

$\triangle$APB의 넓이가 $\dfrac{5}{2}$이므로

$\dfrac{1}{2}\left|\begin{matrix}1 & 0 & a & 1\\ 0 & 1 & a^2 & 0\end{matrix}\right|=\dfrac{1}{2}|1-(a+a^2)|=\dfrac{5}{2}$

$|-a^2-a+1|=5$ (어렵다.)

$|a^2+a-1|=5$ (쉽다.)

$a^2+a-1=\pm 5$

$a^2+a-6=0$ 또는 $a^2+a+4=0$

$(a+3)(a-2)=0$ 또는 $\left(a+\dfrac{1}{2}\right)^2+\dfrac{15}{4}=0$

$\therefore a=2$ $(\because a>0)$

따라서 $b=a^2=2^2=4$

$\therefore a=2$, $b=4$

**정답** $a=2$, $b=4$

### 잎 2-10

**핵심** 둘 중 고정된 그래프를 먼저 그린 후 움직이는 그래프를 이동시켜본다.

**풀이** $y=-x+3 \cdots$ ㉠은 고정되었으므로 먼저 그린다.
$y=m(x+2)+2 \cdots$ ㉡는 $m$의 값에 관계없이 점 $(-2,\ 2)$를 지난다.
($\because x=-2$이면 $y=m\cdot 0+2$, 즉 $m$에 어떤 값을 대입해도 $y=2$이다.)

직선 ㉡의 기울기는 $m$이고 오른쪽 그림과 같이 직선 ㉡을 직선㉠과 제1사분면에서 만나도록 움직여본다.
따라서 직선 ㉡은 오른쪽 그림과 같이 직선 ⓐ와 ⓑ 사이에 있어야 한다.

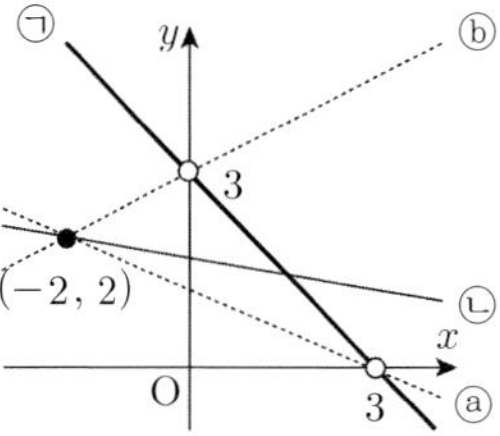


직선 ⓐ의 기울기가 $-\frac{2}{5}$이고 직선 ⓑ의 기울기가 $\frac{1}{2}$이므로 조건을 만족시키기 위한 직선 ㉡의 기울기 $m$의 범위는

$$-\frac{2}{5}<m<\frac{1}{2}$$

**주의** 사분면은 좌표축($x$축, $y$축)을 포함하지 않는다.

**참고** **사이 vs 이내**
① 사이 : 일정한 범위와 한도 안을 뜻하며 기준으로 제시한 말은 제외한다.
예를 들어 1등급과 5등급 사이라고 하면 2, 3, 4등급을 말한다.
② 이내 : 일정한 범위와 한도 안을 뜻하며 기준으로 제시한 말도 포함한다.
예를 들어 1등급과 5등급 이내라고 하면 1, 2, 3, 4, 5등급을 말한다.

**정답** $-\frac{2}{5}<m<\frac{1}{2}$

### 잎 2-11

**핵심** 줄기 1-14)와 비교하여 익힌다. [p.42]

**풀이** $\overline{AB}$는 고정된 그래프이므로 먼저 그려놓는다.
그런데 두 점 A, B 사이이므로 두 점 A, B를 제외한다.
$y=-m(x+2)+2 \cdots$ ㉠는 $m$의 값에 관계없이 점 $(-2,\ 2)$를 지난다.
($\because x=-2$이면 $y=-m\cdot 0+2$, 즉 $m$에 어떤 값을 대입해도 $y=2$이다.)

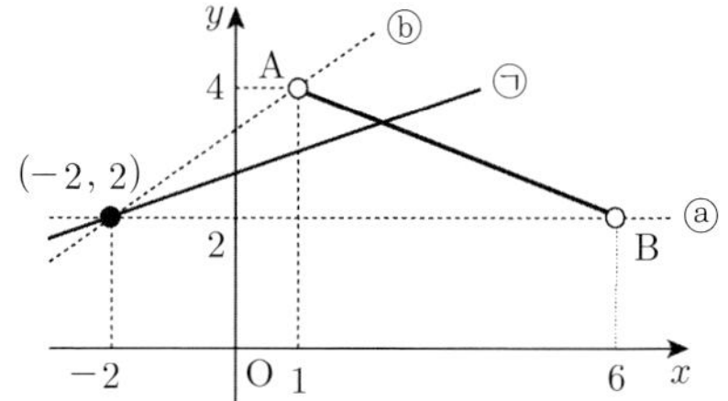


직선 ㉠의 기울기는 $^\star -m$이고 위 그림과 같이 직선 ㉠을 두 점 A, B 사이를 지나도록 움직여 보면 직선 ㉠은 그림과 같이 직선 ⓐ와 ⓑ 사이에 있어야 한다.
직선 ⓐ의 기울기는 0이고, 직선 ⓑ의 기울기는 $\frac{2}{3}$이므로 조건을 만족시키기 위한 직선 ㉠의 기울기 $^\star -m$의 범위는 $0<-m<\frac{2}{3}$이다.

$$\therefore -\frac{2}{3}<m<0$$

**주의** 1) 직선이 두 점 A, B 사이를 지나므로 두 점 A, B와 만나는 것은 제외한다.
2) 두 점 A, B 사이의 거리는 두 점 A, B를 제외하지 않는다.
$\because$ 정의(약속)이다. [p.12]
※ 점 P와 직선 $l$ 사이의 거리는 점 P와 점 P에서 직선 $l$에 내린 수선의 발 H를 제외하지 않는다.
$\because$ 정의(약속)이다. [p.50]

**정답** $-\frac{2}{3}<m<0$

## •잎 2-12

**핵심** 밑변이 같은 직선 위에 있을 때, 직선 밖의 한 꼭짓점에서 각각의 밑변에 그어서 만든 삼각형들은 높이가 서로 같다.

(삼각형의 넓이)$=\frac{1}{2}\times$(밑변)$\times$(높이)이므로 삼각형의 높이가 같으면 삼각형의 넓이의 비는 밑변의 비와 같다.

**풀이** 직선 $x+3y-6=0$이 $x$축, $y$축과 만나는 점을 각각 A, B라 하면 좌표는 A$(6,\ 0)$, B$(0,\ 2)$이다.

$\overline{AB}$의 삼등분점을 각각 P, Q라 하면 직선 $x+3y-6=0$과 $x$축, $y$축으로 둘러싸인 삼각형의 넓이를 원점을 지나는 두 직선이 삼등분하는 경우는 점 P, Q를 지날 때이다.

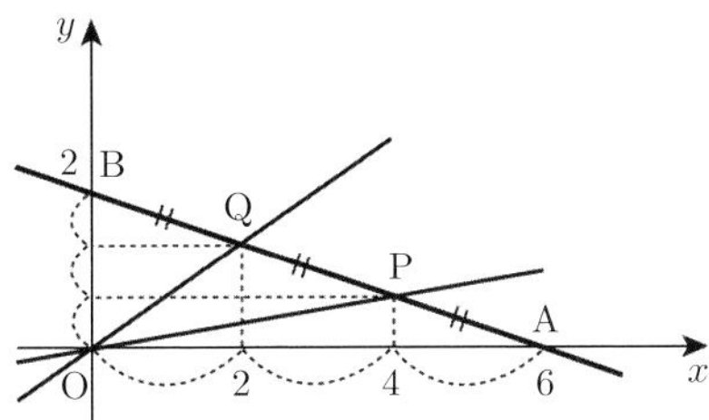


그림에서 점 P, Q의 $x$좌표는 $\overline{OA}$의 삼등분점에 있고, 점 P, Q의 $y$좌표는 $\overline{OB}$의 삼등분점에 있으므로

P$\left(4,\ \frac{2}{3}\right)$, Q$\left(2,\ \frac{4}{3}\right)$

따라서 직선 OP의 기울기는 $\frac{1}{6}$, 직선 OQ의 기울기는 $\frac{2}{3}$이다.

**정답** $\frac{1}{6}$, $\frac{2}{3}$

## •잎 2-13

**핵심** (삼각형의 넓이)$=\frac{1}{2}\times$(밑변)$\times$(높이)

**풀이** $\triangle$ABC에서 $\overline{BC}$가 $y$축에 평행하므로

($\triangle$ABC의 넓이)$=\frac{1}{2}\times\overline{BC}\times$(높이)

$=\frac{1}{2}\times 8\times 1=4$

직선 $y=a$가 $\overline{AC}$, $\overline{BC}$와 만나는 교점을 각각 P, Q라 할 때, 직선 AC의 방정식은 $y=9(x-1)$

따라서 P$\left(\frac{a}{9}+1,\ a\right)$이고, Q$(2,\ a)$이다.

($\triangle$CPQ의 넓이)

$=\frac{1}{2}\times\overline{CQ}\times\overline{PQ}$

$=\frac{1}{2}\times(9-a)\times\left\{2-\left(\frac{a}{9}+1\right)\right\}$

$=\frac{1}{2}\times\frac{(9-a)^2}{9}=\frac{(a-9)^2}{18}$

$\triangle$CPQ의 넓이가 $\triangle$ABC의 넓이의 $\frac{1}{2}$이므로

$\frac{(a-9)^2}{18}=\frac{1}{2}\cdot 4$

$(a-9)^2=36,\ a-9=\pm 6,\ a=9\pm 6$

$\therefore a=15$ 또는 $a=3$

그런데 $0<a<9$이므로 $a=3$

**정답** 3

**잎 2-14**

**방법Ⅰ** i) $\overline{AB}$의 중점의 좌표는

$\left(\frac{0-2}{2}, \frac{4+0}{2}\right)$, 즉 $(-1, 2)$

두 점 A, B를 지나는 직선의 기울기는

$\frac{0-4}{-2-0}=2$

$\overline{AB}$의 수직이등분선은 기울기가 $-\frac{1}{2}$이고, 점 $(-1, 2)$를 지나므로 직선의 방정식은

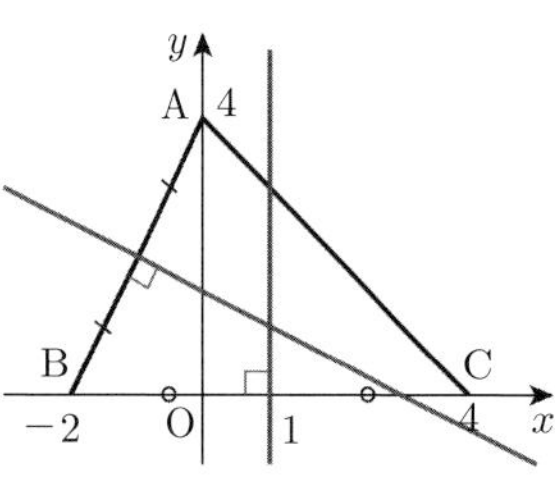


$y-2=-\frac{1}{2}(x+1)$  $\therefore x+2y=3$ ⋯㉠

ii) $\overline{BC}$의 중점의 좌표는

$\left(\frac{-2+4}{2}, \frac{0+0}{2}\right)$, 즉 $(1, 0)$

$\overline{BC}$의 수직이등분선은 $y$축에 평행하고 점 $(1, 0)$을 지나므로 직선의 방정식은

$x=1$ ⋯㉡

㉠, ㉡을 연립하여 풀면 $x=1$, $y=1$이므로 두 수직이등분선의 교점의 좌표는 $(1, 1)$이다.

이때, 세 수직이등분선은 한 점에서 만나므로 두 수직이등분선의 교점을 나머지 한 수직이등분선도 지난다.

따라서 구하는 세 수직이등분선의 교점의 좌표는 $(1, 1)$이다.

**방법Ⅱ** 「강추」 삼각형의 세 변의 수직이등분선의 교점은 외심이므로 외심에서 세 꼭짓점에 이르는 거리가 같다.

이때, 외심의 좌표를 $(x, y)$라 하면

$\sqrt{(x-0)^2+(y-4)^2}=\sqrt{(x+2)^2+(y-0)^2}$

양변을 제곱하면

$x^2+y^2-8y+16=x^2+4x+4+y^2$

$4x+8y=12$  $\therefore x+2y=3$ ⋯㉠

$\sqrt{(x-0)^2+(y-4)^2}=\sqrt{(x-4)^2+(y-0)^2}$

양변을 제곱하면

$x^2+y^2-8y+16=x^2-8x+16+y^2$

$8x-8y=0$  $\therefore x-y=0$ ⋯㉡

㉠, ㉡을 연립하여 풀면 $x=1$, $y=1$이므로 외심의 좌표는 $(1, 1)$이다.

따라서 구하는 세 수직이등분선의 교점의 좌표는 $(1, 1)$이다.

**참고** **삼각형의 외심**

삼각형의 세 변의 수직이등분선은 한 점에서 만나며 이 세 수직이등분선의 교점을 외심이라 하고, 삼각형에 외접하는 원의 중심이 된다. 따라서 외심에서 세 꼭짓점에 이르는 거리가 같다.

**정답** $(1, 1)$

CHAPTER

# 3 원의 방정식

본문 p.59

## 줄기 문제

### [줄기 1-1]

**풀이** 두 점 A, B를 지름의 양 끝 점으로 하는 원의 중심은 선분 AB의 중점이므로 그 좌표는

$\left(\frac{-2+4}{2}, \frac{4+6}{2}\right)$, 즉 $(1, 5)$

**방법Ⅰ** 원의 반지름의 길이는 중심 $(1, 5)$와 점 $A(-2, 4)$ 사이의 거리이므로

$\sqrt{(-2-1)^2+(4-5)^2}=\sqrt{10}$

**방법Ⅱ** 원의 반지름의 길이는 중심 $(1, 5)$와 점 $B(4, 6)$ 사이의 거리이므로

$\sqrt{(4-1)^2+(6-5)^2}=\sqrt{10}$

**방법Ⅲ** 선분 AB가 지름이므로 원의 반지름의 길이는

$\frac{1}{2}\overline{AB}=\frac{1}{2}\sqrt{(4+2)^2+(6-4)^2}=\sqrt{10}$

따라서 중심이 $(1, 5)$이고 반지름의 길이가 $\sqrt{10}$인 원의 방정식은

$(x-1)^2+(y-5)^2=(\sqrt{10})^2$

**정답** $(x-1)^2+(y-5)^2=10$

## 줄기 1-2

**풀이** 원의 반지름의 길이를 $r$라 하면 원의 방정식은

$(x-1)^2+(y-2)^2=r^2$

이 원이 점 $(4,\ 3)$을 지나므로

$(4-1)^2+(3-2)^2=r^2 \quad \therefore r^2=10$

$\therefore r=\sqrt{10}$ ($\because$ (반지름)$>0$, 즉 $r>0$)

따라서 구하는 원의 방정식은

$(x-1)^2+(y-2)^2=(\sqrt{10})^2$

**정답** $(x-1)^2+(y-2)^2=10$, 반지름 : $\sqrt{10}$

## 줄기 1-3

**핵심** p.48에 있는 뿌리 2-4)와 비교하여 익힌다.

**풀이** 삼각형 ABC에 외접하는 원의 방정식을

$x^2+y^2+Ax+By+C=0$으로 놓으면

세 점 $\mathrm{A}(-3,\ 1)$, $\mathrm{B}(3,\ -1)$, $\mathrm{C}(2,\ 4)$를

지나므로

$10-3A+B+C=0$

$10+3A-B+C=0$

$20+2A+4B+C=0$

이 세 식을 연립하여 풀면

$A=-\frac{5}{7},\ B=-\frac{15}{7},\ C=-10$

$\therefore x^2+y^2-\frac{5}{7}x-\frac{15}{7}y-10=0$

$\therefore \left(x-\frac{5}{14}\right)^2+\left(y-\frac{15}{14}\right)^2=\frac{2210}{196}$

따라서 외심의 좌표는 $\left(\frac{5}{14},\ \frac{15}{14}\right)$

**정답** $\left(\frac{5}{14},\ \frac{15}{14}\right)$

## 줄기 1-4

**풀이** $\underline{x^2-2x}+\underline{\underline{y^2+6y}}+a^2+2a=0$

$\underline{(x-1)^2-1}+\underline{\underline{(y+3)^2-9}}+a^2+2a=0$

$\therefore (x-1)^2+(y+3)^2=-a^2-2a+10$

이 원의 반지름의 길이가 $\sqrt{2}$ 이상이 되려면

(반지름)$\geq\sqrt{2}$, 즉 (반지름)$^2\geq 2$이므로

$-a^2-2a+10\geq 2$

$a^2+2a-8\leq 0,\ (a+4)(a-2)\leq 0$

$\therefore -4\leq a\leq 2$

**정답** $-4\leq a\leq 2$

## 줄기 1-5

**풀이** 원의 중심이 직선 $y=x$ 위에 있으므로 원의 중심을 점 $(a,\ a)$, 반지름을 $r$이라 하면

$(x-a)^2+(y-a)^2=r^2$

이 원이 두 점 $(0,\ 0)$, $(-1,\ -1)$을 지나므로

$(0-a)^2+(0-a)^2=r^2 \quad \therefore 2a^2=r^2 \cdots ㉠$

$(-1-a)^2+(-1-a)^2=r^2$

$\therefore 2a^2+4a+2=r^2 \cdots ㉡$

㉠, ㉡을 연립하여 풀면

$2a^2=2a^2+4a+2 \quad \therefore a=-\frac{1}{2},\ r^2=\frac{1}{2}$

$\therefore r=\sqrt{\frac{1}{2}}$ ($\because$ (반지름)$>0$, 즉 $r>0$)

**정답** $\frac{\sqrt{2}}{2}$

## 줄기 1-6

**풀이** 원의 중심이 $3x-y-2=0$, 즉 $y=3x-2$ 위에 있으므로 원의 중심을 점 $(a,\ 3a-2)$, 반지름을 $r$이라 하면

$(x-a)^2+(y-3a+2)^2=r^2$

이 원이 두 점 $(0,\ 2)$, $(4,\ -2)$를 지나므로

$(0-a)^2+(2-3a+2)^2=r^2$

$\therefore 10a^2-24a+16=r^2 \cdots ㉠$

$(4-a)^2+(-2-3a+2)^2=r^2$

$\therefore 10a^2-8a+16=r^2 \cdots ㉡$

㉠, ㉡을 연립하여 풀면

$10a^2-24a+16=10a^2-8a+16$

$\therefore a=0,\ r^2=16$

$\therefore x^2+(y+2)^2=16$

**정답** $x^2+(y+2)^2=16$

## [줄기 1-7]

풀이 원의 중심이 $x$축 위에 있으므로 원의 중심을 점 $(a, 0)$, 반지름의 길이를 $r$이라 하면

$(x-a)^2+y^2=r^2$

이 원이 두 점 $(2, -3)$, $(-2, -1)$을 지나므로

$(2-a)^2+(-3)^2=r^2$

$\therefore a^2-4a+13=r^2 \cdots$ ㉠

$(-2-a)^2+(-1)^2=r^2$

$\therefore a^2+4a+5=r^2 \cdots$ ㉡

㉠, ㉡을 연립하여 풀면

$a^2-4a+13=a^2+4a+5$

$\therefore a=1,\ r^2=10 \quad \therefore r=\sqrt{10}\ (\because r>0)$

$\therefore (x-1)^2+y^2=10$

정답 $(x-1)^2+y^2=10$, 반지름 : $\sqrt{10}$

## [줄기 1-8]

풀이 원의 중심이 직선 $y=x+1$ 위에 있으므로 중심을 점 $(a, a+1)$로 놓는다. 이때, 원이 $x$축에 접하므로 반지름이 $|a+1|$이다. 따라서

$(x-a)^2+\{y-(a+1)\}^2=|a+1|^2$

$\therefore (x-a)^2+(y-a-1)^2=(a+1)^2 \cdots$ ㉠

이 원이 점 $(1, 1)$을 지나므로

$(1-a)^2+(-a)^2=(a+1)^2$

$a^2-4a=0, \quad a(a-4)=0$

$\therefore a=0$ 또는 $a=4$

이것을 ㉠에 각각 대입하면

$x^2+(y-1)^2=1^2$ or $(x-4)^2+(y-5)^2=5^2$

정답 $x^2+(y-1)^2=1$
또는 $(x-4)^2+(y-5)^2=25$

## [줄기 1-9]

풀이 $x^2+6x+y^2+ay+16=0$에서

$(x+3)^2+\left(y+\dfrac{a}{2}\right)^2=\dfrac{a^2}{4}-7$

원의 중심 $\left(-3, -\dfrac{a}{2}\right)$가 제2사분면 위에 있으므로

$-\dfrac{a}{2}>0 \quad \therefore a<0$

또 원이 $y$축에 접하므로 (반지름)$=|-3|$, 즉

(반지름)$^2=\dfrac{a^2}{4}-7=|-3|^2$

$\dfrac{a^2}{4}-7=9,\ a^2=64 \quad \therefore a=-8\ (\because a<0)$

정답 $-8$

## [줄기 1-10]

풀이 점 $(-2, -1)$을 지나고 $x$축, $y$축에 동시에 접하려면 원의 중심이 제3사분면에 있어야 한다. 따라서 원의 중심이 직선 $y=x$ 위에 있으므로 원의 중심을 $(a, a)$, 반지름을 $|a|$라 하면

$(x-a)^2+(y-a)^2=|a|^2$

$\therefore (x-a)^2+(y-a)^2=a^2 \cdots$ ㉠

이 원이 점 $(-2, -1)$을 지나므로

$(-2-a)^2+(-1-a)^2=a^2$

$a^2+6a+5=0, \quad (a+1)(a+5)=0$

$\therefore a=-1$ 또는 $a=-5$

이것을 ㉠에 각각 대입하면

$(x+1)^2+(y+1)^2=1^2$

또는 $(x+5)^2+(y+5)^2=5^2$

정답 $(x+1)^2+(y+1)^2=1$
또는 $(x+5)^2+(y+5)^2=25$

## [줄기 1-11]

풀이 점 $(-1, 2)$을 지나고 $x$축, $y$축에 동시에 접하려면 원의 중심이 제2사분면에 있어야 한다. 따라서 원의 중심이 직선 $y=-x$ 위에 있으므로 원의 중심을 $(a, -a)$, 반지름을 $|a|$라 하면

$(x-a)^2+(y+a)^2=|a|^2$

$\therefore (x-a)^2+(y+a)^2=a^2 \cdots$ ㉠

이 원이 점 $(-1, 2)$를 지나므로

$(-1-a)^2+(2+a)^2=a^2$

$a^2+6a+5=0,\ (a+1)(a+5)=0$

$\therefore a=-1$ 또는 $a=-5$

이것을 ㉠에 각각 대입하면

$(x+1)^2+(y-1)^2=1^2$

또는 $(x+5)^2+(y-5)^2=5^2$

정답 $(x+1)^2+(y-1)^2=1$
또는 $(x+5)^2+(y-5)^2=25$

[줄기 1-12]

풀이 원 $x^2+y^2=r^2$에서 원의 중심 $(0, 0)$, 반지름의 길이 $r$이다. 원의 중심 $(0, 0)$과 점 $A(4, 3)$ 사이의 거리를 $d$라 하면

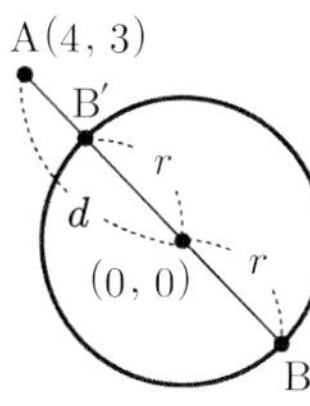


$^{\star}d=\sqrt{(4-0)^2+(3-0)^2}=5$

$\overline{AB}$의 최댓값이 $2+5\sqrt{10}$이므로

$5+r=2+5\sqrt{10}$ $\quad\therefore r=5\sqrt{10}-3$

정답 $5\sqrt{10}-3$

[줄기 1-13]

풀이 $\overline{PA}:\overline{PB}=1:2$에서 점 P의 좌표를 $(x, y)$라 하면 $2\overline{PA}=\overline{PB}$이므로

$2\sqrt{(x+2)^2+y^2}=\sqrt{(x-4)^2+y^2}$

양변을 제곱하면

$4(x+2)^2+4y^2=(x-4)^2+y^2$

$3x^2+24x+3y^2=0$ ⇨ 양변을 3으로 나누면

$x^2+8x+y^2=0$, $(x+4)^2-16+y^2=0$

$\therefore (x-2)^2+y^2=16$

따라서 점 P의 자취는 중심이 점 $(-4, 0)$이고, 반지름의 길이가 4인 원이므로 구하는 도형의 길이는 $2\pi\cdot 4=8\pi$

정답 $8\pi$

[줄기 1-14]

풀이 $\overline{AP}:\overline{PB}=2:1$에서 점 P의 좌표를 $(x, y)$라 하면 $\overline{AP}=2\overline{PB}$이므로

$\sqrt{(x+2)^2+y^2}=2\sqrt{(x-1)^2+y^2}$

양변을 제곱하면

$(x+2)^2+y^2=4(x-1)^2+4y^2$

$3x^2-12x+3y^2=0$ ⇨ 양변을 3으로 나누면

$x^2-4x+y^2=0$, $(x-2)^2-4+y^2=0$

$\therefore (x-2)^2+y^2=4$

따라서 점 P의 자취는 중심이 점 $(2, 0)$이고, 반지름의 길이가 2인 원이므로 오른쪽 그림과 같다. 따라서

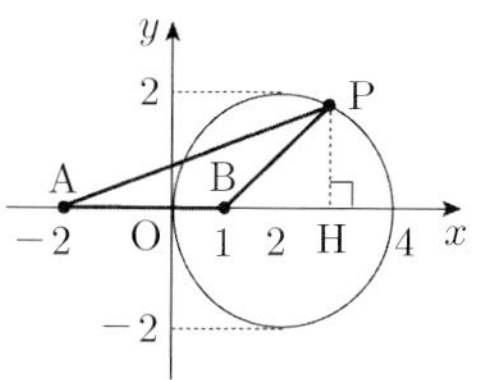


$\triangle PAB=\frac{1}{2}\times(\text{밑변})\times(\text{높이})$

$=\frac{1}{2}\times\overline{AB}\times\overline{PH}$

$\overline{AB}=|(-2)-1|=3$, $0<\overline{PH}\le 2$

$\therefore \triangle PAB$의 넓이의 최댓값은 $\frac{1}{2}\times 3\times 2=3$

정답 3

[줄기 1-15]

풀이 점 P의 좌표를 $(x, y)$라 하면

$\overline{AP}^2+\overline{BP}^2=\overline{AB}^2$에서

$\{(x-1)^2+y^2\}+\{(x-5)^2+(y+2)^2\}$

$=(5-1)^2+(-2-0)^2$

$2x^2+2y^2-12x+4y+30=20$

⇨ 양변을 2로 나누면

$\therefore x^2+y^2-6x+2y+5=0$

$\therefore (x-3)^2+(y+1)^2=5$

따라서 점 P가 나타내는 도형은 중심이 점 $(3, -1)$이고, 반지름의 길이가 $\sqrt{5}$인 원이므로 구하는 도형의 넓이는

$\pi\cdot(\sqrt{5})^2=5\pi$

정답 $5\pi$

[줄기 2-1]

풀이 $(x-2)^2+y^2=4$에서 $x^2+y^2-4x=0$

$x^2+(y+1)^2=9$에서 $x^2+y^2+2y-8=0$

1) 두 원의 교점을 지나는 직선의 방정식은

$(x^2+y^2-4x)\cdot(-1)+(x^2+y^2+2y-8)=0$

$4x+2y-8=0$ $\quad\therefore 2x+y-4=0$

이 직선이 직선 $mx+3y=5$에 수직이므로

$2\cdot m+1\cdot 3=0$ $\quad\therefore m=-\frac{3}{2}$

2) 두 원의 교점을 지나는 원의 방정식은
$(x^2+y^2-4x)k+(x^2+y^2+2y-8)=0$ ⋯ ㉠
이 원이 점 $(0, -2)$를 지나므로 $(k\neq-1)$
$4k-8=0 \quad \therefore k=2$
$k=2$을 ㉠에 대입하면
$3x^2+3y^2-8x+2y-8=0$ ⇨ 양변을 3으로 나눈다.
$x^2+y^2-\frac{8}{3}x+\frac{2}{3}y-\frac{8}{3}=0$
$\therefore \left(x-\frac{4}{3}\right)^2+\left(y+\frac{1}{3}\right)^2=\frac{41}{9}$

정답 1) $-\frac{3}{2}$ 2) $\left(x-\frac{4}{3}\right)^2+\left(y+\frac{1}{3}\right)^2=\frac{41}{9}$

## [줄기 2-2]

풀이 $\mathrm{O}: x^2+y^2+2x+2y-2=0$에서
$(x+1)^2+(y+1)^2=4 \quad \therefore \mathrm{O}(-1, -1)$
$\mathrm{O}': x^2+y^2-2x-2y-6=0$에서
$(x-1)^2+(y-1)^2=8 \quad \therefore \mathrm{O}'(1, 1)$
두 원의 공통인 현의 방정식은
$(x^2+y^2+2x+2y-2)\cdot(-1)$
$+(x^2+y^2-2x-2y-6)=0$
$-4x-4y-4=0 \quad \therefore x+y+1=0$ ⋯ ㉠
선분 PQ의 중점을 M이라 하면 중심선은 공통인 현 PQ를 수직이등분하므로 직각삼각형 OPM에서

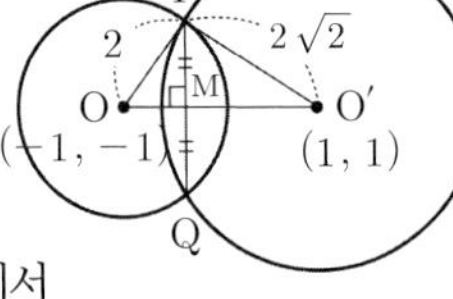


$\overline{\mathrm{PM}}=\sqrt{\overline{\mathrm{OP}}^2-\overline{\mathrm{OM}}^2}=\sqrt{4-\overline{\mathrm{OM}}^2}$ ⋯ ㉡
*$\overline{\mathrm{OM}}$은 점 $\mathrm{O}(-1, -1)$과 직선 ㉠ 사이의 거리이므로
$\overline{\mathrm{OM}}=\frac{|-1-1+1|}{\sqrt{1^2+1^2}}=\frac{1}{\sqrt{2}}$
㉡에서 $\overline{\mathrm{PM}}=\sqrt{4-\left(\frac{1}{\sqrt{2}}\right)^2}=\sqrt{\frac{7}{2}}=\frac{\sqrt{14}}{2}$
$\therefore$ 공통인 현 $\overline{\mathrm{PQ}}=2\overline{\mathrm{PM}}=\sqrt{14}$

정답 $\sqrt{14}$

## [줄기 2-3]

핵심 중심선은 공통인 현을 수직이등분한다.

풀이 $x^2+(y+1)^2=9$에서 $x^2+y^2+2y-8=0$
$(x-2)^2+y^2=4$에서 $x^2+y^2-4x=0$
두 원의 공통인 현의 방정식은
$(x^2+y^2+2y-8)\cdot(-1)+(x^2+y^2-4x)=0$
$-4x-2y+8=0 \quad \therefore 2x+y-4=0$ ⋯ ㉠
또, 두 원의 중심 $(0, -1)$, $(2, 0)$을 지나는 중심선의 방정식은
$\frac{x}{2}+\frac{y}{-1}=1$ ($\because x$절편 2, $y$절편 −1)
양변에 2를 곱하면
$x-2y=2$ ⋯ ㉡

두 원의 공통인 현의 중점은 공통인 현과 중심선의 교점이다.

㉠, ㉡을 연립하여 풀면
$x=2, y=0 \quad \therefore$ 점 $(2, 0)$

정답 $(2, 0)$

## [줄기 2-4]

핵심 원 O가 원 O′의 둘레를 이등분하려면 두 원의 공통인 현은 원 O′의 지름이다.
⇨ 이 사실을 알고 있어야 문제를 풀 수 있다.

풀이 $x^2+y^2+2ax-4y-a=0$에서
$(x+a)^2+(y-2)^2=a^2+a+4$ ⋯ ㉠
$x^2+y^2-6x+2y+4=0$에서
$(x-3)^2+(y+1)^2=6$ ⋯ ㉡
원 ㉠이 원 ㉡의 둘레를 이등분하려면 두 원의 공통인 현이 원 ㉡의 지름이어야 한다.
따라서 두 원의 공통인 현의 방정식은
$(x^2+y^2+2ax-4y-a)\cdot(-1)$
$+(x^2+y^2-6x+2y+4)=0$
$\therefore (-2a-6)x+6y+a+4=0$ ⋯ ㉢
직선 ㉢이 원 ㉡의 중심 $(3, -1)$을 지나야 하므로
$(-2a-6)\cdot 3+6\cdot(-1)+a+4=0$
$-5a-20=0 \quad \therefore a=-4$

정답 $-4$

## 줄기 3-1

**풀이** 원의 중심 $(0, 0)$과 직선 $2x-y+k=0$ 사이의 거리를 $d$라 하고, 반지름의 길이가 $\sqrt{3}$ 이므로

$d=\dfrac{|0-0+k|}{\sqrt{2^2+(-1)^2}}=\dfrac{|k|}{\sqrt{5}}$

1) 만나지 않으면 $d>\sqrt{3}$ 이므로

$\dfrac{|k|}{\sqrt{5}}>\sqrt{3}$, $|k|>\sqrt{15}$

$\therefore k<-\sqrt{15}$ 또는 $k>\sqrt{15}$

2) 접하면 $d=\sqrt{3}$ 이므로

$\dfrac{|k|}{\sqrt{5}}=\sqrt{3}$, $|k|=\sqrt{15}$

$\therefore k=\pm\sqrt{15}$

3) 두 점에서 만나면 $d<\sqrt{3}$ 이므로

$\dfrac{|k|}{\sqrt{5}}<\sqrt{3}$, $|k|<\sqrt{15}$

$\therefore -\sqrt{15}<k<\sqrt{15}$

**정답** 1) $k<-\sqrt{15}$ 또는 $k>\sqrt{15}$
2) $k=\pm\sqrt{15}$
3) $-\sqrt{15}<k<\sqrt{15}$

## 줄기 3-2

**풀이** 원의 중심 $(0, 0)$과 직선 $x-y-k=0$ 사이의 거리를 $d$라 하면

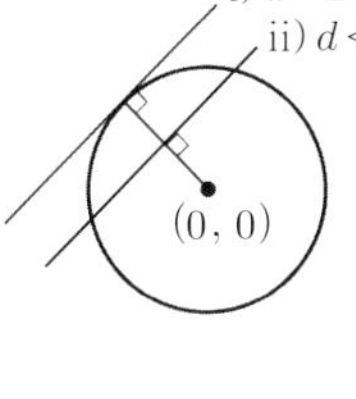


$d=\dfrac{|0-0-k|}{\sqrt{1^2+(-1)^2}}$

$=\dfrac{|k|}{\sqrt{2}}$

원의 반지름이 2이므로 원과 직선이 만나려면 $d\le 2$이어야 한다.

$\dfrac{|k|}{\sqrt{2}}\le 2$, $|k|\le 2\sqrt{2}$

$\therefore -2\sqrt{2}\le k\le 2\sqrt{2}$

**정답** $-2\sqrt{2}\le k\le 2\sqrt{2}$

## 줄기 3-3

**풀이** $x^2-4x+y^2+8y-5=0$에서

$(x-2)^2+(y+4)^2=25$이므로

중심이 $(2, -4)$이고 반지름이 5인 원이다.

1) 직선 $x+2y+k=0$이 중심 $(2, -4)$를 지나므로

$2+2\cdot(-4)+k=0$ $\quad\therefore k=6$

2) 3) **힌트** 원의 중심 $(2, -4)$와 직선 $x+2y+k=0$ 사이의 거리를 $d$라 하면

$d=\dfrac{|2-8+k|}{\sqrt{1^2+2^2}}=\dfrac{|k-6|}{\sqrt{5}}$

2) 원의 반지름이 5이므로 원과 직선이 접하면 $d=5$이어야 하므로

$\dfrac{|k-6|}{\sqrt{5}}=5$, $|k-6|=5\sqrt{5}$

$\therefore k-6=\pm 5\sqrt{5}$ $\quad\therefore k=6\pm 5\sqrt{5}$

3) 원의 반지름이 5이므로 원과 직선이 서로 다른 두 점에서 만나면 $d<5$이어야 하므로

$\dfrac{|k-6|}{\sqrt{5}}<5$, $|k-6|<5\sqrt{5}$

$\therefore -5\sqrt{5}<k-6<5\sqrt{5}$

$\therefore 6-5\sqrt{5}<k<6+5\sqrt{5}$

**정답** 1) $k=6$ 2) $k=6\pm 5\sqrt{5}$
3) $6-5\sqrt{5}<k<6+5\sqrt{5}$

## 줄기 3-4

**풀이** 원의 중심 $(k, 0)$과 직선 $y=x+1$, 즉 $x-y+1=0$ 사이의 거리를 $d$라 하면

$d=\dfrac{|k-0+1|}{\sqrt{1^2+(-1)^2}}=\dfrac{|k+1|}{\sqrt{2}}$

원의 반지름이 $\sqrt{8}$ 이므로 원과 직선이 만나지 않으려면 $d>\sqrt{8}$ 이어야 하므로

$\dfrac{|k+1|}{\sqrt{2}}>\sqrt{8}$, $|k+1|>4$

$\therefore k+1<-4$ 또는 $k+1>4$

$\therefore k<-5$ 또는 $k>3$

**정답** $k<-5$ 또는 $k>3$

## [줄기 3-5]

**풀이** $\frac{1}{2}x^2+\frac{1}{2}y^2+x-y-1=0$ ⇨ 양변에 2를 곱하면

$x^2+y^2+2x-2y-2=0$

$\therefore (x+1)^2+(y-1)^2=4$

따라서 점 $\mathrm{P}(2,\ 3)$에서 이 원에 그은 접선의 길이 $\overline{\mathrm{PT}}$는

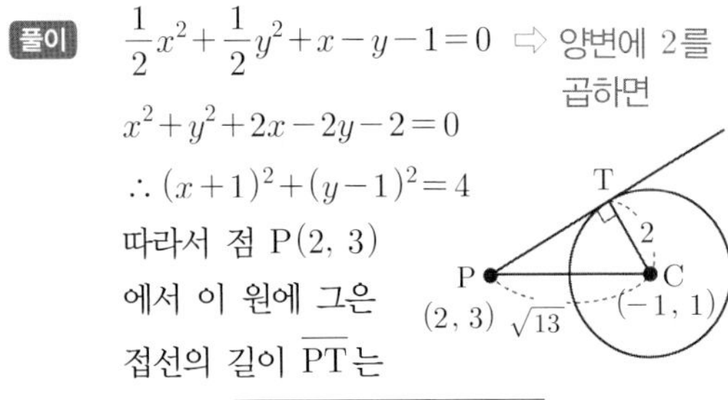


$\overline{\mathrm{PT}}=\sqrt{(2+1)^2+(3-1)^2-4}=3$

$\overline{\mathrm{PT}}=\sqrt{2^2+3^2+2\cdot2-2\cdot3-2}=3$ ← 「강추」

**정답** 3

## [줄기 3-6]

**풀이** 점 $\mathrm{P}(4,\ 3)$에서 원 $x^2+y^2=10$에 그은 두 접선의 길이 $\overline{\mathrm{PA}}$, $\overline{\mathrm{PB}}$는

$\overline{\mathrm{PA}}=\overline{\mathrm{PB}}=\sqrt{4^2+3^2-10}=\sqrt{15}$

우측 그림에서 이등변삼각형의 꼭지각의 이등분선은 밑변을 수직이등분하므로 * $\overline{\mathrm{PH}}\perp\overline{\mathrm{AB}}$ 이다.

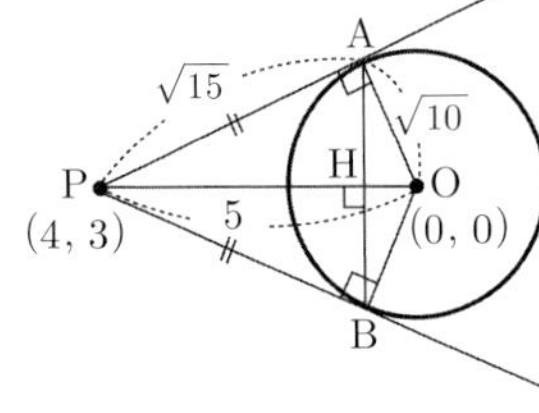


직각삼각형 PAO의 넓이는

$\frac{1}{2}\cdot\overline{\mathrm{PA}}\cdot\overline{\mathrm{AO}}=\frac{1}{2}\cdot\overline{\mathrm{PO}}\cdot\overline{\mathrm{AH}}$

$\frac{1}{2}\cdot\sqrt{15}\cdot\sqrt{10}=\frac{1}{2}\cdot5\cdot\overline{\mathrm{AH}}$

$\therefore \overline{\mathrm{AH}}=\sqrt{6}$

따라서 직각삼각형 PAH에서

$\overline{\mathrm{PH}}=\sqrt{\overline{\mathrm{PA}}^2-\overline{\mathrm{AH}}^2}=\sqrt{15-6}=3$

$\therefore \triangle\mathrm{PHA}=\frac{1}{2}\cdot\overline{\mathrm{PH}}\cdot\overline{\mathrm{AH}}=\frac{1}{2}\cdot3\cdot\sqrt{6}=\frac{3}{2}\sqrt{6}$

$\therefore \triangle\mathrm{PAB}=2\cdot\triangle\mathrm{PHA}=3\sqrt{6}$

**정답** $3\sqrt{6}$

## [줄기 3-7]

**풀이** 원의 중심 $(1,\ -2)$와 직선 $x-y-2=0$ 사이의 거리를 $d$라 하면

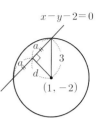

$d=\frac{|1-(-2)-2|}{\sqrt{1^2+(-1)^2}}$

$=\frac{1}{\sqrt{2}}$

이때 원의 반지름은 3이고, 원의 중심에서 현에 내린 수선은 현을 수직이등분하므로 현의 길이를 * $2a$라 하면 피타고라스 정리에 의하여

$a=\sqrt{3^2-\left(\frac{1}{\sqrt{2}}\right)^2}=\sqrt{\frac{17}{2}}=\frac{\sqrt{17}}{\sqrt{2}}=\frac{\sqrt{34}}{2}$

따라서 현의 길이는 $2a=2\cdot\frac{\sqrt{34}}{2}=\sqrt{34}$

**정답** $\sqrt{34}$

## [줄기 3-8]

**핵심** 원과 직선의 교점을 A, B라 하면 두 교점 A, B를 지나는 원 중에서 그 넓이가 최소인 것은 선분 AB를 지름으로 하는 원이다.
⇨ 이 사실을 알고 있어야 문제를 풀 수 있다.

**풀이** 오른쪽 그림과 같이 주어진 원과 직선의 두 교점을 A, B라 할 때, 원의 중심 $(0,\ 0)$과 직선 $2x+y+5=0$ 사이의 거리는

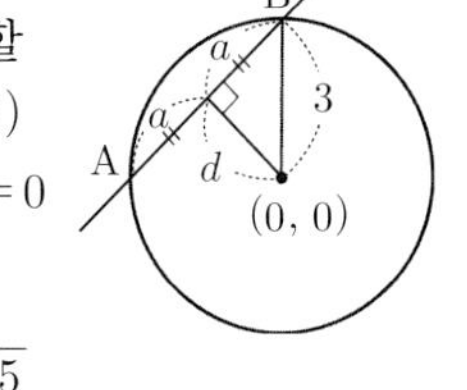


$d=\frac{|0+0+5|}{\sqrt{2^2+1^2}}=\sqrt{5}$

이때 원의 반지름은 3이고, 원의 중심에서 현에 내린 수선은 현을 수직이등분하므로 현의 길이를 * $2a$라 하면 피타고라스 정리에 의하여

$a=\sqrt{3^2-(\sqrt{5})^2}=\sqrt{4}=2$

따라서 두 교점 A, B를 지나는 원 중에서 $\overline{\mathrm{AB}}$를 지름으로 하는 원의 넓이가 최소이므로

$\pi\cdot2^2=4\pi$

**정답** $4\pi$

**[줄기 3-9]**

풀이 $2x^2+2y^2+4x-8y+1=0$ ⇨ 양변을 2로 나누면

$x^2+y^2+2x-4y+\frac{1}{2}=0$

$\therefore (x+1)^2+(y-2)^2=\frac{9}{2}$

따라서

원의 중심 $(-1,\ 2)$,

반지름 $\frac{3}{\sqrt{2}}$ 인

원이다.

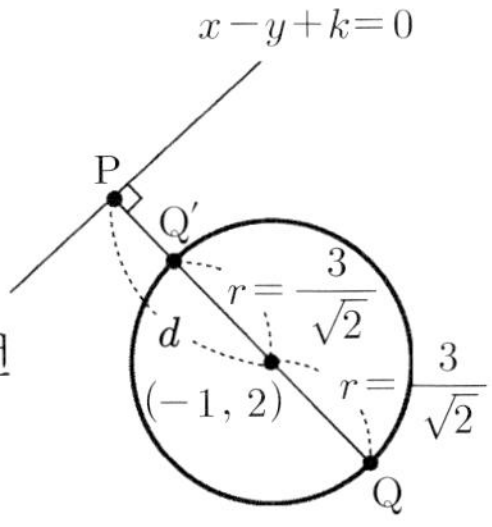

중심 $(-1,\ 2)$과 직선

$x-y+k=0$ 사이의

거리를 $d$라 하면

$^{\star}d=\frac{|-1-2+k|}{\sqrt{1^2+(-1)^2}}=\frac{|k-3|}{\sqrt{2}}$

$\therefore$ 최댓값 : $\overline{PQ}=d+r=\frac{|k-3|}{\sqrt{2}}+\frac{3}{\sqrt{2}}$

최솟값 : $\overline{PQ'}=d-r=\frac{|k-3|}{\sqrt{2}}-\frac{3}{\sqrt{2}}$

최댓값과 최솟값의 합이 $15\sqrt{2}$ 이므로

$\left(\frac{|k-3|}{\sqrt{2}}+\frac{3}{\sqrt{2}}\right)+\left(\frac{|k-3|}{\sqrt{2}}-\frac{3}{\sqrt{2}}\right)=15\sqrt{2}$

$\frac{2|k-3|}{\sqrt{2}}=15\sqrt{2},\ |k-3|=15$

$k-3=\pm 15,\ k=3\pm 15$

$\therefore k=18$ 또는 $k=-12$

정답 $-12$ 또는 $18$

**[줄기 3-10]**

풀이 두 점 $A(0,\ -2)$, $B(4,\ 6)$을 지나는 직선 AB의 방정식은

$y+2=\frac{6-(-2)}{4-0}(x-0)\quad \therefore 2x-y-2=0$

중심 $(-1,\ 1)$과 직선

$2x-y-2=0$ 사이의

거리를 $d$라 하면

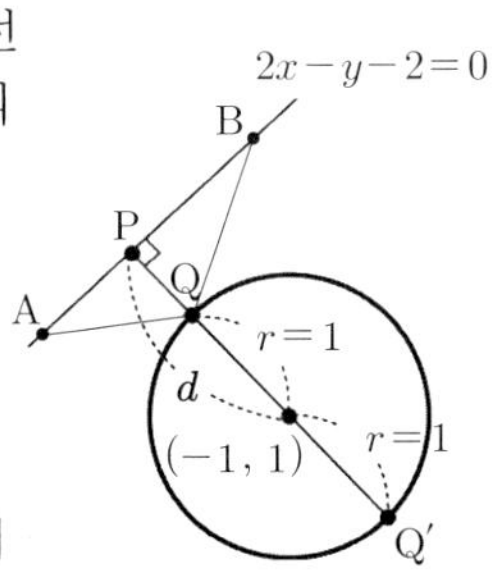

$^{\star}d=\frac{|-2-1-2|}{\sqrt{2^2+(-1)^2}}$

$=\frac{5}{\sqrt{5}}=\sqrt{5}$

이때, 원의 반지름의

길이가 1이므로 원 위의 임의의 점 Q와 직선 AB 사이의 거리의 최솟값은 $\overline{PQ}=d-r=\sqrt{5}-1$

또 $\overline{AB}=\sqrt{(4-0)^2+(6+2)^2}=\sqrt{80}=4\sqrt{5}$

따라서 $\triangle QAB$의 최솟값은

$\frac{1}{2}\cdot 4\sqrt{5}\cdot(\sqrt{5}-1)=10-2\sqrt{5}$

정답 $10-2\sqrt{5}$

**[줄기 4-1]**

풀이 직선 $y=2x-1$에 수직인 직선의 기울기는 $-\frac{1}{2}$이고, 원 $x^2+y^2=9$의 반지름이 3이므로

공식 $y=mx\pm r\sqrt{m^2+1}$ 을 이용하면

$y=-\frac{1}{2}x\pm 3\sqrt{\left(-\frac{1}{2}\right)^2+1}$

$y=-\frac{1}{2}x\pm 3\sqrt{\frac{5}{4}}\quad \therefore y=-\frac{1}{2}x\pm 3\cdot\frac{\sqrt{5}}{2}$

정답 $y=-\frac{1}{2}x\pm\frac{3}{2}\sqrt{5}$

**[줄기 4-2]**

풀이 원점에서 거리가 2인 점의 자취

⇨ 중심 $(0,\ 0)$, 반지름이 2인 원이다.

$x$축의 양의 방향과 $60^\circ$의 각을 이루는 직선

⇨ (기울기)$=\tan 60^\circ=\sqrt{3}$

즉, 원 $x^2+y^2=2^2$에 접하고 기울기가 $\sqrt{3}$ 인 접선의 방정식은

$y=\sqrt{3}x\pm 2\sqrt{(\sqrt{3})^2+1}$

$y=\sqrt{3}x\pm 2\sqrt{4}\quad \therefore y=\sqrt{3}x\pm 4$

정답 $y=\sqrt{3}x\pm 4$

## 줄기 4-3

**풀이** $x+2y-5=0$, 즉 $y=-\frac{1}{2}x+\frac{5}{2}$에 수직인 직선의 기울기는 2이다.
기울기가 2인 접선의 방정식을 $y=2x+k$, 즉 $2x-y+k=0$으로 놓으면 원의 중심 $(2, -3)$과 접선 사이의 거리는 반지름 4와 같으므로
$\frac{|4+3+k|}{\sqrt{2^2+(-1)^2}}=4$, $|k+7|=4\sqrt{5}$
$k+7=\pm4\sqrt{5}$ $\quad\therefore k=-7\pm4\sqrt{5}$
$\therefore y=2x-7+4\sqrt{5}$ 또는 $y=2x-7-4\sqrt{5}$

**정답** $y=2x-7+4\sqrt{5}$ 또는 $y=2x-7-4\sqrt{5}$

## 줄기 4-4

**풀이** $y=-x+1$을 $x^2+y^2=5$에 대입하면
$x^2+(-x+1)^2=5$, $\quad 2x^2-2x-4=0$
$x^2-x-2=0$, $(x+1)(x-2)=0$
$\therefore x=-1$ 또는 $x=2$
따라서 $x=-1$, $y=2$ 또는 $x=2$, $y=-1$이므로 교점의 좌표는 $(-1, 2)$, $(2, -1)$이다.
i) 점 $(-1, 2)$에서의 접선의 방정식은
$(-1)x+2y=5$ $\quad\therefore -x+2y=5$
ii) 점 $(2, -1)$에서의 접선의 방정식은
$2x+(-1)y=5$ $\quad\therefore 2x-y=5$
따라서 구하는 접선의 방정식은
$x-2y=-5$ 또는 $2x-y=5$

**정답** $x-2y=-5$ 또는 $2x-y=5$

## 줄기 4-5

**풀이** $xx+yy=40$ 위의 점 $(a, b)$에서의 접선의 방정식은
$ax+by=40$ $\quad\therefore y=-\frac{a}{b}x+\frac{40}{b}$
$-\frac{a}{b}=3$이므로 $a=-3b$ ⋯ ㉠
또, 점 $(a, b)$는 $x^2+y^2=40$ 위에 있으므로
$a^2+b^2=40$
이 식에 ㉠을 대입하면
$10b^2=40$ $\quad\therefore b=\pm2$
i) $b=2$를 ㉠에 대입하면 $a=-6$
ii) $b=-2$를 ㉠에 대입하면 $a=6$
$\therefore a=-6$, $b=2$ 또는 $a=6$, $b=-2$

**정답** $a=-6$, $b=2$ 또는 $a=6$, $b=-2$

## 줄기 4-6

**풀이** $x^2+y^2+4y-6=0$에서 $x^2+(y+2)^2=10$
$xx+(y+2)(y+2)=10$ 위의 점 $(-1, 1)$에서의 접선의 방정식은
$(-1)x+(1+2)(y+2)=10$
$\therefore -x+3y-4=0$

**정답** $x-3y+4=0$

## 줄기 4-7

**풀이** 점 $(-1, 2)$를 지나는 접선의 기울기를 $m$이라 하면 접선의 방정식은
$y-2=m(x+1)$ $\quad\therefore mx-y+m+2=0$ ⋯ ㉠
원의 중심 $(2, 1)$과 접선 ㉠ 사이의 거리는 반지름의 길이 $\sqrt{2}$와 같으므로
$\frac{|2m-1+m+2|}{\sqrt{m^2+(-1)^2}}=\sqrt{2}$
$|3m+1|=\sqrt{2}\sqrt{m^2+1}$ ⇨ 양변을 제곱하면
$(3m+1)^2=2(m^2+1)$, $7m^2+6m-1=0$
$(m+1)(7m-1)=0$
$\therefore m=-1$ 또는 $m=\frac{1}{7}$
이것을 ㉠에 각각 대입하면
$-x-y+1=0$ 또는 $\frac{1}{7}x-y+\frac{15}{7}=0$
$\therefore x+y-1=0$ 또는 $x-7y+15=0$

**정답** $x+y-1=0$ 또는 $x-7y+15=0$

## [줄기 4-8]

**풀이** 1) 점 $(4, 0)$을 지나는 접선의 기울기를 $m$이라 하면 접선의 방정식은

$y=m(x-4)$ $\quad\therefore mx-y-4m=0 \cdots ㉠$

원의 중심 $(0, 0)$과 접선 ㉠ 사이의 거리는 반지름의 길이 $\sqrt{8}$과 같으므로

$\dfrac{|-4m|}{\sqrt{m^2+(-1)^2}}=\sqrt{8}$

$|4m|=\sqrt{8}\sqrt{m^2+1}$ ⇨ 양변을 제곱하면

$16m^2=8(m^2+1)$, $8m^2=8$, $m^2=1$

$\therefore m=\pm 1$

i) $m=1$을 ㉠에 대입하면 $x-y-4=0$

ii) $m=-1$을 ㉠에 대입하면 $-x-y+4=0$

2) 점 $(4, 0)$을 지나는 접선의 방정식을 구한 후 $x^2+y^2=8$과 연립하여 접점의 좌표를 구하는 방법은 시간이 너무 많이 걸려서 비추이다. 「비추」 방법 I

2) 접점의 좌표를 구할 때는 $x_1x+y_1y=r^2$을 이용하는 게 더 쉽다. 「강추」 방법 II

원 $x^2+y^2=8$, 즉 $xx+yy=8$ 위의 접점을 $(a, b)$라 하면 접선의 방정식은

$ax+by=8 \cdots ㉠$

점 $(4, 0)$은 접선 ㉠ 위의 점이므로

$4a=8 \quad\therefore a=2$

이때, 점 $(a, b)$는 원 $x^2+y^2=8$ 위의 점이므로

$a^2+b^2=8$

이 식에 $a=2$를 대입하면

$2^2+b^2=8$, $b^2=4 \quad\therefore b=\pm 2$

따라서 접점 $(a, b)$의 좌표는

$(2, 2)$, $(2, -2)$

**주의** 원 밖의 한 점에서 그은 접선은 2개이므로 접점도 당연히 2개 존재한다.

**정답** 1) $x-y-4=0$ 또는 $x+y-4=0$
2) $(2, 2)$, $(2, -2)$

## [줄기 4-9]

**풀이** 두 직선은 원 $(x-3)^2+y^2=1$의 넓이를 이등분하므로 원의 중심 $(3, 0)$을 지난다.

직선의 기울기를 $m$이라 하면 직선의 방정식은

$y=m(x-3)$ $\quad\therefore mx-y-3m=0 \cdots ㉠$

직선 ㉠은 원 $x^2+y^2=2$와 접하므로 원 $x^2+y^2=2$의 중심 $(0, 0)$과 직선 ㉠ 사이의 거리는 반지름의 길이 $\sqrt{2}$와 같으므로

$\dfrac{|-3m|}{\sqrt{m^2+(-1)^2}}=\sqrt{2}$

$|-3m|=\sqrt{2}\sqrt{m^2+1}$ ⇨ 양변을 제곱하면

$9m^2=2m^2+2$

$7m^2-2=0 \cdots ㉡$

두 접선의 기울기를 $m_1$, $m_2$라 하면 이차방정식 ㉡의 두 근이 $m_1$, $m_2$이므로 근과 계수의 관계에 의하여

$m_1+m_2=0$, $m_1m_2=\dfrac{-2}{7}$

$\therefore$ 기울기의 합은 0, 기울기의 곱은 $-\dfrac{2}{7}$

**정답** 합 : 0, 곱 : $-\dfrac{2}{7}$

## 풀이 잎 문제

### • 잎 3-1

**핵심** 원이 될 조건은 원의 방정식이 표준형일 때
⇨ ⋆(반지름)$^2>0$ (○)
(반지름)$^2\ge 0$ (×) ( ∵ (반지름)$>0$)

**풀이** ① $x^2+y^2-x+y-1=0$에서

$\left(x-\dfrac{1}{2}\right)^2+\left(y+\dfrac{1}{2}\right)^2=\dfrac{3}{2}$

(반지름)$^2=\dfrac{3}{2}>0$이므로 원의 방정식이다.

② $3x^2+3y^2=2$에서 $x^2+y^2=\dfrac{2}{3}$

(반지름)$^2=\dfrac{2}{3}>0$이므로 원의 방정식이다.

③ $2x^2+2y^2+4x-8y-1=0$에서

$x^2+y^2+2x-4y-\frac{1}{2}=0$

$\therefore (x+1)^2+(y-2)^2=\frac{11}{2}$

(반지름)$^2=\frac{11}{2}>0$이므로 원의 방정식이다.

④ $2x^2+2y^2+2x+2y+1=0$에서

$x^2+y^2+x+y+\frac{1}{2}=0$

$\therefore \left(x+\frac{1}{2}\right)^2+\left(y+\frac{1}{2}\right)^2=0$

(우변)$=0$이므로 원의 방정식이 아니다.

⑤ $3x^2+3y^2-6x-6y+9=0$에서

$x^2+y^2-2x-2y+3=0$

$\therefore (x-1)^2+(y-1)^2=-1$

(우변)$<0$이므로 원의 방정식이 아니다.

정답 ④, ⑤

## 잎 3-2

핵심 줄기 1-4)와 비교하여 익힌다. [p.62]

풀이 $x^2+y^2-2kx+4ky+5k^2+3k-1=0$에서

$(x-k)^2+(y+2k)^2=-3k+1$

이 원의 반지름의 길이가 $\sqrt{5}$ 이하가 되려면

*$0<$(반지름)$\le\sqrt{5}$ ($\because$ *(반지름)$>0$)

$0<$(반지름)$^2\le 5$이므로 $0<-3k+1\le 5$

$-1<-3k\le 4$

$\therefore -\frac{4}{3}\le k<\frac{1}{3}$

정답 $-\frac{4}{3}\le k<\frac{1}{3}$

## 잎 3-3

풀이 점 $(-1, 2)$을 지나고 $x$축, $y$축에 동시에 접하려면 원의 중심이 제2사분면에 있어야 한다. 따라서 원의 중심이 직선 $y=-x$ 위에 있으므로 원의 중심을 $(a, -a)$, 반지름을 $|a|$라 하면

$(x-a)^2+(y+a)^2=|a|^2$

$\therefore (x-a)^2+(y+a)^2=a^2$ ⋯㉠

이 원이 점 $(-1, 2)$를 지나므로

$(-1-a)^2+(2+a)^2=a^2$

$a^2+6a+5=0$, $(a+1)(a+5)=0$

$\therefore a=-1$ 또는 $a=-5$

따라서 두 원의 중심은 각각 $(-1, 1)$, $(-5, 5)$이므로 두 원의 중심 사이의 거리는

$\sqrt{(-5+1)^2+(5-1)^2}=4\sqrt{2}$

정답 $4\sqrt{2}$

## 잎 3-4

풀이 제3사분면에서 $x$축, $y$축에 동시에 접하므로 중심이 직선 $y=x$ 위에 있다. 따라서 원의 중심을 $(a, a)$, 반지름을 $|a|$라 할 수 있다. 이때 중심 $(a, a)$가 $2x+3y=-5$ 위에 있으므로

$2a+3a=-5$ $\quad\therefore a=-1$

따라서 중심이 $(-1, -1)$, 반지름이 1인 원

$\therefore (x+1)^2+(y+1)^2=1^2$

정답 $(x+1)^2+(y+1)^2=1$

## 잎 3-5

풀이 $x^2+y^2+2ax-4y-3+b=0$에서

$(x+a)^2+(y-2)^2=a^2-b+7$

이 원이 $x$축, $y$축에 동시에 접하므로

$|-a|=2=\sqrt{a^2-b+7}$

$|-a|=2$, 즉 $|a|=2$에서 $a=2$ ($\because a>0$)

$\sqrt{a^2-b+7}=2$에 $a=2$를 대입하면

$\sqrt{4-b+7}=2$, $4-b+7=4$ $\quad\therefore b=7$

정답 $a=2$, $b=7$

## • 잎 3-6

**핵심** $x$축과 $y$축에 동시에 접하는 원의 중심은 직선 $y=x$ 또는 $y=-x$ 위에 있다. [p.65]

**풀이** $x$축과 $y$축에 동시에 접하는 원의 중심은 직선 $y=x$ 또는 $y=-x$ 위에 있다.

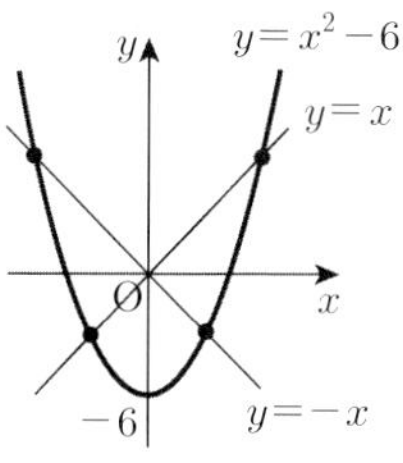


따라서 주어진 원의 중심은 곡선 $y=x^2-6$와 직선 $y=x$ 또는 $y=-x$의 교점이다.

i) $x^2-6=x$에서 $x^2-x-6=0$

$(x+2)(x-3)=0$ $\therefore x=-2$ 또는 $x=3$

직선 $y=x$ 위에 있는 원의 중심의 좌표는 $(-2,\ -2)$, $(3,\ 3)$

ii) $x^2-6=-x$에서 $x^2+x-6=0$

$(x+3)(x-2)=0$ $\therefore x=-3$ 또는 $x=2$

직선 $y=-x$ 위에 있는 원의 중심의 좌표는 $(-3,\ 3)$, $(2,\ -2)$

**정답** $(-3,\ 3)$, $(-2,\ -2)$, $(2,\ -2)$, $(3,\ 3)$

## • 잎 3-7

**풀이** 오른쪽 그림과 같이 $\angle \mathrm{OAP}=90°$이므로 $\overline{\mathrm{OP}}$는 원의 지름이다.

$x^2-x+y^2-12y=0$ 에서

$$\left(x-\frac{1}{2}\right)^2+(y-6)^2=\frac{145}{4}$$

따라서 원의 중심 $\left(\frac{1}{2},\ 6\right)$을 점 C라 하면 직선 OC의 기울기와 직선 OP의 기울기는 같다.

즉, $(\overleftrightarrow{\mathrm{OP}}$의 기울기$)=(\overleftrightarrow{\mathrm{OC}}$의 기울기$)=\dfrac{6}{\frac{1}{2}}$

따라서 $\overleftrightarrow{\mathrm{OP}}$의 기울기는 $6\div\frac{1}{2}=6\times2=12$

**정답** 12

## • 잎 3-8

**핵심** 중심선은 공통현을 수직이등분한다.

**풀이** 두 원의 공통현의 방정식은

$(x^2+y^2+2y-8)\cdot(-1)+(x^2+y^2-4x)=0$

$-4x-2y+8=0$ $\quad\therefore 2x+y-4=0$ ⋯㉠

$x^2+y^2+2y-8=0$에서 $x^2+(y+1)^2=9$

$x^2+y^2-4x=0$에서 $(x-2)^2+y^2=4$

또, 두 원의 중심 $(0,\ -1)$, $(2,\ 0)$을 지나는 중심선의 방정식은

$\dfrac{x}{2}+\dfrac{y}{-1}=1$ ($\because$ $x$절편이 2, $y$절편이 $-1$)

양변에 2를 곱하면

$x-2y=2$ ⋯㉡

두 원의 공통현의 중점은 공통현과 중심선의 교점이다.

㉠, ㉡을 연립하여 풀면

$x=2,\ y=0$ $\quad\therefore$ 점 $(2,\ 0)$

**정답** $(2,\ 0)$

## • 잎 3-9

**핵심** 두 점 A, B를 지나는 원 중에서 넓이가 최소인 것은 선분 AB를 지름으로 하는 원이다.
⇨ 이 사실을 알고 있어야 문제를 풀 수 있다.

**풀이** 오른쪽 그림과 같이 원과 직선의 두 교점을 A, B라 할 때, 원의 중심 $(0,\ 0)$과 직선 $x-2y-5=0$ 사이의 거리는

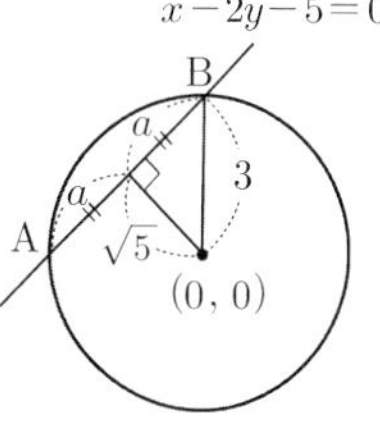


$$\frac{|0-0-5|}{\sqrt{1^2+(-2)^2}}=\sqrt{5}$$

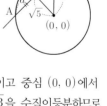

또, 원의 반지름은 3이고 중심 $(0,\ 0)$에서 $\overline{\mathrm{AB}}$에 내린 수선은 $\overline{\mathrm{AB}}$을 수직이등분하므로 $\overline{\mathrm{AB}}$의 길이를 *$2a$라 하면 피타고라스 정리에 의하여

$a=\sqrt{3^2-(\sqrt{5})^2}=\sqrt{4}=2$

따라서 두 교점 A, B를 지나는 원 중에서 $\overline{\mathrm{AB}}$를 지름으로 하는 원의 넓이가 최소이므로

$\pi\cdot2^2=4\pi$

**정답** $4\pi$

## 잎 3-10

**핵심** 두 원의 공통현의 길이가 최대일 때는 공통현이 작은 원의 지름일 때이다.
⇨ 이 사실을 알고 있어야 문제를 풀 수 있다.

**풀이** $x^2+y^2=20$에서 $x^2+y^2-20=0$

$(x-a)^2+y^2=4$에서 $x^2+y^2-2ax+a^2-4=0$

두 원의 공통현의 방정식은

$(x^2+y^2-20)\cdot(-1)+(x^2+y^2-2ax+a^2-4)=0$

$-2ax+a^2+16=0 \quad \therefore x=\dfrac{a^2+16}{2a} \cdots$ ㉠

이때, 공통현의 길이가 최대가 되려면 공통현이 작은 원의 지름이어야 하므로 직선 ㉠은 작은 원 $(x-a)^2+y^2=4$의 중심 $(a, 0)$을 지난다.

$\therefore a=\dfrac{a^2+16}{2a}$, $2a^2=a^2+16$, $a^2=16$

$\therefore a=4$ ($\because$ 양수 $a$, 즉 $a>0$)

**정답** 4

## 잎 3-11

**핵심** 원의 넓이를 이등분하는 직선은 원의 중심을 지난다.
평행사변형의 넓이를 이등분하는 직선은 평행사변형의 두 대각선의 교점을 지난다.

**풀이** $x^2-2x+y^2-4y-7=0$에서

$(x-1)^2+(y-2)^2=12$

이 원의 넓이를 이등분하는 직선은 원의 중심 $(1, 2)$를 지난다.

네 직선 $x=-6$, $x=0$, $y=-4$, $y=-2$로 둘러싸인 직사각형의 두 대각선의 교점은

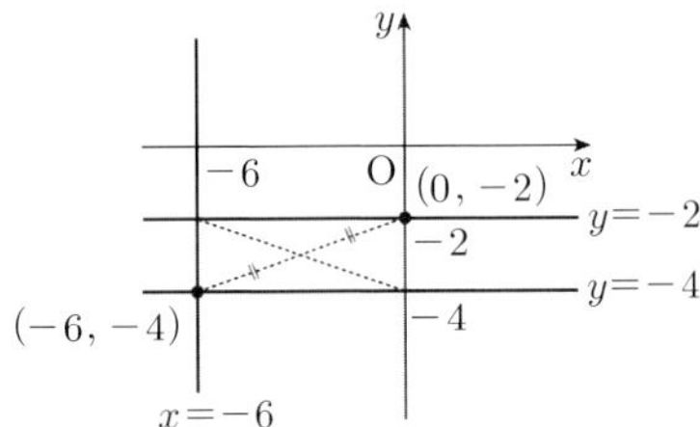


$\left(\dfrac{-6+0}{2}, \dfrac{-4+(-2)}{2}\right)=(-3, -3)$

이 직사각형의 넓이를 이등분하는 직선은 직사각형의 두 대각선의 교점 $(-3, -3)$을 지난다.

따라서 두 점 $(1, 2)$, $(-3, -3)$을 지나는 직선의 방정식은

$y-2=\dfrac{-3-2}{-3-1}(x-1)$

$y-2=\dfrac{5}{4}(x-1)$ ⇨ 양변에 4를 곱하면

$4y-8=5x-5 \quad \therefore 5x-4y+3=0$

**정답** ②

## 잎 3-12

**핵심** 좌표가 없는 도형의 문제는 좌표평면 위로 옮겨서 생각하면 쉽게 풀린다.

**풀이** 점 B를 좌표평면 위의 원점에 옮겨놓으면 A(4, 0), B(0, 0), C(5, 1)이 된다.

오른쪽 그림과 같이 물류창고를 점 P라 하면 점 P는 세 점으로부터 같은 거리에 있으므로 △ABC의 외심, 즉 외접원의 중심이다.

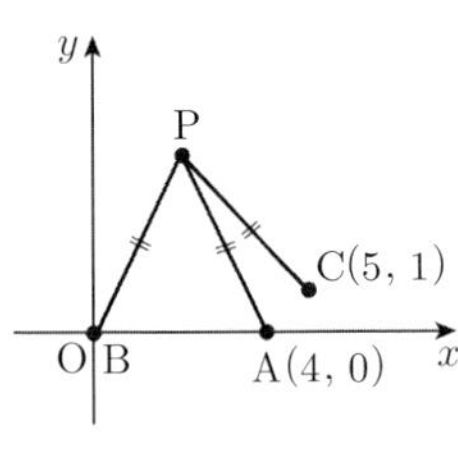


일반형 $x^2+y^2+ax+by+c=0$을 이용하면 A(4, 0), B(0, 0), C(5, 1)을 지나므로

$16+0+4a+0+c=0 \quad \therefore 4a+c=-16$

$0+0+0+0+c=0 \quad \therefore c=0$

$25+1+5a+b+c=0 \quad \therefore 5a+b+c=-26$

세 식을 연립하여 풀면 $a=-4$, $b=-6$, $c=0$

따라서 $x^2+y^2-4x-6y=0$

$\therefore (x-2)^2+(y-3)^2=13$

원의 반지름의 길이를 $r$이라 하면 $r=\sqrt{13}$

따라서 물류창고를 지으려는 지점에서 A지점에 이르는 거리는 $\sqrt{13}$ km이다.

**팁** 도형의 꼭짓점을 좌표평면 위의 원점, $x$축, $y$축 위에 옮겨놓자! ⇨ 계산이 쉬워진다.

**정답** ②

## 잎 3-13

**풀이** 원의 중심 $(0, 0)$과 직선 $x-y-4=0$ 사이의 거리는

$\dfrac{|0-0-4|}{\sqrt{1^2+(-1)^2}}=\dfrac{4}{\sqrt{2}}=2\sqrt{2}$

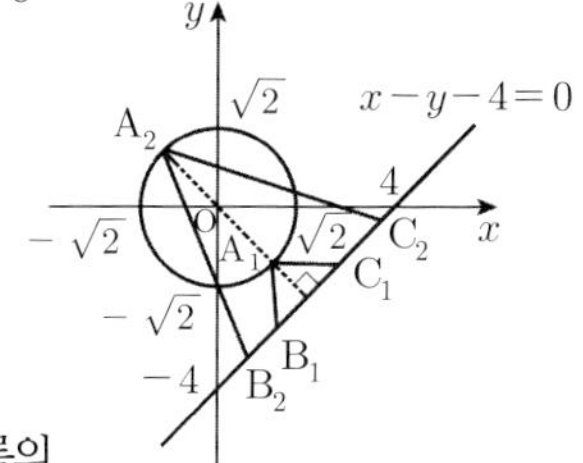


이때, 원의 반지름의 길이가 $\sqrt{2}$이므로

넓이가 최소인 정삼각형 $\triangle A_1B_1C_1$의 높이는

$2\sqrt{2}-\sqrt{2}=\sqrt{2}$

넓이가 최대인 정삼각형 $\triangle A_2B_2C_2$의 높이는

$2\sqrt{2}+\sqrt{2}=3\sqrt{2}$

$\therefore$ 두 정삼각형의 닮은비가 $\sqrt{2}:3\sqrt{2}=1:3$

$\therefore$ 넓이의 비는 $1^2:3^2=1:9$

**참고** 닮음비가 $m:n$인 두 닮은 도형에 대하여 넓이의 비는 $m^2:n^2$

**정답** ③

## 잎 3-14

**핵심** 원 위의 점과 직선 사이의 거리의 최대·최소 ⇨ '원의 중심과 직선 사이의 거리'와 '반지름의 길이'가 key이다.

**풀이** $x^2-8x+y^2-6y+21=0$에서

$(x-4)^2+(y-3)^2=4$

$\therefore$ 원의 중심 $(4, 3)$, 반지름의 길이 2

원의 중심 $(4, 3)$과 직선 $3x-4y+5=0$ 사이의 거리는

$\dfrac{|12-12+5|}{\sqrt{3^2+(-4)^2}}=1$

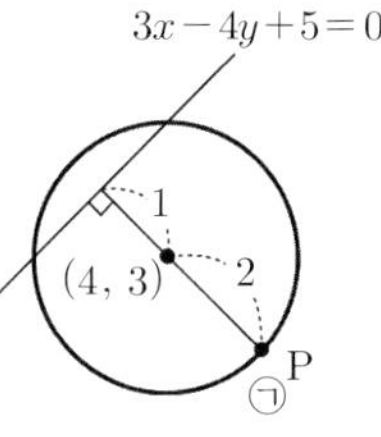


따라서 원 위의 점 P가 ㉠에 있을 때, 점 P와 직선 사이의 거리가 최대이다.

$\therefore 1+2=3$

**정답** 3

## 잎 3-15

**풀이** $x^2+6x+y^2-4y+9=0$에서

$(x+3)^2+(y-2)^2=4$

$\therefore$ 원의 중심 $(-3, 2)$, 반지름의 길이 2

이 원에 직선 $y=mx$가 접하므로 중심 $(-3, 2)$와 직선 $mx-y=0$ 사이의 거리는 반지름의 길이 2와 같다. 따라서

$\dfrac{|-3m-2|}{\sqrt{m^2+(-1)^2}}=2$

$|3m+2|=2\sqrt{m^2+1}$ ⇨ 양변을 제곱하면

$(3m+2)^2=4(m^2+1)$

$5m^2+12m=0,\ m(5m+12)=0$

$\therefore m=0$ 또는 $m=\dfrac{-12}{5}$

**정답** 0 또는 $-\dfrac{12}{5}$

## 잎 3-16

**핵심** 이 접선은 반드시 점 $(0, 0)$을 지난다.
($\because$ 원점에서 그었으므로)

**풀이** 점 $(0, 0)$를 지나는 접선의 기울기를 $m$이라 하면 접선의 방정식은

$y-0=m(x-0)\quad \therefore mx-y=0 \cdots$ ㉠

원의 중심 $(-3, 2)$와 접선 ㉠ 사이의 거리는 반지름의 길이 2와 같으므로

$\dfrac{|-3m-2|}{\sqrt{m^2+(-1)^2}}=2$

$|3m+2|=2\sqrt{m^2+1}$ ⇨ 양변을 제곱하면

$(3m+2)^2=4(m^2+1)$

$5m^2+12m=0,\ m(5m+12)=0$

$\therefore m=0$ 또는 $m=\dfrac{-12}{5}$

이것을 ㉠에 각각 대입하면

$y=0$ 또는 $y=-\dfrac{12}{5}x$

**결론** 잎 3-15)번과 같은 문제이지만 질문 방식에 따라 풀이방법이 달라진다.

**정답** $y=0$ 또는 $y=-\dfrac{12}{5}x$

## 잎 3-17

**풀이** $x^2+y^2-6y-7=0$에서 $x^2+(y-3)^2=16$

$\therefore$ 원의 중심 $(0, 3)$, 반지름의 길이 4

이 원에 직선 $y=\sqrt{3}x+k$가 접하므로 중심 $(0, 3)$과 직선 $\sqrt{3}x-y+k=0$ 사이의 거리는 반지름의 길이 4와 같다. 따라서

$$\frac{|0-3+k|}{\sqrt{(\sqrt{3})^2+(-1)^2}}=4$$

$|k-3|=8$, $k-3=\pm 8$, $k=3\pm 8$

$\therefore k=11$ 또는 $k=-5$

**정답** $-5$ 또는 11

## 잎 3-18

**핵심** 이 접선은 반드시 점 $(-1, 4)$를 지난다.
($\because$ 점 $(-1, 4)$에서 그었으므로)

**풀이** 점 $(-1, 4)$를 지나는 접선의 기울기를 $m$이라 하면 접선의 방정식은

$y-4=m(x+1)$ $\therefore mx-y+m+4=0 \cdots$ ㉠

원의 중심 $(2, -1)$과 접선 ㉠ 사이의 거리는 반지름의 길이 3과 같으므로

$$\frac{|2m+1+m+4|}{\sqrt{m^2+(-1)^2}}=3$$

$|3m+5|=3\sqrt{m^2+1}$ ⇨ 양변을 제곱하면

$(3m+5)^2=9m^2+9$, $30m+16=0$

$\therefore m=-\frac{8}{15}$

이것을 ㉠에 대입하면

$-\frac{8}{15}x-y+\frac{52}{15}=0$ $\therefore 8x+15y-52=0$

원 밖의 한 점에서 원에 그은 접선은 반드시 2개가 존재하므로 나머지 1개는 점 $(-1, 4)$를 지나며 기울기가 없는, 즉 $y$축에 평행한 접선 $x=-1$이다. [p.34]

따라서 $8x+15y-52=0$ 또는 $x=-1$

**참고** 원 밖의 한 점에서 원에 그은 접선은 반드시 2개가 존재한다. [p.79]

**정답** $8x+15y-52=0$ 또는 $x=-1$

## 잎 3-19

**핵심** 접점의 좌표를 구하는 요령
⇨ 줄기 4-8)의 2)번을 참고한다. [p.79]

**풀이** 원 $(x-1)(x-1)+(y+2)(y+2)=8$ 위의 접점의 좌표를 $(a, b)$라 하면 접선의 방정식은

$(a-1)(x-1)+(b+2)(y+2)=8 \cdots$ ㉠

점 $(5, -2)$는 접선 ㉠ 위의 점이므로

$(a-1)(5-1)+(b+2)(-2+2)=8$

$4(a-1)=8$, $a-1=2$ $\therefore a=3$

점 $(a, b)$는 원 $(x-1)^2+(y+2)^2=8$ 위의 점이므로

$(a-1)^2+(b+2)^2=8$

이 식에 $a=3$를 대입하면 $2^2+(b+2)^2=8$

$(b+2)^2=4$, $b+2=\pm 2$, $b=-2\pm 2$

$\therefore b=0$ 또는 $b=-4$

따라서 접점 $(a, b)$는 $(3, 0)$, $(3, -4)$

**참고** 원 밖의 한 점에서 그은 접선이 2개이므로 접점도 당연히 2개 존재한다.

**정답** $(3, 0)$, $(3, -4)$

## 잎 3-20

**풀이** $x^2+y^2-6x-2ay+a^2=0$에서

$(x-3)^2+(y-a)^2=9$

점 $(3, 0)$을 지나는 접선의 기울기를 $m$이라 하면 접선의 방정식은

$y-0=m(x-3)$ $\therefore mx-y-3m=0 \cdots$ ㉠

원의 중심 $(3, a)$와 접선 ㉠ 사이의 거리는 반지름의 길이 3과 같으므로

$$\frac{|3m-a-3m|}{\sqrt{m^2+(-1)^2}}=3$$

$|-a|=3\sqrt{m^2+1}$ ⇨ 양변을 제곱하면

$a^2=9(m^2+1)$, $9m^2-a^2+9=0 \cdots$ ㉡

두 접선의 기울기를 $m_1$, $m_2$라 하면 이차방정식 ㉡의 두 근이 $m_1$, $m_2$이므로 근과 계수의 관계에 의하여 $m_1+m_2=0$, $m_1m_2=\frac{-a^2+9}{9}$

이때, 기울기의 곱이 $-1$이므로 $\frac{-a^2+9}{9}=-1$

$-a^2+9=-9$, $a^2=18$ $\therefore a=\pm\sqrt{18}$

**정답** $\pm 3\sqrt{2}$

### 잎 3-21

**핵심** 원 밖의 한 점에서 그은 두 접선이 수직일 때
⇨ '반지름'과 '접선의 길이'를 변으로 하는 사각형은 '정사각형'이다. [p.80]
※ 이 사실을 알고 있어야 문제를 풀 수 있다.

**풀이** 중심 $(2, 1)$과 점 $(7, 6)$ 사이의 거리는
$\sqrt{(7-2)^2+(6-1)^2}=5\sqrt{2}$

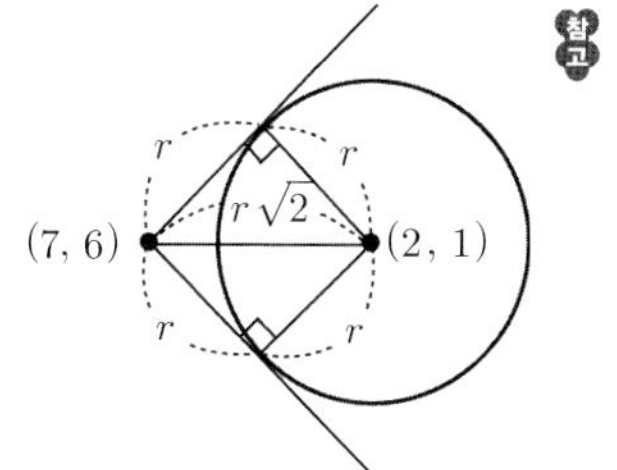


**참고** 삼각비

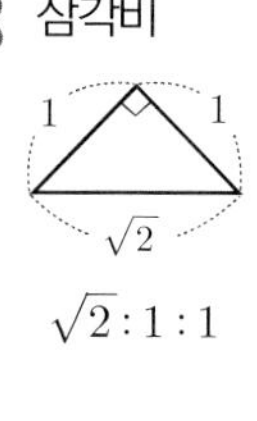


$\sqrt{2}:1:1$

직각이등변삼각형의 길이의 비가
$\sqrt{2}:1:1$, 즉 $r\sqrt{2}:r:r$ ($r$은 반지름)
$\therefore r\sqrt{2}=5\sqrt{2}$ $\quad\therefore r=5$

**정답** ⑤

### 잎 3-22

**풀이** $\overline{AP}:\overline{BP}=3:1$에서 점 P의 좌표를 $(x, y)$라 하면 $\overline{AP}=3\overline{BP}$이므로
$\sqrt{(x+6)^2+y^2}=3\sqrt{(x-2)^2+y^2}$
양변을 제곱하면
$(x+6)^2+y^2=9(x-2)^2+9y^2$
$8x^2-48x+8y^2=0$ ⇨ 양변을 8로 나누면
$x^2-6x+y^2=0$, $(x-3)^2-9+y^2=0$
$\therefore (x-3)^2+y^2=9$
따라서 점 P의 자취는 중심이 점 $(3, 0)$이고, 반지름의 길이가 3인 원이므로 구하는 도형의 넓이는 $\pi\cdot 3^2=9\pi$

**정답** $9\pi$

### 잎 3-23

**풀이** $\overline{PA}:\overline{PB}=2:3$에서 점 P의 좌표를 $(x, y)$라 하면 $3\overline{PA}=2\overline{PB}$이므로
$3\sqrt{(x+6)^2+(y+6)^2}=2\sqrt{(x-4)^2+(y-4)^2}$
양변을 제곱하면
$9(x+6)^2+9(y+6)^2=4(x-4)^2+4(y-4)^2$
$5x^2+140x+5y^2+140y+520=0$
⇨ 양변을 5로 나누면
$x^2+28x+y^2+28y+104=0$
$(x+14)^2-196+(y+14)^2-196+104=0$
$\therefore (x+14)^2+(y+14)^2=288$
따라서 점 P의 자취는 중심이 점 $(-14, -14)$이고, 반지름의 길이가 $12\sqrt{2}$인 원이므로 구하는 도형의 길이는
$2\pi\cdot 12\sqrt{2}=24\sqrt{2}\pi$

**정답** $24\sqrt{2}\pi$

### 잎 3-24

**풀이** $\overline{PA}:\overline{PB}=1:2$에서 점 P의 좌표를 $(x, y)$라 하면 $2\overline{PA}=\overline{PB}$이므로
$2\sqrt{(x-1)^2+(y-2)^2}=\sqrt{(x-4)^2+(y-k)^2}$
양변을 제곱하면
$4(x-1)^2+4(y-2)^2=(x-4)^2+(y-k)^2$
$3x^2+3y^2-(16-2k)y+4-k^2=0$
⇨ 양변을 3으로 나누면
$x^2+y^2-\dfrac{16-2k}{3}y+\dfrac{4-k^2}{3}=0$
$x^2+\left(y-\dfrac{8-k}{3}\right)^2-\left(\dfrac{8-k}{3}\right)^2+\dfrac{4-k^2}{3}=0$
$\therefore$ 원의 중심의 좌표는 $\left(0, \dfrac{8-k}{3}\right)$이다.
또, 두 점 C, D로부터 같은 거리에 있는 점의 자취는 $\overline{CD}$의 수직이등분선이다. [p.54]
i) $\overline{CD}$의 중점의 좌표는 $\left(\dfrac{7+3}{2}, \dfrac{3+7}{2}\right)=(5, 5)$
ii) $\overline{CD}$의 기울기는 $\dfrac{7-3}{3-7}=-1$
즉, $\overline{CD}$의 수직이등분선은 기울기가 1이고 점 $(5, 5)$를 지나므로 직선의 방정식은
$(y-5)=1\cdot(x-5)$ $\quad\therefore y=x$
이때, 직선 $y=x$는 점 P가 그리는 원을 이등분하므로 원의 중심 $\left(0, \dfrac{8-k}{3}\right)$를 지난다.
따라서 $\dfrac{8-k}{3}=0$ $\quad\therefore k=8$

**정답** 8

## 잎 3-25

풀이 $x^2+y^2=25$, 즉 $xx+yy=25$ 위의 접점이 $T(3,\ -4)$이므로 접선 $l$의 방정식은

$3x-4y=25 \qquad \therefore y=\frac{3}{4}x-\frac{25}{4}$

$\therefore$ 접선 $l$의 기울기는 $\frac{3}{4}$이다.

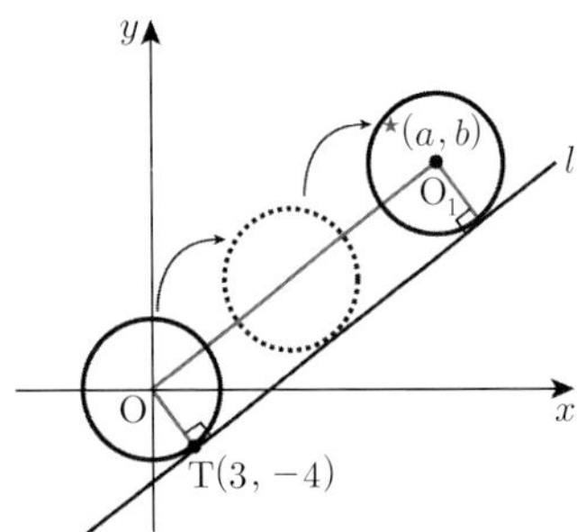


(직선 $OO_1$의 기울기)$=\frac{b}{a}$

이때, 직선 $OO_1$과 직선 $l$은 평행하므로

(직선 $OO_1$의 기울기)=(직선 $l$의 기울기)

$\therefore \frac{b}{a}=\frac{3}{4}$

정답 ③

## 잎 3-26

풀이 $\overline{AB}$, $\overline{AC}$가 원에 접하므로 각각의 접점을 M, N이라 하면

$\overline{AM}=\overline{AN}$,

$\overline{AM}\perp\overline{OM}$,

$\overline{AN}\perp\overline{ON}$

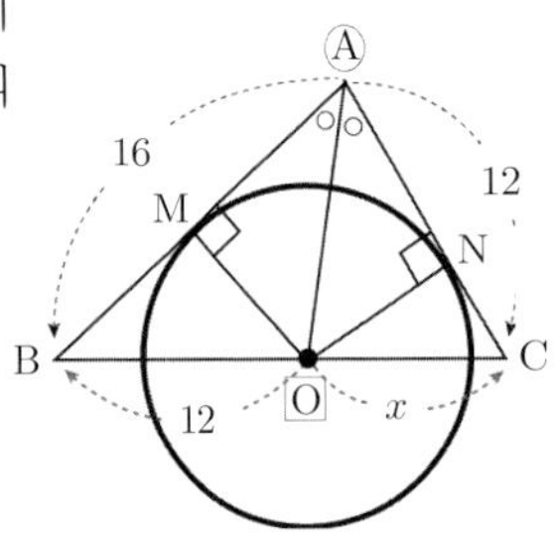


$\triangle OAM$과 $\triangle OAN$에서

i) $\angle OMA=\angle ONA=90°$,

ii) $\overline{AO}$(공통), iii) $\overline{AM}=\overline{AN}$

$\therefore \triangle OAM\equiv\triangle OAN$ (RHS합동)

$\therefore \angle OAM=\angle OAN$

각의 이등분선의 정리에 의하여 [p.29]

$\overline{AB}:\overline{AC}=\overline{OB}:\overline{OC}$

$16:12=12:x, \quad 16x=144$

$\therefore x=9$

정답 ③

## 잎 3-27

풀이 호 PQ는 오른쪽 그림과 같이 점 $(-1,\ 0)$에서 $x$축에 접하고 반지름의 길이가 3인 원의 일부이다.

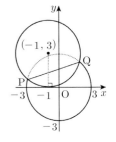

따라서 이 원은 점 $(-1,\ 0)$에 접하므로 중심의 $x$좌표는 $-1$이고, 반지름이 3이므로 중심의 $y$좌표는 3이다.

따라서 원의 방정식은 $(x+1)^2+(y-3)^2=3^2$

이때, 선분 PQ는 두 원

$x^2+y^2=9,\ (x+1)^2+(y-3)^2=9$

의 공통현이므로 직선 PQ의 방정식은

$(x^2+y^2-9)\cdot(-1)+\{(x+1)^2+(y-3)^2-9\}=0$

$(x^2+y^2-9)\cdot(-1)+(x^2+y^2+2x-6y+1)=0$

$\therefore 2x-6y+10=0 \qquad \therefore x-3y+5=0$

정답 $x-3y+5=0$

## 잎 3-28

풀이 $x^2+y^2-2x-4y+\frac{5}{2}=0$에서

$(x-1)^2+(y-2)^2=\frac{5}{2}$

따라서 점 $P(3,\ 2)$에서 이 원에 그은 접선의 길이 $\overline{PT}$는

$\overline{PT}=\sqrt{(3-1)^2+(2-2)^2-\frac{5}{2}}=\sqrt{\frac{3}{2}}=\frac{\sqrt{6}}{2}$

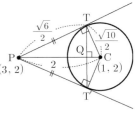

$\overline{PC}$와 $\overline{TT'}$의 교점을 Q라 할 때, $\overline{PC}$는 이등변삼각형 $TPT'$의 꼭지각의 이등분선이므로 밑변($\overline{TT'}$)을 수직이등분한다.

따라서 $\angle TQP=90°$이다.

직각삼각형 CPT의 넓이는

$\frac{1}{2}\cdot\overline{PT}\cdot\overline{CT}=\frac{1}{2}\cdot\overline{PC}\cdot\overline{TQ}$

$$\frac{\sqrt{6}}{2}\cdot\frac{\sqrt{10}}{2}=2\cdot\overline{TQ} \qquad \therefore \overline{TQ}=\frac{\sqrt{15}}{4}$$

$$\therefore \overline{TT'}=2\overline{TQ}=2\cdot\frac{\sqrt{15}}{4}=\frac{\sqrt{15}}{2}$$

정답 $\frac{\sqrt{15}}{2}$

## 잎 3-29

풀이 원 $(x-1)^2+(y-1)^2=1$의 중심이 $(1, 1)$이므로 오른쪽 그림과 같이 나타낼 수 있다.

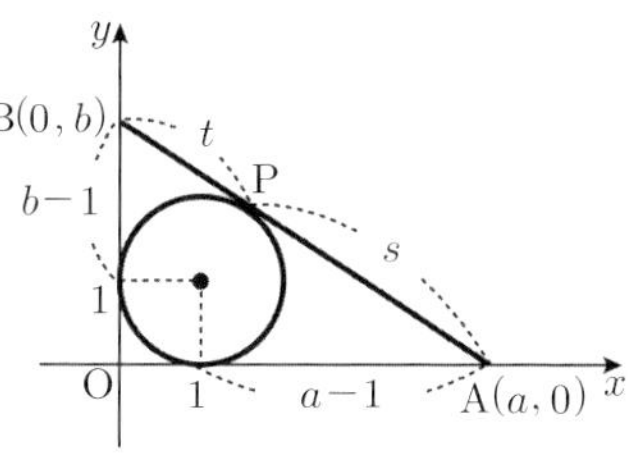


원 밖의 한 점에서 원에 그은 두 접선의 길이가 서로 같으므로

$\overline{AP}=s=a-1$

$\overline{BP}=t=b-1$

ㄱ. $\overline{AP}:\overline{BP}=s:t=(a-1):(b-1)$ (거짓)

ㄴ. $\overline{AB}=s+t=(a-1)+(b-1)=a+b-2$

이고 $\triangle OAB$는 직각삼각형이므로 피타고라스의 정리에 의하여

$a^2+b^2=(a+b-2)^2$

$a^2+b^2=a^2+b^2+4+2ab-4b-4a$

$4(a+b)=2ab+4$

$\therefore a+b=\frac{1}{2}ab+1 \cdots$ ㉠

이때 $ab=14$이면 $a+b=8$이다. (참)

ㄷ. ($\triangle OAB$의 넓이)$=\frac{1}{2}\times a\times b=\frac{1}{2}ab$

$st=(a-1)(b-1)=ab-a-b+1$

$=ab-\frac{1}{2}ab$ ($\because$ ㉠)

$=\frac{1}{2}ab$

따라서 $\triangle OAB$의 넓이는 $st$이다. (참)

정답 ㄱ. 거짓 ㄴ. 참 ㄷ. 참

## 잎 3-30

풀이 선분 AB의 중점을 M이라 하면 점 M의 좌표는

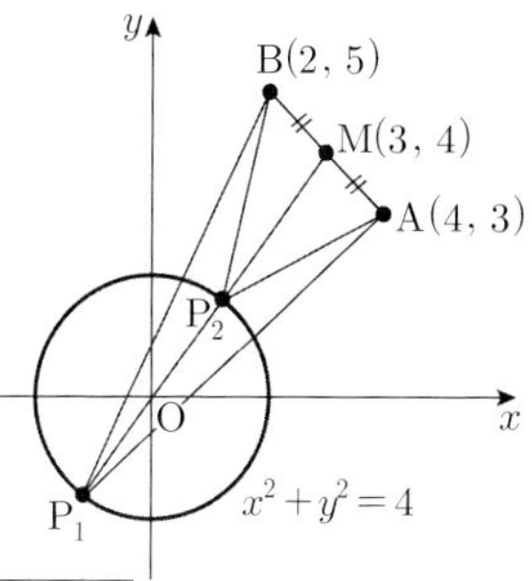


$\left(\frac{4+2}{2}, \frac{3+5}{2}\right)$

즉 $(3, 4)$이므로

$\overline{BM}=\sqrt{(3-2)^2+(4-5)^2}=\sqrt{2}$

중선 정리에 의하여 [p.314]

$\overline{PA}^2+\overline{PB}^2=2(\overline{PM}^2+\overline{BM}^2)$

$=2(\overline{PM}^2+2)$

i) $\overline{PA}^2+\overline{PB}^2$의 최댓값은 $\overline{PM}$이 최대일 때

$\therefore \overline{PM}=\overline{OM}+\overline{OP_1}=5+2=7$

$\overline{PA}^2+\overline{PB}^2$의 최댓값은 $2(7^2+2)=102$

ii) $\overline{PA}^2+\overline{PB}^2$의 최솟값은 $\overline{PM}$이 최소일 때

$\therefore \overline{PM}=\overline{OM}-\overline{OP_2}=5-2=3$

$\overline{PA}^2+\overline{PB}^2$의 최솟값은 $2(3^2+2)=22$

정답 최댓값 : 102, 최솟값 : 22

# CHAPTER 4 도형의 이동

본문 p.89

## 줄기 문제

### [줄기 1-1]

풀이 점 $(2, -3)$을 점 $(-1, 2)$로 옮기는 평행이동은 $x$축의 방향으로 $-3$만큼, $y$축의 방향으로 5만큼 평행이동한 것이다.

따라서 점 $(-4, a)$를 $x$축의 방향으로 $-3$만큼, $y$축의 방향으로 5만큼 평행이동하면 점 $(-4-3, a+5)$가 된다.

점 $(-4-3, a+5)$가 점 $(b, 5)$와 일치하므로

$-7=b, a+5=5 \qquad \therefore a=0, b=-7$

정답 $a=0, b=-7$

**[줄기 1-2]**

**풀이** 점 $(2,\ 3)$을 점 $(1,\ 2)$로 옮기는 평행이동은 $x$축의 방향으로 $-1$만큼, $y$축의 방향으로 $-1$만큼 평행이동한 것이다.
따라서 점 $(a, b)$를 $x$축의 방향으로 $-1$만큼, $y$축의 방향으로 $-1$만큼 평행이동하면 점 $(a-1,\ b-1)$이 된다.
점 $(a-1,\ b-1)$이 점 $(3,\ 5)$와 일치하므로
$a-1=3,\ b-1=5 \qquad \therefore a=4,\ b=6$

**정답** $a=4,\ b=6$

**[줄기 1-3]**

**풀이** 점 $(1,\ 1)$을 점 $(-1,\ 3)$로 옮기는 평행이동은 $x$축의 방향으로 $-2$만큼, $y$축의 방향으로 $2$만큼 평행이동한 것이다.
따라서 직선 $x+ay+b=0$에 $x$ 대신 $x+2$, $y$ 대신 $y-2$를 대입하면
$(x+2)+a(y-2)+b=0$
$\therefore x+ay-2a+b+2=0$
이 직선이 직선 $2x-y+3=0$과 일치하므로
$2x-y+3=0$ ⇨ 양변을 2로 나누면
$x-\frac{1}{2}y+\frac{3}{2}=0$
$\therefore a=-\frac{1}{2},\ -2a+b+2=\frac{3}{2}$
$\therefore a=-\frac{1}{2},\ b=-\frac{3}{2}$

**정답** $a=-\frac{1}{2},\ b=-\frac{3}{2}$

**[줄기 1-4]**

**풀이** 점 $(-1,\ 2)$를 점 $(2,\ -3)$로 옮기는 평행이동은 $x$축의 방향으로 $3$만큼, $y$축의 방향으로 $-5$만큼 평행이동한 것이다.
역으로 직선 $2x+y-3=0$ ⋯㉠을 $x$축의 방향으로 $-3$만큼, $y$축의 방향으로 $5$만큼 평행이동하면 평행이동하기 전의 직선이 된다.
따라서 ㉠에 $x$ 대신 $x+3$, $y$ 대신 $y-5$를 대입하면 옮기기 전의 직선의 방정식이 되므로
$2(x+3)+(y-5)-3=0$
$\therefore 2x+y-2=0$

**정답** $2x+y-2=0$

**[줄기 1-5]**

**풀이** $y=2x^2-4x+3$
$=2(x^2-2x)+3$
$=2(x-1)^2-2+3=2(x-1)^2+1$
$\therefore$ 꼭짓점 $(1,\ 1)$ ⋯㉠
$y=2x^2+2x+3$
$=2(x^2+x)+3$
$=2\left(x+\frac{1}{2}\right)^2-\frac{1}{2}+3=2\left(x+\frac{1}{2}\right)^2+\frac{5}{2}$
$\therefore$ 꼭짓점 $\left(-\frac{1}{2},\ \frac{5}{2}\right)$ ⋯㉡
따라서 꼭짓점 $(1,\ 1)$ ⋯㉠을 $x$축의 방향으로 $2a$만큼, $y$축의 방향으로 $-b$만큼 평행이동하면 꼭짓점 $\left(-\frac{1}{2},\ \frac{5}{2}\right)$ ⋯㉡로 옮겨지므로
$(1+2a,\ 1-b)=\left(-\frac{1}{2},\ \frac{5}{2}\right)$
$1+2a=-\frac{1}{2},\ 1-b=\frac{5}{2}$
$\therefore a=-\frac{3}{4},\ b=-\frac{3}{2}$

**정답** $a=-\frac{3}{4},\ b=-\frac{3}{2}$

**[줄기 1-6]**

**핵심** 원을 평행이동하면
i) 원은 반지름의 길이가 같은 원으로 옮겨진다.
ii) 원의 중심은 원의 중심으로 옮겨진다.

**풀이** $x^2+2x+y^2-4y=0$에서
$(x+1)^2+(y-2)^2=5$
$\therefore$ 중심 $(-1,\ 2)$, 반지름 $\sqrt{5}$ 인 원 ⋯㉠
중심 $(-1,\ 2)$를 $x$축의 방향으로 $a$만큼, $y$축의 방향으로 $b$만큼 평행이동한 점의 좌표는
$(-1+a,\ 2+b)$
이 점이 원 $x^2+y^2=c$의 중심 $(0,\ 0)$이므로
$-1+a=0,\ 2+b=0 \qquad \therefore a=1,\ b=-2$

또 평행이동은 도형의 모양과 크기를 변화시키지 못하므로 ㉠을 평행이동한 원 $x^2+y^2=c$의 반지름의 길이는 $\sqrt{5}$이다. 따라서

$c=(\sqrt{5})^2=5$

정답 $a=1,\ b=-2,\ c=5$

## [줄기 1-7]

풀이 $x^2+6x+y^2-2y+8=0$에서

$(x+3)^2+(y-1)^2=2$

$\therefore$ 중심 $(-3,\ 1)$, 반지름 $\sqrt{2}$인 원

중심 $(-3,\ 1)$을 $x$축의 방향으로 $a$만큼, $y$축의 방향으로 $a-4$만큼 평행이동한 점의 좌표는

$(-3+a,\ 1+a-4)$

이 점이 $x$축 위에 있으므로 $y$좌표는 0이다.

$\therefore 1+a-4=0 \quad \therefore a=3$

정답 3

## [줄기 1-8]

핵심 도형의 방정식 $f(x+3,\ y-1)=0$
도형의 방정식 $f(x,\ y)=0$

풀이 도형의 방정식을 편의상 '식'이라 칭했다.

'식' $f(x+3,\ y-1)=0 \rightarrow$ '식' $f(x,\ y)=0$

옮겨진 도형이 $f((x\underline{-3})+3,\ (y\underline{+1})-1)=0$이므로 $x$축의 방향으로 3만큼, $y$축의 방향으로 $-1$만큼 평행이동한 것이다.

($\because$ '식'의 평행이동)

따라서 직선 $5x-2y+4=0$을 $x$축의 방향으로 3만큼, $y$축의 방향으로 $-1$만큼 평행이동하면

$5(x-3)-2(y+1)+4=0$

$\therefore 5x-2y-13=0$

정답 $5x-2y-13=0$

## [줄기 2-1]

풀이 키점을 본인이 잡아야 하는 경우도 많다.

키점을 잡는다.

$A(-1,\ 1)$,
$O(0,\ 0)$,
$B\left(\frac{1}{2},\ -1\right)$,
$C(1,\ 0)$

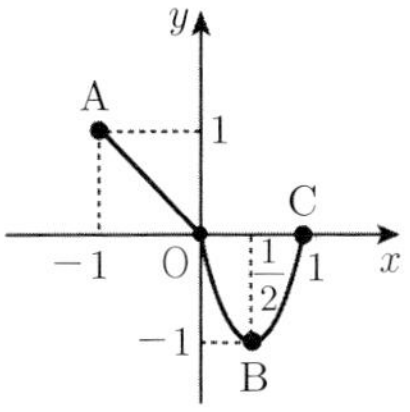

1) $-y=f(-x)$는 $y=f(x)$를 원점에 대하여 대칭이동한 것이므로

키점$'$:
$A'(1,\ -1)$,
$O'(0,\ 0)$,
$B'\left(-\frac{1}{2},\ 1\right)$,
$C'(-1,\ 0)$

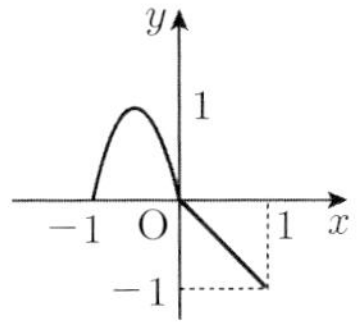

주어진 그래프의 모양과 비교하면서 직선은 직선으로, 곡선은 곡선으로 키점$'$을 연결한다.

2) $x=f(y)$는 $y=f(x)$를 직선 $y=x$에 대하여 대칭이동한 것이므로

키점$'$:
$A'(1,\ -1)$,
$O'(0,\ 0)$,
$B'\left(-1,\ \frac{1}{2}\right)$,
$C'(0,\ 1)$

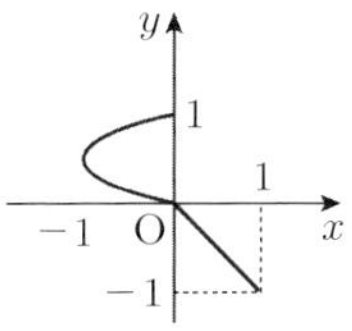

주어진 그래프의 모양과 비교하면서 직선은 직선으로, 곡선은 곡선으로 키점$'$을 연결한다.

3) $y=3f(x)$는 $y=f(x)$의 크기를 변환한 것이므로

키점$'$:
$A'(-1,\ 3)$,
$O'(0,\ 0)$,
$B'\left(\frac{1}{2},\ -3\right)$,
$C'(1,\ 0)$

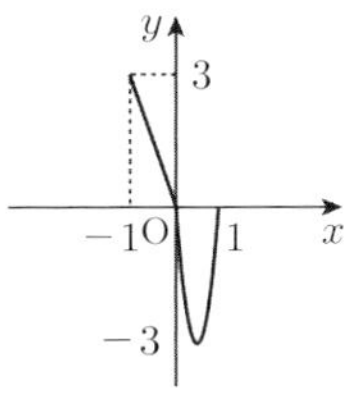

주어진 그래프의 모양과 비교하면서 직선은 직선으로, 곡선은 곡선으로 키점$'$을 연결한다.

주의 3)번은 평행이동이나 대칭이동이 아닌 크기 변환이므로 그래프의 크기가 변한다.

정답 풀이 참조

## [줄기 2-2]

**풀이** 키점을 본인이 잡아야 하는 경우도 많다.
키점을 잡는다.
A$(-2, 0)$,
B$(0, 2)$,
C$(2, 1)$

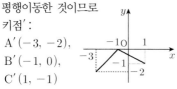

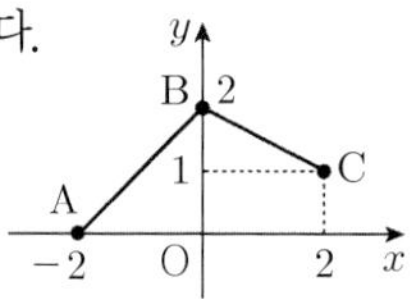

1) $y+2=f(x+1)$은 $y=f(x)$를 $x$축의 방향으로 $-1$만큼, $y$축의 방향으로 $-2$만큼 평행이동한 것이므로
키점$'$:
A$'(-3, -2)$,
B$'(-1, 0)$,
C$'(1, -1)$
키점$'$을 직선으로 연결한다. 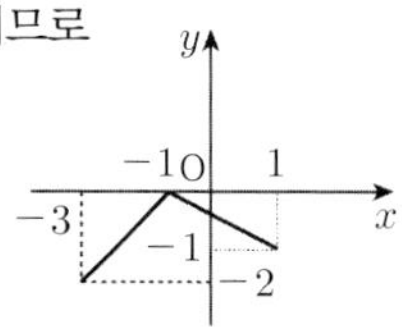

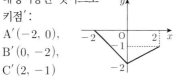

2) $-y=f(x)$는 $y=f(x)$를 $x$축에 대하여 대칭이동한 것이므로
키점$'$:
A$'(-2, 0)$,
B$'(0, -2)$,
C$'(2, -1)$ 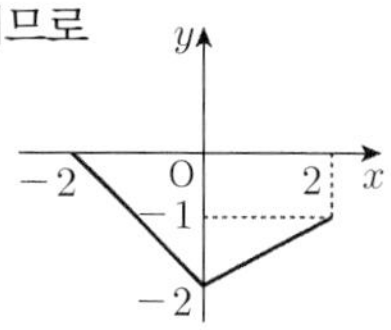
키점$'$을 직선으로 연결한다.

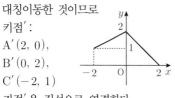

3) $y=f(-x)$는 $y=f(x)$를 $y$축에 대하여 대칭이동한 것이므로
키점$'$:
A$'(2, 0)$,
B$'(0, 2)$,
C$'(-2, 1)$ 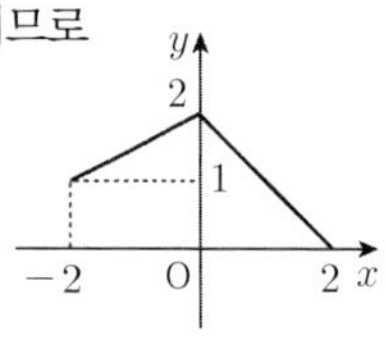
키점$'$을 직선으로 연결한다.

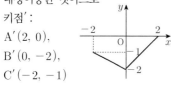

4) $-y=f(-x)$는 $y=f(x)$를 원점에 대하여 대칭이동한 것이므로
키점$'$:
A$'(2, 0)$,
B$'(0, -2)$,
C$'(-2, -1)$ 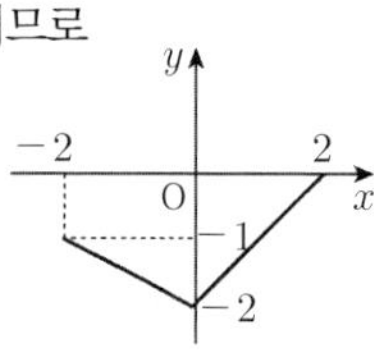
키점$'$을 직선으로 연결한다.

5) $x=f(y)$는 $y=f(x)$를 직선 $y=x$에 대하여 대칭이동한 것이므로
키점$'$:
A$'(0, -2)$,
B$'(2, 0)$,
C$'(1, 2)$ 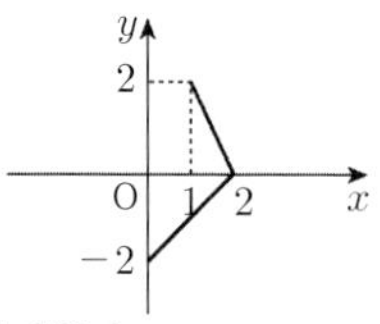
키점$'$을 직선으로 연결한다.

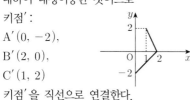

6) $y=\frac{1}{2}f(x)$는 $y=f(x)$의 크기를 변환한 것이므로
키점$'$:
A$'(-2, 0)$,
B$'(0, 1)$,
C$'\left(2, \frac{1}{2}\right)$ 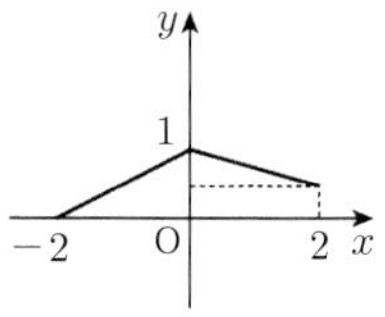
키점$'$을 직선으로 연결한다.

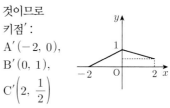

**주의** 6)번은 평행이동이나 대칭이동이 아닌 크기 변환이므로 그래프의 크기가 변한다.

**정답** 풀이 참조

## [줄기 2-3]

**핵심** '점'과 '식'에서 대칭이동하는 방법이 같다.
※ 점의 좌표와 도형의 방정식을 편의상 줄여 각각 '점'과 '식'이라 칭했다.

**풀이** 1) $x$축 ⇨ $y$좌표의 부호를 바꾼다.
$(2, -(-5))$ $\therefore$ **(2, 5)**
$y$축 ⇨ $x$좌표의 부호를 바꾼다.
$\therefore$ **(−2, −5)**
원점 ⇨ $x$, $y$좌표의 부호를 모두 바꾼다.
$(-2, -(-5))$ $\therefore$ **(−2, 5)**
직선 $y=x$ ⇨ $x$, $y$좌표의 위치를 서로 바꾼다.
$\therefore$ **(−5, 2)**
직선 $y=-x$ ⇨ $x$, $y$좌표의 위치와 부호를 모두 바꾼다.
$(-(-5), -2)$ $\therefore$ **(5, −2)**

2)
㉠ $x$축 ⇨ $y$ 대신 $-y$를 대입한다.
$-y=-2x+1$ $\therefore$ $\boldsymbol{y=2x-1}$
$y$축 ⇨ $x$ 대신 $-x$를 대입한다.
$y=-2(-x)+1$ $\therefore$ $\boldsymbol{y=2x+1}$
원점 ⇨ $x$ 대신 $-x$, $y$ 대신 $-y$를 대입
$-y=-2(-x)+1$ $\therefore$ $\boldsymbol{y=-2x-1}$
직선 $y=x$ ⇨ $x$ 대신 $y$, $y$ 대신 $x$를 대입
$x=-2y+1$ $\therefore$ $\boldsymbol{x+2y=1}$
직선 $y=-x$ ⇨ $x$ 대신 $-y$, $y$ 대신 $-x$를 대입한다.
$-x=-2(-y)+1$ $\therefore$ $\boldsymbol{x+2y=-1}$

㉡ $x$축 ⇨ $y$ 대신 $-y$를 대입한다.

$x^2+(-y)^2-x+4(-y)-4=0$

$\therefore \boldsymbol{x^2+y^2-x-4y-4=0}$

$y$축 ⇨ $x$ 대신 $-x$를 대입한다.

$(-x)^2+y^2-(-x)+4y-4=0$

$\therefore \boldsymbol{x^2+y^2+x+4y-4=0}$

원점 ⇨ $x$ 대신 $-x$, $y$ 대신 $-y$를 대입

$(-x)^2+(-y)^2-(-x)+4(-y)-4=0$

$\therefore \boldsymbol{x^2+y^2+x-4y-4=0}$

직선 $y=x$ ⇨ $x$ 대신 $y$, $y$ 대신 $x$를 대입

$y^2+x^2-y+4x-4=0$

$\therefore \boldsymbol{x^2+y^2+4x-y-4=0}$

직선 $y=-x$ ⇨ $x$ 대신 $-y$, $y$ 대신 $-x$ 를 대입한다.

$(-y)^2+(-x)^2-(-y)+4(-x)-4=0$

$\therefore \boldsymbol{x^2+y^2-4x+y-4=0}$

㉢ $x$축 ⇨ $y$ 대신 $-y$를 대입한다.

$(x-1)^2+\{(-y)+3\}^2=9$

$\therefore \boldsymbol{(x-1)^2+(y-3)^2=9}$

$y$축 ⇨ $x$ 대신 $-x$를 대입한다.

$\{(-x)-1\}^2+(y+3)^2=9$

$\therefore \boldsymbol{(x+1)^2+(y+3)^2=9}$

원점 ⇨ $x$ 대신 $-x$, $y$ 대신 $-y$를 대입

$\{(-x)-1\}^2+\{(-y)+3\}^2=9$

$\therefore \boldsymbol{(x+1)^2+(y-3)^2=9}$

직선 $y=x$ ⇨ $x$ 대신 $y$, $y$ 대신 $x$를 대입

$(y-1)^2+(x+3)^2=9$

$\therefore \boldsymbol{(x+3)^2+(y-1)^2=9}$

직선 $y=-x$ ⇨ $x$ 대신 $-y$, $y$ 대신 $-x$ 를 대입한다.

$\{(-y)-1\}^2+\{(-x)+3\}^2=9$

$\therefore \boldsymbol{(x-3)^2+(y+1)^2=9}$

**정답** 풀이 참조

## [줄기 2-4]

**풀이** 포물선 $y=x^2+ax-2$를 $x$축에 대하여 대칭이동한 포물선의 방정식은

$-y=x^2+ax-2$

$\therefore y=-x^2-ax+2$

이 포물선을 $x$축의 방향으로 $-1$만큼, $y$축의 방향으로 3만큼 평행이동한 포물선의 방정식은

$y-3=-(x+1)^2-a(x+1)+2$

$\therefore y=-x^2-(a+2)x-a+4$

이 포물선이 포물선 $y=-x^2-7x-1$과 일치하므로

$-(a+2)=-7$, $-a+4=-1$

$\therefore a=5$, $a=5$ $\quad\therefore a=5$

**정답** 5

## [줄기 2-5]

**핵심** $f(x,\ y)=0$은 '식'이다. '점'이 아니다.
$f(-y,\ x)=0$은 '식'이다. '점'이 아니다.
※ 점의 좌표와 도형의 방정식을 편의상 줄여 각각 '점'과 '식'이라 칭했다.

**방법 I** **1st** 도형 $f(x,\ y)=0 \cdots$㉠을 직선 $y=x$에 대하여 대칭이동하면, 즉 ㉠에 $x$ 대신 $y$, $y$ 대신 $x$를 대입하면

$f(y,\ x)=0 \cdots$㉡

**2nd** 도형 ㉡을 $x$축에 대하여 대칭이동하면 즉, ㉡에 $y$ 대신 $-y$를 대입하면

$f(-y,\ x)=0$

따라서 $f(-y,\ x)=0$이 나타내는 도형은 $f(x,\ y)=0$이 나타내는 도형을 직선 $y=x$에 대하여 대칭이동한 후, $x$축에 대하여 대칭이동한 것이다.

$f(x,\ y)=0$이 나타내는 도형의 키점을 잡는다.

키점 : O(0, 0), A(1, 0), B(1, 2)

i) 키점을 직선 $y=x$에 대하여 대칭이동하면

키점$'$ : O$'$(0, 0), A$'$(0, 1), B$'$(2, 1)

ii) 키점$'$을 $x$축에 대하여 대칭이동하면

키점$''$ : O$''$(0, 0), A$''$(0, $-1$), B$''$(2, $-1$)

⇨ 키점$''$을 직선으로 연결한다.

(∵ 대칭이동은 도형의 모양과 크기를 변형시키지 못하므로)

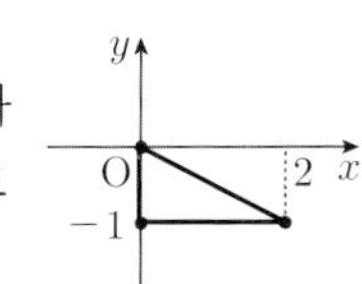

**방법 II** 도형 $f(x, y)=0$은 세 점 $(0, 0)$, $(1, 0)$, $(1, 2)$를 지나므로 $f(0, 0)=0$, $f(1, 0)=0$, $f(1, 2)=0$이다.
따라서 도형 $f(-y, x)=0$은 세 점 $(0, 0)$, $(0, -1)$, $(2, -1)$ … ㉠을 지난다.
($\because$ ㉠을 $f(-y, x)=0$에 대입하면 각각 $f(0, 0)=0$, $f(1, 0)=0$, $f(1, 2)=0$)

따라서 세 점을 직선으로 연결하면 오른쪽 그림과 같다.

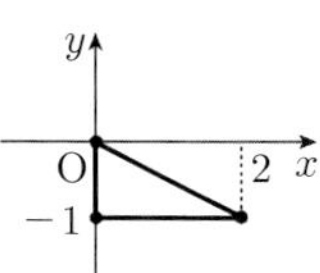


**정답** 풀이 참조

**줄기 2-6**

**핵심** $f(x, y)=0$은 '식'이다. '점'이 아니다.
$f(-x, -y+1)=0$은 '식'이다. '점'이 아니다.
※ 점의 좌표와 도형의 방정식을 편의상 줄여 각각 '점'과 '식'이라 칭했다.

**방법 I** **1st** 도형 $f(x, y)=0$ …㉠을 $y$축의 방향으로 $-1$만큼 평행이동하면, 즉 ㉠에 $y$ 대신 $y+1$을 대입하면
$f(x, y+1)=0$ …㉡

**2nd** 도형 ㉡을 원점에 대하여 대칭이동, 즉 ㉡에 $x$ 대신 $-x$, $y$ 대신 $-y$를 대입하면
$f(-x, -y+1)=0$

즉, $f(-x, -y+1)=0$이 나타내는 도형은 $f(x, y)=0$이 나타내는 도형을 $y$축의 방향으로 $-1$만큼 평행이동한 후, 원점에 대하여 대칭이동한 것이다.

$f(x, y)=0$이 나타내는 도형의 키점을 잡는다.
키점 : $A(2, 0)$, $B(0, 2)$, $C(-2, 0)$

i) 키점을 $y$축의 방향으로 $-1$만큼 평행이동하면
키점′ : $A'(2, -1)$, $B'(0, 1)$, $C'(-2, -1)$

ii) 키점′을 원점에 대하여 대칭이동하면
키점″ : $A''(-2, 1)$, $B''(0, -1)$, $C''(2, 1)$

⇨ 키점″을 곡선으로 연결한다.
($\because$ 평행이동과 대칭이동은 도형의 모양과 크기를 변형시키지 못한다.)

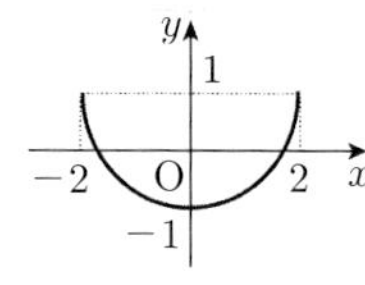


**방법 II** **1st** 도형 $f(x, y)=0$ …㉠을 원점에 대하여 대칭이동하면, 즉 ㉠에 $x$ 대신 $-x$, $y$ 대신 $-y$를 대입하면
$f(-x, -y)=0$ …㉡

**2nd** 도형 ㉡을 $y$축의 방향으로 1만큼 평행이동, 즉 ㉡에 $y$ 대신 $y-1$을 대입하면
$f(-x, -(y-1))=0$
$\therefore f(-x, -y+1)=0$

즉, $f(-x, -y+1)=0$이 나타내는 도형은 $f(x, y)=0$이 나타내는 도형을 원점에 대하여 대칭이동한 후, $y$축의 방향으로 1만큼 평행이동한 것이다.

$f(x, y)=0$이 나타내는 도형의 키점을 잡는다.
키점 : $A(2, 0)$, $B(0, 2)$, $C(-2, 0)$

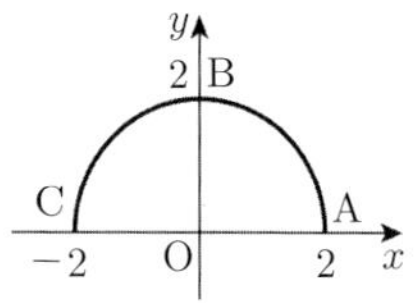


i) 키점을 원점에 대하여 대칭이동하면
키점′ : $A'(-2, 0)$, $B'(0, -2)$, $C'(2, 0)$

ii) 키점′을 $y$축의 방향으로 1만큼 평행이동하면
키점″ : $A''(-2, 1)$, $B''(0, -1)$, $C''(2, 1)$

⇨ 키점″을 곡선으로 연결한다.
($\because$ 평행이동과 대칭이동은 도형의 모양과 크기를 변형시키지 못한다.)

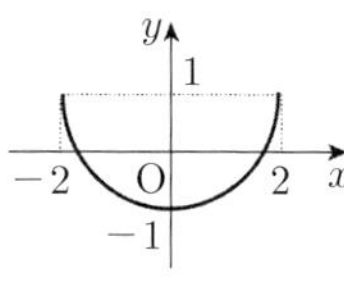


**방법 III** 도형 $f(x, y)=0$은 세 점 $(-2, 0)$, $(0, 2)$, $(2, 0)$을 지나므로
$f(-2, 0)=0$, $f(0, 2)=0$, $f(2, 0)=0$이다.
따라서 도형 $f(-x, -y+1)=0$은 세 점 $(2, 1)$, $(0, -1)$, $(-2, 1)$ … ㉠을 지난다.
($\because$ ㉠을 $f(-x, -y+1)=0$에 대입하면 각각 $f(-2, 0)=0$, $f(0, 2)=0$, $f(2, 0)=0$)

따라서 세 점을 곡선으로 연결하면 오른쪽 그림과 같다.

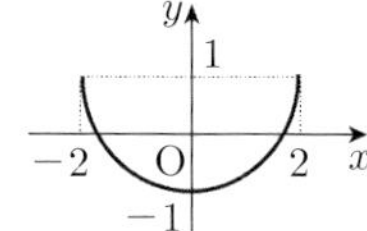


**정답** 풀이 참조

**[줄기 2-7]**

**핵심** $f(x,\ y)=0$은 '식'이다. '점'이 아니다.
$f(y,\ 1-x)=0$은 '식'이다. '점'이 아니다.
※ 점의 좌표와 도형의 방정식을 편의상 줄여 각각 '점'과 '식'이라 칭했다.

**방법 I** **1st** 도형 $f(x,\ y)=0\ \cdots$ ㉠을 $y$축의 방향으로 $-1$만큼 평행이동하면, 즉 ㉠에 $y$ 대신 $y+1$을 대입하면
$f(x,\ y+1)=0\ \cdots$ ㉡

**2nd** 도형 ㉡을 직선 $y=x$에 대하여 대칭이동
즉, ㉡에 $x$ 대신 $y$, $y$ 대신 $x$를 대입하면
$f(y,\ x+1)=0\ \cdots$ ㉢

**3rd** 도형 ㉢을 $y$축에 대하여 대칭이동하면
즉, ㉡에 $x$ 대신 $-x$를 대입하면
$f(y,\ -x+1)=0$

따라서 $f(y,\ 1-x)=0$이 나타내는 도형은 $f(x,\ y)=0$이 나타내는 도형을 $y$축의 방향으로 $-1$만큼 평행이동한 후, 직선 $y=x$에 대하여 대칭이동한 다음, $y$축에 대하여 대칭이동한 것이다.

$f(x,\ y)=0$이 나타내는 도형의 키점을 잡는다.
키점 : A$(1,\ 1)$, B$(3,\ 1)$, C$(3,\ 2)$, D$(1,\ 2)$

i) 키점을 $y$축의 방향으로 $-1$만큼 평행이동하면
키점$'$ : A$'(1,\ 0)$, B$'(3,\ 0)$, C$'(3,\ 1)$, D$'(1,\ 1)$

ii) 키점$'$을 직선 $y=x$에 대하여 대칭이동하면
키점$''$ : A$''(0,\ 1)$, B$''(0,\ 3)$, C$''(1,\ 3)$, D$''(1,\ 1)$

iii) 키점$''$을 $y$축에 대하여 대칭이동하면
키점$'''$ : A$'''(0,\ 1)$, B$'''(0,\ 3)$, C$'''(-1,\ 3)$, D$'''(-1,\ 1)$

⇨ 키점$'''$을 직선으로 연결한다.
(∵ 평행이동과 대칭이동은 도형의 모양과 크기를 변형시키지 못한다.)

**방법 II** **1st** 도형 $f(x,\ y)=0\ \cdots$ ㉠을 직선 $y=x$에 대하여 대칭이동하면, 즉 ㉠에 $x$ 대신 $y$, $y$ 대신 $x$를 대입하면
$f(y,\ x)=0\ \cdots$ ㉡

**2nd** 도형 ㉡을 $y$축에 대하여 대칭이동하면
즉, ㉡에 $x$ 대신 $-x$를 대입하면
$f(y,\ -x)=0\ \cdots$ ㉢

**3rd** 도형 ㉢을 $x$축의 방향으로 1만큼 평행이동, 즉 ㉢에 $x$ 대신 $x-1$을 대입하면
$f(y,\ -(x-1))=0$
$\therefore f(y,\ -x+1)=0$

따라서 $f(y,\ 1-x)=0$이 나타내는 도형은 $f(x,\ y)=0$이 나타내는 도형을 직선 $y=x$에 대하여 대칭이동한 후, $y$축에 대하여 대칭이동한 다음, $x$축의 방향으로 1만큼 평행이동한 것이다.

$f(x,\ y)=0$이 나타내는 도형의 키점을 잡는다.
키점 : A$(1,\ 1)$, B$(3,\ 1)$, C$(3,\ 2)$, D$(1,\ 2)$

i) 키점을 직선 $y=x$에 대하여 대칭이동하면
키점$'$ : A$'(1,\ 1)$, B$'(1,\ 3)$, C$'(2,\ 3)$, D$'(2,\ 1)$

ii) 키점$'$을 $y$축에 대하여 대칭이동하면
키점$''$ : A$''(-1,\ 1)$, B$''(-1,\ 3)$, C$''(-2,\ 3)$, D$''(-2,\ 1)$

iii) 키점$''$을 $x$축의 방향으로 1만큼 평행이동
키점$'''$ : A$'''(0,\ 1)$, B$'''(0,\ 3)$, C$'''(-1,\ 3)$, D$'''(-1,\ 1)$

⇨ 키점$'''$을 직선으로 연결한다.
(∵ 평행이동과 대칭이동은 도형의 모양과 크기를 변형시키지 못한다.)

**방법 III** 도형 $f(x,\ y)=0$은 네 점 $(1,\ 1)$, $(1,\ 2)$, $(3,\ 2)$, $(3,\ 1)$을 지나므로
$f(1,\ 1)=0$, $f(1,\ 2)=0$, $f(3,\ 2)=0$, $f(3,\ 1)=0$
따라서 도형 $f(y,\ 1-x)=0$은 네 점 $(0,\ 1)$, $(-1,\ 1)$, $(-1,\ 3)$, $(0,\ 3)\ \cdots$ ㉠을 지난다.
(∵ ㉠을 $f(y,\ 1-x)=0$에 대입하면 각각 $f(1,\ 1)=0$, $f(1,\ 2)=0$, $f(3,\ 2)=0$, $f(3,\ 1)=0$)

따라서 네 점을 직선으로 연결하면 오른쪽 그림과 같다.

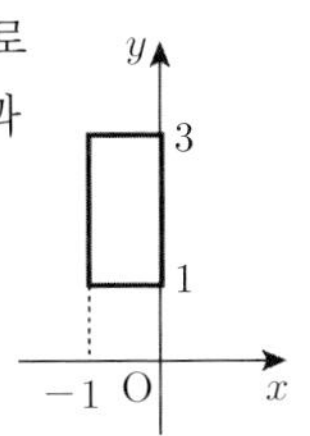


**정답** 풀이 참조

## 줄기 3-1

**풀이** 동점 $P(t, t)$는 직선 $y=x$ 위의 점이다.
선분의 길이의 합의 최솟값은 이 선분들이 일직선 위에 놓일 때이므로 직선 $y=x$에 대하여 점 A를 대칭이동한 점을 A′이라 하면 $A'(0, 2)$이다.

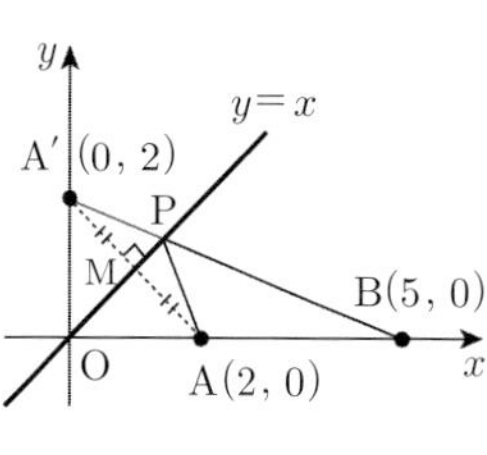


이때, * $\overline{AP}=\overline{A'P}$ ($\because \triangle PMA \equiv \triangle PMA'$)
$\overline{AP}+\overline{PB}$, 즉 $\overline{A'P}+\overline{PB}$가 최소인 경우는 점 A′, P, B가 일직선 위에 놓인 $\overline{A'B}$이다.
$\overline{A'B}=\sqrt{(5-0)^2+(0-2)^2}=\sqrt{29}$

**정답** $\sqrt{29}$

## 줄기 3-2

**풀이** 점 $A(0, 6)$를 직선 $x+y=2$ …㉠에 대하여 대칭이동한 점을 $A'(a, b)$라 하면

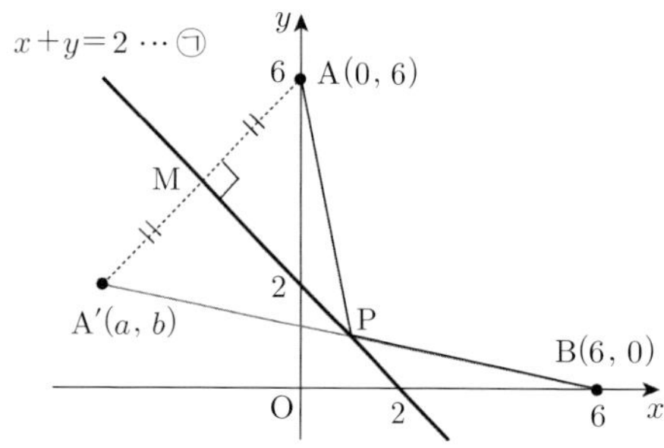


이때, * $\overline{AP}=\overline{A'P}$ ($\because \triangle PMA \equiv \triangle PMA'$)
$\overline{AP}+\overline{PB}$, 즉 $\overline{A'P}+\overline{PB}$가 최소인 경우는 점 A′, P, B가 일직선 위에 놓인 $\overline{A'B}$이다.
$\overline{AA'}$의 중점 $M\left(\frac{a+0}{2}, \frac{b+6}{2}\right)$은 직선 ㉠ 위의 점이므로

$\frac{a}{2}+\frac{b+6}{2}=2$ ⇨ 양변에 2를 곱하면

$a+b+6=4 \quad \therefore a+b=-2$ …㉡

또, 직선 AA′이 직선 ㉠, 즉 $y=-x+2$에 수직이므로

$\frac{b-6}{a-0}\cdot(-1)=-1$

$b-6=a \quad \therefore a-b=-6$ …㉢

㉡, ㉢을 연립하여 풀면 $a=-4$, $b=2$

$\therefore A'(-4, 2)$

따라서 $\overline{AP}+\overline{BP}$의 최솟값은 $\overline{A'B}$이다.

$\overline{A'B}=\sqrt{(6+4)^2+(0-2)^2}=2\sqrt{26}$

이때, 직선 A′B의 방정식은

$y-2=\frac{0-2}{6-(-4)}(x+4)$

$y=\frac{-1}{5}x+\frac{6}{5}$ ⇨ 양변에 5를 곱하면

$5y=-x+6 \quad \therefore x+5y=6$ …㉣

㉠, ㉣을 연립하여 풀면 $x=1$, $y=1$

$\therefore P(1, 1)$

**정답** 최솟값 $2\sqrt{26}$, $P(1, 1)$

## 줄기 3-3

**풀이** $x^2+16x+y^2+7=0$에서 $(x+8)^2+y^2=57$

$x^2-4x+y^2-12y+c=0$에서

$(x-2)^2+(y-6)^2=40-c$

대칭이동은 도형의 모양과 크기를 변형시키지 못하므로 두 원의 반지름의 길이가 같다. 따라서

$57=40-c \quad \therefore c=-17$

또한, 두 원의 중심 $(-8, 0)$, $(2, 6)$이 직선 $y=ax+b$에 대하여 대칭이므로 이 두 점을 이은 선분의 중점 $\left(\frac{-8+2}{2}, \frac{0+6}{2}\right)$, 즉 $(-3, 3)$은 직선 $y=ax+b$ 위의 점이다.

$\therefore 3=-3a+b$ …㉠

또, 두 점 $(-8, 0)$, $(2, 6)$을 지나는 직선이 직선 $y=ax+b$에 수직이므로

$\frac{6-0}{2-(-8)}\cdot a=-1$

$\frac{3}{5}a=-1 \quad \therefore a=-\frac{5}{3}$ …㉡

㉠, ㉡을 연립하여 풀면 $a=-\frac{5}{3}$, $b=-2$

**정답** $a=-\frac{5}{3}$, $b=-2$, $c=-17$

## [줄기 3-4]

풀이 두 원의 중심 $(0,\ 1)$, $(4,\ -3)$을 이은 선분의 중점 $\left(\frac{0+4}{2},\ \frac{1-3}{2}\right)$, 즉 $(2,\ -1)$은 직선 $ax+by+6=0$ 위의 점이므로

$2a-b+6=0$ ⋯ ㉠

또, 두 점 $(0,\ 1)$, $(4,\ -3)$을 지나는 직선이 직선 $ax+by+6=0$, 즉 $y=-\frac{a}{b}x-\frac{6}{b}$에 수직이므로

$\frac{-3-1}{4-0}\cdot\left(-\frac{a}{b}\right)=-1,\quad \frac{a}{b}=-1$

$\therefore a=-b$ ⋯ ㉡

㉠, ㉡을 연립하여 풀면 $a=-2,\ b=2$

정답 $a=-2,\ b=2$

## [줄기 3-5]

풀이 $(x-1)^2+(y+2)^2=1^2$은 중심 $(1,\ -2)$, 반지름의 길이 1인 원이다.

중심 $(1,\ -2)$를 대칭점 $(-1,\ 1)$에 대하여 대칭이동한 점의 좌표는

$(2\cdot(-1)-1,\ 2\cdot1-(-2))\quad \therefore (-3,\ 4)$

$\therefore (x+3)^2+(y-4)^2=1^2$

정답 중심 $(-3,\ 4)$, 원 $(x+3)^2+(y-4)^2=1$

## [줄기 3-6]

핵심 포물선을 대칭이동하면 꼭짓점은 꼭짓점으로 옮겨진다.

풀이 $y=x^2-6x+5=(x-3)^2-4$의 꼭짓점의 좌표는 $(3,\ -4)$이다.

꼭짓점 $(3,\ -4)$를 대칭점 $(a,\ b)$에 대하여 대칭이동한 점의 좌표는 $(1,\ 0)$이어야 한다.

> 점 $(x,\ y)$를 대칭점 $(a,\ b)$에 대하여 대칭이동한 점의 좌표는 $(2a-x,\ 2b-y)$이다.

점 $(3,\ -4)$를 대칭점 $(a,\ b)$에 대하여 대칭이동한 점의 좌표는 $(2a-3,\ 2b-(-4))$이다.

$\therefore (2a-3,\ 2b+4)=(1,\ 0)$

$\therefore a=2,\ b=-2$

정답 $a=2,\ b=-2$

## [줄기 3-7]

풀이 $y=\frac{1}{3}x^2$을 대칭점 $(a,\ b)$에 대한 대칭이동은 $x$ 대신 $2a-x$, $y$ 대신 $2b-y$를 대입하므로

$2b-y=\frac{1}{3}(2a-x)^2$

$y=-\frac{1}{3}x^2+\frac{4}{3}ax-\frac{4}{3}a^2+2b$

이 식이 $y=-\frac{1}{3}x^2+4x-8$와 일치하므로

$\frac{4}{3}a=4,\ -\frac{4}{3}a^2+2b=-8\quad \therefore a=3,\ b=2$

정답 $a=3,\ b=2$

## [줄기 3-8]

방법 Ⅰ i) $y=x+2$, $y=\frac{1}{2}x-1$을 연립하여 풀면

$x=-6,\ y=-4$

$\therefore$ 두 직선의 교점의 좌표는 $(-6,\ -4)$

ii) 직선 $y=\frac{1}{2}x-1$ 위의 점 $(0,\ -1)$을 직선 $y=x+2$ ⋯ ㉠에 대하여 대칭이동한 점의 $x$좌표는 ㉠에 $y=-1$을 대입한 $-1=x+2$, 즉 $-3$이고, $y$좌표는 ㉠에 $x=0$을 대입한 $y=0+2$, 즉 2이므로 대칭이동한 점의 좌표는 $(-3,\ 2)$이다.

따라서 구하는 직선은 두 점 $(-6,\ -4)$, $(-3,\ 2)$을 지나는 직선이므로

$y+4=\frac{2-(-4)}{-3-(-6)}(x+6)$

$y+4=2(x+6)\quad \therefore y=2x+8$

방법 Ⅱ 「강추」 두 직선 $y=\frac{1}{2}x-1$과 $y=x+2$를 $y$축의 방향으로 $-2$만큼 평행이동하면

$y=\frac{1}{2}x-3$과 $y=x$가 된다.

직선 $y=\frac{1}{2}x-3$을 직선 $y=x$에 대하여 대칭이동하면 $x=\frac{1}{2}y-3\quad \therefore y=2x+6$

이 직선을 $y$축의 방향으로 2만큼 평행이동하면 구하는 직선이 된다.

$\therefore y=2x+8$

정답 $y=2x+8$

## [줄기 3-9]

**핵심** 직선에 대한 직선의 대칭이동
⇨ i) 두 직선의 교점
ii) 직선에 대한 점의 대칭이동 ]을 이용한다.

**풀이** i) $7x+y=1$, $2x+y=6$을 연립하여 풀면
$x=-1$, $y=8$
∴ 두 직선의 교점의 좌표는 $(-1, 8)$

ii) 직선 $7x+y=1$ 위의 점 $A(0, 1)$을 직선 $2x+y=6$에 대하여 대칭이동한 점을 $A'(a, b)$라 하면 $\overline{AA'}$의 중점 $\left(\frac{a}{2}, \frac{b+1}{2}\right)$은 직선 $2x+y=6$ 위의 점이므로

$a+\frac{b+1}{2}=6$ ⇨ 양변에 2를 곱하면

$2a+b+1=12$ $\quad$ $\therefore 2a+b=11$ ⋯㉠

직선 $AA'$이 직선 $y=-2x+6$에 수직이므로

$\frac{b-1}{a-0}\cdot(-2)=-1$

$2(b-1)=a$ $\quad$ $\therefore a-2b=-2$ ⋯㉡

㉠, ㉡을 연립하여 풀면 $a=4$, $b=3$

$\therefore A'(4, 3)$

따라서 구하는 직선은 두 점 $(-1, 8)$, $(4, 3)$을 지나는 직선이므로

$y-8=\frac{3-8}{4-(-1)}(x+1)$, $y-8=-(x+1)$

$\therefore x+y-7=0$

**주의** 이 문제는 기울기가 $\pm1$인 직선에 대한 대칭이동이 아니다.

**정답** $x+y-7=0$

## [줄기 3-10]

**풀이** $y=x^2-6x+5$을 대칭점 $(1, -2)$에 대하여 대칭이동하면 $x$ 대신 $2\cdot1-x$, $y$ 대신 $2\cdot(-2)-y$를 대입하므로

$(-4-y)=(2-x)^2-6(2-x)+5$

$-4-y=4-4x+x^2-12+6x+5$

$\therefore y=-x^2-2x-1$

**정답** $y=-x^2-2x-1$

## [줄기 3-11]

**핵심** 대칭점(대칭축)에 대하여 대칭이동한 도형을 그 대칭점(대칭축)에 대하여 다시 대칭이동하면 원래의 도형이 된다.

**풀이** 직선 $l$을 점 $A(0, 2)$에 대하여 대칭이동하면 직선 $y=-2x+3$이 되므로 이 직선을 다시 점 $A(0, 2)$에 대하여 대칭이동하면 직선 $l$이 된다.
따라서 $y=-2x+3$에 $x$ 대신 $2\cdot0-x$, $y$ 대신 $2\cdot2-y$를 대입하면

$(2\cdot2-y)=-2(2\cdot0-x)+3$

$4-y=2x+3$

$\therefore y=-2x+1$

**정답** $y=-2x+1$

# 풀이 잎 문제

### 잎 4-1

**풀이** $2x-y+1=0$ ⋯㉠을 $x$축의 방향으로 $a$만큼, $y$축의 방향으로 $b$만큼 평행이동하면 $x$ 대신 $x-a$, $y$ 대신 $y-b$를 ㉠에 대입하므로

$2(x-a)-(y-b)+1=0$

$2x-y-2a+b+1=0$

이 식이 $2x-y+3=0$과 일치하므로

$-2a+b+1=3$ $\quad$ $\therefore b=2a+2$

**정답** ④

### 잎 4-2

**풀이** 원 $x^2+y^2=1$을 $x$축의 방향으로 $a$만큼 평행이동하면

$(x-a)^2+y^2=1$

이 원이 직선 $3x-4y-4=0$에 접하려면 중심 $(a, 0)$과 이 직선 사이의 거리가 반지름의 길이 1과 같아야 하므로

$\frac{|3a-0-4|}{\sqrt{3^2+(-4)^2}}=1$

$|3a-4|=5$, $3a-4=\pm5$, $3a=4\pm5$

$\therefore 3a=9$ 또는 $3a=-1$

$\therefore a=3$ ($\because$ 양수 $a$, 즉 $a>0$)

**정답** ③

**잎 4-3**

**풀이** 점 $B(2, 1)$이 점 $B'(7, 4)$로 옮겨지므로 직사각형 OABC를 $x$축의 방향으로 5만큼, $y$축의 방향으로 3만큼 평행이동하면 직사각형 $O'A'B'C'$가 된다.
따라서 두 점 $A(2, 0)$, $C(0, 1)$은 각각 점 $A'(7, 3)$, $C'(5, 4)$로 옮겨지므로 직선 $A'C'$의 방정식은
$y-3=\frac{4-3}{5-7}(x-7)$, $y-3=\frac{1}{-2}(x-7)$
$2y-6=-x+7 \quad \therefore x+2y-13=0$

**정답** ②

**잎 4-4**

**방법 I** '식' $f(x, y)=0 \rightarrow$ '식' $f(x+1, y-3)=0$
'식'의 평행이동이므로 $x$축의 방향으로 $-1$만큼, $y$축의 방향으로 3만큼 평행이동함을 의미한다.
$x^2+y^2-4x+a=0$에서 $(x-2)^2+y^2=4-a$
따라서 이 원을 $x$축의 방향으로 $-1$만큼, $y$축의 방향으로 3만큼 평행이동하면
$\{(x+1)-2\}^2+(y-3)^2=4-a$
$\therefore (x-1)^2+(y-3)^2=4-a$
따라서 중심 $(1, 3)$, 반지름 $\sqrt{4-a}$이므로
$b=1$, $\sqrt{4-a}=2 \quad \therefore a=0$, $b=1$

**방법 II** $f(x, y)=0$을 $x^2+y^2-4x+a=0$이라 하면
$f(☆, ◇)=0 \Leftrightarrow ☆^2+◇^2-4☆+a=0$
$f(x+1, y-3)=0$
$\Leftrightarrow (x+1)^2+(y-3)^2-4(x+1)+a=0$
$x^2-2x-3+(y-3)^2+a=0$
$\therefore (x-1)^2+(y-3)^2=4-a$
따라서 중심 $(1, 3)$, 반지름 $\sqrt{4-a}$이므로
$b=1$, $\sqrt{4-a}=2 \quad \therefore a=0$, $b=1$

**정답** $a=0$, $b=1$

**잎 4-5**

**방법 I** '식' $f(x+3, y-1)=0 \rightarrow$ '식' $f(x, y)=0$
옮겨진 도형이 $f((x-3)+3, (y+1)-1)=0$이므로 $x$축의 방향으로 3만큼, $y$축의 방향으로 $-1$만큼 평행이동한 것이다.
따라서 직선 $5x-2y+4=0$을 $x$축의 방향으로 3만큼, $y$축의 방향으로 $-1$만큼 평행이동하면
$5(x-3)-2(y+1)+4=0$
$\therefore 5x-2y-13=0$

**방법 II** $f(x+3, y-1)=0$을 $5x-2y+4=0$이라 하면
$f(☆, ◇)=0 \Leftrightarrow 5(☆-3)-2(◇+1)+4=0$
$f(x, y)=0 \Leftrightarrow 5(x-3)-2(y+1)+4=0$
$\therefore 5x-2y-13=0$

**정답** $5x-2y-13=0$

**잎 4-6**

**방법 I** '식' $f(x+3, y)=0 \rightarrow$ '식' $f(x+5, y-3)=0$
옮겨진 도형이 $f((x+2)+3, y-3)=0$이므로 $x$축의 방향으로 $-2$만큼, $y$축의 방향으로 3만큼 평행이동한 것이다.
따라서 직선 $5x-2y+4=0$을 $x$축의 방향으로 $-2$만큼, $y$축의 방향으로 3만큼 평행이동하면
$5(x+2)-2(y-3)+4=0$
$\therefore 5x-2y+20=0$

**방법 II** $f(x+3, y)=0$을 $5x-2y+4=0$이라 하면
$f(☆, ◇)=0 \Leftrightarrow 5(☆-3)-2◇+4=0$
$f(x+5, y-3)=0$
$\Leftrightarrow 5\{(x+5)-3\}-2(y-3)+4=0$
$\therefore 5x-2y+20=0$

**정답** $5x-2y+20=0$

**잎 4-7**

**핵심** 세 점 P, Q, R이 한 직선 위에 있으면 세 직선 PQ, PR, QR의 기울기가 같다.

**풀이** $A(1, 3) \xrightarrow{x\text{축에 대칭}} B(1, -3)$
$A(1, 3) \xrightarrow{y\text{축에 대칭}} C(-1, 3)$
$D(a, b) \xrightarrow{x\text{축에 대칭}} E(a, -b)$
세 점 B, C, E가 한 직선 위에 있으면 직선 BC와 CE의 기울기가 같다.
(직선 BC의 기울기)$=\frac{3-(-3)}{-1-1}=-3$

(직선 CE의 기울기)$=\dfrac{-b-3}{a-(-1)}=\dfrac{-b-3}{a+1}$

따라서 $-3=\dfrac{-b-3}{a+1}$

$-3a-3=-b-3,\ -3a=-b \quad \therefore b=3a$

(직선 AD의 기울기)$=\dfrac{b-3}{a-1}=\dfrac{3a-3}{a-1}$

$=\dfrac{3(a-1)}{a-1}$

$=3\ (\because a\neq 1)$

정답 ⑤

## 잎 4-8

핵심 직선을 점에 대하여 대칭이동하면 기울기가 같은 직선으로 이동한다. [p.107]

주의 직선을 직선에 대하여 대칭이동하면 기울기가 다른 직선으로 이동하는 경우가 더 흔하다.

풀이 직선 $A'B'$ 의 기울기는 직선 $x-2y+4=0$, 즉 $y=\dfrac{1}{2}x+2$의 기울기와 같고, 점 $A'(3,\ 1)$을 지나므로 직선 $A'B'$ 의 방정식은

$y-1=\dfrac{1}{2}(x-3)$

$\therefore y=\dfrac{1}{2}x-\dfrac{1}{2} \qquad \therefore a=\dfrac{1}{2},\ b=-\dfrac{1}{2}$

참고 뿌리 3-4)의 방법 I과 방법 II를 비교하여 익힌다. [p.107]

($\because$ 뿌리 3-4)는 방법 II를 이용하는 게 더 쉽다. 하지만 잎 4-8)은 반드시 방법 I을 이용해야 풀 수 있는 문제이다.)

정답 $a=\dfrac{1}{2},\ b=-\dfrac{1}{2}$

## 잎 4-9

핵심 선분의 길이의 합의 최솟값은 이 선분들이 일직선 위에 놓일 때이다. $\therefore$ 대칭인 점을 이용한다.

풀이 세 점 $P(x,\ 0)$, $A(2,\ 4)$, $B(4,\ 1)$이라 하면

$\overline{AP}=\sqrt{(x-2)^2+(0-4)^2}$

$\overline{PB}=\sqrt{(x-4)^2+(0-1)^2}$

점 A를 $x$축에 대하여 대칭이동한 점을 $A'$이라 하면

$A'(2,\ -4)$

이때, ${}^\star\,\overline{AP}=\overline{A'P}$

$(\because \triangle PMA\equiv\triangle PMA')$

$\overline{AP}+\overline{PB}$, 즉 $\overline{A'P}+\overline{PB}$가 최소인 경우는 점 $A'$, P, B가 일직선 위에 놓인 $\overline{A'B}$이다.

$\overline{A'B}=\sqrt{(4-2)^2+(1+4)^2}=\sqrt{29}$

정답 $\sqrt{29}$

## 잎 4-10

핵심 선분의 길이의 합의 최솟값은 이 선분들이 일직선 위에 놓일 때이다. $\therefore$ 대칭인 점을 이용한다.

풀이 점 $A(3,\ 1)$을 직선 $y=x$에 대하여 대칭이동한 점을 $A'$이라 하면

$A'(1,\ 3)$

이때, ${}^\star\,\overline{AB}=\overline{A'B}$

$(\because \triangle BPA\equiv\triangle BPA')$

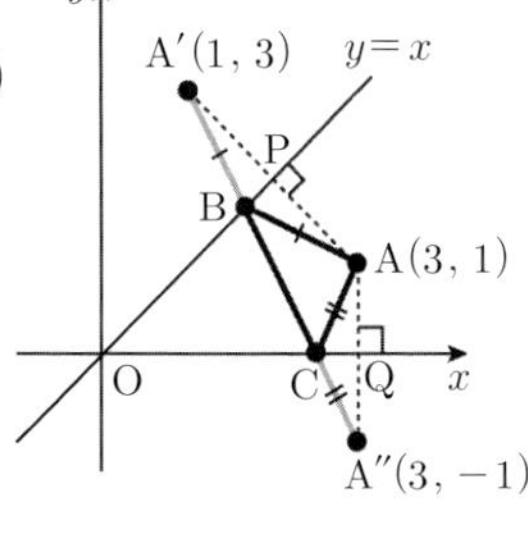


점 $A(3,\ 1)$을 $x$축에 대하여 대칭이동한 점을 $A''$이라 하면

$A''(3,\ -1)$

이때, ${}^\star\,\overline{CA}=\overline{CA''}$

$(\because \triangle CQA\equiv\triangle CQA'')$

$\overline{AB}+\overline{BC}+\overline{CA}$, 즉 $\overline{A'B}+\overline{BC}+\overline{CA''}$가 최소인 경우는 점 $A'$, B, C, $A''$가 일직선 위에 놓인 $\overline{A'A''}$이다.

$\overline{A'A''}=\sqrt{(3-1)^2+(-1-3)^2}$

$=\sqrt{20}=2\sqrt{5}$

정답 $2\sqrt{5}$

## 잎 4-11

**핵심** $f(x, y)=0$은 '식'이다.
※ 도형의 방정식을 줄여서 '식'이라 칭했다.

**풀이** **1st** 도형 $f(x, y)=0 \cdots$ ㉠을 직선 $y=-x$에 대하여 대칭이동, 즉 ㉠에 $x$ 대신 $-y$, $y$ 대신 $-x$를 대입하면
$f(-y, -x)=0 \cdots$ ㉡

**2nd** 도형 ㉡을 $x$축의 방향으로 $-2$만큼 평행이동, 즉 ㉡에 $x$ 대신 $x+2$를 대입하면
$f(-y, -(x+2))=0$

따라서 구하는 도형의 방정식은
$f(-y, -x-2)=0$

**정답** ②

## 잎 4-12

**핵심** $f(-x, y-1)=0$은 '식'이다.
※ 도형의 방정식을 줄여서 '식'이라 칭했다.

**풀이** **1st** 도형 $f(-x, y-1)=0 \cdots$ ㉠을 $y$축의 방향으로 2만큼 평행이동하면, 즉 ㉠에 $y$ 대신 $y-2$를 대입하면
$f(-x, (y-2)-1)=0$
$\therefore f(-x, y-3)=0 \cdots$ ㉡

**2nd** 도형 ㉡을 $x$축에 대하여 대칭이동, 즉 ㉡에 $y$ 대신에 $-y$를 대입하면
$f(-x, (-y)-3)=0$

따라서 구하는 도형의 방정식은
$f(-x, -y-3)=0$

**정답** ①

## 잎 4-13

**방법Ⅰ** 도형의 방정식을 편의상 '식'이라 칭했다.
'식' $f(x, y)=0 \rightarrow$ '식' $f(x+2, -y+1)=0$

**1st** 도형 $f(x, y)=0 \cdots$ ㉠을 $x$축의 방향으로 $-2$만큼, $y$축의 방향으로 $-1$만큼 평행이동하면, 즉 ㉠에 $x$ 대신 $x+2$, $y$ 대신에 $y+1$를 대입하면
$f(x+2, y+1)=0 \cdots$ ㉡

**2nd** 도형 ㉡을 $x$축에 대하여 대칭이동, 즉 ㉡에 $y$ 대신에 $-y$를 대입하면
$f(x+2, -y+1)=0$

따라서
i) 직선 $5x-2y+4=0$을 $x$축의 방향으로 $-2$만큼, $y$축의 방향으로 $-1$만큼 평행이동하면
$5(x+2)-2(y+1)+4=0$
$\therefore 5x-2y+12=0$

ii) 이 직선을 $x$축에 대하여 대칭이동하면
$5x-2(-y)+12=0$
$\therefore 5x+2y+12=0$

**방법Ⅱ** $f(x, y)=0$을 $5x-2y+4=0$이라 하면
$f(☆, ◇)=0 \Leftrightarrow 5☆-2◇+4=0$
$f(x+2, -y+1)=0 \Leftrightarrow 5(x+2)-2(-y+1)+4=0$
$\therefore 5x+2y+12=0$

**정답** $5x+2y+12=0$

## 잎 4-14

**방법Ⅰ** 도형의 방정식을 편의상 '식'이라 칭했다.
'식' $f(x, y)=0 \rightarrow$ '식' $f(y, x+1)=0$

**1st** 도형 $f(x, y)=0 \cdots$ ㉠을 직선 $y=x$에 대하여 대칭이동하면, 즉 ㉠에 $x$ 대신 $y$, $y$ 대신 $x$를 대입하면
$f(y, x)=0 \cdots$ ㉡

**2nd** 도형 ㉡을 $x$축의 방향으로 $-1$만큼 평행이동, 즉 ㉡에 $x$ 대신 $x+1$을 대입하면
$f(y, x+1)=0$

따라서 $f(y, x+1)=0$이 나타내는 도형은 $f(x, y)=0$이 나타내는 도형을 직선 $y=x$에 대하여 대칭이동한 후, $x$축의 방향으로 $-1$만큼 평행이동한 것이다.

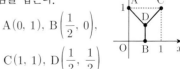

도형 $f(x, y)=0$의 키점을 잡는다.

키점 : $\mathrm{A}(0, 1)$, $\mathrm{B}\left(\frac{1}{2}, 0\right)$, $\mathrm{C}(1, 1)$, $\mathrm{D}\left(\frac{1}{2}, \frac{1}{2}\right)$

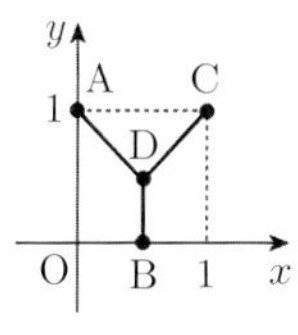

i) 키점을 직선 $y=x$에 대하여 대칭이동하면

키점$'$ : $A'(1,\ 0)$, $B'\left(0,\ \dfrac{1}{2}\right)$,

$C'(1,\ 1)$, $D'\left(\dfrac{1}{2},\ \dfrac{1}{2}\right)$

ii) 키점$'$을 $x$축의 방향으로 $-1$만큼 평행이동하면

키점$''$ : $A''(0,\ 0)$, $B''\left(-1,\ \dfrac{1}{2}\right)$,

$C''(0,\ 1)$, $D''\left(-\dfrac{1}{2},\ \dfrac{1}{2}\right)$

⇨ 키점$''$을 직선으로 연결한다.

(∵ 평행이동과 대칭이동은 도형의 모양과 크기를 변형시키지 못한다.)

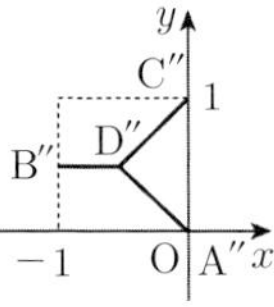


**방법 Ⅱ** 도형 $f(x,\ y)=0$은 네 점

$(0,\ 1)$, $\left(\dfrac{1}{2},\ 0\right)$, $(1,\ 1)$, $\left(\dfrac{1}{2},\ \dfrac{1}{2}\right)$을 지나므로

$f(0,\ 1)=0$, $f\left(\dfrac{1}{2},\ 0\right)=0$, $f(1,\ 1)=0$, $f\left(\dfrac{1}{2},\ \dfrac{1}{2}\right)=0$

따라서 도형 $f(y,\ x+1)=0$은 네 점

$(0,\ 0)$, $\left(-1,\ \dfrac{1}{2}\right)$, $(0,\ 1)$, $\left(-\dfrac{1}{2},\ \dfrac{1}{2}\right)$ ⋯ ㉠

을 지난다.

(∵ ㉠을 $f(y,\ x+1)=0$에 대입하면 각각 $f(0,\ 1)=0$, $f\left(\dfrac{1}{2},\ 0\right)=0$, $f(1,\ 1)=0$, $f\left(\dfrac{1}{2},\ \dfrac{1}{2}\right)=0$)

따라서 네 점을 직선으로 연결하면 오른쪽 그림과 같다.

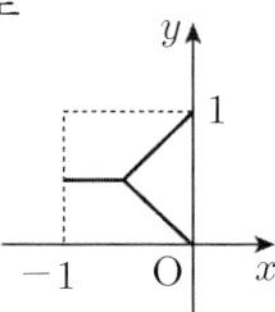


**정답** 풀이 참조

**잎 4-15**

**풀이** 원 $O_1$은 중심은 $\left(-\dfrac{1}{2},\ 0\right)$, 반지름은 1이다.

원 $O_1$을 $y$축에 대하여 대칭이동한 원 $O_2$는 중심은 $\left(\dfrac{1}{2},\ 0\right)$, 반지름은 1이다.

원 $O_1$을 $x$축의 방향으로 2만큼 평행이동한 원 $O_3$은 중심은 $\left(\dfrac{3}{2},\ 0\right)$, 반지름은 1이다.

세 원 $O_1$, $O_2$, $O_3$은 중심이 각각 $\left(-\dfrac{1}{2},\ 0\right)$, $\left(\dfrac{1}{2},\ 0\right)$, $\left(\dfrac{3}{2},\ 0\right)$이면서 반지름이 1인 원이므로 좌표평면 위에 그리면 다음 그림과 같다.

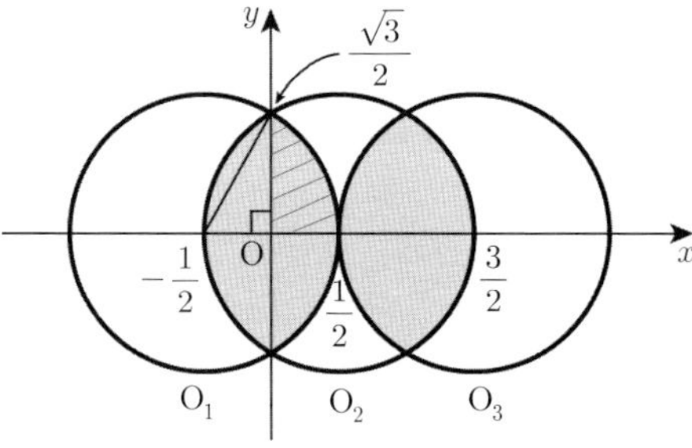


$O_1 : \left(x+\dfrac{1}{2}\right)^2+y^2=1^2$에서 $y$절편은

$y^2=\dfrac{3}{4}$ $\quad \therefore \pm\dfrac{\sqrt{3}}{2}$

이때, 빗금친 부분의 넓이를 $S$라 하면 구하고자 하는 넓이의 합은 빗금친 부분의 넓이의 8배, 즉 $S\times 8$과 같다.

오른쪽 그림에서 직각삼각형의 세 변의 길이의 비가 $1 : \dfrac{1}{2} : \dfrac{\sqrt{3}}{2}$, 즉 $2 : 1 : \sqrt{3}$이므로 각 변의 대각의 크기가 각각 $90°$, $30°$, $60°$이다.

〈빗금 친 부분의 넓이 $S$〉

$S=\pi\cdot 1^2\cdot\dfrac{60°}{360°}-\dfrac{1}{2}\cdot\dfrac{1}{2}\cdot\dfrac{\sqrt{3}}{2}$

$=\dfrac{\pi}{6}-\dfrac{\sqrt{3}}{8}$

따라서 구하고자 하는 넓이의 합 $S\times 8$은

$8S=8\left(\dfrac{\pi}{6}-\dfrac{\sqrt{3}}{8}\right)$

$=\dfrac{4\pi}{3}-\sqrt{3}$

**정답** ③

CHAPTER 5 집합의 뜻과 표현

본문 p.111

## 풀이 줄기 문제

### [줄기 2-1]

**풀이** 오른쪽 그림과 같이 포함관계를 벤다이어그램으로 나타내었을 때, 포함된 것($B$)이 다시 나와서 포함하는 것($B$)은 $B=C=D=E=B$ 이기 때문에 가능하다.

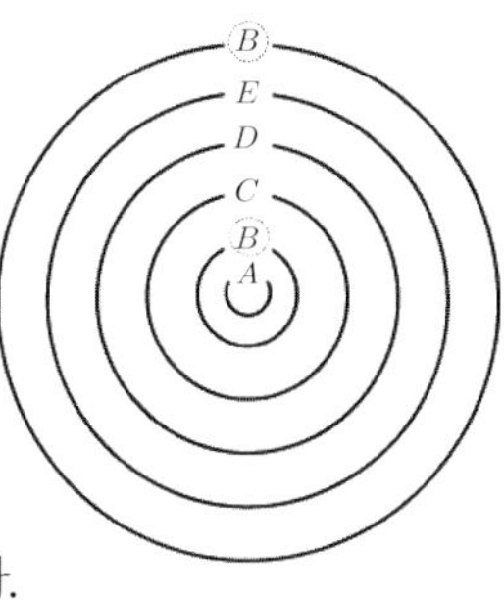


$A \subset B \subset C \subset D \subset E \subset B$

$\Leftrightarrow A \subset B = C = D = E = B$

**정답** $C=D$

### [줄기 2-2]

**핵심** $\begin{cases} \in : \text{원소의 소속관계를 나타낼 때 사용한다.} \\ \subset : \text{집합의 포함관계를 나타낼 때 사용한다.} \end{cases}$

**풀이** 원소는 집합 기호 { }와 쉼표 ( , )로 구분한다.

$A=\{\varnothing, 별, \{a\}, \{a, b\}\}$

집합 $A$의 원소는 $\varnothing$, 별, $\{a\}$, $\{a, b\}$ 이다.

③ $\{a\} \in A$ ④ $\{a, b\} \in A$ ⑤ $a \notin A$

**정답** ①, ②

### [줄기 2-3]

**풀이** $A=\{1, 2, 3, \{1, 2\}\}$

원소의 개수가 4이므로 부분집합의 개수는

$2^4=16$

**정답** 16

### [줄기 2-4]

**풀이** 집합의 원소의 개수를 $n$이라 하면

$2^n=128,\ 2^n=2^7 \quad \therefore n=7$

**정답** 7

### [줄기 2-5]

**핵심** 진부분집합 개수는 부분집합 개수에서 1개(자신)를 제외한 것이다. [p.117]

**풀이** 집합의 원소의 개수를 $n$이라 하면

$2^n-1=31,\ 2^n=32,\ 2^n=2^5 \quad \therefore n=5$

**정답** 5

### [줄기 2-6]

**풀이** 집합 $A$를 원소나열법으로 나타내면

$A=\{1, 2, 3, 4, 6, 12\}$

원소의 개수가 6이므로 부분집합의 개수는

$2^6=64$

부분집합 개수에서 1개(자신)를 제외하면 진부분집합 개수이므로

$64-1=63$

**정답** 63

### [줄기 2-7]

**풀이** 집합 $X$는 $1 \notin X,\ 2 \notin X,\ 3 \notin X,\ 4 \in X$를 모두 만족하므로 집합 $X$는 4를 원소로 갖고 1, 2, 3을 원소로 갖지 않는 집합 $A$의 부분집합이다.

따라서 집합 $A$에서 특정한 원소 1, 2, 3과 4를 제외한 $\{5, 6\}$의 부분집합은

$\varnothing$, $\{5\}$, $\{6\}$, $\{5, 6\}$

여기에 원소 4만을 추가하면, 4는 원소로 갖고 1, 2, 3은 원소로 갖지 않는 집합 $A$의 부분집합, 즉 집합 $X$가 된다.

따라서 구하는 집합 $X$는

$\{4\}$, $\{4, 5\}$, $\{4, 6\}$, $\{4, 5, 6\}$

**참고** 집합 $X$의 개수는 $2^{6-3-1}=2^2=4$

즉, $\{5, 6\}$의 부분집합의 개수와 같다.)

**정답** $\{4\}$, $\{4, 5\}$, $\{4, 6\}$, $\{4, 5, 6\}$

## 줄기 2-8

**풀이** $A=\{1, 2, 3, 6\}$, $B=\{1, 2, 3, \cdots, 9\}$

$\{1, 2, 3, 6\} \subset X \subset \{1, 2, 3, \cdots, 9\}$

집합 $X$는 $\{1, 2, 3, \cdots, 9\}$의 부분집합 중에서 1, 2, 3, 6을 반드시 원소로 갖는 집합이다.

따라서 구하는 집합 $X$의 개수는

$2^{9-4}=2^5=32$

**정답** 32

## 줄기 2-9

**풀이** $A=\{1, 3, 5, 7, 9, 11\}$의 부분집합 중에서 3 또는 7을 원소로 갖는 부분집합은 $A$의 부분집합 중에서 $\{1, 5, 9, 11\}$의 부분집합을 제외하면 된다.

따라서 구하는 부분집합의 개수는

$2^6-2^4=64-16=48$

**정답** 48

## 줄기 2-10

**풀이** 두 집합 $A$와 $B$의 원소의 개수가 각각 2로 같으므로 $A \subset B$가 성립하려면 $A=B$이어야 한다.

따라서 $a^2-3a=-2$, $a^2+2a=3$을 동시에 만족시키는 실수 $a$를 구한다.

i) $a^2-3a+2=0$, $(a-1)(a-2)=0$

$\therefore a=1$ 또는 $a=2$

ii) $a^2+2a-3=0$, $(a+3)(a-1)=0$

$\therefore a=-3$ 또는 $a=1$

i), ii)를 동시에 만족하는 $a$의 값은

$a=1$

**정답** 1

# 풀이 잎 문제

## 잎 5-1

**풀이** $A=\{\varnothing, \triangle, \{1, 2\}, 3\}$

$\therefore$ 집합 $A$의 원소는 $\varnothing$, $\triangle$, $\{1, 2\}$, 3이다.

① $\varnothing \in A$

② $\varnothing \subset A$ ($\because \varnothing$는 공집합)

**주의** $\varnothing$를 공집합으로도 볼 수 있다.
만약 $\varnothing$를 공집합으로 본다면 공집합은 모든 집합의 부분집합이므로 $\varnothing \subset A$

③ $\{\ \} \subset A$ ($\because \{\ \}$는 공집합)
↳공집합은 모든 집합의 부분집합이다.

④ $3 \in A$이므로 $\{3\} \subset A$

⑤ $\{1, 2\} \in A$ ($cf.$ ⑩)

⑥ $1 \notin A$이므로 $\{1\} \not\subset A$

⑦ $\{\{1, 2\}, 3\} \subset A$, $\{1, 2, 3\} \not\subset A$

⑧ $2 \notin A$이므로 $\{2\} \not\subset A$

⑨ $\triangle \in A$, 세모$\notin A$
($\because$ 원소는 '$\triangle$'이지 '세모'가 아니다.)

⑩ $\{1, 2\} \in A$이므로 $\{\{1, 2\}\} \subset A$

**정답** ④, ⑤, ⑥, ⑦, ⑧, ⑨

## 잎 5-2

**풀이** $X=\{\varnothing, \{0\}, \{\varnothing\}\}$

$\therefore$ 집합 $X$의 원소는 $\varnothing$, $\{0\}$, $\{\varnothing\}$이다.

① $\varnothing \in X$

② $\{\ \} \subset X$ ($\because \{\ \}$는 공집합)
↳공집합은 모든 집합의 부분집합이다.

③ $\{0\} \in X$

④ $\varnothing \subset X$ ($\because \varnothing$는 공집합)

**주의** $\varnothing$를 공집합으로도 볼 수 있다.
만약 $\varnothing$를 공집합으로 본다면 공집합은 모든 집합의 부분집합이므로 $\varnothing \subset X$

⑤ $\{\varnothing\} \in X$

⑥ $\{\varnothing\} \in X$이므로 $\{\{\varnothing\}\} \subset X$

⑦ $\varnothing \in X$이므로 $\{\varnothing\} \subset X$

**정답** ⑦

**잎 5-3**

**풀이** 집합 $A$는 $x+1$에 관한 집합이다.

⇨ 조건으로 $x$는 5보다 작은 홀수인 자연수를 제시했으므로 $x=1, 3$

$\therefore A=\{2, 4\}$

집합 $B$는 $y-1$에 관한 집합이다.

⇨ 조건으로 $a\in A$, 즉 $a$의 값은 2, 4이고, $y=2\times a-1$을 제시했으므로 $y=3, 7$

$\therefore B=\{2, 6\}$

**정답** $\{2, 6\}$

**잎 5-4**

**풀이** 집합 $X$는 $x+y$에 관한 집합이다.

⇨ 조건으로 $x\in A$, $y\in B$, $x\neq y$를 제시했다.

i) $x=0$, $y=-1$일 때, $x+y=-1$

ii) $x=0$, $y=1$일 때, $x+y=1$

iii) $x=1$, $y=-1$일 때, $x+y=0$

iv) $x=1$, $y=1$이면 안된다. ($\because x\neq y$)

따라서 $X=\{-1, 0, 1\}$

집합 $Y$는 $2x-y$에 관한 집합이다.

⇨ 조건으로 $x\in A$, $y\in B$를 제시했다.

i) $x=0$, $y=-1$일 때, $2x-y=1$

ii) $x=0$, $y=1$일 때, $2x-y=-1$

iii) $x=1$, $y=-1$일 때, $2x-y=3$

iv) $x=1$, $y=1$일 때, $2x-y=1$

따라서 $Y=\{-1, 1, 3\}$

**주의** 원소나열법은 같은 원소를 중복하여 쓰지 않는다.

$\{-1, 1, 1, 3\}$ (×) ⇨ $\{-1, 1, 3\}$ (○)

**정답** $X=\{-1, 0, 1\}$, $Y=\{-1, 1, 3\}$

**잎 5-5**

**풀이** $A=\{0, \{1\}, 2, \{3, 4\}, 5\}$

원소의 개수가 5이므로 부분집합의 개수는

$2^5=32$

부분집합 개수에서 1개 (자신)를 제외하면 진부분집합 개수이므로

$32-1=31$

**정답** 부분집합의 개수 : 32
진부분집합의 개수 : 31

**잎 5-6**

**핵심** 특정한 원소를 갖거나 갖지 않는 부분집합의 개수 ⇨ 특정한 원소를 모두 제외한 집합의 부분집합의 개수와 같다. [p.120]

**풀이** $A=\{a, b, c, d, e\}$의 부분집합 중에서 원소 $a$, $c$는 포함하고 원소 $e$는 포함하지 않는 집합의 개수는

$2^{5-2-1}=2^2=4$

**정답** 4

**잎 5-7**

**풀이** 오른쪽 그림과 같이 집합 $X$는 $a_1$, $a_2$를 반드시 원소로 갖는 집합 $B$의 부분집합이다.

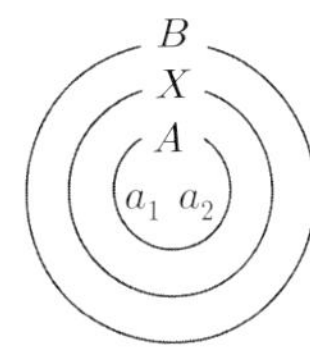


$B=\{a_1, a_2, a_3, a_4, a_5\}$의 부분집합 중에서 원소 $a_1$, $a_2$을 반드시 원소로 갖는 집합의 개수는

$2^{5-2}=2^3=8$

**정답** 8

**잎 5-8**

**풀이** 1) $\{2, 3\}\subset X\subset\{1, 2, 3, 4, 5\}$이므로 집합 $X$는 $\{1, 2, 3, 4, 5\}$의 진부분집합 중에서 2, 3을 반드시 원소로 갖는 집합이다.

$\{1, 2, 3, 4, 5\}$의 부분집합 중에서 원소 2, 3을 반드시 원소로 갖는 집합의 개수는

$2^{5-2}=2^3=8$

이때, 2, 3을 반드시 원소로 갖는 집합 중에서 $A$ (자기 자신)가 있으므로 1개를 빼야 한다.

따라서 구하는 집합의 개수는 $8-1=7$

2) $A=\{1, 2, 3, 4, 5\}$의 부분집합 중에서 2, 3을 원소로 갖지 않는 집합의 개수는

$2^{5-2}=2^3=8$

이때, 2, 3을 원소로 갖지 않는 집합 중에서 $A$ (자기 자신)가 없으므로 1개를 빼지 않는다.

따라서 구하는 집합의 개수는 8

3) $A=\{1, ②, ③, 4, 5\}$의 부분집합 중에서 2, 3을 반드시 원소로 갖는 집합의 개수는
$2^{5-2}=2^3=8$
이때, 2, 3을 반드시 원소로 갖는 집합 중에서 $A$ (자기 자신)가 있으므로 1개를 빼야 한다.
따라서 구하는 집합의 개수는 $8-1=7$

정답 1) 7 2) 8 3) 7

## 잎 5-9

주의 1은 소수도 합성수도 아니다.

풀이 i) $\{1, 2, 3, 4, 5, 6, 7\}$의 부분집합의 개수는
$2^7=128$
ii) $\{1, 4, 6\}$의 부분집합의 개수는 $2^3=8$
따라서 구하는 부분집합의 개수는
$128-8=120$

정답 120

## 잎 5-10

풀이 $\{10, 11, 12, \cdots, 19\}$의 부분집합의 개수는
$2^{10}=1024$
$\{11, 13, 15, \cdots, 19\}$의 부분집합의 개수는
$2^5=32$
1) 구하는 부분집합의 개수는
$1024-32=992$
2) 구하는 진부분집합의 개수는
$(1024-1)-32=991$

정답 1) 992 2) 991

## 잎 5-11

풀이 포함관계를 벤다이어그램으로 나타내었을 때, 포함된 것($A$)이 다시 나와서 포함하는 것($A$)은 $A=B=A$이기 때문에 가능하다.

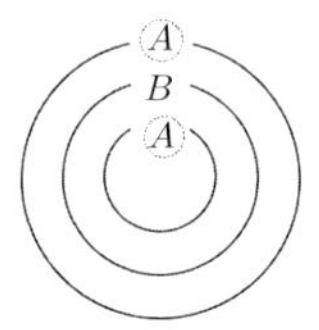


$Ⓐ\subset B\subset Ⓐ \Leftrightarrow Ⓐ=B=Ⓐ$
$A=\{1, 2, 3, 6\}$이므로 $A=B$이기 위해서는
$a-1=1,\ b-2=2$ or $a-1=2,\ b-2=1$
$\therefore a=2,\ b=4$ 또는 $a=3,\ b=3$

정답 $a=2,\ b=4$ 또는 $a=3,\ b=3$

CHAPTER 6 집합의 연산

본문 p.125

## 풀이 줄기 문제

### [줄기 1-1]

풀이 $A\cup B=\{1, 2, 4, 5\}$에서 $4\in B$ 또는 $5\in B$이므로 $a+2=4$ 또는 $a+2=5$
$\therefore a=2$ 또는 $a=3$
i) $a=2$일 때, $A=\{2, 5\}$, $B=\{1, 2, 4\}$
$\therefore A\cup B=\{1, 2, 4, 5\}$ (○)
ii) $a=3$일 때, $A=\{2, 7\}$, $B=\{1, 2, 5\}$
$\therefore A\cup B=\{1, 2, 5, 7\}$ (×)
i)에서 $a=2$이고 $A\cap B=\{2\}$

정답 $a=2,\ A\cap B=\{2\}$

## [줄기 1-2]

**풀이** 두 집합 $A, B$가 서로소이므로
$A \cap B = \varnothing$
이를 그림으로 나타내면 오른쪽과 같다.

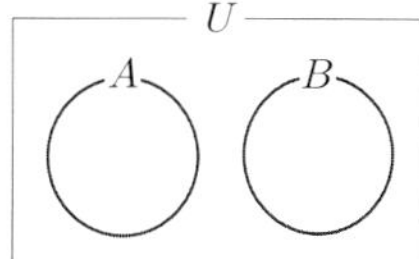


① $A \cap B^C = A - B = A$

② $A \subset B^C$

③ $A \cap (B - A) = A \cap B = \varnothing$

④ $(A - B) \cup B = A \cup B$

**정답** ②, ④

## [줄기 1-3]

**풀이** $A = \{1, 3, 5, 7, 9\}$, $B = \{1, 5, 9\}$

$A^C = \{2, 4, 6, 8\}$

$B^C = \{2, 3, 4, 6, 7, 8\}$

$A^C \cap B^C = \{2, 4, 6, 8\}$

$A^C \cup B^C = \{2, 3, 4, 6, 7, 8\}$

따라서

$n(A^C \cap B^C) = 4$, $n(A^C \cup B^C) = 6$이므로

$n(A^C \cap B^C) - n(A^C \cup B^C) = 4 - 6 = -2$

**정답** $-2$

## [줄기 1-4]

**풀이** 집합 $(A - B) \cup (B - A)$는 오른쪽 그림의 색칠한 부분과 같고 $B = \{1, 2, 3, 4, 5\}$이므로

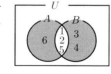

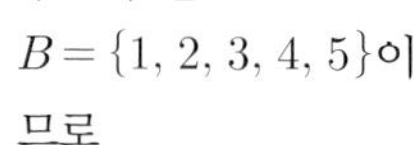

1st $B - A = \{3, 4\}$

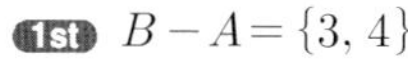

2nd $B \cap A = \{1, 2, 5\}$

3rd $A - B = \{6\}$

$\therefore A = \{1, 2, 5, 6\}$

**정답** $\{1, 2, 5, 6\}$

## [줄기 1-5]

**풀이** $\{1, 2, 3, 4\} \cap X = \{4\}$를 만족하므로 집합 $X$는 4를 원소로 갖고 1, 2, 3을 원소로 갖지 않는 집합 $A$의 부분집합이다.

$A = \{1, 2, 3, 4, 5, 6\}$의 부분집합 중에서 4를 원소로 갖고 1, 2, 3을 원소로 갖지 않는 부분집합의 개수는

$2^{6-1-3} = 2^2 = 4$

**정답** 4

## [줄기 1-6]

**핵심** $A \cap B = A \Leftrightarrow A \subset B$

$A \cup B = B \Leftrightarrow A \subset B$

**풀이** $A = \{1, 2, 3, 4, 5\}$, $B = \{4, 5, 6, 7, 8\}$

i) $A \cap X = X \Leftrightarrow X \subset A$

$\therefore X$는 집합 $A$의 부분집합이다.

ii) $A \cap B = \{4, 5\}$

$(A \cap B) \cup X = X \Leftrightarrow (A \cap B) \subset X$

$\therefore X$는 4, 5를 반드시 원소로 갖는다.

따라서 집합 $X$는 4, 5를 반드시 원소로 갖는 집합 $A$의 부분집합이다.

$A = \{1, 2, 3, 4, 5\}$의 부분집합 중에서 4, 5를 반드시 원소로 갖는 부분집합의 개수는

$2^{5-2} = 2^3 = 8$

**정답** 8

## [줄기 1-7]

**풀이** $U = \{1, 2, 3, \cdots, 12\}$

$A = \{1, 2\}$, $B = \{2, 3, 5, 7\}$

(가) $A \cup X = X$이면 $X$가 큰 집합이다.

$\therefore A \subset X$

(나) $B - A = \{3, 5, 7\}$이므로

$(B - A) \cap X = \{5, 7\}$에서

$3 \notin X$, $5, 7 \in X$이어야 한다.

즉, 집합 $X$는 1, 2, 5, 7을 반드시 원소로 갖고, 3을 원소로 갖지 않아야 한다.

따라서 집합 $X$의 개수는

$2^{12-4-1} = 2^7 = 128$

**정답** 128

## [줄기 2-1]

**방법Ⅰ** 「강추」 $\{A\cap(A-B)^C\}\cup\{A\cap(A^C\cup B)\}=A\cup B$

우측 그림의 구역을 숫자 위에 점을 찍어 나타내어 좌변을 정리하면

$(A-B)^C=\{\dot{2}, \dot{3}, \dot{4}\}$

$\{A\cap(A-B)^C\}=\{\dot{2}\}$

$(A^C\cup B)=\{\dot{2}, \dot{3}, \dot{4}\}$

$\{A\cap(A^C\cup B)\}=\{\dot{2}\}$

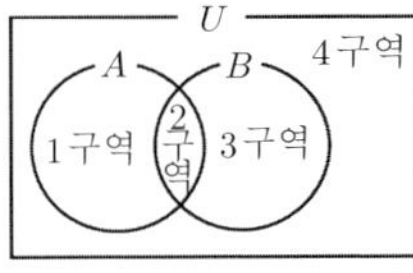


$\therefore \{A\cap(A-B)^C\}\cup\{A\cap(A^C\cup B)\}=\{\dot{2}\}$

즉, $\{A\cap(A-B)^C\}\cup\{A\cap(A^C\cup B)\}$는 $A\cap B$이다.

따라서 $A\cap B=A\cup B$이므로 $A$, $B$ 사이에는 항상 $A=B$가 성립한다.

**방법Ⅱ** $\{A\cap(A-B)^C\}\cup\{A\cap(A^C\cup B)\}=A\cup B$ 에서 먼저 좌변을 정리하면

$\{A\cap(A-B)^C\}\cup\{A\cap(A^C\cup B)\}$

$=\{A\cap(A\cap B^C)^C\}\cup\{(A\cap A^C)\cup(A\cap B)\}$

$=\{A\cap(A^C\cup B)\}\cup\{\varnothing\cup(A\cap B)\}$

$=\{(A\cap A^C)\cup(A\cap B)\}\cup(A\cap B)$

$=\{\varnothing\cup(A\cap B)\}\cup(A\cap B)$

$=(A\cap B)\cup(A\cap B)$

$=A\cap B$

즉, $\{A\cap(A-B)^C\}\cup\{A\cap(A^C\cup B)\}$는 $A\cap B$이다.

따라서 $A\cap B=A\cup B$이므로 $A$, $B$ 사이에는 항상 $A=B$가 성립한다.

**정답** ③

## [줄기 2-2]

**방법Ⅰ** 「강추」 $\{(A\cap B)^C\cap(A\cup B^C)\}\cap A=\varnothing$에서 오른쪽 그림의 구역을 숫자 위에 점을 찍어 나타내어 좌변을 정리하면

$(A\cap B)^C$

$=\{\dot{1}, \dot{3}, \dot{4}\}$

$(A\cup B^C)$

$=\{\dot{1}, \dot{2}, \dot{4}\}$

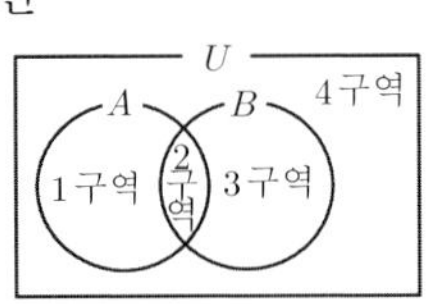


$\{(A\cap B)^C\cap(A\cup B^C)\}=\{\dot{1}, \dot{4}\}$

$\therefore \{(A\cap B)^C\cap(A\cup B^C)\}\cap A=\{\dot{1}\}$

즉, $\{(A\cap B)^C\cap(A\cup B^C)\}\cap A$는 $A-B$이다.

따라서 $A-B=\varnothing$이므로 ($B$가 큰 집합이다.) $A$, $B$ 사이에는 항상 $A\subset B$가 성립한다.

**방법Ⅱ** $\{(A\cap B)^C\cap(A\cup B^C)\}\cap A=\varnothing$에서 먼저 좌변을 정리하면

$\{(A\cap B)^C\cap(A\cup B^C)\}\cap A$

$=\{(A^C\cup B^C)\cap(A\cup B^C)\}\cap A$

$=\{(A^C\cap A)\cup B^C\}\cap A$

$=(\varnothing\cup B^C)\cap A$

$=B^C\cap A$

$=A-B$

즉, $\{(A\cap B)^C\cap(A\cup B^C)\}\cap A$는 $A-B$이다.

따라서 $A-B=\varnothing$이므로 ($B$가 큰 집합이다.) $A$, $B$ 사이에는 항상 $A\subset B$가 성립한다.

**정답** ①

## [줄기 3-1]

**풀이** $n(A\cup B)=n(A)+n(B)-n(A\cap B)$에서

$21=8+n(B)-5 \quad \therefore n(B)=18$

**정답** 18

## [줄기 3-2]

**풀이** 1에서 100까지의 자연수 중에서 2의 배수의 집합을 $A$, 3의 배수의 집합을 $B$라 하면 $A\cap B$는 6의 배수의 집합이다.

$n(A)=50$, $n(B)=33$, $n(A\cap B)=16$

$n(A\cup B)=n(A)+n(B)-n(A\cap B)$에서

$n(A\cup B)=50+33-16=67$

**정답** $n(A)=50$, $n(B)=33$
$n(A\cap B)=16$, $n(A\cup B)=67$

## [줄기 3-3]

**풀이** $n(A\cup B)=n(A)+n(B)-n(A\cap B)$에서

$14=10+7-n(A\cap B)$

$\therefore n(A\cap B)=3$

벤다이어그램을 그리면 오른쪽 그림과 같다.

$\therefore n(B-A)=4$

**정답** 4

## [줄기 3-4]

**풀이** $n(A\cup B)=n(A)+n(B)-n(A\cap B)$에서

$12=10+6-n(A\cap B)$

$\therefore n(A\cap B)=4$

벤다이어그램을 그리면 오른쪽 그림과 같다.

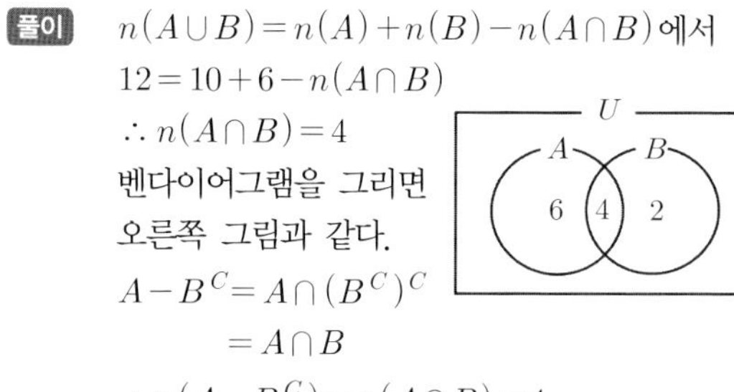


$A-B^C=A\cap(B^C)^C$

$=A\cap B$

$\therefore n(A-B^C)=n(A\cap B)=4$

**정답** 4

## [줄기 3-5]

**풀이** $A^C\cap B^C=(A\cup B)^C$이므로

$n(A^C\cap B^C)=n((A\cup B)^C)=2$

$n((A\cup B)^C)=n(U)-n(A\cup B)$이므로

$2=8-n(A\cup B)\quad \therefore n(A\cup B)=6$

$n(A\cup B)=n(A)+n(B)-n(A\cap B)$에서

$6=5+4-n(A\cap B)\quad \therefore n(A\cap B)=3$

**정답** 3

## [줄기 3-6]

**풀이** $n(A\cap B^C)$

$=n(A-B)=3$

$n(B\cap A^C)$

$=n(B-A)=2$

벤다이어그램을 그리면 우측 그림과 같다.

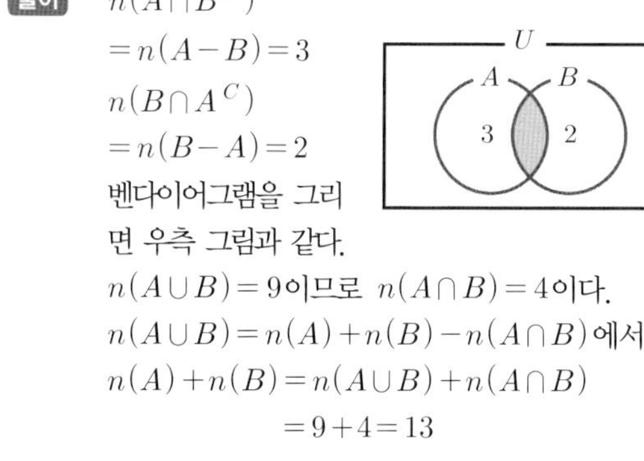


$n(A\cup B)=9$이므로 $n(A\cap B)=4$이다.

$n(A\cup B)=n(A)+n(B)-n(A\cap B)$에서

$n(A)+n(B)=n(A\cup B)+n(A\cap B)$

$=9+4=13$

**정답** 13

## [줄기 3-7]

**풀이** 민지네 반 학생 전체의 집합을 $U$, 음악동아리에 가입한 학생의 집합을 $A$, 연극동아리에 가입한 학생의 집합을 $B$라 하면

$n(A)=13,\ n(B)=16,\ n(A^C\cap B^C)=6$

★ $n(A\cup B)-n(A\cap B)=21\ \cdots$ ㉠

$n(A\cup B)=n(A)+n(B)-n(A\cap B)$에서

$n(A\cup B)=13+16-n(A\cap B)$

$\therefore n(A\cup B)+n(A\cap B)=29\ \cdots$ ㉡

㉠, ㉡을 연립하여 풀면

$n(A\cup B)=25,\ n(A\cap B)=4$

$n(A^C\cap B^C)=n((A\cup B)^C)=6$이므로

$n((A\cup B)^C)=n(U)-n(A\cup B)$에서

$6=n(U)-25\quad \therefore n(U)=31$

**정답** 31

## [줄기 3-8]

**풀이** 100명의 학생 전체의 집합을 $U$, 영어 문제를 푼 학생의 집합을 $A$, 수학 문제를 푼 학생의 집합을 $B$라 하면

$n(U)=100,\ n(A)=80,\ n(B)=30,$

$n(A\cap B)=15$

**방법Ⅰ** '적어도'란 말이 있으면 제일 먼저 여집합을 이용해 본다.

영어와 수학 문제를 모두 못 푼 학생의 수는

$n(A^C\cap B^C)=n((A\cup B)^C)$

$=n(U)-n(A\cup B)$

> $n(A\cup B)=n(A)+n(B)-n(A\cap B)$
> $=80+30-15=95$

$\therefore n(A^C\cap B^C)=100-95=5$

따라서 영어, 수학 문제 중 적어도 한 문제를 푼 학생의 수는 $100-5=95$

**방법Ⅱ** 「강추」 적어도 한 문제를 푼 학생의 수는 $n(A\cup B)$이므로

$n(A\cup B)=n(A)+n(B)-n(A\cap B)$

$=80+30-15=95$

**정답** 95

## [줄기 3-9]

풀이 $n(A\cup B\cup C)=n(A)+n(B)+n(C)$
$-n(A\cap B)-n(B\cap C)-n(C\cap A)$
$+n(A\cap B\cap C)$

$A$와 $B$는 서로소이므로 $A\cap B=\varnothing$ …㉠

$\therefore n(A\cap B)=0$

$n(B\cup C)=n(B)+n(C)-n(B\cap C)$에서

$10=5+7-n(B\cap C)$ $\quad\therefore n(B\cap C)=2$

$A\cap B=\varnothing$ …㉠이므로 $A\cap B\cap C=\varnothing$

$\therefore n(A\cap B\cap C)=0$

$n(A\cap C)=n(C\cap A)=3$

따라서

$n(A\cup B\cup C)=10+5+7-0-2-3+0$
$=17$

정답 17

## [줄기 3-10]

풀이 $n(A\cup B\cup C)=n(A)+n(B)+n(C)$
$-n(A\cap B)-n(B\cap C)-n(C\cap A)$
$+n(A\cap B\cap C)$

$A\cap C=C\cap A=\varnothing$ $\quad\therefore n(C\cap A)=0$

$A\cap C=\varnothing$이므로 $A\cap B\cap C=\varnothing$

$\therefore n(A\cap B\cap C)=0$

$n(A\cup B)=n(A)+n(B)-n(A\cap B)$에서

$13=10+7-n(A\cap B)$ $\quad\therefore n(A\cap B)=4$

$n(B\cup C)=n(B)+n(C)-n(B\cap C)$에서

$10=7+5-n(B\cap C)$ $\quad\therefore n(B\cap C)=2$

따라서

$n(A\cup B\cup C)=10+7+5-4-2-0+0$
$=16$

정답 16

## [줄기 3-11]

풀이 $n(A^C\cap B^C)=n((A\cup B)^C)$
$=n(U)-n(A\cup B)$
$=15-n(A\cup B)$

i) $n(A^C\cap B^C)$의 값이 최대인 경우는
$n(A\cup B)$의 값이 최소일 때,
즉 $B\subset A$일 때이므로
$n(A^C\cap B^C)=15-n(A\cup B)$
$=15-n(A)$
$=15-10=5$

ii) $n(A^C\cap B^C)$의 값이 최소인 경우는
$n(A\cup B)$의 값이 최대일 때,
즉 $A\cup B=U$일 때이므로
$n(A^C\cap B^C)=15-n(A\cup B)$
$=15-15=0$

i), ii)에서 $n(A^C\cap B^C)$의 최댓값은 5,
최솟값은 0이다.

정답 최댓값 : 5, 최솟값 : 0

## [줄기 4-1]

풀이 ① $A_4{}^C\cup A_6{}^C=(A_4\cap A_6)^C=A_{12}{}^C$

② $(A_2\cap A_3)\cup A_3=A_6\cup A_3=A_3$

③ $A_6\cap(A_3\cap A_4)=A_6\cap A_{12}=A_{12}$
$\therefore A_{24}\subset\{A_6\cap(A_3\cap A_4)\}$

④ $A_2{}^C\cap A_{10}{}^C=(A_2\cup A_{10})^C=A_2{}^C$

⑤ $(A_2\cup A_3)\subset A_1$ 주의 $(A_2\cup A_3)\neq A_1$
$(A_2\cup A_3)\cap A_4=(A_2\cap A_4)\cup(A_3\cap A_4)$
$=A_4\cup A_{12}$
$=A_4$

⑥ $(A_6\cup A_{12})\cap(A_9\cup A_{12})$
$=(A_6\cap A_9)\cup A_{12}$
$=A_{18}\cup A_{12}$
$\therefore (A_{18}\cup A_{12})\subset A_6$
$\therefore (A_6\cup A_{12})\cap(A_9\cup A_{12})\subset A_6$

⑥ $(A_9\cup A_{12})\subset A_3$ 주의 $(A_9\cup A_{12})\neq A_3$
$A_6\cup A_{12}=A_6$이므로
$(A_6\cup A_{12})\cap(A_9\cup A_{12})$
$=A_6\cap(A_9\cup A_{12})$
$=(A_6\cap A_9)\cup(A_6\cap A_{12})$
$=A_{18}\cup A_{12}$
$\therefore (A_{18}\cup A_{12})\subset A_6$
$\therefore (A_6\cup A_{12})\cap(A_9\cup A_{12})\subset A_6$

정답 ③, ⑥

## 줄기 4-2

**풀이** 1) 6와 15의 최소공배수가 30이므로

$A_6 \cap A_{15} = A_{30}$

따라서 $A_k \subset A_{30}$이므로 $k$는 30의 배수다.

$\therefore$ $k$의 최솟값은 30

2) $(A_8 \cup A_{12}) \subset A_4$ **주의** $A_8 \cup A_{12} \neq A_4$

$A_4 \subset A_2 \subset A_1$이므로 $t$의 최댓값은 4

**정답** 1) 30 2) 4

## 줄기 4-3

**풀이** $A \triangle B = (A \cup B) \cap (A \cap B)^C$

$= (A \cup B) - (A \cap B)$

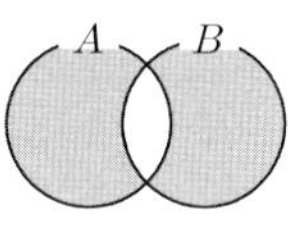


즉, 연산 △은 '대칭차집합'을 만든다.

따라서 연산 △은 '순수한 집합'을 만든다.

$(A \triangle B) \triangle B$는 $(A \triangle B)$와 $B$에서 서로 겹치는 부분(회색)을 제거하고 겹치지 않는 순수한 부분을 합치면 아래의 그림과 같다.

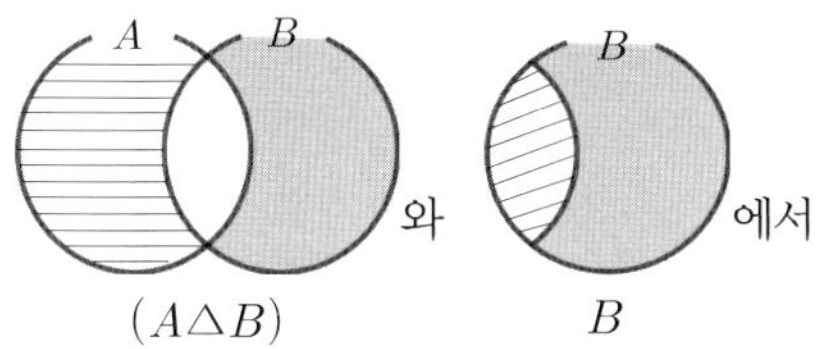


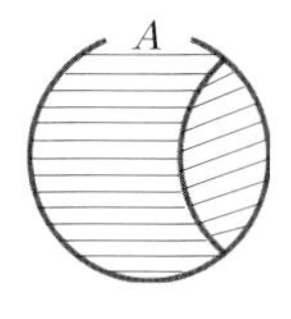


**정답** $A$

## 줄기 4-4

**풀이** $A \circ B = (A \cup B) - (A \cap B)$

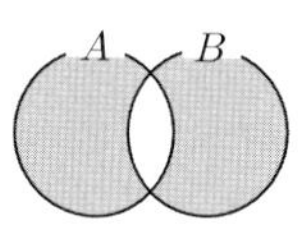


즉, 연산 ∘은 '대칭차집합'을 만든다.

따라서 ∘은 '순수한 집합'을 만든다.

$A \circ B = B$, 즉 $A$와 $B$의 순수한 영역의 합이 $B$이므로 $A = \varnothing$이어야 한다.

**참고** ③

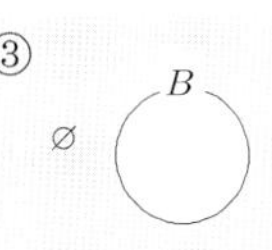


일 때, 대칭차집합은

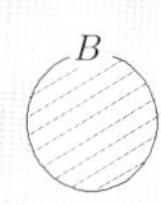


$\therefore A = \varnothing$일 때, $A \circ B = B$

⑥* $A \cap B = \varnothing$일 때는 오른쪽 그림과 같다.

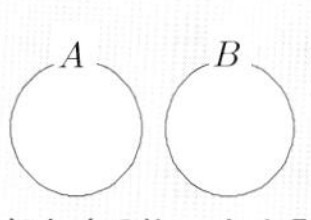


이때, $A$와 $B$가 서로 겹치지 않는 순수한 부분의 합, 즉 $A$와 $B$의 대칭차집합을 나타내면 우측 그림과 같다.

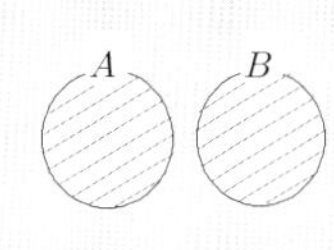


$\therefore A \cap B = \varnothing$일 때, $A \circ B = A \cup B$

**정답** ③

## 줄기 4-5

**풀이** $(A \cap B^C) \cup (A^C \cap B) = B - A$가 성립할 때, 먼저 좌변을 정리하면

$(A \cap B^C) \cup (B \cap A^C) = (A - B) \cup (B - A)$

$\therefore$ 좌변은 '대칭차집합' 즉, '순수한 집합'이다.

$\therefore$ (순수한 집합)$= B - A$

즉, $A$와 $B$의 순수한 영역이 $B$에서 $A$를 빼는 것이므로 $A$가 $B$ 안에 있는 경우이다.

$\therefore A \subset B$

**참고**

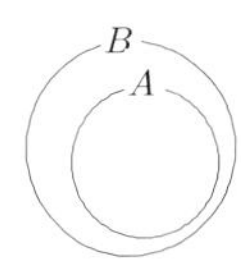


일 때, 대칭차집합은

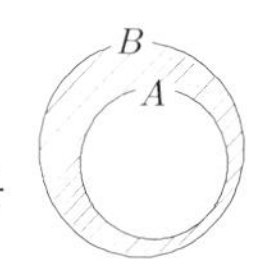


즉, $B - A$

**정답** $A \subset B$

## [줄기 4-6]

**풀이** $A\triangle B=(A^C\cap B^C)^C\cap(A\cap B)^C$
$=(A\cup B)\cap(A\cap B)^C$
$=(A\cup B)-(A\cap B)$

따라서 △은 '대칭차집합'을 만든다.
즉, 연산 △은 '순수한 집합'을 만든다.
$A$와 $B$가 서로 섞이지 않은 순수한 것들의 합집합이 $A\triangle B=\{③, 4, ⑤, 6\}$이므로 $A=\{1, ③, ⑤, 7\}$에서 순수한 원소는 ③, ⑤고 1, 7은 집합 $B$에도 있는 원소이다.
또한, 집합 $B$에 있는 순수한 원소는 4, 6이므로 벤다이어그램으로 나타내면 오른쪽 그림과 같다.

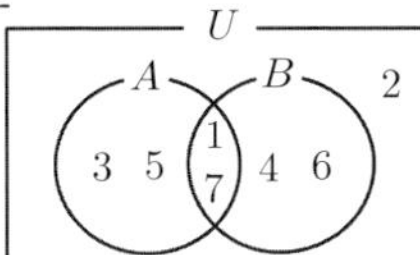

$\therefore (A\cup B)^C=\{2\}$

**정답** $\{2\}$

## [줄기 4-7]

**풀이** $A☆B=(A\cup B)-(A\cap B)$

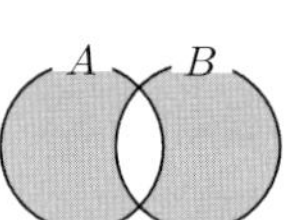


따라서 ☆은 '대칭차집합'을 만든다.
즉, 연산 ☆은 '순수한 집합'을 만든다.
$A☆X=B$, 즉 $A☆X=\{3, 5, a\}$
$A$와 $X$가 서로 섞이지 않은 순수한 것들의 합집합이 $A☆X=\{③, ⑤, a\}$이므로 $A=\{1, ③, ⑤, 7\}$에서 순수한 원소는 ③, ⑤고 1, 7은 집합 $X$에도 있는 원소이다.
또한, 집합 $X$에 있는 순수한 원소는 $a$이므로 벤다이어그램으로 나타내면 오른쪽 그림과 같다.

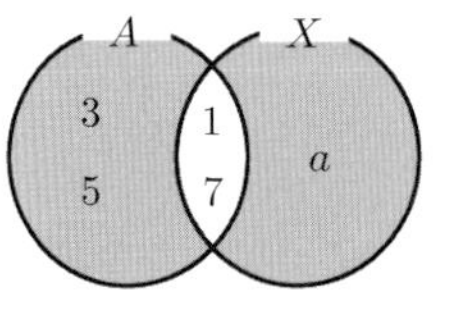


따라서 $X=\{1, 7, a\}$이고 집합 $X$의 모든 원소의 합이 20이므로
$1+7+a=20 \quad \therefore a=12$

**정답** 12

## [줄기 4-8]

**풀이** $A◎B=(A\cup B)\cap(A\cap B)^C$
$=(A\cup B)-(A\cap B)$

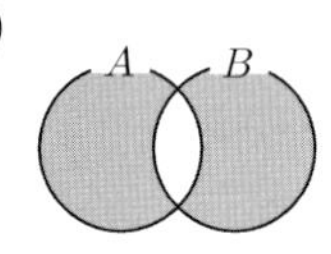


따라서 ◎은 '대칭차집합'을 만든다.
즉, 연산 ◎은 '순수한 집합'을 만든다.
따라서 순수한 부분의 합을 나타내면

① $\varnothing$ (A) 일 때,
대칭차집합을 구하면 (A)

② 
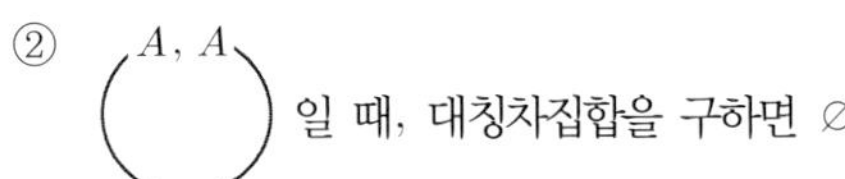


③ 
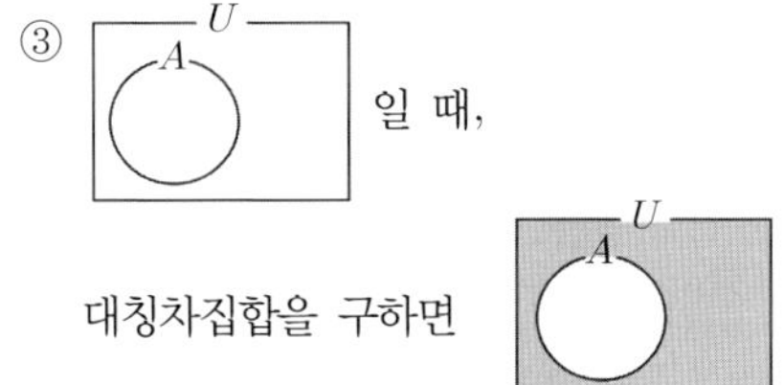


④ 
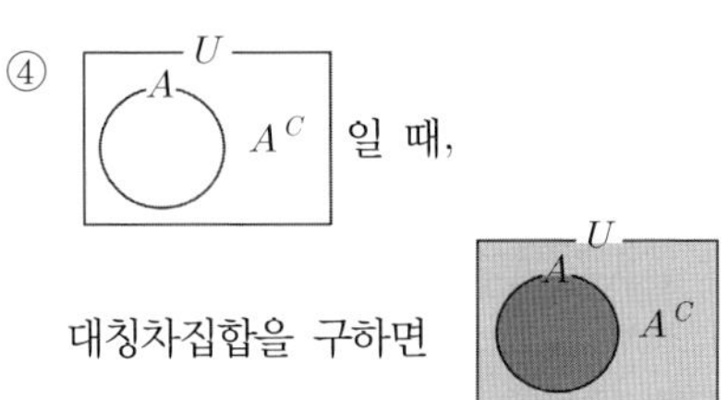


⑤ 
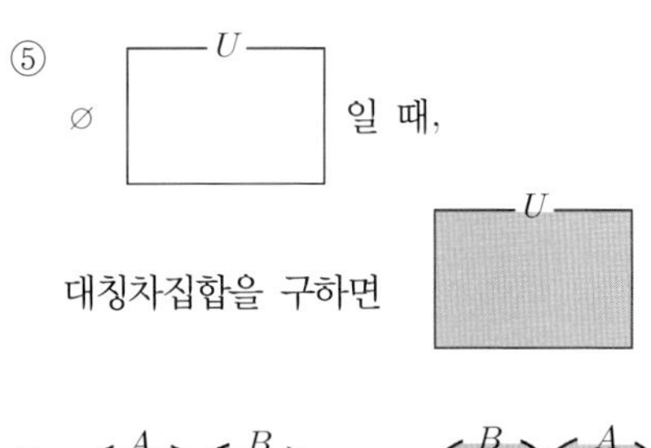


⑥ 
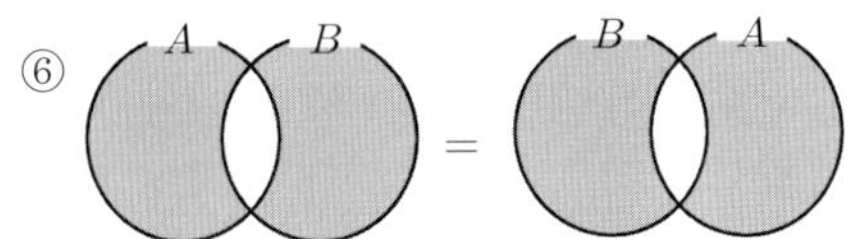


**정답** ⑥

## 잎 문제

### 잎 6-1

**풀이** ① $B-A^C=B\cap(A^C)^C$
$=B\cap A=A\cap B$

② $(B^C-A)^C=(B^C\cap A^C)^C$
$=B\cup A=A\cup B$

③ $A\cap(A^C\cup B)=(A\cap A^C)\cup(A\cap B)$
$=\varnothing\cup(A\cap B)$
$=A\cap B$

④ $(A^C\cap B^C)\cap(A\cup B)$
$=(A\cup B)^C\cap(A\cup B)$
$=\varnothing$

⑤ $(A-B)\cap(A-C)$
$=(A\cap B^C)\cap(A\cap C^C)$
$=A\cap A\cap B^C\cap C^C$
$=A\cap(B^C\cap C^C)$
$=A\cap(B\cup C)^C$
$=A-(B\cup C)$

⑥ $(A-B)\cup(A-C)$
$=(A\cap B^C)\cup(A\cap C^C)$
$=A\cap(B^C\cup C^C)$
$=A\cap(B\cap C)^C$
$=A-(B\cap C)$

**정답** ①, ②, ③, ④, ⑤, ⑥

### 잎 6-2

**방법 I** $A^C\subset B^C$, 즉 $B^C$이 큰 집합이므로 $B$는 작은 집합이다. $\therefore B\subset A$

오른쪽 그림의 구역을 숫자 위에 점을 찍어 나타내면

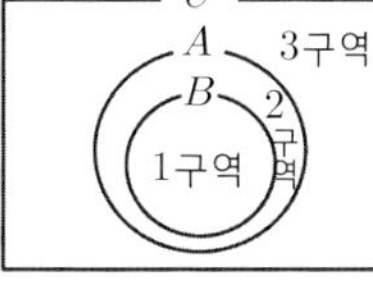


$(A\cup B)^C=\{\dot{3}\}$

$(A^C\cup B)=\{\dot{1},\ \dot{3}\}$

$(A\cup B)^C\cap(A^C\cup B)$
$=\{\dot{3}\}$

즉 3구역은 $A^C$이므로

$(A\cup B)^C\cap(A^C\cup B)=A^C$

**방법 II** $A^C\subset B^C$, 즉 $B^C$이 큰 집합이므로 $B$는 작은 집합이다. $\therefore B\subset A$

$(A\cup B)^C\cap(A^C\cup B)$
$=A^C\cap(A^C\cup B)\ (\because A\cup B=A)$
$=A^C\ (\because X\cap(X\cup Y)=X)$

**정답** ④

### 잎 6-3

**방법 I** $\{(A^C\cap B)\cup(A\cap B)\}\cap$
$\{(A^C\cup B^C)\cap(A^C\cup B)\}=\varnothing$

오른쪽 그림의 구역을 숫자 위에 점을 찍어 나타내어 좌변을 정리하면

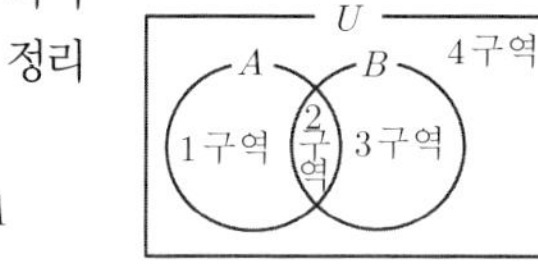


$A^C\cap B=B-A$
$=\{\dot{3}\}$

$A\cap B=\{\dot{2}\}$

$\therefore\{(A^C\cap B)\cup(A\cap B)\}=\{\dot{2},\ \dot{3}\}$ $\cdots$ ㉠

$A^C\cup B^C=(A\cap B)^C=\{\dot{1},\ \dot{3},\ \dot{4}\}$

$A^C\cup B=\{\dot{2},\ \dot{3},\ \dot{4}\}$

$\therefore\{(A^C\cup B^C)\cap(A^C\cup B)\}=\{\dot{3},\ \dot{4}\}$ $\cdots$ ㉡

$\{(A^C\cap B)\cup(A\cap B)\}\cap$
$\{(A^C\cup B^C)\cap(A^C\cup B)\}=\{\dot{3}\}$
($\because$ ㉠$\cap$㉡)

$\therefore$ 좌변은 3구역, 즉 $B-A$이다.

따라서 $B-A=\varnothing$이므로 ($A$가 큰 집합이다.)

$A$, $B$ 사이에는 항상 $B\subset A$가 성립한다.

**방법 II** $\{(A^C\cap B)\cup(A\cap B)\}\cap$
$\{(A^C\cup B^C)\cap(A^C\cup B)\}=\varnothing$

에서 좌변을 먼저 정리하면

$\{(A^C\cap B)\cup(A\cap B)\}\cap$
$\{(A^C\cup B^C)\cap(A^C\cup B)\}$
$=\{(A^C\cup A)\cap B\}\cap\{A^C\cup(B^C\cap B)\}$
$=(U\cap B)\cap(A^C\cup\varnothing)$
$=B\cap A^C=B-A$

$\therefore$ 좌변은 $B-A$이다.

따라서 $B-A=\varnothing$이므로 ($A$가 큰 집합이다.)

$A$, $B$ 사이에는 항상 $B\subset A$가 성립한다.

**정답** $B\subset A$

## 잎 6-4

**핵심** $A-B=A-(A\cap B)$, $B-A=B-(A\cap B)$

**풀이** $n(B\cap A^C)=n(B-A)=5$

$n(B)=7$이므로 벤다이어그램을 그리면 오른쪽 그림과 같다.

$\therefore n(A\cap B)=2$

$\therefore n(A)=10$이므로 $n(A-B)=8$

$\therefore n(A\cup B)=8+2+5=15$

**정답** $n(A\cup B)=15$, $n(A-B)=8$

## 잎 6-5

**풀이** $n(A\cup B\cup C)=n(A)+n(B)+n(C)$
$-n(A\cap B)-n(B\cap C)-n(C\cap A)$
$+n(A\cap B\cap C)$

$\begin{cases} B\text{와 } C\text{가 서로소} : B\cap C=\varnothing \quad \therefore n(B\cap C)=0 \\ A\text{와 } C\text{가 서로소} : A\cap C=\varnothing \quad \therefore n(A\cap C)=0 \end{cases}$

$\therefore A\cap B\cap C=\varnothing \quad \therefore n(A\cap B\cap C)=0$

$n(A\cup B)=n(A)+n(B)-n(A\cap B)$

$10=7+5-n(A\cap B) \quad \therefore n(A\cap B)=2$

$n(A\cup B\cup C)=7+5+3-2-0-0+0$
$=13$

**참고** $n(A\cup B\cup C)$ 또는 $n(A\cap B\cap C)$가 보이면 무조건 $n(A\cup B\cup C)$의 공식을 여백에 적어 놓은 후 생각한다.
($\because$ 99 %는 이 공식을 쓰는 문제이다.)

**정답** 13

## 잎 6-6

**핵심** $A-B=A-(A\cap B)$, $B-A=B-(A\cap B)$

**풀이** $n(A)=10$, $n(A\cap B)=4$이므로

$n(A-(A\cap B))=6 \quad \therefore n(A-B)=6$

$n(B)=7$, $n(A\cap B)=4$이므로

$n(B-(A\cap B))=3 \quad \therefore n(B-A)=3$

벤다이어그램으로 나타내면 오른쪽 그림과 같다.

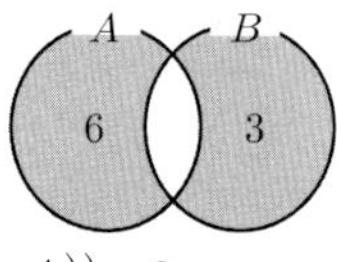


$\therefore n((A-B)\cup(B-A))=9$

**정답** 9

## 잎 6-7

**풀이** $A^C-B=A^C\cap B^C=(A\cup B)^C$이므로

$n(A^C-B)=n((A\cup B)^C)=3$

이때 $n(U)=15$이므로 $n(A\cup B)=12$

$n(A\cup B)=n(A)+n(B)-n(A\cap B)$에서

$12=10+6-n(A\cap B) \quad \therefore n(A\cap B)=4$

$n(A)=10$이므로 $n(A-(A\cap B))=6$

$n(B)=6$이므로 $n(B-(A\cap B))=2$

벤다이어그램으로 나타내면 오른쪽 그림과 같다.

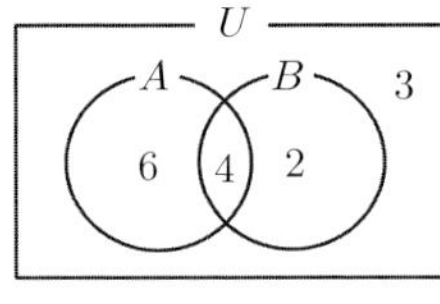


$\therefore n(A\cup B)$
$=6+4+2=12$

$\therefore n(B\cap A^C)$
$=n(B-A)=2$

**정답** $n(A\cup B)=12$, $n(A\cap B)=4$, $n(B\cap A^C)=2$

## 잎 6-8

**풀이** 1) ㄱ. $A_2=\{1, 2\}$, $A_3=\{1, 3\}$이므로
$A_2\cap A_3=\{1\}$ (거짓)

ㄴ. $n$이 $m$의 배수이면 $m$의 약수는 모두 $n$의 약수이므로 $A_m\subset A_n$ (참)

ㄷ. $m$, $n$이 서로소이면 1 이외의 공약수가 없으므로 $A_m\cap A_n=\{1\}$ (거짓)

ㄹ. $x\in(A_m\cap A_n)$이면 $x\in A_m$, $x\in A_n$이므로 $x\in A_{mn}$이다.
$\therefore (A_m\cap A_n)\subset A_{mn}$ (참)

2) ㄱ. $A_2=\{2\}$, $A_3=\{3\}$이므로
$A_2\cap A_3=\varnothing$ (참)

ㄴ. $n$이 $m$의 배수이면 $m$의 약수는 모두 $n$의 약수이므로 $A_m\subset A_n$ (참)

ㄷ. $m$, $n$이 서로소이면 1 이외의 공약수가 없으므로 $A_m\cap A_n=\varnothing$ (참)

ㄹ. $x\in(A_m\cap A_n)$이면 $x\in A_m$, $x\in A_n$이므로 $x\in A_{mn}$이다.
$\therefore (A_m\cap A_n)\subset A_{mn}$ (참)

**정답** 1) ㄱ. 거짓 ㄴ. 참 ㄷ. 거짓 ㄹ. 참
2) ㄱ. 참 ㄴ. 참 ㄷ. 참 ㄹ. 참

**잎 6-9**

**핵심** 캡($\cap$)은 최소로 배수시킨다. [p.141]
컵($\cup$)은 최대로 약수를 마실 수 있게 한다.

**풀이** $A_6 \cap A_{22} = A_{66}$

따라서 $A_m \subset A_{66}$이므로 $m$는 66의 배수이다.

$\therefore$ $m$의 최솟값은 66

$(A_{12} \cup A_{18}) \subset A_6$ **주의** $(A_{12} \cup A_{18}) \neq A_6$

$\begin{cases} A_6 \subset A_3 \subset A_1 \\ A_6 \subset A_2 \subset A_1 \end{cases}$ 이므로 $n$의 최댓값은 6이다.

**정답** $m$의 최솟값 : 66, $n$의 최댓값 : 6

**잎 6-10**

**풀이** $A \triangle B = (A \cup B) - (A \cap B)$

따라서 $\triangle$은 '대칭차집합'을 만든다.

즉, 연산 $\triangle$은 '순수한 집합'을 만든다.

$A \triangle X = B$, 즉 $A \triangle X = \{1,\ 3,\ a\}$

$A$와 $X$가 서로 섞이지 않은 순수한 것들의 합집합이 $A \triangle X = \{1,\ 3,\ a\}$이므로

$A = \{1,\ 2,\ 3,\ 4\}$에서 순수한 원소는 1, 3이고 2, 4는 집합 $X$에도 있는 원소이다.

또, 집합 $X$에 있는 순수한 원소는 $a$이므로 벤다이어그램으로 나타내면 오른쪽 그림과 같다.

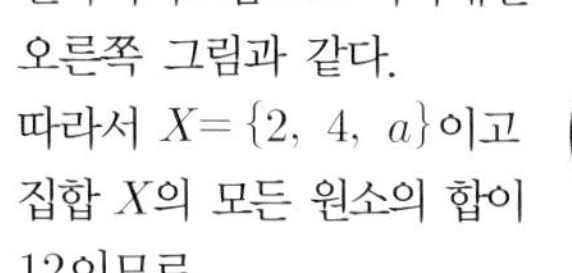

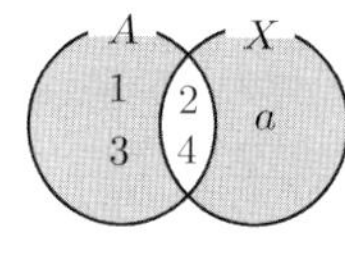


따라서 $X = \{2,\ 4,\ a\}$이고 집합 $X$의 모든 원소의 합이 12이므로

$2 + 4 + a = 12 \qquad \therefore a = 6$

**정답** 6

**잎 6-11**

**풀이** $(A - B) \cup (B - A) = \{-1,\ 1\}$

⇨ (대칭차집합) $= \{-1,\ 1\}$

즉, (순수한 집합) $= \{-1,\ 1\}$

$A = \{4,\ a+1,\ a^2-1\}$

$B = \{3,\ 4,\ -a-1\}$

대칭차집합(순수한 집합)이 $\{-1,\ 1\}$이므로 집합 $A$에서 반드시 3을 원소로 갖고 있어야 한다.

i) $a+1=3$ (즉, $a=2$)일 때

$A = \{3,\ 4\}$, $B = \{-3,\ 3,\ 4\}$

대칭차집합(순수한 집합)이 $\{-3\}$이 되어 주어진 조건에 어긋난다.

ii) $a^2-1=3$ (즉, $a=\pm 2$)일 때

ㄱ. $a=2$일 때는 i)에서 다뤘다.
(주어진 조건에 어긋난다.)

ㄴ. $a=-2$일 때
$A = \{-1,\ 3,\ 4\}$, $B = \{1,\ 3,\ 4\}$
따라서 대칭차집합이 $\{-1,\ 1\}$이 되어 주어진 조건을 만족한다.

따라서 $a=-2$일 때

$A = \{-1,\ 3,\ 4\}$, $B = \{1,\ 3,\ 4\}$

**정답** $a=-2$, $A = \{-1,\ 3,\ 4\}$, $B = \{1,\ 3,\ 4\}$

**잎 6-12**

**풀이** 이 학급의 학생 전체의 집합을 $U$, 영어 문제를 푼 학생의 집합을 $A$, 수학 문제를 푼 학생의 집합을 $B$라 하면

$n(A) = 80$, $n(B) = 30$, $n(A^C \cap B^C) = 5$

* $n(A \cup B) - n(A \cap B) = 70 \cdots ㉠$

$n(A \cup B) = n(A) + n(B) - n(A \cap B)$에서

$n(A \cup B) = 80 + 30 - n(A \cap B)$

$\therefore n(A \cup B) + n(A \cap B) = 110 \cdots ㉡$

㉠, ㉡을 연립하여 풀면

$n(A \cup B) = 90$, $n(A \cap B) = 20$

$n(A^C \cap B^C) = n((A \cup B)^C) = 5$이므로

$n((A \cup B)^C) = n(U) - n(A \cup B)$

$5 = n(U) - 90 \qquad \therefore n(U) = 95$

**정답** 95

**잎 6-13**

**핵심** $n(A \cup B \cup C)$ 또는 $n(A \cap B \cap C)$가 보이면 무조건 $n(A \cup B \cup C)$의 공식을 여백에 적어 놓은 후 생각한다.
($\because$ 99 %는 이 공식을 쓰는 문제이다.)

**방법 I**

$$n(A \cup B \cup C) = n(A) + n(B) + n(C) - n(A \cap B) - n(B \cap C) - n(C \cap A) + n(A \cap B \cap C)$$

⇨ 공식으로 풀리지 않는 1%에 해당된다.

**방법Ⅱ** $X◎Y=(X\cup Y)\cap(X\cap Y)^C$
$=(X\cup Y)-(X\cap Y)$

즉, 연산 ◎은 '대칭차집합'을 만든다.

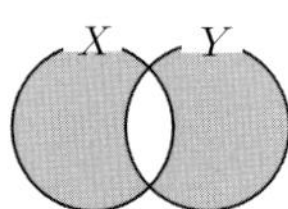


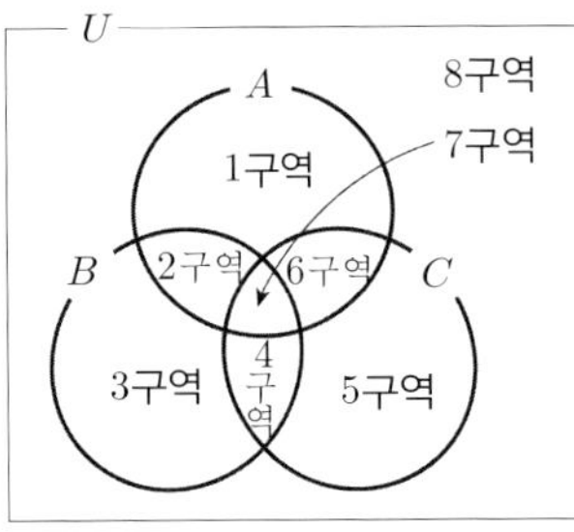


위 그림과 같이 벤다이어그램을 이용할 때 구역을 숫자 위에 점을 찍어 나타내면 문제를 쉽게 풀 수 있어 좋다.

$A\cup B\cup C=(\dot{1}+\dot{3}+\dot{5})+(\dot{2}+\dot{4}+\dot{6})+(\dot{7})$

$A◎B=(\dot{1}+\dot{3})+(\dot{4}+\dot{6})$ … ㉠

$B◎C=(\dot{3}+\dot{5})+(\dot{2}+\dot{6})$ … ㉡

$C◎A=(\dot{1}+\dot{5})+(\dot{2}+\dot{4})$ … ㉢

㉠, ㉡, ㉢을 변끼리 더하면

$(A◎B)+(B◎C)+(C◎A)$
$=2\{(A\cup B\cup C)-(A\cap B\cap C)\}$

$20+41+35=2\{70-n(A\cap B\cap C)\}$

$48=70-n(A\cap B\cap C)$

$\therefore n(A\cap B\cap C)=22$

**정답** 22

$\therefore A\triangle B=(A\cap B)\cup(A\cup B)^C$

벤다이어그램의 각 영역에 해당되는 원소의 개수를 다음 그림과 같이 나타내면

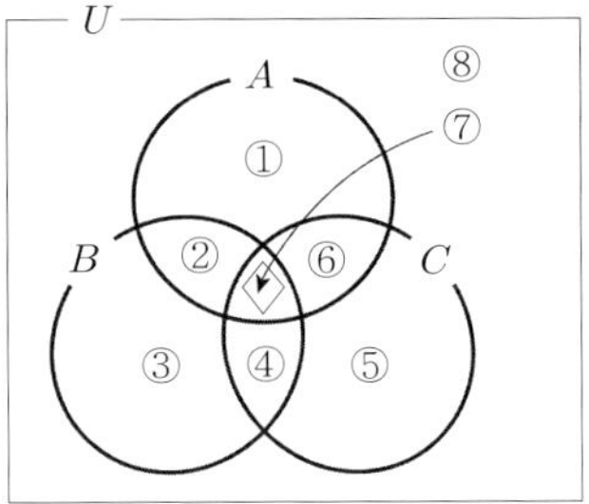


$n(A\triangle B)=⑦+②+⑤+⑧$

$n(B\triangle C)=⑦+④+①+⑧$

$n(C\triangle A)=⑦+⑥+③+⑧$

따라서 조건 (나)에서

$②+⑤=①+④=③+⑥$

이때 $⑦=4$, $⑧=50-37=13$이므로

$n(U)=①+②+③+④+⑤+⑥+⑦+⑧$
$=(②+⑤)+(①+④)+(③+⑥)+4+13$
$=3(②+⑤)+17=50$

따라서 $②+⑤=11$이므로

$n((A-C)\cup(C-A))=①+②+④+⑤$
$=(②+⑤)+(①+④)$
$=2(②+⑤)$
$=2\cdot 11=22$

**정답** 22

## 잎 6-14

**풀이** $(A^C\cup B)\cap(A\cup B^C)$

「비추」 $=\{(A^C\cup B)\cap A\}\cup\{(A^C\cup B)\cap B^C\}$

$=\{(A^C\cap A)\cup(B\cap A)\}$
$\cup\{(A^C\cap B^C)\cup(B\cap B^C)\}$

$=(B\cap A)\cup(A^C\cap B^C)$

$=(A\cap B)\cup(A\cup B)^C$

$\therefore A\triangle B=(A\cap B)\cup(A\cup B)^C$

우측 그림의 구역을 숫자 위에 점을 찍어 나타내면

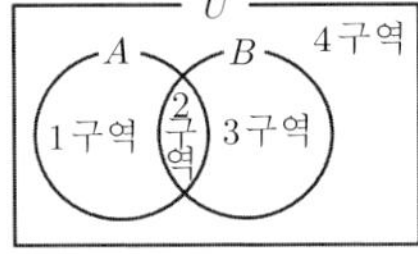


$(A^C\cup B)\cap(A\cup B^C)$

$=\{\dot{2},\dot{3},\dot{4}\}\cap\{\dot{1},\dot{2},\dot{4}\}$

$=\{\dot{2},\dot{4}\}$

## 잎 6-15

**풀이** 학생 40명 전체의 집합을 $U$, 산이 좋다고 응답한 학생의 집합을 $A$, 바다가 좋다고 응답한 학생의 집합을 $B$라 하면

$n(U)=40$, $n(A)=23$, $n(B)=28$, $n(A\cap B)\geq 16$

$A\subset B$일 때, $n(A\cap B)$가 최대이므로

$n(A\cap B)\leq 23$ $\quad\therefore 16\leq n(A\cap B)\leq 23$

<u>산과 바다 중 적어도 어느 하나가 좋다고 응답한 학생의 집합</u>은 ⋆ $A\cup B$이므로

$n(A\cup B)=n(A)+n(B)-n(A\cap B)$
$=23+28-n(A\cap B)$
$=51-n(A\cap B)$

i) $n(A\cap B)=16$일 때,
$n(A\cup B)$가 최대이므로 $a=51-16=35$

ii) $n(A\cap B)=23$일 때,
$n(A\cup B)$가 최소이므로 $b=51-23=28$

주의 '적어도'가 있다고 무조건 여집합문제는 아니다. 이 문제와 같이 여집합으로 푸는 것이 어려우면 빨리 다른 방법을 찾는다.

정답 $a=35,\ b=28$

CHAPTER 7

# 명제(1)

본문 p.149

## 풀이 줄기 문제

### [줄기 1-1]

핵심 '쉼표(,)'는 '그리고'의 의미이다. [p.151]

풀이 1) $-4<x,\ x\le 5 \xrightarrow{\text{부정}} -4\ge x$ 또는 $x>5$
$\therefore x\le -4$ 또는 $x>5$

2) $x<-1$ 또는 $x\ge 3 \xrightarrow{\text{부정}} x\ge -1,\ x<3$
$\therefore -1\le x<3$

3) $x<-2$ 또는 $1\le x,\ x<4$
$\xrightarrow{\text{부정}} x\ge -2,\ 1>x$ 또는 $x\ge 4$
$\therefore -2\le x<1$ 또는 $x\ge 4$

정답 1) $x\le -4$ 또는 $x>5$
2) $-1\le x<3$
3) $-2\le x<1$ 또는 $x\ge 4$

### [줄기 1-2]

풀이 전체집합 $U=\{1,\ 2,\ 3,\ 4,\ 5,\ 6,\ 7,\ 8\}$이고 두 조건 $p,\ q$의 진리집합을 각각 $P,\ Q$라 하면
$P=\{1,\ 2,\ 3,\ 4,\ 6\},\ Q=\{6,\ 7,\ 8\}$

1) 조건 $\sim p$의 진리집합은 $P^C$
$\therefore P^C=\{5,\ 7,\ 8\}$

2) 조건 '$p$ 또는 $q$'의 진리집합은 $P\cup Q$
$\therefore P\cup Q=\{1,\ 2,\ 3,\ 4,\ 6,\ 7,\ 8\}$

3) 조건 '$p$ 그리고 $\sim q$'의 진리집합은 $P\cap Q^C$
$\therefore P\cap Q^C=P-Q=\{1,\ 2,\ 3,\ 4\}$

정답 1) $\{5,\ 7,\ 8\}$
2) $\{1,\ 2,\ 3,\ 4,\ 6,\ 7,\ 8\}$
3) $\{1,\ 2,\ 3,\ 4\}$

### [줄기 1-3]

핵심 문제에서 전체집합이 주어지지 않은 경우
⇨ 실수 전체의 집합을 전체집합으로 생각한다.

풀이 두 조건 $p,\ q$의 진리집합을 각각 $P,\ Q$라 하면
$P=\{x\mid -3\le x<2\}$
$Q=\{x\mid x<0$ 또는 $x\ge 5\}$
조건 $\sim q$의 진리집합은 $Q^C$이므로
$Q^C=\{x\mid x\ge 0$ 그리고 $x<5\}$
$\therefore Q^C=\{x\mid 0\le x<5\}$
조건 '$p$ 그리고 $\sim q$'의 진리집합은
$P\cap Q^C$이므로

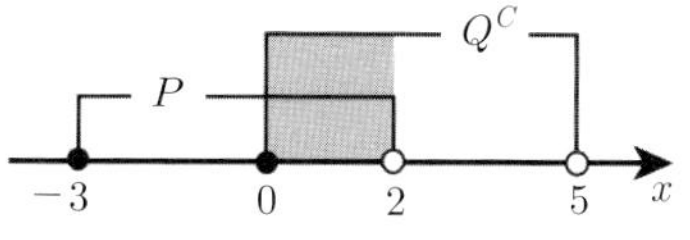


$\therefore P\cap Q^C=\{x\mid 0\le x<2\}$

정답 $\{x\mid 0\le x<2\}$

### [줄기 1-4]

풀이 1) $x-1>0$에서 $x>1$이므로 $-1,0,1$이 모두 만족하지 않으므로 거짓이다.
2) [반례] $x=-1$이면 $2x=-2$이고 $-2\not\in U$이므로 거짓이다.
3) [반례] $x=0$이면 $x^2=0$이므로 거짓이다.
4) [예] $x=1$이면 $x^2=1$이므로 참이다.
5) 임의의 ⇔ 모든
[반례] $x=-1,\ y=1$이면 $x^2+y^2=2$이므로 거짓이다.

정답 1) 거짓 2) 거짓
3) 거짓 4) 참
5) 거짓

### [줄기 2-1]

풀이 명제 '$p\rightarrow q$'에서 두 조건 $p,\ q$의 진리집합을 각각 $P,\ Q$라 하면
1) $x(x-1)=0\ \rightarrow\ x\le 0$
$P=\{0,\ 1\},\ Q=\{x\mid x\le 0\}$
$\therefore P\not\subset Q\quad \therefore$ 거짓

2) $4<x\le5 \to 1<x<7$
$P=\{x\,|\,4<x\le5\}$, $Q=\{x\,|\,1<x<7\}$
$\therefore P\subset Q$ $\therefore$ 참

3) ($x$가 2의 배수) → ($x$는 4의 배수)
$P=\{2, 4, 6, \cdots\}$, $Q=\{4, 8, 12, \cdots\}$
$\therefore P\not\subset Q$ $\therefore$ 거짓

4) $x+2=3 \to x^2-3x+2=0$
$P=\{1\}$, $Q=\{1, 2\}$
$\therefore P\subset Q$ $\therefore$ 참

5) $x\le1$, $y\le1 \to x+y\le2$ $\therefore$ 참

6) $x<y<z \to xy<yz$
[반례] $x=-3$, $y=-2$, $z=-1$ $\therefore$ 거짓

7) $xy=0 \to x^2+y^2=0$
[반례] $x=1$, $y=0$ $\therefore$ 거짓

8) (대각선이 직교하는 사각형) → (정사각형)
대각선이 직교하는 사각형은 마름모이다.
$P$는 마름모의 집합, $Q$는 정사각형의 집합
이므로 $P\not\subset Q$ $\therefore$ 거짓

정답 1) 거짓 2) 참 3) 거짓 4) 참 5) 참 6) 거짓 7) 거짓 8) 거짓

## [줄기 2-2]

풀이 전체집합 $U=\{1, 2, 3, 4, 5, 6, 7, 8\}$이고
두 조건 $p$, $q$의 진리집합을 각각 $P$, $Q$라 하면
$P=\{1, 2, 3, 6\}$, $Q=\{2, 3, 5, 7\}$
명제 $p\to q$가 거짓임을 보이는 원소는 $P$에는 속하고 $Q$에는 속하지 않아야 하므로
$P\cap Q^C$의 원소이다. 따라서
$P\cap Q^C=P-Q=\{1, 6\}$
이므로 반례는 1, 6이다.

정답 1, 6

## [줄기 2-3]

풀이 주어진 조건을 만족하는 집합 $P$, $Q$, $R$을 벤다이어그램으로 나타내면 오른쪽 그림과 같다.

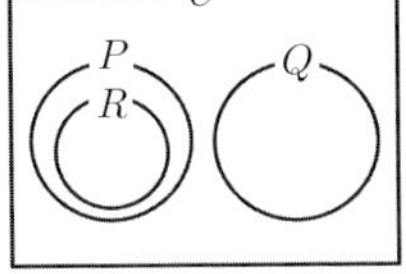


① $P\not\subset Q$ ② $P\not\subset R$ ③ $Q\not\subset P$
④ $Q\not\subset R$ ⑤ $R\subset P$ ⑥ $R\not\subset Q$
따라서 명제 $r\to p$가 참이다.

정답 ⑤

## [줄기 2-4]

풀이 명제 $\sim p\to q$가 참이므로 $P^C\subset Q$
이것을 벤다이어그램으로 나타내면 우측 그림과 같다.

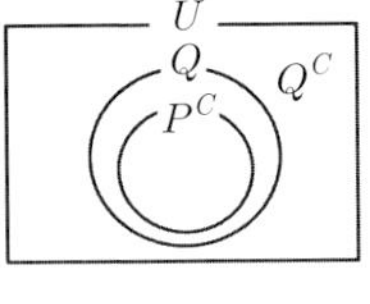


따라서
② $P^C\cup Q=Q$ ⑤ $Q\not\subset P$

정답 ①, ③, ④, ⑥

## [줄기 2-5]

풀이 1) 두 조건 $p$, $q$의 진리집합을 각각 $P$, $Q$라 하면
$P=\{x\,|\,a<x\le3\}$, $Q=\{x\,|\,x\ge-2\}$

1st *고정된 것을 먼저 수직선 위에 그려야 하므로
$p: x\le3$, $q: x\ge-2$를 그린다.

2nd 명제 $p\to q$가 참이 되게 $P\subset Q$인 나머지 그림을 그린다.

3rd 그림을 보면서 움직이는 $a$의 등호가 없는 범위를 먼저 구한다. $\therefore -2<a<3$
이때, $a$가 '$-2$ 초과인지 이상인지', '3 미만인지 이하인지'를 판별한다.
$a=-2$일 때 성립, $a=3$일 때 불성립
$\therefore -2\le a<3$

2) 두 조건 $p$, $q$의 진리집합을 각각 $P$, $Q$라 하면
$P=\{x\,|\,a<x<3\}$, $Q=\{x\,|\,x>-2\}$

1st *고정된 것을 먼저 수직선 위에 그려야 하므로
$p: x<3$, $q: x>-2$를 그린다.

**2nd** 명제 $p \to q$ 가 참이 되게 $P \subset Q$인 나머지 그림을 그린다.

**3rd** 그림을 보면서 움직이는 $a$의 등호가 없는 범위를 먼저 구한다. $\therefore -2<a<3$
이때, $a$가 '$-2$ 초과인지 이상인지', '3 미만인지 이하인지'를 판별한다.
$a=-2$일 때 성립, $a=3$일 때 불성립
$\therefore -2 \le a < 3$

**정답** 1) $-2 \le a < 3$ 2) $-2 \le a < 3$

## [줄기 2-6]

**풀이** 두 조건 $p$, $q$의 진리집합을 각각 $P$, $Q$라 하면
$P=\{x \mid a+1 \le x < 4\}$,
$Q=\{x \mid -1 < x < -2a+3\}$

**1st***고정된 것을 먼저 그려야 하므로
$p: x<4$, $q: -1<x$를 그린다.

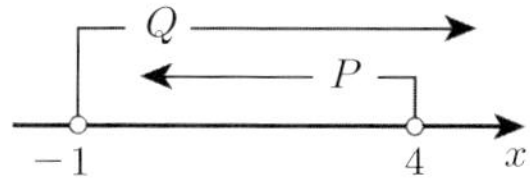


**2nd** 명제 $p \to q$가 참이 되게 $P \subset Q$인 나머지 그림을 그린다.

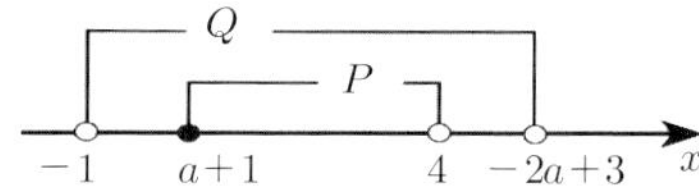


**3rd** i) $\begin{cases} -1<a+1<4 \\ a+1=-1,\ 4 \Rightarrow \text{불성립} \end{cases}$
$\therefore -1<a+1<4$
$\therefore -2<a<3 \cdots ㉠$

ii) $\begin{cases} -2a+3>4 \\ -2a+3=4 \Rightarrow \text{성립} \end{cases}$
$\therefore -2a+3 \ge 4 \quad \therefore a \le -\frac{1}{2} \cdots ㉡$

따라서 ㉠, ㉡을 연립하면 $-2<a \le -\frac{1}{2}$

**정답** $-2<a \le -\frac{1}{2}$

## [줄기 2-7]

**풀이** $p: x<4$ 또는 $x \ge a+1$이므로
$\sim p: x \ge 4$ 그리고 $x<a+1$
두 조건 $p$, $q$의 진리집합을 각각 $P$, $Q$라 하면
$P^C=\{x \mid 4 \le x < a+14\}$,
$Q=\{x \mid -2a+3<x<10\}$
명제 $\sim p \to q$가 참이 되려면 $P^C \subset Q$이다.

**1st***고정된 것을 먼저 그려야 하므로
$\sim p: x \ge 4$, $q: x<10$을 그린다.

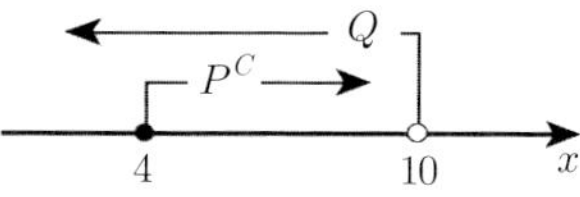


**2nd** 명제 $\sim p \to q$가 참이 되게 $P^C \subset Q$인 나머지 그림을 그린다.

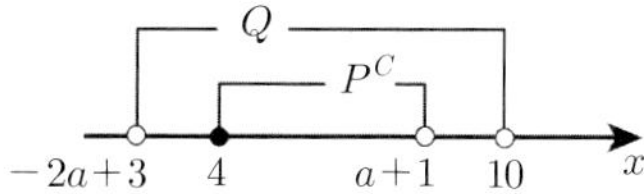


**3rd** i) $\begin{cases} 4<a+1<10 \\ a+1=4 \Rightarrow \text{불성립} \\ a+1=10 \Rightarrow \text{성립} \end{cases}$
$\therefore 4<a+1 \le 10$
$\therefore 3<a \le 9 \cdots ㉠$

ii) $\begin{cases} -2a+3<4 \\ -2a+3=4 \Rightarrow \text{불성립} \end{cases}$
$\therefore -2a+3<4 \quad \therefore a>-\frac{1}{2} \cdots ㉡$

따라서 ㉠, ㉡을 연립하면 $3<a \le 9$

**정답** $3<a \le 9$

## [줄기 3-1]

**풀이** 주어진 명제가 참이므로 그 대우
'$x-1=0$이면 $x^2+ax-6=0$이다.'도 참이다.
따라서 $x=1$을 $x^2+ax-6=0$에 대입하면
$1+a-6=0 \quad \therefore a=5$

**정답** 5

## [줄기 3-2]

**풀이** 주어진 명제가 참이므로 그 대우
'$x \le k$이고 $y \le -1$이면 $x+y \le 5$이다.'
도 참이다.
$x \le k$, $y \le -1$에서 $x+y \le k-1$이므로
$k-1 \le 5$ $\quad \therefore k \le 6$
따라서 $k$의 최댓값은 6이다.

**정답** 6

## [줄기 3-3]

**핵심** 명제는 그 역과 참, 거짓이 항상 일치하는 것은 아니다. 하지만 그 대우와는 참, 거짓이 항상 일치한다.

**풀이** [명제] $xy=0 \rightarrow x=0$ 또는 $y=0$ $\quad \therefore$ 참
[역] $x=0$ 또는 $y=0 \rightarrow xy=0$ $\quad \therefore$ 참
[대우] $\sim(x=0$ 또는 $y=0) \rightarrow \sim(xy=0)$
$\therefore x \ne 0,\ y \ne 0 \rightarrow xy \ne 0$ $\quad \therefore$ 참

**정답** 명제 : (참)
역 : $x=0$ 또는 $y=0$이면 $xy=0$이다.(참)
대우 : $x \ne 0$ 그리고 $y \ne 0$이면 $xy \ne 0$이다.(참)

## [줄기 3-4]

**핵심** 교집합(그리고)이 합집합(또는)보다 참, 거짓을 판별하기가 더 쉽다.

**풀이** 1) [명제] $x>0,\ y>0 \rightarrow x+y>0$ (참)
[대우] $\sim(x+y>0) \rightarrow \sim(x>0,\ y>0)$
$\therefore x+y \le 0 \rightarrow x \le 0$ 또는 $y \le 0$
참, 거짓의 판별은 교집합(그리고)이 쉬우므로 명제에서 판별한다.
따라서 명제가 참이므로 대우도 참이다.

2) [명제] $xy<1 \rightarrow x<1$ 또는 $y<1$
[대우] $\sim(x<1$ 또는 $y<1) \rightarrow \sim(xy<1)$
$\therefore x \ge 1,\ y \ge 1 \rightarrow xy \ge 1$ (참)
참, 거짓의 판별은 교집합(그리고)이 쉬우므로 대우에서 판별한다.
따라서 대우가 참이므로 명제도 참이다.

**정답** 1) $x+y \le 0$이면 $x \le 0$ 또는 $y \le 0$이다. (참)
2) $x \ge 1$ 그리고 $y \ge 1$이면 $xy \ge 1$이다. (참)

## [줄기 3-5]

**핵심** 명제 $p \rightarrow q$가 참이면 $p \Rightarrow q$로 나타낸다.

**풀이** ① 두 명제에 공통으로 $q$가 있으므로 $q$를 매개로 삼단논법을 만들어 본다.
$\sim r \Rightarrow \sim q$이므로 그 대우는 $q \Rightarrow r$이다.
따라서 $p \Rightarrow q$, $q \Rightarrow r$이므로 $p \Rightarrow r$
그런데 $p \rightarrow r$이 참이라고 해서 이 명제의 두 조건을 모두 부정한 $\sim p \rightarrow \sim r$은 대우가 아니므로 반드시 참인 것은 아니다.

② 두 명제에 공통으로 $r$이 있으므로 $r$을 매개로 삼단논법을 만들어 본다.
⇨ 삼단논법을 만들 수 없다. ㅠㅠ
$p \rightarrow r$, $q \rightarrow r$이 참이면 $p \rightarrow q$도 참이다.
[반례] 오른쪽 그림



**팁** 반례가 1개만 있어도 그 명제는 거짓이다.

**정답** 없음

## [줄기 3-6]

**핵심** 1) $p \Rightarrow q$이면 $\sim q \Rightarrow \sim p$ ($\because$ 대우)
2) $q \Rightarrow r$이면 $\sim r \Rightarrow \sim q$ ($\because$ 대우)
3) $p \Rightarrow q$, $q \Rightarrow r$이면 $p \Rightarrow r$ ($\because$ 삼단논법)
4) $p \Rightarrow r$이면 $\sim r \Rightarrow \sim p$ ($\because$ 3)번의 대우)

**풀이** $\sim p \Rightarrow q$, $r \Rightarrow \sim q$ 이므로
① $\sim p \Rightarrow q$이므로 그 대우는 $\sim q \Rightarrow p$
② $r \Rightarrow \sim q$이므로 그 대우는 $q \Rightarrow \sim r$
③ $\sim p \Rightarrow q$, $q \Rightarrow \sim r$이므로 $\sim p \Rightarrow \sim r$
④ $\sim p \Rightarrow \sim r$이므로 그 대우는 $r \Rightarrow p$
⑤ 명제 $r \rightarrow p$가 참이라고 해서 이 명제의 역 $p \rightarrow r$이 반드시 참인 것은 아니다.
($\because$ 역은 대우가 아니므로)
⑥ 명제 $r \rightarrow \sim q$가 참이라고 해서 이 명제의 두 조건을 모두 부정한 명제 $\sim r \rightarrow q$는 대우가 아니므로 반드시 참인 것은 아니다.

**정답** ⑤, ⑥

## [줄기 4-1]

**풀이** i) $p$는 $q$이기 위한 충분조건 : $p \Rightarrow q$

ii) $r$은 $q$이기 위한 필요조건 : $r \Leftarrow q$

$\therefore q \Rightarrow r$

iii) $s$는 $r$이기 위한 필요조건 : $s \Leftarrow r$

$\therefore r \Rightarrow s$

iv) $t$은 $s$이기 위한 필요조건 : $t \Leftarrow s$

$\therefore s \Rightarrow t$

v) $r$은 $t$이기 위한 필요조건 : $r \Leftarrow t$

$\therefore t \Rightarrow r$

$p \Rightarrow q$, $q \Rightarrow r$, $r \Rightarrow s$, $s \Rightarrow t$, $t \Rightarrow r$을 벤다이어그램으로 나타내면 오른쪽 그림과 같다.

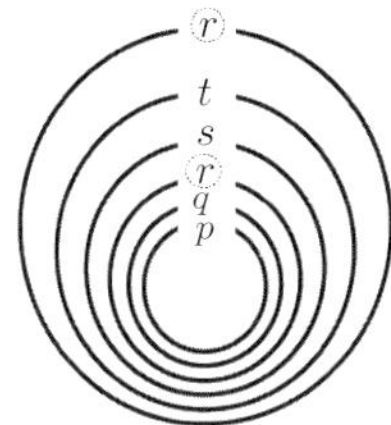


$p \subset q \subset ⓡ \subset s \subset t \subset ⓡ$
이므로 참고 본문 p.116
$p \subset q \subset ⓡ = s = t = ⓡ$

① $p \Rightarrow s$ : $p$는 충분조건
② $s \Leftarrow q$ : $s$는 필요조건
③ $r \Leftrightarrow t$ : $r$은 필요충분조건
④ $r \Leftrightarrow s$ : $r$은 필요충분조건
⑤ $t \Leftrightarrow r$ : $t$는 필요충분조건
⑥ $t \Leftarrow p$ : $t$는 필요조건

**정답** ①, ②, ④, ⑥

## [줄기 4-2]

**풀이** i) $r$은 $s$이기 위한 필요조건이므로

$r \Leftarrow s \quad \therefore s \Rightarrow r$

ii) $q$는 $\sim p$이기 위한 충분조건이므로

$q \Rightarrow \sim p \quad \therefore p \Rightarrow \sim q$ ($\because$ 대우)

iii) $q$는 $\sim s$이기 위한 필요조건이므로

$q \Leftarrow \sim s \quad \therefore \sim s \Rightarrow q \quad \therefore \sim q \Rightarrow s$ ($\because$ 대우)

$p \Rightarrow \sim q$, $\sim q \Rightarrow s$, $s \Rightarrow r$을 벤다이어그램으로 나타내면 오른쪽 그림과 같다.

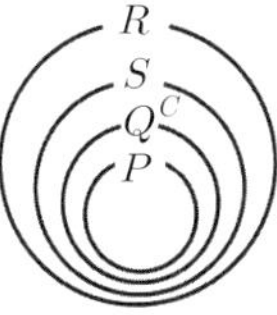


① $r \Leftarrow p$ ② $s \Leftarrow p$
③ $p \Rightarrow s$ ④ $p \Rightarrow r$

**정답** ①, ②, ④

## [줄기 4-3]

**핵심** '쉼표(,)'는 '그리고'의 의미이다. [p.151]

**풀이** ① $p : x=0,\ y=0,\ z=0$
$q : x=0$ 또는 $y=0$ 또는 $z=0$
$p \Rightarrow q$이므로 $p$는 충분조건

② $p : x=0$ 또는 $y=0$
$q : x=0$ 또는 $y=0$ 또는 $z=0$
$p \Rightarrow q$이므로 $p$는 충분조건

③ $p : x=-1$ 또는 $x=1$
$q : x=1$
$p \Leftarrow q$이므로 $p$는 필요조건

④ $p : x>0,\ y>0$
$q : (x>0,\ y>0)$ 또는 $(x<0,\ y<0)$
$p \Rightarrow q$이므로 $p$는 충분조건

⑤ $p : x=0,\ y=0$
$q : x=0,\ y=0$
$p \Leftrightarrow q$이므로 $p$는 필요충분조건

⑥ $p : x \neq 0,\ y \neq 0$
$q : x \neq 0,\ y \neq 0$
$p \Leftrightarrow q$이므로 $p$는 필요충분조건

⑦ $p : x^2+y^2<2$
$q : -1<x<1,$
$-1<y<1$
$p \Leftarrow q$이므로
$p$는 필요조건

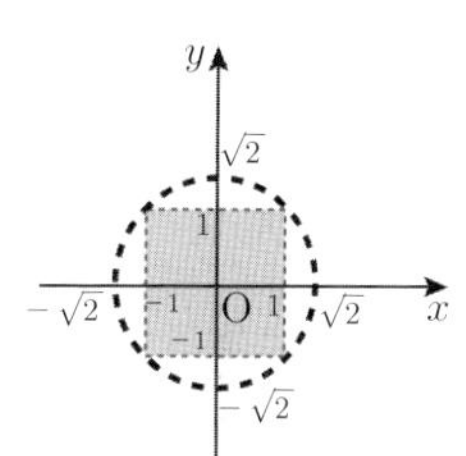


**정답** ⑤, ⑥

## 풀이 잎 문제

### 잎 7-1

**핵심** 명제는 참, 거짓을 판별할 수 있다.

**풀이** ①, ②, ③은 참, 거짓을 판별할 수 없으므로 명제가 아니다.

④ '어떤'이 있으면 명제를 만족하는 예가 하나만 있어도 참이다.
[예] 올해 대학생이 된 건우 ∴ 참인 명제

⑤ 실수 중에서 제곱해서 음수가 되는 수는 하나도 없으므로 거짓인 명제이다.

⑥ 소수 (자연수 중 약수의 개수가 2개인 수)
[반례] 2 ∴ 거짓인 명제

※ 반례가 1개만 있어도 그 명제는 거짓이다.

⑦ [반례] $2^2$ ∴ 거짓인 명제

⑧ (정삼각형)⊂(이등변삼각형) ∴ 참인 명제

⑨ 집합 $A$와 $B$가 서로소이면 오른쪽 그림과 같으므로
$A\cap B=\varnothing$ ∴ 참인 명제

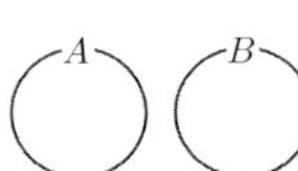


**정답** ④, ⑤, ⑥, ⑦, ⑧, ⑨

### 잎 7-2

**핵심** '쉼표 (,)'는 '그리고'의 의미이다. [p.151]

**풀이** 1) $x=-1$ 또는 $x=1 \xrightarrow{\text{부정}} x\neq-1,\ x\neq1$

2) $x=0$ 또는 $y=0 \xrightarrow{\text{부정}} x\neq0,\ y\neq0$

3) $x\neq0,\ y\neq0,\ z\neq0$
$\xrightarrow{\text{부정}} x=0$ 또는 $y=0$ 또는 $z=0$

4) $x=2,\ y=2,\ z=2$
$\xrightarrow{\text{부정}} x\neq2$ 또는 $y\neq2$ 또는 $z\neq2$

5) $x\le-1$ 또는 $3<x,\ x\le4$
$\xrightarrow{\text{부정}} x>-1,\ 3\ge x$ 또는 $x>4$
∴ $-1<x\le3$ 또는 $x>4$

**정답** 1) $x\neq-1$ 그리고 $x\neq1$
2) $x\neq0$ 그리고 $y\neq0$
3) $x=0$ 또는 $y=0$ 또는 $z=0$
4) $x\neq2$ 또는 $y\neq2$ 또는 $z\neq2$
5) $-1<x\le3$ 또는 $x>4$

### 잎 7-3

**핵심** 명제 $p$가 참이면 $\sim p$는 거짓이고, 명제 $p$가 거짓이면 $\sim p$는 참이다.

**풀이** 명제 '모든 남자는 군대에 간다.'가 거짓이므로 이것을 부정한 '어떤 남자는 군대에 가지 않는다.'는 참이다.
이 말에는 군대에 가는 남자가 있는지 없는지 알 수 없으며 단지 군대에 가지 않는 남자가 있다는 뜻으로 ③번만 참이다. (주의 ④)

**정답** ③

### 잎 7-4

**풀이** 1) 명제 : $x+y>2 \rightarrow x>1,\ y>1$ (거짓)
[반례] $x=0,\ y=3$
대우 : $\sim(x>1,\ y>1) \rightarrow \sim(x+y>2)$
∴ $x\le1$ 또는 $y\le1 \rightarrow x+y\le2$
참, 거짓의 판별은 교집합이 합집합보다 쉬우므로 명제에서 판단한다.
따라서 명제가 거짓이므로 대우도 거짓이다.
역 : $x>1,\ y>1 \rightarrow x+y>2$ (참)

2) 명제 : $x+y>2 \rightarrow x>1$ 또는 $y>1$
대우 : $\sim(x>1 \text{ or } y>1) \rightarrow \sim(x+y>2)$
∴ $x\le1,\ y\le1 \rightarrow x+y\le2$ (참)
참, 거짓의 판별은 교집합이 합집합보다 쉬우므로 대우에서 판별한다.
따라서 대우가 참이므로 명제도 참이다.
역 : $x>1$ 또는 $y>1 \rightarrow x+y>2$
대우 : $x+y\le2 \rightarrow x\le1,\ y\le1$ (거짓)
[반례] $x=-1,\ y=3$
참, 거짓의 판별은 교집합이 합집합보다 쉬우므로 역의 대우에서 판별한다.
따라서 역의 대우가 거짓이므로 역도 거짓이다.

**정답** 1) 명제 : 거짓, 대우 : 거짓, 역 : 참
2) 명제 : 참, 대우 : 참, 역 : 거짓

**잎 7-5**

**풀이** ① $P \not\subset Q$ $\quad\therefore$ 거짓

② $R \not\subset P^C$ $\quad\therefore$ 거짓

③ $P \not\subset Q^C$ $\quad\therefore$ 거짓

④ $R \subset (P \cup Q)$ $\quad\therefore$ 참

⑤ $(P \cap R) \not\subset Q$ $\quad\therefore$ 거짓

**정답** ④

**잎 7-6**

**풀이** $(P \cup Q) \cap R = \varnothing$을 벤다이어그램으로 나타내면 오른쪽 그림과 같다.

① $P \not\subset Q$ $\therefore$ 거짓

② $Q \not\subset R$ $\therefore$ 거짓

③ $P \subset R^C$ $\therefore$ 참

④ $R^C \not\subset P$ $\therefore$ 거짓

⑤ $R^C \not\subset Q$ $\therefore$ 거짓

⑥ $R \subset Q^C$ $\therefore$ 참

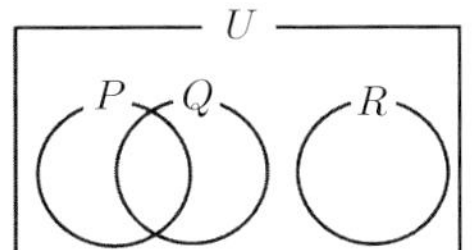


**정답** ③, ⑥

**잎 7-7**

**핵심** 명제 $p \to q$가 참이면 $p \Rightarrow q$로 나타낸다.

**풀이** (가) (웃는 사람) ⇒ (여유로운 사람)

(나) (배려하는 사람) ⇒ (웃는 사람)

① (가)의 대우

(여유롭지 않은 사람) ⇒ (안 웃는 사람)

② (나)의 대우

(안 웃는 사람) ⇒ (배려하지 않는 사람)

③ (가), (나)의 삼단논법

(배려하는 사람) ⇒ (웃는 사람)

(웃는 사람) ⇒ (여유로운 사람)

∴ (배려하는 사람) ⇒ (여유로운 사람)

④ (가), (나)의 삼단논법의 대우

(여유롭지 않은 사람) ⇒ (배려하지 않는 사람)

⑤ (가)의 역: (여유로운 사람) → (웃는 사람)

※ 명제 $p \to q$가 참이라고 해서 이 명제의 역 $q \to p$가 반드시 참인 것은 아니다. ($\because$ 역은 대우가 아니다.)

**정답** ⑤

**잎 7-8**

**풀이** 명제 $p \to q$와 $\sim p \to \sim r$이 모두 참일 때,

**방법 I** i) $p \Rightarrow q$

ii) $\sim p \Rightarrow \sim r$ $\quad \therefore r \Rightarrow p$ ($\because$ 대우)

$p$를 매개로 삼단논법을 만들어 본다.

$r \Rightarrow p$, $p \Rightarrow q$이므로 $r \Rightarrow q$

따라서 $r \Rightarrow q$의 대우는 $\sim q \Rightarrow \sim r$

**방법 II** i) $p \Rightarrow q$ $\quad \therefore \sim q \Rightarrow \sim p$ ($\because$ 대우)

ii) $\sim p \Rightarrow \sim r$

$\sim p$를 매개로 삼단논법을 만들어 본다.

$\sim q \Rightarrow \sim p$, $\sim p \Rightarrow \sim r$이므로 $\sim q \Rightarrow \sim r$

**정답** ③

**잎 7-9**

**풀이** ① $p: x^2=0$에서 $x=0$

$q: |x|=0$에서 $x=0$

$x=0 \underset{\bigcirc}{\overset{\bigcirc}{\rightleftarrows}} x=0$

$\therefore p$는 $q$이기 위한 필요충분조건이다.

② $p: x^2=1$에서 $x=\pm 1$

$q: (x-1)^2=0$에서 $x=1$

$x=\pm 1 \underset{\bigcirc}{\overset{\times}{\rightleftarrows}} x=1$

$\therefore p$는 $q$이기 위한 필요조건이지만 충분조건이 아니다.

③ $x>0,\ y<0 \underset{\times}{\overset{\bigcirc}{\rightleftarrows}} xy<0$

[← 의 반례] $x=-1,\ y=3$

$\therefore p$는 $q$이기 위한 충분조건이지만 필요조건이 아니다.

④ $x<0,\ y>0 \underset{\times}{\overset{\bigcirc}{\rightleftarrows}} x^2+y^2>0$

[← 의 반례] $x=2,\ y=-1$

$\therefore p$는 $q$이기 위한 충분조건이지만 필요조건이 아니다.

⑤ $p: x^2-y^2=0$에서 $(x-y)(x+y)=0$

$\therefore x=\pm y$

$q: x=y$

$x=y$ 또는 $x=-y \underset{\bigcirc}{\overset{\times}{\rightleftarrows}} x=y$

$\therefore p$는 $q$이기 위한 필요조건이지만 충분조건이 아니다.

⑥ $|x|>y \underset{\bigcirc}{\overset{\times}{\rightleftarrows}} y<0$

[→의 반례] $x=3,\ y=1$

$\therefore p$는 $q$이기 위한 필요조건이지만 충분조건이 아니다.

⑦ $p: |x|+|y|>|x+y|$의 양변을 제곱하면

$x^2+2|xy|+y^2>x^2+2xy+y^2$

$(\because |a|^2=(a)^2=a^2,\ |a||b|=|ab|)$

$\therefore |xy|>xy$

$q: xy<0$

$|xy|>xy \underset{\bigcirc}{\overset{\bigcirc}{\rightleftarrows}} xy<0$

$\therefore p$는 $q$이기 위한 필요충분조건이다.

⑧ $x^2>y^2 \underset{\bigcirc}{\overset{\times}{\rightleftarrows}} x>y>0$

[→의 반례] $x=-3,\ y=1$

$\therefore p$는 $q$이기 위한 필요조건이지만 충분조건이 아니다.

⑨ $\dfrac{1}{x}<\dfrac{1}{y} \underset{\times}{\overset{\times}{\rightleftarrows}} x>y$ (단, $xy\neq 0$)

[→의 반례] $x=-1,\ y=1$

[←의 반례] $x=1,\ y=-1$

$\therefore$ 아무 조건도 아니다.

⑩ $x=y=z=0 \underset{\times}{\overset{\bigcirc}{\rightleftarrows}} x=0$ 또는 $y=0$ 또는 $z=0$

$\therefore p$는 $q$이기 위한 충분조건이지만 필요조건이 아니다.

정답 ③, ④, ⑩

**잎 7-10**

풀이 $(A\cap B^C)\cup(A^C\cap B)=B-A$이 성립할 때, 먼저 좌변을 정리하면

$(A\cap B^C)\cup(B\cap A^C)=(A-B)\cup(B-A)$

$\therefore$ 좌변은 '대칭차집합' 즉, '순수한 집합'이다.

$\therefore$ (순수한 집합)$=B-A$

즉, $A$와 $B$의 순수한 영역이 $B$에서 $A$를 빼는 것이므로 $A$가 $B$ 안에 있는 경우이다.

$\therefore A\subset B$

참고

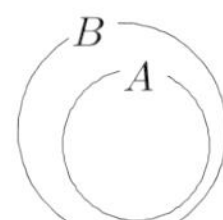


일 때, 대칭차집합은

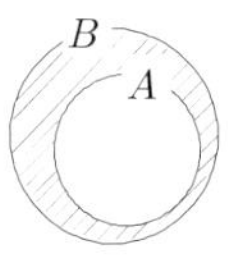


즉, $B-A$

※ p.145 줄기 4-5)와 같은 문제이다.

정답 ②

**잎 7-11**

풀이 1) $x-1\neq 0 \Leftarrow x^2+ax-6\neq 0$이므로

$x^2+ax-6\neq 0 \Rightarrow x-1\neq 0\ \cdots$ ㉠

$\therefore x-1=0 \Rightarrow x^2+ax-6=0$

($\because$ ㉠의 대우)

따라서 $x=1$을 $x^2+ax-6=0$에 대입하면

$1+a-6=0 \quad \therefore a=5$

2) $p$는 $q$이기 위한 충분조건이므로

$x=2 \Rightarrow x^2-(a+3)x+a=0$

$x=2$를 $x^2-(a+3)x+a=0$에 대입하면

$4-2a-6+a=0 \quad \therefore a=-2$

이때 $x=2$는 $3x^2+bx-c=0$이기 위한 필요충분조건이므로

이차방정식 $3x^2+bx-2c=0$의 해는 2뿐이어야 한다.

따라서 중근 $x=2$를 갖고 $x^2$의 계수가 3인 이차방정식은 $3(x-2)^2=0$이므로

$3x^2+bx-2c=3(x-2)^2$,

$3x^2+bx-2c=3x^2-12x+12$

$\therefore b=-12,\ c=-6$

3) $x>k$ 또는 $y>-1 \Leftarrow x+y>5$이므로

$x+y>5 \Rightarrow x>k$ 또는 $y>-1\ \cdots$ ㉠

$\therefore x\leq k$이고 $y\leq -1 \Rightarrow x+y\leq 5$

($\because$ ㉠의 대우)

따라서

$x\leq k,\ y\leq -1$에서 $x+y\leq k-1$이므로

$k-1\leq 5 \quad \therefore k\leq 6$

따라서 $k$의 최댓값은 6이다.

정답 1) 5 2) $a=-2,\ b=-12,\ c=-6$ 3) 6

## 잎 7-12

**풀이** i) $x>a$는 $-1<x<3$이기 위한 필요조건이므로

$x>a \Leftarrow -1<x<3$

$\{x \mid -1<x<3\} \subset \{x \mid x>a\}$

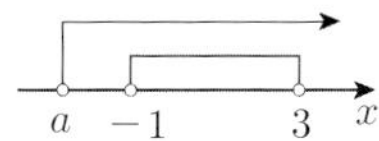


$a<-1$
$a=-1$ ⇨ 성립

따라서 $a \le -1$

ii) $5<x\le 8$은 $b-1\le x<2b$이기 위한 충분조건이므로

$5<x\le 8 \Rightarrow b-1\le x<2b$

$\{x \mid 5<x\le 8\} \subset \{x \mid b-1\le x<2b\}$

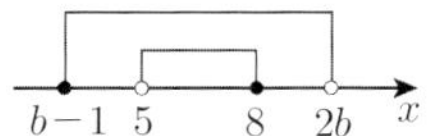


$b-1<5$이고 $2b>8$
$b-1=5$ ⇨ 성립, $2b=8$ ⇨ 불성립

따라서 $b-1\le 5$, $2b>8$

$\therefore b\le 6,\ b>4 \qquad \therefore 4<b\le 6$

**정답** $a\le -1$, $4<b\le 6$

## 잎 7-13

**핵심** i) $q$이기 위한 필요조건이 $p$이다.
$\Leftrightarrow$ $p$는 $q$이기 위한 필요조건이다.

ii) $q$이기 위한 충분조건이 $p$이다.
$\Leftrightarrow$ $p$는 $q$이기 위한 충분조건이다.

**풀이** i) $x>a$는 $-3<x\le -1$ 또는 $x>5$이기 위한 필요조건이므로

$x>a \Leftarrow -3<x\le -1$ 또는 $x>5$

$\{x \mid -3<x\le -1$ 또는 $x>5\} \subset \{x \mid x>a\}$

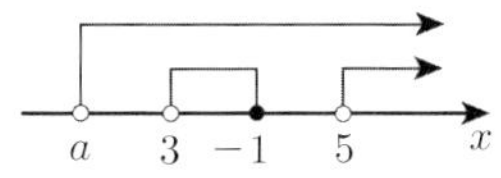


$a<-3$
$a=-3$ ⇨ 성립

따라서 $a\le -3$

ii) $x\ge b$는 $-3<x\le -1$ 또는 $x>5$이기 위한 충분조건이므로

$x\ge b \Rightarrow -3<x\le -1$ 또는 $x>5$

$\{x \mid x\ge b\} \subset \{x \mid t-3<x\le -1$ 또는 $x>5\}$

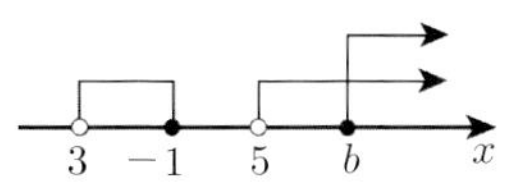


$b>5$
$b=5$ ⇨ 불성립

따라서 $b>5$

**정답** $a\le -3$, $b>5$

## 잎 7-14

**풀이** 명제 $p\rightarrow \sim q$가 참이므로 진리집합은 $P\subset Q^C$이다. 이것을 벤다이어그램으로 나타내면 오른쪽 그림과 같으므로

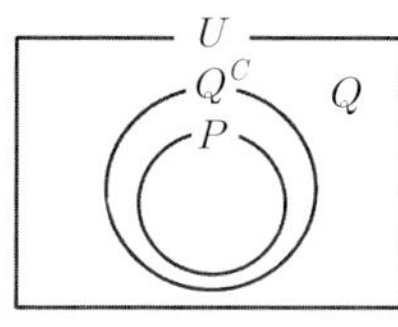


① $P\subset Q^C$ ② $P\cup Q\ne U$, $Q^C\cup Q=U$

**정답** ③, ④, ⑤

## 잎 7-15

**방법 I** 두 조건 $p$, $q$의 진리집합을 각각 $P$, $Q$라 하면 $\sim p\Rightarrow q$, 즉 $P^C\subset Q$ 오른쪽 그림의 구역을 숫자 위에 점을 찍어 나타내면

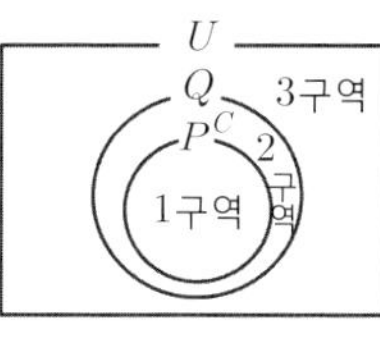


① $P=\{\dot{2},\dot{3}\}$, $Q^C=\{\dot{3}\}$
$P\cup Q^C=\{\dot{2},\dot{3}\} \qquad \therefore P\cup Q^C=P$

② $P^C=\{\dot{1}\}$, $Q=\{\dot{1},\dot{2}\}$
$P^C\cap Q=\{\dot{1}\} \qquad \therefore P^C\cap Q=P^C$

③ $P=\{\dot{2},\dot{3}\}$, $Q=\{\dot{1},\dot{2}\}$
$P\cup Q=\{\dot{1},\dot{2},\dot{3}\} \qquad \therefore P\cup Q=U$

④ $P=\{\dot{2},\dot{3}\}$, $Q^C=\{\dot{3}\}$
$\therefore Q^C\subset P$

⑤ $P^C=\{\dot{1}\}$, $Q^C=\{\dot{3}\}$
$P-Q=\{\dot{3}\}$, $Q-P=\{\dot{1}\}$
$\therefore P^C\cup Q^C=(Q-P)\cup(P-Q)$

방법Ⅱ 「강추」 i) $P \cup Q \neq U$일 때, $P^C \not\subset Q$

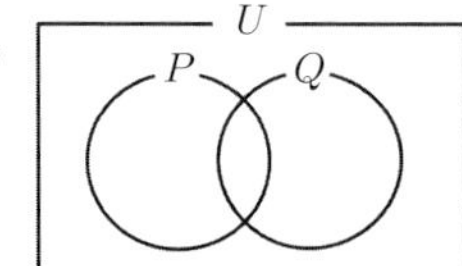


ii) *$\underline{P \cup Q = U}$일 때, $P^C \subset Q$

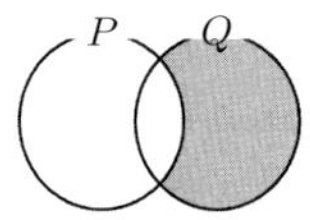


*$\underline{P \cup Q = U}$일 때, $Q^C \subset P$

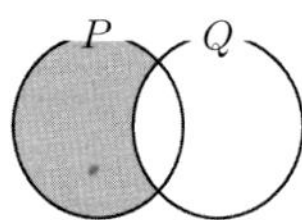


(익히는 방법)

*두 집합에서 한 집합의 여집합이 다른 집합에 포함되면 두 집합의 합집합은 전체집합이다.

$\sim p \Rightarrow q$, 즉 $P^C \subset Q$이면 $P \cup Q = U$이다. 따라서 $P \cup Q = U$일 때의 벤다이어그램을 그려서 생각하면 ①, ③, ⑤의 답을 쉽게 찾을 수 있다.

**팁** ⑤번에서 $P \cup Q = U$일 때의 벤다이어그램을 그려서 생각하면 $P^C = Q - P$, $Q^C = P - Q$임을 쉽게 알 수 있다.

**정답** ①, ③, ⑤

CHAPTER **7** 명제 (2)

본문 p.169

## 풀이 줄기 문제

### [줄기 5-1]

**핵심** 교집합 (그리고)이 합집합 (또는)보다 참, 거짓을 판별하기가 더 쉽다.

**증명** [명제] $x+y \geq 2 \rightarrow x \geq 1$ 또는 $y \geq 1$

[대우] $\sim(x \geq 1 \text{ or } y \geq 1) \rightarrow \sim(x+y \geq 2)$

$\therefore x<1$ 그리고 $y<1 \rightarrow x+y<2$

따라서 주어진 명제의 대우

'$x<1$ 그리고 $y<1$이면 $x+y<2$이다.'

가 참임을 보이면 된다.

$x<1$에서 $x-1<0$, $y<1$에서 $y-1<0$이므로

$(x-1)+(y-1)<0$, $\quad x+y-2<0$

$\therefore x+y<2$

따라서 주어진 명제의 대우가 참이므로 주어진 명제도 참이다.

### [줄기 5-2]

**증명** $3-\sqrt{2}$가 무리수가 아니라고 가정하면, 즉 $3-\sqrt{2}$를 유리수라고 가정하면

$3-\sqrt{2}$와 3은 모두 유리수이므로

$3-(3-\sqrt{2}) = \sqrt{2}$에서 $\sqrt{2}$도 유리수이다.

($\because$ 유리수끼리의 차는 항상 유리수이다.)

이것은 $\sqrt{2}$가 무리수라는 사실에 모순 (오류)이므로 $3-\sqrt{2}$는 무리수이다.

### [줄기 5-3]

**증명** $n$이 2의 배수가 아니라고 가정하면

$n=2k-1$ ($k$는 자연수) $\cdots$ ㉠

로 놓을 수 있다. 이때, ㉠의 양변을 제곱하면

$n^2=(2k-1)^2=4k^2-4k+1$

$=2(2k^2-2k)+1$

이므로 $n^2$은 2의 배수가 아니다.

이것은 $n^2$은 2의 배수라는 가정에 모순(오류)이므로 $n$은 2의 배수이다.
따라서 자연수 $n$에 대하여 $n^2$이 2의 배수이면 $n$은 2의 배수이다.

참고 뿌리 5-1)과 같은 문제이다. [p.171]

## [줄기 7-1]

핵심 두 수 또는 두 식 $A, B$의 대소 비교
⇨ $A-B$ 또는 $A^2-B^2$ (단, $A, B>0$)
또는 $\frac{A}{B}$ (단, $A, B>0$)를 이용한다.

참고 1위 : $A-B$, 2위 : $A^2-B^2$ (단, $A, B>0$), 3위 : $\frac{A}{B}$ (단, $A, B>0$) 순으로 이용된다.

증명 1) $a^2+b^2+c^2-ab-bc-ca$

$=\frac{1}{2}(2a^2+2b^2+2c^2-2ab-2bc-2ca)$

$=\frac{1}{2}(\underline{a^2-2ab+b^2}+\underline{b^2-2bc+c^2}+\underline{c^2-2ca+a^2})$

$=\frac{1}{2}\{(a-b)^2+(b-c)^2+(c-a)^2\}$

$(a-b)^2\geq 0,\ (b-c)^2\geq 0,\ (c-a)^2\geq 0$

$\therefore a^2+b^2+c^2-ab-bc-ca\geq 0$

$\therefore a^2+b^2+c^2\geq ab+bc+ca$

(단, 등호는 $a=b,\ b=c,\ c=a$ 즉, $a=b=c$일 때 성립)

2) $a^3+b^3+c^3-3abc$

$=(a+b+c)(a^2+b^2+c^2-ab-bc-ca)$

$=(a+b+c)\cdot\frac{1}{2}\{(a-b)^2+(b-c)^2+(c-a)^2\}$

$a, b, c>0$이므로 $a+b+c>0$이고
$(a-b)^2\geq 0,\ (b-c)^2\geq 0,\ (c-a)^2\geq 0$

$\therefore a^3+b^3+c^3-3abc\geq 0$

$\therefore a^3+b^3+c^3\geq 3abc$

(단, 등호는 $a=b,\ b=c,\ c=a$ 즉, $a=b=c$일 때 성립)

3) $a^2+b^2-(-ab)$

$=a^2+ab+b^2=\frac{1}{2}(2a^2+2ab+2b^2)$

$=\frac{1}{2}(\underline{a^2+2ab+b^2}+a^2+b^2)$

$=\frac{1}{2}\{(a+b)^2+a^2+b^2\}$

$(a+b)^2\geq 0,\ a^2\geq 0,\ b^2\geq 0$

$\therefore a^2+b^2-(-ab)\geq 0$

$\therefore a^2+b^2\geq -ab$

(단, 등호는 $a=-b,\ a=0,\ b=0$ 즉, $a=b=0$일 때 성립)

4) $a^2+b^2-ab$

$=a^2-ab+b^2=\frac{1}{2}(2a^2-2ab+2b^2)$

$=\frac{1}{2}(\underline{a^2-2ab+b^2}+a^2+b^2)$

$=\frac{1}{2}\{(a-b)^2+a^2+b^2\}$

$(a-b)^2\geq 0,\ a^2\geq 0,\ b^2\geq 0$

$\therefore a^2+b^2-ab\geq 0$

$\therefore a^2+b^2\geq ab$

(단, 등호는 $a=b,\ a=0,\ b=0$ 즉, $a=b=0$일 때 성립)

5) $(a^2+b^2+c^2)(x^2+y^2+z^2)-(ax+by+cz)^2$

$=(a^2x^2+a^2y^2+a^2z^2+b^2x^2+b^2y^2+b^2z^2+c^2x^2+c^2y^2+c^2z^2)-(a^2x^2+b^2y^2+c^2z^2+2abxy+2bcyz+2acxz)$

$=a^2y^2-2abxy+b^2x^2+b^2z^2-2bcyz+c^2y^2+a^2z^2-2acxz+c^2x^2$

$=(ay-bx)^2+(bz-cy)^2+(az-cx)^2$

$(ay-bx)^2\geq 0,\ (bz-cy)^2\geq 0,$
$(az-cx)^2\geq 0$

$\therefore (a^2+b^2+c^2)(x^2+y^2+z^2)-(ax+by+cz)^2\geq 0$

$\therefore (a^2+b^2+c^2)(x^2+y^2+z^2)\geq (ax+by+cz)^2$

(단, 등호는 $ay=bx,\ bz=cy,\ az=cx$ 즉, $\frac{x}{a}=\frac{y}{b}=\frac{z}{c}$일 때 성립)

**[줄기 7-2]**

**방법 I** $(a+b)\left(\frac{1}{a}+\frac{1}{b}\right)=1+\frac{a}{b}+\frac{b}{a}+1$

$$=\frac{a}{b}+\frac{b}{a}+2$$

$\frac{a}{b}>0,\ \frac{b}{a}>0\ (\because a>0,\ b>0)$이므로 산술평균과 기하평균의 관계에 의하여

$\frac{a}{b}+\frac{b}{a}+2\geq 2\sqrt{\frac{a}{b}\cdot\frac{b}{a}}+2=4$

(단, 등호는 $\frac{a}{b}=\frac{b}{a}$일 때 성립)

$a^2=b^2,\ a^2-b^2=0,\ (a-b)(a+b)=0$
$\therefore a=b\ (\because a, b>0)$

$\therefore \frac{a}{b}+\frac{b}{a}+2\geq 4$ (단, 등호는 $a=b$일 때 성립)

$\therefore (a+b)\left(\frac{1}{a}+\frac{1}{b}\right)\geq 4$

**방법 II** 「비추」 $a>0,\ b>0$이므로 산술평균과 기하평균의 관계에 의하여

$a+b\geq 2\sqrt{ab}$ …㉠

(단, 등호는 $a=b$일 때 성립)

$\frac{1}{a}>0,\ \frac{1}{b}>0\ (\because a>0,\ b>0)$이므로 산술평균과 기하평균의 관계에 의하여

$\frac{1}{a}+\frac{1}{b}\geq 2\sqrt{\frac{1}{ab}}$ …㉡

(단, 등호는 $\frac{1}{a}=\frac{1}{b}$, 즉 $a=b$일 때 성립)

㉠, ㉡을 변끼리 곱하면

$(a+b)\left(\frac{1}{a}+\frac{1}{b}\right)\geq 2\sqrt{ab}\cdot 2\sqrt{\frac{1}{ab}}=4$

(단, 등호는 $a=b$일 때 성립)

$\therefore (a+b)\left(\frac{1}{a}+\frac{1}{b}\right)\geq 4$

**주의** **방법 II 가 비추인 이유**
㉠, ㉡을 변끼리 곱할 때 등호가 성립할 조건이 다르면 오류가 생길 수 있다. ㅠㅠ
예) 뿌리 7-3), 줄기 7-3) [p.179]

**[줄기 7-3]**

**풀이** $(3a+2b)\left(\frac{3}{a}+\frac{2}{b}\right)=9+\frac{6a}{b}+\frac{6b}{a}+4$

$$=\frac{6a}{b}+\frac{6b}{a}+13$$

$\frac{6a}{b}>0,\ \frac{6b}{a}>0\ (\because a>0,\ b>0)$이므로 산술평균과 기하평균의 관계에 의하여

$\frac{6a}{b}+\frac{6b}{a}+13\geq 2\sqrt{\frac{6a}{b}\cdot\frac{6b}{a}}+13=25$

(단, 등호는 $\frac{6a}{b}=\frac{6b}{a}$일 때 성립)

$a^2=b^2,\ a^2-b^2=0,\ (a-b)(a+b)=0$
$\therefore a=b\ (\because a, b>0)$

$\therefore \frac{6a}{b}+\frac{6b}{a}+13\geq 25$

(단, 등호는 $a=b$일 때 성립)

$\therefore (3a+2b)\left(\frac{3}{a}+\frac{2}{b}\right)$의 최솟값은 25이다.

**주의** 다음과 같은 풀이는 오류이다

$3a+2b\geq 2\sqrt{6ab}$ …㉠

(단, 등호는 $3a=2b$일 때 성립)

$\frac{3}{a}+\frac{2}{b}\geq 2\sqrt{\frac{6}{ab}}$ …㉡

(단, 등호는 $\frac{3}{a}=\frac{2}{b}$일 때 성립)

㉠, ㉡을 변끼리 곱하면

$(3a+2b)\left(\frac{3}{a}+\frac{2}{b}\right)\geq 2\sqrt{6ab}\cdot 2\sqrt{\frac{6}{ab}}=24$

(단, 등호는 $3a=2b$, $\frac{3}{a}=\frac{2}{b}$일 때 성립)

$\therefore (3a+2b)\left(\frac{3}{a}+\frac{2}{b}\right)\geq 24$ ⇨ *오류

왜냐하면 ㉠에서 등호가 성립하는 경우는 $3a=2b$, 즉 $\frac{b}{a}=\frac{3}{2}$일 때이고 ㉡에서 등호가 성립하는 경우는 $\frac{3}{a}=\frac{2}{b}$, 즉 $\frac{b}{a}=\frac{2}{3}$일 때이므로 두 등식 $\frac{b}{a}=\frac{3}{2}$, $\frac{b}{a}=\frac{2}{3}$를 동시에 만족시키는 $a, b$는 존재하지 않는다.

$\therefore (3a+2b)\left(\frac{3}{a}+\frac{2}{b}\right)\geq 24$는 오류다.

정답 25

## [줄기 7-4]

풀이 ★곱으로 이루어진 식은 전개한 후 산술평균과 기하평균의 관계를 이용하는 게 원칙이지만 이 경우와 같이 주어진 식을 전개하기가 쉽지 않은 경우도 왕왕 있다.

$\frac{a}{b}>0$, $\frac{b}{c}>0$, $\frac{c}{a}>0$ ($\because a, b, c>0$)이므로

산술평균과 기하평균의 관계에 의하여

$\frac{a}{b}+\frac{b}{c}\geq 2\sqrt{\frac{a}{b}\cdot\frac{b}{c}}=2\sqrt{\frac{a}{c}}$ …㉠

(단, 등호는 $\frac{a}{b}=\frac{b}{c}$일 때 성립)

$\frac{b}{c}+\frac{c}{a}\geq 2\sqrt{\frac{b}{c}\cdot\frac{c}{a}}=2\sqrt{\frac{b}{a}}$ …㉡

(단, 등호는 $\frac{b}{c}=\frac{c}{a}$일 때 성립)

$\frac{c}{a}+\frac{a}{b}\geq 2\sqrt{\frac{c}{a}\cdot\frac{a}{b}}=2\sqrt{\frac{c}{b}}$ …㉢

(단, 등호는 $\frac{c}{a}=\frac{a}{b}$일 때 성립)

㉠, ㉡, ㉢을 변끼리 곱하면

$$\left(\frac{a}{b}+\frac{b}{c}\right)\left(\frac{b}{c}+\frac{c}{a}\right)\left(\frac{c}{a}+\frac{a}{b}\right)$$
$$\geq 2\sqrt{\frac{a}{c}}\cdot 2\sqrt{\frac{b}{a}}\cdot 2\sqrt{\frac{c}{b}}=8$$

$\left(\frac{a}{b}+\frac{b}{c}\right)\left(\frac{b}{c}+\frac{c}{a}\right)\left(\frac{c}{a}+\frac{a}{b}\right)\geq 8$

이므로 최솟값을 8이라고 하면 된다.

왜냐하면 ㉠에서 등호가 성립하는 경우는 $\frac{a}{b}=\frac{b}{c}$, 즉 $ac=b^2$일 때이고 ㉡에서 등호가 성립하는 경우는 $\frac{b}{c}=\frac{c}{a}$, 즉 $ab=c^2$일 때이고 ㉢에서 등호가 성립하는 경우는 $\frac{c}{a}=\frac{a}{b}$, 즉 $bc=a^2$일 때이다.

따라서 세 등식 $ac=b^2$, $ab=c^2$, $bc=a^2$은 $a=b=c$일 때 만족한다.

즉, $\left(\frac{a}{b}+\frac{b}{c}\right)\left(\frac{b}{c}+\frac{c}{a}\right)\left(\frac{c}{a}+\frac{a}{b}\right)\geq 8$

(단, 등호는 $a=b=c$일 때 성립)

따라서 주어진 식의 최솟값은 8이다.

정답 8

## [줄기 7-5]

풀이 $\frac{y+z}{x}+\frac{z+x}{y}+\frac{x+y}{z}$

$=\frac{y}{x}+\frac{z}{x}+\frac{z}{y}+\frac{x}{y}+\frac{x}{z}+\frac{y}{z}$

$\frac{y}{x}>0$, $\frac{z}{x}>0$, $\frac{z}{y}>0$, $\frac{x}{y}>0$, $\frac{x}{z}>0$,

$\frac{y}{z}>0$ ($\because x>0$, $y>0$, $z>0$)이므로

산술평균과 기하평균의 관계에 의하여

$\left(\frac{y}{x}+\frac{x}{y}\right)+\left(\frac{z}{x}+\frac{x}{z}\right)+\left(\frac{z}{y}+\frac{y}{z}\right)$

$\geq 2\sqrt{\frac{y}{x}\cdot\frac{x}{y}}+2\sqrt{\frac{z}{x}\cdot\frac{x}{z}}+2\sqrt{\frac{z}{y}\cdot\frac{y}{z}}=6$

(단, 등호는 $\frac{y}{x}=\frac{x}{y}$, $\frac{z}{x}=\frac{x}{z}$, $\frac{z}{y}=\frac{y}{z}$일 때 성립)

$\frac{y}{x}=\frac{x}{y}$, $y^2=x^2$ $\therefore y=x$ ($\because x, y>0$)

$\frac{z}{x}=\frac{x}{z}$, $x^2=z^2$ $\therefore x=z$ ($\because x, z>0$)

$\frac{z}{y}=\frac{y}{z}$, $z^2=y^2$ $\therefore z=y$ ($\because y, z>0$)

$\therefore y=x$, $x=z$, $z=y$ $\therefore x=y=z$

즉, $\frac{y+z}{x}+\frac{z+x}{y}+\frac{x+y}{z}\geq 6$

(단, 등호는 $x=y=z$일 때 성립)

따라서 주어진 식의 최솟값은 6이다.

정답 6

## [줄기 7-6]

풀이 $a>0$, $b>0$이고 $a+b=3$이므로

$\frac{1}{a}+\frac{1}{b}=\frac{1}{3}(a+b)\left(\frac{1}{a}+\frac{1}{b}\right)$

$=\frac{1}{3}\left(1+\frac{a}{b}+\frac{b}{a}+1\right)$

$\frac{a}{b}>0$, $\frac{b}{a}>0$ ($\because a>0$, $b>0$)이므로 산술평균과 기하평균의 관계에 의하여

$\frac{1}{3}\left(\frac{a}{b}+\frac{b}{a}+2\right)\geq\frac{1}{3}\left(2\sqrt{\frac{a}{b}\cdot\frac{b}{a}}+2\right)=\frac{4}{3}$

$\therefore \frac{1}{3}\left(\frac{a}{b}+\frac{b}{a}+2\right)\geq\frac{4}{3}$

(단, 등호는 $\frac{a}{b}=\frac{b}{a}$일 때 성립)

$\therefore \frac{1}{a}+\frac{1}{b} \geq \frac{4}{3}$ (단, 등호는 $a=b$일 때 성립)

따라서 주어진 식의 최솟값은 $\frac{4}{3}$이다.

정답 $\frac{4}{3}$

## [줄기 7-7]

풀이 $x>0,\ y>0,\ z>0$이고 $x+y+z=1$이므로

$$\frac{1}{x}+\frac{4}{y}+\frac{9}{z}=(x+y+z)\left(\frac{1}{x}+\frac{4}{y}+\frac{9}{z}\right)$$

$$(x+y+z)\left(\frac{1}{x}+\frac{4}{y}+\frac{9}{z}\right)$$
$$=1+\frac{4x}{y}+\frac{9x}{z}+\frac{y}{x}+4+\frac{9y}{z}+\frac{z}{x}+\frac{4z}{y}+9$$
$$=\left(\frac{4x}{y}+\frac{y}{x}\right)+\left(\frac{9x}{z}+\frac{z}{x}\right)+\left(\frac{9y}{z}+\frac{4z}{y}\right)+14$$
$$\geq 2\sqrt{\frac{4x}{y}\cdot\frac{y}{x}}+2\sqrt{\frac{9x}{z}\cdot\frac{z}{x}}+2\sqrt{\frac{9y}{z}\cdot\frac{4z}{y}}+14$$
$$=2\cdot 2+2\cdot 3+2\cdot 6+14=36$$
$$\therefore (x+y+z)\left(\frac{1}{x}+\frac{4}{y}+\frac{9}{z}\right)\geq 36$$

(단, 등호는 $\frac{4x}{y}=\frac{y}{x},\ \frac{9x}{z}=\frac{z}{x},\ \frac{9y}{z}=\frac{4z}{y}$ 일 때 성립)

$\therefore \frac{1}{x}+\frac{4}{y}+\frac{9}{z}\geq 36$에서 최솟값은 36이다.

단, 등호는 아래의 i), ii), iii)일 때 성립하므로

i) $\frac{4x}{y}=\frac{y}{x},\quad 4x^2=y^2 \quad \therefore y=2x \cdots$ ㉠ $(\because x>0,\ y>0)$

ii) $\frac{9x}{z}=\frac{z}{x},\quad 9x^2=z^2 \quad \therefore z=3x \cdots$ ㉡ $(\because x>0,\ z>0)$

iii) $\frac{9y}{z}=\frac{4z}{y},\quad 9y^2=4z^2 \quad \therefore 2z=3y \cdots$ ㉢ $(\because y>0,\ z>0)$

$x+y+z=1$에 ㉠, ㉡을 대입하면

$x+2x+3x=1 \quad \therefore x=\frac{1}{6}$

$x=\frac{1}{6}$을 ㉠, ㉡에 대입하면 $y=\frac{1}{3},\ z=\frac{1}{2}$

정답 최솟값 : 36, $x=\frac{1}{6},\ y=\frac{1}{3},\ z=\frac{1}{2}$

## [줄기 7-8]

핵심 산술평균과 기하평균의 관계
☆ >0, ◇ >0일 때, ☆ + ◇ ≥ 2√☆◇
(단, 등호는 ☆ = ◇일 때 성립)

풀이 $4(a-1)>0,\ \frac{1}{a-1}>0\ (\because a>1)$이므로

산술·기하평균의 관계를 이용하기 위하여

$4a-1+\frac{1}{a-1}$을 $4(a-1)+3+\frac{1}{a-1}$로

변형하면

$$4(a-1)+\frac{1}{a-1}+3\geq 2\sqrt{4(a-1)\cdot\frac{1}{a-1}}+3$$

$$4(a-1)+\frac{1}{a-1}+3\geq 7$$

(단, 등호는 $4(a-1)=\frac{1}{a-1}$일 때 성립)

$4a-1+\frac{1}{a-1}\geq 7$이므로

$4a-1+\frac{1}{a-1}\geq k$가 항상 성립하려면

$k\leq 7$이어야하므로 $k$의 최댓값은 7이다.

정답 7

## [줄기 7-9]

풀이 $2x>0,\ 4y>0\ (\because x>0,\ y>0)$이므로 산술평균과 기하평균의 관계에 의하여

$2x+4y\geq 2\sqrt{2x\cdot 4y}$

(단, 등호는 $2x=4y$일 때 성립)

$2x+4y\geq 2\sqrt{16}\ (\because xy=2)$

$2x+4y\geq 8$ (단, 등호는 $x=2y$일 때 성립)

따라서 $2x+4y$의 최솟값은 8이다.

최솟값 8은 $x=2y$일 때이므로 $xy=2$와 연립하여 풀면

$2y^2=2 \quad \therefore y=1\ (\because y>0)$

$\therefore x=2,\ y=1$

정답 최솟값 : 8, $x=2,\ y=1$

**줄기 7-10**

**풀이** $ax+3by=6$에서 $a>0$, $b>0$이므로 $x$절편은 $\frac{6}{a}>0$, $y$절편은 $\frac{2}{b}>0$이다.

따라서 직선 $ax+3by=6$과 $x$축, $y$축으로 둘러싸인 도형은 오른쪽 색칠한 부분과 같고, 그 넓이가 2이므로

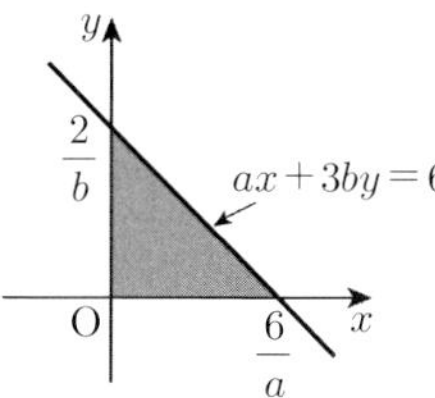


$\frac{1}{2}\cdot\frac{6}{a}\cdot\frac{2}{b}=2$

$\therefore ab=3$

산술평균과 기하평균이 관계에 의하여

$a+b\geq 2\sqrt{ab}$ (단, 등호는 $a=b$일 때 성립)

$a+b\geq 2\sqrt{3}$ ($\because ab=3$)

따라서 $a+b$의 최솟값은 $2\sqrt{3}$이다.

단, 등호 $(a+b=2\sqrt{3})$는 $a=b$일 때 성립

$\therefore a+a=2\sqrt{3}$ $\quad\therefore a=\sqrt{3}$, $b=\sqrt{3}$

**정답** 최솟값 : $2\sqrt{3}$, $a=b=\sqrt{3}$

**줄기 7-11**

**풀이** 1) $4x>0$, $y>0$ ($\because x>0$, $y>0$)이므로 산술평균과 기하평균의 관계에 의하여

$4x+y\geq 2\sqrt{4x\cdot y}$

(단, 등호는 $4x=y$일 때 성립)

$4x+y\geq 2\sqrt{36}$ ($\because xy=9$)

$\therefore 4x+y\geq 12$

따라서 $4x+y$의 최솟값은 12이다.

최솟값 12는 $4x=y$일 때이므로 $xy=9$와 연립하여 풀면

$4x^2=9$, $\quad x^2=\frac{9}{4}$

$\therefore x=\frac{3}{2}$ ($\because x>0$) $\quad\therefore y=6$

2) $4x^2>0$, $y^2>0$ ($\because x>0$, $y>0$)이므로 산술평균과 기하평균의 관계에 의하여

$4x^2+y^2\geq 2\sqrt{4x^2\cdot y^2}=2\sqrt{(2xy)^2}=2|2xy|$

(단, 등호는 $4x^2=y^2$일 때 성립)

$32\geq 4xy$ ($\because 4x^2+y^2=32$, $x>0$, $y>0$)

$\therefore xy\leq 8$ (단, 등호는 $2x=y$일 때 성립)

따라서 $xy$의 최댓값은 8이다.

최댓값 8은 $2x=y$일 때이므로

$4x^2+y^2=32$와 연립하여 풀면

$4x^2+4x^2=32$, $x^2=4$

$\therefore x=2$ ($\because x>0$) $\quad\therefore y=4$

3) $x>0$, $2y>0$ ($\because x>0$, $y>0$)이므로 산술평균과 기하평균의 관계에 의하여

$x+2y\geq 2\sqrt{x\cdot 2y}$

(단, 등호는 $x=2y$일 때 성립)

$8\geq 2\sqrt{2xy}$ ($\because x+2y=8$)

$\therefore \sqrt{2xy}\leq 4$ $\quad\therefore 2xy\leq 16$ $\quad\therefore xy\leq 8$

따라서 $xy$의 최댓값은 8이다.

최댓값 8은 $x=2y$일 때이므로 $x+2y=8$과 연립하여 풀면

$2y+2y=8$ $\quad\therefore y=2$ $\quad\therefore x=4$

**정답** 1) 최솟값 : 12, $x=\frac{3}{2}$, $y=6$

2) 최댓값 : 8, $x=2$, $y=4$

3) 최댓값 : 8, $x=4$, $y=2$

**줄기 7-12**

**방법 I** $3x>0$, $2y>0$ ($\because x>0$, $y>0$)이므로 산술평균과 기하평균의 관계에 의하여

$3x+2y\geq 2\sqrt{3x\cdot 2y}$

(단, 등호는 $3x=2y$일 때 성립)

$8\geq 2\sqrt{6xy}$ ($\because 3x+2y=8$)

$\therefore \sqrt{6xy}\leq 4$ (단, 등호는 $3x=2y$일 때 성립)

$(\sqrt{3x}+\sqrt{2y})^2=3x+2y+2\sqrt{6xy}$

$=8+2\sqrt{6xy}$

$\leq 8+2\cdot 4=16$

$(\sqrt{3x}+\sqrt{2y})^2\leq 16$이므로

$-4\leq\sqrt{3x}+\sqrt{2y}\leq 4$ (×)

$0<\sqrt{3x}+\sqrt{2y}\leq 4$ ($\because \sqrt{3x}$, $\sqrt{2y}>0$)

따라서 $\sqrt{3x}+\sqrt{2y}$의 최댓값은 4이다.

**방법 II** 「강추」 뿌리 7-7), 줄기 7-13)을 풀어본 후 보자!

코시 – 슈바르츠의 부등식에 의하여

$(1^2+1^2)\{(\sqrt{3x})^2+(\sqrt{2y})^2\}\geq(\sqrt{3x}+\sqrt{2y})^2$

(단, 등호는 $\frac{\sqrt{3x}}{1}=\frac{\sqrt{2y}}{1}$일 때 성립)

$(\sqrt{3x}+\sqrt{2y})^2\leq 2(3x+2y)=2\cdot 8$

$(\sqrt{3x}+\sqrt{2y})^2 \le 16$

$-4 \le \sqrt{3x}+\sqrt{2y} \le 4$ (×)

$0 < \sqrt{3x}+\sqrt{2y} \le 4$ ($\because \sqrt{3x}, \sqrt{2y} > 0$)

따라서 $\sqrt{3x}+\sqrt{2y}$의 최댓값은 4이다.

**정답** 4

## 줄기 7-13

**풀이** 제곱한 것들의 합이 주어지면 제일 먼저 코시－슈바르츠의 부등식을 떠올린다.

1) i) 제곱한 것들의 합의 곱은 두 개를 하나로 합칠 수 있다.

$(2^2+3^2)(x^2+y^2)=(2x+3y)^2$

ii) 당연히 두 개가 하나로 합친 것보다 크거나 같다.

$(2^2+3^2)(x^2+y^2) \ge (2x+3y)^2$

$\therefore 13(x^2+y^2) \ge 5^2$ ($\because 2x+3y=5$)

$\therefore x^2+y^2 \ge \dfrac{25}{13}$

iii) 단, 등호는 $\dfrac{x}{2}=\dfrac{y}{3}$, 즉 $x=\dfrac{2}{3}y$ 일 때이므로 이것을 $2x+3y=5$에 대입하면

$\dfrac{4}{3}y+3y=5 \quad \therefore y=\dfrac{15}{13} \quad \therefore x=\dfrac{10}{13}$

2) $a^2+9b^2=10$에서 $a^2+(3b)^2=10$

i) 제곱한 것들의 합의 곱은 두 개를 하나로 합칠 수 있다.

$\{a^2+(3b)^2\}(3^2+2^2)=(3a+6b)^2$

ii) 당연히 두 개가 하나로 합친 것보다 크거나 같다.

$\{a^2+(3b)^2\}(3^2+2^2) \ge (3a+6b)^2$

$10 \cdot 13 \ge (3a+6b)^2$ ($\because a^2+(3b)^2=10$)

$(3a+6b)^2 \le 130$

$\therefore -\sqrt{130} \le 3a+6b \le \sqrt{130}$

iii) 단, 등호는 $\dfrac{3}{a}=\dfrac{2}{3b}$ (비추) ⋯㉠

즉 $\dfrac{a}{3}=\dfrac{3b}{2}$ (강추) ⋯㉡ 일 때 성립

※ 분모가 상수일 때 이용하기가 더 편하므로 ㉠보다 ㉡을 강추한다.

3) $a^2+4b^2$에서 $a^2+(2b)^2$

i) 제곱한 것들의 합의 곱은 두 개를 하나로 합칠 수 있다.

$\{a^2+(2b)^2\}\left\{1^2+\left(\dfrac{1}{2}\right)^2\right\}=(a+b)^2$

ii) 당연히 두 개가 하나로 합친 것보다 크거나 같다.

$\{a^2+(2b)^2\}\left\{1^2+\left(\dfrac{1}{2}\right)^2\right\} \ge (a+b)^2$

$(a^2+4b^2)\cdot\dfrac{5}{4} \ge 10^2$ ($\because a+b=10$)

$\therefore a^2+4b^2 \ge 80$

iii) 단, 등호는 $\dfrac{1}{a}=\dfrac{\frac{1}{2}}{2b}$ (비추)

즉 $\dfrac{a}{1}=\dfrac{2b}{\frac{1}{2}}$ (강추) 일 때 성립

$a=2b \div \dfrac{1}{2}=2b \times 2=4b$

$a=4b$를 $a+b=10$에 대입하면

$5b=10 \quad \therefore b=2 \quad \therefore a=8$

**정답** 1) 최솟값 : $\dfrac{25}{13}$, $x=\dfrac{10}{13}$, $y=\dfrac{15}{13}$

2) $-\sqrt{130} \le 3a+6b \le \sqrt{130}$

3) 최솟값 : 80, $a=8$, $b=2$

## 풀이 잎 문제

### 잎 7-1

**핵심** 산술평균과 기하평균의 관계

☆>0, ◇>0일 때, ☆＋◇ ≥ 2√☆◇

(단, 등호는 ☆＝◇일 때 성립)

**풀이** $\dfrac{x}{a}+\dfrac{y}{b}=1$이 점 $(2, 3)$을 지나므로

$\dfrac{2}{a}+\dfrac{3}{b}=1$

$\dfrac{2}{a}>0$, $\dfrac{3}{b}>0$ ($\because a>0, b>0$)이므로 산술평균과 기하평균의 관계에 의하여

$\dfrac{2}{a}+\dfrac{3}{b} \ge 2\sqrt{\dfrac{2}{a}\cdot\dfrac{3}{b}}$ (단, 등호는 $\dfrac{2}{a}=\dfrac{3}{b}$일 때)

$1 \geq 2\frac{\sqrt{6}}{\sqrt{ab}}$ ($\because \frac{2}{a}+\frac{3}{b}=1$)

$\frac{1}{2} \geq \frac{\sqrt{6}}{\sqrt{ab}}$, $\sqrt{ab} \geq 2\sqrt{6}$

$\therefore ab \geq 24$ (단, 등호는 $3a=2b$일 때 성립)

따라서 $ab$의 최솟값은 24이다.

정답 ③

## 잎 7-2

**핵심** 산술평균과 기하평균의 관계

☆>0, ◇>0일 때, ☆+◇ ≥ 2√(☆◇)

(단, 등호는 ☆=◇일 때 성립)

**풀이** $x^2-2x+a=0$이 허근을 가질 때, 판별식 $D<0$이므로

$\frac{D}{4}=1-a<0 \quad \therefore a>1$

$a-1>0$, $\frac{4}{a-1}>0$ ($\because a>1$)이므로 산술평균과 기하평균의 관계를 이용하기 위하여

$a+\frac{4}{a-1}$를 $(a-1)+1+\frac{4}{a-1}$로 변형하면

$a-1+\frac{4}{a-1}+1 \geq 2\sqrt{(a-1)\cdot\frac{4}{a-1}}+1=5$

$\therefore a-1+\frac{4}{a-1}+1 \geq 5$

(단, 등호는 $a-1=\frac{4}{a-1}$일 때 성립)

$(a-1)^2=4$, $a=1\pm2 \quad \therefore a=3$ ($\because a>1$)

$\therefore a+\frac{4}{a-1} \geq 5$ (단, 등호는 $a=3$일 때 성립)

정답 최솟값 : 5, $a=3$

## 잎 7-3

**풀이** $a^2-6a+\frac{a}{b}+\frac{9b}{a}=(a-3)^2-9+\frac{a}{b}+\frac{9b}{a}$

이때, $\frac{a}{b}>0$, $\frac{9b}{a}>0$ ($\because a>0$, $b>0$)이므로

산술평균과 기하평균의 관계에 의하여

$\frac{a}{b}+\frac{9b}{a} \geq 2\sqrt{\frac{a}{b}\cdot\frac{9b}{a}}=6$ (단, 등호는 $\frac{a}{b}=\frac{9b}{a}$일 때 성립)

$a^2=9b^2 \quad \therefore a=3b$ ($\because a, b>0$)

$\therefore (a-3)^2-9+\frac{a}{b}+\frac{9b}{a} \geq (a-3)^2-9+6$

$=(a-3)^2-3$

주어진 식은 $a=3$일 때, 최솟값 $-3$을 갖는다.

(단, 등호는 $a=3b$일 때 성립)

따라서 $a=3$이면 $b=1$이다.

$\therefore m+n=3+1=4$

정답 ④

## 잎 7-4

**풀이** 오른쪽 그림과 같이 직선 $\frac{x}{a}+\frac{y}{b}=1$ ($a>0$, $b>0$)이 $x$축, $y$축과 만나는 점이 각각 A, B이므로 A$(a, 0)$, B$(0, b)$이다.

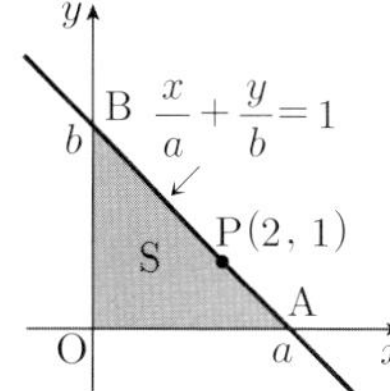


따라서 삼각형 OAB의 넓이 S는

$S=\frac{1}{2}ab$ ⋯ ㉠

또 직선 $\frac{x}{a}+\frac{y}{b}=1$이 점 P$(2, 1)$을 지나므로

$\frac{2}{a}+\frac{1}{b}=1$ ⋯ ㉡

이때 $\frac{2}{a}>0$, $\frac{1}{b}>0$이므로 산술평균과 기하평균의 관계에 의하여

$1=\frac{2}{a}+\frac{1}{b} \geq 2\sqrt{\frac{2}{a}\cdot\frac{1}{b}}=2\sqrt{\frac{2}{ab}}$

$1 \geq 2\sqrt{\frac{2}{ab}}$의 양변을 제곱하면

$1 \geq \frac{8}{ab}$

$\therefore ab \geq 8$ ($\because ab>0 \Leftarrow a>0, b>0$)

$\therefore S=\frac{1}{2}ab \geq 4$

따라서 삼각형 OAB의 넓이 S의 최솟값은 4이다.

정답 ④

## 잎 7-5

**주의** 코시 – 슈바르츠의 부등식
$(a^2+b^2)(c^2+d^2)\geq(ac+bd)^2$
(단, 등호는 $\frac{c}{a}=\frac{d}{b}$일 때 성립)
이 문제는 $ac+bd$의 최댓값을 묻는 문제가 아니라 $ab+cd$의 최댓값을 묻는 문제이므로 코시 – 슈바르츠의 부등식 문제가 아니다.

**풀이** $a^2>0$, $b^2>0$이므로 산술평균과 기하평균의 관계에 의하여
$a^2+b^2\geq2\sqrt{a^2b^2}=2\sqrt{(ab)^2}=2|ab|$
(단, 등호는 $a^2=b^2$일 때 성립)
$31\geq2|ab|$ ($\because a^2+b^2=31$)
$|ab|\leq\frac{31}{2}$ $\quad\therefore -\frac{31}{2}\leq ab\leq\frac{31}{2}$ $\cdots$㉠
$c^2>0$, $d^2>0$이므로 산술평균과 기하평균의 관계에 의하여
$c^2+d^2\geq2\sqrt{c^2d^2}=2\sqrt{(cd)^2}=2|cd|$
(단, 등호는 $c^2=d^2$일 때 성립)
$27\geq2|cd|$ ($\because c^2+d^2=27$)
$|cd|\leq\frac{27}{2}$ $\quad\therefore -\frac{27}{2}\leq cd\leq\frac{27}{2}$ $\cdots$㉡
㉠, ㉡에 의하여
$-\frac{31}{2}-\frac{27}{2}\leq ab+cd\leq\frac{31}{2}+\frac{27}{2}$
$\therefore -29\leq ab+cd\leq29$
따라서 $ab+cd$의 최댓값은 29이다.

**정답** ④

## 잎 7-6

**풀이** **1st** 제곱한 것들의 합의 곱은 두 개를 하나로 합칠 수 있다.
$(a^2+b^2)(c^2+d^2)=(ac+bd)^2$
**2nd** 당연히 두 개가 하나로 합친 것보다 크거나 같다.
$(a^2+b^2)(c^2+d^2)\geq(ac+bd)^2$
$4\cdot9\geq(ac+bd)^2$ ($\because a^2+b^2=4,\ c^2+d^2=9$)
$(ac+bd)^2-36\leq0$
$\{(ac+bd)+6\}\{(ac+bd)-6\}\leq0$
$\therefore -6\leq ac+bd\leq6$
**3rd** 단, 등호는 $\frac{c}{a}=\frac{d}{b}$일 때 성립
따라서 $ac+bd$의 최댓값은 6이다.

**정답** 6

## 잎 7-7

**핵심** $4{S_1}^2+{S_2}^2$, 즉 $(2S_1)^2+{S_2}^2$와 같이 제곱한 것들의 합이 주어지면 코시 – 슈바르츠의 부등식을 제일 먼저 떠올린다.

**풀이** 두 활꼴의 넓이의 합은 원의 넓이와 같으므로
$S_1+S_2=4\pi$ $\cdots$㉠
이때, 코시 – 슈바르츠의 부등식에 의하여
$\{(2S_1)^2+(S_2)^2\}\left\{\left(\frac{1}{2}\right)^2+1^2\right\}\geq\left\{\frac{1}{2}(2S_1)+1S_2\right\}^2$
$(4{S_1}^2+{S_2}^2)\left(\frac{1}{4}+1\right)\geq(S_1+S_2)^2$
(단, 등호는 $\frac{2S_1}{\frac{1}{2}}=\frac{S_2}{1}$일 때 성립)
$\frac{5}{4}(4{S_1}^2+{S_2}^2)\geq(4\pi)^2$ ($\because$ ㉠)
$\therefore 4{S_1}^2+{S_2}^2\geq\frac{64}{5}\pi^2$
(단, 등호는 $4S_1=S_2$일 때 성립)
따라서 $4{S_1}^2+{S_2}^2$의 최솟값은 $\frac{64}{5}\pi^2$이다.

**정답** ②

## 잎 7-8

**풀이** 코시 – 슈바르츠의 부등식
**1st** 제곱한 것들의 합의 곱은 두 개를 하나로 합칠 수 있다.
$(x^2+y^2+z^2)\{1^2+(\sqrt{5})^2+(\sqrt{3})^2\}$
$=(x+\sqrt{5}y+\sqrt{3}z)^2$
**2nd** 당연히 두 개가 하나로 합친 것보다 크거나 같다.
$(x^2+y^2+z^2)\{1^2+(\sqrt{5})^2+(\sqrt{3})^2\}$
$\geq(x+\sqrt{5}y+\sqrt{3}z)^2$
이때, $x^2+y^2+z^2=4$이므로

$4 \cdot 9 \geq (x+\sqrt{5}y+\sqrt{3}z)^2$

$(x+\sqrt{5}y+\sqrt{3}z)^2 \leq 36$

$\therefore -6 \leq x+\sqrt{5}y+\sqrt{3}z \leq 6$

**3rd** ① 단, 등호는 $\frac{1}{x}=\frac{\sqrt{5}}{y}=\frac{\sqrt{3}}{z}$일 때 성립 (비추)

② 단, 등호는 $\frac{x}{1}=\frac{y}{\sqrt{5}}=\frac{z}{\sqrt{3}}$일 때 성립 (강추)

※ 분모가 상수일 때 이용하기가 더 편하므로 ①번 보다 ②번을 강추 한다.

**정답** $-6 \leq x+\sqrt{5}y+\sqrt{3}z \leq 6$
(단, 등호는 $x=\frac{y}{\sqrt{5}}=\frac{z}{\sqrt{3}}$일 때 성립)

## 잎 7-9

**방법Ⅰ** $2x^2+y^2$, 즉 $(\sqrt{2}x)^2+y^2$와 같이 제곱한 것들의 합이 주어지면 코시 – 슈바르츠의 부등식을 제일 먼저 떠올린다.

**1st** 제곱한 것들의 합의 곱은 두 개를 하나로 합칠 수 있다.

$$\{(\sqrt{2}x)^2+y^2\}\left\{\left(\frac{1}{\sqrt{2}}\right)^2+1^2\right\}=(x+y)^2$$

**2nd** 당연히 두 개가 하나로 합친 것보다 크거나 같다.

$$\{(\sqrt{2}x)^2+y^2\}\left\{\left(\frac{1}{\sqrt{2}}\right)^2+1^2\right\} \geq (x+y)^2$$

$$(2x^2+y^2)\cdot\frac{3}{2} \geq 3^2 \ (\because x+y=3)$$

$$\therefore (2x^2+y^2) \geq 6$$

⇨ 코시 – 슈바르츠의 부등식으로는 $2x^2+y^2$의 최솟값 6밖에 알 수 없다.
즉, 코시 – 슈바르츠의 부등식은 가끔 답을 구하는 데 한계가 있을 수 있다. [p.186]

**방법Ⅱ** **1st** 조건식 $x+y=3$ ⇨ $y=3-x$
이것을 결과식 $2x^2+y^2$에 대입하면

$$2x^2+(3-x)^2=3x^2-6x+9$$
$$=3(x^2-2x)+9$$
$$=3(x-1)^2+6 \quad \cdots ㉠$$

**2nd** $y \geq 0$이므로 $y=3-x \geq 0 \quad \therefore x \leq 3$
또, 조건에서 $x \geq 0$이므로 $0 \leq x \leq 3$

따라서 $0 \leq x \leq 3$의 범위에서 ㉠의 최대·최소를 구한다.
대칭축 $x=1$이 $x$의 범위 $(0 \leq x \leq 3)$ 내에 있으므로 $x=1$에서 최솟값 6을 갖는다.
(∵ ㉠은 아래로 볼록한 이차함수 \/ 이므로)
또한, 대칭축 $x=1$과 $x$의 범위 $(0 \leq x \leq 3)$ 중에서 가장 멀리 있는 $x=3$에서 최댓값 18을 갖는다.

**결론** 코시 – 슈바르츠의 부등식으로 정확한 답이 구해지지 않으면 빨리 다른 방법을 찾는다.

**정답** 최솟값 : 6, 최댓값 : 18

## 잎 7-10

**풀이** 다음과 같은 풀이는 오류이다.
〈학생풀이〉

$a>0$, $b>0$일 때, $\left(a+\frac{1}{b}\right)\left(b+\frac{4}{a}\right)$의 최솟값

$a>0$, $\frac{1}{b}>0$ ($\because a>0$, $b>0$)이므로 산술평균과 기하평균의 관계에 의하여

$$a+\frac{1}{b} \geq 2\sqrt{a\cdot\frac{1}{b}} \quad \cdots ㉠$$

(단, 등호는 $a=\frac{1}{b}$, 즉 $ab=1$일 때 성립)

$b>0$, $\frac{4}{a}>0$ ($\because a>0$, $b>0$)이므로 산술평균과 기하평균의 관계에 의하여

$$b+\frac{4}{a} \geq 2\sqrt{b\cdot\frac{4}{a}} \quad \cdots ㉡$$

(단, 등호는 $b=\frac{4}{a}$, 즉 $ab=4$ 일 때 성립)

㉠, ㉡을 변끼리 곱하면

$$\left(a+\frac{1}{b}\right)\left(b+\frac{4}{a}\right) \geq 2\sqrt{\frac{a}{b}}\cdot 2\sqrt{\frac{4b}{a}}=8$$

(단, 등호는 $ab=1$, $ab=4$ 일 때 성립)

$$\therefore \left(a+\frac{1}{b}\right)\left(b+\frac{4}{a}\right) \geq 8 \quad \cdots ㉢$$

〈첨삭 내용〉
㉠의 등호가 성립할 때는 $a=\frac{1}{b}$, 즉 $ab=1$ 이고 ㉡의 등호가 성립할 때는 $b=\frac{4}{a}$, 즉 $ab=4$ 이다.

따라서 두 등식 $ab=1$, $ab=4$를 동시에 만족시키는 $a, b$는 존재하지 않으므로 최솟값은 8이 될 수 없다.

**결론** 곱으로 이루어진 식은 전개한 후에 산술평균과 기하평균의 관계를 이용해야 오류의 가능성이 줄어든다.

**바른 풀이는 다음과 같다.**

$$\left(a+\frac{1}{b}\right)\left(b+\frac{4}{a}\right)=ab+4+1+\frac{4}{ab}$$
$$=ab+\frac{4}{ab}+5$$

$ab>0$, $\frac{4}{ab}>0$ ($\because a>0$, $b>0$)이므로 산술평균과 기하평균의 관계에 의하여

$$ab+\frac{4}{ab}+5\geq 2\sqrt{ab\cdot\frac{4}{ab}}+5=9$$

(단, 등호는 $ab=\frac{4}{ab}$일 때 성립)

$\therefore ab+\frac{4}{ab}+5\geq 9$

(단, 등호는 $ab=2$일 때 성립)

$\therefore \left(a+\frac{1}{b}\right)\left(b+\frac{4}{a}\right)$의 최솟값은 9이다.

정답 ⑤

**주의** $3a>0$, $2b>0$ ($\because a>0$, $b>0$)이므로

$3a+2b\geq 2\sqrt{3a\cdot 2b}$ …㉠

(단, 등호는 $3a=2b$일 때 성립)

$\frac{3}{a}>0$, $\frac{2}{b}>0$ ($\because a>0$, $b>0$)이므로

$\frac{3}{a}+\frac{2}{b}\geq 2\sqrt{\frac{3}{a}\cdot\frac{2}{b}}$ …㉡

(단, 등호는 $\frac{3}{a}=\frac{2}{b}$, 즉 $3b=2a$일 때 성립)

㉠, ㉡을 변끼리 곱하면

$(3a+2b)\left(\frac{3}{a}+\frac{2}{b}\right)\geq 2\sqrt{6ab}\cdot 2\sqrt{\frac{6}{ab}}=24$

(단, 등호는 $3a=2b$, $3b=2a$일 때 성립)

$(3a+2b)\left(\frac{3}{a}+\frac{2}{b}\right)\geq 24$ …㉢에서 최솟값을 24라고 하면 안 된다. (오류)

㉠의 등호가 성립할 때는 $3a=2b$이고, ㉡의 등호가 성립할 때는 $\frac{3}{a}=\frac{2}{b}$, 즉 $3b=2a$이므로 두 등식 $3a=2b$, $3b=2a$를 동시에 만족하는 양수 $a, b$가 존재하지 않기 때문이다.

따라서 부등식 ㉢은 오류이다.

정답 25

## 잎 7-11

**핵심** 산술평균과 기하평균의 관계

☆$>0$, ◇$>0$일 때, ☆$+$◇$\geq 2\sqrt{☆◇}$

(단, 등호는 ☆$=$◇일 때 성립)

**풀이** $(3a+2b)\left(\frac{3}{a}+\frac{2}{b}\right)=9+\frac{6a}{b}+\frac{6b}{a}+4$

$$=\frac{6a}{b}+\frac{6b}{a}+13$$

$\frac{6a}{b}>0$, $\frac{6b}{a}>0$ ($\because a>0$, $b>0$)이므로 산술평균과 기하평균의 관계에 의하여

$$\frac{6a}{b}+\frac{6b}{a}+13\geq 2\sqrt{\frac{6a}{b}\cdot\frac{6b}{a}}+13=25$$

(단, 등호는 $\frac{6a}{b}=\frac{6b}{a}$일 때 성립)

$\therefore \frac{6a}{b}+\frac{6b}{a}+13\geq 25$

(단, 등호는 $a^2=b^2$일 때 성립)

$\therefore (3a+2b)\left(\frac{3}{a}+\frac{2}{b}\right)\geq 25$에서 최솟값은 25

(단, 등호는 $a=b$일 때 성립)

## 잎 7-12

**풀이** $x>0$, $y>0$이고 $x+2y=5$이므로

$$\frac{1}{x}+\frac{2}{y}=\frac{1}{5}(x+2y)\left(\frac{1}{x}+\frac{2}{y}\right)$$
$$=\frac{1}{5}\left(1+\frac{2x}{y}+\frac{2y}{x}+4\right)$$

$\frac{2x}{y}>0$, $\frac{2y}{x}>0$ ($\because x>0$, $y>0$)이므로 산술평균과 기하평균의 관계에 의하여

$$\frac{1}{5}\left(\frac{2x}{y}+\frac{2y}{x}+5\right)\geq\frac{1}{5}\left(2\sqrt{\frac{2x}{y}\cdot\frac{2y}{x}}+5\right)$$

(단, 등호는 $\frac{2x}{y}=\frac{2y}{x}$일 때 성립)

$\therefore \frac{1}{5}\left(\frac{2x}{y}+\frac{2y}{x}+5\right)\geq\frac{9}{5}$

(단, 등호는 $x^2=y^2$일 때 성립)

$\therefore \frac{1}{x}+\frac{2}{y}\geq\frac{9}{5}$에서 최솟값은 $\frac{9}{5}$이다.

(단, 등호는 $x=y$일 때 성립)

주의 $x>0,\ 2y>0\ (\because x>0,\ y>0)$이므로

$x+2y \ge 2\sqrt{x\cdot 2y}$

$5 \ge 2\sqrt{x\cdot 2y}$ …㉠ $(\because x+2y=5)$

(단, 등호는 $x=2y$일 때 성립)

$\frac{1}{x}>0,\ \frac{2}{y}>0\ (\because x>0,\ y>0)$이므로

$\frac{1}{x}+\frac{2}{y} \ge 2\sqrt{\frac{1}{x}\cdot\frac{2}{y}}$ …㉡

(단, 등호는 $\frac{1}{x}=\frac{2}{y}$, 즉 $y=2x$일 때 성립)

㉠, ㉡을 변끼리 곱하면

$5\left(\frac{1}{x}+\frac{2}{y}\right) \ge 2\sqrt{2xy}\cdot 2\sqrt{\frac{2}{xy}}=8$

(단, 등호는 $x=2y,\ y=2x$일 때 성립)

$\frac{1}{x}+\frac{2}{y} \ge \frac{8}{5}$ …㉢에서 최솟값을 $\frac{8}{5}$이라고 하면 안 된다. (오류)

즉, 등식 $x=2y,\ y=2x$를 동시에 만족하는 양수 $x,\ y$가 존재하지 않기 때문이다.

따라서 부등식 ㉢은 오류이다.

정답 $\frac{9}{5}$

CHAPTER

# 8 함수 (1)

본문 p.187

## 줄기 문제

### [줄기 1-1]

핵심 정의역, 공역, 치역은 집합으로 표현한다.

풀이 1) 정의역 : $\{-1,\ 0,\ 1\}$, 공역 : $\{1,\ 2,\ 3\}$

2) $f(-1)=|2\cdot(-1)-1|=3$

$f(0)=|2\cdot 0-1|=1$

$f(1)=|2\cdot 1-1|=1$

3) $f(-1)=3,\ f(0)=1,\ f(1)=1$이므로

치역 : $\{1,\ 3\}$

주의 원소나열법은 같은 원소를 중복하여 쓰지 않는다.

$\{1,\ 1,\ 3\}$ (×) ⇨ $\{1,\ 3\}$ (○)

정답 1) 정의역 : $\{-1,\ 0,\ 1\}$, 공역 : $\{1,\ 2,\ 3\}$

2) $f(-1)=3,\ f(0)=1,\ f(1)=1$

3) 치역 : $\{1,\ 3\}$

### [줄기 1-2]

풀이 ① $f(x)=x^2-|x|+1$이므로

$f(0)=1,\ f(1)=1,\ f(2)=3$

오른쪽 그림과 같이 $X$의 각 원소가 $Y$의 원소에 하나씩 대응하므로 함수이다.

② $f(x)=x+1$이므로

$f(0)=1,\ f(1)=2,\ f(2)=3$

오른쪽 그림과 같이 $X$의 각 원소가 $Y$의 원소에 하나씩 대응하므로 함수이다.

정답 ①, ②

## [줄기 1-3]

**핵심** **정의역이나 공역이 주어져 있지 않은 경우**
⇨ 정의역은 함수가 정의되는 모든 실수의 집합이다.
공역은 실수 전체의 집합이다.

**풀이** 1) 함수 $y=x+2$는 모든 실수 $x$에서 정의된다.
⇨ **정의역 : $\{x \mid x$는 모든 실수$\}$**
**공역 : $\{y \mid y$는 모든 실수$\}$**
정의역 $\{x \mid x$는 모든 실수$\}$일 때,
$y=x+2$에서 $y$의 값의 범위는 실수이다.
⇨ **치역 : $\{y \mid y$는 모든 실수$\}$**

2) 함수 $y=x^2+1$은 모든 실수 $x$에서 정의된다.
⇨ **정의역 : $\{x \mid x$는 모든 실수$\}$**
**공역 : $\{y \mid y$는 모든 실수$\}$**
정의역 $\{x \mid x$는 모든 실수$\}$일 때,
$y=x^2+1$에서 $y$의 값의 범위는 $y \geq 1$이다.
⇨ **치역 : $\{y \mid y \geq 1$인 실수$\}$**

3) 함수 $y=\sqrt{x-2}$는 $x \geq 2$에서 정의된다.
⇨ **정의역 : $\{x \mid x \geq 2$인 실수$\}$**
**공역 : $\{y \mid y$는 모든 실수$\}$**
정의역 $\{x \mid x \geq 2$인 실수$\}$일 때,
$y=\sqrt{x-2} \geq 0$이므로 $y \geq 0$이다.
⇨ **치역 : $\{y \mid y \geq 0$인 실수$\}$**

※ 무리함수에서 배울 내용이다. [p.284]

4) 함수 $y=\dfrac{1}{x}$은 $x=0$에서 정의되지 않는다.
⇨ **정의역 : $\{x \mid x \neq 0$인 실수$\}$**
**공역 : $\{y \mid y$는 모든 실수$\}$**
정의역 $\{x \mid x \neq 0$인 실수$\}$일 때, $y=\dfrac{1}{x}$에서 $y$의 값의 범위는 '$y \neq 0$인 실수'이다.
⇨ **치역 : $\{y \mid y \neq 0$인 실수$\}$**

※ 유리함수에서 배울 내용이다. [p.259]

**정답** 풀이 참조

## [줄기 2-1]

**풀이** 1) $f=g$이면 정의역에 각 원소에 대한 함숫값이 같아야 하므로
$f(0)=g(0)$에서 $b=-2 \cdots$ ㉠
$f(1)=g(1)$에서 $a+b=0 \cdots$ ㉡
㉠, ㉡을 연립하여 풀면 $a=2,\ b=-2$

2) 두 함수가 서로 같으면 정의역의 각 원소에 대한 함숫값이 같아야 하므로
$f(-1)=g(-1)$에서
$-1-a+2b=-a+b \quad \therefore b=1 \cdots$ ㉠
$f(1)=g(1)$에서
$1+a+2b=-a+b \quad \therefore 2a+b=-1 \cdots$ ㉡
㉠, ㉡을 연립하여 풀면 $a=-1,\ b=1$

**정답** 1) $a=2,\ b=-2$ 2) $a=-1,\ b=1$

## [줄기 2-2]

**풀이** $f$와 $g$의 정의역은 $X=\{a, b\}$로 같고, 공역은 $Y=\{y \mid y$는 실수$\}$로 같다.
이때, $f=g$이면 정의역의 각 원소에 대한 함숫값도 같아야 하므로 $f(a)=g(a),\ f(b)=g(b)$이다.
$f(a)=g(a)$에서 $a^2-a+1=a+9$
$a^2-2a-8=0,\ (a+2)(a-4)=0$
$\therefore a=-2$ 또는 $a=4$
$f(b)=g(b)$에서 $b^2-b+1=b+9$
$b^2-2b-8=0,\ (b+2)(b-4)=0$
$\therefore b=-2$ 또는 $b=4$
단, $a<b$이므로 $a=-2,\ b=4$이다.

**정답** $a=-2,\ b=4$

## [줄기 2-3]

**풀이** $a \in$(정의역)인 직선 $x=a$를 그어서 교점이 1개인 것을 찾는다.
① 교점이 1개이므로 함수의 그래프이다.
② 교점이 2개이므로 함수의 그래프가 아니다.
③ 교점이 1개이므로 함수의 그래프이다.
④ 교점이 1개이므로 함수의 그래프이다.
⑤ $x$축에 수직인 직선 $x=2$를 그으면 그래프와 무수히 많은 점에서 만나므로 함수가 아니다.
즉, 2의 화살 한 발이 과녁의 모든 점수에 동시에 꽂히는 꼴이므로 함수가 아니다.

⑥ 교점이 1개이므로 함수의 그래프이다.
즉, 모든 화살이 과녁의 점수 2에 모두 꽂히는 꼴이므로 함수이다. (p.198 상수함수)
⑦ 교점이 1개이므로 함수의 그래프이다.
⑧ 교점이 1개이므로 함수의 그래프이다.

정답 ①, ③, ④, ⑥, ⑦, ⑧

## [줄기 3-1]

핵심 일대일함수 : 연속함수에서는 증가함수 또는 감소함수이다.
*일대일대응 : 연속함수에서는 (공역)=(치역)인 증가함수 또는 감소함수이다.

풀이 ① 함수 $y=2x+1$의 그래프를 그리면 우측 그림과 같다. 연속함수이면서 증가함수이므로 일대일함수이다.

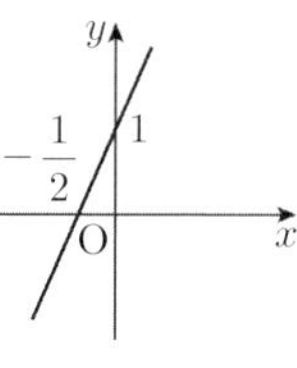


이때, (공역)=(치역)이므로 일대일대응이다.
공역 : $\{y\,|\,y$는 모든 실수$\}$
치역 : $\{y\,|\,y$는 모든 실수$\}$

② 함수 $y=-x+3$의 그래프를 그리면 우측 그림과 같다. 연속함수이면서 감소함수이므로 일대일함수이다.

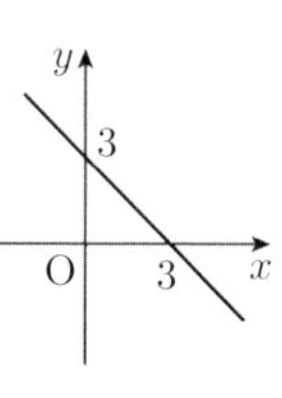


이때, (공역)=(치역)이므로 일대일대응이다.
공역 : $\{y\,|\,y$는 모든 실수$\}$
치역 : $\{y\,|\,y$는 모든 실수$\}$

③ 함수 $y=2$의 그래프를 그리면 우측 그림과 같다.
정의역의 모든 $x$에 대하여 함숫값이 하나이므로 상수함수이다.

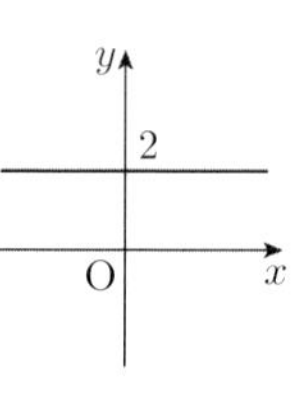


④ 함수 $y=2(x-1)^2$의 그래프를 그리면 우측 그림과 같다.

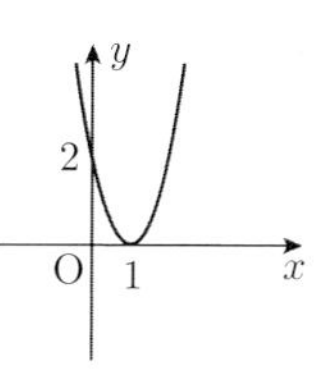


「강추」 방법 I 연속함수이면서 증가함수도 아니고 감소함수도 아니므로 일대일함수가 아니다.

방법 II $x$축에 평행한 직선 $y=k$ ($k\in$(치역))를 그으면 함수 $y=2(x-1)^2$의 그래프와 두 점에서 만나므로 일대일함수가 아니다.

정답 ①, ②

## [줄기 3-2]

풀이 $x_1\neq x_2$일 때 $f(x_1)\neq f(x_2)$이면 함수 $f$는 일대일함수이다.
줄기 3-2)의 풀이를 참조하면 일대일함수는 ①, ③이다.

정답 ①, ③

## [줄기 3-3]

풀이 1) $a$는 $a, b, c, d$ 중 하나에 대응할 수 있으므로 ⇨ 4가지
$b$도 마찬가지이므로 ⇨ 4가지
$c$도 마찬가지 ⇨ 4가지
$d$도 ⇨ 4가지
$\therefore 4\times4\times4\times4=256$

2) $a$는 $a, b, c, d$ 중 하나에 대응할 수 있으므로 ⇨ 4가지
$b$는 $a$가 대응한 것을 제외한 나머지 셋에 대응할 수 있으므로 ⇨ 3가지
$c$는 $a$와 $b$가 대응한 것을 제외한 나머지 둘에 대응할 수 있으므로 ⇨ 2가지
$d$는 $a, b, c$가 대응하고 남은 마지막 하나에 대응해야 하므로 ⇨ 1가지
$\therefore 4\times3\times2\times1=24$

3) 정의역의 각 원소가 그 자신에게 대응해야 하므로 $a$는 $a$에, $b$는 $b$에, $c$는 $c$에, $d$는 $d$에 대응하는 경우이다. ⇨ 1가지

4) $a, b, c, d$ 모두가 $a, b, c, d$ 중 단 하나에 대응하는 것이므로 상수함수의 개수는 4이다.

정답 1) 256 2) 24 3) 1 4) 4

**[줄기 3-4]**

풀이 1) $6\times5\times4\times3=360$

2) 정의역의 원소의 개수가 4이고, 공역의 원소의 개수가 6이므로 주어진 함수는 (공역)=(치역)일 수 없다.
따라서 일대일대응은 존재하지 않는다.

정답 1) 360 2) 0

## 풀이 잎 문제

**잎 8-1**

핵심 두 함수가 서로 같으려면
⇨ 정의역과 공역이 각각 같고, 함숫값이 같아야 한다.

풀이 $f$와 $g$의 정의역은 $X=\{-1, 0, 1\}$로 같다.
$f$와 $g$의 공역은 $X=\{-1, 0, 1\}$로 같다.
$f$와 $g$의 함숫값이 같아야 한다.

(가) $f(-1)=-1$, $g(-1)=1$이므로
$f(-1)\neq g(-1)$
$f(1)=1$, $g(1)=-1$이므로 $f(1)\neq g(1)$
$\therefore f\neq g$

(나) $f(-1)=g(-1)=1$, $f(0)=g(0)=0$,
$f(1)=g(1)=1$
$\therefore f=g$

(다) $f(1)=1$, $g(1)=-1$이므로 $f(1)\neq g(1)$
$\therefore f\neq g$

정답 (나)

**잎 8-2**

핵심 여러 가지 함수가 있는 경우는 그리기 쉬운 것부터 먼저 그린다.
1등 : 항등함수, 2등 : 상수함수, 3위 : 일대일대응 순으로 그리기가 쉽다.

풀이 **1st** $g(x)$는 항등함수
$g(3)=3$에서
$f(2)=g(3)=h(6)$
$=3 \cdots$ ㉠

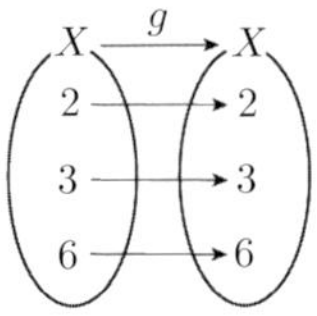


**2nd** $h(x)$는 상수함수
㉠에서 $h(6)=3$
이므로
$h(2)=3$, $h(6)=3$

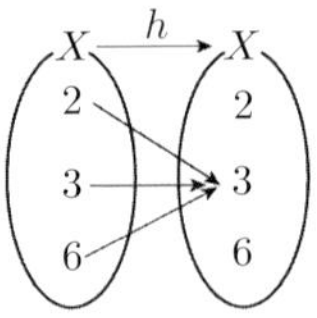


**3rd** $f(x)$는 일대일대응
(가) ㉠에서 $f(2)=3$
(나) $f(2)f(3)=f(6)$
에서
i) $f(3)=2$,
$f(6)=6$ (○)
$(\because 3\cdot2=6)$

i)

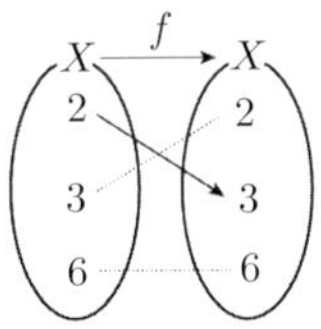

ii) $f(3)=6$,
$f(6)=2$ (×)
($\because 3\cdot6\neq2$)

따라서
$f(3)+h(2)=2+3$
$=5$

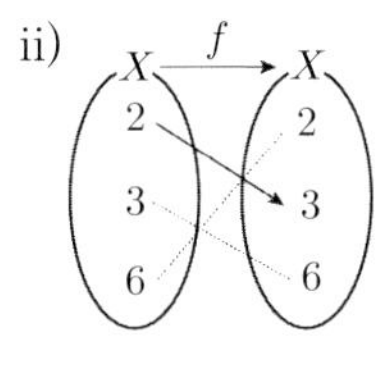


정답 ②

## 잎 8-3

풀이 $f(x)-f(-x)=0$에서 $f(x)=f(-x)$ …㉠
㉠을 만족시키는 $f(5)$, $f(-5)$, $f(0)$의 값을 수형도로 나타내면 다음과 같다.

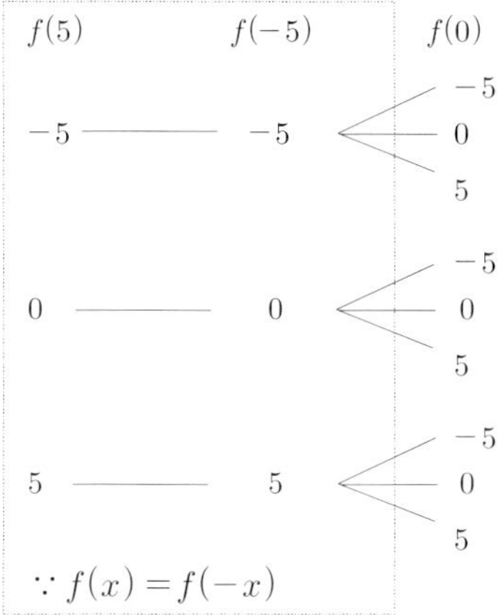


i) $f(5)$의 값이 될 수 있는 것은 $-5$, $0$, $5$ 중에서 하나이므로 3가지
ii) $f(-5)=f(5)$에서 $f(-5)$의 값이 될 수 있는 것은 $f(5)$의 값과 같으므로 1가지
iii) $f(0)$의 값이 될 수 있는 것은 $-5$, $0$, $5$ 중에서 하나이므로 3가지

따라서 주어진 조건을 만족시키는 함수 $f$의 개수는 $3\times1\times3=9$

정답 9

## 잎 8-4

핵심 항등함수 ⇨ $f(x)=x$

풀이 $f(x)=x^3+x^2-5x$가 항등함수가 되려면 $f(x)=x$를 만족해야 한다.
$x^3+x^2-5x=x$
$x^3+x^2-6x=0$, $x(x^2+x-6)=0$
$x(x+3)(x-2)=0$
$\therefore x=0$ 또는 $x=-3$ 또는 $x=2$
따라서 집합 $X$가 될 수 있는 것은 집합 $\{-3, 0, 2\}$의 부분집합 중에서 공집합이 아닌 것이므로 구하는 집합 $X$의 개수는
$2^3-1=7$

정답 7

## 잎 8-5

핵심 고정된 그래프를 먼저 그린 후, 움직이는 그래프를 조건에 맞게 그려본다.

풀이 고정된 직선 $y=x+2\ (x\geq1)$를 먼저 그린 후 움직이는 직선 $y=(a^2-2a)x+b\ (x<1)$를 조건에 맞게 그려본다.
함수 $f$는 실수 전체의 집합에서 정의되었으므로 정의역과 공역은 실수 전체의 집합이다.

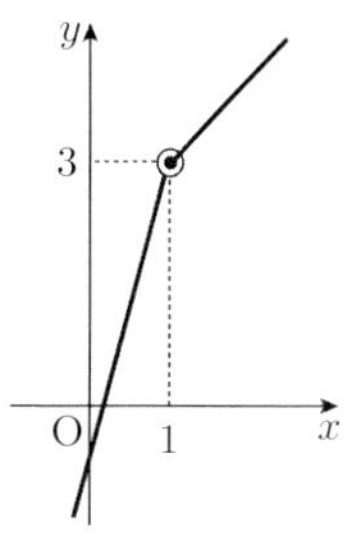


i) 일대일대응이면 (공역)=(치역)이므로 $x<1$인 영역의 직선 $y=(a^2-2a)x+b$가 점 $(1, 3)$을 지나야 한다. 따라서
$3=(a^2-2a)+b$ …㉠

ii) 일대일대응은 연속함수에서 증가함수 또는 감소함수이므로 그림과 같이 증가함수가 되기 위해서는 $x<1$인 영역에서 $y=(a^2-2a)x+b$의 기울기가 양수가 되어야 한다.
즉, $a^2-2a>0$ …㉡ 이어야 한다.
$\therefore a^2-2a=3-b>0$ ($\because$ ㉠, ㉡)
$\therefore b<3$
$\therefore a(a-2)>0$ $\quad\therefore a<0$ 또는 $a>2$

정답 $a<0$ 또는 $a>2$, $b<3$

## 잎 8-6

핵심 고정된 그래프를 먼저 그린 후, 움직이는 그래프를 조건에 맞게 그려본다.

**풀이** 고정된 직선 $y=\frac{1}{3}x\ (0\le x<3)$를 먼저 그린 후, 움직이는 직선 $y=ax+b\ (3\le x\le 6)$를 조건에 맞게 그려본다.

정의역 : $X=\{x\,|\,0\le x\le 6\}$

공역 : $Y=\{y\,|\,0\le y\le 6\}$

$0\le x<3$에서 함수 $f(x)=\frac{1}{3}x$의 치역은 $\{y\,|\,0\le y<1\}$이고

이때 일대일대응이면 (공역) = (치역)이므로 $3\le x\le 6$에서 함수 $f(x)=ax+b$의 치역은 $\{y\,|\,1\le y\le 6\}$이어야 한다.

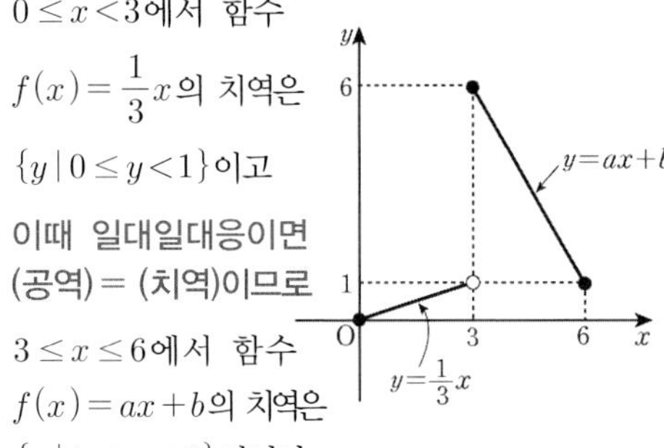


이때, $a<0$이므로 오른쪽 그림과 같이 $f(3)=6,\ f(6)=1$이다.

$f(x)=ax+b$에서 $3a+b=6,\ 6a+b=1$

두 식을 연립하여 풀면 $a=-\frac{5}{3},\ b=11$

**정답** $a=-\frac{5}{3},\ b=11$

## 잎 8-7

**풀이** 정의역 : $\{x\,|\,-1\le x\le 2\}$

공역 : $\{y\,|\,-1\le y\le 2\}$

이므로 오른쪽 그림의 색칠한 영역에서만 생각한다.

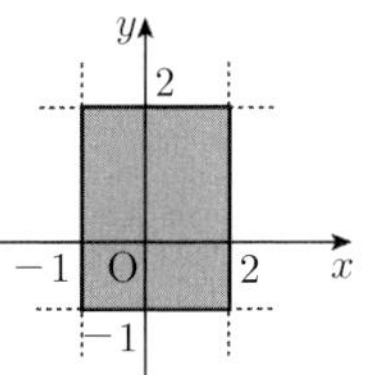


치역이 공역과 같으므로 치역은 $\{y\,|\,-1\le y\le 2\}$가 되어야 한다.

> 직선의 기울기가 고정되어 있지 않으면 (기울기)>0, (기울기)=0, (기울기)<0인 경우로 나누어 생각한다.

i) $a>0$일 때

(치역)=(공역)이 되려면 오른쪽 그림과 같이 $f(-1)=-1,\ f(2)=2$이어야 한다.

$f(x)=ax+b$에서

$-a+b=-1,\ 2a+b=2$

두 식을 연립하여 풀면 $a=1,\ b=0$

ii) $a=0$일 때, $f(x)=b$인 상수함수이므로 (치역)=(공역)이 될 수 없다.

iii) $a<0$일 때

(치역)=(공역)이 되려면 오른쪽 그림과 같이 $f(-1)=2,\ f(2)=-1$이어야 한다.

$f(x)=ax+b$에서

$-a+b=2,\ 2a+b=-1$

두 식을 연립하여 풀면 $a=-1,\ b=1$

**정답** $a=1,\ b=0$ 또는 $a=-1,\ b=1$

## 잎 8-8

**핵심** ⋆일대일대응 : 연속함수에서는 (공역)=(치역)인 증가함수 또는 감소함수이다.

**풀이** $f(x)=x^2+4x=(x+2)^2-4$의 그래프는 오른쪽 그림과 같다.

이차함수 $f(x)$가 일대일대응이 되려면 대칭축을 기준으로 한쪽 부분만 되어야 한다.

($\because$ 증가함수 또는 감소함수)

정의역이 $X=\{x\,|\,x\ge k\}$이므로 $k\ge -2$일 때, 우측부분만 해당되어 증가함수가 된다.

또, 정의역 : $\{x\,|\,x\ge k\}$, 공역 : $\{y\,|\,y\ge k\}$, 치역 : $\{y\,|\,y\ge f(k)\}$이므로 오른쪽 그림의 색칠한 영역에서만 생각한다.

이때, 일대일대응이면 (공역)=(치역)이므로 $f(k)=k$이어야 한다.

$k^2+4k=k,\ k^2+3k=0,\ k(k+3)=0$

$\therefore k=-3$ 또는 $k=0$

그런데 $k\ge -2$이므로 $k=0$

**정답** 0

## 잎 8-9

**핵심** 항등함수 ⇨ $f(x)=x$

**풀이** 함수 $f$가 항등함수이므로 $f(x)=x$이다.

i) $x<1$일 때

$f(x)=-2$이므로 $x=-2$

ii) $x\ge1$일 때

$f(x)=3x-8$에서 $3x-8=x$ $\quad\therefore x=4$

i), ii)에서 $X=\{-2, 4\}$

$\therefore ab=(-2)\times4=-8$

**정답** $-8$

## 잎 8-10

**핵심** 항등함수 ⇨ $f(x)=x$

**풀이** 집합 $X=\{-1, 0, 1\}$에서 정의된 함수 $f(x)=ax^5$이 항등함수이므로

$f(-1)=-1$, $f(0)=0$, $f(1)=1$이다.

$a\cdot(-1)^5=-1$, $a\cdot0^5=0$, $a\cdot1^5=1^5$

$\therefore a=1$

**정답** 1

## 잎 8-11

**핵심** (치역)$\subset$(공역), 즉 치역은 공역의 부분집합이다.

**풀이** 정의역 : $X=\{x\,|\,-1\le x\le2\}$

공역 : $Y=\{y\,|\,-2\le y\le3\}$

이므로 오른쪽 그림의 색칠한 영역에서만 생각한다.

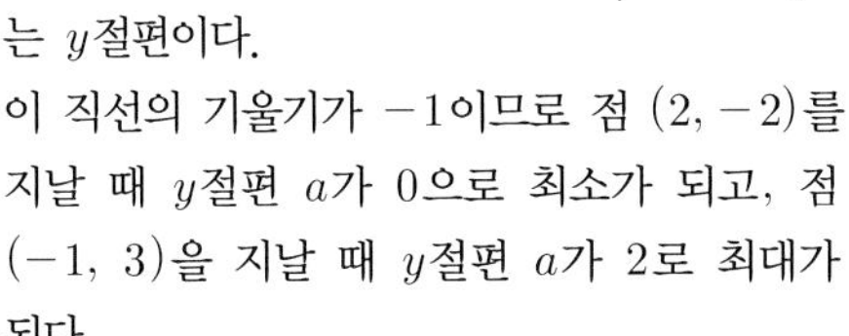


이 직선의 치역은 공역의 범위를 벗어날 수 없다.

직선 $y=-x+a$에서 $a$는 $y$절편이다.

이 직선의 기울기가 $-1$이므로 점 $(2, -2)$를 지날 때 $y$절편 $a$가 0으로 최소가 되고, 점 $(-1, 3)$을 지날 때 $y$절편 $a$가 2로 최대가 된다.

따라서 $0\le a\le2$

**정답** $0\le a\le2$

## 잎 8-12

**핵심** (치역)$\subset$(공역), 즉 치역은 공역의 부분집합이다.

**풀이** $y=m(x+1)+1$이므로 기울기는 $m$이고 반드시 점 $(-1, 1)$을 지난다.

> $\because x=-1$이면 $y=m\cdot0+1$이므로 $m$에 어떤 값을 대입하여도 $y=1$이다.

정의역 : $\{x\,|\,-1\le x\le3\}$

공역 : $\{y\,|\,-2\le y\le2\}$

이므로 우측 그림의 색칠한 영역에서만 생각한다.

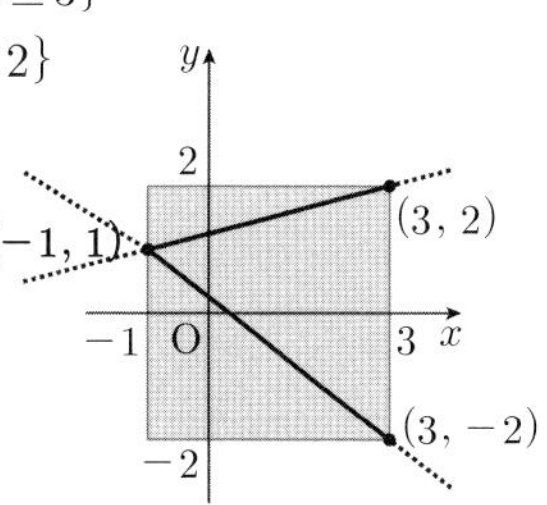


이 직선의 치역은 공역의 범위를 벗어날 수 없으므로

기울기 $m$은 두 점 $(-1, 1)$, $(3, 2)$를 지나는 직선의 기울기 $\dfrac{2-1}{3-(-1)}=\dfrac{1}{4}$보다 작거나 같고,

두 점 $(-1, 1)$, $(3, -2)$를 지나는 직선의 기울기 $\dfrac{-2-1}{3-(-1)}=\dfrac{-3}{4}$보다 크거나 같다.

따라서 $m$의 값의 범위는 $-\dfrac{3}{4}\le m\le\dfrac{1}{4}$

**정답** $-\dfrac{3}{4}\le m\le\dfrac{1}{4}$

## 잎 8-13

**핵심** $\{f(x)\,|\,x\in X\}=Y$에서 좌변은 치역, 우변은 공역이므로 (치역)=(공역)이라는 뜻이다.

**풀이** $f(x)=x+a$는 연속함수이면서 증가함수이고 $\{f(x)\,|\,x\in X\}=Y$이므로 일대일대응이다.

정의역 : $\{x\,|\,-1\le x\le2\}$

공역 : $\{y\,|\,-2\le y\le b\}$

이므로 우측 그림의 색칠한 영역에서만 생각한다.

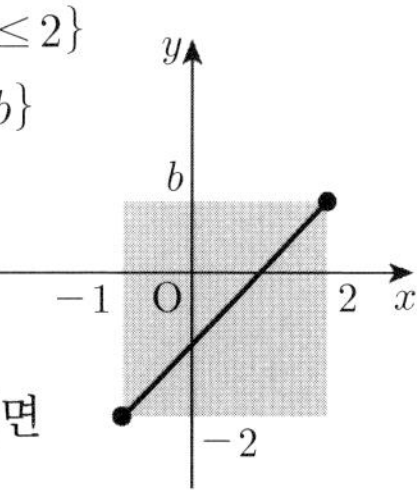


(공역)=(치역)이 되려면 오른쪽 그림과 같이

$f(-1)=-2$, $f(2)=b$이어야 한다.

$f(x)=x+a$에서 $-1+a=-2$, $2+a=b$

두 식을 연립하여 풀면 $a=-1$, $b=1$

**정답** $a=-1$, $b=1$

CHAPTER **8** 함수(2)

본문 p.205

## 풀이 줄기 문제

### [줄기 4-1]

풀이 1) $(g \circ f)(-1)=g(f(-1))=g(2)=-1$

2) $(f \circ g)(3)=f(g(3))=f(2)=1$

3) ⋆$g \circ f$의 치역은 $\{-1, 0, 2\}$가 아니다!

$(g \circ f)(-1)=-1$, $(g \circ f)(0)=-1$

$(g \circ f)(1)=2$, $(g \circ f)(2)=-1$

따라서 $g \circ f$의 치역은 $\{-1, 2\}$이다.

정답 1) $-1$ 2) $1$ 3) $\{-1, 2\}$

### [줄기 4-2]

풀이 $(f \circ g)(x)=f(g(x))=f(2x-3)$

$=(2x-3)+k=2x-3+k$

$(g \circ f)(x)=g(f(x))=g(x+k)$

$=2(x+k)-3=2x+2k-3$

$f \circ g=g \circ f$이므로 $(f \circ g)(x)=(g \circ f)(x)$

따라서 $2x-3+k=2x+2k-3$

$-3+k=2k-3$ $\therefore k=0$

정답 0

### [줄기 4-3]

풀이 일차함수 $g(x)$이므로

$g(x)=ax+b$ (단, $a \neq 0$)라 하면

$(f \circ g)(x)=f(g(x))$

$=f(ax+b)=-(ax+b)+3$

$=-ax-b+3$

$(g \circ f)(x)=g(f(x))$

$=g(-x+3)=a(-x+3)+b$

$=-ax+3a+b$

$f \circ g=g \circ f$, 즉 $(f \circ g)(x)=(g \circ f)(x)$이므로

$-ax-b+3=-ax+3a+b$

$-b+3=3a+b$ $\therefore 3a+2b=3$ ⋯ ㉠

한편 $g(1)=2$이므로 $a+b=2$ ⋯ ㉡

㉠, ㉡을 연립하여 풀면 $a=-1$, $b=3$

$\therefore g(x)=-x+3$

정답 $g(x)=-x+3$

### [줄기 4-4]

풀이 $(h \circ g)(x)=x^2-1$, $f(x)=2x-3$

$(h \circ (g \circ f))(4)=((h \circ g) \circ f)(4)$ ($\because$ 결합법칙)

$=(h \circ g)(f(4))$

$=(h \circ g)(5)$ ($\because f(4)=5$)

※ $(h \circ g)(x)=x^2-1$

$=5^2-1=24$

정답 24

### [줄기 4-5]

풀이 $f\left(\dfrac{x-2}{x+2}\right)=x^2+2x-1$ ⋯㉠에서

$f(3)+f(2)$의 값을 구해야 하므로

i) $\dfrac{x-2}{x+2}=3$이라 하면 $x=-4$ ⋯㉡

$x-2=3x+6$, $2x=-8$ $\therefore x=-4$

㉡을 ㉠에 대입하면

$f(3)=(-4)^2+2\cdot(-4)-1=7$

ii) $\dfrac{x-2}{x+2}=2$라 하면 $x=-6$ ⋯㉢

$x-2=2x+4$ $\therefore x=-6$

㉢을 ㉠에 대입하면

$f(2)=(-6)^2+2\cdot(-6)-1=23$

$\therefore f(3)+f(2)=7+23=30$

정답 30

### [줄기 4-6]

풀이 $(g \circ f)(x)=x$, 즉 $g(f(x))=x$이므로

$g\left(\dfrac{2x+1}{x+1}\right)=x$ ⋯ ㉠

$\dfrac{2x+1}{x+1}=t$라 하면 $x=\dfrac{1-t}{t-2}$ ⋯ ㉡

$2x+1=tx+t$, $(t-2)x=1-t$ $\therefore x=\dfrac{1-t}{t-2}$

㉡을 ㉠에 대입하면

$g(t)=\dfrac{1-t}{t-2}$ $\quad\therefore g(x)=\dfrac{1-x}{x-2}$

정답 $g(x)=\dfrac{-x+1}{x-2}$

## 줄기 4-7

풀이 1) $f(x)=2x-1,\ g(x)=3x+2$일 때,

$(h\circ g\circ f)(x)=g(x)\ \cdots$ ㉠이므로

$(h\circ g\circ f)(x)=h(g(f(x)))$
$=h(g(2x-1))$
$=h(3(2x-1)+2)$
$=h(6x-1)$

$h(6x-1)=3x+2\ \cdots$ ㉡ ($\because$ ㉠)

$6x-1=t$라 하면 $x=\dfrac{t+1}{6}$

이것을 ㉡에 대입하면

$h(t)=3\cdot\left(\dfrac{t+1}{6}\right)+2=\dfrac{t+5}{2}$

$\therefore h(x)=\dfrac{x+5}{2}$

2) $f(x)=2x-1,\ g(x)=3x+2$일 때,

$(g\circ h)(x)=f(x)\ \cdots$ ㉠이므로

$(g\circ h)(x)=g(h(x))$
$=3h(x)+2$

$3h(x)+2=2x-1$ ($\because$ ㉠)

$3h(x)=2x-3$ $\quad\therefore h(x)=\dfrac{2x-3}{3}$

정답 1) $h(x)=\dfrac{x+5}{2}$ 2) $h(x)=\dfrac{2x-3}{3}$

## 줄기 4-8

풀이 1) $f(x)=3x+1,\ g(x)=x-2$일 때,

$(h\circ g\circ f)(x)=f(x)\ \cdots$ ㉠이므로

$(h\circ g\circ f)(x)=h(g(f(x)))$
$=h(g(3x+1))$
$=h((3x+1)-2)$
$=h(3x-1)$

$h(3x-1)=3x+1\ \cdots$ ㉡ ($\because$ ㉠)

$3x-1=t$라 하면 $x=\dfrac{t+1}{3}$

이것을 ㉡에 대입하면

$h(t)=3\cdot\left(\dfrac{t+1}{3}\right)+1=t+2$

$\therefore h(x)=x+2$

2) $f(x)=3x+1,\ g(x)=x-2$일 때,

$(g\circ h)(x)=g(x)\ \cdots$ ㉠이므로

$(g\circ h)(x)=g(h(x))$
$=h(x)-2$

$h(x)-2=x-2$ ($\because$ ㉠)

$\therefore h(x)=x$

정답 1) $h(x)=x+2$ 2) $h(x)=x$

## 줄기 4-9

풀이 i) $x$가 유리수일 때

$(f\circ f\circ f)(x)=f(f(f(x)))=f(f(\sqrt{2}))$
$=f(\sqrt{3})=\sqrt{3}$

ii) $x$가 무리수일 때

$(f\circ f\circ f)(x)=f(f(f(x)))=f(f(\sqrt{3}))$
$=f(\sqrt{3})=\sqrt{3}$

i), ii)에서 $(f\circ f\circ f)(x)=\sqrt{3}$

정답 $\sqrt{3}$

## 줄기 4-10

풀이 직선 $y=x$를 이용하여 $x$축과 점선이 만나는 점의 $x$좌표를 구하면 다음 그림과 같다.

1)

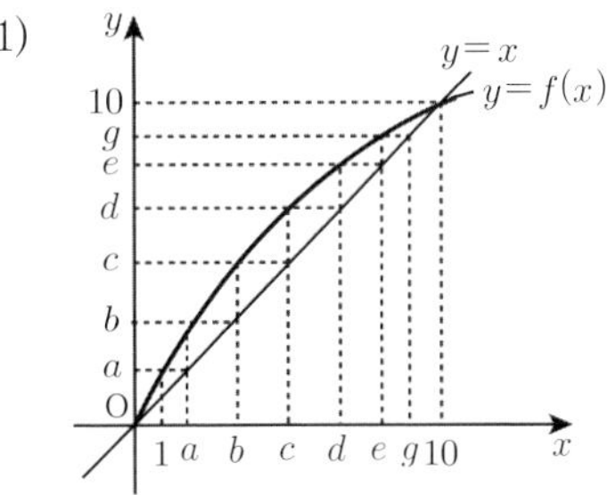


$(f\circ f\circ f\circ f\circ f)(1)=f(f(f(f(f(1)))))$
$=f(f(f(f(a))))$
$=f(f(f(b)))$
$=f(f(c))$
$=f(d)=e$

2)

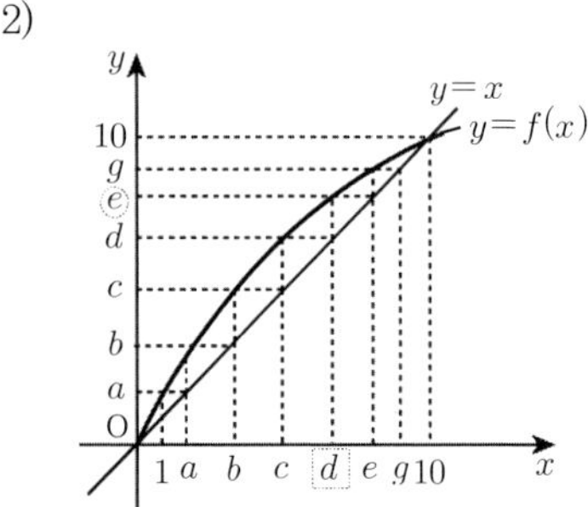


$(f\circ f)(x)=e$는 $f(f(x))=e$이므로

$f(\quad)=e$이다.

따라서 $\square=d$이므로 $f(x)=d$이다.

$\therefore x=c$

3)

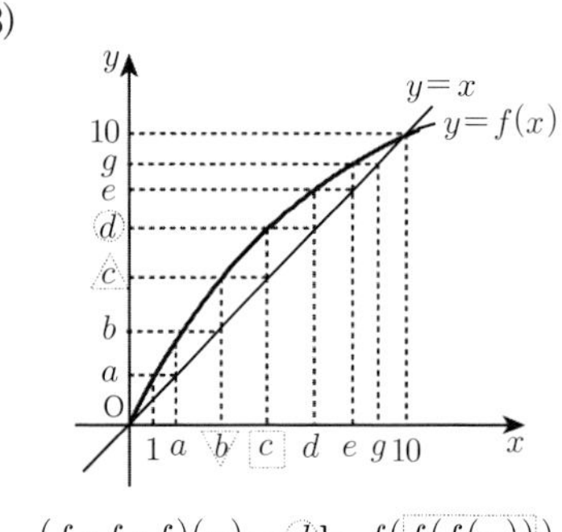


$(f\circ f\circ f)(x)=d$는 $f(f(f(x)))=d$

이므로 $f(\quad)=d$이다.

따라서 $\square=c$이므로 $f(f(x))=c$

$f(f(x))=c$이므로 $f(\bigtriangledown)=c$이다.

따라서 $\bigtriangledown=b$이므로 $f(x)=b$이다.

$\therefore x=a$

**정답** 1) $e$　2) $c$　3) $a$

## [줄기 4-11]

**핵심** $y=f(g(x))$의 그래프는 $y=f(\square)$의 그래프의 개형을 이용하여 그린다.

**풀이** $0\le x\le 2$일 때, $y=f(x)$의 그래프의 개형은 ∧ 이다.

$y=f(g(x))$에서 $g(x)=X$라 하면 $X$의 값의 범위는 $y=f(X)$의 정의역의 범위가 된다.

따라서 $X=g(x)$의 값의 범위를 구하면

$0\le x\le 2$일 때, $2\ge X\ge 0$이므로

$y=f(X)$의 그래프의 개형은 ∧ 이다.

이때, 그래프는 $X$축에 대하여 그리는 것이 아니라 $x$축에 대하여 그리므로 오른쪽 그림과 같다.

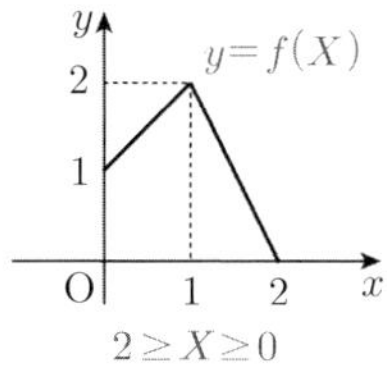


**정답** 풀이 참조

## [줄기 4-12]

**핵심** $y=g(f(x))$의 그래프는 $y=g(\square)$의 그래프의 개형을 이용하여 그린다.

**풀이** $-1\le x\le 1$일 때, $y=g(x)$의 그래프의 개형은 ∧ 이다.

$y=g(f(x))$에서 $f(x)=X$라 하면 $X$의 값의 범위는 $y=g(X)$의 정의역의 범위가 된다.

따라서 $X=f(x)$의 값의 범위를 구하면

$0\le x\le 2$일 때, $-1\le X\le 1$이므로

$y=g(X)$의 그래프의 개형은 ∧ 이다.

이때, 그래프는 $X$축에 대하여 그리는 것이 아니라 $x$축에 대하여 그리므로 오른쪽 그림과 같다.

**정답** 풀이 참조

## [줄기 4-13]

**풀이** $y=g(f(x))$에서 $f(x)=X$라 하면 $X$의 값의 범위는 $y=g(X)$의 정의역의 범위가 된다.

따라서 $X=f(x)$의 값을 구하면

i) $x<1$일 때, $X=1$이므로

$y=g(X)=g(1)=1$

$\therefore y=1$

ii) $x\ge 1$일 때, $X=3$이므로

$y=g(X)=g(3)=1$

$\therefore y=1$

따라서 $y=g(X)$의 그래프는 우측 그림과 같다.

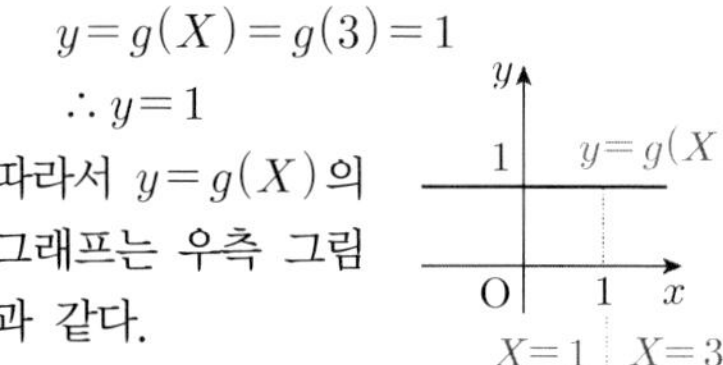


**정답** 풀이 참조

## [줄기 5-1]

**풀이** 어떤 함수의 역함수가 존재하기 위한 필요충분 조건은 그 함수가 일대일대응인 것이다.

① 연속함수이지만 증가함수도, 감소함수도 아니므로 일대일함수가 아니다.
따라서 일대일대응이 아니다.

② 연속함수이지만 증가함수도, 감소함수도 아니므로 일대일함수가 아니다.
따라서 일대일대응이 아니다.

③ 연속함수이면서 (공역)=(치역)인 감소함수이므로 일대일대응이다.
(공역, 치역 : 실수 전체의 집합)

④ 연속함수이면서 (공역)=(치역)인 증가함수이므로 일대일대응이다.
(공역, 치역 : 실수 전체의 집합)

⑤ 그래프 중간에 상수함수의 꼴이 있으므로 일대일대응이 아니다.

⑥ 그래프 우측에 상수함수의 꼴이 있으므로 일대일대응이 아니다.

역함수가 존재하는 것은 일대일대응이므로 ③, ④

**참고** 정의역의 원소가 2개 이상인 상수함수는 일대일대응이 될 수 없다. 따라서 역함수가 존재하지 않는다.

예)

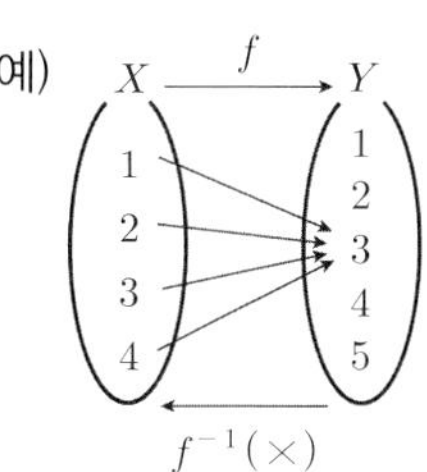


**정답** ③, ④

## [줄기 5-2]

**핵심** 함수는 실수의 범위에서 정의된다.
따라서 함수에서는 허수를 다루지 않는다.

**풀이** $f^{-1}(-2)=a$라 하면 $f(a)=-2$이므로

$a^3-1=-2 \quad \therefore a=-1$

$\therefore f^{-1}(-2)=-1$

$f^{-1}(26)=b$라 하면 $f(b)=26$이므로

$b^3-1=26 \quad \therefore b=3$

$\therefore f^{-1}(26)=3$

따라서 $f^{-1}(-2)+f^{-1}(26)=-1+3=2$

**정답** 2

## [줄기 5-3]

**풀이** 함수 $f$의 역함수 $f^{-1}$가 존재하므로 두 함수 $f$, $f^{-1}$는 모두 $X$에서 $X$로의 일대일대응이다.
따라서 정의역 $X$의 각 원소 1, 3, 5는 공역 $X$의 각 원소 1, 3, 5에 하나씩 모두 대응된다.
($\because$ (공역)=(치역)이므로)

i) $f(1)+f(3)+f(5)$의 값은
$X=\{1, 3, 5\}$의 원소의 합과 같다.

ii) $f^{-1}(1)+f^{-1}(3)+f^{-1}(5)$의 값은
$X=\{1, 3, 5\}$의 원소의 합과 같다.

**정답** 9, 9

## [줄기 5-4]

**핵심** 고정된 직선 $y=x+2\ (x\geq 1)$를 먼저 그린 후 움직이는 직선 $y=(a^2-2a)x+b\ (x<1)$를 조건에 맞게 그려본다.

**풀이** 함수 $f(x)$의 역함수가 존재하면 $f(x)$는 일대일대응이다. 이때, 함수 $f(x)$는 실수 전체의 집합에서 정의되었으므로 정의역과 공역은 실수 전체의 집합이다.

i) 일대일대응이면 (공역)=(치역)이므로 $x<1$인 영역의 직선 $y=ax+b$가 점 $(1, 3)$을 지난다.
$\therefore 3=a+b \cdots ㉠$

ii) 일대일대응은 연속함수에서 증가함수 또는 감소함수이므로 그림과 같이 증가함수가 되기 위해서는 $x<1$인 영역에서 직선 $y=ax+b$의 기울기가 양수가 되어야 한다.
즉, $a>0 \cdots ㉡$
$\therefore a=3-b>0$ ($\because$ ㉠, ㉡) $\quad \therefore b<3$

※ 뿌리 3-5)와 같은 문제이다. [p.201]

**정답** $b<3$

## [줄기 5-5]

**풀이** 함수 $f(x)$의 역함수가 존재하면 $f(x)$는 일대일대응이다. 이때, 함수 $f(x)$의 공역이 주어져 있지 않으므로 공역은 실수 전체의 집합이다.

$f(x)=|x-1|+kx+1$에서

i) $x \geq 1$일 때

$f(x)=x-1+kx+1=(k+1)x$ ⋯ ㉠

ii) $x<1$일 때

$f(x)=-(x-1)+kx+1=(k-1)x+2$ ⋯ ㉡

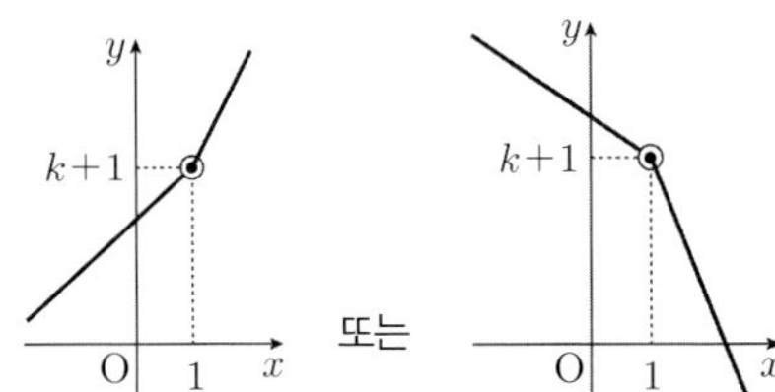


일대일대응이면 (공역)=(치역)이어야 하므로 $f(x)$의 그래프는 점 $(1, k+1)$을 지난다.

일대일대응은 연속함수에서 증가함수 또는 감소함수이므로 그림과 같이 직선 ㉠, ㉡의 기울기의 부호가 같아야 한다. 즉

$(k+1)(k-1)>0$ $\quad \therefore k<-1$ 또는 $k>1$

**참고** **정의역이나 공역이 주어져 있지 않은 경우**
⇨ 정의역은 함수가 정의되는 모든 실수의 집합으로, 공역은 실수 전체의 집합으로 생각한다.

**정답** $k<-1$ 또는 $k>1$

## [줄기 5-6]

**풀이** 정의역 : $\{x \mid -2 \leq x \leq 3\}$

공역 : $\{y \mid 0 \leq y \leq 4\}$

이므로 오른쪽 그림의 색칠한 영역에서만 영역에서만 생각한다.

직선의 기울기가 고정되어 있지 않으면 (기울기)>0, (기울기)=0, (기울기)<0 인 경우로 나누어 생각한다.

함수 $f(x)$의 역함수가 존재하면 $f(x)$는 일대일대응이다.

$f(x)=ax+b$에서

i) $a>0$일 때

(공역)=(치역)인 일대일대응이 되려면 오른쪽 그림과 같아야 하므로

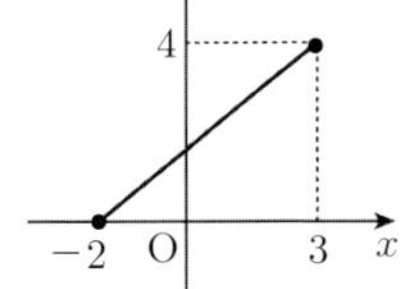


$f(-2)=0$, $f(3)=4$

$f(x)=ax+b$에서

$-2a+b=0$, $3a+b=4$

두 식을 연립하여 풀면

$a=\dfrac{4}{5}$, $b=\dfrac{8}{5}$

ii) $a=0$일 때, $f(x)=b$인 상수함수이므로 일대일대응이 될 수 없다.

iii) $a<0$일 때

(공역)=(치역)인 일대일대응이 되려면 오른쪽 그림과 같아야 하므로

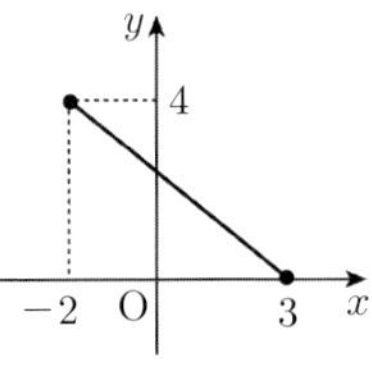

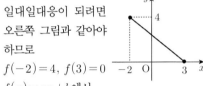

$f(-2)=4$, $f(3)=0$

$f(x)=ax+b$에서

$-2a+b=4$, $3a+b=0$

두 식을 연립하여 풀면

$a=-\dfrac{4}{5}$, $b=\dfrac{12}{5}$

※ 뿌리 3-4)와 같은 문제이다. [p.201]

**정답** $a=\dfrac{4}{5}$, $b=\dfrac{8}{5}$ 또는 $a=-\dfrac{4}{5}$, $b=\dfrac{12}{5}$

## [줄기 6-1]

**풀이** 1) $f(1)=4$

2) $f^{-1}(6)=3$

3) $(f^{-1})^{-1}(1)=f(1)=4$

4) $f^{-1} \circ f(5)=I(5)=5$ ($I$는 항등함수)

5) $f \circ f^{-1}=I(6)=6$ ($I$는 항등함수)

**정답** 1) 4 2) 3 3) 4 4) 5 5) 6

## [줄기 6-2]

**핵심** $f^{-1}\circ g^{-1}=(g\circ f)^{-1}$
$(f^{-1}\circ g^{-1})(x)=(g\circ f)^{-1}(x)$

**풀이** $f(x)=2x-1$, 즉 $y=2x-1$에서 $x$ 대신 $y$, $y$ 대신 $x$를 대입하면

$x=2y-1 \quad \therefore y=\frac{1}{2}(x+1)$

$\therefore f^{-1}(x)=\frac{1}{2}x+\frac{1}{2}$

$g(x)=-2x+3$, 즉 $y=-2x+3$에서 $x$ 대신 $y$, $y$ 대신 $x$를 대입하면

$x=-2y+3 \quad \therefore y=-\frac{1}{2}(x-3)$

$\therefore g^{-1}(x)=-\frac{1}{2}x+\frac{3}{2}$

$$\begin{aligned}\therefore (f^{-1}\circ g^{-1})(x)&=f^{-1}(g^{-1}(x))\\&=f^{-1}\left(-\frac{1}{2}x+\frac{3}{2}\right)\\&=\frac{1}{2}\left(-\frac{1}{2}x+\frac{3}{2}\right)+\frac{1}{2}\\&=-\frac{1}{4}x+\frac{5}{4}\end{aligned}$$

$$\begin{aligned}(g\circ f)(x)&=g(f(x))=g(2x-1)\\&=-2(2x-1)+3=-4x+5\end{aligned}$$

$(g\circ f)(x)=-4x+5$, 즉 $y=-4x+5$에서 $x$ 대신 $y$, $y$ 대신 $x$를 대입하면

$x=-4y+5 \quad \therefore y=-\frac{1}{4}(x-5)$

$\therefore (g\circ f)^{-1}(x)=-\frac{1}{4}x+\frac{5}{4}$

**정답** $(f^{-1}\circ g^{-1})(x)=(g\circ f)^{-1}(x)=-\frac{1}{4}x+\frac{5}{4}$

## [줄기 6-3]

**풀이** $f\left(\frac{2x-1}{3}\right)=4x-5 \cdots$ ㉠

$\frac{2x-1}{3}=t$로 놓으면 $x=\frac{3t+1}{2}$

이것을 ㉠에 대입하면

$f(t)=4\cdot\frac{3t+1}{2}-5=6t-3$

$\therefore f(x)=6x-3$

$f(x)=6x-3$, 즉 $y=6x-3$에서 $x$ 대신 $y$, $y$ 대신 $x$를 대입하면

$x=6y-3 \quad \therefore y=\frac{1}{6}(x+3)$

$\therefore f^{-1}(x)=\frac{x}{6}+\frac{1}{2}$

**정답** $f^{-1}(x)=\frac{x}{6}+\frac{1}{2}$

## [줄기 6-4]

**풀이** $f^{-1}(-2)=3$에서 $f(3)=-2$이므로

$2\cdot3+a=-2 \quad \therefore a=-8$

$g^{-1}(5)=-2$에서 $g(-2)=5$이므로

$-3\cdot(-2)+b=5 \quad \therefore b=-1$

**정답** $a=-8$, $b=-1$

## [줄기 6-5]

**핵심** $(f\circ g)^{-1}=g^{-1}\circ f^{-1}$

**풀이** $(f^{-1}\circ(f\circ g)^{-1}\circ f)(1)$
$=(f^{-1}\circ g^{-1}\circ f^{-1}\circ f)(1)$
$=(f^{-1}\circ g^{-1}\circ I)(1)$ (단, $I$는 항등함수)
$=(f^{-1}\circ g^{-1})(1)$
$=f^{-1}(g^{-1}(1))$

$g^{-1}(1)=a$라 하면 $g(a)=1$이므로

$\frac{1}{2}a+2=1 \quad \therefore a=-2$

$\therefore g^{-1}(1)=-2$

$\therefore f^{-1}(g^{-1}(1))=f^{-1}(-2)$

$f^{-1}(-2)=b$라 하면 $f(b)=-2$이므로

$-3b+1=-2 \quad \therefore b=1$

$\therefore f^{-1}(-2)=1$

$$\begin{aligned}\therefore (f^{-1}\circ(f\circ g)^{-1}\circ f)(1)&=f^{-1}(g^{-1}(1))\\&=f^{-1}(-2)\\&=1\end{aligned}$$

**정답** 1

## [줄기 6-6]

**풀이** $f\left(\dfrac{2x-1}{3}\right)=4x-5 \cdots$ ㉠

$\dfrac{2x-1}{3}=t$로 놓으면 $x=\dfrac{3t+1}{2}$

이것을 ㉠에 대입하면

$f(t)=4\cdot\dfrac{3t+1}{2}-5=6t-3$

$\therefore f(x)=6x-3$

$f^{-1}(3)=k$라 하면 $f(k)=3$이므로

$6k-3=3 \quad \therefore k=1$

$\therefore f^{-1}(3)=1$

**정답** 1

## [줄기 6-7]

**핵심** ⋆두 함수의 합성이 항등함수가 되면 두 함수는 서로가 서로의 역함수이다. [p.219]

**풀이** $f^{-1}\circ g^{-1}\circ h=I \Rightarrow (f^{-1}\circ g^{-1})\circ h=I$

($I$는 항등함수)

$(f^{-1}\circ g^{-1})$를 하나의 함수로 보면 두 함수 ▭, ◯의 합성이 항등함수가 되면 두 함수는 서로가 서로의 역함수이므로

$h=(f^{-1}\circ g^{-1})^{-1} \quad \therefore h=g\circ f$

$h(x)=(g\circ f)(x)=g(f(x))=g(2x-3)$

$=-(2x-3)+2$

$\therefore h(x)=-2x+5$

**정답** $h(x)=-2x+5$

## [줄기 6-8]

**핵심** ⋆$y$축을 $x$축으로, $x$축을 $y$축으로 바꾸면 함수의 그래프가 역함수의 그래프가 된다. [p.224]

**풀이** 직선 $y=x$를 이용하여 좌표축과 점선이 만나는 점의 좌표를 구하면 오른쪽 그림과 같다.

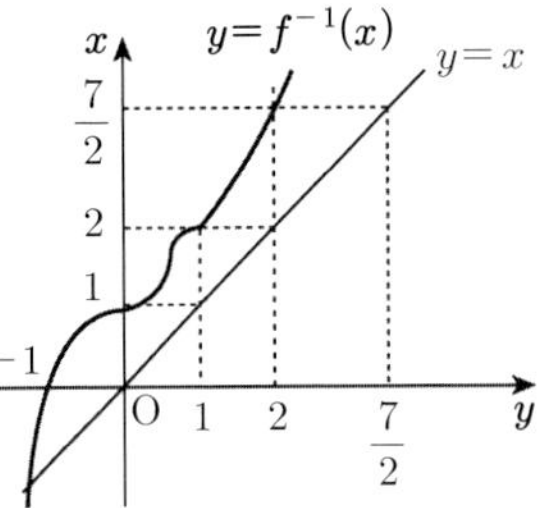


$y=f^{-1}(x)$의 그래프는 그림 같으므로

$f^{-1}(0)=-1,\ f^{-1}(1)=0,\ f^{-1}(2)=1,$

$f^{-1}\left(\dfrac{7}{2}\right)=2$

1) $(f\circ f)(0)=f(f(0))=f(1)=2$

$(f^{-1}\circ f)\left(\dfrac{7}{2}\right)=I\left(\dfrac{7}{2}\right)=\dfrac{7}{2}$ ($I$는 항등함수)

$f^{-1}(0)=-1$

따라서

$(f\circ f)(0)+(f^{-1}\circ f)\left(\dfrac{7}{2}\right)+f^{-1}(0)$

$=2+\dfrac{7}{2}+(-1)=\dfrac{9}{2}$

2) $(f^{-1}\circ f^{-1})\left(\dfrac{7}{2}\right)=f^{-1}\left(f^{-1}\left(\dfrac{7}{2}\right)\right)$

$=f^{-1}(2)=1$

**정답** 1) $\dfrac{9}{2}$ 2) 1

## [줄기 6-9]

**방법Ⅰ** 「강추」 함수 $y=f(x)$와 그 역함수 $y=f^{-1}(x)$의 그래프의 교점은 함수 $y=f(x)$의 그래프와 직선 $y=x$의 교점과 같으므로

$2x-1=x \quad \therefore x=1$

따라서 교점의 좌표는 $(1,\ 1)$

($\because$ 교점은 직선 $y=x$ 위에 있다.)

**방법Ⅱ** 「비추」 $f(x)=2x-1$, 즉 $y=2x-1$에서 $x$ 대신 $y$, $y$ 대신 $x$를 대입하면

$x=2y-1 \quad \therefore y=\dfrac{1}{2}(x+1)$

$\therefore f^{-1}(x)=\dfrac{1}{2}(x+1)$

$y=2x-1$과 $y=\dfrac{1}{2}(x+1)$을 연립하여 풀면

$2x-1=\dfrac{1}{2}(x+1),\ 4x-2=x+1 \quad \therefore x=1$

이때, $x=1$을 $y=2x-1$에 대입하면 $y=1$

따라서 교점의 좌표는 $(1,\ 1)$

**정답** $(1,\ 1)$

## [줄기 6-10]

**풀이** 함수의 그래프와 그 역함수의 그래프의 교점의 $x$좌표가 3이면 $y$좌표도 3이다.
($\because$ 교점은 직선 $y=x$ 위의 점이다.)
$x=3$, $y=3$을 $y=-2x+a$에 대입하면
$3=-2\cdot 3+a \quad \therefore a=9$

**정답** 9

## [줄기 6-11]

**풀이** 함수 $y=x^2-6x\ (x\geq 3)$의 그래프와 그 역함수 $y=f^{-1}(x)$의 그래프의 교점은 함수 $y=x^2-6x\ (x\geq 3)$의 그래프와 직선 $y=x$의 교점과 같다.
따라서 교점을 $(a, b)$라 하면 $a=b$이다.
($\because$ 교점은 직선 $y=x$ 위의 점이다.)
즉, 점 $(a, a)$가 함수 $y=x^2-6x$의 그래프 위의 점이므로
$a=a^2-6a,\quad a^2-7a=0,\quad a(a-7)=0$
$\therefore a=7\ (\because a\geq 3) \quad \therefore b=7\ (\because a=b)$

**주의** 줄기 6-11)의 질문에서 역함수가 존재하려면 함수 '$f(x)=x^2-6x\ (x\geq 3,\ y\geq -9)$'로 나타내어야 맞지만 ($\because$ (공역)=(치역)) 함수 '$f(x)=x^2-6x\ (x\geq 3)$'와 같이 공역을 생략하고 나타내는 경우도 있다. [p.215]

**정답** $a=7$, $b=7$

## [줄기 6-12]

**풀이** 함수 $y=x^2-2x+2\ (x\geq 1)$의 그래프와 그 역함수 $y=f^{-1}(x)$의 그래프의 교점은 함수 $y=x^2-2x+2\ (x\geq 1)$의 그래프와 직선 $y=x$의 교점과 같으므로
$x^2-2x+2=x,\quad x^2-3x+2=0$
$(x-1)(x-2)=0$
$\therefore x=1$ 또는 $x=2$
따라서 두 교점은 $(1, 1)$, $(2, 2)$
($\because$ 교점은 직선 $y=x$ 위에 있다.)

**주의** 줄기 6-12)의 질문에서 역함수가 존재하려면 (공역)=(치역)이므로 '$x\geq 1$, $y\geq 1$에서 정의된 함수 $f(x)=x^2-2x+2$'로 나타내어야 맞지만 '$x\geq 1$에서 정의된 $f(x)=x^2-2x+2$'와 같이 공역을 생략하고 나타내는 경우도 있다.

**정답** $(1, 1)$, $(2, 2)$

## [줄기 6-13]

**풀이** 점 A의 $x$좌표가 $a$이므로 점 A의 좌표는 $(a, f(a))$이다.
점 A와 점 B가 직선 $y=x$에 대하여 대칭이므로 점 B의 좌표는 $(f(a), a)$이다.
점 B의 $y$좌표와 점 C의 $y$좌표가 같으므로 점 C의 $y$좌표가 $a$일 때, 점 C의 $x$좌표는
$a=f(x) \quad \therefore x=f^{-1}(a)$
따라서 점 C의 좌표는 $(f^{-1}(a), a)$
점 C와 점 D는 직선 $y=x$에 대하여 대칭이므로 점 D의 좌표는 $(a, f^{-1}(a))$이다.

**정답** ③

# 풀이 잎 문제

## 잎 8-1

**풀이** $f(x)=2x+3$에서
$f(2)=7$, $f(7)=17$, $f(17)=37$이다.
$(f\circ f\circ f)(2)=f(f(f(2)))=f(f(7))$
$=f(17)=37$

**정답** 37

## 잎 8-2

**핵심** $f^{2010}$, $f^{2011}$과 같이 지수의 수가 너무 큰 경우 ⇨ $f^1, f^2, f^3, \cdots$ 을 차례로 구하여 $f^n$의 규칙성을 찾는다.

(익히는 방법)
두 화살표가 평행하고 한 화살표가 평행한 두 화살표를 가로지르는 꼴이면 $f^3 = I$이다.

↳이 예는 자주 이용되므로 반드시 기억하자! [참고 잎 8-17]

**풀이**

$f^3(x) = x$이므로 $f^3 = I$ ($I$는 항등함수)

$f^{2010}(2) = (f^3)^{670}(2) = I^{670}(2) = I(2) = 2$

$f^{2011}(3) = ((f^3)^{670} \circ f)(3) = (I^{670} \circ f)(3)$

$= (I \circ f)(3) = f(3) = 1$

$\therefore f^{2010}(2) + f^{2011}(3) = 2 + 1 = 3$

**정답** 3

(익히는 방법)
세 화살표가 평행하고 한 화살표가 평행한 세 화살표를 가로지르는 꼴이면 $f^4 = I$이다.

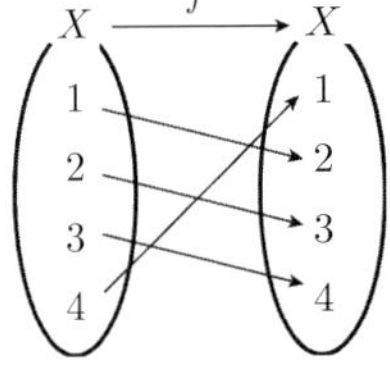

(익히는 방법)
두 화살표가 각각 평행하고 평행한 두 화살표가 서로 가로지르는 꼴이면 $f^4 = I$이다.

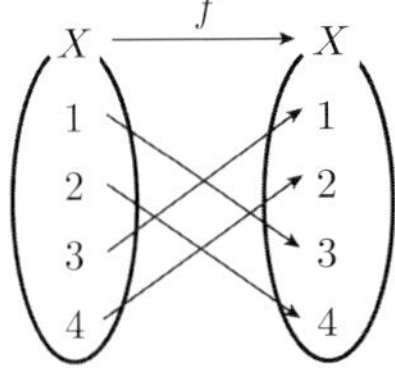

↳이런 규칙이 있음을 파악하면 다른 경우도 유추할 수 있다.

## 잎 8-3

**풀이** $g(x) = (h \circ f)(x)$, 즉 $g(x) = h(f(x))$에서

$g(1) = h(f(1)) = h(1) = 2$ ($\because g(1) = 2$)

$g(2) = h(f(2)) = h(3) = -1$ ($\because g(2) = -1$)

$g(3) = h(f(3)) = h(4) = 0$ ($\because g(3) = 0$)

$g(4) = h(f(4)) = h(2) = 3$ ($\because g(4) = 3$)

따라서

$h(1) + h(2) + h(3) = 2 + 3 + (-1) = 4$

**정답** 4

## 잎 8-4

**풀이** $(f \circ g^{-1})(1) = f(g^{-1}(1))$

$= f(2)$ ($\because g^{-1}(1) = 2$)

$= 3$

$(g \circ f)^{-1}(4) = (f^{-1} \circ g^{-1})(4)$

$= f^{-1}(g^{-1}(4))$

$= f^{-1}(3)$ ($\because g^{-1}(4) = 3$)

$= 2$ ($\because f^{-1}(3) = 2$)

따라서

$(f \circ g^{-1})(1) + (g \circ f)^{-1}(4) = 3 + 2 = 5$

**정답** 5

## 잎 8-5

**핵심** ⋆ $f^{-1}(t) = k$이면 $f(k) = t$임을 이용한다.

**풀이** $g^{-1}(40) = a$라 하면 $g(a) = 40$이므로

$$g(a) = \begin{cases} 2a = 40 & \therefore a = 20 \ (a < 25) \\ a + 25 = 40 & \therefore a = 15 \ (a \geq 25) \end{cases}$$

$\therefore g^{-1}(40) = 20$

$\therefore f(g^{-1}(40)) = f(20)$

$= 5 \cdot 20 + 20 = 120$

$g(x) = x + 25$ ($x \geq 25$)에서 $g(40) = 65$

$f^{-1}(65) = b$라 하면 $f(b) = 65$이므로

$5b + 20 = 65 \quad \therefore b = 9$

$\therefore f^{-1}(65) = 9 \quad \therefore f^{-1}(g(40)) = 9$

$f(g^{-1}(40)) + f^{-1}(g(40)) = 120 + 9 = 129$

**정답** 129

## 잎 8-6

**풀이** $g^{-1}(1)=a$라 하면 $g(a)=1$, 즉 $7^a$의 일의 자릿수는 1이므로

$7^1=7,\ 7^2=49,\ 7^3=343,\ \underline{7^4=2401}$

$\therefore a=4 \quad \therefore g^{-1}(1)=4$

$f^{-1}(7)=b$라 하면 $f(b)=7$, 즉 $3^b$의 일의 자릿수는 7이므로

$3^1=3,\ 3^2=9,\ \underline{3^3=27},\ 3^4=81$

$\therefore b=3 \quad \therefore f^{-1}(7)=3$

따라서

$(f\circ g^{-1})(1)+(g\circ f^{-1})(7)$

$=f(g^{-1}(1))+g(f^{-1}(7))$

$=f(4)+g(3)$

$=1+3$ ($\because 3^4$, $7^3$의 일의 자릿수는 각각 1, 3)

$=4$

**정답** ①

## 잎 8-7

**핵심** ★ $y$축을 $x$축으로, $x$축을 $y$축으로 바꾸면 함수의 그래프가 역함수의 그래프가 된다. [p.224]

**풀이**

$f^{-1}(1)=1$

$f^{-1}(2)=3$

$f^{-1}(3)=4$

$f^{-1}(4)=2$

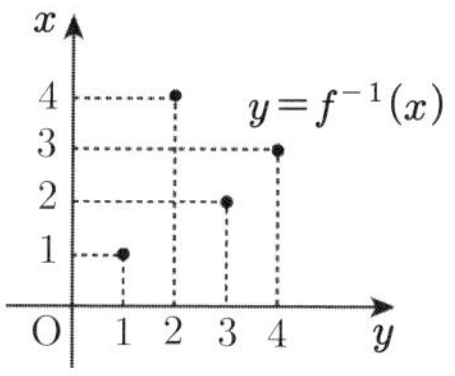


$g^{-1}(1)=2$

$g^{-1}(2)=1$

$g^{-1}(3)=3$

$g^{-1}(4)=4$

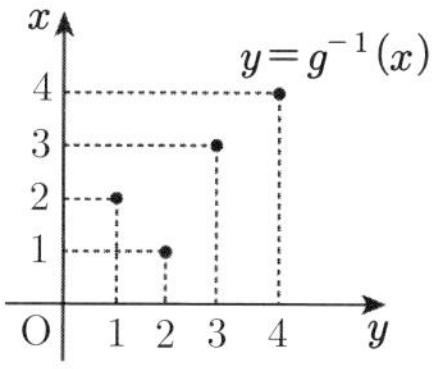


i) $(g\circ f)(1)=g(f(1))=g(1)=2$

ii) $(f\circ g)^{-1}(3)=(g^{-1}\circ f^{-1})(3)$

$=g^{-1}(f^{-1}(3))$

$=g^{-1}(4)=4$

따라서 i), ii)에 의하여

$(g\circ f)(1)+(f\circ g)^{-1}(3)=2+4=6$

**정답** ③

## 잎 8-8

**핵심** ★ $f^{-1}(t)=k$이면 $f(k)=t$임을 이용한다.

**방법 I** 「강추」 $f^{-1}(x)=g(2x+1)$의 양변에 $x=2$를 대입하면 ($\because g(5)$를 만들어야 한다.)

$f^{-1}(2)=g(5)$

$f^{-1}(2)=a$라 하면 $f(a)=2$이므로

$2a-1=2 \quad \therefore a=\dfrac{3}{2}$

$\therefore f^{-1}(2)=\dfrac{3}{2} \quad \therefore f^{-1}(2)=g(5)=\dfrac{3}{2}$

**방법 II** $f(x)=2x-1$, 즉 $y=2x-1$에서 $x$ 대신 $y$, $y$ 대신 $x$를 대입하면

$x=2y-1 \quad \therefore y=\dfrac{1}{2}(x+1)$

$\therefore f^{-1}(x)=\dfrac{1}{2}x+\dfrac{1}{2}$

$g(2x+1)=\dfrac{1}{2}x+\dfrac{1}{2}$ ⋯ ㉠

($\because f^{-1}(x)=g(2x+1)$)

$2x+1=5$라 하면 $x=2$

이것을 ㉠에 대입하면

$g(5)=\dfrac{1}{2}\cdot 2+\dfrac{1}{2}=\dfrac{3}{2}$

**정답** ④

## 잎 8-9

**방법 I** $f\left(\dfrac{x+1}{3}\right)=2x+3$ ⋯ ㉠

$\dfrac{x+1}{3}=t$라하면 $x=3t-1$

이것을 ㉠에 대입하면

$f(t)=2(3t-1)+3=6t+1$

$\therefore f(x)=6x+1$

$f^{-1}(-1)=a$라 하면 $f(a)=-1$이므로

$6a+1=-1 \quad \therefore a=-\dfrac{1}{3}$

$\therefore f^{-1}(-1)=-\dfrac{1}{3}$

**방법 II** $f\left(\dfrac{x+1}{3}\right)=2x+3$에서

$f^{-1}(2x+3)=\dfrac{x+1}{3}$ ⋯ ㉠

$2x+3=-1$이라 하면 $x=-2$

이것을 ㉠에 대입하면

$f^{-1}(-1)=\dfrac{-2+1}{3}=\dfrac{-1}{3}$

정답 $-\dfrac{1}{3}$

## 잎 8-10

방법Ⅰ $f(x^2+2x-1)=\dfrac{x-2}{x+2}$

$x^2+2x-1=t$라 하면 $x=?$

⇨ 문제가 안 풀린다. ㅠㅠ

방법Ⅱ $f(x^2+2x-1)=\dfrac{x-2}{x+2}$

$f^{-1}\left(\dfrac{x-2}{x+2}\right)=x^2+2x-1$ ⋯ ㉠

$\dfrac{x-2}{x+2}=-1$이라 하면 $x=0$ ⋯ ㉡

$x-2=-x-2,\ 2x=0 \quad \therefore x=0$

㉡을 ㉠에 대입하면

$f^{-1}(-1)=0+0-1=-1$

정답 $-1$

## 잎 8-11

풀이 $I$는 항등함수이다.

ㄱ. $f, g$가 항등함수이면 $f(x)=g(x)=x$

방법Ⅰ $\therefore (g\circ f)(x)=g(f(x))=g(x)=x$

$\therefore (g\circ f)(x)=x$

따라서 $g\circ f=I$ (참)

ㄱ. $f, g$가 항등함수이면 $f=g=I$

방법Ⅱ $\therefore g\circ f=I\circ I=I$ (참)

ㄴ. $g\circ f=I$, 즉 두 함수의 합성이 항등함수이면 두 함수는 서로가 서로의 역함수이므로

$f=g^{-1},\ g=f^{-1}$ [p.123]

따라서 $f$와 $g$는 모두 역함수가 존재하므로 일대일대응이다. (참)

ㄷ. [반례] 이 예는 자주 이용되므로 기억하자!

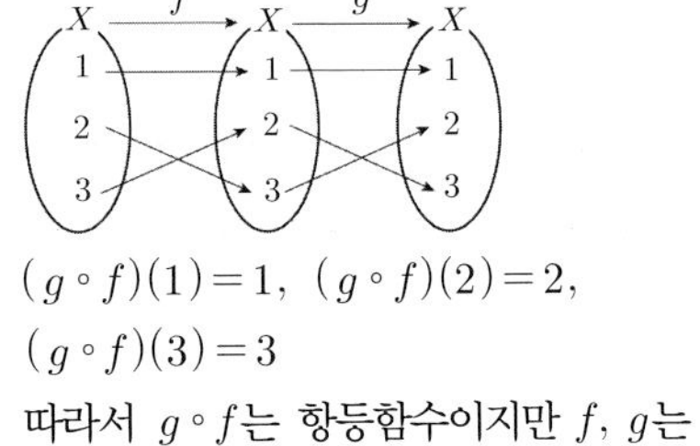


$(g\circ f)(1)=1,\ (g\circ f)(2)=2,$

$(g\circ f)(3)=3$

따라서 $g\circ f$는 항등함수이지만 $f, g$는 항등함수가 아니다. (거짓)

정답 ㄱ. 참 ㄴ. 참 ㄷ. 거짓

## 잎 8-12

풀이 $g(f(x))=g(ax+b)=2(ax+b)+c$

$=2ax+2b+c$

$=4x+1$

$\therefore a=2,\ 2b+c=1$ ⋯㉠

$f^{-1}(-1)=1$에서 $f(1)=-1$이므로

$a+b=-1$ ⋯㉡

이때, ㉠, ㉡을 연립하여 풀면

$a=2,\ b=-3,\ c=7$

정답 $a=2,\ b=-3,\ c=7$

## 잎 8-13

풀이 직선 $y=x$를 이용하여 $y$축과 점선이 만나는 점의 $y$좌표를 구하면 오른쪽 그림과 같으므로

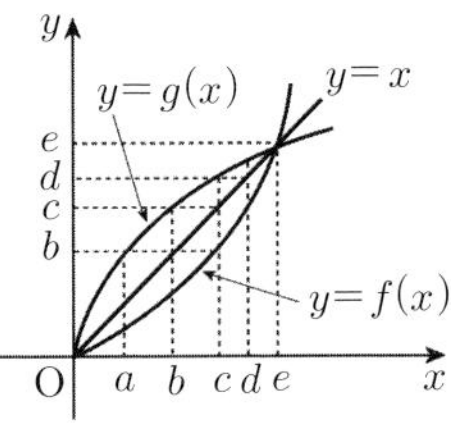


$f(c)=b$

$x$축을 $y$축으로, $y$축을 $x$축으로 바꾸면 역함수의 그래프가 되므로

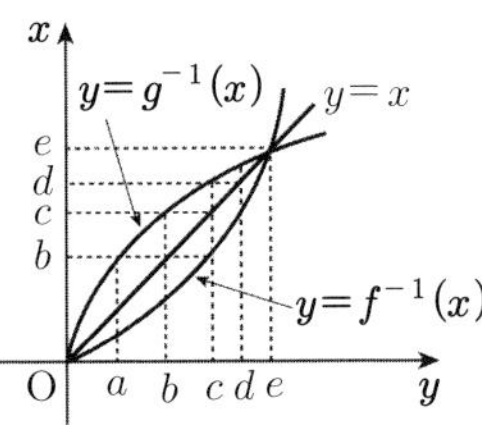


$g^{-1}(b)=a$

따라서

$g^{-1}(f(c))=g^{-1}(b)=a$

정답 ①

**잎 8-14**

**핵심** 함수 $y=f(x)$와 그 역함수 $y=f^{-1}(x)$의 그래프는 직선 $y=x$에 대하여 대칭이므로 두 함수의 교점은 직선 $y=x$ 위에 있다.

**풀이** 함수 $y=x^2-6x\ (x\geq 3)$의 그래프와 그 역함수 $y=f^{-1}(x)$의 그래프의 교점은 함수 $y=x^2-6x\ (x\geq 3)$의 그래프와 직선 $y=x$의 교점과 같다.
따라서 교점의 좌표를 $(a, b)$라 하면 $a=b$
($\because$ 교점은 직선 $y=x$ 위의 점이다.)
즉, 점 $(a, a)$가 함수 $y=x^2-6x$의 그래프 위의 점이므로
$a=a^2-6a,\ a^2-7a=0,\ a(a-7)=0$
$\therefore a=7\ (\because a\geq 3)\qquad \therefore b=7\ (\because a=b)$

**주의** 잎 8-14)의 질문에서 역함수가 존재하려면 함수 '$f(x)=x^2-6x\ (x\geq 3,\ y\geq -9)$'로 나타내어야 맞지만 ($\because$ (공역)=(치역)) 함수 '$f(x)=x^2-6x\ (x\geq 3)$'와 같이 공역을 생략하고 나타내는 경우도 있다. [p.215]

**정답** $a=7,\ b=7$

**잎 8-15**

**풀이** $f(f(x))=0$에서 $f(\ \ )=0$이므로
$\ \ =-2,\ 1$
$\therefore f(x)=-2,\ 1$

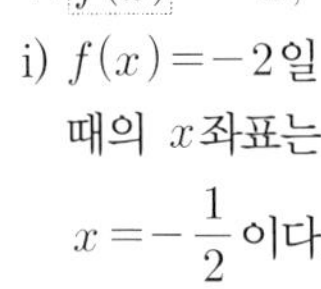

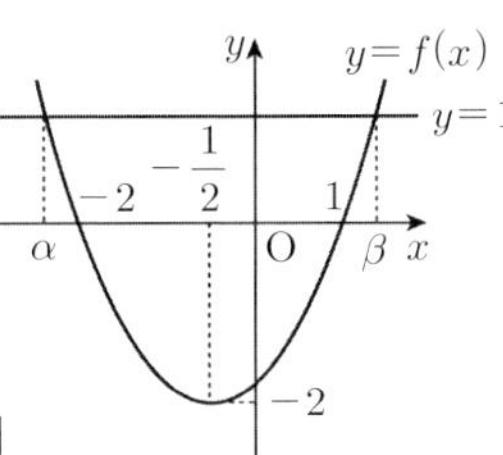


i) $f(x)=-2$일 때의 $x$좌표는 $x=-\frac{1}{2}$이다.

ii) $f(x)=1$일 때의 $x$좌표를 $\alpha, \beta$라 하면, 대칭축 $x=-\frac{1}{2}$이므로
$\frac{\alpha+\beta}{2}=-\frac{1}{2}\qquad \therefore \alpha+\beta=-1$

따라서 i), ii)에 의하여
(세 실근의 합)$=\left(-\frac{1}{2}\right)+\alpha+\beta$
$=-\frac{1}{2}+(-1)=-\frac{3}{2}$

**정답** ②

**잎 8-16**

**방법 I** 일차함수 $y=f(x)$의 그래프는 점 $(5, -1)$을 지나므로
$y=m(x-5)-1\ \cdots$ ㉠
$y=mx-5m-1$에서 $x$ 대신 $y$, $y$ 대신 $x$를 대입하면
$x=my-5m-1$
$y=\frac{1}{m}x+\frac{1}{m}+5$
$\therefore f^{-1}(x)=\frac{1}{m}x+\frac{1}{m}+5\ \cdots$ ㉡
㉠, ㉡이 일치하므로
$m=\frac{1}{m}$이고 $-5m-1=\frac{1}{m}+5$이다.
$m=\frac{1}{m},\ m^2=1\qquad \therefore m=\pm 1$
i) $m=1$일 때
$-5\cdot 1-1\neq \frac{1}{1}+5\qquad \therefore$ 거짓
ii) $m=-1$일 때
$-5\cdot(-1)-1=\frac{1}{-1}+5\qquad \therefore$ 참
$\therefore m=-1$이므로 $f(x)=-x+5-1$ ($\because$ ㉠)
$\therefore f(x)=-x+4\qquad \therefore f(1)=-1+4=3$

**방법 II** $f=f^{-1}$일 때, $f\circ f=I$ ($I$는 항등함수)
($\because f\circ f^{-1}=I$)
일차함수 $y=f(x)$의 그래프는 점 $(5, -1)$을 지나므로
$f(x)=m(x-5)-1=mx-5m-1\ \cdots$ ㉠
$f\circ f=I$, 즉 $(f\circ f)(x)=x$이므로
$(f\circ f)(x)=f(f(x))=f(mx-5m-1)$
$=m(mx-5m-1)-5m-1$
$=m^2x-5m^2-6m-1$
$(f\circ f)(x)=x$이므로
$m^2x-5m^2-6m-1=x$
$\therefore m^2=1$이고 $-5m^2-6m-1=0$이다.
i) $m=1$일 때, $-5-6-1\neq 0\qquad \therefore$ 거짓
ii) $m=-1$일 때, $-5+6-1=0\qquad \therefore$ 참
$\therefore m=-1$이므로 $f(x)=-x+5-1$ ($\because$ ㉠)
$\therefore f(x)=-x+4\qquad \therefore f(1)=-1+4=3$

**정답** 3

## 잎 8-17

**핵심** 함수 $f$의 역함수를 $g$라고 하면 $g=f^{-1}$를 이용한다. [p.222]

**풀이** $g^{10}(2)+g^{11}(3)$

$=(f^{-1})^{10}(2)+(f^{-1})^{11}(3)$

$=\{(f^{-1})^3\}^3 f^{-1}(2)+\{(f^{-1})^3\}^3(f^{-1})^2(3)$

$=f^{-1}(2)+(f^{-1})^2(3)$

($\because f^3=I$이면 $(f^3)^{-1}=(f^{-1})^3=I$)

$=f^{-1}(2)+f^{-1}(f^{-1}(3))$

$=f^{-1}(2)+f^{-1}(1)$ ($\because f^{-1}(3)=1$)

**방법 I** $f(1)=3 \Leftrightarrow f^{-1}(3)=1$

역함수가 존재하므로 일대일 대응이다. $f^{-1}(3)=1$이므로 나머지 $f^{-1}(1)$, $f^{-1}(2)$는 2, 3의 둘 중 하나에 각각 대응해야 하므로

$f^{-1}(2)+f^{-1}(1)=2+3=5$

**방법 II** $f^3=I$일 때 $f(1)=3$이면 $f(3)=2$, $f(2)=1$

두 화살표가 평행하고 한 화살표가 평행한 두 화살표를 가로지르는 꼴이면 $f^3=I$이다. [참고 잎 8-2)]

※ 잎 8-11)의 ㄷ의 [반례]와 같이 자주 이용되므로 반드시 기억해 두자!

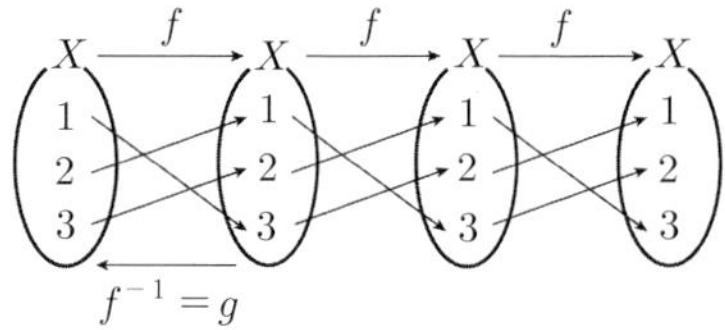

따라서 $f^{-1}(2)=3$, $f^{-1}(1)=2$이다.

$\therefore g^{10}(2)+g^{11}(3)=f^{-1}(2)+f^{-1}(1)$

$=3+2=5$

**정답** ②

## 잎 8-18

**핵심** *두 함수의 합성이 항등함수이면 두 함수는 서로가 서로의 역함수이다. [p.219]

**풀이** 1) $(f\circ g\circ h)(x)=(f\circ g)(h(x))=h(x)$

이므로 $f\circ g=I$ ($I$는 항등함수)

$\therefore f=g^{-1}$, $g=f^{-1}$

따라서 $g(x)=f^{-1}(x)$이다.

$f(x)=3x-2$, 즉 $y=3x-2$에서 $x$ 대신 $y$, $y$ 대신 $x$를 대입하면

$x=3y-2 \quad \therefore y=\frac{1}{3}(x+2)$

$\therefore f^{-1}(x)=\frac{1}{3}x+\frac{2}{3}$

$\therefore g(x)=\frac{1}{3}x+\frac{2}{3}$

2) $(f\circ f\circ f)(x)=(f\circ f)(f(x))=f(x)$

이므로 $f\circ f=I$, 즉 $(f\circ f)(x)=x$이다.

① $f(x)=x+1$일 때

$(f\circ f)(x)=f(f(x))=f(x+1)$

$=(x+1)+1=x+2$ (거짓)

② $f(x)=-x$일 때

$(f\circ f)(x)=f(f(x))=f(-x)$

$=-(-x)=x$ (참)

③ $f(x)=-x+1$일 때

$(f\circ f)(x)=f(f(x))=f(-x+1)$

$=-(-x+1)+1=x$ (참)

④ $f(x)=2x$일 때

$(f\circ f)(x)=f(f(x))=f(2x)$

$=2(2x)=4x$ (거짓)

⑤ $f(x)=x-1$일 때

$(f\circ f)(x)=f(f(x))=f(x-1)$

$=(x-1)-1=x-2$ (거짓)

**정답** 1) $g(x)=\frac{1}{3}x+\frac{2}{3}$ 2) ②, ③

## 잎 8-19

**풀이** $(f\circ f\circ f)(x)=0$에서

$(f\circ f\circ f)(x)=f((f\circ f)(x))$

$=|(f\circ f)(x)-2|=0$

$\therefore (f\circ f)(x)=2$

$(f\circ f)(x)=f(f(x))$

$=|f(x)-2|=2$

$\therefore f(x)-2=\pm 2 \quad \therefore f(x)=4$ 또는 $0$

즉 $|x-2|=4$ 또는 $|x-2|=0$이므로

$x-2=\pm 4$ 또는 $x-2=0$

$\therefore x=6$ 또는 $x=-2$ 또는 $x=2$

**정답** $x=-2$ 또는 $x=2$ 또는 $x=6$

**잎 8-20**

**핵심** $f^{-1}=I$ 이면 $f=I$ ($I$ 는 항등함수)
$f=I$ 이면 $f^{-1}=I$ [p.229]

**풀이** $f^{-1}(x)=x^2$에서 $f(x^2)=x$ …㉠
$(f\circ g^{-1})(x^2)=x$에서 $f(g^{-1}(x^2))=x$ …㉡
이때, ㉠, ㉡에서 $f(x^2)=x=f(g^{-1}(x^2))$
$f(\boxed{x^2})=f(\boxed{g^{-1}(x^2)})$
따라서 $\boxed{\phantom{x}}=\boxed{\phantom{x}}$이므로 $x^2=g^{-1}(x^2)$이다.
$g^{-1}(x^2)=x^2$이므로 $g^{-1}=I$이다.
$\therefore g=I$ ($I$ 는 항등함수)
$(f\circ g)(20)=f(g(20))$
$=f(20)$ $(\because g(20)=I(20)=20)$
$=\pm\sqrt{20}$ $(\because f(x^2)=x)$
$=\sqrt{20}$ ($\because$ $x$는 양의 실수)

**참고** ($x$는 양의 실수)인 이유
양의 실수 전체의 집합에서 정의된 문제이다.

**정답** ①

CHAPTER 8 함수 (3)

본문 p.231

## 잎 문제

**잎 8-1**

**풀이** 절댓값 기호가 있는 항의 합만으로 이루어진 일차함수의 그래프에서 절댓값 기호가 있는 항의 개수가 3개이므로 최솟값은 중간에 있는 송곳 모양(∨)의 끝에 있다.
이때, 송곳 모양의 끝은 중간에 있는 $x=3$일 때이므로 $x=3$을 주어진 식에 대입하면
$y=4+0+11=15$
따라서 최솟값은 15이다.

**정답** 15

**잎 8-2**

**풀이** 절댓값 기호가 있는 항의 합만으로 이루어진 일차함수의 그래프에서 절댓값 기호가 있는 항의 개수가 4개이므로 최솟값은 중간에 있는 일자 드라이버 모양(_/)의 일자에 있다.
일자 모양의 $x$의 값의 범위는 $-1\le x\le 3$
따라서 $-1\le x\le 3$에 속하는 $x=0$을 주어진 식에 대입하면 $y=3+1+3+9=16$
따라서 최솟값은 16이다.

**정답** 16

**잎 8-3**

**풀이** 절댓값 기호가 있는 항의 합만으로 이루어진 일차함수의 그래프에서 절댓값 기호가 있는 항의 개수가 3개이므로 최솟값은 중간에 있는 송곳 모양(∨)의 끝에 있다.
이때, 송곳 모양의 끝은 중간에 있는 $x=3a$일 때이므로 $x=3a$를 주어진 식에 대입하면
$y=|3a-a|+|3a-3a|+|3a-5a|$
$=|2a|+0+|-2a|$
$=|2a|+|2a|$
$=2|a|+2|a|$
$=4|a|=4a$ $(\because a>0)$
따라서 $4a=8$ $\quad\therefore a=2$

**정답** 2

**잎 8-4**

**풀이** 절댓값 기호가 있는 항의 합만으로 이루어진 일차함수의 그래프에서 절댓값 기호가 있는 항의 개수가 4개이므로 최솟값은 중간에 있는 일자 드라이버 모양(_/)의 일자에 있다.
일자 모양의 $x$의 범위는 $a\le x\le 2a$
따라서 $a\le x\le 2a$에 속하는 $x=a$을 주어진 식에 대입하면
$y=|a+a|+|a-a|+|a-2a|+|a-3a|$
$=|2a|+0+|-a|+|-2a|$
$=|2a|+|a|+|2a|$
$=2|a|+|a|+2|a|$
$=5|a|=5a$ $(\because a>0)$
따라서 $5a=15$ $\quad\therefore a=3$

**정답** 3

**잎 8-5**

풀이 절댓값 기호가 있는 항의 합만으로 이루어진 일차함수의 그래프에서 절댓값 기호가 있는 항의 개수가 51개이므로 최솟값은 중간에 있는 송곳 모양(∨)의 끝에 있다.
이때, 송곳 모양의 끝에 해당 하는 $x$의 값은 0과 50의 중점이므로

$x=\frac{0+50}{2}=25$

정답 25

**잎 8-6**

풀이 절댓값 기호가 있는 항의 합만으로 이루어진 일차함수의 그래프에서 절댓값 기호가 있는 항의 개수가 52개이므로 최솟값은 중간에 있는 일자 드라이버 모양(_/)의 일자에 있다.
따라서 0과 51의 중점이 $\frac{0+51}{2}=25.5$이고 일자 드라이버 모양(_/)의 일자의 폭의 크기가 1이므로 일자 드라이버 모양의 일자에 해당되는 $x$의 값의 범위는 $25\le x\le 26$

정답 $25\le x\le 26$

**잎 8-7**

풀이 $y=|x+3|-|x-2|$
이 직선이 꺾이는 점은 $(-3, -5)$, $(2, 5)$로 두 곳이다.

i) 좌변이 '$y$'이고 우변은 절댓값 기호가 있는 $x$에 대한 일차식일 때, 직선은 절대 절단되지 않으므로 두 점 $(-3, -5)$, $(2, 5)$를 연결한다.
따라서 $-3\le x\le 2$인 구간의 그래프는 쉽게 그릴 수 있다.

ii) $x<-3$일 때, $y=-(x+3)-\{-(x-2)\}$
$\therefore y=-5$
$x>2$일 때, $y=(x+3)-(x-2)$
$\therefore y=5$

따라서 주어진 함수의 그래프는 오른쪽 그림과 같으므로
$M=5$, $m=-5$

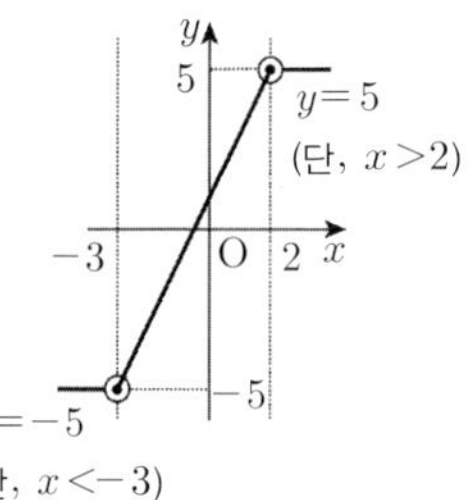


정답 $M=5$, $m=-5$

**잎 8-8**

풀이 $y=|2x-2|-2$
$=2|x-1|-2$
의 그래프는 우측 그림과 같고, 직선 $y=a$ ($\star a>0$)의 교점의 $x$좌표는

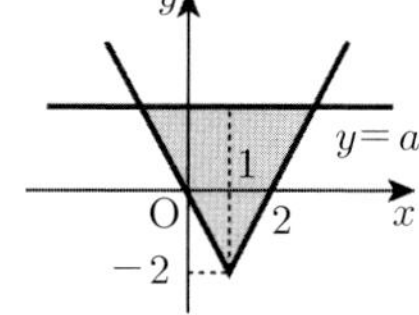


$2|x-1|-2=a$에서
$2|x-1|=a+2$
$2x-2=a+2$ 또는 $2x-2=-a-2$
$\therefore x=\frac{1}{2}a+2$ 또는 $x=-\frac{1}{2}a$
이때, 색칠한 부분의 넓이가 8이므로
$\frac{1}{2}\left\{\frac{1}{2}a+2-\left(-\frac{1}{2}a\right)\right\}\{a-(-2)\}=8$
$(a+2)^2=16$
$a+2=\pm 4$
$\therefore a=2$ ($\because \star a>0$)

주의 $y=|2x-2|-2$의 그래프와 $x$축으로 둘러싸인 도형의 넓이가 $\frac{1}{2}\cdot 2\cdot 2=2$이므로 $\star a>0$이다.

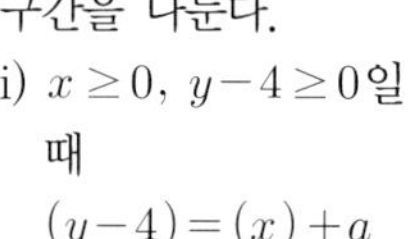

정답 2

**잎 8-9**

풀이 $|y-4|=|x|+a$는 직선 $x=0$, $y=4$를 경계로 구간을 나눈다.

i) $x\ge 0$, $y-4\ge 0$일 때
$(y-4)=(x)+a$
$\therefore y=x+a+4$

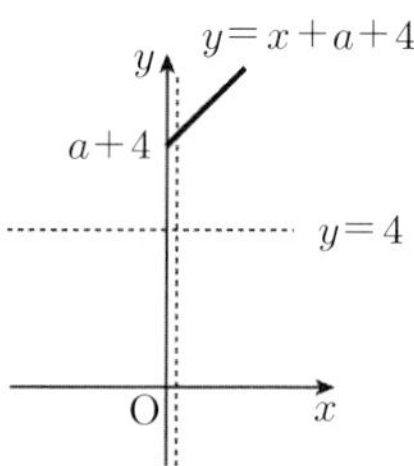


ii) i)의 그래프를 직선 $x=0$, $y=4$, 점 $(0, 4)$에 대하여 각각 대칭이동한다.
직선 $y=4$에 대하여 대칭이므로 ㉠의 그래프의 $y$절편은 $\star 4-a$이다.
㉠의 그래프의 $x$절편은 $a-4$, $4-a$이다.

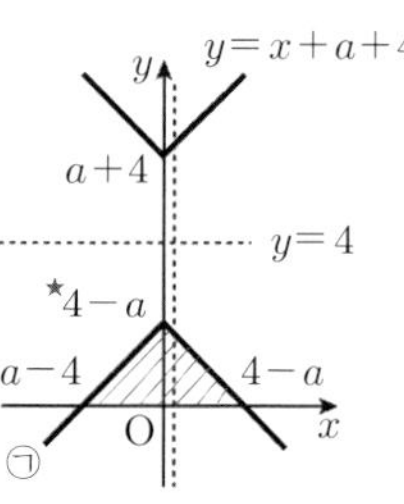

이때, $x$축으로 둘러싸인 빗금 친 부분의 넓이는

$\frac{1}{2}(4-a)(4-a)\times 2=9$

$(4-a)^2=9$, $(a-4)^2=9$

$\therefore a-4=\pm 3 \quad \therefore a=1\ (\because 0<a<4)$

정답 1

**잎 8-10**

풀이 $y=|x|-|x-3|$

이 직선이 꺾이는 점은 $(0, -3)$, $(3, 3)$으로 두 곳이다.

i) 좌변이 '$y$'이고 우변은 절댓값 기호가 있는 $x$에 대한 일차식일 때, 이 직선은 절대 절단되지 않으므로 두 점 $(0, -3)$, $(3, 3)$을 연결한다.

따라서 $0\le x\le 3$인 중간 구간의 그래프는 쉽게 그릴 수 있다.

ii) $x<0$일 때, $y=-(x)-\{-(x-3)\}$

$\therefore y=-3$

$x>3$일 때, $y=(x)-(x-3)$

$\therefore y=3$

따라서 주어진 함수의 그래프는 오른쪽 그림과 같다.

이때 직선 $y=n$은 $x$축에 평행한 직선이므로 두 그래프가 만나려면

$-3\le n\le 3$

따라서 정수 $n$의 값은

$-3, -2, -1, 0, 1, 2, 3$

정답 $-3, -2, -1, 0, 1, 2, 3$

CHAPTER

# 9 유리함수 (1)

본문 p.239

## 줄기 문제

### [줄기 1-1]

풀이 1) $\frac{x^3-1}{x^2-1}=\frac{(x-1)(x^2+x+1)}{(x-1)(x+1)}$

$=\frac{x^2+x+1}{x+1}$

2) $\frac{(x+1)^3}{x^3+1}=\frac{(x+1)^3}{(x+1)(x^2-x+1)}$

$=\frac{(x+1)^2}{x^2-x+1}$

3) $\frac{x^4+x^2y^2+y^4}{x^3-y^3}$

$=\frac{(x^2+y^2)^2-x^2y^2}{(x-y)(x^2+xy+y^2)}$

$=\frac{(x^2+y^2)^2-(xy)^2}{(x-y)(x^2+xy+y^2)}$

$=\frac{(x^2+y^2-xy)(x^2+y^2+xy)}{(x-y)(x^2+xy+y^2)}$

$=\frac{x^2+y^2-xy}{x-y}$

정답 풀이 참조

### [줄기 1-2]

풀이 1) $\frac{1}{x+1}-\frac{1}{x^2-x+1}-\frac{1}{x^3+1}$

$=\frac{1}{x+1}-\frac{1}{x^2-x+1}-\frac{1}{(x+1)(x^2-x+1)}$

$=\frac{(x^2-x+1)-(x+1)-1}{(x+1)(x^2-x+1)}$

$=\frac{x^2-2x-1}{(x+1)(x^2-x+1)}$

2) $\frac{x-1}{x+2}-\frac{x+11}{x^2+x-2}$

$=\frac{x-1}{x+2}-\frac{x+11}{(x+2)(x-1)}$

$=\frac{(x-1)^2-(x+11)}{(x+2)(x-1)}$

$=\frac{x^2-3x-10}{(x+2)(x-1)}$

$=\frac{(x+2)(x-5)}{(x+2)(x-1)}=\mathbf{\frac{x-5}{x-1}}$

정답 풀이 참조

## 줄기 1-3

풀이 1) $\frac{x+5}{x^2-2x-3}\div\frac{x^2+4x-5}{x-3}$

$=\frac{x+5}{(x+1)(x-3)}\times\frac{x-3}{(x+5)(x-1)}$

$=\mathbf{\frac{1}{(x+1)(x-1)}}$

2) $\frac{x^2-4}{x^2+2x-3}\times\frac{x-3}{x^2-5x+6}\div\frac{x+2}{x-1}$

$=\frac{(x-2)(x+2)}{(x+3)(x-1)}\times\frac{x-3}{(x-2)(x-3)}\times\frac{x-1}{x+2}$

$=\mathbf{\frac{1}{x+3}}$

3) $\frac{1}{x^2-4x+4}\div\frac{1}{x^2-5x+6}\div\frac{1}{x^2-6x+8}$

$=\frac{1}{(x-2)^2}\times\frac{(x-2)(x-3)}{1}\times\frac{(x-2)(x-4)}{1}$

$=\mathbf{(x-3)(x-4)}$

정답 풀이 참조

## 줄기 2-1

풀이 1) $\frac{x+1}{x}-\frac{x+2}{x+1}-\frac{x-4}{x-3}+\frac{x-5}{x-4}$

$=\left(\frac{x}{x}+\frac{1}{x}\right)-\frac{(x+1)+1}{x+1}-\frac{(x-3)-1}{x-3}$

$+\frac{(x-4)-1}{x-4}$

$=\left(1+\frac{1}{x}\right)-\left(1+\frac{1}{x+1}\right)-\left(1-\frac{1}{x-3}\right)$

$+\left(1-\frac{1}{x-4}\right)$

$=\left(\frac{1}{x}-\frac{1}{x+1}\right)+\left(\frac{1}{x-3}-\frac{1}{x-4}\right)$

$=\frac{x+1-x}{x(x+1)}+\frac{x-4-x+3}{(x-3)(x-4)}$

$=\frac{1}{x(x+1)}+\frac{-1}{(x-3)(x-4)}$

$=\frac{(x-3)(x-4)-x(x+1)}{x(x+1)(x-3)(x-4)}$

$=\mathbf{\frac{-8x+12}{x(x+1)(x-3)(x-4)}}$

2) $\frac{x^2-2x+3}{x-1}-\frac{x^2-3}{x+1}$

$=\frac{(x-1)(x-1)+2}{x-1}-\frac{(x+1)(x-1)-2}{x+1}$

$=\left(x-1+\frac{2}{x-1}\right)-\left(x-1+\frac{-2}{x+1}\right)$

$=\frac{2}{x-1}+\frac{2}{x+1}$

$=\frac{2(x+1)+2(x-1)}{(x-1)(x+1)}$

$=\mathbf{\frac{4x}{x^2-1}}$

정답 풀이 참조

## 줄기 2-2

풀이 1) $\frac{b}{a(a+b)}+\frac{c}{(a+b)(a+b+c)}$

$+\frac{d}{(a+b+c)(a+b+c+d)}$

$=\left(\frac{1}{a}-\frac{1}{a+b}\right)+\left(\frac{1}{a+b}-\frac{1}{a+b+c}\right)$

$+\left(\frac{1}{a+b+c}-\frac{1}{a+b+c+d}\right)$

$=\left(\frac{1}{a}-\frac{1}{a+b+c+d}\right)$

$=\frac{a+b+c+d-a}{a(a+b+c+d)}=\frac{b+c+d}{a(a+b+c+d)}$

2) $\frac{1}{x(x+1)}+\frac{2}{(x+1)(x+3)}+\frac{3}{(x+3)(x+6)}-\frac{6}{x(x+6)}$

$=\left(\frac{1}{x}-\frac{1}{x+1}\right)+\left(\frac{1}{x+1}-\frac{1}{x+3}\right)+\left(\frac{1}{x+3}-\frac{1}{x+6}\right)-\left(\frac{1}{x}-\frac{1}{x+6}\right)$

$=\left(\frac{1}{x}-\frac{1}{x+6}\right)-\left(\frac{1}{x}-\frac{1}{x+6}\right)=0$

3) $\frac{1}{1\cdot2}+\frac{1}{2\cdot3}+\frac{1}{3\cdot4}+\frac{1}{4\cdot5}+\cdots+\frac{1}{9\cdot10}$

$=\left(\frac{1}{1}-\frac{1}{2}\right)+\left(\frac{1}{2}-\frac{1}{3}\right)+\left(\frac{1}{3}-\frac{1}{4}\right)+\left(\frac{1}{4}-\frac{1}{5}\right)+\cdots+\left(\frac{1}{9}-\frac{1}{10}\right)$

$=\frac{1}{1}-\frac{1}{10}=\frac{1\cdot10-1\cdot1}{1\cdot10}=\frac{9}{10}$

4) $\frac{1}{3\cdot1}+\frac{1}{5\cdot3}+\frac{1}{7\cdot5}+\frac{1}{9\cdot7}+\cdots+\frac{1}{21\cdot19}$

$=\frac{1}{1\cdot3}+\frac{1}{3\cdot5}+\frac{1}{5\cdot7}+\frac{1}{7\cdot9}+\cdots+\frac{1}{19\cdot21}$

$=\frac{1}{2}\left(\frac{1}{1}-\frac{1}{3}\right)+\frac{1}{2}\left(\frac{1}{3}-\frac{1}{5}\right)+\frac{1}{2}\left(\frac{1}{5}-\frac{1}{7}\right)+\frac{1}{2}\left(\frac{1}{7}-\frac{1}{9}\right)+\cdots+\frac{1}{2}\left(\frac{1}{19}-\frac{1}{21}\right)$

$=\frac{1}{2}\left\{\left(\frac{1}{1}-\frac{1}{3}\right)+\left(\frac{1}{3}-\frac{1}{5}\right)+\left(\frac{1}{5}-\frac{1}{7}\right)+\left(\frac{1}{7}-\frac{1}{9}\right)+\cdots+\left(\frac{1}{19}-\frac{1}{21}\right)\right\}$

$=\frac{1}{2}\left(\frac{1}{1}-\frac{1}{21}\right)$

$=\frac{1}{2}\left(\frac{1\cdot21-1\cdot1}{1\cdot21}\right)$

$=\frac{10}{21}$

**정답** 1) $\frac{b+c+d}{a(a+b+c+d)}$ 2) 0 3) $\frac{9}{10}$ 4) $\frac{10}{21}$

## [줄기 2-3]

**풀이** 1) $\frac{1}{1-\frac{1}{1+\frac{1}{x}}}$

$=\frac{1}{1-\frac{1\times x}{\left(1+\frac{1}{x}\right)\times x}}$

$=\frac{1}{1-\frac{x}{x+1}}$

$=\frac{1\times(x+1)}{\left(1-\frac{x}{x+1}\right)\times(x+1)}$

$=\frac{x+1}{x+1-x}$

$=x+1$

2) $\frac{\frac{1}{x+1}+\frac{1}{x-1}}{\frac{1}{x+1}-\frac{1}{x-1}}$

$=\frac{\left(\frac{1}{x+1}+\frac{1}{x-1}\right)\times(x+1)(x-1)}{\left(\frac{1}{x+1}-\frac{1}{x-1}\right)\times(x+1)(x-1)}$

$=\frac{(x-1)+(x+1)}{(x-1)-(x+1)}$

$=\frac{2x}{-2}=-x$

3) $\frac{1+\frac{2}{x+1}}{x-2-\frac{5}{x+2}}$

$=\frac{\left(1+\frac{2}{x+1}\right)\times(x+2)(x+1)}{\left(x-2-\frac{5}{x+2}\right)\times(x+2)(x+1)}$

$=\frac{(x+2)(x+1)+2(x+2)}{(x-2)(x+2)(x+1)-5(x+1)}$

$=\frac{(x+2)(x+1+2)}{(x+1)(x^2-4-5)}$

$=\frac{(x+2)(x+3)}{(x+1)(x-3)(x+3)}$

$=\frac{x+2}{(x+1)(x-3)}$

4) $\dfrac{1-\dfrac{x-2y}{x-y}}{\dfrac{2x}{x-y}-1}=\dfrac{\left(1-\dfrac{x-2y}{x-y}\right)\times(x-y)}{\left(\dfrac{2x}{x-y}-1\right)\times(x-y)}$

$=\dfrac{(x-y)-(x-2y)}{2x-(x-y)}$

$=\dfrac{y}{x+y}$

정답 1) $x+1$ 2) $-x$
3) $\dfrac{x+2}{(x+1)(x-3)}$ 4) $\dfrac{y}{x+y}$

## [줄기 2-4]

풀이 차와 곱의 값을 알면 답을 구할 수 있다.

$x-\dfrac{1}{x}=1$ (차의 값), $x\cdot\dfrac{1}{x}=1$ (곱의 값)

1) $x^2+\dfrac{1}{x^2}=\left(x-\dfrac{1}{x}\right)^2+2\cdot x\cdot\dfrac{1}{x}$

$=1^2+2=3$

2) 차와 곱의 값을 알면 $(a+b)^2=(a-b)^2+4ab$를 이용하여 합의 값도 알아 낼 수 있다.

$\left(x+\dfrac{1}{x}\right)^2=\left(x-\dfrac{1}{x}\right)^2+4\cdot x\cdot\dfrac{1}{x}$

$=1^2+4=5$

$\therefore x+\dfrac{1}{x}=\pm\sqrt{5}$

$x^3+\dfrac{1}{x^3}=\left(x+\dfrac{1}{x}\right)^3-3\cdot x\cdot\dfrac{1}{x}\left(x+\dfrac{1}{x}\right)$

$=(\pm\sqrt{5})^3-3\cdot(\pm\sqrt{5})$

$=\pm5\sqrt{5}\mp3\sqrt{5}$

$=\pm2\sqrt{5}$ (복부호 동순)

3) $x^5+\dfrac{1}{x^5}=\left(x^2+\dfrac{1}{x^2}\right)\left(x^3+\dfrac{1}{x^3}\right)-\left(x+\dfrac{1}{x}\right)$

$=3\cdot(\pm2\sqrt{5})-(\pm\sqrt{5})$

$=\pm6\sqrt{5}\mp\sqrt{5}$

$=\pm5\sqrt{5}$ (복부호 동순)

정답 1) 3 2) $\pm2\sqrt{5}$ 3) $\pm5\sqrt{5}$

## [줄기 2-5]

방법 I $a+\dfrac{1}{a}=-1$ (합의 값), $a\cdot\dfrac{1}{a}=1$ (곱의 값)

$a^2+\dfrac{1}{a^2}=\left(a+\dfrac{1}{a}\right)^2-2\cdot a\cdot\dfrac{1}{a}$

$=(-1)^2-2=-1$

$a^4+\dfrac{1}{a^4}=\left(a^2+\dfrac{1}{a^2}\right)^2-2\cdot a^2\cdot\dfrac{1}{a^2}$

$=(-1)^2-2=-1$

⇨ 이 방식으로는 답을 구하기 힘들다. ㅠㅠ

방법 II $a+\dfrac{1}{a}=-1$에서 $\star a\neq0$이므로 양변에 $a$를 곱하면 $a^2+1=-a$ $\quad\therefore a^2+a+1=0$

분모는 0이 될 수 없으므로 $\star a\neq0$이다.

$a^2+a+1=0$에서 $\star a-1\neq0$이므로 양변에 $a-1$을 곱하면 $(a-1)(a^2+a+1)=0$

$a=1$은 $a^2+a+1=0$을 만족시키지 못하므로 $a\neq1$이다. 즉, $\star a-1\neq0$이다.

$\therefore a^3-1=0 \quad \therefore a^3=1$

$a^{200}+\dfrac{1}{a^{200}}=(a^3)^{66}\cdot a^2+\dfrac{1}{(a^3)^{66}\cdot a^2}$

$=a^2+\dfrac{1}{a^2}=\left(a+\dfrac{1}{a}\right)^2-2\cdot a\cdot\dfrac{1}{a}$

$=(-1)^2-2=-1$

정답 $-1$

## [줄기 2-6]

풀이 $x^2-x+1=0$에서 $\star x\neq0$이므로 양변을 $x$로 나누면 $x-1+\dfrac{1}{x}=0$

$x=0$은 $x^2-x+1=0$을 만족시키지 못하므로 $\star x\neq0$이다.

$\therefore x+\dfrac{1}{x}=1$ (합의 값), $x\cdot\dfrac{1}{x}=1$ (곱의 값)

$x^2-x+1=0$에서 $\star x+1\neq0$이므로 양변에 $x+1$을 곱하면 $(x+1)(x^2-x+1)=0$

$x=-1$은 $x^2-x+1=0$을 만족시키지 못하므로 $x\neq-1$이다. 즉, $\star x+1\neq0$이다.

$\therefore x^3+1=0 \quad \therefore x^3=-1$

$$x^2+\frac{1}{x^2}=\left(x+\frac{1}{x}\right)^2-2\cdot x\cdot\frac{1}{x}=1-2=-1$$

$$x^3+\frac{1}{x^3}=(-1)+\frac{1}{(-1)}=-2$$

$$x^4+\frac{1}{x^4}=x^3\cdot x+\frac{1}{x^3\cdot x}=-x-\frac{1}{x}$$
$$=-\left(x+\frac{1}{x}\right)=-1$$

$$x^5+\frac{1}{x^5}=\left(x^2+\frac{1}{x^2}\right)\left(x^3+\frac{1}{x^3}\right)-\left(x+\frac{1}{x}\right)$$
$$=(-1)\cdot(-2)-1=1$$

$$x^5+\frac{1}{x^5}=x^3\cdot x^2+\frac{1}{x^3\cdot x^2}=-x^2+\frac{1}{-x^2}$$
$$=-\left(x^2+\frac{1}{x^2}\right)=-(-1)=1$$

$$x^{200}+\frac{1}{x^{200}}=(x^3)^{66}\cdot x^2+\frac{1}{(x^3)^{66}\cdot x^2}$$
$$=(-1)^{66}\cdot x^2+\frac{1}{(-1)^{66}\cdot x^2}$$
$$=x^2+\frac{1}{x^2}=-1$$

**정답** $x^2+\frac{1}{x^2}=-1$, $x^3+\frac{1}{x^3}=-2$,
$x^4+\frac{1}{x^4}=-1$, $x^5+\frac{1}{x^5}=1$,
$x^{200}+\frac{1}{x^{200}}=-1$

## [줄기 3-1]

**풀이** 1) $\frac{x+y}{3}=\frac{y+z}{5}=\frac{z+x}{6}=k\ (k\neq0)$로 놓으면

$x+y=3k$ …㉠, $y+z=5k$ …㉡, $z+x=6k$ …㉢

㉠+㉡+㉢을 하면 $2(x+y+z)=14k$

$\therefore x+y+z=7k$ …㉣

㉣에서 ㉠, ㉡, ㉢을 각각 빼면

$x=2k,\ y=k,\ z=4k$

$\therefore x:y:z=2k:k:4k=2:1:4$

2) 1)번에서 $x:y:z=2:1:4$이므로

$x=2k,\ y=k,\ z=4k\ (k\neq0)$

$$\frac{x^2+y^2-z^2}{xy+yz+zx}=\frac{(2k)^2+k^2-(4k)^2}{2k\cdot k+k\cdot4k+4k\cdot2k}$$
$$=\frac{-11k^2}{14k^2}=\frac{-11}{14}$$

**정답** 1) $2:1:4$ 2) $-\frac{11}{14}$

## [줄기 3-2]

**풀이** 1) $3x=5y \Leftrightarrow x:y=5:3$

$\therefore x=5k,\ y=3k\ (k\neq0)$

$$\frac{x^2-y^2}{xy}=\frac{(5k)^2-(3k)^2}{5k\cdot3k}=\frac{16k^2}{15k^2}=\frac{16}{15}$$

2) $\frac{x-y}{x+y}=\frac{1}{5}$에서 $5(x-y)=x+y$

$\therefore 2x=3y$, 즉 $x:y=3:2$

$\therefore x=3k,\ y=2k\ (k\neq0)$

$$\frac{3xy}{x^2-y^2}=\frac{3\cdot3k\cdot2k}{(3k)^2-(2k)^2}=\frac{18k^2}{5k^2}=\frac{18}{5}$$

3) $\frac{4x+2y}{5}=\frac{3x+2y}{4}$에서

$4(4x+2y)=5(3x+2y)$

$\therefore x=2y$, 즉 $x:y=2:1$

$\therefore x=2k,\ y=k\ (k\neq0)$

$$\frac{x^2-3xy}{xy-y^2}=\frac{(2k)^2-3\cdot2k\cdot k}{2k\cdot k-k^2}=\frac{-2k^2}{k^2}=-2$$

**정답** 1) $\frac{16}{15}$ 2) $\frac{18}{5}$ 3) $-2$

## [줄기 3-3]

**풀이** 1) $3x+y-2z=0$ …㉠, $2x-y=0$ …㉡

㉡에서 $y=2x$, 즉 $x:y=1:2$

$\therefore x=k,\ y=2k\ (k\neq0)$ …㉢

㉢을 ㉠에 대입하면

$3k+2k-2z=0 \quad \therefore z=\frac{5}{2}k$

$\therefore x:y:z=k:2k:\frac{5}{2}k=2:4:5$

2) 1)번에서 $x:y:z=2:4:5$이므로

$x=2t,\ y=4t,\ z=5t\ (t\neq0)$

$$\frac{x+y+z}{x+2y+3z}=\frac{2t+4t+5t}{2t+2\cdot4t+3\cdot5t}=\frac{11t}{25t}=\frac{11}{25}$$

정답 1) $2:4:5$  2) $\frac{11}{25}$

## 풀이 잎 문제

**잎 9-1**

핵심 $\dfrac{\frac{A}{B}}{\frac{C}{D}}=\dfrac{\frac{A}{B}\times BD}{\frac{C}{D}\times BD}=\dfrac{A\times D}{B\times C}=\dfrac{AD}{BC}$

풀이 주어진 식의 좌변을 정리하면

$$1-\frac{1}{1-\frac{1}{1-x}}=1-\frac{1\times(1-x)}{\left(1-\frac{1}{1-x}\right)\times(1-x)}=1-\frac{1-x}{(1-x)-1}=1+\frac{1-x}{x}=\frac{x+1-x}{x}=\frac{1}{x}$$

따라서 $\frac{1}{x}=\frac{a}{x+b}$가 $x$에 대한 항등식이므로

$a=1,\ b=0$

$\therefore a+b=1$

정답 ②

**잎 9-2**

풀이 주어진 식의 좌변을 정리하면

$$\frac{x}{1+\frac{2}{x+1}}=\frac{x\times(x+1)}{\left(1+\frac{2}{x+1}\right)\times(x+1)}=\frac{x(x+1)}{(x+1)+2}=\frac{x^2+x}{x+3}$$

주어진 식의 우변을 정리하면

$$x+a+\frac{b}{x+3}=\frac{(x+a)(x+3)+b}{x+3}=\frac{x^2+(a+3)x+3a+b}{x+3}$$

따라서

$\frac{x^2+x}{x+3}=\frac{x^2+(a+3)x+3a+b}{x+3}$가 $x$에 대한 항등식이므로

$a+3=1,\ 3a+b=0$  $\therefore a=-2,\ b=6$

$\therefore a+b=4$

정답 4

**잎 9-3**

풀이 주어진 식의 좌변을 정리하면

$$\frac{1-\frac{1}{x+1}}{1+\frac{1}{x-1}}=\frac{\left(1-\frac{1}{x+1}\right)\times(x-1)(x+1)}{\left(1+\frac{1}{x-1}\right)\times(x-1)(x+1)}=\frac{(x-1)(x+1)-(x-1)}{(x-1)(x+1)+(x+1)}=\frac{(x-1)(x+1-1)}{(x+1)(x-1+1)}=\frac{(x-1)x}{(x+1)x}=\frac{x-1}{x+1}$$

따라서 $\frac{x-1}{x+1}=\frac{ax+b}{x+1}$가 $x$에 대한 항등식이므로

$a=1,\ b=-1$

$\therefore a+b=0$

정답 ③

## 잎 9-4

**풀이** $\dfrac{3m+9}{m^2-9}=\dfrac{3(m+3)}{(m-3)(m+3)}$

$=\dfrac{3}{m-3}$

이 값이 정수가 되려면

$m-3=\pm1,\ \pm3$이어야 한다.

$\therefore m=3\pm1,\ 3\pm3 \qquad \therefore m=4,\ 2,\ 6,\ 0$

**정답** 0, 2, 4, 6

## 잎 9-5

**핵심** $A\triangle B$에서 $A$를 앞의 것, $B$를 뒤의 것으로 보고 연산 $\triangle$의 정의를 파악한다.

**풀이** 연산 $\triangle$의 정의는 앞의 것과 뒤의 것의 합을 앞의 것에서 뒤의 것의 차로 나누라는 의미이다.

$(x\triangle1)\triangle\left(\dfrac{1}{x\triangle1}\right)$

$=\dfrac{x+1}{x-1}\triangle\dfrac{1}{\dfrac{x+1}{x-1}}$

$=\dfrac{x+1}{x-1}\triangle\dfrac{x-1}{x+1}$

$=\dfrac{\dfrac{x+1}{x-1}+\dfrac{x-1}{x+1}}{\dfrac{x+1}{x-1}-\dfrac{x-1}{x+1}}$

$=\dfrac{\left(\dfrac{x+1}{x-1}+\dfrac{x-1}{x+1}\right)\times(x-1)(x+1)}{\left(\dfrac{x+1}{x-1}-\dfrac{x-1}{x+1}\right)\times(x-1)(x+1)}$

$=\dfrac{(x+1)^2+(x-1)^2}{(x+1)^2-(x-1)^2}=\dfrac{2x^2+2}{4x}=\dfrac{x^2+1}{2x}$

**정답** ⑤

## 잎 9-6

**핵심** $<A,\ B>$에서 $A$를 앞의 것, $B$를 뒤의 것으로 보고 $<A,\ B>$의 정의를 파악한다.

**풀이** $<A,\ B>$의 정의는 앞의 것에서 뒤의 것을 뺀 차를 앞의 것과 뒤의 것의 곱으로 나누라는 의미이다.

따라서 주어진 식의 좌변을 정리하면

$<x+2,\ x>+<x+4,\ x+2>+<x+6,\ x+4>$

$=\dfrac{x+2-x}{(x+2)x}+\dfrac{x+4-(x+2)}{(x+4)(x+2)}+\dfrac{x+6-(x+4)}{(x+6)(x+4)}$

$=\dfrac{2}{x(x+2)}+\dfrac{2}{(x+2)(x+4)}+\dfrac{2}{(x+4)(x+6)}$

$=\left(\dfrac{1}{x}-\dfrac{1}{x+2}\right)+\left(\dfrac{1}{x+2}-\dfrac{1}{x+4}\right)+\left(\dfrac{1}{x+4}-\dfrac{1}{x+6}\right)$

$=\dfrac{1}{x}-\dfrac{1}{x+6}=\dfrac{x+6-x}{x(x+6)}=\dfrac{6}{x(x+6)}$

주어진 식의 우변을 정리하면

$<x+\alpha,\ x>=\dfrac{x+\alpha-x}{(x+\alpha)x}=\dfrac{\alpha}{x(x+\alpha)}$

따라서 (좌변)=(우변)이므로

$\dfrac{6}{x(x+6)}=\dfrac{\alpha}{x(x+\alpha)} \qquad \therefore \alpha=6$

**정답** ⑤

## 잎 9-7

**방법 I** 분모가 곱의 꼴 ⇨ $\dfrac{1}{AB}=\dfrac{1}{B-A}\left(\dfrac{1}{A}-\dfrac{1}{B}\right)$

$\dfrac{a^2}{(a-b)(a-c)}+\dfrac{b^2}{(b-c)(b-a)}+\dfrac{c^2}{(c-a)(c-b)}$

$=\dfrac{a^2}{-c+b}\left(\dfrac{1}{a-b}-\dfrac{1}{a-c}\right)+\dfrac{b^2}{-a+c}\left(\dfrac{1}{b-c}-\dfrac{1}{b-a}\right)$

$+\dfrac{c^2}{-b+a}\left(\dfrac{1}{c-a}-\dfrac{1}{c-b}\right)$

⇨ 식이 간단해지지 않는다. ㅠㅠ

**방법 II** 주어진 식 (준 식)을 통분하면

$(\text{준 식})=\dfrac{-a^2(b-c)-b^2(c-a)-c^2(a-b)}{(a-b)(b-c)(c-a)}$

$=-\dfrac{a^2(b-c)+b^2(c-a)+c^2(a-b)}{(a-b)(b-c)(c-a)}$

이 식의 분자를 $a$에 대하여 정리하여 인수분해하면

$a^2(b-c)+b^2(c-a)+c^2(a-b)$

$=(b-c)a^2-(b^2-c^2)a+(b^2c-bc^2)$

$=(b-c)a^2-(b-c)(b+c)a+bc(b-c)$

$=(b-c)\{a^2-(b+c)a+bc\}$

$=(b-c)(a-b)(a-c)$

$=-(a-b)(b-c)(c-a)$

$$\therefore (\text{준 식})=-\frac{-(a-b)(b-c)(c-a)}{(a-b)(b-c)(c-a)}$$
$$=\frac{(a-b)(b-c)(c-a)}{(a-b)(b-c)(c-a)}=1$$

정답 1

**잎 9-8**

풀이 분모가 곱의 꼴 ⇨ $\frac{1}{AB}=\frac{1}{B-A}\left(\frac{1}{A}-\frac{1}{B}\right)$

$$(\text{준 식})=\underbrace{\left(\frac{1}{a}-\frac{1}{a+b}\right)}_{\text{첫째항}}+\left(\frac{1}{a+b}-\frac{1}{a+b+c}\right)$$
$$+\left(\frac{1}{a+b+c}-\frac{1}{a+b+c+d}\right)$$
$$+\underbrace{\left(\frac{1}{a+b+c+d}-\frac{1}{a+b+c+d+e}\right)}_{\text{끝항}}$$
$$=\frac{1}{a}-\frac{1}{a+b+c+d+e}$$
$$=\frac{a+b+c+d+e-a}{a(a+b+c+d+e)}$$
$$=\frac{b+c+d+e}{a(a+b+c+d+e)}$$

참고 부분분수의 합에서 첫째항의 앞의 것이 남으면 끝항의 뒤의 것이 남는다.

정답 $\frac{b+c+d+e}{a(a+b+c+d+e)}$

**잎 9-9**

방법Ⅰ $\frac{5x-y}{3x-2y}=\frac{3}{2}$에서 $2(5x-y)=3(3x-2y)$

$\therefore x=-4y$, 즉 $x:y=-4:1$

$\therefore x=-4k,\ y=k\ (k\neq 0)$라 하면

$$\frac{3x^2+xy}{x^2-xy}=\frac{3\cdot(-4k)^2+(-4k)\cdot k}{(-4k)^2-(-4k)\cdot k}=\frac{44k^2}{20k^2}$$
$$=\frac{11}{5}$$

방법Ⅱ $\frac{5x-y}{3x-2y}=\frac{3}{2}$에서 $2(5x-y)=3(3x-2y)$

$\therefore x=-4y$

$$\frac{3x^2+xy}{x^2-xy}=\frac{3(-4y)^2+(-4y)y}{(-4y)^2-(-4y)y}$$
$$=\frac{44y^2}{20y^2}=\frac{11}{5}$$

팁 방법Ⅰ과 방법Ⅱ를 모두 알고 있어야 하며, 필요할 때 더 편한 방법을 선택하여 사용한다.
※ 방법Ⅰ이 더 많이 이용된다.

정답 $\frac{11}{5}$

**잎 9-10**

방법Ⅰ 두 방정식에서 공통적으로 갖고 있는 $y$를 매개로 비례식을 만들면

$x+\frac{2}{y}=1$에서 $\frac{2}{y}=1-x$ $\quad\therefore y=\frac{2}{1-x}$

$y+\frac{1}{z}=2$에서 $y=2-\frac{1}{z}$ $\quad\therefore y=\frac{2z-1}{z}$

$\frac{2}{1-x}=y=\frac{2z-1}{z}=k\ (k\neq 0)$라 하면

i) $\frac{2}{1-x}=k,\ 2=k-kx$ $\quad\therefore x=\frac{k-2}{k}$

ii) $y=k$

iii) $\frac{2z-1}{z}=k,\ 2z-1=kz$ $\quad\therefore z=\frac{1}{2-k}$

$$z+\frac{1}{2x}=\frac{1}{2-k}+\frac{k}{2(k-2)}$$
$$=\frac{-1}{k-2}+\frac{k}{2(k-2)}$$
$$=\frac{k-2}{2(k-2)}=\frac{1}{2}$$

방법Ⅱ 두 방정식에서 $y$를 공통적으로 갖고 있으므로 $x$와 $z$를 공통된 미지수 $y$로 나타내면

$x+\frac{2}{y}=1$에서 $x=1-\frac{2}{y}$ $\quad\therefore x=\frac{y-2}{y}$

$y+\frac{1}{z}=2$에서 $\frac{1}{z}=2-y$ $\quad\therefore z=\frac{1}{2-y}$

$$z+\frac{1}{2x}=\frac{1}{2-y}+\frac{y}{2(y-2)}$$
$$=\frac{-1}{y-2}+\frac{y}{2(y-2)}$$
$$=\frac{y-2}{2(y-2)}=\frac{1}{2}$$

정답 $\frac{1}{2}$

## 잎 9-11

**풀이** $\dfrac{x+y}{3}=\dfrac{y+z}{4}=\dfrac{z+x}{5}=k\ (k\neq 0)$라 하면

$x+y=3k \cdots ㉠$, $y+z=4k \cdots ㉡$, $z+x=5k \cdots ㉢$

㉠+㉡+㉢을 하면 $2(x+y+z)=12k$

$\therefore x+y+z=6k \cdots ㉣$

㉣에서 ㉠, ㉡, ㉢을 각각 빼면

$x=2k,\ y=k,\ z=3k$

$$\frac{xy-yz-zx}{x^2+y^2+z^2}=\frac{2k\cdot k-k\cdot 3k-3k\cdot 2k}{(2k)^2+k^2+(3k)^2}=\frac{-7k^2}{14k^2}=-\frac{1}{2}$$

**정답** ②

## 잎 9-12

**풀이** $\dfrac{x^3-y^3}{x^3+y^3}=\dfrac{9}{7}$일 때, $7(x^3-y^3)=9(x^3+y^3)$

$2x^3+16y^3=0,\ x^3+8y^3=0$

$x^3+(2y)^3=0$

$(x+2y)(x^2-2xy+4y^2)=0$

$\therefore x+2y=0\ (x^2-2xy+4y^2>0\ \because$ 팁 $)$

**방법 I** $\therefore \boldsymbol{x=-2y}$, 즉 $x:y=-2:1$

$\therefore x=-2k,\ y=k\ (k\neq 0)$

$$\frac{2x+y}{x-y}=\frac{2(-2k)+k}{-2k-k}=\frac{-3k}{-3k}=1$$

**방법 II** $\therefore \boldsymbol{x=-2y}$

$$\frac{2x+y}{x-y}=\frac{2(-2y)+y}{-2y-y}=\frac{-3y}{-3y}=1$$

**팁** $a^3+b^3=(a+b)(a^2-ab+b^2)=0$에서 $a,\ b$가 $a,\ b\neq 0$인 실수이면 $a+b=0$이다.
$(\because a^2-ab+b^2>0)$ [p.175]

$a^3-b^3=(a-b)(a^2+ab+b^2)=0$에서 $a,\ b$가 $a,\ b\neq 0$인 실수이면 $a-b=0$이다.
$(\because a^2+ab+b^2>0)$ [p.175]

**정답** 1

## 잎 9-13

**풀이** $\begin{cases} 2x+y-4z=0 \cdots ㉠ \\ x-2y+3z=0 \cdots ㉡ \end{cases}$

㉠−㉡×2를 하면 $5y-10z=0 \quad \therefore y=2z$

**방법 I** $y=2z$, 즉 $y:z=2:1$

$\therefore y=2k,\ z=k\ (k\neq 0)$

이것을 ㉠에 대입하면 $2x+2k-4k=0$

$\therefore x=k$

$$\frac{5x-y}{x+3z}=\frac{5k-2k}{k+3k}=\frac{3k}{4k}=\frac{3}{4}$$

**방법 II** $y=2z$를 ㉠에 대입하면 $2x+2z-4z=0$

$\therefore x=z$

$$\frac{5x-y}{x+3z}=\frac{5z-2z}{z+3z}=\frac{3z}{4z}=\frac{3}{4}$$

**정답** $\dfrac{3}{4}$

## 잎 9-14

**풀이** $\dfrac{x+y}{2z}=\dfrac{y+2z}{x}=\dfrac{2z+x}{y}=k\ (k\neq 0)$라 하면

$x+y=2kz,\ y+2z=kx,\ 2z+x=ky$

위의 세 식을 변끼리 더하면

$2(x+y+2z)=k(x+y+2z)$

$\therefore k=2\ (\because x+y+2z\neq 0)$

따라서 $\dfrac{x+y}{2z}=\dfrac{y+2z}{x}=\dfrac{2z+x}{y}=2$이므로

$\dfrac{x+y}{2z}=2 \quad \therefore x+y=4z \cdots ㉠$

$\dfrac{y+2z}{x}=2 \quad \therefore y+2z=2x \cdots ㉡$

$\dfrac{2z+x}{y}=2 \quad \therefore 2z+x=2y \cdots ㉢$

㉠−㉡을 하면 $x-2z=4z-2x$

$\therefore x=2z$, 즉 $x:z=2:1$

$\therefore x=2t,\ z=t\ (t\neq 0) \cdots ㉣$

㉣을 ㉠에 대입하면 $2t+y=4t$

$\therefore y=2t \cdots ㉤$

㉣, ㉤에서 $x=2t,\ y=2t,\ z=t$이므로

$$\frac{x^3+y^3+z^3}{xyz}=\frac{(2t)^3+(2t)^3+t^3}{2t\cdot 2t\cdot t}=\frac{17t^3}{4t^3}=\frac{17}{4}$$

**정답** ①

**잎 9-15**

**풀이** $x+\frac{1}{x}=-1$에서 $\star x\neq0$이므로 양변에 $x$를 곱하면 $x^2+1=-x$ $\quad\therefore x^2+x+1=0$

분모는 0이 될 수 없으므로 $\star x\neq0$이다.

ㄱ. $1+\frac{1}{x}+\frac{1}{x^2}=\frac{x^2+x+1}{x^2}=0$ (참)

ㄴ. $x+x^2+x^3+\frac{1}{x}+\frac{1}{x^2}+\frac{1}{x^3}$

$=x(1+x+x^2)+\frac{x^2+x+1}{x^3}=0$ (참)

ㄷ. $x^2+x+1=0$에서 $\star x-1\neq0$이므로 양변에 $x-1$을 곱하면 $(x-1)(x^2+x+1)=0$

$x=1$은 $x^2+x+1=0$을 만족시키지 못하므로 $x\neq1$이다. 즉, $\star x-1\neq0$

$\therefore x^3-1=0 \quad \therefore x^3=1$

$x^{3n}=(x^3)^n=1^n=1$, 즉 $x^{3n}=1$이므로

$x^{3n}+x^{3n+1}+x^{3n+2}+\frac{1}{x^{3n}}+\frac{1}{x^{3n+1}}+\frac{1}{x^{3n+2}}$

$=x^{3n}+x^{3n}\cdot x+x^{3n}\cdot x^2+\frac{1}{x^{3n}}+\frac{1}{x^{3n}\cdot x}+\frac{1}{x^{3n}\cdot x^2}$

$=1+x+x^2+\frac{1}{1}+\frac{1}{x}+\frac{1}{x^2}$

$=(1+x+x^2)+\frac{x^2+x+1}{x^2}=0$ (참)

**정답** ㄱ. 참 ㄴ. 참 ㄷ. 참

CHAPTER 9

# 유리함수 (2)

본문 p.257

## 풀이 줄기 문제

**[줄기 4-1]**

**풀이** 1) $y=-\frac{1}{2x}$

i) 점근선인 두 직선 $x=0$, $y=0$을 긋는다. (검은색 점선)

ii) 유리함수의 그래프 위의 임의의 한 점 $\left(-1,\ \frac{1}{2}\right)$을 잡고 이 점을 지나는 그래프를 점근선을 고려하여 그린다.

iii) 두 점근선의 교점 $(0,\ 0)$에 대하여 대칭인 그래프를 그린다.



2) $y=\frac{1}{2x-1}+4$

i) 점근선인 두 직선 $x=\frac{1}{2}$, $y=4$를 긋는다. (검은색 점선)

ii) 유리함수의 그래프 위의 임의의 한 점 $(0,\ 3)$을 잡고 이 점을 지나는 그래프를 점근선을 고려하여 그린다.

iii) 두 점근선의 교점 $\left(\frac{1}{2},\ 4\right)$에 대하여 대칭인 그래프를 그린다.



**정답** 풀이 참조

## 줄기 4-2

**풀이** 1) $y=\dfrac{-3x+1}{x+2}$

$=\dfrac{-3(x+2)+7}{x+2}$

$=\dfrac{7}{x+2}-3$

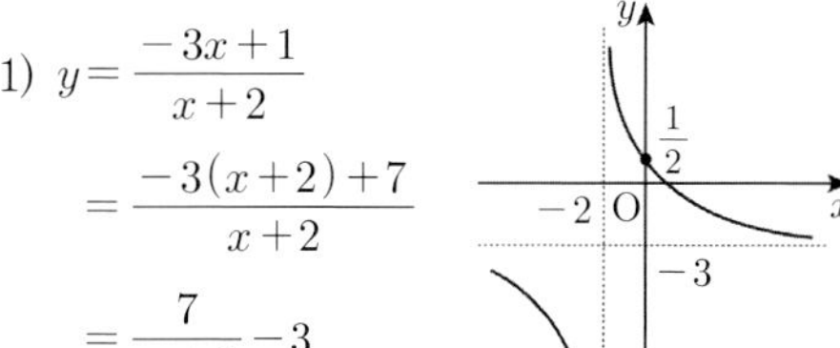


점근선의 방정식 : $x=-2$, $y=-3$

정의역 : $R-\{-2\}$

즉, $\{x\,|\,x\neq-2$인 실수$\}$

공역 : $R$, 즉 $\{y\,|\,y$는 모든 실수$\}$

치역 : $R-\{-3\}$

즉, $\{y\,|\,y\neq-3$인 실수$\}$

※ $R$은 실수 전체의 집합

2) 분모의 일차항의 계수가 음수이면 식의 변형이 어렵다.

$y=\dfrac{4x}{-2x+1}$ (어렵다.)

$y=\dfrac{-4x}{2x-1}$ (쉽다.)

$=\dfrac{-2(2x-1)-2}{2x-1}$

$=\dfrac{-2}{2x-1}-2$

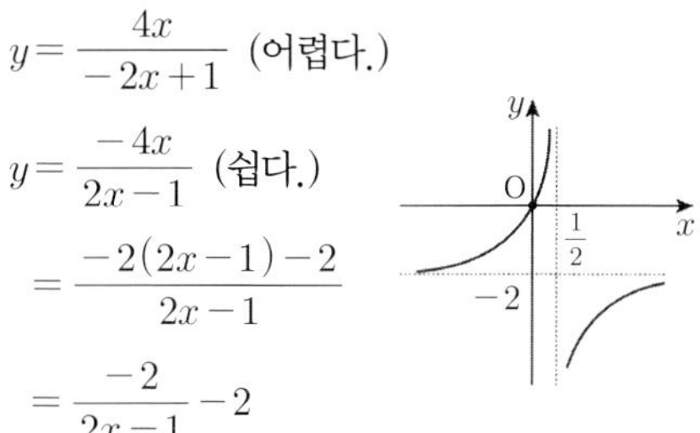


점근선의 방정식 : $x=\dfrac{1}{2}$, $y=-2$

정의역 : $R-\left\{\dfrac{1}{2}\right\}$

즉, $\left\{x\,\middle|\,x\neq\dfrac{1}{2}\text{인 실수}\right\}$

공역 : $R$, 즉 $\{y\,|\,y$는 모든 실수$\}$

치역 : $R-\{-2\}$

즉, $\{y\,|\,y\neq-2$인 실수$\}$

※ $R$은 실수 전체의 집합

3) $y=\dfrac{-4x+1}{2x-1}$

$=\dfrac{-2(2x-1)-1}{2x-1}$

$=\dfrac{-1}{2x-1}-2$

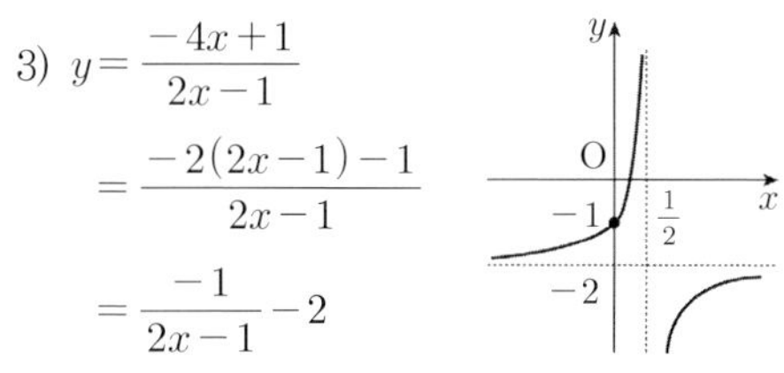


점근선의 방정식 : $x=\dfrac{1}{2}$, $y=-2$

정의역 : $R-\left\{\dfrac{1}{2}\right\}$

즉, $\left\{x\,\middle|\,x\neq\dfrac{1}{2}\text{인 실수}\right\}$

공역 : $R$, 즉 $\{y\,|\,y$는 모든 실수$\}$

치역 : $R-\{-2\}$, 즉 $\{y\,|\,y\neq-2$인 실수$\}$

※ $R$은 실수 전체의 집합

4) $y=\dfrac{6x+2}{3x-1}$

$=\dfrac{2(3x-1)+4}{3x-1}$

$=\dfrac{4}{3x-1}+2$

점근선의 방정식 : $x=\dfrac{1}{3}$, $y=2$

정의역 : $R-\left\{\dfrac{1}{3}\right\}$

즉, $\left\{x\,\middle|\,x\neq\dfrac{1}{3}\text{인 실수}\right\}$

공역 : $R$, 즉 $\{y\,|\,y$는 모든 실수$\}$

치역 : $R-\{2\}$, 즉 $\{y\,|\,y\neq2$인 실수$\}$

※ $R$은 실수 전체의 집합

**정답** 풀이 참조

## 줄기 4-3

**핵심** 분모의 일차항의 계수가 음수이면 식의 변형이 어렵다.

**풀이** $y=\dfrac{2x+4}{-3x+1}$ (어렵다.)

$y=\dfrac{-2x-4}{3x-1}$ (쉽다.)

$=\dfrac{-\dfrac{2}{3}(3x-1)-\dfrac{14}{3}}{3x-1}=\dfrac{-\dfrac{14}{3}}{3x-1}-\dfrac{2}{3}$

점근선의 방정식 : $x=\dfrac{1}{3}$, $y=-\dfrac{2}{3}$

**참고** 뿌리 4-2)의 1)번과 같은 문제이다. [p.262]

**정답** $x=\dfrac{1}{3}$, $y=-\dfrac{2}{3}$

## [줄기 4-4]

풀이 $y=\dfrac{ax+2}{-1x-3}$의 점근선의 방정식은

$x=-3,\ y=-a$

$y=\dfrac{4x-1}{2x+b}$의 점근선의 방정식은

$x=\dfrac{-b}{2},\ y=2$

따라서 $-3=\dfrac{-b}{2},\ -a=2$이므로

$a=-2,\ b=6$

정답 $a=-2,\ b=6$

## [줄기 4-5]

풀이 주어진 그래프의 점근선의 방정식은

$x=\dfrac{1}{2},\ y=-2$

$y=\dfrac{ax+b}{1x+c}$ ⋯㉠의 점근선의 방정식은

$x=-c,\ y=a$

따라서 $-c=\dfrac{1}{2},\ a=-2$이므로

$a=-2,\ c=-\dfrac{1}{2}$

이때, ㉠의 그래프가 점 $(0,\ -1)$을 지나므로

$-1=\dfrac{b}{c}\qquad \therefore b=\dfrac{1}{2}$

정답 $a=-2,\ b=\dfrac{1}{2},\ c=-\dfrac{1}{2}$

## [줄기 4-6]

풀이 $y=\dfrac{2x+3}{1x+1}$의 점근선의 방정식은 $x=-1,\ y=2$이므로 두 점근선과 점 $(0,\ 3)$을 이용하여 그래프를 그리면 오른쪽 그림과 같다.

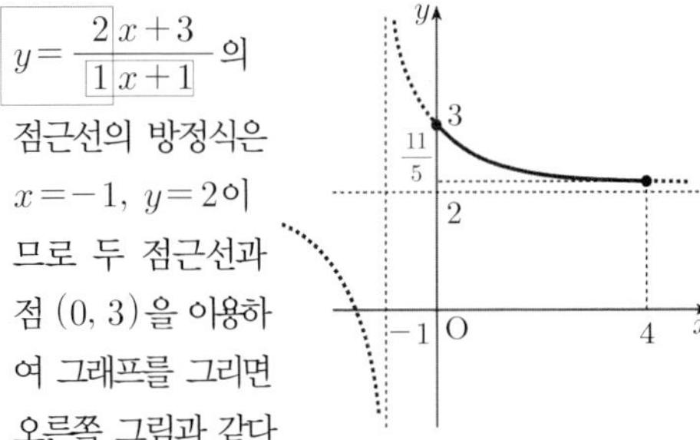


1) $x=0$일 때 $y=3$이고,

$x=4$일 때 $y=\dfrac{11}{5}$이므로

그림에서 정의역이 $\{x\,|\,0\le x\le 4\}$일 때,

치역은 $\left\{y\,\middle|\,\dfrac{11}{5}\le y\le 3\right\}$

2) $y=0$일 때 $x=-\dfrac{3}{2}\left(\because 0=\dfrac{2x+3}{x+1}\right)$이고

$y=3$일 때 $x=0\left(\because 3=\dfrac{2x+3}{x+1}\right)$이므로

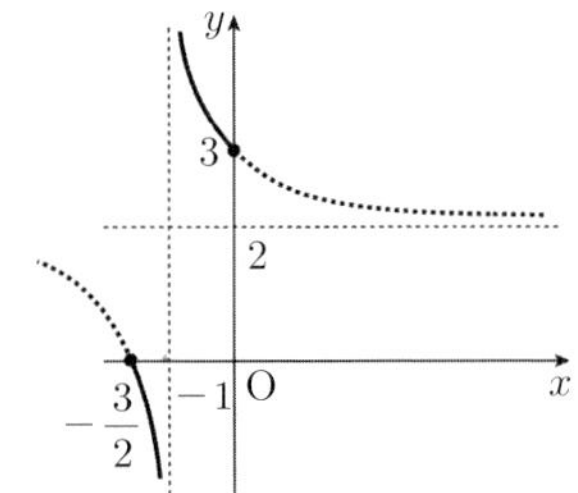


그림에서 치역이 $\{y\,|\,y\le 0$ 또는 $y\ge 3\}$ 일 때, 정의역은

$\left\{x\,\middle|\,-\dfrac{3}{2}\le x<-1 \text{ 또는 } -1<x\le 0\right\}$

정답 1) $\left\{y\,\middle|\,\dfrac{11}{5}\le y\le 3\right\}$

2) $\left\{x\,\middle|\,-\dfrac{3}{2}\le x<-1 \text{ 또는 } -1<x\le 0\right\}$

## [줄기 4-7]

풀이 1) $f(x)=\dfrac{ax-b}{2x-c}$의 역함수는

$f^{-1}(x)=\dfrac{cx-b}{2x-a}$

$\therefore \dfrac{cx-b}{2x-a}=\dfrac{-x+1}{2x-3}$

$\therefore a=3,\ b=-1,\ c=-1$

2) $f(g(x))=x \Leftrightarrow (f\circ g)(x)=x$

$\therefore f\circ g=I$ ($I$는 항등함수)

두 함수의 합성이 항등함수이면 두 함수는 서로가 서로의 역함수이다. [p.219]

$f\circ g=I$이면 $f=g^{-1},\ g=f^{-1}$

$g(x)=f^{-1}(x)=\dfrac{cx-b}{2x-a}$

$\therefore \dfrac{cx-b}{2x-a}=\dfrac{-x+1}{2x-3}$

$\therefore a=3,\ b=-1,\ c=-1$

정답 1) $a=3,\ b=-1,\ c=-1$

2) $a=3,\ b=-1,\ c=-1$

## [줄기 4-8]

**풀이** $y=\dfrac{ax+b}{2x+c}$의 점근선의 방정식은

$x=\dfrac{-c}{2}$, $y=\dfrac{a}{2}$

$\therefore \dfrac{-c}{2}=2$, $\dfrac{a}{2}=4$ $\quad\therefore a=8,\ c=-4$

$y=\dfrac{8x+b}{2x-4}$가 점 $(4,\ 0)$을 지나므로

$0=\dfrac{32+b}{4}$ $\quad\therefore b=-32$

**정답** $a=8,\ b=-32,\ c=-4$

## [줄기 4-9]

**방법 I** 「강추」 $y=\dfrac{ax+b}{2x+c}$의 점근선의 방정식은

$x=\dfrac{-c}{2}$, $y=\dfrac{a}{2}$

$\dfrac{-c}{2}=1$, $\dfrac{a}{2}=4$ $\quad\therefore a=8,\ c=-2$

$y=\dfrac{8x+b}{2x-2}$가 점 $(0,\ -2)$를 지나므로

$-2=\dfrac{b}{-2}$ $\quad\therefore b=4$

**방법 II** 점근선의 방정식이 $x=1$, $y=4$이므로

$y=\dfrac{k}{x-1}+4$ …㉠로 놓으면

㉠의 그래프가 점 $(0,\ -2)$를 지나므로

$-2=\dfrac{k}{-1}+4$ $\quad\therefore k=6$

$k=6$을 ㉠에 대입하면

$y=\dfrac{6}{x-1}+4=\dfrac{6+4(x-1)}{x-1}$

$=\dfrac{4x+2}{x-1}=\dfrac{2(4x+2)}{2(x-1)}$

$\therefore y=\dfrac{8x+4}{2x-2}$ $\quad\therefore a=8,\ b=4,\ c=-2$

**정답** $a=8,\ b=4,\ c=-2$

## [줄기 4-10]

**풀이** 1) $f(x)=\dfrac{4x-3}{-x+a}$ $\quad\therefore f^{-1}(x)=\dfrac{-ax-3}{-x-4}$

$f(x)=f^{-1}(x)$이므로 $a=-4$

2) 직선 $y=x$에 대하여 대칭인 함수의 그래프는 직선 $y=x$에 대하여 대칭이동을 해도 같으므로, 즉 역함수와 원함수는 같다.

$f(x)=\dfrac{4x-3}{-x+a}$ $\quad\therefore f^{-1}(x)=\dfrac{-ax-3}{-x-4}$

$f(x)=f^{-1}(x)$이므로 $a=-4$

cf
- 대칭이동: 주어진 도형을 점 또는 직선에 대하여 대칭인 도형으로 옮기는 것을 말한다. (비슷한 예) 데칼코마니하여 이동
- 대칭: 점 또는 직선의 양쪽에 있는 부분이 꼭 같은 형태로 배치되어 있는 것을 말한다. (비슷한 예) 좌우 대칭인 얼굴

$y=f(x)$의 그래프가 직선 $y=x$에 대하여 대칭이면 $f=f^{-1}$이다.

3) 두 함수의 합성이 항등함수이면 두 함수는 서로가 서로의 역함수이다. [p.219]

$f\circ f=I$이면 $f=f^{-1}$ ($I$는 항등함수)

$f(x)=\dfrac{4x-3}{-x+a}$ $\quad\because f^{-1}(x)=\dfrac{-ax-3}{-x-4}$

$f(x)=f^{-1}(x)$이므로 $a=-4$

**정답** 1) $a=-4$ 2) $a=-4$ 3) $a=-4$

## [줄기 4-11]

**풀이** $f(x)=\dfrac{x-1}{x}$에서

$f^2(x)=(f\circ f)(x)$

$=f(f(x))=\dfrac{\dfrac{x-1}{x}-1}{\dfrac{x-1}{x}}=\dfrac{-1}{x-1}$

$f^3(x)=(f^2\circ f)(x)$

$=f^2(f(x))=\dfrac{-1}{\dfrac{x-1}{x}-1}=x$

$f^4(x)=(f\circ f^3)(x)$

$=f(f^3(x))=f(x)=\dfrac{x-1}{x}$

$f^5(x)=(f^2\circ f^3)(x)$

$=f^2(f^3(x))=f^2(x)=\dfrac{-1}{x-1}$

$f^6(x)=(f^3\circ f^3)(x)$

$=f^3(f^3(x))=f^3(x)=x$

⋮

따라서 자연수 $k$에 대하여

$$f^n(x)=\begin{cases}\dfrac{x-1}{x} & (n=3k-2)\\ \dfrac{-1}{x-1} & (n=3k-1)\\ x & (n=3k)\end{cases}$$

$\therefore f^{100}(x)=f^{3\cdot 34-2}(x)=\dfrac{x-1}{x}$

$\therefore f^{100}(3)=\dfrac{3-1}{3}=\dfrac{2}{3}$

정답 $\dfrac{2}{3}$

## [줄기 4-12]

풀이 $y=\dfrac{k}{x-m}+n\,(k\neq0)$ 꼴, 즉 분모의 $x$의 계수가 1이고 분자가 상수 $k$인 꼴 일 때, k의 값이 같으면 평행이동에 의하여 두 함수의 그래프는 겹쳐질 수 있다.

$y=\dfrac{1}{3x}=\dfrac{\frac{1}{3}}{x}$ ⇨ $k$의 값 : $\dfrac{1}{3}$

ㄱ. $y=\dfrac{1}{3(x-1)}=\dfrac{\frac{1}{3}}{x-1}$ ⇨ $k$의 값 : $\dfrac{1}{3}$

ㄴ. $y=\dfrac{8x+3}{6x}=\dfrac{8x}{6x}+\dfrac{3}{6x}=\dfrac{4}{3}+\dfrac{1}{2x}$

$=\dfrac{\frac{1}{2}}{x}+\dfrac{4}{3}$ ⇨ $k$의 값 : $\dfrac{1}{2}$

ㄷ. $y=\dfrac{6x+1}{3x+1}=\dfrac{2x+\frac{1}{3}}{x+\frac{1}{3}}$

$=\dfrac{2\left(-\frac{1}{3}\right)+\frac{1}{3}}{x+\frac{1}{3}}+2$

$=\dfrac{-\frac{1}{3}}{x+\frac{1}{3}}+2$ ⇨ $k$의 값 : $-\dfrac{1}{3}$

ㄹ. $y=\dfrac{-x+2}{3x-3}=\dfrac{-\frac{1}{3}x+\frac{2}{3}}{x-1}$

$=\dfrac{-\frac{1}{3}\cdot1+\frac{2}{3}}{x-1}-\dfrac{1}{3}$

$=\dfrac{\frac{1}{3}}{x-1}-\dfrac{1}{3}$ ⇨ $k$의 값 : $\dfrac{1}{3}$

따라서 $y=\dfrac{\frac{1}{3}}{x}$의 그래프와 겹쳐지는 것은 ㄱ, ㄹ이다.

정답 ㄱ, ㄹ

## [줄기 4-13]

핵심 $y=\dfrac{k}{x-m}+n\,(k\neq0)$는 $y=\dfrac{k}{x}$를 $x$축의 방향으로 $m$만큼, $y$축의 방향으로 $n$만큼 평행이동한 것이다.

풀이 $y=\dfrac{-3x+4}{x+2}=\dfrac{-3\cdot(-2)+4}{x+2}-3$

$=\dfrac{10}{x+2}-3$

이므로 $y=\dfrac{-3x+4}{x+2}$의 그래프는 $y=\dfrac{10}{x}$의 그래프를 $x$축의 방향으로 $-2$만큼, $y$축의 방향으로 $-3$만큼 평행이동한 것이므로

$a=10,\ b=-2,\ c=-3$

정답 $a=10,\ b=-2,\ c=-3$

## [줄기 4-14]

방법 I 「강추」 $y=\dfrac{-1x+0}{2x+2}$의 점근선의 방정식은

$x=-1,\ y=-\dfrac{1}{2}$ ⋯㉠

$y=\dfrac{1x+0}{2x-2}$의 점근선의 방정식은

$x=1,\ y=\dfrac{1}{2}$ ⋯㉡

㉠의 점근선을 $x$축의 방향으로 2만큼, $y$축의 방향으로 1만큼 평행이동하면 ㉡의 점근선과 겹쳐지므로

$y=\dfrac{-x}{2x+2}$의 그래프를 $x$축의 방향으로 2만큼, $y$축의 방향으로 1만큼 평행이동하면 $y=\dfrac{x}{2x-2}$의 그래프에 겹쳐진다.

$\therefore a=2,\ b=1$

**방법Ⅱ** $y=\dfrac{-x}{2x+2}$에서 $x$ 대신 $x-a$, $y$ 대신 $y-b$를 대입하면

$y-b=\dfrac{-(x-a)}{2(x-a)+2}$

$y=\dfrac{-x+a}{2x-2a+2}+b$

$y=\dfrac{-x+a+b(2x-2a+2)}{2x-2a+2}$

$\therefore y=\dfrac{(2b-1)x+a-2ab+2b}{2x\mathbf{-2a+2}}$

$\therefore \mathbf{-2a+2}=-2,\ 2b-1=1,\ a-2ab+2b=0$

$\therefore a=2,\ b=1$

**정답** $a=2,\ b=1$

## [줄기 4-15]

**방법Ⅰ** 「강추」 $y=\dfrac{-2}{x+1}-1$ 의 점근선의 방정식은

$x=-1,\ y=-1\ \cdots$㉠

$y=\dfrac{1x+c}{1x+2}$의 점근선의 방정식은

$x=-2,\ y=1\ \cdots$㉡

㉠의 점근선을 $x$축의 방향으로 $-1$만큼, $y$축의 방향으로 2만큼 평행이동하면 ㉡의 점근선과 겹쳐진다. 따라서

$y=\dfrac{-2}{x+1}-1$의 그래프를 $x$축의 방향으로 $-1$만큼, $y$축의 방향으로 2만큼 평행이동하면

$y=\dfrac{x+c}{x+2}$의 그래프에 겹쳐진다.

$\therefore a=-1,\ b=2$

$y=\dfrac{x+c}{x+2}=\dfrac{\mathbf{-2}+c}{x+2}+1$에서

$-2+c=-2$

$\therefore c=0$

**방법Ⅱ** $y=\dfrac{-2}{x+1}-1$에서 $x$ 대신 $x-a$, $y$ 대신 $y-b$를 대입하면

$y-b=\dfrac{-2}{(x-a)+1}-1$

$y=\dfrac{-2}{x-a+1}-1+b$

$y=\dfrac{-2+(-1+b)(x-a+1)}{x\mathbf{-a+1}}$

$\therefore \mathbf{-a+1}=2,\ -1+b=1$

$\therefore a=-1,\ b=2$

$y=\dfrac{-2+1\cdot(x+2)}{x+2}=\dfrac{x}{x+2}\qquad \therefore c=0$

**정답** $a=-1,\ b=2,\ c=0$

## [줄기 4-16]

**풀이** $y=\dfrac{4x+3}{2x-1}$의 점근선의 방정식은

$x=\dfrac{1}{2},\ y=2$이고, 유리함수의 그래프는

*3군데에 대하여 대칭이므로
대칭점 1군데, 기울기가 $\pm1$인 직선 2군데

i) 두 점근선의 교점 $\left(\dfrac{1}{2},\ 2\right)$에 대하여 대칭이다.

ii) 대칭점 $\left(\dfrac{1}{2},\ 2\right)$를 지나는 기울기가 $\pm1$인 직선에 대하여 대칭이므로

$y=\pm\left(x-\dfrac{1}{2}\right)+2$

$\therefore y=x+\dfrac{3}{2}$ 또는 $y=-x+\dfrac{5}{2}$

즉, 그래프는 점 $\left(\dfrac{1}{2},\ 2\right)$에 대하여 대칭이므로

$m=\dfrac{1}{2},\ n=2$

**정답** $m=\dfrac{1}{2},\ n=2$

## [줄기 4-17]

**풀이** $y=\dfrac{2x+1}{1x+1}$의 점근선의 방정식이 $x=-1,\ y=2$이므로 두 점근선과 점 $(0,\ 1)$을 이용하여 그래프를 그리면 오른쪽 그림과 같다.

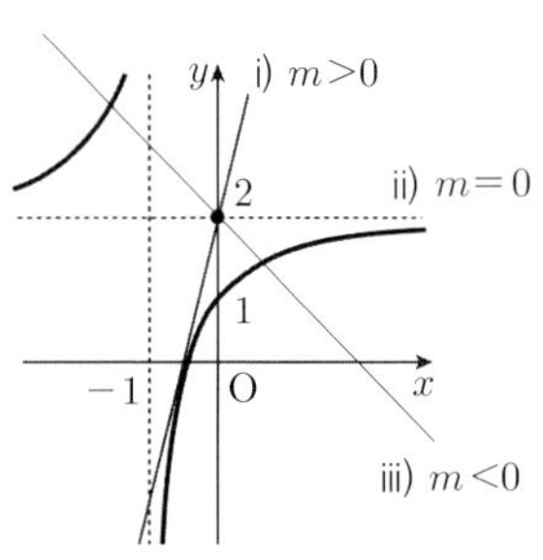

직선 $y=mx+2$는 $m$의 값에 관계없이 점 $(0, 2)$를 지난다.

↳ $x=0$이면 $y=0\cdot m+2$이므로 $m$에 어떤 값을 대입하여도 $y=2$이다.

i) $m>0$일 때,

$\dfrac{2x+1}{x+1}=mx+2$에서

$2x+1=mx^2+mx+2x+2$

$mx^2+mx+1=0$ ⋯ ㉠

㉠의 판별식을 $D$라 하면 접할 때는

$D=m^2-4m=0$

$\therefore m=4\ (\because m>0)$

직선과 곡선이 만나려면 직선은 접하거나 접할 때의 기울기보다 커야하므로

$m\geq 4$

ii) $m=0$일 때, 직선과 곡선은 만나지 않는다.

iii) $m<0$일 때, 직선과 곡선은 두 점에서 만난다.

따라서 i), iii)에 의하여 $m\geq 4$ 또는 $m<0$

정답 $m<0$ 또는 $m\geq 4$

## 줄기 4-18

풀이 $y=\dfrac{2x+3}{1x+1}$의 점근선의 방정식이 $x=-1$, $y=2$이므로 두 점근선과 점 $(0, 3)$을 이용하여 그래프를 그리면 오른쪽 그림과 같다.



직선 $y=mx$는 $m$의 값에 관계없이 반드시 점 $(0, 0)$을 지난다.

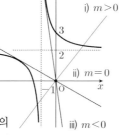

↳ $x=0$이면 $y=0\cdot m$이므로 $m$에 어떤 값을 대입하여도 $y=0$이다.

i) $m>0$일 때, 직선과 곡선은 두 점에서 만난다.

ii) $m=0$일 때, 직선과 곡선은 한 점에서 만난다.

iii) $m<0$일 때,

$\dfrac{2x+3}{x+1}=mx$에서 $2x+3=mx^2+mx$

$mx^2+(m-2)x-3=0$ ⋯ ㉠

㉠의 판별식을 $D$라 하면 접할 때는

$D=(m-2)^2+12m=0$

$m^2+8m+4=0 \quad \therefore m=-4\pm 2\sqrt{3}$

직선과 곡선이 만나지 않으려면 직선의 기울기는 접할 때의 기울기 사이에 있어야 하므로

$-4-2\sqrt{3}<m<-4+2\sqrt{3}$

따라서 iii)에 의하여

$-4-2\sqrt{3}<m<-4+2\sqrt{3}$

정답 $-4-2\sqrt{3}<m<-4+2\sqrt{3}$

## 줄기 4-19

풀이 $(f\circ g)(x)=x \quad \therefore f\circ g=I$ ($I$는 항등함수)

두 함수의 합성이 항등함수이면 두 함수는 서로가 서로의 역함수이다. [p.219]

$f\circ g=I$이면 $f=g^{-1}$, $g=f^{-1}$

$g(x)=f^{-1}(x)=\dfrac{x+3}{x-2}\left(\because f(x)=\dfrac{2x+3}{x-1}\right)$

$g(1)=\dfrac{1+3}{1-2}=-4,\ g(-4)=\dfrac{-4+3}{-4-2}=\dfrac{1}{6}$

$\therefore (g\circ g)(1)=g(g(1))=g(-4)=\dfrac{1}{6}$

정답 $\dfrac{1}{6}$

## 줄기 4-20

풀이 1) $y=\dfrac{-8}{3x+2}+2$의 대칭점 $\left(\dfrac{-2}{3}, 2\right)$를 직선 $y=x$에 대하여 대칭이동하면 역함수의 대칭점의 좌표가 $\left(2, -\dfrac{2}{3}\right)$가 되므로 역함수는 $y=\dfrac{k}{x-2}-\dfrac{2}{3}$ 꼴이다.

$y=\dfrac{k}{x-m}+n\ (k\neq 0)$ 꼴에서 함수와 그 역함수의 $k$의 값은 같으므로 $k=-\dfrac{8}{3}$

따라서 구하는 역함수는

$y=\dfrac{-\dfrac{8}{3}}{x-2}-\dfrac{2}{3}$ $\qquad\therefore y=\dfrac{-8}{3(x-2)}-\dfrac{2}{3}$

2) $y=\dfrac{3}{-2x+1}+1$의 대칭점 $\left(\dfrac{1}{2},1\right)$을 직선 $y=x$에 대하여 대칭이동하면 역함수의 대칭점의 좌표가 $\left(1,\dfrac{1}{2}\right)$이 되므로 역함수는

$y=\dfrac{k}{x-1}+\dfrac{1}{2}$ 꼴이다.

$y=\dfrac{k}{x-m}+n\ (k\neq0)$ 꼴에서 함수와 그 역함수의 $k$의 값은 같으므로 $k=-\dfrac{3}{2}$

따라서 구하는 역함수는

$y=\dfrac{-\dfrac{3}{2}}{x-1}+\dfrac{1}{2}$ $\qquad\therefore y=\dfrac{3}{-2(x-1)}+\dfrac{1}{2}$

정답 1) $y=\dfrac{-8}{3x-6}-\dfrac{2}{3}$ 2) $y=\dfrac{3}{-2x+2}+\dfrac{1}{2}$

## 풀이 잎 문제

### 잎 9-1

풀이 ㄱ. $y=\dfrac{3x+5}{1x-1}$의 점근선의 방정식은

$x=1,\ y=3$ (참)

ㄴ. 점근선인 두 직선 $x=1,\ y=3$과 점 $(0,\ -5)$를 이용하여 그래프를 그리면 오른쪽 그림과 같으므로 그래프는 제 1, 2, 3, 4 사분면을 지난다. (참)

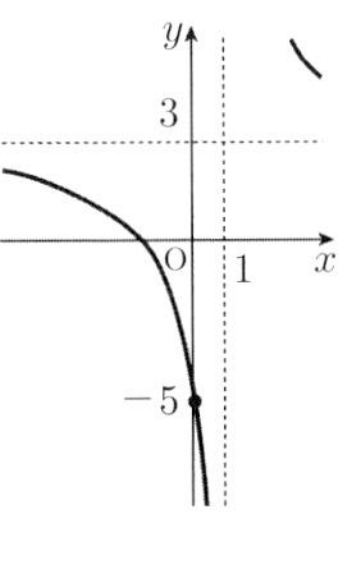


ㄷ. 유리함수는 *3군데에 대하여 대칭이다.

대칭점 1군데, 기울기가 ±1인 직선 2군데

① 두 점근선의 교점, 즉 대칭점 $(1,\ 3)$

② 대칭점 $(1,\ 3)$을 지나는 기울기가 $\pm1$인 직선에 대하여 대칭이므로

$y=\pm(x-1)+3$

$\therefore y=x+2$ 또는 $y=-x+4$

그래프는 두 직선 $y=x+2,\ y=-x+4$에 대하여 대칭이므로 직선 $y=x+3$에 대하여 대칭이 아니다. (거짓)

정답 ㄱ. 참 ㄴ. 참 ㄷ. 거짓

### 잎 9-2

풀이 $y=\dfrac{ax+b}{1x+c}$의 점근선의 방정식은

$x=-c,\ y=a$

대칭점은 두 점근선의 교점이므로

$(2,\ 1)=(-c,\ a)$ $\qquad\therefore a=1,\ c=-2$

이때, $y=\dfrac{x+b}{x-2}$가 점 $(3,\ 3)$을 지나므로

$3=\dfrac{3+b}{3-2}$ $\qquad\therefore b=0$

$y=\dfrac{x}{x-2}=\dfrac{2}{x-2}+1$

$-1\le x\le1$에서

$y=\dfrac{2}{x-2}+1$의 그래프는 오른쪽 그림과 같으므로

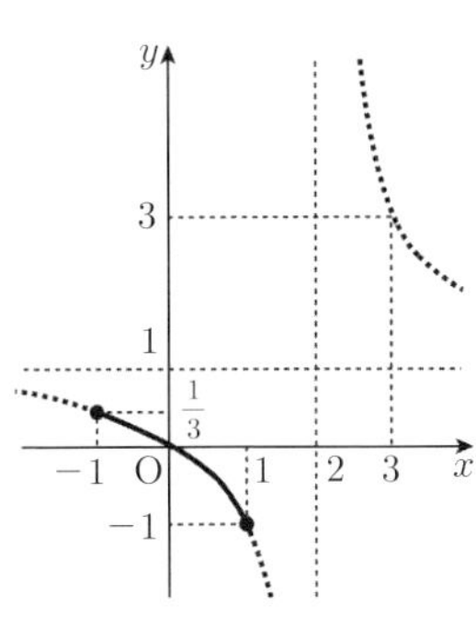


i) $x=-1$일 때, 최댓값 $\dfrac{1}{3}$

ii) $x=1$일 때, 최솟값 $-1$

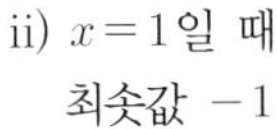

정답 최댓값 $\dfrac{1}{3}$, 최솟값 $-1$

**잎 9-3**

**풀이** $y=\dfrac{-3x+7}{1x-2}$ 의 점근선의 방정식은

$x=2,\ y=-3$

유리함수는 ⋆3군데에 대하여 대칭이다.

대칭점 1군데, 기울기가 $\pm1$인 직선 2군데

① 두 점근선 $x=2,\ y=-3$의 교점 $(2,\ -3)$

② 대칭점 $(2,\ -3)$을 지나는 기울기가 $\pm1$ 인 직선에 대하여 대칭이므로

$y=\pm(x-2)-3$

$\therefore y=x-5$ 또는 $y=-x-1$

즉, 그래프는 두 직선 $y=x-5,\ y=-x-1$ 에 대하여 대칭이므로 두 직선 $y=ax+b$, $y=cx+d$는 $y=x-5,\ y=-x-1$이다.

$\therefore a+b+c+d=1+(-5)+(-1)+(-1)$
$=-6$

**정답** ①

**잎 9-4**

**풀이** 1) $f(x)=\dfrac{ax+b}{x+c}$ 의 역함수는

$f^{-1}(x)=\dfrac{-cx+b}{x-a}$

따라서

$\dfrac{-cx+b}{x-a}=\dfrac{2x-4}{-x+3}$

$\dfrac{(-cx+b)\times(-1)}{(x-a)\times(-1)}=\dfrac{2x-4}{-x+3}$

$\dfrac{cx-b}{-x+a}=\dfrac{2x-4}{-x+3}$

$\therefore a=3,\ b=4,\ c=2$

2) 두 유리함수 $y=\dfrac{ax+1}{2x-6},\ y=\dfrac{bx+1}{2x+6}$ 의 그래프가 직선 $y=x$에 대하여 대칭이면 두 함수는 서로 역함수이다. [p.223]

$f(x)=\dfrac{ax+1}{2x-6},\ g(x)=\dfrac{bx+1}{2x+6}$ 이라 하면

$f(x)=\dfrac{ax+1}{2x-6}$ 의 역함수는

$f^{-1}(x)=\dfrac{6x+1}{2x-a}$

따라서 $f^{-1}(x)=g(x)$이므로

$\dfrac{6x+1}{2x-a}=\dfrac{bx+1}{2x+6}$ $\quad\therefore a=-6,\ b=6$

**정답** 1) $a=3,\ b=4,\ c=2$
2) $a=-6,\ b=6$

**잎 9-5**

**풀이** 주어진 역함수의 그래프에서 $x$축을 $y$축으로 바꾸고, $y$축을 $x$축으로 바꾸면 함수의 그래프가 되므로 $y=f(x)$의 그래프는 오른쪽 그림과 같다.

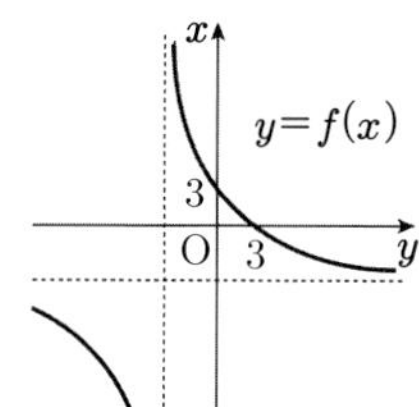


$f(3)=0,\ f(0)=3$

$(f\circ f)(3)=f(f(3))=f(0)=3$

$(f\circ f\circ f)(3)=f(f(f(3)))=f(f(0))$
$=f(3)=0$

$f(3)+(f\circ f)(3)+(f\circ f\circ f)(3)$
$=0+3+0=3$

**정답** 3

**잎 9-6**

**풀이** 점 Q는 곡선 $y=\dfrac{8}{x}+3$ 위의 점이므로 $\mathrm{Q}\left(t,\ \dfrac{8}{t}+3\right)$이라 하면

$\overline{\mathrm{PQ}}^2=t^2+\left(\dfrac{8}{t}+3-3\right)^2=t^2+\dfrac{64}{t^2}$

이때, $t^2>0,\ \dfrac{64}{t^2}>0$이므로 산술평균과 기하평균의 관계에 의하여

$t^2+\dfrac{64}{t^2}\ge2\sqrt{t^2\cdot\dfrac{64}{t^2}}=16$

(단, 등호는 $t^2=\dfrac{64}{t^2}$ 일 때 성립)

$\overline{\mathrm{PQ}}^2\ge16$

$\therefore \overline{\mathrm{PQ}}\ge4\ (\because \overline{\mathrm{PQ}}>0)$

**정답** 4

## 잎 9-7

**풀이** $\overline{AB}$를 $1:t\,(t>0)$로 내분하는 점 P의 좌표 $f(t)$는

A(−2) B(4)
1 : t

$$f(t)=\frac{1\cdot4+t\cdot(-2)}{1+t}=\frac{-2t+4}{t+1}$$
$$=\frac{-2(t+1)+6}{t+1}=\frac{6}{t+1}-2\ (t>0)$$

따라서 $t>0$에서 $y=\dfrac{6}{t+1}-2$의 그래프를 그리면 오른쪽 그림과 같다.

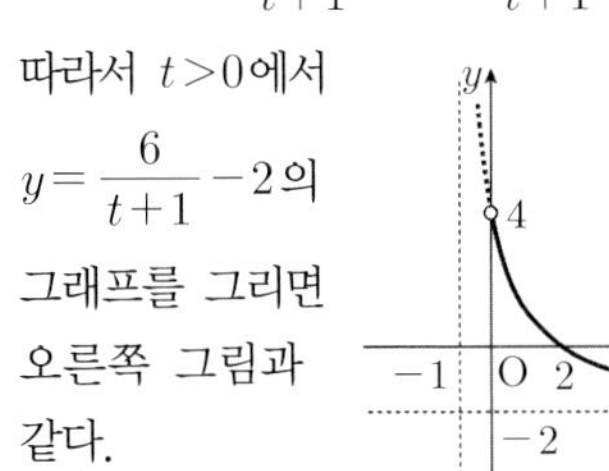


**정답**

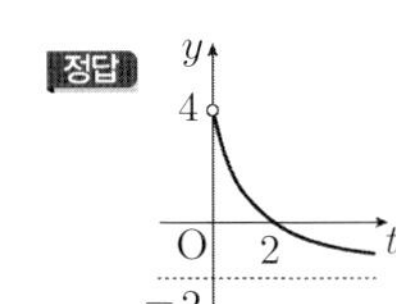


## 잎 9-8

**풀이** 점 $A\left(a,\ \dfrac{1}{a}\right)$이라 하면 점 $B\left(ak,\ \dfrac{1}{a}\right)$이다.
($\because$ 점 A와 점 B의 $y$좌표가 같다.)
점 $A\left(a,\ \dfrac{1}{a}\right)$이라 하면 점 $C\left(a,\ \dfrac{k}{a}\right)$이다.
($\because$ 점 A와 점 C의 $x$좌표가 같다.)

$\overline{AB}=|a-ak|$
$=ak-a$

$\overline{AC}=\left|\dfrac{1}{a}-\dfrac{k}{a}\right|$
$=\dfrac{k}{a}-\dfrac{1}{a}$

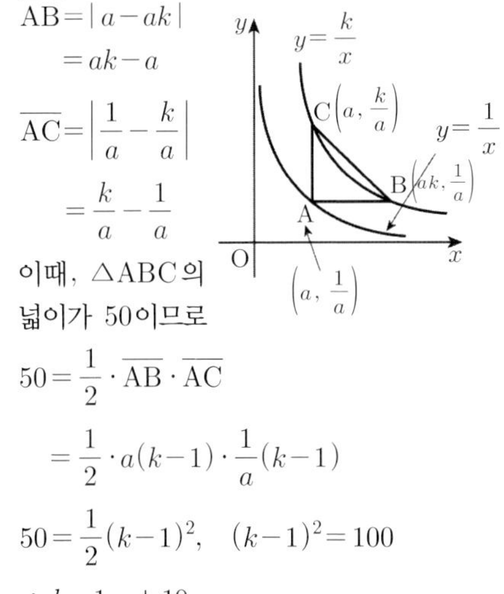


이때, △ABC의 넓이가 50이므로

$50=\dfrac{1}{2}\cdot\overline{AB}\cdot\overline{AC}$

$=\dfrac{1}{2}\cdot a(k-1)\cdot\dfrac{1}{a}(k-1)$

$50=\dfrac{1}{2}(k-1)^2,\quad (k-1)^2=100$

$\therefore k-1=\pm10$

$\therefore k=11\ (\because k>0)$

**정답** 11

## 잎 9-9

**풀이** 1) $y=\dfrac{1x+1}{2x+1}$의 점근선의 방정식이 $x=\dfrac{-1}{2}$, $y=\dfrac{1}{2}$ 이므로 점근선과 점 $(0,\ 1)$을 이용하여 그래프를 그리면 오른쪽 그림과 같다.

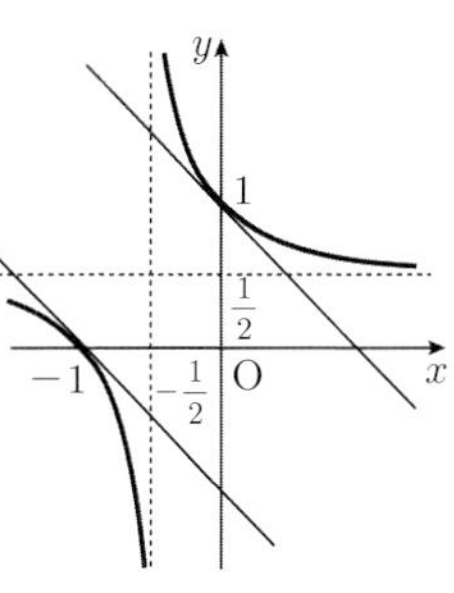


$y=\dfrac{x+1}{2x+1}$의 그래프와 직선 $y=-x+m$이 한 점에서 만나므로

$\dfrac{x+1}{2x+1}=-x+m$에서

$x+1=(-x+m)(2x+1)$

$x+1=-2x^2-x+2mx+m$

$2x^2+2(1-m)x+1-m=0\ \cdots㉠$

㉠의 판별식을 $D$라 하면 접할 때는

$\dfrac{D}{4}=(1-m)^2-2(1-m)=0$

$(1-m)\{(1-m)-2\}=0$

$(1-m)(-1-m)=0$

$\therefore m=1\ (\because$ 양수 $m$, 즉 $m>0)$

2) $y=\dfrac{2}{x}$의 그래프와 직선 $y=-2x+k$가 한 점에서 만날 때는 우측 그림과 같으므로

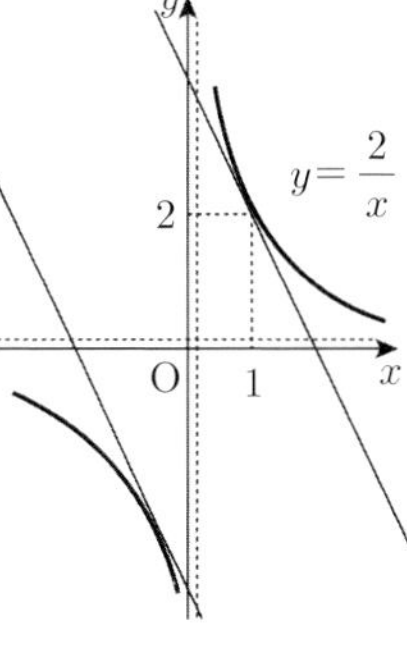


$\dfrac{2}{x}=-2x+k$에서

$2x^2-kx+2=0\ \cdots㉠$

이때, ㉠의 판별식을 $D$라 하면 두 점에서 만날 때는

$\dfrac{D}{4}=(-k)^2-4\cdot2\cdot2>0$

$k^2-16>0,\ (k-4)(k+4)>0$

$\therefore k<-4$ 또는 $k>4$

$\therefore k>4\ (\because$ 양수 $k$, 즉 $k>0)$

3) $y=\frac{3x-1}{1x+0}$ 의 점근선의 방정식이 $x=0$, $y=3$이므로 두 점근선과 점 $(1, 2)$를 이용하여 그래프를 그리면 오른쪽 그림과 같다.

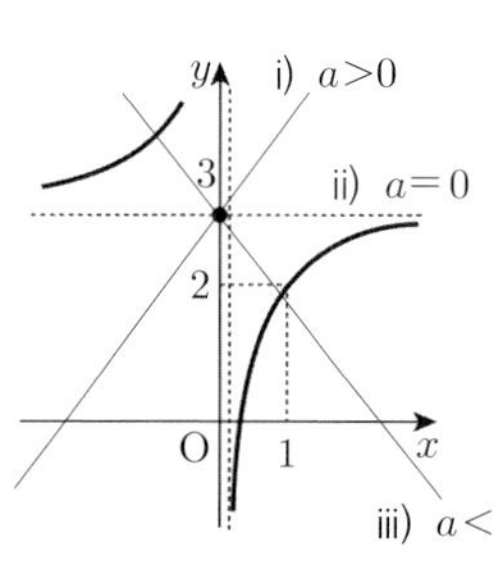


직선 $y=ax+3$는 $a$의 값에 관계없이 반드시 점 $(0, 3)$을 지난다.

↳ $x=0$이면 $y=0\cdot a+3$이므로 $a$에 어떤 값을 대입하여도 $y=3$이다.

i) $a>0$일 때, 직선과 곡선은 만나지 않는다.
ii) $a=0$일 때, 직선과 곡선은 만나지 않는다.
iii) $a<0$일 때, 직선과 곡선은 두 점에서 만난다.
따라서 i), ii)에 의하여 $a\geq 0$

4) $y=\frac{3x+0}{1x-1}$ 의 점근선의 방정식이 $x=1$, $y=3$ 이므로 두 점근선과 점 $(0, 0)$를 이용하여 $2\leq x\leq 4$ 에서의 그래프를 그리면 위 그림과 같다.

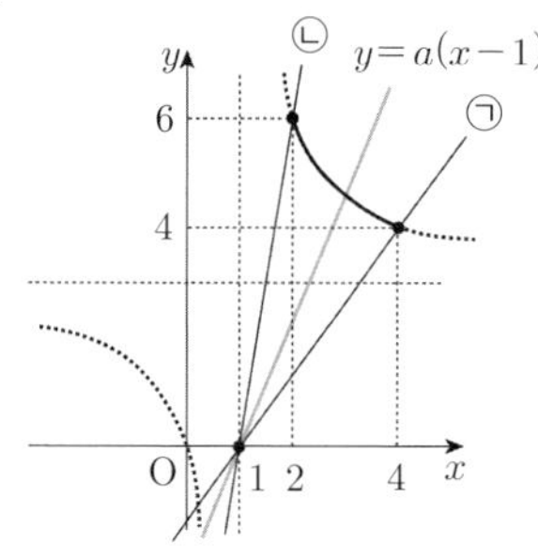


직선 $y=a(x-1)$은 $a$의 값에 관계없이 점 $(1, 0)$을 지난다.

↳ $x=1$이면 $y=0\cdot a$이므로 $a$에 어떤 값을 대입하여도 $y=0$이다.

직선 $y=a(x-1)$의 기울기는 $a$이고 직선 ㉠과 ㉡ 이내에 있어야 한다.

㉠의 기울기는 $\frac{4}{3}$고, ㉡의 기울기는 6이므로

기울기 $a$의 범위는 $\frac{4}{3}\leq a\leq 6$

**참고** 사이 vs 이내
사이 : 일정한 범위와 한도 안을 뜻하며 기준으로 제시한 말은 제외한다. 예를 들어 1등급과 5등급 사이라고 하면 2, 3, 4등급을 말한다.
이내 : 일정한 범위와 한도 안을 뜻하며 기준으로 제시한 말도 포함한다. 예를 들어 1등급과 5등급 이내라고 하면 1, 2, 3, 4, 5등급을 말한다.

**정답** 1) 1　2) $k>4$　3) $a\geq 0$　4) $\frac{4}{3}\leq a\leq 6$

## 잎 9-10

**풀이** $y=\frac{2x+k}{x-1}=\frac{2\cdot 1+k}{x-1}+2=\frac{k+2}{x-1}+2$

의 점근선의 방정식이 $x=1$, $y=2$이고, $k>-2$ 즉 $k+2>0$ 이므로 오른쪽 그림과 같아야 한다.

$x=0$일 때 최솟값이 1이므로

$1=-k$

$\therefore k=-1$

$x=a$일 때 최댓값이 $\frac{5}{3}$이므로

$\frac{5}{3}=\frac{2a-1}{a-1}$,　$5a-5=6a-3$　$\therefore a=-2$

**정답** $a=-2$, $k=-1$

## 잎 9-11

**풀이** 1) $y=\frac{3x-k+1}{x+4}=\frac{3\cdot(-4)-k+1}{x+4}+3=\frac{-k-11}{x+4}+3$

의 점근선의 방정식이 $x=-4$, $y=3$이므로 $-k-11>0$이면 제4 사분면을 지날 수 없다.

$\therefore -k-11<0$, 즉 $k>-11$ ⋯ ㉠

이때, 모든 사분면을 지나도록 그래프를 그리면 다음 그림과 같아야 한다.

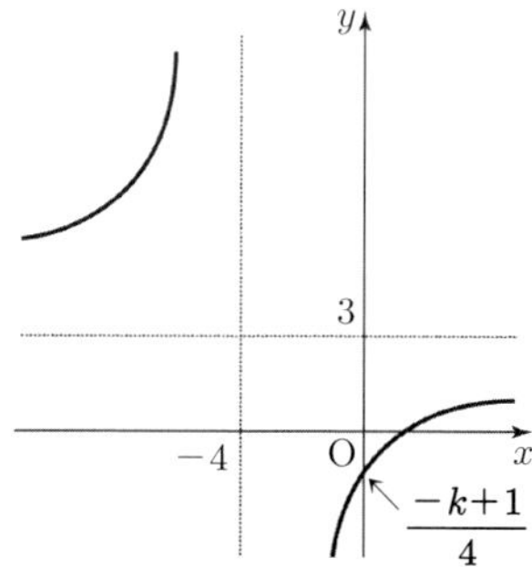

$\dfrac{-k+1}{4}<0 \quad \therefore k>1 \cdots$ ㉡

㉠, ㉡의 공통 범위를 구하면 $k>1$

2) $y=\dfrac{4x-k+3}{x-2}=\dfrac{4\cdot 2-k+3}{x-2}+4$

$=\dfrac{-k+11}{x-2}+4$

의 점근선의 방정식이 $x=2$, $y=4$이므로 제1, 2, 4사분면만을 지나도록 그래프를 그리면 다음 그림과 같아야 한다.

i) $-k+11<0$

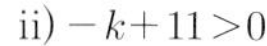

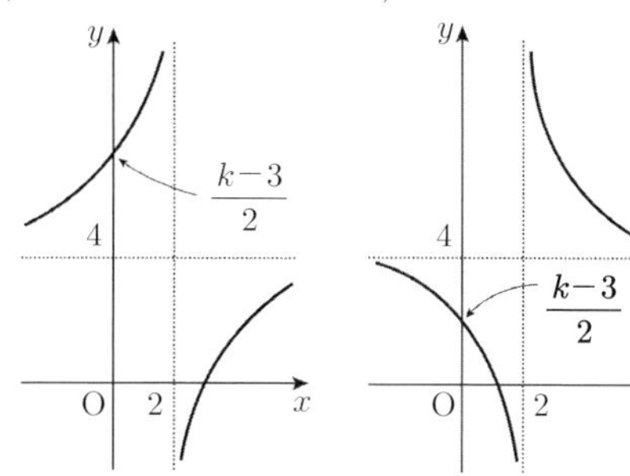


i) $-k+11<0$, 즉 $k>11$일 때,
주어진 함수의 그래프는 제1, 2, 4사분면을 지난다.

ii) $-k+11>0$, 즉 $k<11 \cdots$ ㉠일 때,
주어진 함수의 그래프가 제1, 2, 4사분면을 지나려면

$0\le\dfrac{k-3}{2}<4 \quad \therefore 3\le k<11 \cdots$ ㉡

㉠, ㉡의 공통 범위를 구하면
$3\le k<11$

i), ii)에서 $3\le k<11$ 또는 $k>11$

정답 1) $k>1$
2) $3\le k<11$ 또는 $k>11$

CHAPTER

# 10 무리함수(1)

본문 p.273

## 풀이 줄기 문제

### [줄기 2-1]

풀이 1) $x=\sqrt{3}$이면 $x+1>0$, $x-1>0$이므로

$$\frac{\sqrt{x+1}+\sqrt{x-1}}{\sqrt{x+1}-\sqrt{x-1}}$$
$$=\frac{(\sqrt{x+1}+\sqrt{x-1})^2}{(\sqrt{x+1}-\sqrt{x-1})(\sqrt{x+1}+\sqrt{x-1})}$$
$$=\frac{(x+1)+(x-1)+2\sqrt{x+1}\sqrt{x-1}}{(x+1)-(x-1)}$$
$$=\frac{2x+2\sqrt{(x+1)(x-1)}}{2}$$
$$=x+\sqrt{x^2-1}$$

이 식에 $x=\sqrt{3}$을 대입하면

$$\sqrt{3}+\sqrt{(\sqrt{3})^2-1}=\sqrt{3}+\sqrt{2}$$

2) $x=\sqrt{3}$이면 $x>0$이므로

$$\frac{\sqrt{x}-1}{\sqrt{x}+1}+\frac{\sqrt{x}+1}{\sqrt{x}-1}$$
$$=\frac{(\sqrt{x}-1)^2+(\sqrt{x}+1)^2}{(\sqrt{x}+1)(\sqrt{x}-1)}$$
$$=\frac{x+1-2\sqrt{x}+x+1+2\sqrt{x}}{x-1}$$
$$=\frac{2(x+1)}{x-1}$$

이 식에 $x=\sqrt{3}$을 대입하면

$$\frac{2(\sqrt{3}+1)}{\sqrt{3}-1}=\frac{2(\sqrt{3}+1)^2}{(\sqrt{3}-1)(\sqrt{3}+1)}$$
$$=(\sqrt{3}+1)^2=3+1+2\sqrt{3}$$
$$=4+2\sqrt{3}$$

3) $x=\dfrac{1}{\sqrt{5}-2}$, $y=\dfrac{1}{\sqrt{5}+2}$이면

$x>0$, $y>0$이므로

$$\frac{\sqrt{x}+\sqrt{y}}{\sqrt{x}-\sqrt{y}}=\frac{(\sqrt{x}+\sqrt{y})^2}{(\sqrt{x}-\sqrt{y})(\sqrt{x}+\sqrt{y})}$$
$$=\frac{x+y+2\sqrt{xy}}{x-y}$$

$$x+y=\frac{1}{\sqrt{5}-2}+\frac{1}{\sqrt{5}+2}$$
$$=\frac{(\sqrt{5}+2)+(\sqrt{5}-2)}{(\sqrt{5}-2)(\sqrt{5}+2)}=2\sqrt{5}$$
$$xy=\frac{1}{\sqrt{5}-2}\times\frac{1}{\sqrt{5}+2}=1$$
$$x-y=\frac{1}{\sqrt{5}-2}-\frac{1}{\sqrt{5}+2}$$
$$=\frac{(\sqrt{5}+2)-(\sqrt{5}-2)}{(\sqrt{5}-2)(\sqrt{5}+2)}=4$$
$$\therefore\ \frac{x+y+2\sqrt{xy}}{x-y}=\frac{2\sqrt{5}+2\sqrt{1}}{4}$$
$$=\frac{2\sqrt{5}+2}{4}=\frac{\sqrt{5}+1}{2}$$

참고 $x$, $y$의 값을 대입하면 계산이 복잡할 때 ⇨ 합과 곱의 값을 알면 답을 구할 수 있다. 만약 합과 곱의 값만으로 답을 구할 수 없으면 차의 값을 마저 알면 답을 구할 수 있다.

정답 1) $\sqrt{3}+\sqrt{2}$ 2) $4+2\sqrt{3}$ 3) $\frac{\sqrt{5}+1}{2}$

## 풀이 잎 문제

### 잎 10-1

핵심 주어진 무리식의 값이 실수가 되려면 (근호 안의 식의 값) $\geq 0$, (분모) $\neq 0$

풀이 $6-3x\geq 0,\ x+5\geq 0,\ 1-x\neq 0$

$x\leq 2,\ x\geq -5,\ x\neq 1$

$\therefore -5\leq x<1$ 또는 $1<x\leq 2$

정답 $-5\leq x<1$ 또는 $1<x\leq 2$

### 잎 10-2

풀이 $\sqrt{(a+b)^2}+\sqrt{(a-b)^2}=|a+b|+|a-b|$

$a+b=2-\sqrt{3}+\sqrt{2}>0$

$a-b=2-\sqrt{3}-\sqrt{2}<0$

따라서

$|a+b|+|a-b|=(a+b)+\{-(a-b)\}$

$=2b=2\sqrt{2}$

팁 $\sqrt{2}\fallingdotseq 1.414$, $\sqrt{3}\fallingdotseq 1.732$는 반드시 기억하고 있어야 한다.

정답 ③

### 잎 10-3

핵심 범위의 언급이 없을 때, 무리식은 실수의 범위에서 정의되므로 (근호 안의 식의 값) $\geq 0$, (분모) $\neq 0$인 범위에서만 생각한다.

풀이 $x\geq 0,\ x+1\geq 0$인 범위가 주어진 것이므로

방법 I
$$\frac{1}{\sqrt{x+1}-\dfrac{1\times(\sqrt{x+1}+\sqrt{x})}{\left(\sqrt{x}+\dfrac{1}{\sqrt{x+1}+\sqrt{x}}\right)\times(\sqrt{x+1}+\sqrt{x})}}$$

⇨ 계산이 복잡하여 답 구하기가 힘들다. ㅠㅠ

방법 II
$$\frac{1}{\sqrt{x+1}-\dfrac{1}{\sqrt{x}+\dfrac{\sqrt{x+1}-\sqrt{x}}{(\sqrt{x+1}+\sqrt{x})(\sqrt{x+1}-\sqrt{x})}}}$$
$$=\frac{1}{\sqrt{x+1}-\dfrac{1}{\sqrt{x}+\dfrac{\sqrt{x+1}-\sqrt{x}}{1}}}$$
$$=\frac{1}{\sqrt{x+1}-\dfrac{1}{\sqrt{x+1}}}$$
$$=\frac{1\times\sqrt{x+1}}{\left(\sqrt{x+1}-\dfrac{1}{\sqrt{x+1}}\right)\times\sqrt{x+1}}$$
$$=\frac{\sqrt{x+1}}{(x+1)-1}$$
$$=\frac{\sqrt{x+1}}{x}$$

정답 $\frac{\sqrt{x+1}}{x}$

### 잎 10-4

풀이 1) $x=288$이면 $x+1>0,\ x>0$이므로

$$\frac{1}{\sqrt{x+1}+\sqrt{x}}+\frac{1}{\sqrt{x+1}-\sqrt{x}}$$
$$=\frac{\sqrt{x+1}-\sqrt{x}+\sqrt{x+1}+\sqrt{x}}{(\sqrt{x+1}+\sqrt{x})(\sqrt{x+1}-\sqrt{x})}$$
$$=\frac{2\sqrt{x+1}}{x+1-x}$$
$$=2\sqrt{x+1}$$

이 식에 $x=288$을 대입하면

$$2\sqrt{288+1}=2\sqrt{289}$$
$$=2\cdot 17\ (\because 17^2=289)$$
$$=34$$

참고 11 ~ 19를 제곱한 값 [p.275]
$17^2=289$ (땡칠이 팔구 고양이 살까)
땡칠 이팔구

2) $x=\sqrt{5}$이면 $x-2>0$, $x+2>0$이므로

$$\sqrt{\frac{x-2}{x+2}}-\sqrt{\frac{x+2}{x-2}}=\frac{\sqrt{x-2}}{\sqrt{x+2}}-\frac{\sqrt{x+2}}{\sqrt{x-2}}$$
$$=\frac{(\sqrt{x-2})^2-(\sqrt{x+2})^2}{\sqrt{x+2}\sqrt{x-2}}$$
$$=\frac{(x-2)-(x+2)}{\sqrt{x^2-4}}$$
$$=\frac{-4}{\sqrt{x^2-4}}$$

이 식에 $x=\sqrt{5}$를 대입하면

$$\frac{-4}{\sqrt{(\sqrt{5})^2-4}}=-4$$

3) $x=\sqrt{3}$이면 $x+1>0$, $x-1>0$이므로

$$\frac{\sqrt{x+1}-\sqrt{x-1}}{\sqrt{x+1}+\sqrt{x-1}}$$
$$=\frac{(\sqrt{x+1}-\sqrt{x-1})^2}{(\sqrt{x+1}+\sqrt{x-1})(\sqrt{x+1}-\sqrt{x-1})}$$
$$=\frac{(x+1)+(x-1)-2\sqrt{x+1}\sqrt{x-1}}{(x+1)-(x-1)}$$
$$=\frac{2x-2\sqrt{(x+1)(x-1)}}{2}$$
$$=x-\sqrt{x^2-1}$$

이 식에 $x=\sqrt{3}$을 대입하면

$$\sqrt{3}-\sqrt{(\sqrt{3})^2-1}=\sqrt{3}-\sqrt{2}$$

**정답** 1) 34 2) $-4$ 3) $\sqrt{3}-\sqrt{2}$

## 잎 10-5

**풀이** 1) $x^2-3x+1=0$에서 *$x\neq 0$이므로 양변을 $x$로 나누면

> $x=0$은 $x^2-3x+1=0$을 만족시키지 못하므로 *$x\neq 0$이다.

$$x-3+\frac{1}{x}=0\qquad \therefore x+\frac{1}{x}=3$$

$x+\frac{1}{x}=3$이면 $x>0$이므로

$$\left(\sqrt{x}+\frac{1}{\sqrt{x}}\right)^2=x+\frac{1}{x}+2=3+2$$
$$=5$$

이때, $\sqrt{x}+\frac{1}{\sqrt{x}}>0$이므로

$$\sqrt{x}+\frac{1}{\sqrt{x}}=\sqrt{5}$$

2) $$x=\frac{\sqrt{2}+1}{\sqrt{2}-1}=\frac{(\sqrt{2}+1)^2}{(\sqrt{2}-1)(\sqrt{2}+1)}$$
$$=3+2\sqrt{2}$$
$$y=\frac{\sqrt{2}-1}{\sqrt{2}+1}=\frac{(\sqrt{2}-1)^2}{(\sqrt{2}+1)(\sqrt{2}-1)}$$
$$=3-2\sqrt{2}$$

$x+y=6$, $xy=1$

$x=3+2\sqrt{2}$, $y=3-2\sqrt{2}$이면

$3x>0$, $3y>0$이므로

$$(\sqrt{3x}-\sqrt{3y})^2$$
$$=3x+3y-2\sqrt{3x}\sqrt{3y}$$
$$=3(x+y)-2\sqrt{9xy}\ (\because \sqrt{양}\sqrt{양}=\sqrt{양\cdot양})$$
$$=3\cdot 6-2\cdot 3=12$$

이때, $x>y$에서 $\sqrt{3x}>\sqrt{3y}$이므로

$$\sqrt{3x}-\sqrt{3y}=\sqrt{12}\ (\because \sqrt{3x}-\sqrt{3y}>0)$$

3) $xy=1>0$이면 $x$, $y$의 부호가 같아서

$\frac{y}{x}>0$, $\frac{x}{y}>0$이므로

$$\left(\sqrt{\frac{y}{x}}+\sqrt{\frac{x}{y}}\right)^2$$
$$=\frac{y}{x}+\frac{x}{y}+2\sqrt{\frac{y}{x}}\sqrt{\frac{x}{y}}$$
$$=\frac{x^2+y^2}{xy}+2\sqrt{\frac{y}{x}\cdot\frac{x}{y}}\ (\because \sqrt{양}\sqrt{양}=\sqrt{양\cdot양})$$
$$=\frac{(x+y)^2-2xy}{xy}+2$$
$$=\frac{(-3)^2-2\cdot 1}{1}+2=9$$

이때, $\sqrt{\frac{y}{x}}+\sqrt{\frac{x}{y}}>0$이므로

$$\sqrt{\frac{y}{x}}+\sqrt{\frac{x}{y}}=3$$

**정답** 1) $\sqrt{5}$ 2) $2\sqrt{3}$ 3) 3

**잎 10-6**

**핵심** $x$, $y$의 값을 식에 대입하면 계산이 복잡할 때
⇨ 합과 곱의 값을 알면 답을 구할 수 있다.
만약 합과 곱의 값만으로 답을 구할 수 없으면 차의 값을 마저 알면 답을 구할 수 있다.

**풀이** $x=\dfrac{\sqrt{3}+1}{\sqrt{2}}$, $y=\dfrac{\sqrt{3}-1}{\sqrt{2}}$이면

$x>0$, $y>0$이므로

$$\frac{\sqrt{x}+\sqrt{y}}{\sqrt{x}-\sqrt{y}}=\frac{(\sqrt{x}+\sqrt{y})^2}{(\sqrt{x}-\sqrt{y})(\sqrt{x}+\sqrt{y})}$$
$$=\frac{x+y+2\sqrt{xy}}{x-y}$$

$$x+y=\frac{\sqrt{3}+1}{\sqrt{2}}+\frac{\sqrt{3}-1}{\sqrt{2}}=\frac{2\sqrt{3}}{\sqrt{2}}$$
$=\sqrt{6}$ (합의 값)

$$xy=\frac{\sqrt{3}+1}{\sqrt{2}}\cdot\frac{\sqrt{3}-1}{\sqrt{2}}=\frac{3-1}{2}$$
$=1$ (곱의 값)

$$x-y=\frac{\sqrt{3}+1}{\sqrt{2}}-\frac{\sqrt{3}-1}{\sqrt{2}}=\frac{2}{\sqrt{2}}$$
$=\sqrt{2}$ (차의 값)

따라서

$$\frac{x+y+2\sqrt{xy}}{x-y}=\frac{\sqrt{6}+2\cdot\sqrt{1}}{\sqrt{2}}$$
$$=\frac{\sqrt{6}+2}{\sqrt{2}}$$
$$=\sqrt{3}+\sqrt{2}$$

**참고** $\sqrt{2}\fallingdotseq 1.414$, $\sqrt{3}\fallingdotseq 1.732$는 반드시 기억하고 있어야 한다.

**정답** $\sqrt{3}+\sqrt{2}$

**잎 10-7**

**핵심** $\dfrac{\sqrt{양}}{\sqrt{음}}=-\sqrt{\dfrac{양}{음}}$ ← 음수의 제곱근

**풀이** $\dfrac{\sqrt{x+1}}{\sqrt{x-1}}=-\sqrt{\dfrac{x+1}{x-1}}$ 에서

$x-1<0$, $x+1>0$ 또는 $\star x+1=0$

$\therefore x<1$, $x>-1$ 또는 $x=-1$

$\therefore -1\le x<1$

$\sqrt{(x-1)^2+4x}-\sqrt{(x+1)^2-4x}$

$=\sqrt{x^2+2x+1}-\sqrt{x^2-2x+1}$

$=\sqrt{(x+1)^2}-\sqrt{(x-1)^2}$

$=|x+1|-|x-1|$

$-1\le x<1$에서 $|x+1|-|x-1|$는

$x<-1$ | $-1$ | $-1\le x<1$ | $1$ | $x\ge 1$ | $x$

$(x+1)-\{-(x-1)\}$
$=2x$

**주의** $\dfrac{\sqrt{x+1}}{\sqrt{x-1}}=-\sqrt{\dfrac{x+1}{x-1}}$ 이면 음수의 제곱근의 문제이다.
따라서 음수의 제곱근에서는 복소수의 범위에서 정의되므로 (근호의 안의 식의 값)<0일 수 있다. [p.277]

**정답** ②

**잎 10-8**

**핵심** $\sqrt{음}\sqrt{음}=-\sqrt{음\cdot음}$ ← 음수의 제곱근

**풀이** $\sqrt{a}\sqrt{b}+\sqrt{ab}=0$에서

$\sqrt{a}\sqrt{b}=-\sqrt{ab}$ 이므로

$a<0$, $b<0$ 또는 $\star a=0$ 또는 $\star b=0$

$\therefore a\le 0$, $b\le 0$

$\sqrt{(a+b)^2}-\sqrt{a^2}-2|b|$

$=|a+b|-|a|-2|b|$

$=-(a+b)-(-a)-2(-b)$ $(\because a, b\le 0)$

$=-a-b+a+2b=b$

**주의** $\sqrt{a}\sqrt{b}=-\sqrt{ab}$ 이면 음수의 제곱근의 문제이다.
따라서 음수의 제곱근에서는 복소수의 범위에서 정의되므로 (근호의 안의 식의 값)<0일 수 있다. [p.277]

**정답** $b$

## 잎 10-9

**핵심** $\sqrt{음}\sqrt{음}=-\sqrt{음\cdot음}$ ← 음수의 제곱근

**풀이** $\sqrt{x-3}\sqrt{-2-x}=-\sqrt{(x-3)(-2-x)}$

에서

$x-3<0$, $-2-x<0$ 또는 $\star x-3=0$

또는 $\star -2-x=0$

$\therefore x<3$, $x>-2$ 또는 $x=3$ 또는 $x=-2$

$\therefore -2\le x\le 3$

$$\sqrt{(x+4)^2}+\sqrt{(x-5)^2}=|x+4|+|x-5|$$
$$=(x+4)-(x-5)$$
$$=9$$

**정답** 9

## 잎 10-10

**풀이** $x\ge1$이면 $x-1\ge0$, $x>0$이므로

$$\frac{1}{f(x)}=\frac{1}{\sqrt{x-1}+\sqrt{x}}$$
$$=\frac{\sqrt{x-1}-\sqrt{x}}{(\sqrt{x-1}+\sqrt{x})(\sqrt{x-1}-\sqrt{x})}$$
$$=\frac{\sqrt{x-1}-\sqrt{x}}{(x-1)-x}$$
$$=\sqrt{x}-\sqrt{x-1}$$

$$\frac{1}{f(1)}+\frac{1}{f(2)}+\frac{1}{f(3)}+\cdots+\frac{1}{f(100)}$$
$$=\underbrace{(\sqrt{1}-\sqrt{0})}_{\text{첫째항}}+(\sqrt{2}-\sqrt{1})$$
$$+(\sqrt{3}-\sqrt{2})+\cdots+\underbrace{(\sqrt{100}-\sqrt{99})}_{\text{끝항}}$$
$$=\sqrt{100}-\sqrt{0}$$
$$=10$$

**참고** 맞물려 없어질 때 첫째항의 뒤의 것이 남으면 끝항의 앞의 것이 남는다.

**정답** 10

CHAPTER

# 10 무리함수(2)

본문 p.283

## 풀이 줄기 문제

### [줄기 3-1]

**풀이** 1) **1st** $y=\sqrt{-(x-3)}$ **2nd**

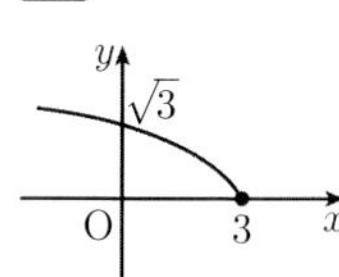

**1st** 제로점 : 점 $(3,\ 0)$

그래프 위의 한 점 : 점 $(0,\ \sqrt{3})$

**2nd** $y=+\sqrt{3-x}$ (더듬이 모양),

$x$의 계수가 $-1$인 음수이므로 제로점에서 좌측 더듬이 모양(◝)으로 점 $(0,\ \sqrt{3})$을 지나는 그래프를 그린다.

$y=\sqrt{3-x}$에서 (근호 안의 식의 값)$\ge0$

$\therefore 3-x\ge0$ $\quad\therefore$ **정의역 :** $\{x\,|\,x\le3\}$

$\sqrt{3-x}\ge0$이므로 $y=\sqrt{3-x}\ge0$

$\therefore$ **치역 :** $\{y\,|\,y\ge0\}$

2) **1st** $y=-\sqrt{-4(x-1)}+1$ **2nd**

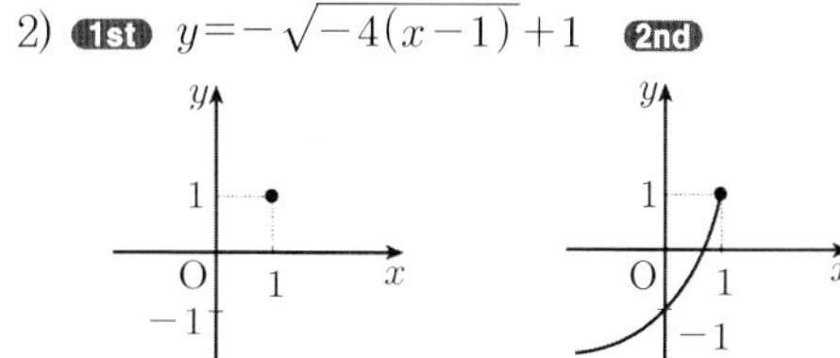

**1st** 제로점 : 점 $(1,\ 1)$

그래프 위의 한 점 : 점 $(0,\ -1)$

**2nd** $y=1-\sqrt{4-4x}$ (수염 모양)

$x$의 계수가 $-4$인 음수이므로 제로점에서 좌측 수염 모양(◞)으로

점 $(0,\ -1)$을 지나는 그래프를 그린다.

$y=1-\sqrt{4-4x}$에서 (근호 안의 값)$\ge0$

$\therefore 4-4x\ge0$ $\quad\therefore$ **정의역 :** $\{x\,|\,x\le1\}$

$-\sqrt{4-4x}\le0$이므로 $y=1-\sqrt{4-4x}\le1$

$\therefore$ **치역 :** $\{y\,|\,y\le1\}$

**정답** 풀이 참조

## [줄기 3-2]

**풀이** $y=\sqrt{ax+3}+b$에서 (근호 안의 식의 값)$\ge 0$
$\therefore ax+3\ge 0 \quad \therefore ax\ge -3$
이때, 정의역이 $\{x\,|\,x\le 1\}$이므로 $a<0$이다.
따라서 $x\le -\dfrac{3}{a}$에서 $-\dfrac{3}{a}=1 \quad \therefore a=-3$
$\sqrt{ax+3}\ge 0$이므로 $y=\sqrt{ax+3}+b\ge b$
이때 치역이 $\{y\,|\,y\ge 2\}$이므로 $b=2$

**정답** $a=-3,\ b=2$

## [줄기 3-3]

**풀이** $y=-\sqrt{ax+b}+c$의 그래프에서 제로점이 $(1,\ 1)$임을 알 수 있으므로
$y=-\sqrt{a(x-1)}+1$ ($a<0$ ∵ 좌측 수염) …㉠로 놓는다.
이때, ㉠의 그래프가 점 $(0,\ -1)$을 지나므로
$-1=-\sqrt{a(0-1)}+1,\ \sqrt{-a}=2,\ -a=4$
$\therefore a=-4$
$a=-4$를 ㉠에 대입하면
$y=-\sqrt{-4(x-1)}+1=-\sqrt{-4x+4}+1$
$\therefore a=-4,\ b=4,\ c=1$

**정답** $a=-4,\ b=4,\ c=1$

## [줄기 3-4]

**풀이** 점 $(4,\ -3)$을 지나고 정의역이 $\{x\,|\,x\ge 2\}$, 치역이 $\{y|y\le -1\}$인 무리함수의 그래프를 그리면 그림과 같다.
그래프에서 제로점이 점 $(2,\ -1)$이므로
$y=-\sqrt{a(x-2)}-1$ ($a>0$ ∵ 우측 수염) …㉠로 놓는다.
또, ㉠의 그래프가 점 $(4,\ -3)$을 지나므로
$-3=-\sqrt{a(4-2)}-1,\ \sqrt{2a}=2,\ 2a=4$
$\therefore a=2$
따라서 $a=2$를 ㉠에 대입하면
$y=-\sqrt{2(x-2)}-1=-\sqrt{2x-4}-1$
$\therefore a=2,\ b=-4,\ c=-1$

**정답** $a=2,\ b=-4,\ c=-1$

## [줄기 3-5]

**풀이** $y=\sqrt{a-x}+3$에서 $x$ 대신 $x+1$, $y$ 대신 $y-b$를 대입하면
$y-b=\sqrt{a-(x+1)}+3$
$\therefore y=\sqrt{-x+a-1}+3+b$ …㉠
㉠이 $y=\sqrt{-x+2}-2$와 같아야 하므로
$a-1=2,\ 3+b=-2 \quad \therefore a=3,\ b=-5$

**정답** $a=3,\ b=-5$

## [줄기 3-6]

**풀이** $y=2\sqrt{x-3}$에서 $x$ 대신 $x-m$, $y$ 대신 $y-n$을 대입하면
$y-n=2\sqrt{(x-m)-3}$
$\therefore y=\sqrt{4x-4m-12}+n$ …㉠
㉠이 $y=\sqrt{4x-8}-5$와 같아야 하므로
$-4m-12=-8,\ n=-5$
$\therefore m=-1,\ n=-5$

**정답** $m=-1,\ n=-5$

## [줄기 3-7]

**핵심** $f(x)$가 이차함수이면 $f^{-1}(x)$는 무리함수이다.

**풀이** $f(x)=-\dfrac{1}{2}(x^2+4x+3)=-\dfrac{1}{2}\{(x+2)^2-1\}$
$=-\dfrac{1}{2}(x+2)^2+\dfrac{1}{2}$ (단, $x\le -2$)
↳ 좌측 반쪽
$f(x)$의 꼭짓점의 좌표가 $\left(-2,\ \dfrac{1}{2}\right)$이면
$f^{-1}(x)$의 제로점의 좌표는 $\left(\dfrac{1}{2},\ -2\right)$이다.
$\therefore f^{-1}(x)=-\sqrt{-2\left(x-\dfrac{1}{2}\right)}-2$
$=-\sqrt{-2x+1}-2$

**참고** 이차함수 $f(x)$의 그래프가 대칭축을 기준으로 좌측 반쪽이면
$f^{-1}(x)=-\sqrt{☆(x-△)}+◇$ 꼴이다.

**정답** $y=-\sqrt{-2x+1}-2$

## [줄기 3-8]

**풀이** 고정된 $y=\sqrt{4(x+3)}$ 의 그래프를 먼저 그린 후, 움직이는 $y=x+k$의 그래프를 이동시켜 본다.

이때, $k$는 직선 $y=x+k$의 $y$절편이다.

i) 직선 $y=x+k$가 점 $(-3,\ 0)$을 지날 때,
$0=-3+k$
$\therefore k=3$
즉, 직선 i)의 $y$절편은 3이다.

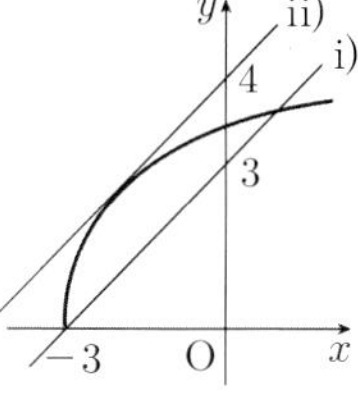


ii) 직선 $y=x+k$와 곡선 $y=2\sqrt{x+3}$ 이 접할 때,
$x+k=2\sqrt{x+3}$ ⇨ 양변을 제곱하면
$(x+k)^2=4(x+3)$
(단, $x+k\geq 0,\ x+3\geq 0$)
↳ 이 문제에서는 필요 없지만 그래도 따지는 습관을 갖자!
$x^2+2(k-2)x+k^2-12=0$ ⋯㉠
㉠의 판별식을 $D$라 하면 접할 때는
$\frac{D}{4}=(k-2)^2-(k^2-12)=0$,
$-4k+16=0 \quad \therefore k=4$
즉, 직선 ii)의 $y$절편은 4이다.

1) 서로 다른 두 점에서 만날 때는 직선 $y=x+k$가 i)이거나 i)와 ii) 사이에 있을 때이므로 $y$절편인 $k$를 따지면
$k=3$ 또는 $3<k<4$
$\therefore 3\leq k<4$

2) 한 점에서 만날 때는 직선 $y=x+k$가 i)보다 아래쪽에 있거나 ii)일 때이므로 $y$절편인 $k$를 따지면
$k<3$ 또는 $k=4$

3) 만나지 않을 때는 직선 $y=x+k$가 ii)보다 위쪽에 있을 때이므로 $y$절편인 $k$를 따지면
$k>4$

**정답** 1) $3\leq k<4$ 2) $k<3$ 또는 $k=4$
3) $k>4$

## [줄기 3-9]

**풀이** 함수 $y=-\sqrt{1-2x}$ 와 그 역함수의 그래프는 직선 $y=x$에 대하여 대칭이다.
즉, 함수와 그 역함수의 그래프의 교점은 $y=-\sqrt{1-2x}$ 와 $y=x$의 교점과 같으므로
$-\sqrt{1-2x}=x$에서
$\sqrt{1-2x}=-x$의 양변을 제곱하면
$1-2x=x^2$ (단, $1-2x\geq 0,\ -x\geq 0$ ⋯㉠)
$x^2+2x-1=0 \quad \therefore x=-1\pm\sqrt{2}$

㉠에서 $x\leq\frac{1}{2}$, $x\leq 0$이므로 $x\leq 0$이다.

$\therefore x=-1-\sqrt{2}$ ($\because x\leq 0$)
$x=-1-\sqrt{2}$ 를 직선 $y=x$에 대입하면
$y=-1-\sqrt{2}$
따라서 함수와 그 역함수의 그래프의 교점은 $(-1-\sqrt{2},\ -1-\sqrt{2})$이다.

**정답** $a=b=-1-\sqrt{2}$

## [줄기 3-10]

**핵심** 함수와 그 역함수의 그래프는 직선 $y=x$에 대하여 대칭이다. [p.223]
따라서 *함수와 그 역함수의 그래프의 교점은 함수의 그래프와 직선 $y=x$의 교점과 같다.

**풀이** 고정된 $y=x$의 그래프를 먼저 그린 후, 움직이는 $y=\sqrt{3\left(x-\frac{k}{3}\right)}$ 의 그래프를 이동시켜 본다.

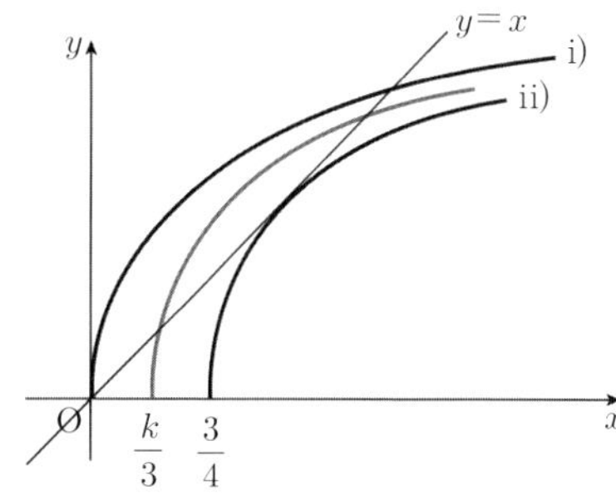


이때, $\frac{k}{3}$는 곡선 $y=\sqrt{3x-k}$ 의 $x$절편이다.

i) 곡선 $y=\sqrt{3x-k}$ 가 점 $(0,\ 0)$을 지날 때
$0=\sqrt{-k} \quad \therefore k=0$
즉, 곡선 i)의 $x$절편은 0이다.

ii) 직선 $y=x$와 곡선 $y=\sqrt{3x-k}$가 접할 때

$x=\sqrt{3x-k}$ ⇨ 양변을 제곱하면

$x^2=3x-k$

(단, $x\geq 0$, $3x-k\geq 0$)

↳ 이 문제에서는 필요 없지만 그래도 따지는 습관을 갖자!

$x^2-3x+k=0$ ⋯㉠

㉠의 판별식을 $D$라 하면 접할 때는

$D=9-4k=0$ $\quad\therefore k=\dfrac{9}{4}$

즉, 곡선 ii)의 $x$절편은 $\dfrac{3}{4}$이다.

1) 서로 다른 두 점에서 만날 때는 곡선 $y=\sqrt{3x-k}$가 i)이거나 i)와 ii) 사이에 있을 때이므로 $x$절편인 $\dfrac{k}{3}$를 따지면

$\dfrac{k}{3}=0$ 또는 $0<\dfrac{k}{3}<\dfrac{3}{4}$

$\therefore 0\leq\dfrac{k}{3}<\dfrac{3}{4}$ $\quad\therefore 0\leq k<\dfrac{9}{4}$

2) 한 점에서 만날 때는 곡선 $y=\sqrt{3x-k}$가 i)보다 좌측에 있거나 ii)일 때이므로 $x$절편인 $\dfrac{k}{3}$를 따지면

$\dfrac{k}{3}<0$ 또는 $\dfrac{k}{3}=\dfrac{3}{4}$

$\therefore k<0$ 또는 $k=\dfrac{9}{4}$

3) 만나지 않을 때는 곡선 $y=\sqrt{3x-k}$가 ii)보다 우측에 있을 때이므로 $x$절편인 $\dfrac{k}{3}$를 따지면

$\dfrac{k}{3}>\dfrac{3}{4}$ $\quad\therefore k>\dfrac{9}{4}$

정답 1) $0\leq k<\dfrac{9}{4}$ 2) $k<0$ 또는 $k=\dfrac{9}{4}$ 3) $k>\dfrac{9}{4}$

**줄기 3-11**

풀이 고정된 $y=x$의 그래프를 먼저 그린 후, 움직이는 $y=\sqrt{x-1}+k$의 그래프를 이동시켜본다.

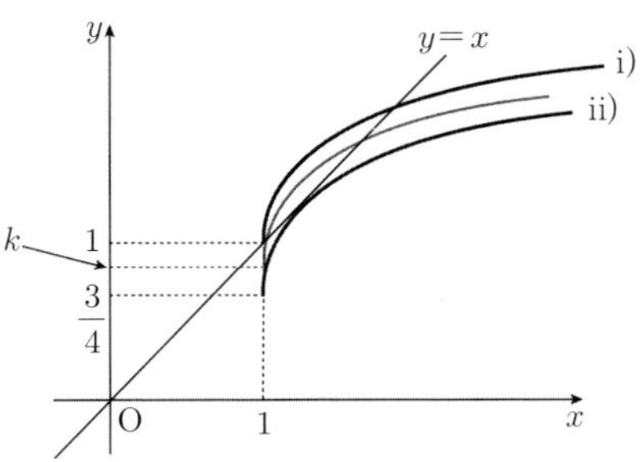


이때, $k$는 곡선 $y=\sqrt{x-1}+k$의 제로점의 $y$좌표이다. ※ 제로점 [p.286]

i) 곡선 $y=\sqrt{x-1}+k$가 점 $(1,\ 1)$을 지날 때

$1=k$ $\quad\therefore k=1$

즉, 곡선 i)의 제로점의 $y$좌표가 1이다.

ii) 직선 $y=x$와 곡선 $y=\sqrt{x-1}+k$이 접할 때,

$x=\sqrt{x-1}+k$에서

$x-k=\sqrt{x-1}$의 양변을 제곱하면

$(x-k)^2=x-1$

(단, $x-k\geq 0$, $x-1\geq 0$)

↳ 이 문제에서는 필요 없지만 그래도 따지는 습관을 갖자!

$x^2-(2k+1)x+k^2+1=0$ ⋯㉠

㉠의 판별식을 $D$라 하면 접할 때는

$D=(2k+1)^2-4(k^2+1)=0$,

$4k-3=0$ $\quad\therefore k=\dfrac{3}{4}$

즉, 곡선 ii)의 제로점의 $y$좌표가 $\dfrac{3}{4}$이다.

1) 서로 다른 두 점에서 만날 때는 곡선 $y=\sqrt{x-1}+k$가 i)이거나 i)와 ii) 사이에 있을 때이므로 제로점의 $y$좌표인 $k$를 따지면

$k=1$ 또는 $\dfrac{3}{4}<k<1$ $\quad\therefore \dfrac{3}{4}<k\leq 1$

2) 한 점에서 만날 때는 곡선 $y=\sqrt{x-1}+k$가 i)보다 위쪽에 있거나 ii)일 때이므로 제로점의 $y$좌표인 $k$를 따지면

$k>1$ 또는 $k=\frac{3}{4}$

3) 만나지 않을 때는 곡선 $y=\sqrt{x-1}+k$가 ii)보다 아래쪽에 있을 때이므로 제로점의 $y$좌표인 $k$를 따지면

$k<\frac{3}{4}$

정답 1) $\frac{3}{4}<k\leq 1$  2) $k=\frac{3}{4}$ 또는 $k>1$
3) $k<\frac{3}{4}$

## 줄기 3-12

풀이 $(g\circ(f\circ g)^{-1}\circ g^{-1})(4)=(g\circ g^{-1}\circ f^{-1}\circ g^{-1})(4)$
$=(f^{-1}\circ g^{-1})(4)$
$=f^{-1}(g^{-1}(4))$

$g^{-1}(4)=k$라 하면 $g(k)=4$이므로
$\sqrt{k-1}+2=4$, $\sqrt{k-1}=2$, $k-1=4$
$\therefore k=5$ $\therefore g^{-1}(4)=5$

$f(x)=\frac{3x-2}{x-1}$에서 $f^{-1}(x)=\frac{x-2}{x-3}$

$f^{-1}(5)=\frac{5-2}{5-3}=\frac{3}{2}$

$(g\circ(f\circ g)^{-1}\circ g^{-1})(4)=f^{-1}(g^{-1}(4))$
$=f^{-1}(5)=\frac{3}{2}$

정답 $\frac{3}{2}$

## 줄기 3-13

풀이 $(f^{-1}\circ g^{-1})(4)=f^{-1}(g^{-1}(4))$

$g^{-1}(4)=k$라 하면 $g(k)=4$이므로
$\sqrt{5k-9}=4$, $5k-9=16$ $\therefore k=5$
$\therefore g^{-1}(4)=5$

$f^{-1}(5)=t$라 하면 $f(t)=5$이므로
$\sqrt{2t+4}-1=5$, $\sqrt{2t+4}=6$, $2t+4=36$
$\therefore t=16$ $\therefore f^{-1}(5)=16$

$\therefore (f^{-1}\circ g^{-1})(4))=f^{-1}(g^{-1}(4))$
$=f^{-1}(5)=16$

정답 16

## 줄기 3-14

풀이 함수 $y=\sqrt{ax+b}$의 그래프가 점 (1, 2)를 지나므로
$2=\sqrt{a+b}$ $\therefore a+b=4$ …㉠
또, 역함수의 그래프가 점 (1, 2)를 지나면 함수 $y=\sqrt{ax+b}$의 그래프는 점 (2, 1)을 지나므로
$1=\sqrt{2a+b}$ $\therefore 2a+b=1$ …㉡
㉠, ㉡을 연립하여 풀면 $a=-3$, $b=7$

정답 $a=-3$, $b=7$

## 풀이 잎 문제

### 잎 10-1

핵심 제로점 : 무리함수에서 근호 안의 식의 값이 0, 즉 제로일 때의 점이다.
※ 제로점은 저자가 임의로 만든 말이다.

풀이 함수 $y=-\sqrt{ax+b}+c$의 그래프에서 제로점이 점 (1, 1)임을 알 수 있으므로
$y=-\sqrt{a(x-1)}+1$ ($a<0$ $\because$ 좌측 수염)
…㉠로 놓는다.
이때, ㉠의 그래프가 점 (0, −1)을 지나므로
$-1=-\sqrt{-a}+1$, $\sqrt{-a}=2$, $-a=4$
$\therefore a=-4$
$a=-4$를 ㉠에 대입하면
$y=-\sqrt{-4(x-1)}+1$
$\therefore f(x)=-\sqrt{-4x+4}+1$
따라서 $f(-3)=-\sqrt{16}+1=-3$

정답 $-3$

## 잎 10-2

**풀이** 이차함수 $y=ax^2+bx+c$의 그래프에서

$a<0$ ($\because$ 위로 볼록)

$(\text{대칭축})=-\dfrac{b}{2a}>0 \quad \therefore b>0$ ($\because a<0$)

$y$절편 : $c>0$

$f(x)=a\sqrt{-x+b}-c$

$\quad =a\sqrt{-(x-b)}-c$

(↑ 음수 ↑ 음수)

에서 제로점 $(b,\ -c)$

즉, 점(양수, 음수)이고

좌측 수염모양(◡) 꼴이므로 그래프의 개형은 오른쪽 그림과 같다.

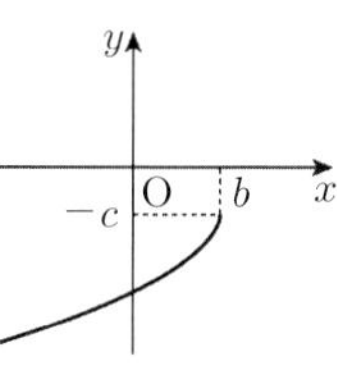


**정답** 풀이 참조

## 잎 10-3

**풀이** $y=\sqrt{2x+1}$의 그래프를 $x$축의 방향으로 3만큼, $y$축의 방향으로 $-1$만큼 평행이동하므로 $x$ 대신 $x-3$, $y$ 대신 $y+1$을 대입하면

$y+1=\sqrt{2(x-3)+1}$

$\therefore y=\sqrt{2x-5}-1$

이 그래프를 다시 $y$축에 대하여 대칭이동하므로 $x$ 대신 $-x$를 대입하면

$y=\sqrt{2(-x)-5}-1$

$\therefore y=\sqrt{-2x-5}-1$

$\therefore a=-2,\ b=-5,\ c=-1$

**정답** $a=-2,\ b=-5,\ c=-1$

## 잎 10-4

**풀이** $f(x)=ax+b$의 그래프에서 $a>0,\ b<0$

$g(x)=cx+d$의 그래프에서 $c<0,\ d>0$

$y=a\sqrt{bx+c}+d$, 즉

$\quad =a\sqrt{b\left(x+\dfrac{c}{b}\right)}+d$

(↑ 양수 ↑ 음수)

에서 제로점 $\left(-\dfrac{c}{b},\ d\right)$

즉, 점(음수, 양수)이고

좌측 더듬이모양(◠) 꼴이므로 그래프의 개형은 오른쪽 그림과 같다.

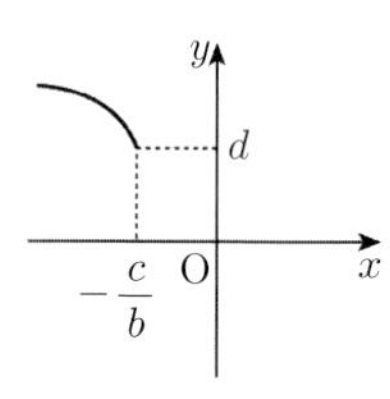


**정답** 풀이 참조

## 잎 10-5

**풀이** 곡선 $y=\sqrt{x+4}-3$, $y=\sqrt{-x+4}+3$와 직선 $x=-4,\ x=4$로 둘러싸인 도형을 그리면 우측 그림의 빗금 친 부분이다.

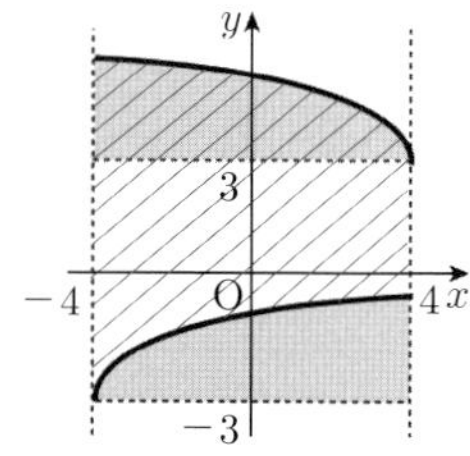


이때, 부분과 부분의 넓이는 같다.

따라서 부분을 도려내 부분에 붙였다고 가정하면 직사각형이 된다.

그러므로 구하는 넓이는 $8\times6=48$

**정답** 48

## 잎 10-6

**풀이** $y=\sqrt{|x|+1}$의 그래프는 다음과 같다.

$x\ge0$일 때, $y=\sqrt{x+1}$이고

$x<0$일 때, $y=\sqrt{-x+1}$이므로

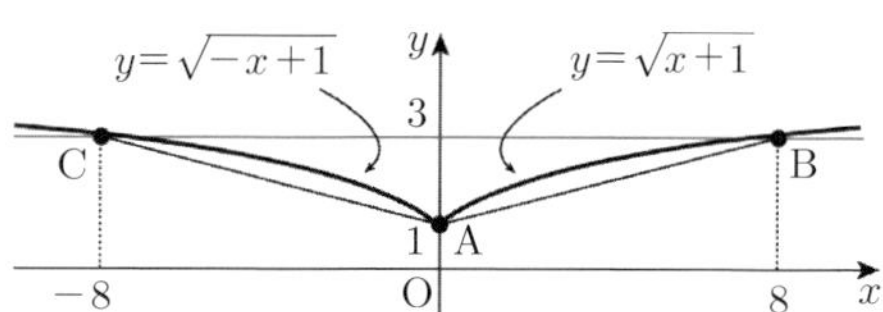


이때, $3=\sqrt{x+1}$에서 $9=x+1$, 즉 $x=8$이므로 점 B의 좌표는 $B(8,\ 3)$이고

$3=\sqrt{-x+1}$에서 $9=-x+1$, 즉 $x=-8$이므로 점 C의 좌표는 $C(-8,\ 3)$이다.

따라서 $\triangle ABC$의 넓이는 $\dfrac{1}{2}\cdot16\cdot2=16$

**정답** 16

**잎 10-7**

**풀이** 고정된 $y=\sqrt{4(x-2)}$의 그래프를 먼저 그린 후, 움직이는 $y=x+k$의 그래프를 이동시켜 본다.

이때, $k$는 직선 $y=x+k$의 $y$절편이다.

i) 직선 $y=x+k$가 점 $(2, 0)$을 지날 때,
$0=2+k$
$\therefore k=-2$
즉, 직선 i)의 $y$절편은 $-2$이다.

ii) 직선 $y=x+k$와 곡선 $y=\sqrt{4(x-2)}$가 접할 때,
$x+k=\sqrt{4x-8}$ ⇨ 양변을 제곱하면
$(x+k)^2=4x-8$
(단, $x+k\geq 0$, $4x-8\geq 0$)
↳ 이 문제에서는 필요 없지만 그래도 따지는 습관을 갖자!
$x^2+2(k-2)x+k^2+8=0 \cdots ㉠$
㉠의 판별식을 $D$라 하면 접할 때는
$\frac{D}{4}=(k-2)^2-(k^2+8)=0$,
$-4k-4=0 \quad \therefore k=-1$
즉, 직선 ii)의 $y$절편은 $-1$이다.

따라서 서로 다른 두 점에서 만날 때는 직선 $y=x+k$가 i)이거나 i)와 ii) 사이에 있을 때이므로 $y$절편인 $k$를 따지면
$k=-2$ 또는 $-2<k<-1$
$\therefore -2\leq k<-1$

**정답** $-2\leq k<-1$

**잎 10-8**

**풀이** 곡선 $y=\sqrt{ax}$와 직선 $y=x$가 만나는 한 점의 $x$좌표가 2이므로 그 교점의 좌표는 $(2, 2)$이다.
($\because$ 교점은 직선 $y=x$ 위에 있다.)
곡선 $y=\sqrt{ax}$도 점 $(2, 2)$를 지나므로
$2=\sqrt{2a}$에서 $4=2a \quad \therefore a=2$
직선 $y=x$와 곡선 $y=\sqrt{2x+b}$가 접하므로
$x=\sqrt{2x+b}$ ⇨ 양변을 제곱하면
$x^2=2x+b$ (단, $x\geq 0$, $2x+b\geq 0$)
↳ 이 문제에서는 필요 없지만 그래도 따지는 습관을 갖자.
$x^2-2x-b=0 \cdots ㉠$
㉠의 판별식을 $D$라 하면 접할 때는
$\frac{D}{4}=1+b=0 \quad \therefore b=-1$
따라서 실수 $a, b$의 값은 $a=2$, $b=-1$

**정답** $a=2$, $b=-1$

**잎 10-9**

**풀이** 1) $(f^{-1}\circ g^{-1})(-1)=f^{-1}(g^{-1}(-1))$
$g^{-1}(-1)=k$라 하면 $g(k)=-1$이므로
$-\sqrt{2k-5}=-1$, $\sqrt{2k-5}=1$, $2k-5=1$
$\therefore k=3 \quad \therefore g^{-1}(-1)=3$
$f^{-1}(3)=t$라 하면 $f(t)=3$이므로
$\sqrt{t+3}-2=3$, $\sqrt{t+3}=5$, $t+3=25$
$\therefore t=22 \quad \therefore f^{-1}(3)=22$
$\therefore (f^{-1}\circ g^{-1})(-1)=f^{-1}(g^{-1}(-1))$
$=f^{-1}(3)=22$

2) $(f^{-1}\circ g^{-1})(-1)=f^{-1}(g^{-1}(-1))$
$g(x)=\frac{2x-8}{x-1}$에서 $g^{-1}(x)=\frac{x-8}{x-2}$
$\therefore g^{-1}(-1)=\frac{-1-8}{-1-2}=3$
$f(x)=\frac{-8}{3\left(x+\frac{2}{3}\right)}+2$에서
[p.268]
$f^{-1}(x)=\frac{-\frac{8}{3}}{x-2}-\frac{2}{3}$
$\therefore f^{-1}(3)=\frac{-\frac{8}{3}}{3-2}-\frac{2}{3}=-\frac{10}{3}$
$\therefore (f^{-1}\circ g^{-1})(-1)=f^{-1}(g^{-1}(-1))$
$=f^{-1}(3)=-\frac{10}{3}$

**정답** 1) 22 2) $-\frac{10}{3}$

**잎 10-10**

**핵심** 2) $f(x)=a(x-m)^2+n$ $(x\le n)$

$$f^{-1}(x)=-\sqrt{\frac{1}{a}(x-n)}+m$$

**풀이** 1) $f(x)=-\sqrt{2x+5}+3$ [p.290]

$f(x)$의 제로점의 좌표가 $\left(-\frac{5}{2},\ 3\right)$이면

$f^{-1}(x)$의 꼭짓점의 좌표는 $\left(3,\ -\frac{5}{2}\right)$이다.

$f^{-1}(x)=\frac{1}{2}(x-3)^2-\frac{5}{2}$ $(x\le 3)$

$\therefore f^{-1}(x)=\frac{1}{2}x^2-3x+2$ $(x\le 3)$

$\therefore a=\frac{1}{2},\ b=-3,\ c=2,\ d=3$

**방법Ⅰ** 「강추」 2) $f(x)=a(x-b)^2+c$ $(x\le b)$

$f(x)$의 꼭짓점의 좌표가 $(b, c)$이면

$f^{-1}(x)$의 제로점의 좌표는 $(c, b)$이다.

$f^{-1}(x)=-\sqrt{\frac{1}{a}(x-c)}+b$

$f^{-1}(x)=-\sqrt{-2x+1}-2$

$=-\sqrt{-2\left(x-\frac{1}{2}\right)}-2$

$\therefore a=-\frac{1}{2},\ c=\frac{1}{2},\ b=-2$

**방법Ⅱ** 2) $f^{-1}(x)=-\sqrt{-2x+1}-2$ [p.290]

$f^{-1}(x)$의 제로점의 좌표가 $\left(\frac{1}{2},\ -2\right)$이면

$f(x)$의 꼭짓점의 좌표는 $\left(-2,\ \frac{1}{2}\right)$이다.

$f(x)=\frac{1}{-2}(x+2)^2+\frac{1}{2}$ $(x\le -2)$

$\therefore f(x)=-\frac{1}{2}(x+2)^2+\frac{1}{2}$ $(x\le -2)$

$\therefore a=-\frac{1}{2},\ b=-2,\ c=\frac{1}{2}$

**참고** 2) $f^{-1}(x)=-\sqrt{a(x-m)}+n$이면 $f(x)$의 그래프는 대칭축을 기준으로 **좌측** 반쪽이다.

**정답** 1) $a=\frac{1}{2},\ b=-3,\ c=2,\ d=3$

2) $a=-\frac{1}{2},\ b=-2,\ c=\frac{1}{2}$

**잎 10-11**

**풀이** 1) $y=\sqrt{-2x+1}$에서 $x$와 $y$를 서로 바꾸면 $x=\sqrt{-2y+1}$이므로 두 함수는 서로가 서로의 역함수이다.

따라서 두 함수의 그래프는 직선 $y=x$에 대하여 대칭이다.

즉, 두 함수의 그래프의 교점은 $y=\sqrt{-2x+1}$의 그래프와 직선 $y=x$의 교점과 같으므로

$\sqrt{-2x+1}=x$ ⇨ 양변을 제곱하면

$-2x+1=x^2$

(단, $-2x+1\ge 0,\ x\ge 0$ ⋯㉠)

$x^2+2x-1=0$ $\quad\therefore x=-1\pm\sqrt{2}$

> ㉠에서 $x\le\frac{1}{2},\ x\ge 0$이므로
> $0\le x\le\frac{1}{2}$이다.

$\therefore x=-1+\sqrt{2}$ $\left(\because 0\le x\le\frac{1}{2}\right)$

$x=-1+\sqrt{2}$를 직선 $y=x$에 대입하면

$y=-1+\sqrt{2}$

따라서 두 함수의 그래프의 교점의 좌표는 $(-1+\sqrt{2},\ -1+\sqrt{2})$이다.

**참고** 교점의 좌표는 곡선보다는 직선에서 구한다. (∵ 직선의 방정식은 일차식이므로 교점의 좌표를 구하기 쉽다.)

2) $y=\sqrt{x+3}-3$에서 $x$와 $y$를 서로 바꾸면 $x=\sqrt{y+3}-3$이므로 두 함수는 서로의 역함수이다.

따라서 두 함수의 그래프는 직선 $y=x$에 대하여 대칭이다.

즉, 두 함수의 그래프의 교점은 $y=\sqrt{x+3}-3$의 그래프와 직선 $y=x$의 교점과 같으므로

$\sqrt{x+3}-3=x$에서

$\sqrt{x+3}=x+3$의 양변을 제곱하면

$(x+3)^2=x+3$ (단, $x+3\ge 0$ ⋯㉠)

$(x+3)^2-(x+3)=0$

$(x+3)\{(x+3)-1\}=0$

$(x+3)(x+2)=0$ $\quad\therefore x=-3$ 또는 $x=-2$

㉠에서 $x \geq -3$

$\therefore x=-3$ 또는 $x=-2$ ($\because x \geq -3$)

$x=-3$을 직선 $y=x$에 대입하면 $y=-3$

$x=-2$을 직선 $y=x$에 대입하면 $y=-2$

따라서 두 함수의 그래프의 교점의 좌표는 $(-3,\ -3)$, $(-2,\ -2)$이다.

정답 1) $(-1+\sqrt{2},\ -1+\sqrt{2})$
2) $(-3,\ -3)$, $(-2,\ -2)$

## 잎 10-12

풀이 $f(x)=\sqrt{x}$, $g(x)=\sqrt{12-x}$에서

$h(x)=f(x)+g(x)$이므로

$h(x)=\sqrt{x}+\sqrt{12-x}$ ⇨ 양변을 제곱하면

$$\{h(x)\}^2=x+12-x+2\sqrt{-x^2+12x}$$
$$=12+2\sqrt{-(x^2-12x)}$$
$$=12+2\sqrt{-(x-6)^2+36}$$

즉, $-x^2+12x$는 $x=6$일 때 최댓값 36을 가지므로

$$\{h(x)\}^2=12+2\sqrt{-x^2+12x}$$
$$\leq 12+2\sqrt{36}=24$$

따라서 $\{h(x)\}^2$의 최댓값이 24이고, $h(x)>0$이므로

$h(x)$의 최댓값은 $\sqrt{24}=2\sqrt{6}$이다.

정답 $2\sqrt{6}$

## 잎 10-13

풀이 함수와 그 역함수의 그래프가 서로 다른 두 점에서 만나므로 함수의 그래프와 직선 $y=x$는 서로 다른 두 점에서 만난다.

따라서 고정된 $y=x$의 그래프를 먼저 그린 후, 움직이는 $y=\sqrt{x-1}+k$의 그래프를 이동시켜본다.

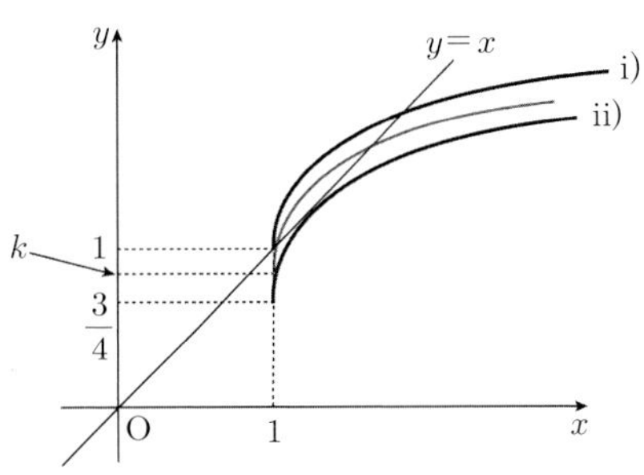


이때, $k$는 곡선 $y=\sqrt{x-1}+k$의 제로점의 $y$좌표이다. ※ 제로점 [p.286]

i) 곡선 $y=\sqrt{x-1}+k$가 점 $(1,\ 1)$을 지날 때

$1=k \quad \therefore k=1$

즉, 곡선 i)의 제로점의 $y$좌표가 1이다.

ii) 직선 $y=x$와 곡선 $y=\sqrt{x-1}+k$이 접할 때,

$x=\sqrt{x-1}+k$에서

$x-k=\sqrt{x-1}$의 양변을 제곱하면

$(x-k)^2=x-1$

(단, $x-k \geq 0$, $x-1 \geq 0$)

↳ 이 문제에서는 필요 없지만 그래도 따지는 습관을 갖자!

$x^2-(2k+1)x+k^2+1=0 \cdots$ ㉠

㉠의 판별식을 $D$라 하면 접할 때는

$D=(2k+1)^2-4(k^2+1)=0$,

$4k-3=0 \quad \therefore k=\frac{3}{4}$

즉, 곡선 ii)의 제로점의 $y$좌표가 $\frac{3}{4}$이다.

따라서 서로 다른 두 점에서 만날 때는 곡선 $y=\sqrt{x-1}+k$가 i)이거나 i)와 ii) 사이에 있을 때이므로 제로점의 $y$좌표인 $k$를 따지면

$k=1$ 또는 $\frac{3}{4}<k<1 \quad \therefore \frac{3}{4}<k \leq 1$

따라서 $k$의 최댓값은 1이다.

정답 1